普通高等教育“十一五”国家级规划教材

高等数学

第三版 下册

南京理工大学理学院

许春根 王为群 俞军 尹群 主编

高等教育出版社·北京

内容简介

本书分上、下两册出版。下册主要内容包括向量代数与空间解析几何、多元函数微分法及其应用、重积分及其应用、曲线积分与曲面积分、无穷级数、微分方程。书末还附有数学实验、常见曲面所围的立体图形与部分习题答案等。全书旨在将基础知识的学习，数学思想的强化以及数学素质的培养融为一体，注重数学概念的几何直观表述，图文并茂、结构严谨、说理透彻、通俗易懂。书中例题与习题覆盖面广，具有较强的代表性，便于学生理解和训练。本次修订弥补了上一版的疏漏，并对数学软件 Mathematica 进行了更新，同时增加了数字化教学资源，包括每章的知识能力矩阵、小结及重难点解析、课后习题中的难题解答、自测题、应用案例及数学家小传等板块，为学生带来新的学习感受，激发学生自主学习的积极性，夯实基础，开拓视野，进一步提高学生的数学素养。

本书可作为高等学校非数学类专业的高等数学教材或教学参考书，也可供工程技术人员学习参考。

图书在版编目（CIP）数据

高等数学.下册/许春根等主编.--3版.--北京：高等教育出版社，2019.10（2021.7重印）

ISBN 978-7-04-052386-7

Ⅰ.①高… Ⅱ.①许… Ⅲ.①高等数学-高等学校-教材 Ⅳ.①O13

中国版本图书馆 CIP 数据核字（2019）第 168563 号

策划编辑 高 丛　　责任编辑 高 丛　　封面设计 张申申　　版式设计 杨 树
插图绘制 于 博　　责任校对 高 歌　　责任印制 存 怡

出版发行	高等教育出版社	网　　址	http://www.hep.edu.cn
社　　址	北京市西城区德外大街4号		http://www.hep.com.cn
邮政编码	100120	网上订购	http://www.hepmall.com.cn
印　　刷	大厂益利印刷有限公司		http://www.hepmall.com
开　　本	787mm×960mm　1/16		http://www.hepmall.cn
印　　张	27	版　　次	2004年12月第1版
字　　数	490千字		2019年10月第3版
购书热线	010-58581118	印　　次	2021年7月第3次印刷
咨询电话	400-810-0598	定　　价	51.00元

本书如有缺页、倒页、脱页等质量问题，请到所购图书销售部门联系调换

物 料 号　52386-00

高等数学

第三版　下册

南京理工大学理学院
许春根　王为群
俞　军　尹　群

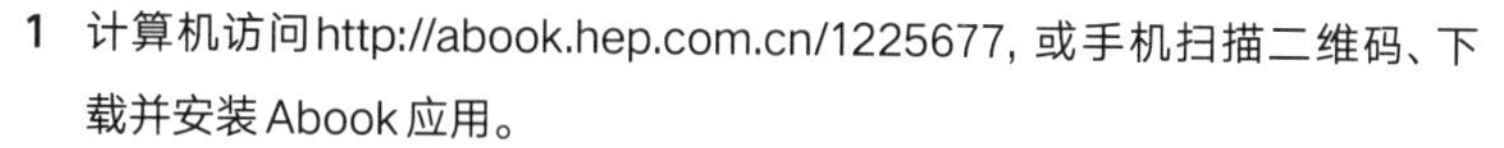

1 计算机访问http://abook.hep.com.cn/1225677，或手机扫描二维码、下载并安装Abook应用。

2 注册并登录，进入“我的课程”。

3 输入封底数字课程账号（20位密码，刮开涂层可见），或通过Abook应用扫描封底数字课程账号二维码，完成课程绑定。

4 单击“进入课程”按钮，开始本数字课程的学习。

Abook
重要通知 | APP下载
高等数学
第三版 下册
高等数学数字课程是以各章知识能力矩阵、课后习题中的难题解答、小结及重难点解析、数学家小传、应用案例、自测题等资源为主，充分利用二维码的便捷性，丰富了知识的呈现形式，拓展了教材内容。本数字课程重在激发学生自主学习的积极性，夯实基础，开拓视野，更进一步提高学生的数学素养。

课程绑定后一年为数字课程使用有效期。受硬件限制，部分内容无法在手机端显示，请按提示通过计算机访问学习。

如有使用问题，请发邮件至abook@hep.com.cn。

扫描二维码
下载Abook应用

知识能力矩阵

数学家小传

应用案例

http://abook.hep.com.cn/1225677

目　录

第七章　向量代数与空间解析几何

向量这个数学工具广泛应用于工程技术之中.本章先介绍向量的概念及其运算,然后以向量为工具来讨论空间的平面与直线,最后叙述空间曲面与空间曲线的方程以及常见的空间曲面的图形及特点.

第一节　向量的概念及其线性运算

一、向量的概念

通常我们遇到的物理量有两种,一种是数量(或标量),它们是仅有大小的量,如温度、功、时间、质量等;另一种是向量(或矢量),它们是既有大小又有方向的量,如力、速度、加速度、电场强度等.

我们知道,向量在几何上通常用有向线段来表示.有向线段的长度表示向量的大小,有向线段的方向表示向量的方向.以 A 为起点,B 为终点的有向线段所表示的向量记作$\overrightarrow{AB}$.为简便起见,有时用一个上面加箭头的小写字母表示向量,如向量 $\vec{a}$.在书刊印刷时也用黑斜体字母而省去箭头表示,如向量 $\boldsymbol{a}$.

向量的大小称为向量的模. 向量$\overrightarrow{AB}$, $\boldsymbol{a}$ 的模分别记作 $\left|\overrightarrow{AB}\right|$, $|\boldsymbol{a}|$. 模等于 1 的向量叫做单位向量; 模为零的向量叫做零向量, 记作 $\mathbf{0}$, 其方向可看作是任意的.

在几何和物理学的许多问题中,经常涉及一些向量与起点无关的问题,我们把凡经过平移能够完全重合的向量都认为是同一个向量,这种向量称为自由向量.可见自由向量的起点可以放在空间任何位置上.今后若不加声明,本书所涉及的向量均指自由向量.

由于我们只讨论自由向量,所以若向量 $\boldsymbol{a}$ 与 $\boldsymbol{b}$ 模相等,又互相平行(即在同一条直线上或在平行直线上),且指向相同,则称向量 $\boldsymbol{a}$ 与 $\boldsymbol{b}$ 是相等的,记作 $\boldsymbol{a}=\boldsymbol{b}$.

二、向量的线性运算

1. 向量的加减法

设有向量 $\boldsymbol{a}$ 与 $\boldsymbol{b}$,我们来定义向量 $\boldsymbol{a}$ 与 $\boldsymbol{b}$ 的和.

定义 1 若向量 $\boldsymbol{a}$ 与 $\boldsymbol{b}$ 平行,则向量 $\boldsymbol{a}$ 与 $\boldsymbol{b}$ 之和记为 $\boldsymbol{a}+\boldsymbol{b}$. 当 $\boldsymbol{a}$ 与 $\boldsymbol{b}$ 同向时,向量 $\boldsymbol{a}+\boldsymbol{b}$ 的模 $|\boldsymbol{a}+\boldsymbol{b}|=|\boldsymbol{a}|+|\boldsymbol{b}|$,方向与 $\boldsymbol{a}$, $\boldsymbol{b}$ 同向.当 $\boldsymbol{a}$ 与 $\boldsymbol{b}$ 反向时,向量 $\boldsymbol{a}+\boldsymbol{b}$ 的模 $|\boldsymbol{a}+\boldsymbol{b}|=||\boldsymbol{a}|-|\boldsymbol{b}||$,方向与 $\boldsymbol{a}$, $\boldsymbol{b}$ 中模大的向量方向一致.

定义 2 以一定点为始点作不在同一直线上的向量 $\boldsymbol{a},\boldsymbol{b}$,再以这两个向量为邻边作平行四边形,从定点到这个平行四边形对角的顶点所构成的向量,称为向量 $\boldsymbol{a}$ 与 $\boldsymbol{b}$ 的和 $\boldsymbol{a}+\boldsymbol{b}$,如图 7.1 所示.

通常我们把这种用平行四边形的对角线向量来确定两个向量和的方法,称为向量加法的平行四边形法则.

由于平行四边形的对边平行且相等,所以向量 $\boldsymbol{a}$ 与 $\boldsymbol{b}$ 的和还可以这样作出:以向量 $\boldsymbol{a}$ 的终点为始点作向量 $\boldsymbol{b}$,则从 $\boldsymbol{a}$ 的起点至 $\boldsymbol{b}$ 的终点的向量就是向量 $\boldsymbol{a}$ 与 $\boldsymbol{b}$ 的和 $\boldsymbol{a}+\boldsymbol{b}$, 如图 7.2 所示.这种求向量和的方法,称为向量加法的三角形法则.

向量加法符合下列运算规律:

(1) 交换律: $\boldsymbol{a}+\boldsymbol{b}=\boldsymbol{b}+\boldsymbol{a}$;

(2) 结合律: $(\boldsymbol{a}+\boldsymbol{b})+\boldsymbol{c}=\boldsymbol{a}+(\boldsymbol{b}+\boldsymbol{c})=\boldsymbol{a}+\boldsymbol{b}+\boldsymbol{c}$.

交换律可直接由向量加法的平行四边形法则得到.结合律根据向量加法的三角形法则得到,如图 7.3 所示.

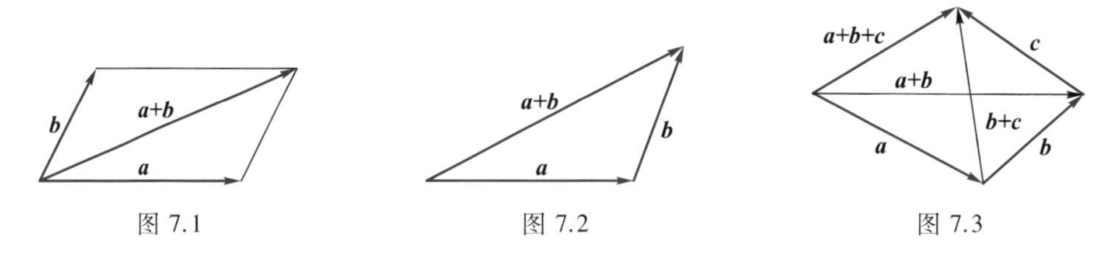

图 7.1　　图 7.2　　图 7.3

根据向量加法的交换律与结合律可得出多个向量相加的法则——首尾相接法.即使前一个向量的终点作为次一个向量的起点,相继作向量 $\boldsymbol{a}_1,\boldsymbol{a}_2,\cdots,\boldsymbol{a}_n$,再以第一个向量的起点为起点,以最后一个向量的终点为终点作一个向量,这个向量就是向量 $\boldsymbol{a}_1,\boldsymbol{a}_2,\cdots,\boldsymbol{a}_n$ 的和向量

$$\boldsymbol{a}_1+\boldsymbol{a}_2+\cdots+\boldsymbol{a}_n.$$

定义 3　若一个向量与向量 $\boldsymbol{b}$ 之和等于向量 $\boldsymbol{a}$，则这个向量称为 $\boldsymbol{a}$ 与 $\boldsymbol{b}$ 之差，记为 $\boldsymbol{a}-\boldsymbol{b}$.

由该定义可知，从一个始点作出 $\boldsymbol{a}$ 与 $\boldsymbol{b}$，则从 $\boldsymbol{b}$ 的终点到 $\boldsymbol{a}$ 的终点所作的向量就是 $\boldsymbol{a}-\boldsymbol{b}$，如图 7.4 所示.

我们把与向量 $\boldsymbol{a}$ 的模相等而方向相反的向量称为 $\boldsymbol{a}$ 的负向量（或相反向量），记为 $-\boldsymbol{a}$. 故 $\boldsymbol{a}-\boldsymbol{b}=\boldsymbol{a}+(-\boldsymbol{b})$，从而有 $\boldsymbol{a}-\boldsymbol{a}=\boldsymbol{a}+(-\boldsymbol{a})=\boldsymbol{0}$. 这样，向量的减法也有相应的平行四边形法则和三角形法则，如图 7.4 和图 7.5 所示.

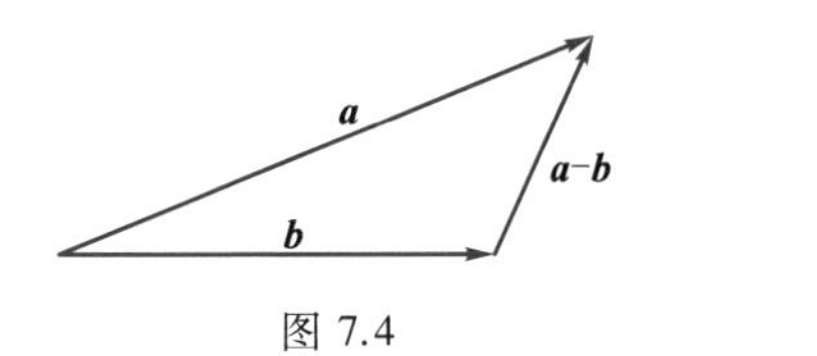

图 7.4

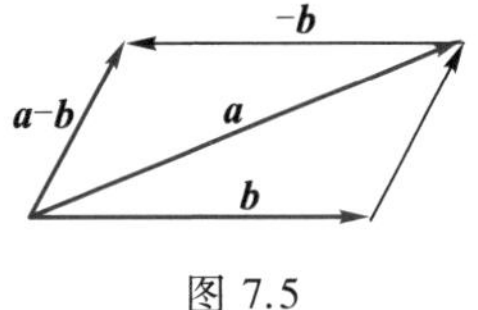

图 7.5

2. 数与向量的乘法

根据向量加法的定义，把 n 个相同的向量相加可得向量 $\boldsymbol{a}+\boldsymbol{a}+\cdots+\boldsymbol{a}$，它是一个模为 $n|\boldsymbol{a}|$ 且方向与 $\boldsymbol{a}$ 相同的向量，记为 $n\boldsymbol{a}$，这实际上就是数与向量的乘法.

定义 4　设 λ 为实数，向量 $\boldsymbol{a}$ 与 λ 的乘积 $\lambda\boldsymbol{a}$ 是个向量，向量 $\lambda\boldsymbol{a}$ 的模和方向规定如下：

当 $\lambda>0$ 时，$\lambda\boldsymbol{a}$ 的方向与 $\boldsymbol{a}$ 方向一致，模等于 $|\boldsymbol{a}|$ 的 λ 倍，即 $|\lambda\boldsymbol{a}|=\lambda|\boldsymbol{a}|$.

当 $\lambda=0$ 时，$\lambda\boldsymbol{a}=\boldsymbol{0}$，即 $\lambda\boldsymbol{a}$ 是零向量，方向可任意.

当 $\lambda<0$ 时，$\lambda\boldsymbol{a}$ 的方向与 $\boldsymbol{a}$ 反向，模为 $|\boldsymbol{a}|$ 的 $|\lambda|$ 倍，即 $|\lambda\boldsymbol{a}|=|\lambda||\boldsymbol{a}|$.

数与向量乘法满足下列运算规律：

(1) $\lambda(\mu\boldsymbol{a})=(\lambda\mu)\boldsymbol{a}$；

(2) $(\lambda+\mu)\boldsymbol{a}=\lambda\boldsymbol{a}+\mu\boldsymbol{a}$；

(3) $\lambda(\boldsymbol{a}+\boldsymbol{b})=\lambda\boldsymbol{a}+\lambda\boldsymbol{b}$，

其中 λ,μ 为实数.

以上运算规律，利用向量加法及平面几何知识容易得到证明. 例如对于运算规律(3)，由向量加法及相似三角形对应边成比例这个性质即可得到证明，如图 7.6所示.

设 $\boldsymbol{e}_a$ 是与非零向量 $\boldsymbol{a}$ 同向的单位向量，那么根据数与向量的乘法可以将向

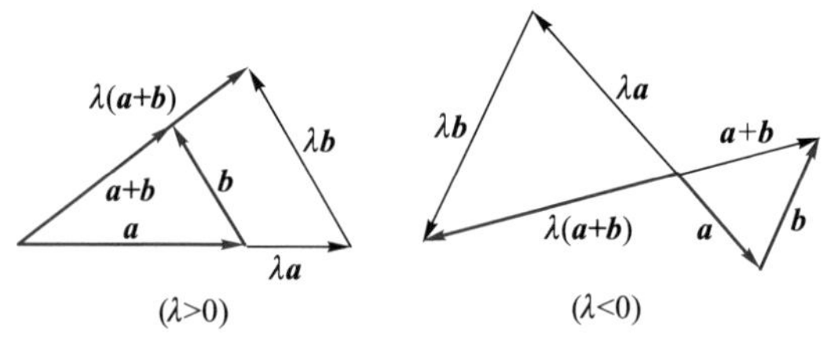

图 7.6

量 $\boldsymbol{a}$ 表示为

$$\boldsymbol{a}=|\boldsymbol{a}|\boldsymbol{e}_a \quad 或 \quad \boldsymbol{e}_a=\frac{\boldsymbol{a}}{|\boldsymbol{a}|}.$$

向量的加减法及数与向量的乘法总称为向量的线性运算.

例 1 证明三角形两边中点的连线平行于第三边,且等于第三边的一半.

证 设三角形 ABC 中,E, F 分别为 AC 与 BC 的中点,如图 7.7 所示.故 $\overrightarrow{CE}=\frac{1}{2}\overrightarrow{CA}$, $\overrightarrow{CF}=\frac{1}{2}\overrightarrow{CB}$. 根据向量减法的三角形法则可得

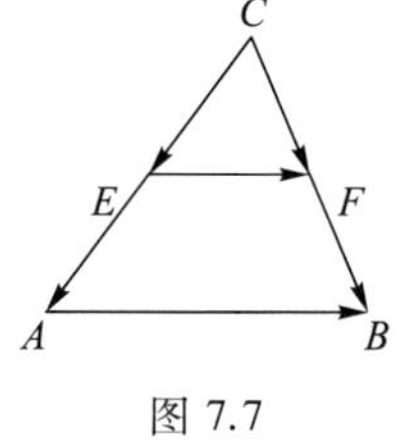

图 7.7

$$\overrightarrow{EF}=\overrightarrow{CF}-\overrightarrow{CE}=\frac{1}{2}(\overrightarrow{CB}-\overrightarrow{CA})=\frac{1}{2}\overrightarrow{AB}.$$

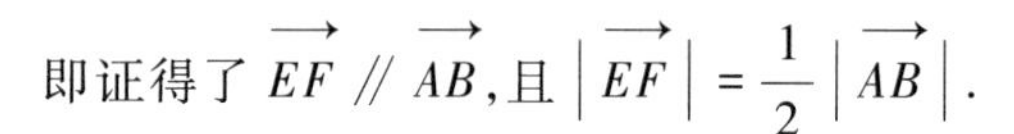

即证得了 $\overrightarrow{EF}\,/\!/\,\overrightarrow{AB}$,且 $\left|\overrightarrow{EF}\right|=\frac{1}{2}\left|\overrightarrow{AB}\right|$.

例 2 设 $\boldsymbol{a}$ 与 $\boldsymbol{b}$ 为两个向量,且 $\boldsymbol{b}\neq\boldsymbol{0}$, 证明:$\boldsymbol{a}$ 与 $\boldsymbol{b}$ 共线(即平行)的充分必要条件是存在常数 λ,使 $\boldsymbol{a}=\lambda\boldsymbol{b}$.

证 必要性.(1) 若 $\boldsymbol{a}$ 与 $\boldsymbol{b}$ 同向,取 $\lambda=\frac{|\boldsymbol{a}|}{|\boldsymbol{b}|}\geqslant 0$, 则

$$|\lambda\boldsymbol{b}|=\lambda|\boldsymbol{b}|=\frac{|\boldsymbol{a}|}{|\boldsymbol{b}|}|\boldsymbol{b}|=|\boldsymbol{a}|, \quad 即\ \boldsymbol{a}=\lambda\boldsymbol{b}.$$

(2) 若 $\boldsymbol{a}$ 与 $\boldsymbol{b}$ 反向,取 $\lambda=-\frac{|\boldsymbol{a}|}{|\boldsymbol{b}|}\leqslant 0$, 则

$$|\lambda\boldsymbol{b}|=|\lambda|\,|\boldsymbol{b}|=\frac{|\boldsymbol{a}|}{|\boldsymbol{b}|}|\boldsymbol{b}|=|\boldsymbol{a}|, \quad 即\ \boldsymbol{a}=\lambda\boldsymbol{b}.$$

充分性.由 $\boldsymbol{a}=\lambda\boldsymbol{b}$ 知 $\boldsymbol{a}\,/\!/\,\boldsymbol{b}$, 即 $\boldsymbol{a}$ 与 $\boldsymbol{b}$ 共线.

例 3 设 $\boldsymbol{a}$,$\boldsymbol{b}$ 为不平行的两个非零向量,证明 $\boldsymbol{a}$,$\boldsymbol{b}$ 所确定的平面内任一个

向量均可唯一地表示成 $\boldsymbol{\lambda a}+\mu\boldsymbol{b}$.

证　设 $\boldsymbol{c}$ 为 $\boldsymbol{a}$ 与 $\boldsymbol{b}$ 决定的平面内的任一向量,过同一始点 O 作出向量 $\boldsymbol{a},\boldsymbol{b},\boldsymbol{c}$,这三个向量的终点在同一平面内,过 $\boldsymbol{c}$ 的终点作直线分别与向量 $\boldsymbol{a},\boldsymbol{b}$ 平行,且交 $\boldsymbol{a},\boldsymbol{b}$ 所在的直线于点 A 和 B,如图 7.8 所示,则

$$\boldsymbol{c}=\overrightarrow{OA}+\overrightarrow{OB}=\lambda\boldsymbol{a}+\mu\boldsymbol{b}.$$

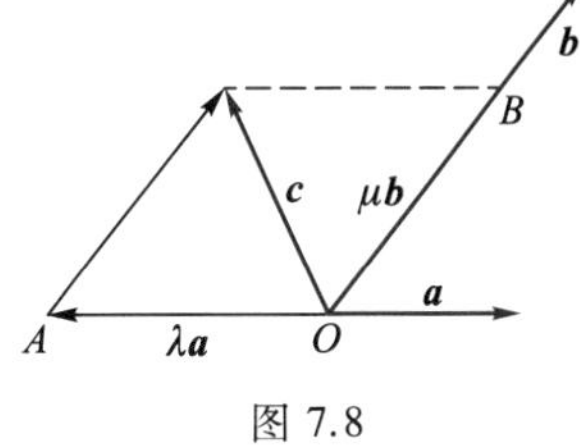

图 7.8

设 $\boldsymbol{c}$ 有两种表示方法,

$$\boldsymbol{c}=\lambda\boldsymbol{a}+\mu\boldsymbol{b}=\lambda'\boldsymbol{a}+\mu'\boldsymbol{b},$$

移项得

$$(\lambda-\lambda')\boldsymbol{a}=(\mu'-\mu)\boldsymbol{b}.$$

若 $\lambda-\lambda'\neq 0$, 可得 $\boldsymbol{a}=\dfrac{\mu'-\mu}{\lambda-\lambda'}\boldsymbol{b}$, 由数与向量乘法定义可知, $\boldsymbol{a}\parallel\boldsymbol{b}$, 这与题设矛盾.故必有

$$\mu=\mu',\quad \lambda=\lambda'.$$

习题 7.1

1. 试举例说明:什么是数量? 什么是向量?

2. 什么叫单位向量? 什么叫零向量? 什么叫向量的模?

3. 如果把空间的一切单位向量的始点都平移在同一点,问它们的终点构成什么图形?

4. 回答下列问题:

(1) 向量 $\boldsymbol{a}$ 与 $\boldsymbol{b}$ 起点相同,且当向量 $\boldsymbol{a}$ 旋转 $\dfrac{\pi}{6}$ 时恰与向量 $\boldsymbol{b}$ 重合,问 $\boldsymbol{a}=\boldsymbol{b}$ 吗? 为什么?

(2) 已知两个单位向量 $\boldsymbol{e}_a$ 与 $\boldsymbol{e}_b$,问 $\boldsymbol{e}_a+\boldsymbol{e}_b$ 是单位向量吗? 为什么? $\boldsymbol{e}_a=\boldsymbol{e}_b$ 吗? 为什么?

(3) 从 $\boldsymbol{a}=\boldsymbol{b}$ 是否可以得出 $|\boldsymbol{a}|=|\boldsymbol{b}|$? 反过来从 $|\boldsymbol{a}|=|\boldsymbol{b}|$ 是否可以得出 $\boldsymbol{a}=\boldsymbol{b}$? 为什么?

(4) 向量 $\boldsymbol{a},\boldsymbol{b},\boldsymbol{a}+\boldsymbol{b}$ 能否构成三角形? 向量 $\boldsymbol{a},\boldsymbol{b},\boldsymbol{a}-\boldsymbol{b}$ 能否构成三角形? 若向量 $\boldsymbol{a},\boldsymbol{b},\boldsymbol{c}$ 满足 $\boldsymbol{a}+\boldsymbol{b}+\boldsymbol{c}=\boldsymbol{0}$, 它们能否构成三角形?

5. 已知平行四边形两条对角线向量为 $\boldsymbol{a}$ 与 $\boldsymbol{b}$,求表示这平行四边形四条边的向量.

6. 用向量证明对角线互相平分的四边形为平行四边形.

7. 向量 $\boldsymbol{a},\boldsymbol{b}$ 分别满足什么条件时,下列各式才成立?

(1) $|\boldsymbol{a}+\boldsymbol{b}|=|\boldsymbol{a}-\boldsymbol{b}|$;　(2) $|\boldsymbol{a}+\boldsymbol{b}|>|\boldsymbol{a}-\boldsymbol{b}|$;

(3) $|\boldsymbol{a}+\boldsymbol{b}|<|\boldsymbol{a}-\boldsymbol{b}|$;　(4) $|\boldsymbol{a}+\boldsymbol{b}|=|\boldsymbol{a}|+|\boldsymbol{b}|$;

(5) $|\boldsymbol{a}+\boldsymbol{b}|=|\boldsymbol{a}|-|\boldsymbol{b}|$;　(6) $|\boldsymbol{a}-\boldsymbol{b}|=|\boldsymbol{a}|+|\boldsymbol{b}|$;

(7) $(\boldsymbol{a}+\boldsymbol{b})=\lambda(\boldsymbol{a}-\boldsymbol{b})$;　(8) $\dfrac{\boldsymbol{a}}{|\boldsymbol{a}|}=\dfrac{\boldsymbol{b}}{|\boldsymbol{b}|}$.

8. 设 $|\boldsymbol{a}|=1,|\boldsymbol{b}|=2$,$\boldsymbol{a}$ 与 $\boldsymbol{b}$ 夹角为 $60°$,试求:

(1) $|\boldsymbol{a}+\boldsymbol{b}|$;　(2) $|\boldsymbol{a}-\boldsymbol{b}|$;　(3) $\boldsymbol{a}+\boldsymbol{b}$ 与 $\boldsymbol{a}$ 的夹角;

(4) $|4\boldsymbol{a}-2\boldsymbol{b}|$;　(5) $4\boldsymbol{a}-2\boldsymbol{b}$ 与 $\boldsymbol{a}$ 的夹角.

9. 已知向量 $\boldsymbol{a}=\boldsymbol{e}_1-2\boldsymbol{e}_2+3\boldsymbol{e}_3,\boldsymbol{b}=2\boldsymbol{e}_1+\boldsymbol{e}_2,\boldsymbol{c}=6\boldsymbol{e}_1-2\boldsymbol{e}_2+6\boldsymbol{e}_3$,其中 $\boldsymbol{e}_1,\boldsymbol{e}_2,\boldsymbol{e}_3$ 不共面.问 $\boldsymbol{a}+\boldsymbol{b}$ 与 $\boldsymbol{c}$ 是否共线?$\boldsymbol{a}-\boldsymbol{b}$ 与 $\boldsymbol{c}$ 是否共线?

第二节 向量的坐标表示

直角坐标系的建立是划时代的,它建立了空间图形与数的对应关系.

一、空间直角坐标系

空间直角坐标系是平面直角坐标系的推广.我们过空间一定点 O(叫原点),作三条互相垂直的数轴,分别叫 x 轴(横轴)、y 轴(纵轴)、z 轴(竖轴),统称为坐标轴.通常把 x 轴、y 轴放在水平面上,而 z 轴是铅垂的;一般三个坐标轴具有相同的长度单位.每两个坐标轴所决定的平面叫坐标面.由 x 轴、y 轴所决定的平面叫 xOy 坐标面,y 轴、z 轴所决定的平面叫 yOz 坐标面,x 轴、z 轴所决定的平面叫 xOz 坐标面.由 x 轴、y 轴、z 轴组成的坐标系叫空间直角坐标系 $Oxyz$.

通常我们采用右手系,即以右手握住 z 轴,当右手的四个手指从正向 x 轴以 $\dfrac{\pi}{2}$ 角度转向正向 y 轴时,大拇指的指向就是 z 轴的正向,如图 7.9 所示.

三个互相垂直的坐标面,把整个空间分成八个部分,每一个部分叫卦限.在 xOy 坐标面的上方,yOz 坐标面的前方,xOz 坐标面的右方一部分叫第一卦限.在 xOy 坐标面上方,按逆时针方向去数,其余三个部分依次叫第二卦限、第三卦限、第四卦限.第一、第二、第三、第四卦限对应的 xOy 坐标面下方四个部分依次叫第五、第六、第七、第八卦限.

设 M 为空间任意一个已知点,过 M 分别作平面与 x 轴、y 轴、z 轴垂直,与坐标轴交点分别为 P,Q,R,如图 7.10 所示.

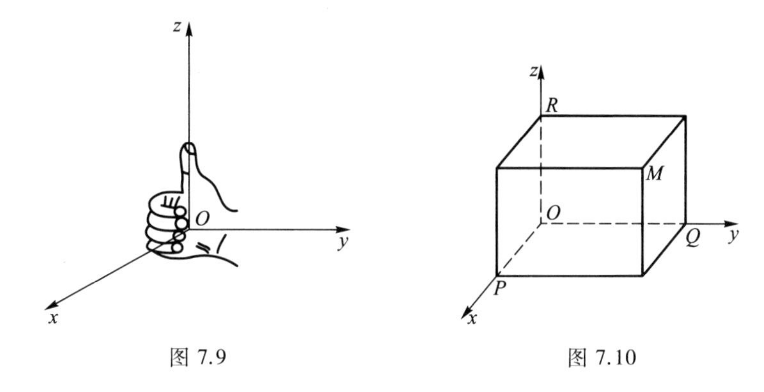

图 7.9　　　　图 7.10

坐标轴上相应于点 P,Q,R 的实数 x,y,z 称为点 M 的坐标，记为 $M(x,\ y,\ z)$，可见空间每一点均有一组有序实数组 $(x,\ y,\ z)$ 与之对应.

反过来，已知一组有序实数组 (x,y,z)，则在 x 轴、y 轴、z 轴上分别找到坐标为 x 的点 P，坐标为 y 的点 Q 以及坐标为 z 的点 R，然后过点 P,Q,R 分别作 x 轴、y 轴、z 轴的垂直平面，这三个平面的交点 M，就是由有序的实数组 (x,y,z) 所确定的点. 这样就建立了空间点与三个有序实数组 (x,y,z) 之间的一一对应关系. 称 $(x,\ y,\ z)$ 为点 M 的坐标，而数 x,y,z 分别称为点 M 的横坐标、纵坐标和竖坐标. 特别当点 M 在 xOy 坐标面上时，则点 M 的坐标为 $(x,y,0)$ 或竖坐标 $z=0$；同样，当点在 xOz 坐标面上时，有 $y=0$；点 M 在 yOz 坐标面上时，有 $x=0$. 又当点 M 在 x 轴上时，有 $y=z=0$；同样 y 轴、z 轴上的点分别有 $x=z=0, x=y=0$；当点 M 在坐标原点时，有 $x=y=z=0$.

例 1　画出点 $M(-1,2,3)$.

解　建立空间直角坐标系 $Oxyz$，先在 x 轴上取 -1 个单位；然后沿平行于 y 轴方向取 2 个单位；最后沿 z 轴方向取 3 个单位即为 M 点，如图 7.11 所示.

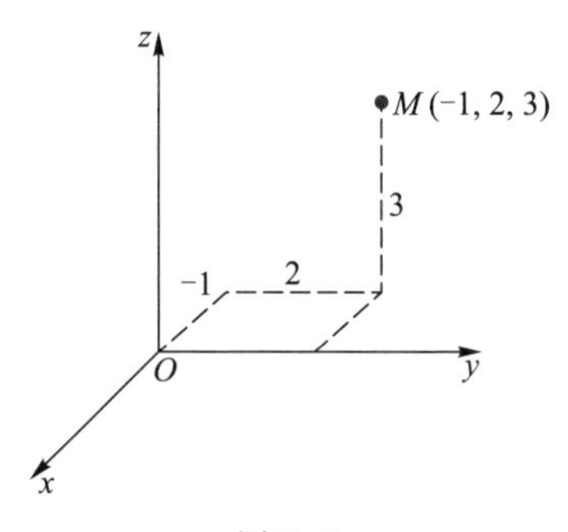

图 7.11

二、向量在轴上的投影及投影定理

1. 两个向量的夹角

设有非零向量 $\boldsymbol{a}$ 与 $\boldsymbol{b}$,将 $\boldsymbol{a}$ 与 $\boldsymbol{b}$ 起点均移到同一点 O,如图 7.12 所示.在 $\boldsymbol{a},\boldsymbol{b}$ 决定的平面内,把其中一个向量绕 O 点旋转,使两个向量的正方向重合时,所转过的角度称为 $\boldsymbol{a}$ 与 $\boldsymbol{b}$ 的夹角,记为$(\widehat{\boldsymbol{a},\boldsymbol{b}})$,且规定 $0\leqslant(\widehat{\boldsymbol{a},\boldsymbol{b}})\leqslant\pi$. 特别当 $\boldsymbol{a}\parallel\boldsymbol{b}$ 时,若 $\boldsymbol{a}$ 与 $\boldsymbol{b}$ 同向,则 $(\widehat{\boldsymbol{a},\boldsymbol{b}})=0$; 若 $\boldsymbol{a}$ 与 $\boldsymbol{b}$ 反向,则 $(\widehat{\boldsymbol{a},\boldsymbol{b}})=\pi$, 当 $\boldsymbol{a}$ 与 $\boldsymbol{b}$ 其一为 $\boldsymbol{0}$ 时,则$(\widehat{\boldsymbol{a},\boldsymbol{b}})$可在 0 与 π 之间任意取值.同理可以定义非零向量与轴(规定了方向和长度单位的直线称为轴)之间的夹角,轴与轴之间的夹角.

2. 向量在轴上的投影

设给定单位向量 $\boldsymbol{e}$ 及其确定的轴 L(如图 7.13 所示),任给向量 $\boldsymbol{r}=\overrightarrow{AB}$, 分别过点 A 与 B 作与 L 轴垂直的平面交 L 轴于点 A'与 B'(分别称 A'与 B'为点 A 与 B 在轴 L 上的投影),向量$\overrightarrow{A'B'}$称为向量 $\boldsymbol{r}$ 在 L 轴上的分向量,由于 $\overrightarrow{A'B'}\parallel\boldsymbol{e}$, 因此存在唯一的数 λ,使得 $\overrightarrow{A'B'}=\lambda\boldsymbol{e}$, 称数 λ 为向量在轴 L 上的投影,记作 $\mathrm{Prj}_L\,\boldsymbol{r}$.

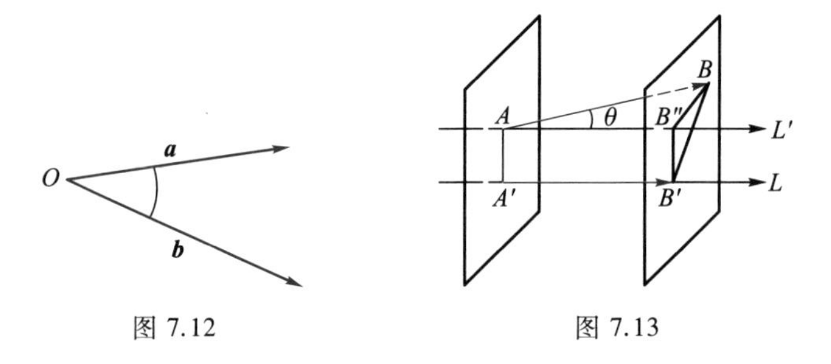

图 7.12　　图 7.13

3. 投影定理

定理 1 设向量$\overrightarrow{AB}$与轴 L 的夹角为 θ,则

$$\mathrm{Prj}_L\,\overrightarrow{AB}=\left|\overrightarrow{AB}\right|\cos\theta.$$

证 设向量 $\overrightarrow{AB}$ 在轴 L 上的投影为 $A'B'$,如图 7.13 所示.过点 A 作轴$L'\parallel L$,且指向相同,显然向量 $\overrightarrow{AB}$ 与轴 L'的夹角也是 θ,且有

$$\mathrm{Prj}_{L'}\overrightarrow{AB}=\mathrm{Prj}_{L}\overrightarrow{AB}.$$

又因为

$$\mathrm{Prj}_{L'}\overrightarrow{AB}=AB''=\left|\overrightarrow{AB}\right|\cos\theta,$$

所以

$$\mathrm{Prj}_{L}\overrightarrow{AB}=\left|\overrightarrow{AB}\right|\cos\theta.$$

■

注 1 当 $\overrightarrow{AB}\neq\mathbf{0}$ 时, $\mathrm{Prj}_{L}\overrightarrow{AB}$ 可正,可负也可为零.

事实上,设 $\overrightarrow{AB}$ 与轴 L 夹角为 θ,且 $0\leqslant\theta\leqslant\pi$, 则

$$\mathrm{Prj}_{L}\overrightarrow{AB}=\left|\overrightarrow{AB}\right|\cos\theta\begin{cases}>0, & 0\leqslant\theta<\dfrac{\pi}{2},\\ =0, & \theta=\dfrac{\pi}{2},\\ <0, & \dfrac{\pi}{2}<\theta\leqslant\pi.\end{cases}$$

注 2 相等向量在同一轴上的投影相同(请读者自己证明).

定理 2 设给定向量 $\boldsymbol{a}_1$ 和 $\boldsymbol{a}_2$ 及轴 L,则

$$\mathrm{Prj}_{L}(\boldsymbol{a}_1+\boldsymbol{a}_2)=\mathrm{Prj}_{L}\boldsymbol{a}_1+\mathrm{Prj}_{L}\boldsymbol{a}_2.$$

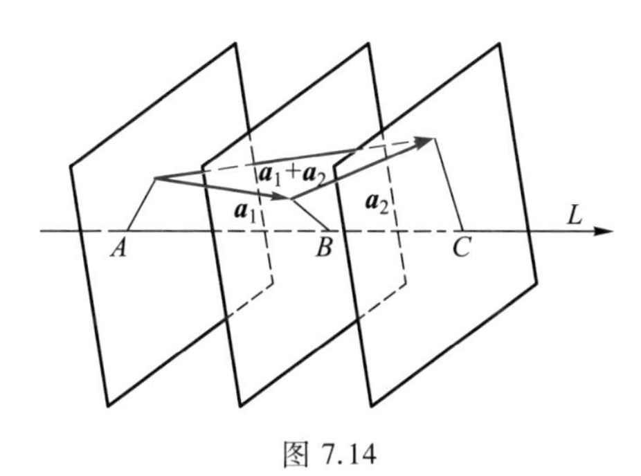

图 7.14

证 设 A,B,C 分别为向量 $\boldsymbol{a}_1,\boldsymbol{a}_2$ 的始终点在轴 L 上的投影,如图 7.14 所示,则

$$\mathrm{Prj}_{L}\boldsymbol{a}_1=AB,$$

$$\mathrm{Prj}_{L}\boldsymbol{a}_2=BC,$$

$$\mathrm{Prj}_L(\boldsymbol{a}_1+\boldsymbol{a}_2)=AC.$$

由于不论 A,B,C 在轴 L 上的位置如何，总有 $AB+BC=AC$，所以

$$\mathrm{Prj}_L\,\boldsymbol{a}_1+\mathrm{Prj}_L\,\boldsymbol{a}_2=\mathrm{Prj}_L(\boldsymbol{a}_1+\boldsymbol{a}_2).$$ ■

显然定理 2 可推广到有限个向量，即

$$\boxed{\mathrm{Prj}_L(\boldsymbol{a}_1+\boldsymbol{a}_2+\cdots+\boldsymbol{a}_n)=\mathrm{Prj}_L\,\boldsymbol{a}_1+\mathrm{Prj}_L\,\boldsymbol{a}_2+\cdots+\mathrm{Prj}_L\,\boldsymbol{a}_n.}$$

三、向量的坐标

1. 向量的坐标表示式

在空间直角坐标系 $Oxyz$ 的三个坐标轴的正向，分别取与 x 轴、y 轴、z 轴正向相同的三个单位向量，依次记为 $\boldsymbol{i},\boldsymbol{j},\boldsymbol{k}$，称为坐标系 $Oxyz$ 的基本单位向量.

设向量 $\overrightarrow{OM}$ 的终点 $M(x,y,z)$ 在三个坐标轴上的投影点分别为 A,B,C，如图 7.15 所示，则

$$\overrightarrow{OM}=\overrightarrow{OA}+\overrightarrow{AP}+\overrightarrow{PM}=\overrightarrow{OA}+\overrightarrow{OB}+\overrightarrow{OC},$$

称 $\overrightarrow{OA},\overrightarrow{OB},\overrightarrow{OC}$ 为向量 $\overrightarrow{OM}$ 在三个坐标轴上的分向量. 且

$$\overrightarrow{OA}=x\boldsymbol{i},\quad \overrightarrow{OB}=y\boldsymbol{j},\quad \overrightarrow{OC}=z\boldsymbol{k},$$

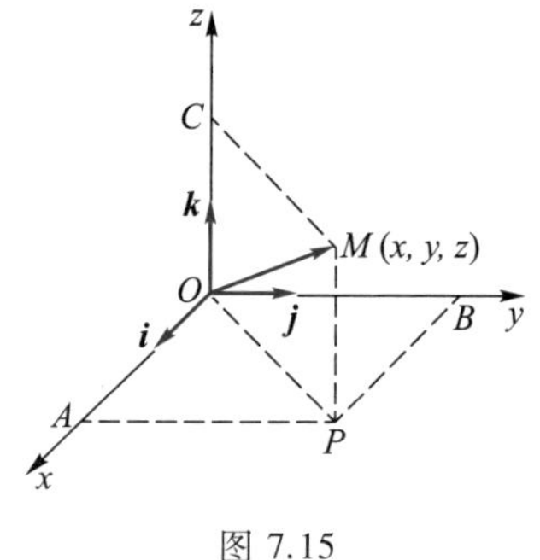

图 7.15

故 $\overrightarrow{OM}=x\boldsymbol{i}+y\boldsymbol{j}+z\boldsymbol{k}$，称为向量 $\overrightarrow{OM}$ 按基本单位向量的分解式，其中 x,y,z 分别为向量 $\overrightarrow{OM}$ 在三个坐标轴上的投影. 由图不难看出向量 $\overrightarrow{OM}$ 与有序数组 x,y,z 是一一对应的. 向量 $\overrightarrow{OM}$ 在三个坐标轴上的投影 x,y,z 称为向量 $\overrightarrow{OM}$ 的坐标，并把表达式

$$\overrightarrow{OM}=(x,y,z)$$

叫做向量 $\overrightarrow{OM}$ 的坐标表示式.

由上面的讨论可知，起点在坐标原点的向量的坐标等于其终点的坐标.

我们把起点固定在坐标原点，以终点 $M(x,y,z)$ 的直角坐标为坐标的向量

$\overrightarrow{OM}=\boldsymbol{r}$ 称为点 $\boldsymbol{M}$ 的向径,即

$$\boldsymbol{r}=x\boldsymbol{i}+y\boldsymbol{j}+z\boldsymbol{k} \quad 或 \quad \boldsymbol{r}=(x,y,z).$$

注意,向径不是自由向量,不能任意平移.

2. 向量的模和方向余弦的坐标表示式

由图 7.15 可知

$$\begin{aligned}\left|\overrightarrow{OM}\right|^2&=\left|\overrightarrow{OP}\right|^2+\left|\overrightarrow{PM}\right|^2\\&=\left|\overrightarrow{OA}\right|^2+\left|\overrightarrow{OB}\right|^2+\left|\overrightarrow{OC}\right|^2\\&=x^2+y^2+z^2,\end{aligned}$$

所以向量$\overrightarrow{OM}$的模

$$\left|\overrightarrow{OM}\right|=\sqrt{x^2+y^2+z^2}.$$

设非零向量$\overrightarrow{OM}$与 x 轴、y 轴、z 轴正向夹角分别为 α,β,γ(均在 0 与 π 之间),这三个角确定了向量$\overrightarrow{OM}$的方向,叫做向量$\overrightarrow{OM}$的方向角.由投影定理 1 可得

$$x=\left|\overrightarrow{OM}\right|\cos\alpha,\quad y=\left|\overrightarrow{OM}\right|\cos\beta,\quad z=\left|\overrightarrow{OM}\right|\cos\gamma.$$

方向角的余弦 $\cos\alpha,\cos\beta,\cos\gamma$ 叫做向量$\overrightarrow{OM}$的方向余弦.用它可以确定向量$\overrightarrow{OM}$的方向.

由上式可知,由向量$\overrightarrow{OM}$的模和方向余弦可以确定投影 x,y,z;反之也可由投影 x,y,z 来确定向量$\overrightarrow{OM}$的模和方向余弦,即

$$\begin{cases}\cos\alpha=\dfrac{x}{\left|\overrightarrow{OM}\right|}=\dfrac{x}{\sqrt{x^2+y^2+z^2}},\\[2ex]\cos\beta=\dfrac{y}{\left|\overrightarrow{OM}\right|}=\dfrac{y}{\sqrt{x^2+y^2+z^2}},\\[2ex]\cos\gamma=\dfrac{z}{\left|\overrightarrow{OM}\right|}=\dfrac{z}{\sqrt{x^2+y^2+z^2}}.\end{cases}$$

由方向余弦的表达式易知:

(1) 任一非零向量的方向余弦的平方和等于1,即

$$\boxed{\cos^2\alpha + \cos^2\beta + \cos^2\gamma = 1.}$$

(2) 一个单位向量的坐标就是它的方向余弦,即

$$\boxed{\boldsymbol{e}_a = \frac{\boldsymbol{a}}{|\boldsymbol{a}|} = (\cos\alpha, \cos\beta, \cos\gamma).}$$

特别地,基本单位向量的坐标表示式为

$$\boldsymbol{i} = (1,0,0), \quad \boldsymbol{j} = (0,1,0), \quad \boldsymbol{k} = (0,0,1).$$

例 2 已知向量 $\boldsymbol{b} = -2\boldsymbol{i} + 3\boldsymbol{j} + 2\sqrt{3}\boldsymbol{k}$.

(1) 求 $\boldsymbol{b}$ 的长度及方向余弦;

(2) 求与 $\boldsymbol{b}$ 平行且方向相反的单位向量 $\boldsymbol{e}_a$.

解 (1) $|\boldsymbol{b}| = \sqrt{(-2)^2 + 3^2 + (2\sqrt{3})^2} = 5$,

$$\cos\alpha = -\frac{2}{5}, \quad \cos\beta = \frac{3}{5}, \quad \cos\gamma = \frac{2\sqrt{3}}{5}.$$

(2) $\boldsymbol{e}_b = (\cos\alpha, \cos\beta, \cos\gamma) = \left(-\frac{2}{5}, \frac{3}{5}, \frac{2\sqrt{3}}{5}\right)$,故

$$\boldsymbol{e}_a = -\boldsymbol{e}_b = \left(\frac{2}{5}, -\frac{3}{5}, -\frac{2\sqrt{3}}{5}\right) = \frac{2}{5}\boldsymbol{i} - \frac{3}{5}\boldsymbol{j} - \frac{2\sqrt{3}}{5}\boldsymbol{k}.$$

例 3 已知向量 $\boldsymbol{a}$ 的两个方向余弦为 $\cos\alpha = \frac{2}{7}$,$\cos\beta = \frac{3}{7}$,且 $\boldsymbol{a}$ 与 z 轴的方向角 γ 为钝角,求 $\cos\gamma$.

解 因为

$$\cos^2\alpha + \cos^2\beta + \cos^2\gamma = 1,$$

所以

$$\cos^2\gamma = 1 - \left(\frac{2}{7}\right)^2 - \left(\frac{3}{7}\right)^2 = \frac{36}{49}, \quad \cos\gamma = \pm\frac{6}{7}.$$

又 γ 为钝角,故

$$\cos\gamma = -\frac{6}{7}.$$

3. 用坐标进行向量的线性运算

设 $\boldsymbol{a}=x_1\boldsymbol{i}+y_1\boldsymbol{j}+z_1\boldsymbol{k}$, $\boldsymbol{b}=x_2\boldsymbol{i}+y_2\boldsymbol{j}+z_2\boldsymbol{k}$,则

$$\begin{aligned}\boldsymbol{a}\pm\boldsymbol{b}&=(x_1\boldsymbol{i}+y_1\boldsymbol{j}+z_1\boldsymbol{k})\pm(x_2\boldsymbol{i}+y_2\boldsymbol{j}+z_2\boldsymbol{k})\\&=(x_1\pm x_2)\boldsymbol{i}+(y_1\pm y_2)\boldsymbol{j}+(z_1\pm z_2)\boldsymbol{k}\\&=(x_1\pm x_2,\ y_1\pm y_2,\ z_1\pm z_2),\end{aligned}$$

$$\begin{aligned}\lambda\boldsymbol{a}&=\lambda(x_1\boldsymbol{i}+y_1\boldsymbol{j}+z_1\boldsymbol{k})=\lambda x_1\boldsymbol{i}+\lambda y_1\boldsymbol{j}+\lambda z_1\boldsymbol{k}\\&=(\lambda x_1,\ \lambda y_1,\ \lambda z_1),\end{aligned}$$

且

$$\begin{aligned}\boldsymbol{a}=\boldsymbol{b}&\Leftrightarrow(x_1,y_1,z_1)=(x_2,y_2,z_2)\\&\Leftrightarrow x_1=x_2,\ y_1=y_2,\ z_1=z_2.\end{aligned}$$

由此可知,设 $\boldsymbol{a},\boldsymbol{b}$ 是两个向量, $\boldsymbol{b}\neq\boldsymbol{0}$, 则

$$\boldsymbol{a}\text{ 与 }\boldsymbol{b}\text{ 共线}\Leftrightarrow\boldsymbol{a}=\lambda\boldsymbol{b}\Leftrightarrow\frac{x_1}{x_2}=\frac{y_1}{y_2}=\frac{z_1}{z_2}=\lambda.$$

在上式中,若分母有一个为零,相应的分子也为零,例如当 $x_2=0$ 时,上式理解为

$$\begin{cases}x_1=0,\\\dfrac{y_1}{y_2}=\dfrac{z_1}{z_2}=\lambda,\end{cases}$$

当 $x_2=y_2=0$ 时,上式理解为

$$\begin{cases}x_1=y_1=0,\\\dfrac{z_1}{z_2}=\lambda.\end{cases}$$

例 4　已知空间两点 $M_1(x_1,y_1,z_1)$, $M_2(x_2,y_2,z_2)$ 及数 λ,求

(1) 向量 $\overrightarrow{M_1M_2}$ 及 $\left|\overrightarrow{M_1M_2}\right|$;

(2) 在点 M_1 与 M_2 的连线上求一点 M 使 $\overrightarrow{M_1M}=\lambda\overrightarrow{MM_2}$.

解　(1) 在空间直角坐标系 $Oxyz$ 中,作出向量 $\overrightarrow{OM_1}$ 与 $\overrightarrow{OM_2}$,如图 7.16 所示,则

$$\overrightarrow{OM_1}=(x_1,y_1,z_1),$$

$$\overrightarrow{OM_2}=(x_2,y_2,z_2).$$

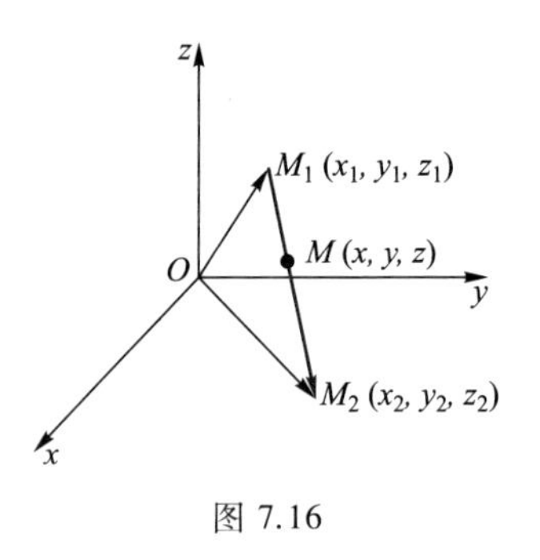

图 7.16

由向量减法的三角形法则可知

$$\begin{aligned}\overrightarrow{M_1M_2}&=\overrightarrow{OM_2}-\overrightarrow{OM_1}\\&=(x_2,y_2,z_2)-(x_1,y_1,z_1)\\&=(x_2-x_1,\ y_2-y_1,\ z_2-z_1).\end{aligned}$$

即 $\overrightarrow{M_1M_2}=(x_2-x_1)\boldsymbol{i}+(y_2-y_1)\boldsymbol{j}+(z_2-z_1)\boldsymbol{k}.$

上式表明空间向量的坐标等于其终点坐标减去始点的坐标,故向量$\overrightarrow{M_1M_2}$的模

$$\left|\overrightarrow{M_1M_2}\right|=\sqrt{(x_2-x_1)^2+(y_2-y_1)^2+(z_2-z_1)^2}.$$

这就是空间两点 M_1 与 M_2 之间的距离公式.

(2) 设点 M 的坐标为 x,y,z,则

$$\overrightarrow{M_1M}=(x-x_1,\ y-y_1,\ z-z_1),$$

$$\overrightarrow{MM_2}=(x_2-x,\ y_2-y,\ z_2-z),$$

由 $\overrightarrow{M_1M}=\lambda\overrightarrow{MM_2}$ 得

$$\begin{aligned}&(x-x_1,\ y-y_1,\ z-z_1)\\&=\lambda(x_2-x,\ y_2-y,\ z_2-z)\\&=(\lambda(x_2-x),\ \lambda(y_2-y),\ \lambda(z_2-z)),\end{aligned}$$

从而解得

$$x=\frac{x_1+\lambda x_2}{1+\lambda},\quad y=\frac{y_1+\lambda y_2}{1+\lambda},\quad z=\frac{z_1+\lambda z_2}{1+\lambda}.$$

点 M 称为有向线段 M_1M_2 的定比分点,上式即为空间点 M 的定比分点公式.当 $\lambda=1$ 时,

$$x=\frac{x_1+x_2}{2},\quad y=\frac{y_1+y_2}{2},\quad z=\frac{z_1+z_2}{2},\tag{7.1}$$

即为中点公式.

例 5　求平行于 x 轴、y 轴、z 轴的向量的坐标表示式.

解　平行于 x 轴的向量,就是垂直于 yOz 坐标面的向量.在 yOz 坐标面上任取一点 $M_1(0,\ y,\ z)$ 为始点,则终点为 $M_2(x,\ y,\ z)$,故平行于 x 轴的向量的坐标表示式为

$$\overrightarrow{M_1M_2}=(x-0,y-y,z-z)=(x,0,0).$$

同理,平行于 y 轴的向量的坐标表示式为 $(0,y,0)$,平行于 z 轴的向量的坐标表示式为 $(0,0,z)$.

例 6　静力学中一个主要问题,是考虑作用于同一点诸力(称为共点力系)的平衡问题,根据静力学的理论,共点力系平衡的充分必要条件是力系的合力 $\boldsymbol{R}=\boldsymbol{0}$, 设 $\boldsymbol{F}_1,\boldsymbol{F}_2,\cdots,\boldsymbol{F}_n$ 是共点力系中的诸力,则诸力平衡的充分必要条件是

$$\sum_{k=1}^{n}\boldsymbol{F}_k=\boldsymbol{F}_1+\boldsymbol{F}_2+\cdots+\boldsymbol{F}_n=\boldsymbol{0}.\tag{7.2}$$

解　设 $x_k,\ y_k,\ z_k$ 是 $\boldsymbol{F}_k(k=1,\ 2,\ \cdots,\ n)$ 的三个分量,则

$$\sum_{k=1}^{n}\boldsymbol{F}_k=\sum_{k=1}^{n}(x_k,\ y_k,\ z_k)=\left(\sum_{k=1}^{n}x_k,\ \sum_{k=1}^{n}y_k,\ \sum_{k=1}^{n}z_k\right).$$

故(7.2)式等价于

$$\begin{cases}\displaystyle\sum_{k=1}^{n}x_k=x_1+x_2+\cdots+x_n=0,\\ \displaystyle\sum_{k=1}^{n}y_k=y_1+y_2+\cdots+y_n=0,\\ \displaystyle\sum_{k=1}^{n}z_k=z_1+z_2+\cdots+z_n=0.\end{cases}$$

从而共点力系平衡问题的讨论便化为各个作用力的分量所应满足的一组代数方程组来讨论了.

例 7　已知 $\boldsymbol{a}=\boldsymbol{i}+5\boldsymbol{j}+3\boldsymbol{k}$, $\boldsymbol{b}=6\boldsymbol{i}-4\boldsymbol{j}-2\boldsymbol{k}$, $\boldsymbol{c}=0\boldsymbol{i}-5\boldsymbol{j}+7\boldsymbol{k}$, $\boldsymbol{d}=-20\boldsymbol{i}+27\boldsymbol{j}-35\boldsymbol{k}$, 求数 k_1,k_2,k_3 使 $k_1\boldsymbol{a},k_2\boldsymbol{b},k_3\boldsymbol{c},\boldsymbol{d}$ 构成闭折线.

解　因 $k_1\boldsymbol{a},k_2\boldsymbol{b},k_3\boldsymbol{c},\boldsymbol{d}$ 构成闭折线,故有

$$k_1\boldsymbol{a}+k_2\boldsymbol{b}+k_3\boldsymbol{c}+\boldsymbol{d}=\boldsymbol{0},$$

即

$$(k_1+6k_2-20)\boldsymbol{i}+(5k_1-4k_2-5k_3+27)\boldsymbol{j}+(3k_1-2k_2+7k_3-35)\boldsymbol{k}=\boldsymbol{0},$$

所以

$$\begin{cases}k_1+6k_2=20,\\5k_1-4k_2-5k_3=-27,\\3k_1-2k_2+7k_3=35.\end{cases}$$

解得

$$k_1=2,\quad k_2=3,\quad k_3=5.$$

习题 7.2

1. 在直角坐标系中指出：

(1) 点 $A(-2,-3,1)$，$B(2,-3,-4)$，$C(2,3,-4)$，$D(1,-2,3)$ 各在哪个卦限？

(2) 点 $A(0,-1,0)$，$B(3,0,0)$，$C(0,4,3)$，$D(3,4,0)$ 的位置.

(3) 求点 $(-1,2,3)$ 关于各坐标面、各坐标轴及原点的对称点.

2. 已知立方体一个顶点在坐标原点，三条棱在正的半坐标轴上，若棱长为 a，求其各顶点的坐标.

3. 求点 $M(4,-3,5)$ 到各坐标轴的距离.

4. 设有向量 $\boldsymbol{a}$ 及轴 L.

(1) $\mathrm{Prj}_L\boldsymbol{a}$ 是数量还是向量？

(2) 若 $\boldsymbol{a}$ 垂直于轴 L，$\mathrm{Prj}_L\boldsymbol{a}$ 等于什么？若 $\boldsymbol{a}$ 垂直于轴 L 所在的平面，$\mathrm{Prj}_L\boldsymbol{a}$ 等于什么？若 $\boldsymbol{a}$ 平行于轴 L，$\mathrm{Prj}_L\boldsymbol{a}$ 等于什么？

(3) 若 $|\boldsymbol{a}|=4$，$\boldsymbol{a}$ 与轴 L 夹角为 $60°$，求 $\mathrm{Prj}_L\boldsymbol{a}$.

5. 已知两点 $A(0,1,2)$，$B(1,-1,0)$，试用坐标表示 $\overrightarrow{AB}$ 及 $-2\overrightarrow{AB}$.

6. 已知向量 $\overrightarrow{AB}$ 的终点 $B(2,-1,7)$，它在 x 轴、y 轴、z 轴上投影分别为 $4,-4,7$，求向量 $\overrightarrow{AB}$ 起点 A 的坐标.

7. 求以原点为起点，点 $P(1,3,5)$ 为终点的向量分解式. 若 M 为 OP 的中点，求 $\overrightarrow{OM}$ 的坐标.

8. 设 $\boldsymbol{a}=m\boldsymbol{i}+3\boldsymbol{j}+(n-1)\boldsymbol{k}$，$\boldsymbol{b}=3\boldsymbol{i}+e\boldsymbol{j}+3\boldsymbol{k}$，求 $\boldsymbol{a},\boldsymbol{b}$ 的模及方向余弦，并求当 $\boldsymbol{a}=\boldsymbol{b}$ 时的 m,n,e 的值.

9. 与三坐标轴分别成$\frac{\pi}{4},\frac{\pi}{4},\frac{\pi}{3}$角的向量是否存在？为什么？

10. 设 $\boldsymbol{a}$ 与三坐标轴所成角(锐角)相等,求:

(1) $\boldsymbol{a}$ 的方向余弦;

(2) 若 $|\boldsymbol{a}|=2$, 求 $\boldsymbol{a}$ 的坐标.

11. 已知 $\boldsymbol{a}=(1,-2,3)$, $\boldsymbol{b}=(-4,5,8)$, 求 $\boldsymbol{c}$,使 $\boldsymbol{a}+2\boldsymbol{b}-3\boldsymbol{c}=\boldsymbol{0}$.

12. α,β 为何值时,向量 $\boldsymbol{a}=(-2,3,\beta)$ 与 $\boldsymbol{b}=(\alpha,-6,2)$ 共线.

13. 求出平行于向量 $\boldsymbol{a}=(6,7,-6)$ 的单位向量.

14. 求与坐标轴成等角,在第一卦限内的点的向径.

15. 设三角形顶点向径分别为 $\boldsymbol{r}_1,\boldsymbol{r}_2,\boldsymbol{r}_3$,试证其重心向径为

$$\boldsymbol{r}=\frac{1}{3}(\boldsymbol{r}_1+\boldsymbol{r}_2+\boldsymbol{r}_3).$$

第三节　向量的乘法

一、向量的数量积

设一物体在常力 $\boldsymbol{F}$ 作用下沿直线由点 A 运动至点 B,记$\boldsymbol{s}=\overrightarrow{AB}$,由物理学知道,力 $\boldsymbol{F}$ 所做的功为 $W=|\boldsymbol{F}||\boldsymbol{s}|\cos\theta$, 其中 θ 为力 $\boldsymbol{F}$ 与位移 $\boldsymbol{s}$ 之间的夹角,如图 7.17 所示.

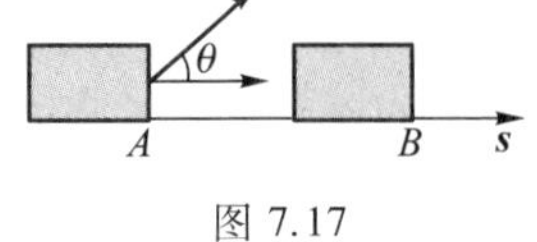

图 7.17

抽去力 $\boldsymbol{F}$,位移 $\boldsymbol{s}$ 及功 W 的物理意义,抽象成向量的运算,就是向量的数量积.

定义 1　两个向量 $\boldsymbol{a}$ 与 $\boldsymbol{b}$ 的数量积记为 $\boldsymbol{a}\cdot\boldsymbol{b}$,它是一个数,且等于它们的模 $|\boldsymbol{a}|$, $|\boldsymbol{b}|$ 与其夹角 φ 的余弦 $\cos\varphi$ 的乘积,即 $\boldsymbol{a}\cdot\boldsymbol{b}=|\boldsymbol{a}||\boldsymbol{b}|\cos\varphi$.

数量积有时也称为“内积”或“点积”.

由投影定理 1 可知,数量积又可以表示为

$$\boxed{\boldsymbol{a}\cdot\boldsymbol{b}=|\boldsymbol{a}|\operatorname{Prj}_{\boldsymbol{a}}\boldsymbol{b}=|\boldsymbol{b}|\operatorname{Prj}_{\boldsymbol{b}}\boldsymbol{a}.}\tag{7.3}$$

根据数量积定义易知:

(1) 若 $\boldsymbol{a},\boldsymbol{b}$ 中至少有一个是零向量,则 $\boldsymbol{a}\cdot\boldsymbol{b}=0$.

(2) 若 $\boldsymbol{a},\boldsymbol{b}$ 均为非零向量,则

当$(\widehat{\boldsymbol{a},\boldsymbol{b}})$为锐角时，$\boldsymbol{a}\cdot\boldsymbol{b}>0$；

当$(\widehat{\boldsymbol{a},\boldsymbol{b}})$为钝角时，$\boldsymbol{a}\cdot\boldsymbol{b}<0$；

当$(\widehat{\boldsymbol{a},\boldsymbol{b}})=\dfrac{\pi}{2}$时，$\boldsymbol{a}\cdot\boldsymbol{b}=0$.

(3) $\boldsymbol{a}\cdot\boldsymbol{a}=|\boldsymbol{a}|^2$，也可记为$\boldsymbol{a}\cdot\boldsymbol{a}=\boldsymbol{a}^2=|\boldsymbol{a}|^2$.

数量积满足下列运算规律：

(1) 交换律：$\boldsymbol{a}\cdot\boldsymbol{b}=\boldsymbol{b}\cdot\boldsymbol{a}$ （由定义直接得）.

(2) 结合律：$\lambda(\boldsymbol{a}\cdot\boldsymbol{b})=\lambda\boldsymbol{a}\cdot\boldsymbol{b}$.

事实上，设$(\widehat{\boldsymbol{a},\boldsymbol{b}})=\varphi$，当$\lambda>0$时，$\lambda\boldsymbol{a}$与$\boldsymbol{a}$同向，

$$(\lambda\boldsymbol{a})\cdot\boldsymbol{b}=|\lambda\boldsymbol{a}||\boldsymbol{b}|\cos\varphi=\lambda|\boldsymbol{a}||\boldsymbol{b}|\cos\varphi=\lambda(\boldsymbol{a}\cdot\boldsymbol{b}).$$

当$\lambda<0$时，$\lambda\boldsymbol{a}$与$\boldsymbol{a}$反向，故

$$\begin{aligned}(\lambda\boldsymbol{a})\cdot\boldsymbol{b}&=|\lambda\boldsymbol{a}||\boldsymbol{b}|\cos(\pi-\varphi)\\&=-\lambda|\boldsymbol{a}||\boldsymbol{b}|(-\cos\varphi)\\&=\lambda|\boldsymbol{a}||\boldsymbol{b}|\cos\varphi\\&=\lambda(\boldsymbol{a}\cdot\boldsymbol{b}).\end{aligned}$$

(3) 分配律：$(\boldsymbol{a}+\boldsymbol{b})\cdot\boldsymbol{c}=\boldsymbol{a}\cdot\boldsymbol{c}+\boldsymbol{b}\cdot\boldsymbol{c}$.

事实上，根据投影定理2，有

$$\begin{aligned}(\boldsymbol{a}+\boldsymbol{b})\cdot\boldsymbol{c}&=|\boldsymbol{c}|\mathrm{Prj}_{\boldsymbol{c}}(\boldsymbol{a}+\boldsymbol{b})\\&=|\boldsymbol{c}|(\mathrm{Prj}_{\boldsymbol{c}}\boldsymbol{a}+\mathrm{Prj}_{\boldsymbol{c}}\boldsymbol{b})\\&=|\boldsymbol{c}|\mathrm{Prj}_{\boldsymbol{c}}\boldsymbol{a}+|\boldsymbol{c}|\mathrm{Prj}_{\boldsymbol{c}}\boldsymbol{b}\\&=\boldsymbol{a}\cdot\boldsymbol{c}+\boldsymbol{b}\cdot\boldsymbol{c}.\end{aligned}$$

(4) 向量$\boldsymbol{a}$与$\boldsymbol{b}$垂直$\Leftrightarrow\boldsymbol{a}\cdot\boldsymbol{b}=0$.

事实上，如果$\boldsymbol{a}\perp\boldsymbol{b}$，若$\boldsymbol{a}$和$\boldsymbol{b}$有一个是零向量，则$|\boldsymbol{a}|=0$或$|\boldsymbol{b}|=0$，若$\boldsymbol{a}\neq\boldsymbol{0}$，$\boldsymbol{b}\neq\boldsymbol{0}$，则$\cos(\widehat{\boldsymbol{a},\boldsymbol{b}})=0$，所以$\boldsymbol{a}\cdot\boldsymbol{b}=0$.

反之，由于$\boldsymbol{a}\cdot\boldsymbol{b}=|\boldsymbol{a}||\boldsymbol{b}|\cos(\widehat{\boldsymbol{a},\boldsymbol{b}})=0$，所以$\boldsymbol{a}=\boldsymbol{0}$或$\boldsymbol{b}=\boldsymbol{0}$或$\cos(\widehat{\boldsymbol{a},\boldsymbol{b}})=0$，即$\boldsymbol{a}\perp\boldsymbol{b}$.

例1 设$|\boldsymbol{a}|=|\boldsymbol{b}|$，证明：$(\boldsymbol{a}+\boldsymbol{b})\perp(\boldsymbol{a}-\boldsymbol{b})$.

证 因为

$$(\boldsymbol{a}+\boldsymbol{b})\cdot(\boldsymbol{a}-\boldsymbol{b})=\boldsymbol{a}^2+\boldsymbol{a}\cdot\boldsymbol{b}-\boldsymbol{a}\cdot\boldsymbol{b}-\boldsymbol{b}^2$$
$$=|\boldsymbol{a}|^2-|\boldsymbol{b}|^2=0,$$

故

$$(\boldsymbol{a}+\boldsymbol{b})\perp(\boldsymbol{a}-\boldsymbol{b}).$$

例 2　证明三角不等式：

$$\boxed{|\boldsymbol{a}+\boldsymbol{b}|\leqslant|\boldsymbol{a}|+|\boldsymbol{b}|.}$$

证　因为

$$|\boldsymbol{a}+\boldsymbol{b}|^2=(\boldsymbol{a}+\boldsymbol{b})\cdot(\boldsymbol{a}+\boldsymbol{b})=\boldsymbol{a}^2+2\boldsymbol{a}\cdot\boldsymbol{b}+\boldsymbol{b}^2$$
$$=\boldsymbol{a}^2+2|\boldsymbol{a}||\boldsymbol{b}|\cos(\widehat{\boldsymbol{a},\boldsymbol{b}})+|\boldsymbol{b}|^2$$
$$\leqslant|\boldsymbol{a}|^2+2|\boldsymbol{a}||\boldsymbol{b}|+|\boldsymbol{b}|^2$$
$$=(|\boldsymbol{a}|+|\boldsymbol{b}|)^2,$$

故

$$|\boldsymbol{a}+\boldsymbol{b}|\leqslant|\boldsymbol{a}|+|\boldsymbol{b}|.$$

该不等式反映了三角形两边之和大于第三边这一事实.

例 3　设 $|\boldsymbol{a}|=2$，$|\boldsymbol{b}|=1$，$(\widehat{\boldsymbol{a},\boldsymbol{b}})=\dfrac{\pi}{3}$，求 $\boldsymbol{c}=2\boldsymbol{a}+3\boldsymbol{b}$ 与 $\boldsymbol{d}=3\boldsymbol{a}-\boldsymbol{b}$ 的夹角.

解　由数量积定义可知

$$\cos(\widehat{\boldsymbol{c},\boldsymbol{d}})=\frac{\boldsymbol{c}\cdot\boldsymbol{d}}{|\boldsymbol{c}||\boldsymbol{d}|}.$$

又

$$\boldsymbol{c}\cdot\boldsymbol{d}=(2\boldsymbol{a}+3\boldsymbol{b})\cdot(3\boldsymbol{a}-\boldsymbol{b}).$$
$$=6\boldsymbol{a}^2+7\boldsymbol{a}\cdot\boldsymbol{b}-3\boldsymbol{b}^2$$
$$=6\cdot2^2+7\cdot2\cdot1\cdot\cos\frac{\pi}{3}-3\cdot1=28.$$
$$|\boldsymbol{c}|^2=\boldsymbol{c}\cdot\boldsymbol{c}=(2\boldsymbol{a}+3\boldsymbol{b})\cdot(2\boldsymbol{a}+3\boldsymbol{b})$$
$$=4\boldsymbol{a}^2+12\boldsymbol{a}\cdot\boldsymbol{b}+9\boldsymbol{b}^2$$
$$=4|\boldsymbol{a}|^2+12|\boldsymbol{a}||\boldsymbol{b}|\cos\frac{\pi}{3}+9|\boldsymbol{b}|^2$$
$$=4\cdot2^2+12\cdot2\cdot1\cdot\frac{1}{2}+9\cdot1=37.$$

故 $|\boldsymbol{c}|=\sqrt{37}$，同理可得 $|\boldsymbol{d}|=\sqrt{\boldsymbol{d}\cdot\boldsymbol{d}}=\sqrt{31}$，从而求得

$$\cos(\widehat{\boldsymbol{c},\boldsymbol{d}})=\frac{28}{\sqrt{37}\cdot\sqrt{31}}.$$

数量积的坐标表示式

设 $\boldsymbol{a}=(x_1,y_1,z_1)$, $\boldsymbol{b}=(x_2,y_2,z_2)$,则

$$\boxed{\boldsymbol{a}\cdot\boldsymbol{b}=x_1x_2+y_1y_2+z_1z_2.}\tag{7.4}$$

事实上,由数量积定义易知

$$\boldsymbol{i}\cdot\boldsymbol{i}=\boldsymbol{j}\cdot\boldsymbol{j}=\boldsymbol{k}\cdot\boldsymbol{k}=1,\quad \boldsymbol{i}\cdot\boldsymbol{j}=\boldsymbol{j}\cdot\boldsymbol{k}=\boldsymbol{k}\cdot\boldsymbol{i}=0,$$

所以

$$\begin{aligned}\boldsymbol{a}\cdot\boldsymbol{b}&=(x_1,y_1,z_1)\cdot(x_2,y_2,z_2)\\&=(x_1\boldsymbol{i}+y_1\boldsymbol{j}+z_1\boldsymbol{k})\cdot(x_2\boldsymbol{i}+y_2\boldsymbol{j}+z_2\boldsymbol{k})\\&=(x_1\boldsymbol{i}+y_1\boldsymbol{j}+z_1\boldsymbol{k})\cdot x_2\boldsymbol{i}+(x_1\boldsymbol{i}+y_1\boldsymbol{j}+z_1\boldsymbol{k})\cdot y_2\boldsymbol{j}+(x_1\boldsymbol{i}+y_1\boldsymbol{j}+z_1\boldsymbol{k})\cdot z_2\boldsymbol{k}\\&=x_1x_2+y_1y_2+z_1z_2.\end{aligned}$$

即两个向量的数量积等于这两个向量对应坐标的乘积之和.

由此可得

$$\boxed{\boldsymbol{a}\perp\boldsymbol{b}\iff x_1x_2+y_1y_2+z_1z_2=0.}$$

$$\boxed{\begin{aligned}\cos(\widehat{\boldsymbol{a},\boldsymbol{b}})&=\frac{\boldsymbol{a}\cdot\boldsymbol{b}}{|\boldsymbol{a}|\,|\boldsymbol{b}|}\\&=\frac{x_1x_2+y_1y_2+z_1z_2}{\sqrt{x_1^2+y_1^2+z_1^2}\cdot\sqrt{x_2^2+y_2^2+z_2^2}}\\&=\cos\alpha_1\cos\alpha_2+\cos\beta_1\cos\beta_2+\cos\gamma_1\cos\gamma_2.\end{aligned}}\tag{7.5}$$

其中 $\cos\alpha_1,\cos\beta_1,\cos\gamma_1$ 与 $\cos\alpha_2,\cos\beta_2,\cos\gamma_2$ 分别为向量 $\boldsymbol{a}$ 与 $\boldsymbol{b}$ 的方向余弦.

例 4 已知一物体在力 $\boldsymbol{F}=(3,4,5)$(单位为 N)的作用下,从点 $A(1,-2,3)$ 移动到点 $B(2,0,1)$(长度单位为 m),问做了多少功?

解 $\overrightarrow{AB}=(2-1,0+2,1-3)=(1,2,-2)$,

$$W=\boldsymbol{F}\cdot\overrightarrow{AB}=(3,4,5)\cdot(1,2,-2)$$

$$=3\cdot1+4\cdot2-5\cdot2=1\ \text{J}.$$

即做了 1 J 的功.

例 5　已知 $\boldsymbol{a}=(4,-1,2)$,$\boldsymbol{b}=(3,1,0)$,求 $\mathrm{Prj}_b\,\boldsymbol{a}$.

解　根据投影定理 1 可知 $\mathrm{Prj}_b\,\boldsymbol{a}=|\boldsymbol{a}|\cos(\widehat{\boldsymbol{a},\boldsymbol{b}})$,又

$$\cos(\widehat{\boldsymbol{a},\boldsymbol{b}})=\frac{3\cdot4-1\cdot1+2\cdot0}{|\boldsymbol{a}|\sqrt{3^2+1^2+0^2}}=\frac{11}{|\boldsymbol{a}|\sqrt{10}}.$$

故

$$\mathrm{Prj}_b\,\boldsymbol{a}=|\boldsymbol{a}|\cdot\frac{11}{|\boldsymbol{a}|\cdot\sqrt{10}}=\frac{11}{\sqrt{10}}.$$

二、向量的向量积

首先考察力 $\boldsymbol{F}$ 对点 O 的力矩问题,力 $\boldsymbol{F}$ 对点 O 的力矩可用一个向量 $\boldsymbol{M}$ 表示.力矩的大小为 $|\boldsymbol{M}|=|\boldsymbol{F}|d$,其中 d 为力臂,即点 O 到力 $\boldsymbol{F}$ 作用线的距离,A 为力 $\boldsymbol{F}$ 的作用点,点 A 的向径记为 $\boldsymbol{r}$,如图 7.18 所示.则

$$d=|\boldsymbol{r}|\sin[\pi-(\widehat{\boldsymbol{r},\boldsymbol{F}})]$$

$$=|\boldsymbol{r}|\sin(\widehat{\boldsymbol{r},\boldsymbol{F}}).$$

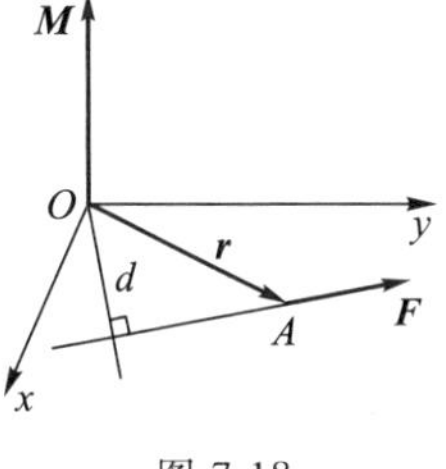

图 7.18

故力矩大小为

$$|\boldsymbol{M}|=|\boldsymbol{F}|\,|\boldsymbol{r}|\sin(\widehat{\boldsymbol{r},\boldsymbol{F}}).$$

力矩 $\boldsymbol{M}$ 的方向为既垂直于 $\boldsymbol{r}$ 又垂直于 $\boldsymbol{F}$,也即垂直于 $\boldsymbol{r}$ 与 $\boldsymbol{F}$ 决定的平面,且 $\boldsymbol{r}$, $\boldsymbol{F}$, $\boldsymbol{M}$ 符合右手法则.

可见,力矩 $\boldsymbol{M}$ 可由力 $\boldsymbol{F}$ 及向径 $\boldsymbol{r}$ 完全确定,抽去其物理意义,理解成向量的一种运算,就是向量积.

定义 2　两个向量 $\boldsymbol{a}$ 与 $\boldsymbol{b}$ 的向量积是一个向量 $\boldsymbol{c}$,记为 $\boldsymbol{c}=\boldsymbol{a}\times\boldsymbol{b}$, $\boldsymbol{c}$ 的模 $|\boldsymbol{c}|=|\boldsymbol{a}\times\boldsymbol{b}|=|\boldsymbol{a}|\,|\boldsymbol{b}|\sin(\widehat{\boldsymbol{a},\boldsymbol{b}})$,$\boldsymbol{c}$ 的方向垂直于 $\boldsymbol{a}$ 与 $\boldsymbol{b}$ 决定的平面,且 $\boldsymbol{a}$, $\boldsymbol{b}$,$\boldsymbol{c}$ 符合右手法则.

有时也把向量积称为“叉积”或“外积”.

由定义可知,向量积 $\boldsymbol{a}\times\boldsymbol{b}$ 的模等于以 $\boldsymbol{a}$,$\boldsymbol{b}$ 为邻边的平行四边形的面积,如

图 7.19 所示.

根据向量积的定义可得

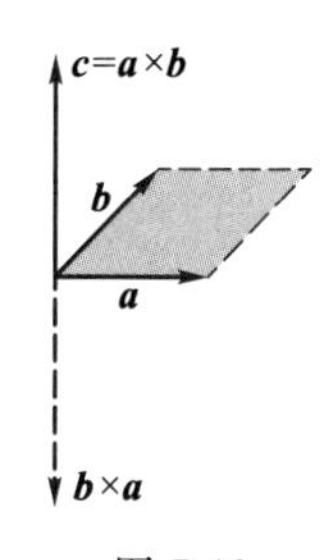

图 7.19

$$\boldsymbol{a}\times\boldsymbol{a}=\boldsymbol{0}.$$

$$\text{向量 }\boldsymbol{a}\,/\!/\,\boldsymbol{b}\Leftrightarrow\boldsymbol{a}\times\boldsymbol{b}=\boldsymbol{0}.$$

基本单位向量的向量积:

$$\boldsymbol{i}\times\boldsymbol{i}=\boldsymbol{j}\times\boldsymbol{j}=\boldsymbol{k}\times\boldsymbol{k}=\boldsymbol{0},$$

$$\boldsymbol{i}\times\boldsymbol{j}=\boldsymbol{k},\quad \boldsymbol{j}\times\boldsymbol{k}=\boldsymbol{i},\quad \boldsymbol{k}\times\boldsymbol{i}=\boldsymbol{j},$$

$$\boldsymbol{j}\times\boldsymbol{i}=-\boldsymbol{k},\quad \boldsymbol{k}\times\boldsymbol{j}=-\boldsymbol{i},\quad \boldsymbol{i}\times\boldsymbol{k}=-\boldsymbol{j}.$$

可以验证向量积符合下面运算规律:

(1) $\boldsymbol{a}\times\boldsymbol{b}=-\boldsymbol{b}\times\boldsymbol{a}$;

(2) $\lambda(\boldsymbol{a}\times\boldsymbol{b})=(\lambda\boldsymbol{a})\times\boldsymbol{b}=\boldsymbol{a}\times(\lambda\boldsymbol{b})$ (λ 为实数);

(3) $\boldsymbol{a}\times(\boldsymbol{b}+\boldsymbol{c})=\boldsymbol{a}\times\boldsymbol{b}+\boldsymbol{a}\times\boldsymbol{c}$.

向量积的坐标表示式

设 $\boldsymbol{a}=(x_1,y_1,z_1)$,$\boldsymbol{b}=(x_2,y_2,z_2)$,则

$$\begin{aligned}\boldsymbol{a}\times\boldsymbol{b}&=(x_1,y_1,z_1)\times(x_2,y_2,z_2)\\&=(x_1\boldsymbol{i}+y_1\boldsymbol{j}+z_1\boldsymbol{k})\times(x_2\boldsymbol{i}+y_2\boldsymbol{j}+z_2\boldsymbol{k})\\&=(x_1\boldsymbol{i}+y_1\boldsymbol{j}+z_1\boldsymbol{k})\times x_2\boldsymbol{i}+(x_1\boldsymbol{i}+y_1\boldsymbol{j}+z_1\boldsymbol{k})\times y_2\boldsymbol{j}+(x_1\boldsymbol{i}+y_1\boldsymbol{j}+z_1\boldsymbol{k})\times z_2\boldsymbol{k}\\&=(y_1z_2-z_1y_2)\boldsymbol{i}+(z_1x_2-x_1z_2)\boldsymbol{j}+(x_1y_2-x_2y_1)\boldsymbol{k}\\&=\left(\begin{vmatrix}y_1&z_1\\y_2&z_2\end{vmatrix},\begin{vmatrix}z_1&x_1\\z_2&x_2\end{vmatrix},\begin{vmatrix}x_1&y_1\\x_2&y_2\end{vmatrix}\right).\end{aligned}$$

故 $\boldsymbol{a}\times\boldsymbol{b}$ 可以用下面的行列式表示,即

$$\boxed{\boldsymbol{a}\times\boldsymbol{b}=\begin{vmatrix}\boldsymbol{i}&\boldsymbol{j}&\boldsymbol{k}\\x_1&y_1&z_1\\x_2&y_2&z_2\end{vmatrix}.}\tag{7.6}$$

由此可知

$$\boxed{\boldsymbol{a}\,/\!/\,\boldsymbol{b}\Leftrightarrow y_1z_2=y_2z_1,\ z_1x_2=z_2x_1,\ x_1y_2=x_2y_1.}$$

例 6　求以 $A(1,2,3)$,$B(2,-1,5)$,$C(3,2,-5)$ 为顶点的三角形 ABC 的面

积及点 C 到直线 AB 的距离.

解　根据向量积的定义可知三角形 ABC 的面积为

$$S=\frac{1}{2}\left|\overrightarrow{AB}\times\overrightarrow{AC}\right|.$$

又 $\overrightarrow{AB}=\boldsymbol{i}-3\boldsymbol{j}+2\boldsymbol{k}$, $\overrightarrow{AC}=2\boldsymbol{i}-8\boldsymbol{k}$,

$$\overrightarrow{AB}\times\overrightarrow{AC}=\begin{vmatrix}\boldsymbol{i}&\boldsymbol{j}&\boldsymbol{k}\\1&-3&2\\2&0&-8\end{vmatrix}=24\boldsymbol{i}+12\boldsymbol{j}+6\boldsymbol{k},$$

故 $S=\frac{1}{2}\left|\overrightarrow{AB}\times\overrightarrow{AC}\right|=\frac{1}{2}\sqrt{(24)^2+(12)^2+6^2}=3\sqrt{21}.$

点 C 到直线 AB 的距离为

$$h=\frac{2S}{\left|\overrightarrow{AB}\right|}=\frac{6\sqrt{21}}{\sqrt{1^2+(-3)^2+2^2}}=\frac{6\sqrt{3}}{\sqrt{2}}=3\sqrt{6}.$$

例 7　求单位向量 $\boldsymbol{x}$,使它与 $\boldsymbol{a}=\boldsymbol{i}-\boldsymbol{k}$,$\boldsymbol{b}=2\boldsymbol{i}+3\boldsymbol{j}+\boldsymbol{k}$ 均垂直.

解　因为 $\boldsymbol{x}\perp\boldsymbol{a}$,$\boldsymbol{x}\perp\boldsymbol{b}$,所以 $\boldsymbol{x}$ 必平行于 $\boldsymbol{a}\times\boldsymbol{b}$,又

$$\boldsymbol{a}\times\boldsymbol{b}=\begin{vmatrix}\boldsymbol{i}&\boldsymbol{j}&\boldsymbol{k}\\1&0&-1\\2&3&1\end{vmatrix}=3\boldsymbol{i}-3\boldsymbol{j}+3\boldsymbol{k},$$

$\boldsymbol{x}$ 为单位向量,故 $\boldsymbol{x}=\pm\frac{\boldsymbol{a}\times\boldsymbol{b}}{|\boldsymbol{a}\times\boldsymbol{b}|}=\pm\frac{1}{\sqrt{3}}(\boldsymbol{i}-\boldsymbol{j}+\boldsymbol{k}).$

例 8　设刚体以等角速度 $\boldsymbol{\omega}$ 绕轴 l 旋转,求刚体上一点 M 的线速度 $\boldsymbol{v}$.

解　因为在点 M 处的线速度 $\boldsymbol{v}$ 垂直于点 M 与轴 l 所在的平面,大小等于 $\left|\overrightarrow{M'M}\right|\,|\boldsymbol{\omega}|$,这里 M' 是点 M 到轴 l 的投影点,如图 7.20 所示.

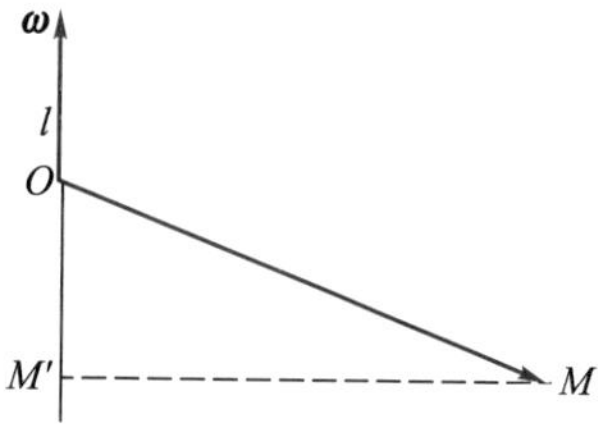

在轴 l 上取一向量 $\boldsymbol{\omega}$,使 $|\boldsymbol{\omega}|=\omega$,且 $\boldsymbol{\omega}$ 的方向这样规定:使从面向 $\boldsymbol{\omega}$ 的正方向观察刚体的旋转是逆时针的.此时 M 点处线速度为

$$\boldsymbol{v}=\boldsymbol{\omega}\times\overrightarrow{OM}.$$

图 7.20

如果选点 O 作为坐标原点,点 M 的坐标为 (x,y,z),则 $\boldsymbol{\omega}=\omega_1\boldsymbol{i}+\omega_2\boldsymbol{j}+\omega_3\boldsymbol{k}$,于是

$$\boldsymbol{v}=\begin{vmatrix}\boldsymbol{i} & \boldsymbol{j} & \boldsymbol{k}\\ \omega_1 & \omega_2 & \omega_3\\ x & y & z\end{vmatrix}.$$

*三、向量的混合积

现在我们来给出三个向量的一种乘积运算——混合积.

定义 3　称 $\boldsymbol{a}\cdot(\boldsymbol{b}\times\boldsymbol{c})$ 为三向量 $\boldsymbol{a},\boldsymbol{b},\boldsymbol{c}$ 的混合积,记为 $[\boldsymbol{a},\boldsymbol{b},\boldsymbol{c}]$.

设 $\boldsymbol{a}=x_1\boldsymbol{i}+y_1\boldsymbol{j}+z_1\boldsymbol{k}$, $\boldsymbol{b}=x_2\boldsymbol{i}+y_2\boldsymbol{j}+z_2\boldsymbol{k}$, $\boldsymbol{c}=x_3\boldsymbol{i}+y_3\boldsymbol{j}+z_3\boldsymbol{k}$, 则因为

$$\boldsymbol{b}\times\boldsymbol{c}=\begin{vmatrix}\boldsymbol{i} & \boldsymbol{j} & \boldsymbol{k}\\ x_2 & y_2 & z_2\\ x_3 & y_3 & z_3\end{vmatrix},$$

所以

$$\begin{aligned}&\boldsymbol{a}\cdot(\boldsymbol{b}\times\boldsymbol{c})\\ =&(x_1\boldsymbol{i}+y_1\boldsymbol{j}+z_1\boldsymbol{k})\cdot\begin{vmatrix}\boldsymbol{i} & \boldsymbol{j} & \boldsymbol{k}\\ x_2 & y_2 & z_2\\ x_3 & y_3 & z_3\end{vmatrix}\\ =&(x_1\boldsymbol{i}+y_1\boldsymbol{j}+z_1\boldsymbol{k})\cdot\left(\begin{vmatrix}y_2 & z_2\\ y_3 & z_3\end{vmatrix}\boldsymbol{i}+\begin{vmatrix}z_2 & x_2\\ z_3 & x_3\end{vmatrix}\boldsymbol{j}+\begin{vmatrix}x_2 & y_2\\ x_3 & y_3\end{vmatrix}\boldsymbol{k}\right)\\ =&x_1\begin{vmatrix}y_2 & z_2\\ y_3 & z_3\end{vmatrix}+y_1\begin{vmatrix}z_2 & x_2\\ z_3 & x_3\end{vmatrix}+z_1\begin{vmatrix}x_2 & y_2\\ x_3 & y_3\end{vmatrix}.\end{aligned}$$

从而得

$$\boldsymbol{a}\cdot(\boldsymbol{b}\times\boldsymbol{c})=\begin{vmatrix}x_1 & y_1 & z_1\\ x_2 & y_2 & z_2\\ x_3 & y_3 & z_3\end{vmatrix},$$

即

$$\boxed{[\boldsymbol{a},\boldsymbol{b},\boldsymbol{c}]=\boldsymbol{a}\cdot(\boldsymbol{b}\times\boldsymbol{c})=\begin{vmatrix}x_1 & y_1 & z_1\\ x_2 & y_2 & z_2\\ x_3 & y_3 & z_3\end{vmatrix}.}\tag{7.7}$$

混合积的几何意义

根据数量积的定义可知,$\boldsymbol{a}\cdot(\boldsymbol{b}\times\boldsymbol{c})=|\boldsymbol{a}|\,|\boldsymbol{b}\times\boldsymbol{c}|\cos\theta$,其中 θ 为 $\boldsymbol{a}$ 与 $\boldsymbol{b}\times\boldsymbol{c}$

之间的夹角. 而 $|\boldsymbol{b}\times\boldsymbol{c}|$ 表示以 $\boldsymbol{b},\boldsymbol{c}$ 为邻边的平行四边形 $OBDC$ 的面积；$|\boldsymbol{a}|\cos\theta$是 $\boldsymbol{a}$ 的终点 A 到平行四边形 $OBDC$ 的距离 h,如图 7.21 所示.

$$h=\left||\boldsymbol{a}|\cos\theta\right|=\begin{cases}|\boldsymbol{a}|\cos\theta, & \text{当 }\theta\text{ 为锐角时},\\ -|\boldsymbol{a}|\cos\theta, & \text{当 }\theta\text{ 为钝角时}.\end{cases}$$

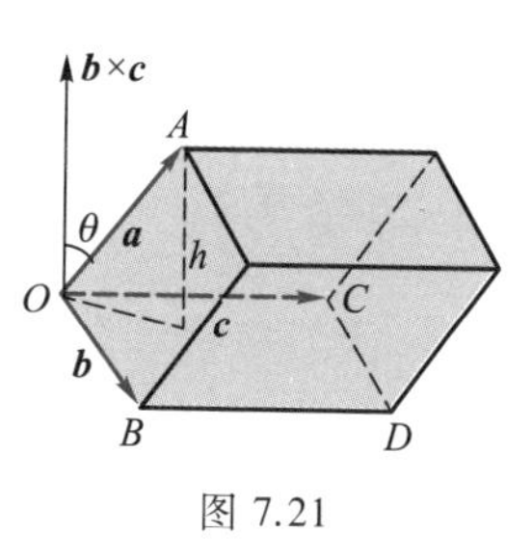

图 7.21

因此混合积的绝对值 $|\boldsymbol{a}\cdot(\boldsymbol{b}\times\boldsymbol{c})|$ 等于以 $\boldsymbol{a},\boldsymbol{b},\boldsymbol{c}$ 为棱的平行六面体的体积,即

$$V=|\boldsymbol{a}\cdot(\boldsymbol{b}\times\boldsymbol{c})|=\left|\begin{vmatrix}x_1 & y_1 & z_1\\ x_2 & y_2 & z_2\\ x_3 & y_3 & z_3\end{vmatrix}\right|.$$

由此可以得出如下结论：

(1) 以 $A_1(x_1,y_1,z_1),A_2(x_2,y_2,z_2),A_3(x_3,y_3,z_3),A_4(x_4,y_4,z_4)$ 为顶点的四面体体积为

$$\frac{1}{6}\left|\begin{vmatrix}x_2-x_1 & y_2-y_1 & z_2-z_1\\ x_3-x_1 & y_3-y_1 & z_3-z_1\\ x_4-x_1 & y_4-y_1 & z_4-z_1\end{vmatrix}\right|.$$

这是因为四面体是以 $\overrightarrow{A_1A_2},\overrightarrow{A_1A_3},\overrightarrow{A_1A_4}$ 为棱,其体积等于以 $\overrightarrow{A_1A_2},\overrightarrow{A_1A_3},\overrightarrow{A_1A_4}$ 为棱的平行六面体体积的 $\frac{1}{6}$.

(2) 三向量 $\boldsymbol{a},\boldsymbol{b},\boldsymbol{c}$ 共面 $\Leftrightarrow$ $\boldsymbol{a}\cdot(\boldsymbol{b}\times\boldsymbol{c})=0$.

我们还可以利用行列式的性质得知混合积满足如下运算规律：

$$\begin{aligned}[\boldsymbol{a},\boldsymbol{b},\boldsymbol{c}]&=[\boldsymbol{c},\boldsymbol{a},\boldsymbol{b}]=[\boldsymbol{b},\boldsymbol{c},\boldsymbol{a}]=-[\boldsymbol{b},\boldsymbol{a},\boldsymbol{c}]\\&=-[\boldsymbol{c},\boldsymbol{b},\boldsymbol{a}]=-[\boldsymbol{a},\boldsymbol{c},\boldsymbol{b}].\end{aligned}$$

例 9　验证 $A(1,1,3)$, $B(4,3,11)$, $C(1,0,2)$, $D(0,1,1)$是否在同一平面内？

解　$\overrightarrow{AB}=3\boldsymbol{i}+2\boldsymbol{j}+8\boldsymbol{k},\overrightarrow{AC}=-\boldsymbol{j}-\boldsymbol{k},\overrightarrow{AD}=-\boldsymbol{i}-2\boldsymbol{k}$.

$$\overrightarrow{AB}\cdot(\overrightarrow{AC}\times\overrightarrow{AD})=\begin{vmatrix}3 & 2 & 8\\ 0 & -1 & -1\\ -1 & 0 & -2\end{vmatrix}=0.$$

可见,A,B,C,D 四点共面.

例 10　求以 $\boldsymbol{a}=\boldsymbol{k},\boldsymbol{b}=-3\boldsymbol{j},c=2\boldsymbol{i}$ 为邻边的四面体的体积.

解 $V=\frac{1}{6}|\boldsymbol{a}\cdot(\boldsymbol{b}\times\boldsymbol{c})|=\frac{1}{6}\left\|\begin{vmatrix}0&0&1\\0&-3&0\\2&0&0\end{vmatrix}\right\|=\frac{1}{6}\cdot 6=1.$

习题 7.3

1. 下列结论是否正确？为什么？

(1) 若 $\boldsymbol{a}\cdot\boldsymbol{b}=0$，则 $\boldsymbol{a}\times\boldsymbol{b}=\boldsymbol{0}$.

(2) 两单位向量的数量积是 1.

(3) 两单位向量的向量积是单位向量.

(4) $\boldsymbol{a}\times\boldsymbol{b}=|\boldsymbol{a}|\,|\boldsymbol{b}|\sin(\widehat{\boldsymbol{a},\boldsymbol{b}})$.

2. 设 $\boldsymbol{a}=3\boldsymbol{i}-\boldsymbol{j}-2\boldsymbol{k},\boldsymbol{b}=\boldsymbol{i}+2\boldsymbol{j}-\boldsymbol{k}$. 求：

(1) $\boldsymbol{a}\cdot\boldsymbol{b}$ 及 $\boldsymbol{a}\times\boldsymbol{b}$；

(2) $(-2\boldsymbol{a})\cdot 3\boldsymbol{b}$ 及 $\boldsymbol{a}\times 2\boldsymbol{b}$；

(3) $\boldsymbol{a}$ 与 $\boldsymbol{b}$ 夹角的余弦.

3. 已知 $\boldsymbol{a},\boldsymbol{b},\boldsymbol{c}$ 为单位向量，且 $\boldsymbol{a}+\boldsymbol{b}+\boldsymbol{c}=\boldsymbol{0}$，计算 $\boldsymbol{a}\cdot\boldsymbol{b}+\boldsymbol{b}\cdot\boldsymbol{c}+\boldsymbol{c}\cdot\boldsymbol{a}$.

4. 已知 $\boldsymbol{a}=(1,1,-4),\boldsymbol{b}=(1,-2,2)$，试求 $\boldsymbol{a}$ 与 $\boldsymbol{b}$ 的夹角，$\boldsymbol{a}$ 在 $\boldsymbol{b}$ 上的投影，$\boldsymbol{b}$ 在 $\boldsymbol{a}$ 上的投影.

5. 设 $\boldsymbol{a}=3\boldsymbol{i}+5\boldsymbol{j}-2\boldsymbol{k},\boldsymbol{b}=2\boldsymbol{i}+4\boldsymbol{j}+\boldsymbol{k}$，求使得 $\lambda\boldsymbol{a}+\mu\boldsymbol{b}$ 与 z 轴垂直时 λ 与 μ 所满足的关系式.

6. 如果非零向量 $\boldsymbol{a},\boldsymbol{b},\boldsymbol{c}$ 互相垂直，求 $\boldsymbol{d}=\alpha\boldsymbol{a}+\beta\boldsymbol{b}+\gamma\boldsymbol{c}$ (α,β,γ 为实数)的模.

7. 已知 $\boldsymbol{a}=2\boldsymbol{i}-3\boldsymbol{j}+\boldsymbol{k},\boldsymbol{b}=\boldsymbol{i}-\boldsymbol{j}+3\boldsymbol{k},\boldsymbol{c}=\boldsymbol{i}-2\boldsymbol{j}$. 计算

(1) $(\boldsymbol{a}\cdot\boldsymbol{b})\boldsymbol{c}-(\boldsymbol{a}\cdot\boldsymbol{c})\boldsymbol{b}$；

(2) $(\boldsymbol{a}+\boldsymbol{b})\times(\boldsymbol{b}+\boldsymbol{c})$；

(3) $(\boldsymbol{a}\times\boldsymbol{b})\cdot\boldsymbol{c}$.

8. 设 $\boldsymbol{a}=\left(\frac{1}{3},-\frac{2}{3},\frac{2}{3}\right),\boldsymbol{b}=\left(\frac{2}{3},\frac{2}{3},\frac{1}{3}\right)$.

(1) 证明 $\boldsymbol{a}$ 与 $\boldsymbol{b}$ 是互相垂直的单位向量；

(2) 求出与 $\boldsymbol{a}$ 和 $\boldsymbol{b}$ 均垂直的单位向量.

9. 已知 $\overrightarrow{AB}=\boldsymbol{a}-2\boldsymbol{b},\overrightarrow{AD}=\boldsymbol{a}-3\boldsymbol{b}$，其中 $|\boldsymbol{a}|=5,|\boldsymbol{b}|=3$，且 $(\widehat{\boldsymbol{a},\boldsymbol{b}})=\frac{\pi}{6}$，求平行四边形 $ABCD$ 的面积.

10. 求以 $\boldsymbol{a}=3\boldsymbol{i}-\boldsymbol{j}+\boldsymbol{k},\boldsymbol{b}=-4\boldsymbol{i}+3\boldsymbol{k},\boldsymbol{c}=\boldsymbol{i}+5\boldsymbol{j}+\boldsymbol{k}$ 为棱的平行六面体的体积.

11. 四面体顶点为 $A(0,0,0)$，$B(3,4,-1)$，$C(2,3,5)$，$D(6,0,-3)$，求这四面体的体积.

12. 证明：四点 $A(1,0,1)$，$B(4,4,6)$，$C(2,2,3)$，$D(10,14,17)$ 共面.

第四节　平面与直线方程

现在我们以向量为工具，在空间直角坐标系中讨论最简单的空间曲面与曲线图形——平面与直线，并分别来建立它们的方程.

一、平面方程的各种形式

1. 平面方程的点法式

垂直于平面的非零向量称为该平面的法向量.

已知平面 π 上一点 $M_0(x_0,y_0,z_0)$ 及法向量 $\boldsymbol{n}=(A,B,C)$，其中 A,B,C 不全为零，下面建立平面 π 的方程.

在平面 π 上任取一点 $M(x,y,z)$，如图 7.22 所示，则向量 $\overrightarrow{M_0M}$ 垂直于法向量 $\boldsymbol{n}$，故有

$$\boldsymbol{n}\cdot\overrightarrow{M_0M}=0.$$

而

$$\overrightarrow{M_0M}=(x-x_0,y-y_0,z-z_0),$$

即有

$$(A,B,C)\cdot(x-x_0,y-y_0,z-z_0)=0,$$

即

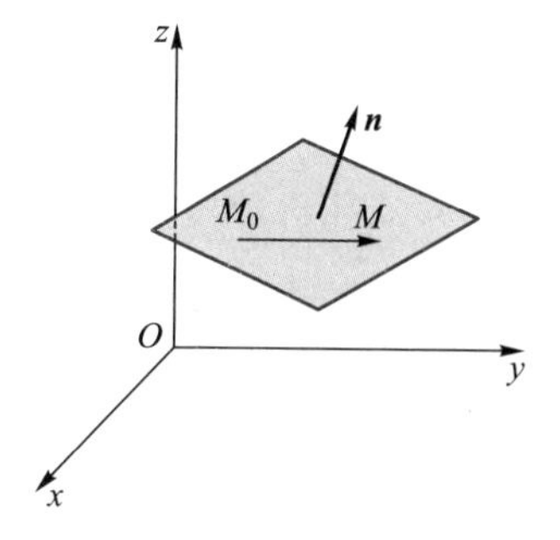

图 7.22

$$\boxed{A(x-x_0)+B(y-y_0)+C(z-z_0)=0.}\tag{7.8}$$

这就是平面 π 上任一点 M 的坐标 x,y,z 所满足的方程.方程(7.8)称为平面方程的点法式.

由推导方程(7.8)的过程中知道，当且仅当点 $M(x,y,z)$ 在所设的平面 π 内时，(7.8)才成立.所以(7.8)式就是过点 $M_0(x_0,y_0,z_0)$，法向量为 $\boldsymbol{n}=(A,B,C)$ 的平面方程.关于这一点，今后在推导每一个方程时不再一一指出.

例 1　求过点 $(3,-4,5)$ 且与向量 $\boldsymbol{n}=(6,-4,7)$ 垂直的平面方程.

解　$\boldsymbol{n}$ 就是平面方程的法向量.由(7.8)式得所求的平面方程为

$$6(x-3)-4(y+4)+7(z-5)=0,$$

即

$$6x-4y+7z-69=0.$$

2. 平面方程的一般式

平面方程的点法式(7.8)可化为

$$Ax+By+Cz-(Ax_0+By_0+Cz_0)=0,$$

令

$$D=-(Ax_0+By_0+Cz_0),$$

因此平面方程可写为

$$\boxed{Ax+By+Cz+D=0.} \tag{7.9}$$

(7.9)式称为平面方程的一般式.它是关于 x,y,z 的一次式.系数 A,B,C 不全为零,是平面法向量的坐标.

反过来,可以证明凡关于 x,y,z 的三元一次方程均表示一平面.

事实上,在(7.9)式中不妨设 $A\neq 0$,则(7.9)式可化为

$$A\left(x+\frac{D}{A}\right)+B(y-0)+C(z-0)=0,$$

与(7.8)式相比较可知,它是过点 $\left(-\frac{D}{A},0,0\right)$,法向量为 (A,B,C) 的平面方程.

下面利用平面方程的一般式,来讨论几种在直角坐标系中具有特殊位置的平面.

(1) 过原点的平面

若方程(7.9)中 $D=0$,则有 $Ax+By+Cz=0$,显然 $x=y=z=0$ 满足方程,即该平面过原点,从而可知,过原点的平面方程为

$$Ax+By+Cz=0.$$

(2) 平行于坐标轴的平面

若方程(7.9)中 $C=0$,则有 $Ax+By+D=0$,此时平面法向量 $\boldsymbol{n}=(A,B,0)$,可见法向量在 z 轴上的投影等于零,即法向量 $\boldsymbol{n}$ 垂直于 z 轴.因此,平行于 z 轴的平面方程为

$$Ax+By+D=0.$$

同理,平行于 x 轴、y 轴的平面方程分别为

$$By+Cz+D=0,\qquad Ax+Cz+D=0.$$

（3）通过坐标轴的平面

若方程(7.9)中 $C=D=0$，则有 $Ax+By=0$，由(1)，(2)的讨论可知，它是既过原点又平行于 z 轴，即过 z 轴的平面方程. 同理，过 x 轴、y 轴的平面方程分别为

$$By+Cz=0,\qquad Ax+Cz=0.$$

（4）平行于坐标面的平面

若方程(7.9)中 $A=B=0$，则有 $Cz+D=0$，由(2)的讨论可知，该平面既平行于 x 轴又平行于 y 轴，即平行于 xOy 坐标面. 从而可知，平行于 xOy 坐标面的平面方程为 $Cz+D=0$. 同理，平行于 yOz 坐标面、xOz 坐标面的平面方程分别为

$$Ax+D=0,\qquad By+D=0.$$

例 2　求过点(1,2,3)又通过 y 轴的平面.

解　设所求的平面方程为

$$Ax+By+Cz+D=0,$$

已知平面过 y 轴，所以 $D=B=0$，即有

$$Ax+Cz=0.$$

又点(1,2,3)在平面上，所以有

$$A+3C=0,\quad 即\ A=-3C.$$

故所求平面方程为

$$3x-z=0.$$

3. 平面方程的截距式

下面建立平面方程的截距式.

设平面在三个坐标轴上的截距分别为 a,b,c（均不为零），因此平面过点 $P(a,0,0)$，$Q(0,b,0)$，$R(0,0,c)$，如图 7.23 所示. 取法向量

$$\begin{aligned}\boldsymbol{n}&=\overrightarrow{PQ}\times\overrightarrow{PR}\\&=(-a,b,0)\times(-a,0,c)\\&=(bc,ac,ab).\end{aligned}$$

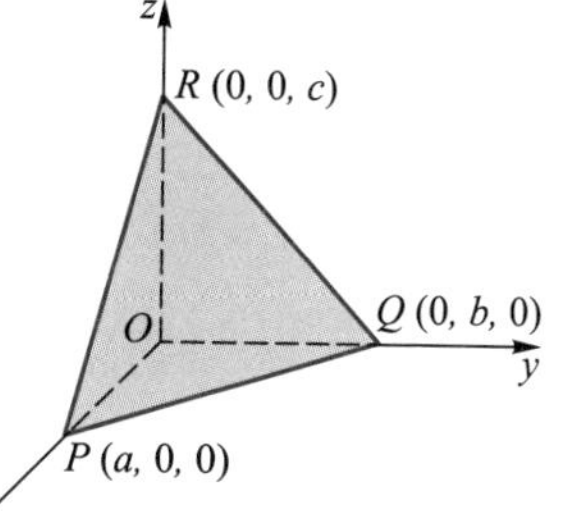

图 7.23

根据(7.8)式，过点 $P(a,0,0)$，以 $\boldsymbol{n}=(bc,ac,ab)$ 为法向量的平面方程为

$$bc(x-a)+ac(y-0)+ab(z-0)=0,$$

也就是

$$\boxed{\frac{x}{a}+\frac{y}{b}+\frac{z}{c}=1.} \tag{7.10}$$

其中 a, b, c 为该平面在三个坐标轴上的截距.所以(7.10)式称为平面方程的截距式.

4. 平面方程的三点式

已知平面上不共线的三点 $M_1(x_1,y_1,z_1)$,$M_2(x_2,y_2,z_2)$,$M_3(x_3,y_3,z_3)$,下面用两种方法建立该平面方程.

方法Ⅰ:取平面法向量为

$$\begin{aligned}\boldsymbol{n}&=\overrightarrow{M_1M_2}\times\overrightarrow{M_1M_3}\\&=(x_2-x_1,y_2-y_1,z_2-z_1)\times(x_3-x_1,y_3-y_1,z_3-z_1)\\&=\left(\begin{vmatrix}y_2-y_1&z_2-z_1\\y_3-y_1&z_3-z_1\end{vmatrix},\begin{vmatrix}z_2-z_1&x_2-x_1\\z_3-z_1&x_3-x_1\end{vmatrix},\begin{vmatrix}x_2-x_1&y_2-y_1\\x_3-x_1&y_3-y_1\end{vmatrix}\right).\end{aligned}$$

平面过点 $M_1(x_1,y_1,z_1)$,由(7.8)式可得

$$\begin{vmatrix}y_2-y_1&z_2-z_1\\y_3-y_1&z_3-z_1\end{vmatrix}(x-x_1)+\begin{vmatrix}z_2-z_1&x_2-x_1\\z_3-z_1&x_3-x_1\end{vmatrix}(y-y_1)+$$

$$\begin{vmatrix}x_2-x_1&y_2-y_1\\x_3-x_1&y_3-y_1\end{vmatrix}(z-z_1)=0,$$

即

$$\boxed{\begin{vmatrix}x-x_1&y-y_1&z-z_1\\x_2-x_1&y_2-y_1&z_2-z_1\\x_3-x_1&y_3-y_1&z_3-z_1\end{vmatrix}=0.} \tag{7.11}$$

这就是过点 M_1,M_2,M_3 的平面方程,故(7.11)式称为平面方程的三点式.

方法Ⅱ:在所求平面上任取一点 $M(x,y,z)$,则三向量$\overrightarrow{M_1M}$,$\overrightarrow{M_1M_2}$,$\overrightarrow{M_1M_3}$共面,从而有 $[\overrightarrow{M_1M},\overrightarrow{M_1M_2},\overrightarrow{M_1M_3}]=0$, 即

$$\begin{vmatrix} x-x_1 & y-y_1 & z-z_1 \\ x_2-x_1 & y_2-y_1 & z_2-z_1 \\ x_3-x_1 & y_3-y_1 & z_3-z_1 \end{vmatrix}=0.$$

例 3 求过点 $P(0,1,-1)$ 和 $Q(1,1,1)$ 且与平面 $x+y+z-1=0$ 垂直的平面方程.

解 设所求平面方程为 $Ax+By+Cz+D=0$, 点 P,Q 在平面上,所以有

$$B-C+D=0,$$

$$A+B+C+D=0,$$

又已知法向量 $\boldsymbol{n}$ 垂直于已知平面 $x+y+z-1=0$ 的法向量 $\boldsymbol{n}_1=(1,1,1)$, 所以有 $\boldsymbol{n}\cdot\boldsymbol{n}_1=0$, 即

$$A+B+C=0,$$

联立上面三个方程解得

$$A=-2C,\quad B=C,\quad D=0,$$

故所求的平面方程为

$$-2Cx+Cy+Cz=0.$$

化简得

$$2x-y-z=0.$$

例 4 设 $M_0(x_0,y_0,z_0)$ 为平面 $Ax+By+Cz+D=0$ 外一点,求点 M_0 到该平面的距离.

解 在已知平面上任取一点 $M_1(x_1,y_1,z_1)$,见图 7.24,则点 M_0 到平面的距离就是向量 $\overrightarrow{M_1M_0}$ 在平面法向量 $\boldsymbol{n}$ 上的投影的绝对值,即

$$\begin{aligned} d&=\left|\operatorname{Prj}_{\boldsymbol{n}}\overrightarrow{M_1M_0}\right| \\ &=\left|\,\left|\overrightarrow{M_1M_0}\right|\cos(\widehat{\overrightarrow{M_1M_0},\boldsymbol{n}})\right| \\ &=\frac{\left|\overrightarrow{M_1M_0}\cdot\boldsymbol{n}\right|}{|\boldsymbol{n}|} \\ &=\frac{|A(x_1-x_0)+B(y_1-y_0)+C(z_1-z_0)|}{\sqrt{A^2+B^2+C^2}}, \end{aligned}$$

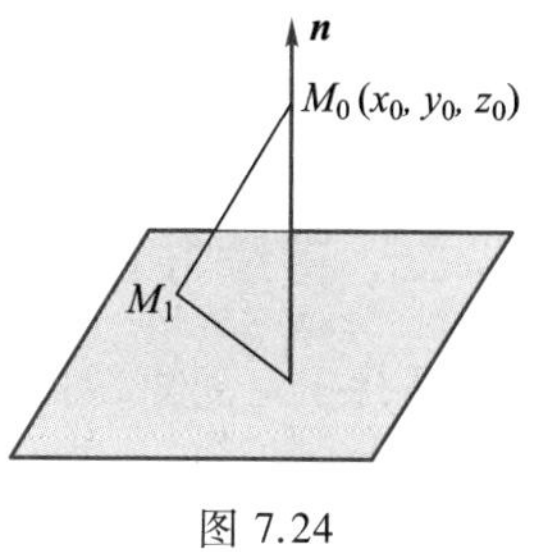

图 7.24

又因为点 $M_1(x_1,y_1,z_1)$ 在平面上,故

$$Ax_1+By_1+Cz_1+D=0,$$

从而得

$$d=\frac{|Ax_0+By_0+Cz_0+D|}{\sqrt{A^2+B^2+C^2}}. \tag{7.12}$$

(7.12)式就是点到平面的距离公式.

例 5 求两平行平面 $3x+6y-2z-7=0$, $3x+6y-2z+14=0$ 之间的距离.

解 在平面 $3x+6y-2z-7=0$ 上任取一点 $P_0\left(\frac{7}{3},0,0\right)$,则点 P_0 到另一平面的距离就是所求的距离,故

$$d=\frac{\left|3\cdot\frac{7}{3}+6\cdot0-2\cdot0+14\right|}{\sqrt{3^2+6^2+(-2)^2}}=\frac{21}{\sqrt{49}}=3.$$

例 6 求与原点距离为 6,在 x,y,z 轴上截距之比为 1:3:2的平面方程.

解 设所求的平面方程为 $\frac{x}{a}+\frac{y}{b}+\frac{z}{c}=1$, 依题意有 $a:b:c=1:3:2$. 从而可得

$$\frac{x}{a}+\frac{y}{3a}+\frac{z}{2a}=1,$$

即 $6x+2y+3z-6a=0$, 再由点到平面的距离公式可知

$$6=\frac{|6\cdot0+2\cdot0+3\cdot0-6a|}{\sqrt{6^2+2^2+3^2}}=\frac{6|a|}{7},$$

即 $|a|=7$, 也即 $a=\pm7$, 故所求的平面方程为

$$6x+2y+3z\mp42=0.$$

二、直线方程的各种形式

平行于空间直线的非零向量称为该直线的方向向量. 下面我们来建立空间直线的方程.

1. 空间直线的一般式

空间直线可看作为两个非平行平面的交线,见图 7.25,其方程为

$$\begin{cases} A_1x + B_1y + C_1z + D_1 = 0 & (\pi_1), \\ A_2x + B_2y + C_2z + D_2 = 0 & (\pi_2). \end{cases} \tag{7.13}$$

(7.13)式称为空间直线方程的一般形式.

这是因为当且仅当点 $M(x,y,z)$ 在所设的直线 (L) 上时,(7.13)才成立,因此方程(7.13)表示直线 (L) 的方程.

例如,yOz 坐标面与 xOz 坐标面的交线就是 z 轴,其方程为 $\begin{cases} x = 0, \\ y = 0. \end{cases}$ 而平面 $x + y = 0$ 与 $x - y = 0$ 的交线同样也是 z 轴.如图 7.26 所示,可见空间直线的方程不是唯一的.

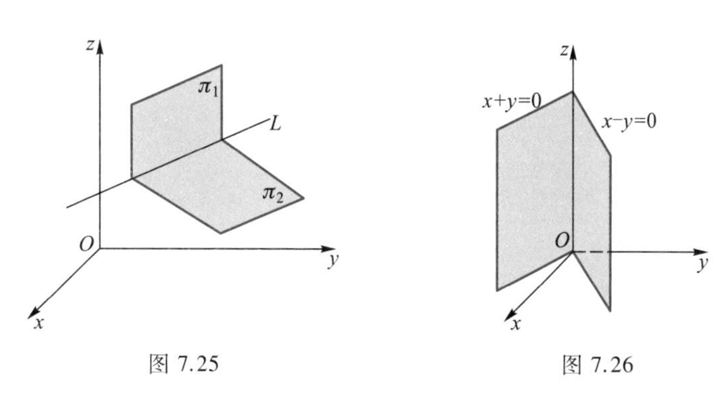

图 7.25　　图 7.26

2. 空间直线的参数方程

已知空间直线过点 $M_0(x_0,y_0,z_0)$,且与向量 $\boldsymbol{s} = m\boldsymbol{i} + n\boldsymbol{j} + p\boldsymbol{k}$ 平行,其中 m,n,p 不全为零,下面建立该直线方程.

在所求直线上任取一点 $M(x,y,z)$,见图 7.27,则向量 $\overrightarrow{M_0M}$ 与向量 $\boldsymbol{s}$ 平行,所以

$$\overrightarrow{M_0M} = t\boldsymbol{s}.$$

即

$$(x - x_0, y - y_0, z - z_0) = (tm, tn, tp),$$

因此

$$x = x_0 + mt, \quad y = y_0 + nt, \quad z = z_0 + pt. \tag{7.14}$$

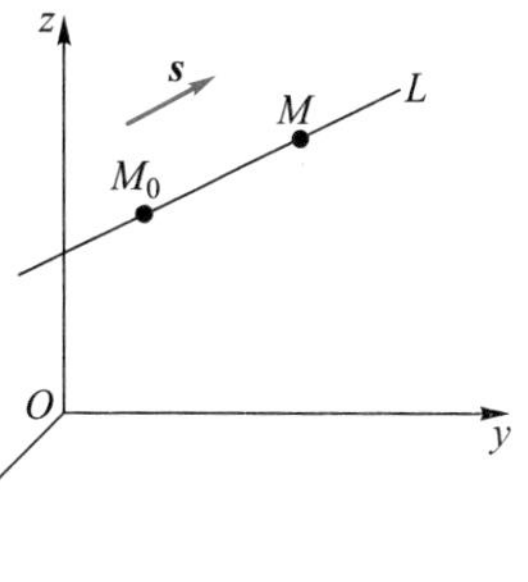

图 7.27

当 t 取不同的实数值时，点 M 沿向量 $\boldsymbol{s}$ 的方向描绘出直线 L，且仅描出直线 L，所以(7.14)式称为直线的参数方程，t 为参数.

3. 直线方程的标准式

从参数方程(7.14)中消去参数 t，即得到空间直线的标准式方程

$$\boxed{\frac{x-x_0}{m}=\frac{y-y_0}{n}=\frac{z-z_0}{p}.}\tag{7.15}$$

其中点 (x_0,y_0,z_0) 为直线 L 所过的点，$\boldsymbol{s}=(m,n,p)$ 为直线 L 的方向向量. 所以(7.15)式又称为直线方程的点向式或对称式. 注意当 m,n,p 中其一为零时，如 $m=0$，(7.15) 式为 $\dfrac{x-x_0}{0}=\dfrac{y-y_0}{n}=\dfrac{z-z_0}{p}$，可理解为

$$\begin{cases}x-x_0=0,\\ \dfrac{y-y_0}{n}=\dfrac{z-z_0}{p}.\end{cases}$$

当 $m,\ n,\ p$ 有两个为零时，如 $m=0,\ n=0$，(7.15)式为 $\dfrac{x-x_0}{0}=\dfrac{y-y_0}{0}=\dfrac{z-z_0}{p}$，可理解为

$$\begin{cases}x=x_0,\\ y=y_0.\end{cases}$$

$m,\ n,\ p$ 称为直线的一组方向数，向量 $\boldsymbol{s}$ 的方向余弦称为该直线的方向余弦.

4. 直线方程的两点式

已知直线上两点 $M_1(x_1,y_1,z_1)$，$M_2(x_2,y_2,z_2)$，下面建立该直线方程.

取直线的方向向量 $\boldsymbol{s}=\overrightarrow{M_1M_2}=(x_2-x_1,y_2-y_1,z_2-z_1)$ 直线过点 $M_1(x_1,y_1,z_1)$，由(7.15)式得所求直线方程为

$$\boxed{\frac{x-x_1}{x_2-x_1}=\frac{y-y_1}{y_2-y_1}=\frac{z-z_1}{z_2-z_1}.}\tag{7.16}$$

M_1,M_2 为直线上的两个已知点，所以(7.16)式称为直线方程的两点式.

例 7 把直线 L 的一般式 $\begin{cases}x+y+z+1=0,\\2x-y+3z+4=0\end{cases}$ 化为标准式、参数式和两点式方程.

解 由 $\begin{cases}x+y+z+1=0,\\2x-y+3z+4=0\end{cases}$ 知 $\boldsymbol{n}_1=(1,1,1)$，$\boldsymbol{n}_2=(2,-1,3)$，取直线 L 的方向向量 $\boldsymbol{s}$ 为

$$\boldsymbol{s}=\boldsymbol{n}_1\times\boldsymbol{n}_2=(1,1,1)\times(2,-1,3)=(4,-1,-3).$$

下面找直线 L 上的一个点.

令 $y=0$，代入 L 的一般式得

$$\begin{cases}x+z+1=0,\\2x+3z+4=0.\end{cases}$$

解得 $x=1$，$z=-2$. 故直线 L 过点 $M_0(1,0,-2)$，由(7.15)式知，直线 L 方程的标准式为

$$\frac{x-1}{4}=\frac{y}{-1}=\frac{z+2}{-3}.$$

再令上式等于 t，可得直线 L 方程的参数式为

$$\begin{cases}x=1+4t,\\y=-t,\\z=-2-3t,\end{cases}$$

其中 t 为参数.

令 $t=1$ 可得直线 L 上另一个点 $M_1(5,-1,-5)$，代入(7.16)式可得直线 L 方程的两点式

$$\frac{x-5}{5-1}=\frac{y+1}{-1-0}=\frac{z+5}{-5+2},$$

即

$$\frac{x-5}{4}=\frac{y+1}{-1}=\frac{z+5}{-3}.$$

三、平面直线间夹角及相互位置关系

平面的位置可由平面上一点及其法向量来确定，空间直线的位置由直线上一点及其方向向量来确定.因此，平面与平面、直线与直线的夹角及直线与平面间的夹角问题，均可以转化为平面的法向量和直线的方向向量之间的关系来

讨论.

1. 两平面间的夹角及平行、垂直的条件

设已知两平面方程分别为

$$\pi_1: A_1x + B_1y + C_1z + D_1 = 0, \quad \pi_2: A_2x + B_2y + C_2z + D_2 = 0.$$

它们的法向量分别为 $\boldsymbol{n}_1=(A_1, B_1, C_1)$ 和 $\boldsymbol{n}_2=(A_2, B_2, C_2)$，我们规定平面 π_1 与 π_2 之间的夹角 θ 为 $\boldsymbol{n}_1$ 与 $\boldsymbol{n}_2$ 的夹角和 $\boldsymbol{n}_1$ 与 $-\boldsymbol{n}_2$ 的夹角中的锐角，如图 7.28 所示.利用两向量夹角余弦公式可知

$$\boxed{\cos\theta = \frac{|A_1A_2 + B_1B_2 + C_1C_2|}{\sqrt{A_1^2 + B_1^2 + C_1^2} \cdot \sqrt{A_2^2 + B_2^2 + C_2^2}}.}$$

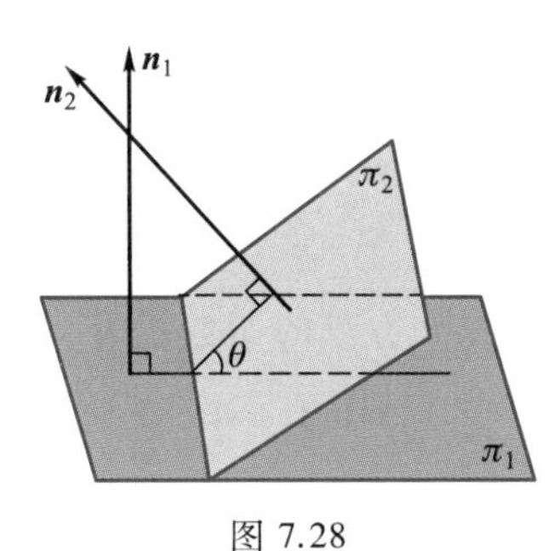

图 7.28

由该公式立即推出：

$$\pi_1 \text{ 与 } \pi_2 \text{ 垂直} \Leftrightarrow A_1A_2 + B_1B_2 + C_1C_2 = 0,$$

$$\pi_1 \text{ 与 } \pi_2 \text{ 平行} \Leftrightarrow \frac{A_1}{A_2} = \frac{B_1}{B_2} = \frac{C_1}{C_2},$$

还可以证明

$$\pi_1 \text{ 与 } \pi_2 \text{ 重合} \Leftrightarrow \frac{A_1}{A_2} = \frac{B_1}{B_2} = \frac{C_1}{C_2} = \frac{D_1}{D_2}.$$

例 8 求平面 $\pi_1: x + y - 11 = 0$ 与平面 $\pi_2: 3x + 8 = 0$ 的夹角.

解 平面 π_1 与 π_2 的法向量分别为

$$\boldsymbol{n}_1 = (1,1,0), \quad \boldsymbol{n}_2 = (3,0,0),$$

由夹角公式得

$$\cos\theta=\frac{|1\cdot 3+1\cdot 0+0\cdot 0|}{\sqrt{1^2+1^2+0^2}\sqrt{3^2+0^2+0^2}}=\frac{\sqrt{2}}{2},$$

所以 $\theta=\frac{\pi}{4}$.

例 9　求过点$(-3,2,5)$且与两平面 $x-4z=3$,$2x-y-5z=1$ 的交线垂直的平面方程.

解　设所求平面的法向量 $\boldsymbol{n}=(A,B,C)$, 两个已知平面的法向量为

$$\boldsymbol{n}_1=(1,0,-4),\quad \boldsymbol{n}_2=(2,-1,-5),$$

其交线的方向向量为 $\boldsymbol{s}=\boldsymbol{n}_1\times\boldsymbol{n}_2$, 即

$$\begin{aligned}\boldsymbol{s}=\boldsymbol{n}_1\times\boldsymbol{n}_2&=(1,0,-4)\times(2,-1,-5)\\&=(-4,-3,-1).\end{aligned}$$

依题意, $\boldsymbol{n}\,/\!/\,\boldsymbol{s}$,所以$\frac{A}{-4}=\frac{B}{-3}=\frac{C}{-1}$, 故可取

$$\boldsymbol{n}=(A,B,C)=(4,3,1).$$

从而所求平面为 $4(x+3)+3(y-2)+(z-5)=0$, 即

$$4x+3y+z+1=0.$$

2. 两直线的夹角、平行和垂直的条件

设已知两直线方程分别为

$$L_1:\ \frac{x-x_1}{m_1}=\frac{y-y_1}{n_1}=\frac{z-z_1}{p_1},$$

$$L_2:\ \frac{x-x_2}{m_2}=\frac{y-y_2}{n_2}=\frac{z-z_2}{p_2}.$$

它们的方向向量分别为 $\boldsymbol{s}_1=(m_1,n_1,p_1)$ 和 $\boldsymbol{s}_2=(m_2,n_2,p_2)$, 我们规定直线 L_1 与 L_2 之间的夹角 θ 为 $\boldsymbol{s}_1$ 与 $\boldsymbol{s}_2$ 的夹角和 $\boldsymbol{s}_1$ 与$-\boldsymbol{s}_2$ 的夹角中的锐角.利用两向量夹角余弦公式可知

$$\boxed{\cos\theta=\frac{|m_1m_2+n_1n_2+p_1p_2|}{\sqrt{m_1^2+n_1^2+p_1^2}\sqrt{m_2^2+n_2^2+p_2^2}}}.$$

由该公式立即可推出:

$$\text{直线 } L_1 \text{ 垂直于 } L_2 \Leftrightarrow m_1m_2+n_1n_2+p_1p_2=0,$$

$$\text{直线 } L_1 \text{ 平行于 } L_2 \Leftrightarrow \frac{m_1}{m_2}=\frac{n_1}{n_2}=\frac{p_1}{p_2}.$$

例 10　求两直线 $L_1:\dfrac{x-1}{1}=\dfrac{y}{-4}=\dfrac{z+3}{1}$ 和 $L_2:\dfrac{x}{2}=\dfrac{y+2}{-2}=\dfrac{z}{-1}$ 之间的夹角.

解　两直线 L_1 与 L_2 的方向向量为 $\boldsymbol{s}_1=(1,-4,1)$,$\boldsymbol{s}_2=(2,-2,-1)$,根据两直线夹角余弦公式可得

$$\cos\theta=\frac{|\boldsymbol{s}_1\cdot\boldsymbol{s}_2|}{|\boldsymbol{s}_1||\boldsymbol{s}_2|}=\frac{|2+8-1|}{\sqrt{18}\cdot\sqrt{9}}=\frac{\sqrt{2}}{2},$$

所以 $\theta=\dfrac{\pi}{4}$.

例 11　求过点(1, 0, -1)且与两平面:π_1: $2x-3y+z-1=0$, π_2: $4x-2y+3z+1=0$ 的交线平行的直线方程.

解　平面 π_1,π_2 的法向量分别为 $\boldsymbol{n}_1=(2,-3,1)$,$\boldsymbol{n}_2=(4,-2,3)$,所求直线的方向向量可取为

$$\boldsymbol{s}=\boldsymbol{n}_1\times\boldsymbol{n}_2=(2,-3,1)\times(4,-2,3)=(-7,-2,8).$$

根据直线方程的标准式可知所求的直线方程为

$$\frac{x-1}{-7}=\frac{y}{-2}=\frac{z+1}{8}.$$

例 12　求直线 $L:\begin{cases}x+y+z-1=0,\\x-y+z+1=0\end{cases}$ 在平面 π: $x+y+z=0$ 上的投影方程.

解　过直线 L 且与已知平面 π 垂直的平面和平面 π 的交线就是直线 L 在平面 π 上的投影.

引入方程:

$$(x+y+z-1)+\lambda(x-y+z+1)=0. \tag{7.17}$$

即 $(1+\lambda)x+(1-\lambda)y+(1+\lambda)z+(\lambda-1)=0$. 它是关于 x, y, z 的三元一次方程,故知(7.17)式为平面方程,且当 λ 取不同实数时表示不同的平面,而这些不同的平面均过直线 L.可以证明除了平面:$x-y+z+1=0$ 外,其余过直线 L 的任何一个平面都包含在方程(7.17)所表示的一族平面之内.所以方程(7.17)称为由直线 L 所确定的平面束方程.所谓平面束就是指过直线 L 的所有平面的全体.

下面从平面束(7.17)中找出垂直于平面 π 的平面.两平面垂直的条件是

$$(1+\lambda)\cdot 1+(1-\lambda)\cdot 1+(1+\lambda)\cdot 1=0.$$

即

$$\lambda+3=0,$$

因此，

$$\lambda=-3.$$

代入(7.17)式得垂直于平面 π 的平面方程为

$$x-2y+z+2=0.$$

所以直线 L 在平面 π 上的投影直线 L'的方程为

$$L':\begin{cases}x-2y+z+2=0,\\ x+y+z=0.\end{cases}$$

3. 直线与平面的夹角及平行、垂直的条件

直线 L 与平面 π 的夹角是指直线 L 与它在平面 π 上的投影 L'之间的夹角 φ，如图 7.29 所示.通常规定：$0\leqslant\varphi\leqslant\dfrac{\pi}{2}$. 设

$$L:\frac{x-x_0}{m}=\frac{y-y_0}{n}=\frac{z-z_0}{p},$$

$$\pi:Ax+By+Cz+D=0,$$

直线 L 的方向向量 $\boldsymbol{s}=(m,n,p)$ 与平面 π 的法向量 $\boldsymbol{n}=(A,B,C)$ 的夹角为$\dfrac{\pi}{2}-\varphi$.于是

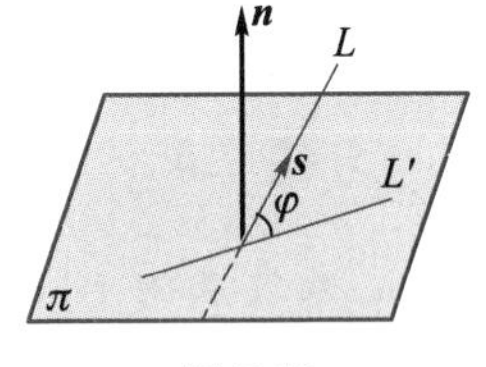

图 7.29

$$\sin\varphi=\cos\left(\frac{\pi}{2}-\varphi\right)=\frac{|Am+Bn+Cp|}{\sqrt{A^2+B^2+C^2}\cdot\sqrt{m^2+n^2+p^2}}.$$

由此易知

$$\text{直线与平面平行}\Leftrightarrow Am+Bn+Cp=0,$$

$$\text{直线与平面垂直}\Leftrightarrow \frac{A}{m}=\frac{B}{n}=\frac{C}{p}.$$

若直线与平面相交，则交点既在直线上，又在平面上.将直线的参数方程：$x=x_0+mt,\ y=y_0+nt,\ z=z_0+pt$ 代入平面方程得

$$A(x_0+mt)+B(y_0+nt)+C(z_0+pt)+D=0.$$

解出 $t=-\dfrac{Ax_0+By_0+Cz_0+D}{Am+Bn+Cp}$，再将 t 代入直线的参数方程可求得交点.上式中，若 $Am+Bn+Cp=0, Ax_0+By_0+Cz_0+D\neq 0$，则 $\boldsymbol{s}\perp\boldsymbol{n}$，即直线与平面平行，无交点；若 $Am+Bn+Cp=0, Ax_0+By_0+Cz_0+D=0$，此时直线与平面重合.

例 13 求过点 $M_0(2,1,3)$ 且与直线 L：$\dfrac{x+1}{3}=\dfrac{y-1}{2}=\dfrac{z}{-1}$ 垂直相交的直线方程.

解 过点 $M_0(2,1,3)$ 且垂直于直线 L 的平面方程为 $3(x-2)+2(y-1)-(z-3)=0$，即 $3x+2y-z-5=0$，已知直线 L 的参数方程为 $x=-1+3t$，$y=1+2t$，$z=-t$，代入上述平面方程，解得 $t=\dfrac{3}{7}$，从而得交点 $M_1\left(\dfrac{2}{7},\dfrac{13}{7},-\dfrac{3}{7}\right)$.

取 $\boldsymbol{s}=\overrightarrow{M_0M_1}=\left(-\dfrac{12}{7},\dfrac{6}{7},-\dfrac{24}{7}\right)$ 为所求直线的方向向量，故所求直线方程为

$$\frac{x-2}{-\frac{12}{7}}=\frac{y-1}{\frac{6}{7}}=\frac{z-3}{-\frac{24}{7}},\quad 即\frac{x-2}{2}=\frac{y-1}{-1}=\frac{z-3}{4}.$$

习题 7.4

1. 求过点 $M_1(1,1,1)$，$M_2(0,1,-1)$ 且与平面 $x+y+z=0$ 垂直相交的平面方程.

2. 求过点 $(3,0,-1)$ 且与平面 $3x-7y+5z-12=0$ 平行的平面方程.

3. 改写平面的一般式：$3x-4y+z-5=0$ 为截距式方程.

4. 求过三点 $(5,-4,3)$，$(-2,1,8)$，$(0,1,2)$ 的平面方程.

5. 指出下列各平面的特殊位置：

(1) $x=0$； (2) $3y-1=0$； (3) $2x-3y-6=0$；

(4) $x-\sqrt{3}y=0$； (5) $y+z=0$； (6) $x-2z=0$；

(7) $6x+5y-z=0$.

6. 求过点 $(1,0,-1)$ 且与向量 $\boldsymbol{a}=(2,1,1)$ 及 $\boldsymbol{b}=(1,-1,0)$ 都平行的平面方程.

7. 分别按下列条件求平面方程：

(1) 平面平行于 xOz 坐标面且过点 $(2,-5,3)$；

(2) 平面过 z 轴和点 $(-3,1,-2)$；

(3) 平面平行于 x 轴且过点 $(4,0,-2)$ 和 $(5,1,7)$.

8. 把下列直线的一般式化为标准式方程:

(1) $\begin{cases}3x-4y+5z+6=0,\\2x-5y+z-1=0;\end{cases}$ (2) $\begin{cases}3x+2y+z-3=0,\\x+2y+3z+2=0.\end{cases}$

9. 求过点 $(4,-1,3)$ 且与直线 $\dfrac{x-3}{2}=y=\dfrac{z-1}{5}$ 平行的直线方程.

10. 求过点 $(2,4,-1)$ 且与三个坐标轴所成角相等的直线方程.

11. 证明直线 L_1: $\begin{cases}3x+6y-3z=8,\\2x-y-z=0\end{cases}$ 与 L_2: $\begin{cases}2x-y-z=7,\\x+2y-z=7\end{cases}$ 互相平行.

12. 求过点 $(0,1,2)$ 且与平面 $x+2z=1$ 及 $y-3z=2$ 都平行的直线方程.

13. 求过点 $(-1,-4,3)$ 且与直线 $\begin{cases}2x-4y+z=1,\\x+3y=-5\end{cases}$ 及 $\begin{cases}x=2+4t,\\y=-1-t,\\z=-3+2t\end{cases}$ 都垂直的直线方程.

14. 判断两直线: $\dfrac{x}{2}=\dfrac{y+3}{3}=\dfrac{z}{4}$ 与 $\dfrac{x-1}{1}=\dfrac{y+2}{1}=\dfrac{z-2}{2}$ 是否在同一平面内, 若是,求出两直线的交点.

15. 指出下列直线的特殊位置:

(1) $Ax+By+Cz=0, A_1x+B_1y+C_1z=0$;

(2) $Ax+By+Cz+D=0, B_1y+D_1=0$;

(3) $By+Cz+D=0, B_1y+C_1z+D_1=0$;

(4) $2x+3y-7z-5=0, 4x+3y-7z-5=0$;

(5) $3y+2z=0, 5x-1=0$.

16. 求下列各对平面与直线的夹角:

(1) 平面: $x+y-11=0$ 与 $3x+8=0$;

(2) 直线: $\begin{cases}5x-3y+3z-9=0,\\3x-2y+z-1=0\end{cases}$ 与 $\begin{cases}2x+2y-z+23=0,\\3x+8y+z-18=0.\end{cases}$

17. 求平面 $2x-2y+z+5=0$ 与各坐标面夹角的余弦.

18. 求直线 $\begin{cases}x+y+3z=0,\\x-y-z=0\end{cases}$ 与平面 $x-y-z+1=0$ 的夹角.

19. 求点 $(1,2,1)$ 到平面 $x+2y+2z-10=0$ 的距离.

20. 求三平面: $x+3y+z=1, 2x-y-z=0$ 及 $-x+2y+2z=3$ 的交点.

21. 设 M_0 是直线 L_0 外一点, M 为直线 L_0 上的一点,试证:点 M_0 到直线 L_0

的距离为 $d=\dfrac{|\overrightarrow{M_0M}\times \boldsymbol{s}|}{|\boldsymbol{s}|}$($\boldsymbol{s}$ 为直线 L_0 的方向向量).

22. 求点(3,-1,2)到直线 $\begin{cases}x+y-z+1=0,\\2x-y+z-4=0\end{cases}$ 的距离.

23. 求直线 $\begin{cases}2x-4y+z=0,\\3x-y-2z-9=0\end{cases}$ 在平面 $4x-y+z=1$ 上的投影直线方程.

24. 确定下列各组中直线与平面的关系:

(1) $\dfrac{x+3}{-2}=\dfrac{y+4}{-7}=\dfrac{z}{3}$ 和 $4x-2y-2z=3$;

(2) $\dfrac{x}{3}=\dfrac{y}{-2}=\dfrac{z}{7}$ 和 $3x-2y+7z=8$;

(3) $\dfrac{x-2}{3}=\dfrac{y+2}{1}=\dfrac{z-3}{-4}$ 和 $x+y+z=3$.

25. 设一平面垂直于平面 $z=0$,并通过从点(1,-1,1)到直线 $\begin{cases}y-z+1=0,\\x=0\end{cases}$ 的垂线,求该平面方程.

26. 求过点(-1,0,4)且与平面 $3x-4y+z-10=0$ 平行又与直线 $\dfrac{x+1}{1}=\dfrac{y-3}{1}=\dfrac{z}{2}$ 相交的直线方程.

第五节 空间曲面与空间曲线

本节将讨论空间中一般的曲面与曲线的方程.

一、曲面及其方程

像平面解析几何把平面曲线当作动点的轨迹一样,在空间解析几何中我们把曲面也看成空间动点按一定规则运动的几何轨迹.这样曲面上任一点 $P(x,y,z)$ 的坐标必满足一定的关系,这个关系可以表示为一个含有三个变量 x,y,z 的方程 $F(x,y,z)=0$.也就是说,几何轨迹可用一个三元方程表示,从而有下面的定义.

1. 曲面方程的概念

定义 1　设曲面 S 与方程 $F(x,y,z)=0$ 有如下关系：

(1) 若任取一点 $M_0(x_0,y_0,z_0)\in S$，则有

$$F(x_0,y_0,z_0)=0;$$

(2) 若任取一点 $M_0(x_0,y_0,z_0)\notin S$，则有

$$F(x_0,y_0,z_0)\neq 0.$$

则称 $F(x,y,z)=0$ 为曲面 S 的方程，而曲面 S 称为该方程的图形，如图 7.30 所示.

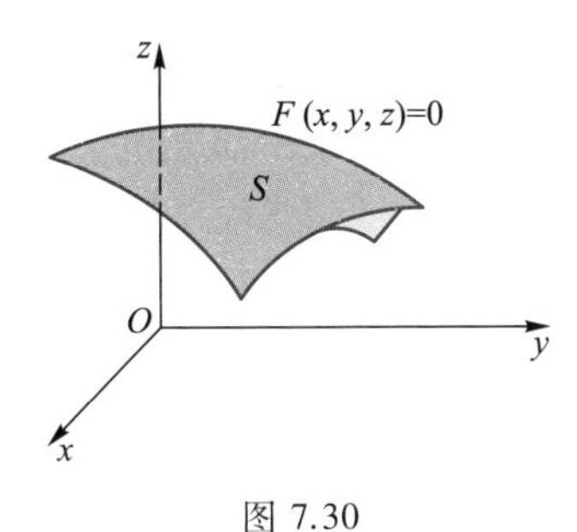

图 7.30

例 1　已知动点到点 $A(1,2,0)$ 与 $B(2,-1,2)$ 的距离相等，求动点轨迹的方程.

解　设动点为 $M(x,y,z)$，依题意动点 M 满足：$\left|\overrightarrow{AM}\right|=\left|\overrightarrow{BM}\right|$，所以有

$$\sqrt{(x-1)^2+(y-2)^2+z^2}=\sqrt{(x-2)^2+(y+1)^2+(z-2)^2}.$$

化简得 $x-3y+2z-2=0$. 这就是动点轨迹的方程.

2. 几种常见的曲面

(1) 球面

已知球心为 $A(a,b,c)$，半径为 R，下面建立球面方程.

设 $M(x,y,z)$ 为球面上任一点，依题意有 $\left|\overrightarrow{AM}\right|=R$，即

$$\sqrt{(x-a)^2+(y-b)^2+(z-c)^2}=R.$$

两端平方得

$$(x-a)^2+(y-b)^2+(z-c)^2=R^2. \tag{7.18}$$

显然当且仅当点 M 为球面上的点时，其坐标 x,y,z 才满足该方程，所以方程(7.18)就是球心为 $A(a,b,c)$，半径为 R 的球面方程，且称为球面的标准方程.

特别当 $a=b=c=0$ 时，方程 $x^2+y^2+z^2=R^2$ 为球心在原点，半径为 R 的球面方程.

将(7.18)式展开得

$$x^2+y^2+z^2-2ax-2by-2cz+a^2+b^2+c^2-R^2=0,$$

由此可看出球面方程的特点：球面是关于 x,y,z 的二次方程且平方项系数相同；不含交叉项：xy,yz,xz.一般具有上述特点的方程表示球面，所以方程

$$Ax^2+Ay^2+Az^2+Bx+Cy+Dz+E=0 \quad (A\neq 0)$$

称为球面方程的一般式.它经过配方总可以化为球面方程的标准式.

(2) 柱面

如果动直线 l 沿一条给定曲线 L 移动，且始终保持与给定的直线 AB 平行，这种由动直线 l 所形成的曲面称为柱面.动直线 l 称为柱面的母线，定曲线 L 称为柱面的准线，如图 7.31 所示.

设柱面的准线为 xOy 坐标面上的曲线 L: $z=0, F(x,y)=0$，母线平行于 z 轴，下面来建立该柱面方程.

在柱面上任取一点 $M_0(x_0,y_0,z_0)$，过 M_0 作平行于 z 轴的直线，由柱面定义可知必交准线 L 于点 $M'(x_0,y_0,0)$，如图 7.32 所示，从而有 $F(x_0,y_0)=0$，即柱面上任一点的坐标均满足方程：

$$F(x,y)=0. \tag{7.19}$$

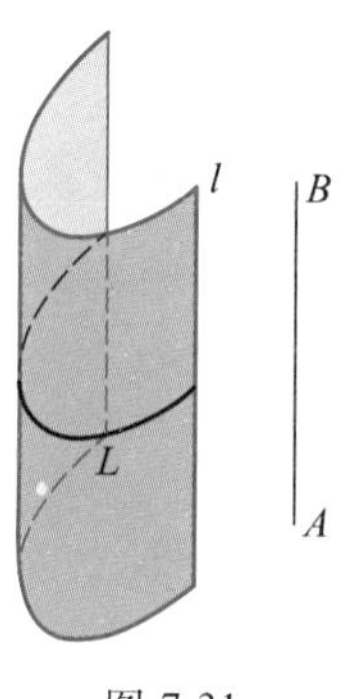

图 7.31

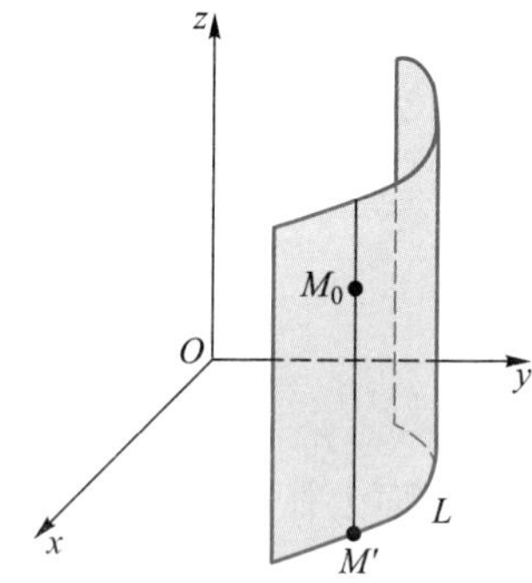

图 7.32

当且仅当 M_0 在柱面上时,其坐标才满足方程(7.19),所以方程(7.19)为所求的母线平行于 z 轴的柱面方程.

由(7.19)式可知:母线平行于 z 轴的柱面方程中不含变量 z.

同理,方程 $F(x,z)=0$ 及 $F(y,z)=0$ 分别表示母线平行于 y 轴和 x 轴的柱面方程.

必须注意母线平行于 z 轴的柱面方程: $F(x,y)=0$ 与其准线方程形式相同,但有着根本区别,其准线是 xOy 坐标面上的曲线,即准线是由方程组 $\begin{cases}F(x,y)=0,\\z=0\end{cases}$ 确定.

例如,方程 $x+z=1$ 表示母线平行于 y 轴,准线为 xOz 坐标面上的直线 $x+z=1$ 的柱面,如图 7.33 所示.这个方程为一次式,所以称为一次柱面.

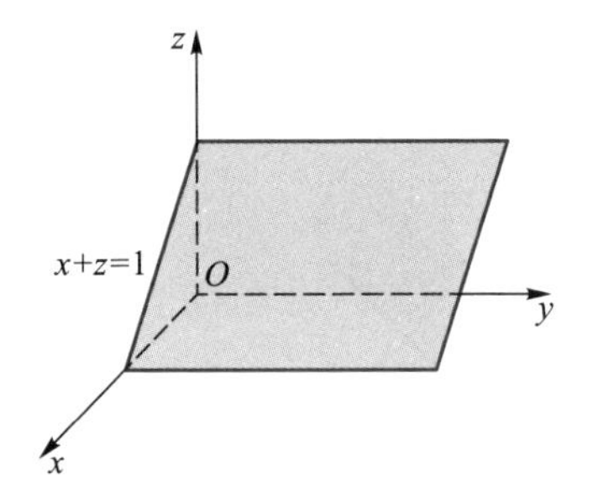

图 7.33

又如,方程 $\frac{x^2}{a^2}+\frac{y^2}{b^2}=1$,$\frac{y^2}{a^2}-\frac{x^2}{b^2}=1$,$x^2-2py=0$ 分别表示母线平行于 z 轴的椭圆柱面、双曲柱面及抛物柱面,如图 7.34 所示.这三个方程为二次式,所以称为二次柱面.

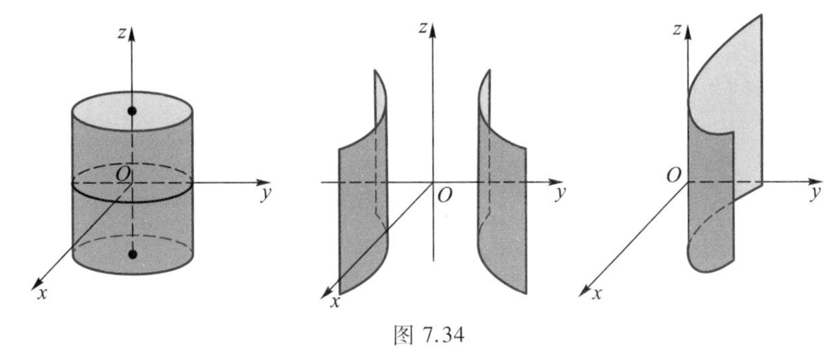

图 7.34

(3) 锥面

如果动直线 l 沿定曲线 L 移动,且始终通过定点 P,这种由动直线 l 所形成的曲面称为锥面.直线 l 称为锥面的母线,定点 P 称为锥面的顶点,定曲线 L 称为锥面的准线,如图 7.35 所示.

下面来建立以椭圆:$\frac{x^2}{a^2}+\frac{y^2}{b^2}=1, z=c\ (c\neq 0)$ 为准线,顶点在原点的锥面方程.

在锥面上任取一点 $M(x, y, z)$,联结点 O 与 M 的直线交椭圆于点 $M_0(x_0, y_0, c)$,则 OM_0 与 OM 共线,如图 7.36 所示.即有

$$\frac{x}{x_0}=\frac{y}{y_0}=\frac{z}{c},$$

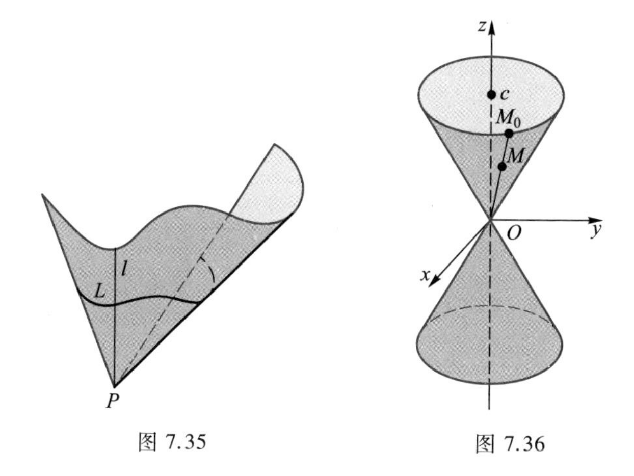

图 7.35　　图 7.36

由此得

$$x_0=\frac{c}{z}x,\quad y_0=\frac{c}{z}y.$$

又 M_0 在椭圆上,所以 $\frac{x_0^2}{a^2}+\frac{y_0^2}{b^2}=1$, 消去 x_0, y_0,得

$$\frac{x^2}{a^2}+\frac{y^2}{b^2}=\frac{z^2}{c^2},\quad 即\frac{x^2}{a^2}+\frac{y^2}{b^2}-\frac{z^2}{c^2}=0.$$

当且仅当点 $M(x,y,z)$ 在锥面上时,其坐标才满足该方程,所以 $\frac{x^2}{a^2}+\frac{y^2}{b^2}=\frac{z^2}{c^2}$ 就是所求的锥面方程.又由于它的准线是椭圆,所以称之为椭圆锥面.当 $a=b$ 时,这个锥面的准线为圆,就是大家所熟悉的圆锥面

$$x^2+y^2-k^2z^2=0,$$

其中 $k=\dfrac{a}{c}$.

（4）旋转面

一条平面曲线 L 绕同平面内的一条直线 l 旋转一周所形成的曲面称为旋转面，定直线 l 称为旋转面的轴.

现在我们来建立 yOz 坐标面上曲线 L：$\begin{cases}f(y,z)=0,\\x=0\end{cases}$ 绕 z 轴旋转一周所得的旋转面的方程.

在旋转面上任取一点 $M(x,y,z)$，过点 M 作平面垂直于 z 轴，交曲线 L 于点 $M_1(0,y_1,z_1)$，交 z 轴于点 $O'(0,0,z_1)$，如图 7.37 所示. 于是有

$$z=z_1,\quad O'M_1=O'M,$$

即 $|y_1|=\sqrt{x^2+y^2}$，也即

$$y_1=\pm\sqrt{x^2+y^2},$$

又由于点 $M_1(0,y_1,z_1)$ 在曲线 L 上，所以有 $f(y_1,z_1)=0$，即

$$\boxed{f(\pm\sqrt{x^2+y^2},z)=0.}$$

当且仅当点 M 在这个旋转面上时，坐标 x,y,z 才满足该方程，所以 $f(\pm\sqrt{x^2+y^2},z)=0$ 就是所求的旋转面方程.

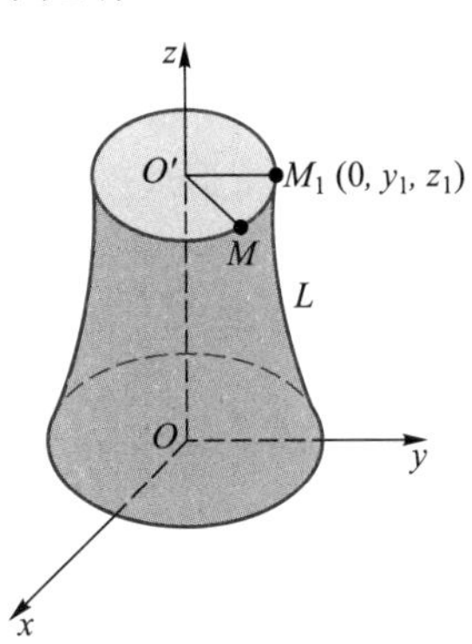

图 7.37

由此可见，求曲线 L：$\begin{cases}f(y,z)=0,\\x=0\end{cases}$ 绕 z 轴旋转所形成的旋转曲面方程的方法很简单，即因绕 z 轴旋转，所以在 L 的方程中变量 z 不变，只需将方程中另一个变量 y 换成 $\pm\sqrt{x^2+y^2}$ 即可.

这样，曲线 $\begin{cases}f(y,z)=0,\\x=0\end{cases}$ 绕 y 轴旋转所形成的旋转面方程为

$$f(y,\pm\sqrt{x^2+z^2})=0.$$

曲线 $\begin{cases}f(x,y)=0,\\z=0\end{cases}$ 绕 x 轴旋转所形成的旋转面方程为

$$f(x,\pm\sqrt{y^2+z^2})=0;$$

绕 y 轴旋转所形成的旋转面方程为

$$f(\pm\sqrt{x^2+z^2},y)=0.$$

前面介绍过的圆锥面 $x^2+y^2-k^2z^2=0$，可以看作直线 $\begin{cases}x=kz,\\y=0\end{cases}$ 绕 z 轴旋转一周形成的；圆柱面 $x^2+y^2=a^2$ 可以看作 xOz 坐标面上的直线 $\begin{cases}x=a,\\y=0\end{cases}$ 绕 z 轴旋转一周形成的.

常见的几种旋转面还有：

① 由椭圆 $\begin{cases}\dfrac{x^2}{a^2}+\dfrac{z^2}{c^2}=1,\\y=0\end{cases}$ 绕 x 轴旋转所形成的旋转面的方程为

$$\frac{x^2}{a^2}+\frac{y^2+z^2}{c^2}=1.$$

绕 z 轴旋转所形成的旋转面方程为

$$\frac{x^2+y^2}{a^2}+\frac{z^2}{c^2}=1.$$

二者称为旋转椭球面，当 $a=c$ 时为球面.

② 由双曲线 $\begin{cases}\dfrac{x^2}{a^2}-\dfrac{z^2}{c^2}=1,\\y=0\end{cases}$ 绕 x 轴旋转所形成的旋转面方程为

$$\frac{x^2}{a^2}-\frac{y^2+z^2}{c^2}=1,$$

称为旋转双叶双曲面；绕 z 轴旋转所形成的旋转面方程为

$$\frac{x^2+y^2}{a^2}-\frac{z^2}{c^2}=1,$$

称为旋转单叶双曲面.

③ 由抛物线 $\begin{cases}y^2=2pz,\\x=0\end{cases}$ 绕 z 轴旋转所形成的旋转面方程为

$$x^2+y^2=2pz,$$

称为旋转抛物面.

二、空间曲线及其方程

空间曲线可看作空间两曲面的交线，所以有下面定义.

1. 空间曲线方程的概念

定义 2　设曲线 L 与方程组 $\begin{cases}F_1(x,y,z)=0,\\F_2(x,y,z)=0\end{cases}$ 有如下关系：

(1) 若任取 $M_0(x_0,y_0,z_0)\in L$，则有

$$\begin{cases}F_1(x_0,y_0,z_0)=0,\\F_2(x_0,y_0,z_0)=0;\end{cases}$$

(2) 若任取 $M_0(x_0,y_0,z_0)\notin L$，则有

$$F_1(x_0,y_0,z_0)\neq 0 \quad 或 \quad F_2(x_0,y_0,z_0)\neq 0.$$

则称方程组 $\begin{cases}F_1(x,y,z)=0,\\F_2(x,y,z)=0\end{cases}$ 为空间曲线 L 的方程，也称为空间曲线 L 的一般式方程.空间曲线 L 称为方程组的图形.

例如，空间曲线 L：$\begin{cases}x^2+y^2=R^2,\\z=0\end{cases}$ 也可以用方程 $\begin{cases}x^2+y^2=R^2,\\x^2+y^2+z^2=R^2\end{cases}$ 或 $\begin{cases}x^2+y^2+z^2=R^2,\\z=0\end{cases}$ 表示，如图 7.38 所示.

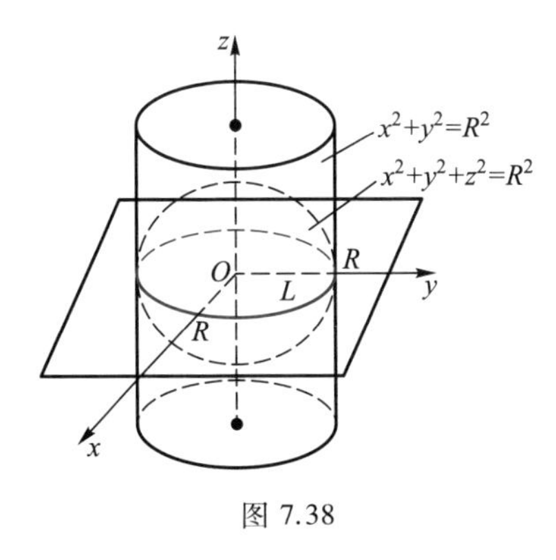

图 7.38

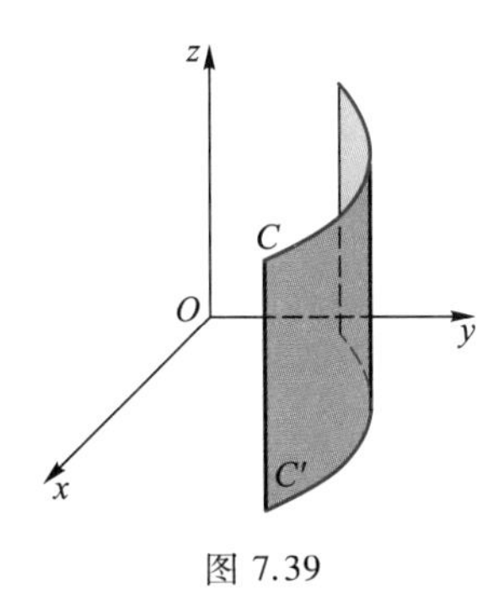

图 7.39

2. 空间曲线的投影方程

定义 3　设有空间曲线 C，过 C 作母线平行于 z 轴的柱面，该柱面与 xOy 坐标面的交线 C' 称为曲线 C 在 xOy 坐标面上的投影曲线，如图 7.39 所示.

设空间曲线 L：$\begin{cases}F_1(x,y,z)=0,\\F_2(x,y,z)=0,\end{cases}$ 消去 z 得曲面 S：$F(x,y)=0$，下面研究曲线

L 与曲面 S 有什么关系？

曲面 $S:F(x,y)=0$ 是母线平行于 z 轴的柱面，准线为 $\begin{cases}F(x,y)=0,\\z=0,\end{cases}$ 若任取一点 $M_0(x_0,y_0,z_0)\in L$，则 $\begin{cases}F_1(x_0,y_0,z_0)=0,\\F_2(x_0,y_0,z_0)=0.\end{cases}$ 消去 z_0 可得 $F(x_0,y_0)=0$，即曲线 L 上任一点 M_0 的坐标满足方程 $F(x,y)=0$，这说明曲线 L 在柱面上. 由上面的定义 3 可知，曲线 $L':\begin{cases}F(x,y)=0,\\z=0\end{cases}$ 就是曲线 L 在 xOy 坐标面上的投影曲线(简称投影). 把柱面 $F(x,y)=0$ 称为曲线 L 在 xOy 坐标面上的投影柱面，如图 7.40 所示.

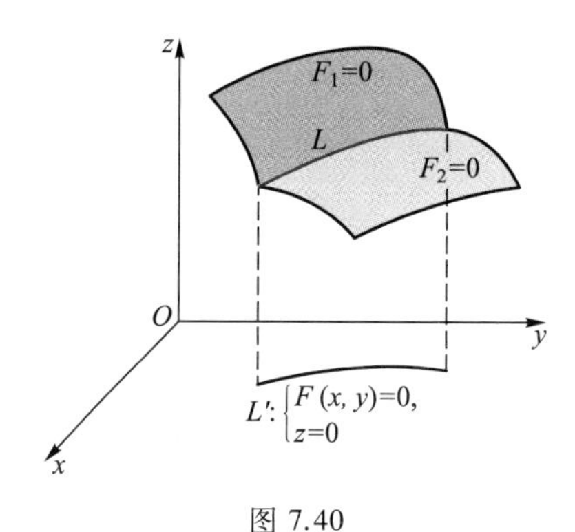

图 7.40

同理，曲线 $L:\begin{cases}F_1(x,y,z)=0,\\F_2(x,y,z)=0\end{cases}$ 消去 x 得曲面 $F(y,z)=0$ 为 L 在 yOz 坐标面上的投影柱面，曲线 $L':\begin{cases}F(y,z)=0,\\x=0\end{cases}$ 为曲线 L 在 yOz 坐标面上的投影曲线. 同样，曲线 $L:\begin{cases}F_1(x,y,z)=0,\\F_2(x,y,z)=0\end{cases}$ 消去 y 得曲面 $F(x,z)=0$ 为 L 在 zOx 坐标面上的投影柱面，曲线 $\begin{cases}F(x,z)=0,\\y=0\end{cases}$ 为曲线 L 在 zOx 坐标面上的投影曲线.

例 2 求曲线 $L:\begin{cases}x^2+y^2+z^2=1,\\y+z=1\end{cases}$ 在 xOy 坐标面上的投影柱面及投影曲线的方程.

解 由 $\begin{cases}x^2+y^2+z^2=1,\\y+z=1\end{cases}$ 消去 z 得 $x^2+2y^2-2y=0$，即 $x^2+2\left(y-\frac{1}{2}\right)^2=\frac{1}{2}$，它是母

线平行于 z 轴的椭圆柱面，也就是所求的曲线 L 在 xOy 坐标面上的投影柱面，故曲线 L 在 xOy 坐标面上投影曲线的方程为 $\begin{cases}x^2+2y^2-2y=0,\\z=0.\end{cases}$

3. 空间曲线的参数方程

把空间曲线 L 上动点的坐标 x,y,z，都表示成参变量 t 的函数 $x=x(t)$，$y=y(t)$，$z=z(t)$，则称

$$\boxed{\begin{cases}x=x(t),\\y=y(t),\quad(\alpha\leqslant t\leqslant\beta)\\z=z(t)\end{cases}}$$

为空间曲线 L 的参数方程.

注意，在曲线的参数方程中，动点的坐标可以有一个或两个不显含参数.

例如，$\begin{cases}x=a\cos\theta,\\y=a\sin\theta,\ (0\leqslant\theta\leqslant2\pi)\\z=z_0\end{cases}$ 表示 $z=z_0$ 平面上以 z 轴为中心轴，以 a 为半径的圆周.

又如，$\begin{cases}x=0,\\y=0,\ (-\infty<t<+\infty)\\z=t\end{cases}$ 表示 z 轴.

在机械工程中常遇到一种空间曲线——螺旋线，其形成规律是：动点 P 沿半径为 a 的圆周作匀速转动，而这圆周所在的平面同时在空间等速移动，移动的方向与圆周所在平面垂直.下面推导螺旋线的方程.

取运动开始时（$t=0$）圆周的中心为原点，圆周所在的平面为 xOy 坐标面，圆周运动的方向与 z 轴正向相同，如图 7.41 所示.

设动点 M 转动的角速度大小为 ω，沿 z 轴正向移动的线速度大小为 v.

（1）选时间 t 为参数，$t=0$ 时，动点 M 与 x 轴和圆柱面相交的点 $A(a,0,0)$ 重合，如图 7.41 所示.经过时间 t 后，动点 M 沿圆柱面由点 A 移动到点 $M(x,y,z)$.

（2）把点 $M(x,y,z)$ 投影到 xOy 坐标面上得投影点 $M'(x,y,0)$.

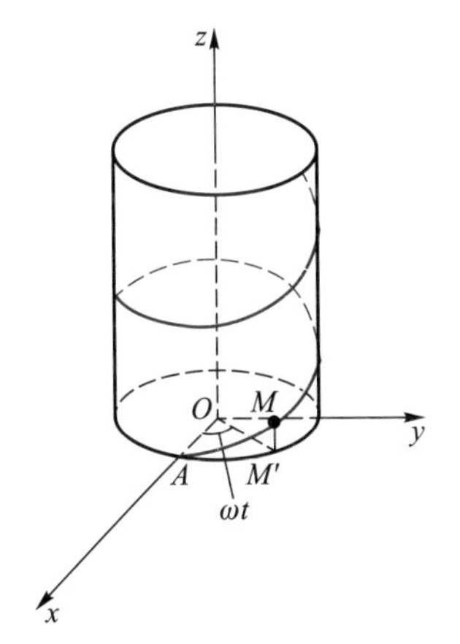

图 7.41

注意：点 M 与 M' 的坐标 x,y 相同，动点 M 在圆柱面上转过的角度为 $\angle AOM'=\omega t$，沿 z 轴正向上升的高度 $z=\left|\overrightarrow{M'M}\right|=vt$. 故在时刻 t 动点 M 的坐标为

$$\begin{cases}x=a\cos\omega t,\\y=a\sin\omega t,\\z=vt.\end{cases}$$

这就是螺旋线的方程. 令 $\omega t=\theta, k=\dfrac{v}{\omega}$ 可得以转角 θ 为参数的方程：

$$\begin{cases}x=a\cos\theta,\\y=a\sin\theta,\\z=k\theta.\end{cases}\tag{7.20}$$

(3) 螺旋线的重要性质

当动点 M 转过 α 角度时，由(7.20)式中第三个方程知动点 M 上升的高度 $h=k\alpha$，即动点 M 上升的高度 h 与转动角 α 成正比. 特别当 $\alpha=2\pi$，即转过一周时，$h=2\pi k$，这个高度 $h=2\pi k$ 称为螺距.

之所以方程(7.20)称为螺旋线，$2\pi k$ 又称为螺距，原因在于平头螺丝钉的外缘曲线就是螺旋线，螺距就是相邻两个螺纹之间的距离.

例 3 化空间曲线 $\begin{cases}x^2+y^2+z^2=1,\\y+z=0\end{cases}$ 为参数方程.

解 将 $z=-y$ 代入第一个方程得

$$\begin{cases}x^2+2y^2=1,\\y+z=0,\end{cases}\quad 即\begin{cases}\dfrac{x^2}{1}+\dfrac{y^2}{\dfrac{1}{2}}=1,\\y+z=0.\end{cases}$$

令 $x=\cos\theta, y=\dfrac{\sqrt{2}}{2}\sin\theta$，代入第二个方程得 $z=-\dfrac{\sqrt{2}}{2}\sin\theta\,(0\leqslant\theta\leqslant2\pi)$，从而求得参数方程为

$$x=\cos\theta,\quad y=\frac{\sqrt{2}}{2}\sin\theta,\quad z=-\frac{\sqrt{2}}{2}\sin\theta\quad(0\leqslant\theta\leqslant2\pi).$$

一般说来，要把空间曲线方程 $\begin{cases}F_1(x,y,z)=0,\\F_2(x,y,z)=0\end{cases}$ 化为参数方程，可令 $x=x(t)$，引入参数 t，然后代入曲线方程，解出 $y=y(t), z=z(t)$，则可得参数方

程 $x=x(t),y=y(t),z=z(t)$. 由于 $x(t)$ 可以选取不同的函数,因而所得的参数方程不是唯一的.

三、二次曲面的截痕法

我们用截痕法来讨论几种常见的二次方程所表示的曲面的图形.

所谓截痕法是指:用一组平行于坐标面的平面来截割空间曲面,从交线的形状来想象空间二次曲面的全貌.由于 $x=h$ 表示所有横坐标为 h 的点的全体,因此方程 $x=h$ 表示一个平行 yOz 坐标面的平面,同理 $y=h,z=h$ 分别表示平行于 zOx,xOy 坐标面的平面,因此用平行坐标面的平面截割空间曲面所得的曲线方程实际上是用 $x=h,y=h$ 和 $z=h$ 与空间曲面方程的分别联立.

如果方程的图形有对称性,那么确定这些对称性也有助于作图.一般由方程确定其图形对称性的规则如下:

(1) 如果以 $-z$($-x$ 或 $-y$)替代 z(x 或 y),而方程不变,则曲面关于 xOy 坐标面(yOz 坐标面或 zOx 坐标面)对称;

(2) 如果同时分别以 $-x$ 与 $-y$($-y$ 与 $-z$ 或 $-z$ 与 $-x$)替代 x 与 y(y 与 z 或 z 与 x),而方程不变,那么曲面关于 z 轴(x 轴或 y 轴)对称.

(3) 如果同时以 $-x,-y,-z$ 替代 x,y,z,而方程不变,则曲面关于原点对称.

1. 椭球面

方程

$$\boxed{\frac{x^2}{a^2}+\frac{y^2}{b^2}+\frac{z^2}{c^2}=1}$$

所表示的曲面称为椭球面.显然有

$$|x|\leqslant a,\qquad |y|\leqslant b,\qquad |z|\leqslant c.$$

这表明曲面完全包围在以原点为中心的长方体中,长方体六个面方程分别为:$x=\pm a$, $y=\pm b$, $z=\pm c$,同时显然曲面关于 xOy 坐标面、yOz 坐标面、xOz 坐标面及原点均对称,椭球面与三个坐标轴所截线段长度为 $2a$, $2b$, $2c$,依照其大小,分别称为长轴、中轴和短轴.

用平面 $z=h$ 来截割椭球面,截痕为

$$\begin{cases}z=h,\\ \dfrac{x^2}{a^2}+\dfrac{y^2}{b^2}+\dfrac{z^2}{c^2}=1,\end{cases}$$

即

$$\begin{cases} z = h, \\ \dfrac{x^2}{a^2} + \dfrac{y^2}{b^2} = 1 - \dfrac{h^2}{c^2}. \end{cases}$$

当 $h = c$ 或 $h = -c$ 时,截线退化成一点$(0,0,\pm c)$,这表明截面与椭球面相切.而在平面 $z = h(\,|h| < c)$ 上,方程

$$\frac{x^2}{\left(a\sqrt{1-\dfrac{h^2}{c^2}}\right)^2} + \frac{y^2}{\left(b\sqrt{1-\dfrac{h^2}{c^2}}\right)^2} = 1$$

的图形是椭圆,半轴的长分别等于 $a\sqrt{1-\dfrac{h^2}{c^2}}$ 与 $b\sqrt{1-\dfrac{h^2}{c^2}}$,可见当 $|h|$ 由零逐渐增大到 c 时,椭圆由大变小,最后缩成一点,当 $|h|>c$时,无截痕.

用平面 $y = h$ 或 $x = h$ 去截割椭球面,分别可得类似的结果.

综上可知,椭球面形状如图 7.42 所示,特别当 a,b,c 中有两个相等时,变为旋转椭球面;当$a = b = c$ 时,变为球面.

图 7.42

2. 单叶双曲面

方程

$$\boxed{\frac{x^2}{a^2} + \frac{y^2}{b^2} - \frac{z^2}{c^2} = 1}$$

表示的曲面称为单叶双曲面.

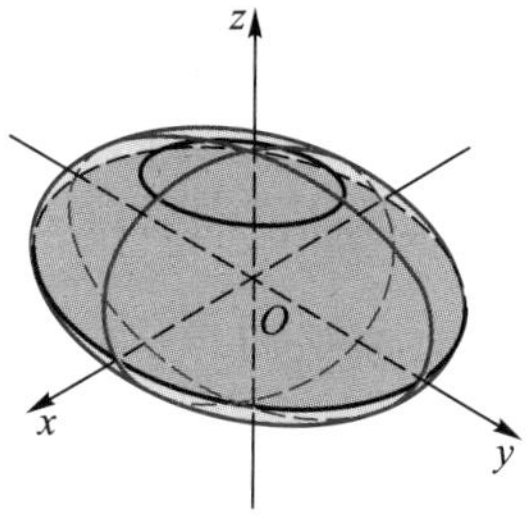

用平面 $z = h$ 去截割单叶双曲面,截痕为

$$\begin{cases} z = h, \\ \dfrac{x^2}{a^2} + \dfrac{y^2}{b^2} = 1 + \dfrac{h^2}{c^2}, \end{cases}$$

即

$$\begin{cases} z = h, \\ \dfrac{x^2}{\left(a\sqrt{1+\dfrac{h^2}{c^2}}\right)^2} + \dfrac{y^2}{\left(b\sqrt{1+\dfrac{h^2}{c^2}}\right)^2} = 1. \end{cases}$$

这是 $z = h$ 平面上的椭圆.显然当 $|h|$ 增大时,椭圆也随之增大,所以曲面在 z 轴正负方向是可以无限制地伸展出去的.当 $a = b$ 时,变为旋转单叶双曲面.

再用 $y = h$ 平面去截割单叶双曲面,截痕为

$$\begin{cases} y = h, \\ \dfrac{x^2}{a^2} - \dfrac{z^2}{c^2} = 1 - \dfrac{h^2}{b^2}. \end{cases}$$

当 $|h|<b$ 时,它表示双曲线,实轴平行于 x 轴,虚轴平行于 z 轴;当 $|h|=b$ 时,它表示两条直线

$$\begin{cases} y = h, \\ \dfrac{x}{a} = \pm\dfrac{z}{c}; \end{cases}$$

当 $|h|>b$ 时,它又表示双曲线,但实轴平行于 z 轴,虚轴平行于 x 轴,从而可知单叶双曲面形状如图 7.43 所示.

3. 双叶双曲面

方程

$$\boxed{\frac{x^2}{a^2} + \frac{y^2}{b^2} - \frac{z^2}{c^2} = -1}$$

所表示的曲面称为双叶双曲面,形状如图 7.44 所示.结果请读者自己完成.

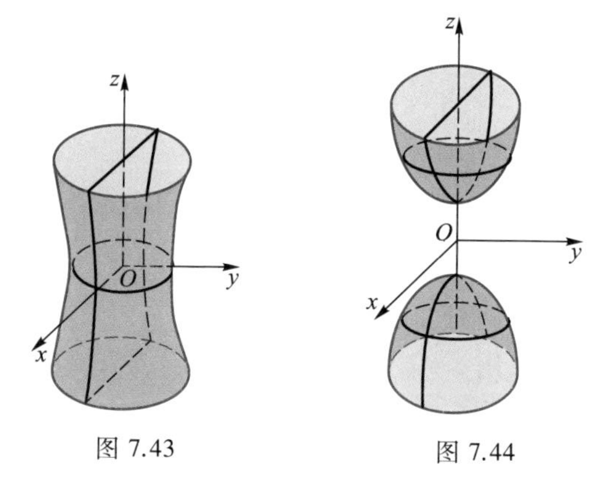

图 7.43　　图 7.44

4. 椭圆抛物面

方程

$$\boxed{\frac{x^2}{a^2} + \frac{y^2}{b^2} = 2pz}$$

所表示的曲面称为椭圆抛物面.

假定 a,b,p 均为正数,则 $z \geqslant 0$,即曲面在 xOy 坐标面上方,当 $a=b$ 时为旋转抛物面.

用 $z=h(h \geqslant 0)$ 平面去截割椭圆抛物面,其截痕为椭圆

$$\begin{cases} z=h, \\ \dfrac{x^2}{a^2}+\dfrac{y^2}{b^2}=2ph, \end{cases} \quad 即 \begin{cases} z=h, \\ \dfrac{x^2}{(a\sqrt{2ph})^2}+\dfrac{y^2}{(b\sqrt{2ph})^2}=1, \end{cases}$$

且随 h 增大,椭圆越大,向 z 轴方向(正向)无限伸展出去.当 $h=0$ 时,截痕退化成一点(0,0,0).

用平面 $y=h$ 去截割曲面,截痕为

$$\begin{cases} y=h, \\ \dfrac{x^2}{a^2}=2pz-\dfrac{h^2}{b^2}, \end{cases}$$

这是开口向上的抛物线,且随 $|h|$ 增大,抛物线的顶点不断升高.

综合上面讨论可知椭圆抛物面形状如图 7.45 所示.

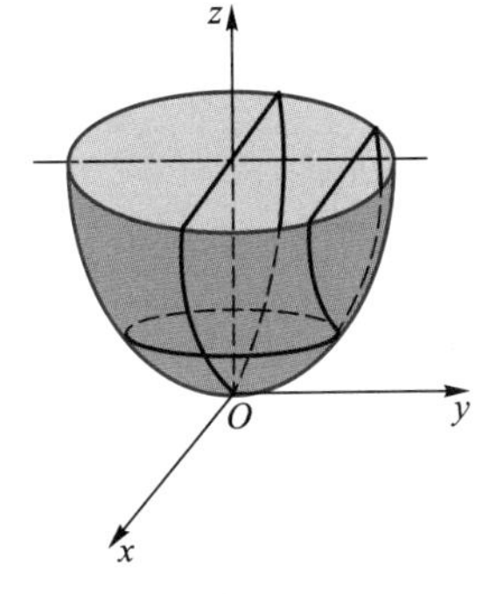

图 7.45

5. 双曲抛物面或马鞍面

方程

$$\boxed{\dfrac{x^2}{a^2}-\dfrac{y^2}{b^2}=2pz}$$

所表示的曲面称为双曲抛物面或马鞍面.

假定 a,b,p 为正数,用 $z=h$ 平面去截割曲面,当 $h>0$ 时,截痕为

$$\begin{cases} z=h, \\ 2pz=\dfrac{x^2}{a^2}-\dfrac{y^2}{b^2}, \end{cases} \quad 即 \begin{cases} z=h\ (>0), \\ \dfrac{x^2}{(a\sqrt{2ph})^2}-\dfrac{y^2}{(b\sqrt{2ph})^2}=1. \end{cases}$$

它是 $z=h$ 平面上的双曲线,实轴平行于 x 轴.当 $h<0$ 时,截痕为

$$\begin{cases} z=h, \\ 2pz=\dfrac{x^2}{a^2}-\dfrac{y^2}{b^2}, \end{cases} \quad 即 \begin{cases} z=h\ (<0), \\ \dfrac{y^2}{(a\sqrt{-2ph})^2}-\dfrac{x^2}{(b\sqrt{-2ph})^2}=1, \end{cases}$$

也是双曲线,实轴平行于 y 轴.当 $h=0$ 时,截痕为

$$\begin{cases} z=0, \\ 2pz=\dfrac{x^2}{a^2}-\dfrac{y^2}{b^2}, \end{cases} \quad 即 \begin{cases} \dfrac{x}{a}=\dfrac{y}{b}, \\ \dfrac{x}{a}=-\dfrac{y}{b}, \end{cases}$$

是 xOy 坐标面上过原点的两条直线.

用平面 $x=0$ 去截割曲面,截痕为

$$\begin{cases} x=0, \\ 2pz=-\dfrac{y^2}{b^2}, \end{cases}$$

是 yOz 坐标面上顶点在(0,0,0)点,开口向下的抛物线.

用 $x=h$ 平面去截割曲面

$$\begin{cases} x=h\ (>0), \\ 2pz=\dfrac{h^2}{a^2}-\dfrac{y^2}{b^2}, \end{cases} \quad 即 \begin{cases} x=h\ (>0), \\ y^2=2pb^2\left(\dfrac{h^2}{2pa^2}-z\right), \end{cases}$$

它是平面 $x=h$ 上,顶点在 $(h,0,\dfrac{h^2}{2pa^2})$ 开口向下的抛物线,位于 yOz 坐标面右侧.

$$\begin{cases} x=h\ (<0), \\ 2pz=\dfrac{h^2}{a^2}-\dfrac{y^2}{b^2}, \end{cases} \quad 即 \begin{cases} x=h\ (<0), \\ y^2=2pb^2\left(\dfrac{h^2}{2pa^2}-z\right), \end{cases}$$

它是平面 $x=h$ 上,顶点在 $\left(h,0,\dfrac{h^2}{2pa^2}\right)$,开口向下且在 yOz 坐标面左侧的抛物线.

同理,用 $y=h$ 平面去截取曲面,截痕为平面 $y=h$ 上的抛物线.

综合上面讨论可知,双曲抛物面形状如图 7.46 所示.

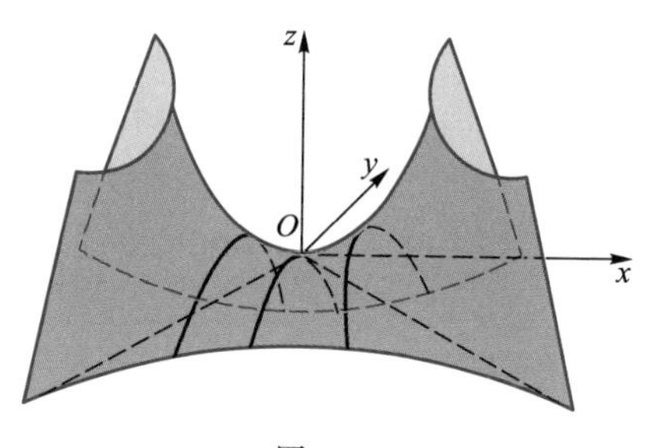

图 7.46

6. 椭圆锥面

最后我们来讨论椭圆锥面：

$$\frac{x^2}{a^2}+\frac{y^2}{b^2}=\frac{z^2}{c^2}\quad (a,b,c\text{ 均为正数})$$

的形状.

用平面 $z=h$ 去截割椭圆锥面，截痕为

$$\begin{cases} z=h, \\ \dfrac{x^2}{a^2}+\dfrac{y^2}{b^2}=\dfrac{h^2}{c^2}, \end{cases}\quad \text{即}\begin{cases} z=h, \\ \dfrac{x^2}{\left(\dfrac{ah}{c}\right)^2}+\dfrac{y^2}{\left(\dfrac{bh}{c}\right)^2}=1, \end{cases}$$

是平面 $z=h$ 上的椭圆，显然 $|h|$ 增大时，椭圆也随之增大. 可见曲面在 z 轴的正负方向是无限伸展出去的. 当 $h=0$ 时，截痕退化成一点 $(0,0,0)$.

用平面 $x=h$ 去截割椭圆锥面，截痕为

$$\begin{cases} x=h, \\ \dfrac{h^2}{a^2}+\dfrac{y^2}{b^2}=\dfrac{z^2}{c^2}, \end{cases}\quad \text{即}\begin{cases} x=h, \\ \dfrac{z^2}{c^2}-\dfrac{y^2}{b^2}=\dfrac{h^2}{a^2}, \end{cases}$$

这是平面 $x=h$ 上的双曲线，它的两个半轴的平方为 $\dfrac{c^2h^2}{a^2}$ 及 $\dfrac{b^2h^2}{a^2}$，其实轴平行于 z 轴，虚轴平行于 y 轴.

当 $h=0$ 时，它表示 yOz 坐标面上过坐标原点的两条直线

$$\begin{cases} x=h=0, \\ \dfrac{z}{c}=\pm\dfrac{y}{b}. \end{cases}$$

用平面 $y=h$ 去截椭圆锥面的情况，读者自己去讨论.

综合上面讨论可知椭圆锥面的形状如图 7.47 所示. 特别当 $a=b$ 时，曲面变成圆锥面 $x^2+y^2=k^2z^2\left(\text{其中 } k=\dfrac{a}{c}\right)$.

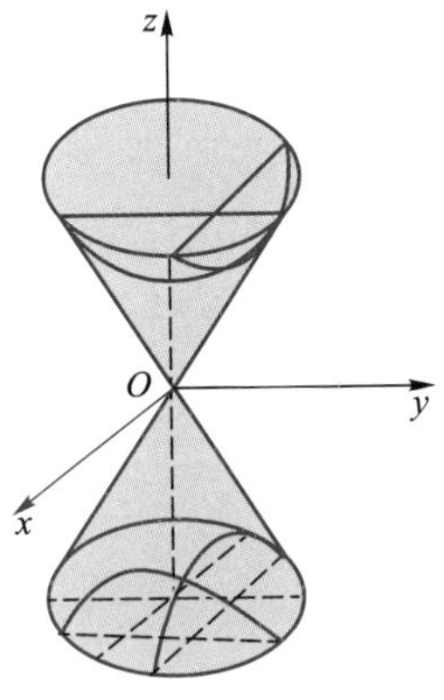

图 7.47

习题 7.5

1. 指出下列各方程所表示曲面的名称，若是旋转曲面，说明它是如何产生的：

(1) $3x^2+4y^2=25$;　(2) $5x^2-6y^2=10$;

(3) $4z^2-3x=0$;　(4) $8y^2+9z^2-1=0$;

(5) $3x^2=8y$;　(6) $z^2-x^2=1$;

(7) $z^2-x^2-y^2=0$;　(8) $4x^2+8z^2-3y^2=0$;

(9) $x^2+y^2+z^2-2x+4y=0$;　(10) $x^2+y^2-z^2=-1$.

2. 求过坐标原点及三点$(2,0,0)$，$(1,1,0)$，$(1,0,-1)$的球面方程.

3. 求球心在$(1,4,-7)$且与平面$z=-4$相切的球面方程.

4. 将xOz坐标面上的抛物线$z^2=5x$绕x轴旋转一周，求所产生的旋转面方程.

5. 建立旋转面方程：

(1) $y=kx$，绕x轴旋转；　(2) $x^2+z^2=9$，绕z轴旋转.

6. 求过曲线$\begin{cases}x^2+y^2+4z^2=1,\\ x^2=y^2+z^2\end{cases}$而母线平行于$z$轴的柱面方程.

7. 指出下列方程组所表示的曲线：

(1) $\begin{cases}x^2-4y^2=8z,\\ z=8;\end{cases}$　(2) $\begin{cases}x^2+y^2+z^2=25,\\ x=3;\end{cases}$

(3) $\begin{cases}\dfrac{y^2}{9}-\dfrac{z^2}{4}=1,\\ x=2;\end{cases}$　(4) $\begin{cases}(x-1)^2+(y+4)^2+z^2=25,\\ y+1=0.\end{cases}$

8. 求曲线$\begin{cases}y^2+z^2-2x=0,\\ z=3\end{cases}$在$xOy$坐标面上的投影曲线方程，并指出原曲线是什么曲线？

9. 求曲线$\begin{cases}x^2+y^2=z,\\ z-x-1=0\end{cases}$在$xOy$坐标面上的投影方程.

10. 试在曲线$\begin{cases}x^2+y^2+z^2=49,\\ x^2+y^2+z^2-4z=25\end{cases}$上求满足下列条件的点：

(1) 横坐标等于3；(2) 纵坐标等于2；(3) 竖坐标等于8.

11. 设锥面的顶点在$(a, 0, 0)$，准线为$x^2+y^2=b^2$, $z=c\ (b>0, c\neq 0)$，求它的方程.

12. 一圆锥的顶点在$(0, 0, a)$，轴为z轴，母线与轴夹角为$45°$，求它的方程.

13. 将下列曲线化为参数方程：

(1) $\begin{cases} x^2+y^2+z^2=9, \\ y=x; \end{cases}$　　　(2) $\begin{cases} (x-1)^2+y^2+(z+1)^2=4, \\ z=0. \end{cases}$

14. 试证 $x=1+\sqrt{5}\cos\theta, y=-2+\sqrt{5}\sin\theta, z=5$ 是圆

$$\begin{cases} (x-1)^2+(y+2)^2+(z-3)^2=9, \\ z=5 \end{cases}$$

的参数方程，参数 θ 表示什么意义？

15. 平面 $x-2=0$ 与椭球面 $\dfrac{x^2}{16}+\dfrac{y^2}{12}+\dfrac{z^2}{4}=1$ 的交线为椭圆，求该椭圆的半轴长与顶点.

16. 描绘下列各组曲面所围成的立体图形：

(1) $x=0, y=0, z=0, \dfrac{x}{2}+\dfrac{y}{3}+z=1$;

(2) $z=x^2+y^2, x\geqslant 0, y\geqslant 0, z\leqslant 2$;

(3) $x=0, y=0, z=0, x^2+y^2=R^2, y^2+z^2=R^2$（在第一卦限内）；

(4) $x=0, y=0, z=0, x+y=1, z=x^2+y^2$;

(5) $z=3, z=x^2+y^2+2$;

(6) $x^2+y^2=2y, z=0, z=3$;

(7) $z=\sqrt{4-x^2-y^2}, z=0$.

本章资源

1. 知识能力矩阵

2. 小结及重难点解析

3. 课后习题中的难题解答

4. 自测题

5. 数学家小传

第八章　多元函数微分法及其应用

在上册中我们所讨论的函数都是一元函数,但在实际应用中,一个对象经常取决于诸多的因素,反映到数学上就是一个变量依赖于两个或两个以上的变量,这就提出了多元函数与多元函数的微积分问题.在微分性质上,一元函数与二元函数有许多本质的差别,而二元函数可以类推到二元以上的多元函数,因此本章将以一元函数微分学为基础,以二元函数为主,讨论多元函数的微分法及其应用.

第一节　多元函数的概念

一、多元函数的定义

在自然科学和实际应用中,我们不仅遇到依赖于一个变量的函数(一元函数),还经常遇到依赖于二个、三个……n 个变量的函数,分别称为二元、三元……n 元函数.把二元及二元以上的函数称为多元函数.

1. 二元函数的定义

定义 1　设 D 是一个非空的二元有序实数组的集合,称映射 $f: D\to \mathbf{R}$ 为定义在 D 上的二元函数,通常记为

$$z=f(x,y),\qquad (x,y)\in D$$

或

$$z=f(P),\qquad P\in D,$$

其中 x,y 称为自变量,z 称为因变量,集合 D 称为函数的定义域,与自变量 x,y 相对应的因变量 z 的值称为函数在点 (x,y) 处的函数值,全体函数值的集合

$$f(D)=\{z\mid z=f(x,y),(x,y)\in D\}$$

称为函数的值域.

例如,$z=x^2+y^2$ 是以 x,y 为自变量,z 为因变量的二元函数,其定义域为

$$D = \{(x,y) \mid x,y \in (-\infty, +\infty)\},$$

值域为 $f(D) = \{z \mid z \geqslant 0\}$.

又如,如果长方体的高为 h,底是边长为 b 的正方形,则其体积为 $V = b^2h$ $(b > 0, h > 0)$,对每一对有序实数组 (b,h),$b > 0, h > 0$,显然有唯一确定的值 $V = b^2h$ 与之对应.所以

$$V = f(b,h) = b^2h$$

是以 b,h 为自变量的二元函数.定义域为

$$D = \{(b,h) \mid b > 0, h > 0\},$$

值域为

$$f(D) = \{V \mid V = b^2h, (b,h) \in D\} = \{V \mid V > 0\}.$$

2. 二元函数的定义域

对于二元函数,如果把自变量 x,y 看作平面上点的坐标,那么二元函数的定义域就可以用坐标平面上的点的集合表示.常见的定义域经常是一个包含了所谓的“区域”的平面上的集合,为了确切地说明“区域”的概念,我们引入下列一些定义.

(1) 点 $P_0(x_0,y_0)$ 的 δ 邻域

以 xOy 坐标面上的点 $P_0(x_0,y_0)$ 为中心,某正数 δ 为半径的圆的内部的点的全体称为点 P_0 的 δ 邻域,记为 $U(P_0,\delta)$,即

$$\begin{aligned} U(P_0,\delta) &= \{P \mid |P_0P| < \delta\} \\ &= \{(x,y) \mid \sqrt{(x-x_0)^2+(y-y_0)^2} < \delta\}. \end{aligned}$$

不包括点 P_0 本身的 δ 邻域,称为点 P_0 的去心 δ 邻域,记为 $\mathring{U}(P_0,\delta)$,即

$$\begin{aligned} \mathring{U}(P_0,\delta) &= \{P \mid 0 < |P_0P| < \delta\} \\ &= \{(x,y) \mid 0 < \sqrt{(x-x_0)^2+(y-y_0)^2} < \delta\}. \end{aligned}$$

(2) 区域

设 E 为平面上的一个点集,如果点 P 属于 E,且存在点 P 的某个邻域,使该邻域中的点都属于 E,则称点 P 为集合 E 的内点.如果集合 E 的点都是 E 的内点,则称 E 为开集.如果点 P 的任意一个邻域中都有属于 E 的点,也有不属于 E 的点(点 P 可以属于 E,也可以不属于 E)则称点 P 为集合 E 的边界点.E 的边界点的全体称为 E 的边界.

如果 E 是平面上的集合,且对于 E 中任意两点,都可以用完全属于 E 的折线联结起来,这种性质称为平面上的集合 E 的连通性.我们把连通的开集 E 称为区域或开区域.区域连同它的边界一起,称为闭区域.

今后在不需要区分开区域和闭区域时,我们通称它们为区域.一般,区域用 D 表示.

如果区域 D 总可以被包含在一个以原点为中心,半径适当大的圆内,则称区域 D 为有界区域.否则称为无界区域.

(3) 聚点

若对任意一个正数 δ,$U(P,\delta)$ 内总有无穷多个属于 D 的点,则称点 P 为 D 的聚点.聚点可以属于 D,也可以不属于 D.

如平面点集 $D=\{(x,y)\mid 0<x^2+y^2\leqslant 1\}$,显然,点 $(0,0)$ 既是 D 的边界点,又是 D 的聚点,但点 $(0,0)$ 不属于 D.而圆周 $x^2+y^2=1$ 上的点,既是 D 的边界点,又是 D 的聚点,而且均属于 D.

二元函数的定义域在解决实际问题中可由其实际意义确定,而当函数用解析式表出,在没有明确指出其定义范围的情况下,定义域就是使解析表达式有意义的点的全体.

例 1　求下列函数的定义域:

(1) $z=\arcsin\dfrac{y}{x^2}$;　　(2) $z=\ln(y-x)+\dfrac{\sqrt{x}}{\sqrt{1-x^2-y^2}}$.

解　(1) 要使 $\arcsin\dfrac{y}{x^2}$ 有意义,必有 $x\neq 0$, $\left|\dfrac{y}{x^2}\right|\leqslant 1$,即

$$x\neq 0,\quad -x^2\leqslant y\leqslant x^2,$$

所以定义域为

$$D=\{(x,y)\mid x\neq 0,\ -x^2\leqslant y\leqslant x^2\}.$$

其图形是平面上的两条抛物线 $y=x^2$ 与 $y=-x^2$ 之间的部分,包括边界,但原点除外,如图 8.1 所示.

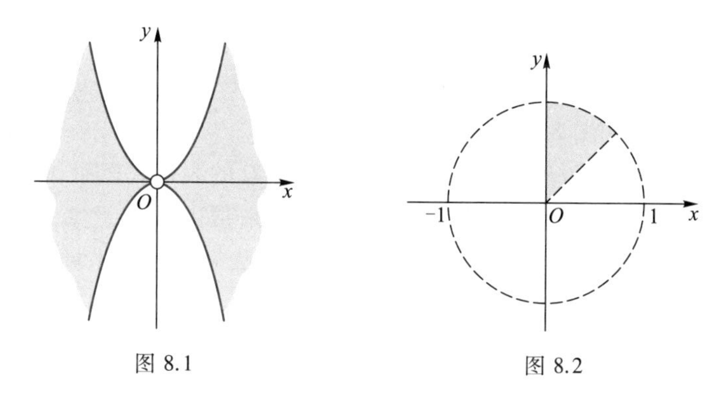

图 8.1　　图 8.2

(2) 要使函数 $\ln(y-x)+\dfrac{\sqrt{x}}{\sqrt{1-x^2-y^2}}$ 有意义,必有 $y-x>0, x\geqslant 0$, $x^2+y^2<1$, 所以此函数的定义域为

$$D=\{(x,y)\mid y-x>0, x\geqslant 0, x^2+y^2<1\},$$

如图 8.2 所示.

3. 二元函数的几何意义

二元函数 $z=f(x, y)$, $(x, y)\in D$, 定义域 D 为 xOy 坐标面上的一个区域, 对任一点 $(x, y)\in D$,必有唯一的 $z=f(x, y)$ 与之对应.因此,将变量 x, y, z 作为空间点的坐标,三元有序实数组 $(x, y, f(x, y))$ 确定了空间一点 $M(x, y, f(x, y))$,这样确定的点的全体的集合

$$\{(x, y, z)\mid z=f(x, y), (x, y)\in D\}$$

称为二元函数 $z=f(x, y)$ 的图形.由空间解析几何知道,它表示一张空间曲面 Σ, 如图 8.3 所示.而定义域 D 正是这张曲面在 xOy 坐标面上的投影区域.

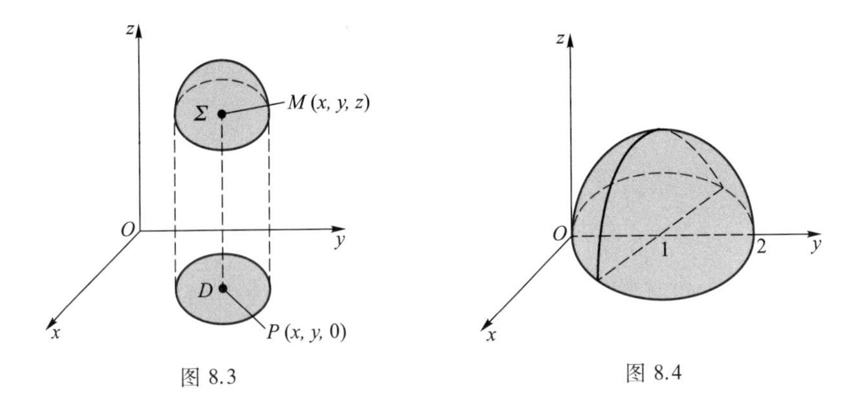

图 8.3 图 8.4

例如,二元函数 $z=\sqrt{1-x^2-(y-1)^2}$ 的图形是以点 $(0,1,0)$ 为球心,1 为半径的上半球面,如图 8.4 所示.

一般地,当知道了函数 $z=f(x,y)$, $(x,y)\in D$ 的表达式以后,要做出其图形仍不是一件容易的事.为此,可以采用"截痕法"来帮助我们想象二元函数的图形.我们把用水平面 $z=c$ 截函数的图形所得到的截痕在 xOy 坐标面上的投影称为二元函数 $z=f(x,y)$ 的等值线,即曲线

$$\begin{cases} z=0, \\ f(x,y)=c \quad (c\text{ 为常数}). \end{cases}$$

我们可以从所得到的一系列等值线中大致想象出函数的图形.

4. 多值函数

根据二元函数的定义,给定一个定义域为 D 的函数 $z=f(x,y)$,则对定义域 D 中的每一点 (x,y),总有唯一的一个 z 的值与点 (x,y) 对应.在几何上,对定义域 D 中任一点 (x,y) 作平行于 z 轴的直线,则此直线与方程 $z=f(x,y)$ 所表示的曲面只有一个交点.

如果对于 D 中任意的一点 (x,y) 按照一确定的法则 f 总有确定的 z 值与之对应,但这个 z 不总是唯一的,此时我们称 $z=f(x,y)$ 为多值函数,在几何上容易看出,过 D 中的任意一点 (x,y) 作平行于 z 轴的直线,则此直线与方程 $z=f(x,y)$ 所表示的曲面的交点不唯一.例如, $x^2+y^2+z^2=R^2$, $\dfrac{x^2}{a^2}+\dfrac{y^2}{b^2}+\dfrac{z^2}{c^2}=1$ 都是多值函数,对于一个多值函数总是可以拆成几个单值函数来讨论.

例如, $x^2+y^2+z^2=a^2$ 可拆成 $z=\sqrt{a^2-x^2-y^2}$ 与 $z=-\sqrt{a^2-x^2-y^2}$,分别表示以原点为中心, a 为半径的上半球面与下半球面,它们在 xOy 坐标面上的投影区域(定义域)均为

$$D=\{(x,y)\mid x^2+y^2\leqslant a^2\}.$$

以后除了对多值函数另作声明外,总假定所讨论的函数是单值的.

5. 一元函数是二元函数的特例

在二元函数 $z=f(x,y)$ 中,将 $x=a$ (a 为常数)代入 $z=f(x,y)$ 得 $z=f(a,y)$,得到自变量为 y 的一元函数.在几何上,方程组 $\begin{cases}x=a,\\ z=f(x,y)\end{cases}$ 表示用平行于 yOz 坐标面的平面 $x=a$ 去截曲面 $z=f(x,y)$,截得的截痕曲线如图 8.5 中的 $\overset{\frown}{PQ}$ 所示.

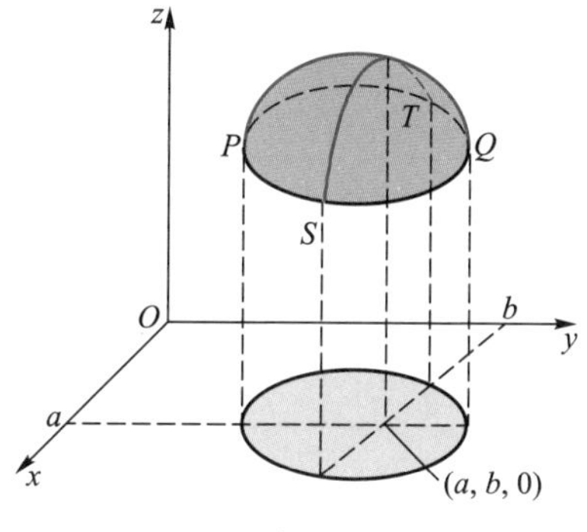

图 8.5

同理,将 $y=b$ 代入 $z=f(x,y)$ 得 $z=f(x,b)$,它是自变量为 x 的一元函数.方程组

$$\begin{cases} y=b, \\ z=f(x,y) \end{cases}$$

便是平行于 xOz 坐标面的平面 $y=b$ 上的一条曲线,如图 8.5 中的$\overset{\frown}{ST}$所示.

6. n 维空间及点函数

为了便于推广,下面给出 n 维空间及点函数的概念.

(1) n 维空间

利用笛卡儿直角坐标系,我们将数轴上的点与全体实数建立一一对应关系;将平面上的点与全体二元有序实数组(x,y)建立一一对应关系;将空间点与全体三元有序实数组(x,y,z)建立一一对应关系.把数轴称为一维坐标空间,记为 $\mathbf{R}=\{x \mid x\in(-\infty,+\infty)\}$. 把直角坐标平面称为二维坐标空间,记为 $\mathbf{R}^2=\{(x,y) \mid x,y\in(-\infty,+\infty)\}$. 把直角坐标空间称为三维坐标空间,记为

$$\mathbf{R}^3=\{(x,y,z) \mid x,y,z\in(-\infty,+\infty)\}.$$

一般地,把 n 元有序实数组$(x_1,x_2,\cdots,x_n)$的全体称为 n 维空间,记为

$$\mathbf{R}^n=\{(x_1,x_2,\cdots,x_n) \mid x_i\in(-\infty,+\infty),i=1,2,\cdots,n\}.$$

这样,前面所陈述的平面区域的一系列概念、二元函数的定义、平面上两点间的距离公式等,均可以推广到 n 维空间中来.例如将平面点集 D 换成 $\mathbf{R}^3$ 中的点集,则 D 成为空间区域,从而可类似地定义三元函数

$$u=f(x,y,z),\quad (x,y,z)\in D\subset\mathbf{R}^3.$$

又如,若点 $P_0(x_1,x_2,\cdots,x_n),P(y_1,y_2,\cdots,y_n)\in\mathbf{R}^n$,则点 P_0 到 P 的距离公式为

$$|P_0P|=\sqrt{(y_1-x_1)^2+(y_2-x_2)^2+\cdots+(y_n-x_n)^2}.$$

点 P_0 的 δ 邻域为

$$\begin{aligned} U(P_0,\delta)&=\{P \mid |P_0P|<\delta\} \\ &=\{(y_1,y_2,\cdots,y_n) \mid \sqrt{(y_1-x_1)^2+\cdots+(y_n-x_n)^2}<\delta\}. \end{aligned}$$

(2) n 元函数

有了 n 维空间的概念以后,我们可以将二元函数的概念在元数(自变量的

个数)上进行推广.二元函数 $z=f(x, y)$ 的自变量 x, y 可以看成 $\mathbf{R}^2$ 中点 P 的坐标,即 $P(x, y)\in\mathbf{R}^2$. 如果自变量 $x_1, x_2, \cdots, x_n$ 就是 $\mathbf{R}^n$ 中的点 P 的坐标,即点 $P(x_1, x_2, \cdots, x_n)\in\mathbf{R}^n$, 从而可以引入 n 元函数的定义:

定义 2 设 D 是 $\mathbf{R}^n$ $(n\geqslant 2)$ 中的一个非空的集合,称映射 $f: D\to\mathbf{R}$ 为定义在 D 上的一个 n 元函数(或点函数),通常记为

$$z=f(x_1, x_2, \cdots, x_n), \quad (x_1, x_2, \cdots, x_n)\in D$$

或

$$z=f(P), \quad P\in D,$$

其中集合 D 称为函数的定义域,与点 $P\in D$ 相对应的因变量 z 的值全体

$$\begin{aligned} f(D) &= \{z \mid z=f(x_1,x_2,\cdots,x_n),\ (x_1,x_2,\cdots,x_n)\in D\} \\ &= \{P \mid z=f(P), P\in D\} \end{aligned}$$

称为函数的值域.

二元及二元以上的函数统称为多元函数.定义 2 将多元函数的定义统一起来,便于对抽象概念的理解和推广.

二、多元函数的极限与连续

1. 多元函数的极限

我们先来讨论二元函数 $z=f(x,y)$, 当 $x\to x_0, y\to y_0$, 即点 $P(x,y)\to P_0(x_0,y_0)$, 也就是 $|P_0P|=\sqrt{(x-x_0)^2+(y-y_0)^2}\to 0$ 时的极限.

下面用两种方法来定义.

(1) 描述性定义

设二元函数 $z=f(x,y)$ 在区域 D 内有定义,点 $P_0(x_0,y_0)$ 为 D 的聚点,点 $P(x,y)\in D$, 当点 P 以任意方式无限接近于点 P_0 时,对应函数值 $f(x,y)$ 也无限接近于常数 A, 则称常数 A 为函数 $z=f(x,y)$ 当 $x\to x_0$, $y\to y_0$ (或 $|P_0P|\to 0$) 时的极限.

对此极限,我们同样可以用精确的"ε-δ"语言来定义.

(2) 精确定义

定义 3 设二元函数 $z=f(x,y)$ 的定义域为 D, 点 $P_0(x_0,y_0)$ 为 D 的一个聚点,如果对任意给定的正数 ε, 总存在正数 δ, 使对于满足不等式

$$0<|P_0P|=\sqrt{(x-x_0)^2+(y-y_0)^2}<\delta$$

的一切点 $P(x,y)\in D$,均有不等式 $|f(x,y)-A|<\varepsilon$ 成立,则称常数 A 为函数 $f(x,y)$ 当 $x\to x_0, y\to y_0$ 时的极限,记为

$$\lim_{\substack{x\to x_0\\ y\to y_0}} f(x,y)=A,$$

或 $f(x,y)\to A(P(x,y)\to P_0(x_0,y_0)$ 时),或 $\lim\limits_{P\to P_0} f(P)=A$.

为了区别一元函数的极限,我们把上述极限也称为二重极限.还可以简述如下:

$$\lim_{\substack{x\to x_0\\ y\to y_0}} f(x,y)=A$$

$\Leftrightarrow$ $\forall\varepsilon>0$, $\exists\delta>0$,使得当$(x,y)\in D$,且 $0<|P_0P|=\sqrt{(x-x_0)^2+(y-y_0)^2}<\delta$ 时,恒有 $|f(x,y)-A|<\varepsilon$ 成立.

对于二重极限还需注意以下两点:

① 二重极限与一元函数极限类似,当点 $P\to P_0$ 时,也不要求 $f(x,y)$ 必须在点 P_0 有定义.它在点 P_0 可以没有定义.

② 二重极限中,点 $P\to P_0$ 的方式是任意的.因此当点 P 沿某种特殊方式趋向于 P_0 时,$f(x,y)$ 趋向于某个定值,还不能断定二重极限存在.但当点 P 沿某种特殊方式趋向于 P_0 时,函数 $f(x,y)$ 的极限不存在,或者当点 P 沿两个特殊方向趋向于 P_0 时,函数 $f(x,y)$ 的极限存在但不相等,则可断定二重极限不存在.

例 2　证明:$\lim\limits_{\substack{x\to 0\\ y\to 0}}\dfrac{x^2y}{x^2+y^2}=0$.

证　由于

$$\left|\frac{x^2y}{x^2+y^2}-0\right|=|x|\left|\frac{xy}{x^2+y^2}\right|$$

$$\leqslant\frac{1}{2}|x|\ (x,y\text{ 不同时为 }0)$$

$$\leqslant\frac{1}{2}\sqrt{x^2+y^2}.$$

所以,对 $\forall\varepsilon>0$,取 $\delta=2\varepsilon$,当 $0<\sqrt{x^2+y^2}<\delta$ 时,有 $\left|\dfrac{x^2y}{x^2+y^2}-0\right|<\varepsilon$ 成立.根据定义 3 可知

$$\lim_{\substack{x\to 0\\ y\to 0}}\frac{x^2y}{x^2+y^2}=0.$$

例 3 证明：当$(x,y)\to(0,0)$时，二元函数$f(x,y)=\dfrac{3xy}{x^2+y^2}$的极限不存在.

证 当点(x,y)沿x轴趋向于点$(0,0)$时，

$$\lim_{x\to 0} f(x,0)=\lim_{x\to 0} 0=0.$$

而当点(x,y)沿直线$y=mx$趋向于点$(0,0)$时，

$$\lim_{\substack{x\to 0\\ y=mx\to 0}}\frac{3xy}{x^2+y^2}=\lim_{x\to 0}\frac{3mx^2}{x^2+m^2x^2}=\frac{3m}{1+m^2},$$

显然它随m值的不同而变化.所以当点$(x,y)\to(0,0)$时，$f(x,y)=\dfrac{3xy}{x^2+y^2}$的极限不存在.

例 4 求$\displaystyle\lim_{\substack{x\to 0\\ y\to 0}}\frac{\sin(x^2+y^2)}{x^2+y^2}$.

解 作变换$u=x^2+y^2$，当$x\to 0, y\to 0$时，$u\to 0$，因此，

$$\lim_{\substack{x\to 0\\ y\to 0}}\frac{\sin(x^2+y^2)}{x^2+y^2}=\lim_{u\to 0}\frac{\sin u}{u}=1.$$

本例说明，通过变量替换，有时可把二元函数的极限转化为一元函数的极限.

我们利用点函数，不难将二元函数的极限推广到多元函数.定义如下：

定义 4 设$n(n\geqslant 2)$元函数$f(P)$的定义域$D\subset\mathbf{R}^n$，P_0为D的一个聚点，若对$\forall\varepsilon>0$，$\exists\delta>0$，使得当点$P\in D$，且$0<|P_0P|<\delta$时，恒有

$$|f(P)-A|<\varepsilon$$

成立，则称常数A为n元函数$f(P)$当点$P\to P_0$时的极限，记为

$$\lim_{P\to P_0} f(P)=A.$$

2. 多元函数的连续性

搞清了多元函数的极限，就不难理解它的连续性.因此下面直接给出多元函数在一点连续的定义.

定义 5 设$n(n\geqslant 2)$元函数$f(P)$的定义域为D，P_0为D的一个聚点，且$P_0\in D$，如果$\lim\limits_{P\to P_0} f(P)=f(P_0)$，则称$n$元函数$f(P)$在点$P_0$处连续.

记$\Delta u=f(P)-f(P_0)$，称其为n元函数$f(P)$由点P_0到点P的改变量.此时，$f(P)$在点P_0处连续的定义也可表示为

$$\lim_{P \to P_0}[f(P) - f(P_0)] = \lim_{P \to P_0}\Delta u = 0,$$

或 $\lim\limits_{\rho \to 0}\Delta u = 0$，其中 $\rho = |P_0P|$.

当 $n = 2$ 时，$f(P) = f(x, y)$，$\lim\limits_{P \to P_0} f(P) = f(P_0)$ 即为

$$\lim_{(x, y) \to (x_0, y_0)} f(x, y) = f(x_0, y_0),$$

或 $\lim\limits_{\substack{x \to x_0 \\ y \to y_0}} f(x, y) = f(x_0, y_0)$，也就是

$$\lim_{\substack{\Delta x \to 0 \\ \Delta y \to 0}}[f(x_0 + \Delta x, y_0 + \Delta y) - f(x_0, y_0)] = \lim_{\substack{\Delta x \to 0 \\ \Delta y \to 0}}\Delta z = 0$$

（这里 $x = x_0 + \Delta x$，$y = y_0 + \Delta y$），即二元函数在点 (x_0, y_0) 处连续.

如果函数 $u = f(P)$ 在区域 $D(\subset \mathbf{R}^n)$ 上每一点都连续，那么就称 $f(P)$ 在 D 上是连续的，或 $f(P)$ 为 D 上的连续函数.

函数的不连续点称为间断点.间断点的产生是因为函数 $f(P)$ 在点 P_0 无定义，或在点 P_0 虽然有定义，但极限 $\lim\limits_{P \to P_0} f(P)$ 不存在，或极限虽然存在，但不等于 $f(P_0)$.

例如，函数 $f(x, y) = \dfrac{xy}{x - y^2}$ 在曲线 $x = y^2$ 上每一点处无定义，所以它在曲线 $x = y^2$ 上每一点处间断，该曲线称为它的间断线.

函数 $f(x, y, z) = \dfrac{xyz}{x + y + z}$ 在 $x + y + z = 0$ 上无定义，所以它在平面 $x + y + z = 0$ 上间断.平面 $x + y + z = 0$ 上的点都是它的间断点，该平面称为它的间断面.

综合上面的讨论可以看出，多元函数的极限和连续性定义，与一元函数的极限与连续性的定义没有本质上的区别，因此关于一元函数的极限和连续函数的运算法则完全可以类似地推广到多元函数中来.读者不妨自己把它们列出.

同一元函数一样，可类似地定义出多元初等函数，且可以证明多元初等函数在其定义区域内（包含在定义域内的区域）是连续的.这样，如果要求多元初等函数 $f(P)$ 在定义区域内点 P_0 处的极限，只需求出它在点 P_0 处的函数值即可.即 $\lim\limits_{P \to P_0} f(P) = f(P_0)$.

例 5　求 $\lim\limits_{\substack{x \to 1 \\ y \to 2}} \ln(x^2 + xy - 1)$.

解　$\lim\limits_{\substack{x \to 1 \\ y \to 2}} \ln(x^2 + xy - 1) = \ln(x^2 + xy - 1)\Big|_{\substack{x = 1 \\ y = 2}} = \ln 2.$

例 6　求 $\lim\limits_{\substack{x\to 0\\ y\to 0}}\dfrac{xy}{2-\sqrt{xy+4}}$.

解　$$\lim_{\substack{x\to 0\\ y\to 0}}\frac{xy}{2-\sqrt{xy+4}}=\lim_{\substack{x\to 0\\ y\to 0}}\frac{xy(2+\sqrt{xy+4})}{4-xy-4}$$

$$=-\lim_{\substack{x\to 0\\ y\to 0}}(2+\sqrt{xy+4})=-4.$$

多元函数在闭区域上的性质,我们这里仅给予叙述而不证明.

(1) 在有界闭区域上连续的多元函数,在该区域上必能取得最大最小值.

(2) 在有界闭区域上连续的多元函数,如果取得两个不同的函数值,则必能取得介于这两个函数值之间的任何值.

最后我们向读者提一问题以结束本节:

若对固定的 $x=x_0$,一元函数 $z=f(x_0,y)$ 在点 $y=y_0$ 处连续且一元函数 $z=f(x,y_0)$ 在点 $x=x_0$ 处连续,那么二元函数 $z=f(x,y)$ 是否一定在点(x_0,y_0)处连续?这一问题可以通过函数

$$f(x,y)=\begin{cases}\dfrac{3xy}{x^2+y^2}, & x^2+y^2\neq 0,\\ 0, & x^2+y^2=0\end{cases}$$

结合例 3 来回答,这对理解多元函数的连续性有所帮助.

习题 8.1

1. 画出由下列不等式组表示的图形,并指出哪些是闭区域,哪些是开区域,哪些是有界区域,哪些是无界区域.

(1) $y>x^2,\ |x|<2$;　　(2) $(2x-x^2-y^2)(x^2+y^2-x)>0$;

(3) $y^2\leqslant x-1,\ x+y\leqslant 2$;　　(4) $0<x^2+y^2<a^2\quad(a\neq 0)$.

2. 确定并图示下列各函数的定义域:

(1) $z=x+\sqrt{y}$;　　(2) $z=\sqrt{1-x^2-y^2}$;

(3) $z=\arcsin\dfrac{y}{x}$;　　(4) $z=\sqrt{x-\sqrt{y}}$;

(5) $z=\ln(R^2-x^2-y^2)+\ln(x^2+y^2-r^2)\ (0<r<R)$;

(6) $z=\arctan\dfrac{x-y}{1+x^2y^2}$;　　(7) $z=\dfrac{\sqrt{4x-y^2}}{\ln(1-x^2-y^2)}$;

(8) $u=\sqrt{R^2-x^2-y^2-z^2}+\sqrt{x^2+y^2+z^2-r^2}\ (R>r>0)$.

3. 二元函数 $z=z_0+a(x-x_0)+b(y-y_0)$ 的图形是什么?

4. (1) 已知$f(x,y)=\ln(x-\sqrt{x^2-y^2})$,求$f(x+y,x-y)$;

(2) 已知$f(x+y,x-y)=xy+y^2$,求$f(x,y)$.

5. 求下列极限:

(1) $\lim\limits_{\substack{x\to 0\\ y\to 0}}(x^2+y^2)\sin\dfrac{1}{x^2+y^2}$;　　(2) $\lim\limits_{\substack{x\to 0\\ y\to 0}}\dfrac{\sqrt{xy+1}-1}{xy}$;

(3) $\lim\limits_{\substack{x\to 0\\ y\to 0}}\dfrac{1-\cos(x^2+y^2)}{(x^2+y^2)x^2y^2}$.

6. 证明:$\lim\limits_{\substack{x\to 0\\ y\to 0}}\dfrac{x+y}{x-y}$不存在.

7. 下列函数在何处间断?

(1) $z=\dfrac{1}{x-y}$;　　(2) $z=\dfrac{1}{x^2+y^2-1}$;

(3) $z=\sin\dfrac{1}{xy}$;　　(4) $z=\dfrac{1}{\sin x\cdot\sin y}$;

(5) $u=\ln\dfrac{1}{\sqrt{(x-x_0)^2+(y-y_0)^2+(z-z_0)^2}}$.

8. 试证明函数

$$f(x,y)=\begin{cases}\dfrac{x^2y}{x^4+y^2}, & x^2+y^2\neq 0,\\ 0, & x^2+y^2=0\end{cases}$$

在点(0,0)处沿任何通过该点的直线$y=kx$连续,但在点(0,0)处间断.

9. 求$z=\sqrt{1-\dfrac{x^2}{a^2}-\dfrac{y^2}{b^2}}$的连续区域,并求$\lim\limits_{\substack{x\to 0\\ y\to 0}}f(x,y)$.

10. 求$z=\dfrac{\sin xy}{xy}$的间断点,能补充定义使它连续吗?

第二节　偏导数与全微分

一、偏导数

1. 偏导数的概念及其计算

在一元函数中,导数$f'(x)$是函数$f(x)$对自变量x的变化率.对于多元函数,由于自变量不止一个,所以变化率将会出现不同情况.这就需要考虑多元函数首先对其中一个自变量的变化率,而其他自变量保持不变的问题.下面我们着重研究二元函数关于其中一个自变量的变化率问题.

设二元函数 $z=f(x,y)$ 在点 $P_0(x_0,y_0)$ 的某邻域内有定义,在该邻域中令 $y=y_0$（即暂时将 y 视为常量 y_0）,这时得到一个一元函数 $f(x,y_0)$,若它关于 x 是可导的,其导数 $\left.\dfrac{\mathrm{d}f(x,y_0)}{\mathrm{d}x}\right|_{x=x_0}$ 就是二元函数 $z=f(x,y)$ 在点 $P_0(x_0,y_0)$ 处对 x 的偏导数.定义如下:

定义 1　设函数 $z=f(x,y)$ 在点 $P_0(x_0,y_0)$ 的某邻域内有定义,当 y 固定在 y_0,而 x_0 给以改变量 Δx 时($\Delta x\neq 0$, 且点($x_0+\Delta x,y_0$)在该邻域中),相应函数有改变量 $f(x_0+\Delta x,y_0)-f(x_0,y_0)$. 如果极限

$$\lim_{\Delta x\to 0}\frac{f(x_0+\Delta x,y_0)-f(x_0,y_0)}{\Delta x}$$

存在,则该极限值称为函数 $z=f(x,y)$ 在点 $P_0(x_0,y_0)$ 对 x 的偏导数,记为

$$f_x(x_0,y_0)\quad 或\quad \left.\frac{\partial f}{\partial x}\right|_{\substack{x=x_0\\ y=y_0}},\quad \left.\frac{\partial z}{\partial x}\right|_{(x_0,y_0)},\quad z_x(x_0,y_0).$$

即

$$\lim_{\Delta x\to 0}\frac{f(x_0+\Delta x,y_0)-f(x_0,y_0)}{\Delta x}=f_x(x_0,y_0).\tag{8.1}$$

类似地,函数 $z=f(x,y)$ 在点 $P_0(x_0,y_0)$ 对 y 的偏导数定义为

$$\lim_{\Delta y\to 0}\frac{f(x_0,y_0+\Delta y)-f(x_0,y_0)}{\Delta y},\tag{8.2}$$

记为

$$f_y(x_0,y_0),\quad \left.\frac{\partial f}{\partial y}\right|_{\substack{x=x_0\\ y=y_0}},\quad \left.\frac{\partial z}{\partial y}\right|_{(x_0,y_0)}\quad 或\quad z_y(x_0,y_0).$$

若函数 $f(x,y)$ 在区域 D 内每一点 $P(x,y)$ 分别对 x 和 y 的偏导数都存在,则这两个偏导数就是 x,y 的函数,称为函数 $z=f(x,y)$ 对自变量 x 或 y 的偏导函数,记为

$$f_x(x,y),\ \frac{\partial f}{\partial x},\ z_x,\ \frac{\partial z}{\partial x}\quad 或\quad f_y(x,y),\ \frac{\partial f}{\partial y},\ z_y,\ \frac{\partial z}{\partial y},\quad 其中(x,y)\in D.$$

今后在不引起混淆的地方,把偏导函数简称为偏导数.

由以上可看出,求偏导数与一元函数求导数类似,即关于一个变量求偏导,只是将其他变量看作常量,对这个变量求导而已.所以一元函数求导公式和求导法则对求偏导数都可用.

例 1 求 $z=x^3y^2+x^2$ 的偏导数.

解 先把 y 看作常量,则 $\frac{\partial z}{\partial x}=3x^2y^2+2x$, 再把 x 看作常量,则 $\frac{\partial z}{\partial y}=2x^3y$.

例 2 设 $z=x^y+\cos xy$, 求 $\left.\frac{\partial z}{\partial x}\right|_{(1,2)}$, $\left.\frac{\partial z}{\partial y}\right|_{(1,2)}$.

解 同例 1 一样,先求出偏导数

$$\frac{\partial z}{\partial x}=yx^{y-1}-y\sin xy,\quad \frac{\partial z}{\partial y}=x^y\ln x-x\sin xy.$$

从而有

$$\left.\frac{\partial z}{\partial x}\right|_{(1,2)}=\left.(yx^{y-1}-y\sin xy)\right|_{(1,2)}=2-2\sin 2,$$

$$\left.\frac{\partial z}{\partial y}\right|_{(1,2)}=\left.(x^y\ln x-x\sin xy)\right|_{(1,2)}=-\sin 2.$$

例 3 设 $z=\ln(e^x+e^y)$, 证明: $\frac{\partial z}{\partial x}+\frac{\partial z}{\partial y}=1$.

证 把 y 看作常量得

$$\frac{\partial z}{\partial x}=\frac{1}{e^x+e^y}\frac{\partial(e^x+e^y)}{\partial x}=\frac{e^x}{e^x+e^y},$$

由于 $z=\ln(e^x+e^y)$ 互换 x,y 结果不变,故

$$\frac{\partial z}{\partial y}=\frac{e^y}{e^x+e^y}.$$

因此,

$$\frac{\partial z}{\partial x}+\frac{\partial z}{\partial y}=\frac{e^x}{e^x+e^y}+\frac{e^y}{e^x+e^y}=1.$$

例 4 求二元函数

$$f(x,y)=\begin{cases}\frac{x^2y^2}{(x+y^2)^3}, & x+y^2\neq 0,\\ 0, & x+y^2=0\end{cases}$$

在点(0,0)处的偏导数,并讨论它在点(0,0)处的连续性.

解　点(0,0)是函数$f(x,y)$的分界点,同一元函数一样,分界点处的偏导数也需从定义出发来求.因为在点(0,0)处

$$\lim_{\Delta x\to 0}\frac{f(0+\Delta x,0)-f(0,0)}{\Delta x}=0,\quad \lim_{\Delta y\to 0}\frac{f(0,0+\Delta y)-f(0,0)}{\Delta y}=0.$$

所以$f_x(0,0)=0$, $f_y(0,0)=0$.

但这个函数在点(0,0)处不连续.这是因为当点(x,y)沿直线$y=x$趋向于点(0,0)时,极限

$$\lim_{\substack{x\to 0\\ y=x}}\frac{x^2y^2}{(x+y^2)^3}=\lim_{x\to 0}\frac{x^4}{(x+x^2)^3}=\lim_{x\to 0}\frac{x}{(1+x)^3}=0;$$

再沿曲线$y=\sqrt{x}$, 当$x\to 0^+$, $y\to 0$时,极限

$$\lim_{\substack{x\to 0^+\\ y=\sqrt{x}}}\frac{x^2y^2}{(x+y^2)^3}=\lim_{x\to 0^+}\frac{x^3}{(2x)^3}=\frac{1}{8}.$$

所以$\lim\limits_{\substack{x\to 0\\ y\to 0}}\dfrac{x^2y^2}{(x+y^2)^3}$不存在,从而可知函数$f(x,y)$在点(0,0)处不连续.

由此可见,偏导数存在还不足以保证二元函数的连续性,从而一元函数在其可导点上必连续的结论不能推广到二元函数中来.

若二元函数$f(x,y)$在点(x_0,y_0)处的两个偏导数$f_x(x_0,y_0)$,$f_y(x_0,y_0)$都存在,则称$f(x,y)$在点(x_0,y_0)处可偏导.

注意:$f_x(x_0,y_0)$存在,即

$$\lim_{x\to x_0}\frac{f(x,y_0)-f(x_0,y_0)}{x-x_0}=f_x(x_0,y_0).$$

从而$f(x,y_0)-f(x_0,y_0)=f_x(x_0,y_0)(x-x_0)+\alpha(x-x_0)$, 其中$\lim\limits_{x\to x_0}\alpha=0$.因此得到$\lim\limits_{x\to x_0}f(x,y_0)=f(x_0,y_0)$. 这仅表明动点$(x,y)$沿平行于$x$轴的直线$y=y_0$趋向于点$(x_0,y_0)$时, $z=f(x,y_0)$在点(x_0,y_0)处关于x是连续的.同理,$f_y(x_0,y_0)$存在,仅表明动点(x,y)沿平行于y轴的直线$x=x_0$趋向于点(x_0,y_0)时, $z=f(x_0,y)$在点(x_0,y_0)处关于y是连续的.因此得到结论:

定理 1　若$z=f(x,y)$在点(x_0,y_0)处$f_x(x_0,y_0)$存在,则$f(x,y_0)$关于x连续;若$f_y(x_0,y_0)$存在,则$f(x_0,y)$关于y连续.

三元及三元以上函数的偏导数可类似定义.如四元函数$u=f(x,y,z,t)$, 在

点(x,y,z,t)处对 x 的偏导数可定义为

$$f_x(x,y,z,t)=\lim_{\Delta x\to 0}\frac{f(x+\Delta x,y,z,t)-f(x,y,z,t)}{\Delta x},$$

其中点(x,y,z,t)为$f(x,y,z,t)$的定义域内的点.它们的求法也类似于一元函数的微分法.

2. 偏导数的几何意义

在空间直角坐标系中, $z=f(x, y)$ 的图形表示一张空间曲面 S. 设 $M_0(x_0, y_0, f(x_0, y_0))$为曲面 S 上一点,过点 M_0 作平面 $y=y_0$ 和 $x=x_0$, 与曲面 S 的交线分别为 C_1: $\begin{cases}z=f(x, y),\\ y=y_0\end{cases}$ 和 C_2: $\begin{cases}z=f(x, y),\\ x=x_0,\end{cases}$ 则偏导数$f_x(x_0, y_0)$就是曲线 C_1 在点 M_0 处的切线 M_0T_x 对 x 轴的斜率 $\tan\alpha$, $f_y(x_0, y_0)$就是曲线 C_2 在点 M_0 处的切线 M_0T_y 对 y 轴的斜率 $\tan\beta$,如图 8.6 所示.

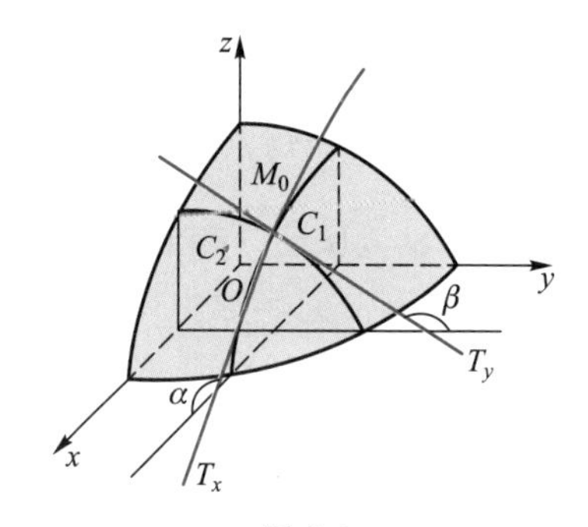

图 8.6

例 5 求曲线 L: $\begin{cases}z=\dfrac{x^2+y^2}{4},\\ y=4\end{cases}$ 在点$(2, 4, 5)$处的切线与 x 轴正向所成的夹角.

解 根据偏导数的几何意义可知,曲线在点$(2, 4, 5)$处的切线对 x 轴的斜率

$$k_x=\tan\alpha=z_x(x,y)\Big|_{(2,4)}=\frac{x}{2}\Big|_{x=2}=1.$$

所以 $\alpha=\dfrac{\pi}{4}$ 即为所求的夹角.

3. 高阶偏导数

一元函数 $y=f(x)$ 有高阶导数，对多元函数也有高阶偏导数.设二元函数 $z=f(x,y)$ 在区域 D 内具有偏导数

$$\frac{\partial z}{\partial x}=f_x(x,y),\qquad \frac{\partial z}{\partial y}=f_y(x,y)$$

（分别称为 $f(x,y)$ 的一阶偏导数），一般说来在区域 D 内，$f_x(x,y)$，$f_y(x,y)$ 仍是变量 x,y 的函数.若 f_x,f_y 还具有偏导数，则称 f_x，f_y 的偏导数是 $z=f(x,y)$ 的二阶偏导数.按照对两个自变量的求导次序有下列四个二阶偏导数：

$$\frac{\partial}{\partial x}\left(\frac{\partial f}{\partial x}\right)=\frac{\partial^2 f}{\partial x^2}=\frac{\partial^2 z}{\partial x^2}=f_{xx}(x,y);$$

$$\frac{\partial}{\partial y}\left(\frac{\partial f}{\partial y}\right)=\frac{\partial^2 f}{\partial y^2}=\frac{\partial^2 z}{\partial y^2}=f_{yy}(x,y);$$

$$\frac{\partial}{\partial y}\left(\frac{\partial f}{\partial x}\right)=\frac{\partial^2 f}{\partial x\partial y}=\frac{\partial^2 z}{\partial x\partial y}=f_{xy}(x,y);$$

$$\frac{\partial}{\partial x}\left(\frac{\partial f}{\partial y}\right)=\frac{\partial^2 f}{\partial y\partial x}=\frac{\partial^2 z}{\partial y\partial x}=f_{yx}(x,y).$$

其中 $\dfrac{\partial^2 f}{\partial x\partial y},\dfrac{\partial^2 f}{\partial y\partial x}$ 称为 $z=f(x,y)$ 的二阶混合偏导数.

同样，二阶偏导数的偏导数称为 $f(x,y)$ 的三阶偏导数.如此继续下去可求得 n 阶偏导数.

例 6　求 $z=e^{xy}+\sin(x^2+y^2)$ 的二阶偏导数.

解　$$\frac{\partial z}{\partial x}=ye^{xy}+2x\cos(x^2+y^2),$$

$$\frac{\partial z}{\partial y}=xe^{xy}+2y\cos(x^2+y^2),$$

$$\frac{\partial^2 z}{\partial x^2}=y^2e^{xy}+2\cos(x^2+y^2)-4x^2\sin(x^2+y^2),$$

$$\frac{\partial^2 z}{\partial y^2}=x^2e^{xy}+2\cos(x^2+y^2)-4y^2\sin(x^2+y^2),$$

$$\frac{\partial^2 z}{\partial x\partial y}=e^{xy}+xye^{xy}-4xy\sin(x^2+y^2)=(1+xy)e^{xy}-4xy\sin(x^2+y^2),$$

$$\frac{\partial^2 z}{\partial y \partial x}=(1+xy)e^{xy}-4xy\sin(x^2+y^2).$$

在此例中，$\frac{\partial^2 z}{\partial x \partial y}=\frac{\partial^2 z}{\partial y \partial x}$，那么是否所有二元函数的两个混合偏导数都相等呢？下面例子告诉我们并非如此.

例如，

$$f(x,y)=\begin{cases}\frac{xy(x^2-y^2)}{x^2+y^2}, & x^2+y^2\neq 0,\\ 0, & x^2+y^2=0.\end{cases}$$

它在点(0,0)处的二阶混合偏导数 $f_{xy}(0,0)=-1$，$f_{yx}(0,0)=1$，即 $f_{xy}(0,0)\neq f_{yx}(0,0)$.

事实上，

$$f_x(0,0)=\lim_{\Delta x\to 0}\frac{f(\Delta x,0)-f(0,0)}{\Delta x}=\lim_{\Delta x\to 0}\frac{0}{\Delta x}=0.$$

同理，$f_y(0,0)=0$. 因此

$$f_x(x,y)=\begin{cases}\frac{x^4+4x^2y^2-y^4}{(x^2+y^2)^2}y, & x^2+y^2\neq 0,\\ 0, & x^2+y^2=0;\end{cases}$$

$$f_y(x,y)=\begin{cases}\frac{x^4-4x^2y^2-y^4}{(x^2+y^2)^2}x, & x^2+y^2\neq 0,\\ 0, & x^2+y^2=0.\end{cases}$$

再由偏导数定义可知

$$f_{xy}(0,0)=\lim_{\Delta y\to 0}\frac{f_x(0,\Delta y)-f_x(0,0)}{\Delta y}=\lim_{\Delta y\to 0}\frac{-\Delta y}{\Delta y}=-1;$$

$$f_{yx}(0,0)=\lim_{\Delta x\to 0}\frac{f_y(\Delta x,0)-f_y(0,0)}{\Delta x}=\lim_{\Delta x\to 0}\frac{\Delta x}{\Delta x}=1.$$

那么在什么条件下，二阶混合偏导数与求偏导的次序无关呢？下面定理解决了这个问题，但对这个定理我们不给予证明.

定理 2 如果函数 $z=f(x,y)$ 的两个二阶混合偏导数 f_{xy} 与 f_{yx} 在区域 D 内连续，则在该区域 D 内有 $f_{xy}=f_{yx}$.

对于三元及三元以上的函数，我们也可以类似地来定义高阶偏导数，而且在偏导数连续时，求偏导的结果也与求偏导次序无关.

例 7 求 $u=e^{xyz}$ 关于 x,y,z 的三阶混合偏导数在点(1,1,1)的值.

解 因为 e^{xyz}在点(1,1,1)处的邻域内对 x,y,z 的六个不同次序的混合偏导数均连续,所以只需求出$\left.\dfrac{\partial^3 u}{\partial x\partial y\partial z}\right|_{(1,1,1)}$即可.

$$\frac{\partial u}{\partial x}=yze^{xyz},\quad \frac{\partial^2 u}{\partial x\partial y}=e^{xyz}(z+xyz^2),$$

$$\frac{\partial^3 u}{\partial x\partial y\partial z}=e^{xyz}(1+3xyz+x^2y^2z^2),$$

$$\left.\frac{\partial^3 u}{\partial x\partial y\partial z}\right|_{(1,1,1)}=e(1+3+1)=5e.$$

其他五个三阶混合偏导数的值均与$\left.\dfrac{\partial^3 u}{\partial x\partial y\partial z}\right|_{(1,1,1)}$相同,为 5e.

二、全微分

1. 全微分的定义

回顾一元函数 $y=f(x)$ 在点 x 处可微是指,若在点 x 处 $f(x)$ 的增量 Δy 可表示为 $\Delta y=A(x)\Delta x+\alpha\Delta x$, 其中 $\lim\limits_{\Delta x\to 0}\alpha=0$,且 $A(x)$ 与 Δx 无关,则称 $A(x)\Delta x$ 为 $f(x)$ 在点 x 处的微分,记为 $dy=A(x)\Delta x$. 对于多元函数,我们也用类似的方法引入微分概念.下面以二元函数为例进行阐述.

定义 2 (1) 设函数 $z=f(x,y)$ 在点 (x,y) 的某邻域内有定义,若给自变量 x,y 一个增量 $\Delta x,\Delta y$,使得 $(x+\Delta x,\ y+\Delta y)$ 仍在这个邻域内,则称

$$\Delta z=f(x+\Delta x,y+\Delta y)-f(x,y)$$

为 $z=f(x,y)$ 在点 (x,y) 处的全增量.

(2) 若全增量 Δz 可表示为

$$\Delta z=A(x,y)\Delta x+B(x,y)\Delta y+\alpha\rho,$$

其中 $A(x,y)$,$B(x,y)$ 与 $\Delta x,\Delta y$ 无关, $\rho=\sqrt{(\Delta x)^2+(\Delta y)^2}$, 且当 $\rho\to 0$ 时, $\alpha\to 0$,则称函数 $z=f(x,y)$ 在点 (x,y) 处是可微的,称 $A(x,y)\Delta x+B(x,y)\Delta y$ 为二元函数 $f(x,y)$ 在点 (x,y) 处的全微分,记为 dz 或 df,即

$$dz=A(x,y)\Delta x+B(x,y)\Delta y.$$

读者自然会问，上面定义中 $A(x,y)$，$B(x,y)$ 是什么样的函数？在什么条件下 $f(x,y)$ 才可微？可微与偏导数存在的关系是什么？下面来回答这些问题.

2. 可微、偏导、连续的关系

定理 3 设 $f(x,y)$ 在点 (x,y) 处可微，则

(1) $f(x,y)$ 在点 (x,y) 处连续；

(2) $f(x,y)$ 在点 (x,y) 处偏导数存在，且

$$A=f_x(x,y),\quad B=f_y(x,y).$$

证 (1) 设 $f(x,y)$ 在点 (x,y) 处可微，由可微的定义得

$$\begin{aligned}\Delta z&=f(x+\Delta x,y+\Delta y)-f(x,y)\\&=A(x,y)\Delta x+B(x,y)\Delta y+\alpha\rho\quad(\lim_{\rho\to 0}\alpha=0),\end{aligned}$$

上式中，令 $\Delta x\to 0$，$\Delta y\to 0$，两端取极限有

$$\begin{aligned}\lim_{\substack{\Delta x\to 0\\\Delta y\to 0}}\Delta z&=\lim_{\substack{\Delta x\to 0\\\Delta y\to 0}}[f(x+\Delta x,y+\Delta y)-f(x,y)]\\&=\lim_{\substack{\Delta x\to 0\\\Delta y\to 0}}[A(x,y)\Delta x+B(x,y)\Delta y+\alpha\rho]=0,\end{aligned}$$

即证得了函数 $f(x,y)$ 在点 (x,y) 处连续.

(2) 因为 $\Delta z=A(x,y)\Delta x+B(x,y)\Delta y+\alpha\rho$ 对任意 Δx，Δy 均成立，不妨令 $\Delta y=0$，则上式就有

$$\Delta z=f(x+\Delta x,y)-f(x,y)=A(x,y)\Delta x+\alpha\,|\Delta x|,$$

从而

$$\begin{aligned}\lim_{\Delta x\to 0}\frac{f(x+\Delta x,y)-f(x,y)}{\Delta x}&=\lim_{\Delta x\to 0}\frac{A(x,y)\Delta x+\alpha\,|\Delta x|}{\Delta x}\\&=A(x,y),\end{aligned}$$

即 $A(x,y)=f_x(x,y)$.

同理，得 $B(x,y)=f_y(x,y)$.

这样，$z=f(x,y)$ 在点 (x,y) 处的全微分为

$$\mathrm{d}z=f_x(x,y)\Delta x+f_y(x,y)\Delta y,$$

即 $\mathrm{d}z=\dfrac{\partial z}{\partial x}\Delta x+\dfrac{\partial z}{\partial y}\Delta y$. ■

习惯上,我们将自变量的增量 $\Delta x,\Delta y$ 分别记作 $\mathrm{d}x,\mathrm{d}y$,并分别称为自变量 x,y 的微分,这样函数 $z=f(x,y)$ 在点 (x,y) 处的全微分为

$$\boxed{\mathrm{d}z=\frac{\partial z}{\partial x}\mathrm{d}x+\frac{\partial z}{\partial y}\mathrm{d}y,}\tag{8.3}$$

且把 $\dfrac{\partial z}{\partial x}\mathrm{d}x$ 和 $\dfrac{\partial z}{\partial y}\mathrm{d}y$ 分别称为 $f(x,y)$ 在点 (x,y) 处对 x 和 y 的偏微分.

如果函数 $z=f(x,y)$ 在区域 D 内每一点都可微,则称 $f(x,y)$ 在区域 D 内可微.

定理 4　若函数 $f(x,y)$ 在点 (x,y) 的某邻域内偏导数存在且连续,则 $f(x,y)$ 在点 (x,y) 处可微.

证　函数 $f(x,y)$ 的全增量可表示为

$$\begin{aligned}\Delta z&=f(x+\Delta x,y+\Delta y)-f(x,y)\\&=[f(x+\Delta x,y+\Delta y)-f(x,y+\Delta y)]+[f(x,y+\Delta y)-f(x,y)].\end{aligned}$$

因为 $f(x,y)$ 在点 (x,y) 的某邻域内偏导数连续,所以当 $\Delta x,\Delta y$ 充分小时,由一元函数的拉格朗日中值定理得

$$\Delta z=f_x(x+\theta_1\Delta x,y+\Delta y)\Delta x+f_y(x,y+\theta_2\Delta y)\Delta y\quad(0<\theta_1<1,0<\theta_2<1),\tag{8.4}$$

且

$$\lim_{\substack{\Delta x\to 0\\ \Delta y\to 0}}f_x(x+\theta_1\Delta x,y+\Delta y)=f_x(x,y),$$

$$\lim_{\substack{\Delta x\to 0\\ \Delta y\to 0}}f_y(x,y+\theta_2\Delta y)=f_y(x,y),$$

所以

$$\begin{cases}f_x(x+\theta_1\Delta x,y+\Delta y)=f_x(x,y)+\alpha_1,\\ f_y(x,y+\theta_2\Delta y)=f_y(x,y)+\alpha_2,\end{cases}\tag{8.5}$$

其中

$$\lim_{\substack{\Delta x\to 0\\ \Delta y\to 0}}\alpha_1=0,\quad \lim_{\substack{\Delta x\to 0\\ \Delta y\to 0}}\alpha_2=0.$$

将(8.5)式代入(8.4)式得

$$\Delta z=f_x(x,y)\Delta x+f_y(x,y)\Delta y+\alpha_1\Delta x+\alpha_2\Delta y,\tag{8.6}$$

记

$$\alpha=\frac{\alpha_1\Delta x+\alpha_2\Delta y}{\rho},\quad \rho=\sqrt{(\Delta x)^2+(\Delta y)^2},$$

则

$$\Delta z=f_x(x,y)\Delta x+f_y(x,y)\Delta y+\alpha\rho.$$

下面仅需证 $\lim\limits_{\rho\to 0}\alpha=0$ 即可.

事实上,

$$|\alpha|=\left|\frac{\alpha_1\Delta x+\alpha_2\Delta y}{\rho}\right|\leqslant|\alpha_1|\frac{|\Delta x|}{\rho}+|\alpha_2|\frac{|\Delta y|}{\rho}$$

$$\leqslant|\alpha_1|+|\alpha_2|.$$

因为当 $\Delta x\to 0,\Delta y\to 0$ 时, $\alpha_1\to 0,\alpha_2\to 0$, 所以 $\lim\limits_{\substack{\Delta x\to 0\\ \Delta y\to 0}}\alpha=0$, 即证得了 $f(x,y)$ 可微.

■

综上所述,函数 $f(x,y)$ 在点 (x,y) 处可微、偏导、连续的关系可用下图表示:

$$\text{偏导数连续}\Rightarrow\text{可微}\begin{cases}\Rightarrow\text{函数连续},\\ \Rightarrow\text{偏导数存在},\end{cases}$$

图中箭头方向表示成立,反向都不一定成立.

例 8 证明:函数

$$f(x,y)=\begin{cases}(x^2+y^2)\sin\dfrac{1}{x^2+y^2}, & x^2+y^2\neq 0,\\ 0, & x^2+y^2=0\end{cases}$$

在点(0,0)处可微,但在点(0,0)处偏导数不连续.

证 $f_x(0,0)=\lim\limits_{\Delta x\to 0}\dfrac{f(\Delta x,0)-f(0,0)}{\Delta x}=\lim\limits_{\Delta x\to 0}\Delta x\sin\dfrac{1}{(\Delta x)^2}=0$, 同样, $f_y(0,0)=0$. 由于

$$\Delta z-[f_x(0,0)\Delta x+f_y(0,0)\Delta y]$$

$$=[(\Delta x)^2+(\Delta y)^2]\sin\frac{1}{(\Delta x)^2+(\Delta y)^2}=\rho^2\sin\frac{1}{\rho^2},$$

当 $\rho\to 0$ 时, $\rho^2\sin\dfrac{1}{\rho^2}$ 是比 ρ 高阶的无穷小量,所以函数 $f(x, y)$ 在点(0, 0)处

可微.

但是偏导数

$$f_x(x,y)=2x\sin\frac{1}{x^2+y^2}-\frac{2x}{x^2+y^2}\cos\frac{1}{x^2+y^2}$$

在点(0,0)任何邻域中无界，从而$f_x(x,y)$在点(0,0)处不连续.同理，$f_y(x,y)$在点(0,0)处也不连续.

此例告诉我们，由可微不能推出偏导数连续.

例 9 设$f(x,y)=\sqrt{|xy|}$，证明：此函数在点(0,0)处偏导数存在，但不可微.

证 $f_x(0,0)=\lim\limits_{\Delta x\to 0}\dfrac{f(\Delta x,0)-f(0,0)}{\Delta x}=\lim\limits_{\Delta x\to 0}\dfrac{0}{\Delta x}=0$，同理，$f_y(0,0)=0$，即$f(x,y)$在点(0,0)处偏导数存在.由于

$$\Delta z-[f_x(0,0)\Delta x+f_y(0,0)\Delta y]=\sqrt{|\Delta x\cdot\Delta y|},$$

当$\Delta x=\Delta y\to 0$时，

$$\frac{\sqrt{|\Delta x\cdot\Delta y|}}{\rho}=\sqrt{\frac{|\Delta x\cdot\Delta x|}{(\Delta x)^2+(\Delta x)^2}}=\frac{1}{\sqrt{2}}\neq 0.$$

可见，当$\rho\to 0$时，$\sqrt{|\Delta x\cdot\Delta y|}$不是比$\rho$高阶的无穷小，从而函数$f(x,y)$在点(0,0)处不可微.

全微分的定义及可微的必要条件与充分条件可以完全类似地推广到三元及三元以上的多元函数.

例 10 求函数$z=x^2y^2$在点(2,-1)处，当$\Delta x=0.02$，$\Delta y=-0.01$时的全微分$\mathrm{d}z$和全增量Δz.

解 $\left.\dfrac{\partial z}{\partial x}\right|_{(2,-1)}=\left.2xy^2\right|_{(2,-1)}=4,$

$\left.\dfrac{\partial z}{\partial y}\right|_{(2,-1)}=\left.2x^2y\right|_{(2,-1)}=-8,$

$\left.\mathrm{d}z\right|_{(2,-1)}=4\cdot(0.02)+(-8)\cdot(-0.01)=0.16,$

$\left.\Delta z\right|_{(2,-1)}=(2+0.02)^2\cdot(-1-0.01)^2-2^2\cdot(-1)^2\approx 0.162\ 4.$

例 11　求 $z=e^{-x}\sin(x+2y)$ 的全微分.

解　$\frac{\partial z}{\partial x}=-e^{-x}\sin(x+2y)+e^{-x}\cos(x+2y)$,

$\frac{\partial z}{\partial y}=2e^{-x}\cos(x+2y)$,

所以

$$\begin{aligned}dz&=\frac{\partial z}{\partial x}dx+\frac{\partial z}{\partial y}dy\\&=e^{-x}[(\cos(x+2y)-\sin(x+2y))dx+2\cos(x+2y)dy].\end{aligned}$$

例 12　求 $u=\ln(x^2+y^2+z^2+t^2)$ 的全微分.

解
$$\begin{aligned}du&=\frac{\partial u}{\partial x}dx+\frac{\partial u}{\partial y}dy+\frac{\partial u}{\partial z}dz+\frac{\partial u}{\partial t}dt\\&=\frac{2x}{x^2+y^2+z^2+t^2}dx+\frac{2y}{x^2+y^2+z^2+t^2}dy+\\&\quad\frac{2z}{x^2+y^2+z^2+t^2}dz+\frac{2t}{x^2+y^2+z^2+t^2}dt\\&=\frac{2(xdx+ydy+zdz+tdt)}{x^2+y^2+z^2+t^2}.\end{aligned}$$

3. 全微分在近似计算中的应用

设函数 $z=f(x,y)$ 在点 (x_0,y_0) 处可微,则它在点 (x_0,y_0) 的全增量可表示为

$$\begin{aligned}\Delta z&=f(x_0+\Delta x,y_0+\Delta y)-f(x_0,y_0)\\&=f_x(x_0,y_0)\Delta x+f_y(x_0,y_0)\Delta y+\alpha\rho,\end{aligned}$$

且当 $\rho\to0$ 时,$\alpha\to0$.故当 $|\Delta x|$,$|\Delta y|$ 都较小,即 $|\Delta x|\ll1$,$|\Delta y|\ll1$ 时,有 $\Delta z\approx dz$.也就是

$$f(x_0+\Delta x,y_0+\Delta y)-f(x_0,y_0)\approx f_x(x_0,y_0)\Delta x+f_y(x_0,y_0)\Delta y,\tag{8.7}$$

即

$$f(x_0+\Delta x,y_0+\Delta y)\approx f(x_0,y_0)+f_x(x_0,y_0)\Delta x+f_y(x_0,y_0)\Delta y.\tag{8.8}$$

利用(8.7)式可计算 $z=f(x,y)$ 在点 (x_0,y_0) 充分小的邻域内全增量的近似值,(8.8)式可计算函数值的近似值.

例 13　求 2.1cos 29°的近似值.

解　选函数 $f(x, y)=x\cos y$，即计算它的函数值 $f\left(2.1, \frac{29\pi}{180}\right)=2.1\cos\frac{29\pi}{180}$，同公式(8.8)比较，应取 $x_0=2$，$y_0=\frac{\pi}{6}$，$\Delta x=0.1$，$\Delta y=-\frac{\pi}{180}$，这时

$$
\begin{aligned}
f\left(2.1,\frac{29\pi}{180}\right) &= f\left(2+0.1,\frac{\pi}{6}-\frac{\pi}{180}\right)\\
&\approx f\left(2,\frac{\pi}{6}\right)+f_x\left(2,\frac{\pi}{6}\right)\cdot 0.1+f_y\left(2,\frac{\pi}{6}\right)\cdot\left(-\frac{\pi}{180}\right)\\
&=2\cos\frac{\pi}{6}+\cos y\Big|_{y=\frac{\pi}{6}}\cdot 0.1+(-x\sin y)\Big|_{\substack{x=2\\y=\frac{\pi}{6}}}\cdot\left(-\frac{\pi}{180}\right)\\
&=\sqrt{3}+\frac{\sqrt{3}}{2}\cdot 0.1+\frac{\pi}{180}=1.05\sqrt{3}+\frac{\pi}{180}\\
&\approx 1.05\cdot 1.73+0.02\approx 1.8,
\end{aligned}
$$

故 $2.1\cos 29^\circ\approx 1.8$.

例 14　金属圆柱体受热变形，半径由 20 cm 增加到 20.02 cm，高由 30 cm 增加到 30.03 cm，求圆柱体体积变化的近似值.

解　设圆柱体受热变形，半径、高及体积分别为 r,h,V，于是 $V=\pi r^2h$，$r=20,h=30,\Delta r=0.02,\Delta h=0.03$. 体积变化的近似值为

$$
\begin{aligned}
\Delta V &\approx \frac{\partial V}{\partial r}\Delta r+\frac{\partial V}{\partial h}\Delta h\\
&=2\pi rh\Big|_{\substack{r=20\\h=30}}\cdot(0.02)+\pi r^2\Big|_{r=20}\cdot(0.03)\\
&=36\pi(\mathrm{cm}^3),
\end{aligned}
$$

即圆柱体受热变形，体积增加了 $36\pi\ \mathrm{cm}^3$.

习题 8.2

1. 求下列函数的偏导数：

(1) $z=x^3y+y^3x$；　　(2) $z=\mathrm{e}^{-x}\sin(x+2y)$；

(3) $z=\ln(x^2+y^2)$；　　(4) $z=(1+xy)^y$；

(5) $z=\arctan\frac{y}{x}$；　　(6) $z=\mathrm{e}^x(\cos y+x\sin y)$；

(7) $z=\frac{1}{\sqrt{x+y}}+\frac{1}{\sqrt{x-y}}$；　　(8) $z=\mathrm{e}^{\frac{y}{x}}$；

(9) $u=x^{y^z}$.

2. 设 $z=\sin x\ln(y+1)+\cos y\ln(1-x)$，求 $\left.\dfrac{\partial z}{\partial x}\right|_{\substack{x=0\\y=0}}$，$\left.\dfrac{\partial z}{\partial y}\right|_{\substack{x=0\\y=0}}$.

3. 设 $z=\ln\left(x+\dfrac{y}{2x}\right)$，求 $z_x(1,0)$，$z_y(1,1)$.

4. 设 $z=x+y-\sqrt{x^2+y^2}$，求 $\left.\dfrac{\partial z}{\partial x}\right|_{(3,4)}$.

5. 求曲线 $\begin{cases}z=\sqrt{1+x^2+y^2},\\x=1\end{cases}$ 在点 $(1,1,\sqrt{3})$ 处的切线与 y 轴正向所成的夹角.

6. 设 $z=\mathrm{e}^{-\left(\frac{1}{x}+\frac{1}{y}\right)}$，证明：$x^2\dfrac{\partial z}{\partial x}+y^2\dfrac{\partial z}{\partial y}=2z$.

7. 设 $z=\ln(\sqrt{x}+\sqrt{y})$，证明：$x\dfrac{\partial z}{\partial x}+y\dfrac{\partial z}{\partial y}=\dfrac{1}{2}$.

8. 设 $\varphi(u)$ 连续，$f(x,t)=\displaystyle\int_{x-at}^{x+at}\varphi(\xi)\,\mathrm{d}\xi$，求 $\dfrac{\partial f}{\partial x}$，$\dfrac{\partial f}{\partial t}$.

9. 证明：函数 $f(x,y)=\begin{cases}\dfrac{xy^2}{x^2+y^4}, & x^2+y^2\neq 0,\\ 0, & x^2+y^2=0\end{cases}$ 在点 $(0,0)$ 处具有偏导数，但在点 $(0,0)$ 处不连续.

10. 设函数 $f(x,y)=\begin{cases}\dfrac{x^2}{\sqrt{x^2+y^2}}, & x^2+y^2\neq 0,\\ 0, & x^2+y^2=0,\end{cases}$ 求证：$f_x(0,0)$ 不存在，但 $f(x,y)$ 在全平面上连续.

11. 求下列函数在给定点处的全增量与全微分：

(1) $z=\dfrac{y}{x}$，$x=2$，$y=1$，$\Delta x=0.1$，$\Delta y=0.2$；

(2) $z=\mathrm{e}^{xy}$，$x=1$，$y=1$，$\Delta x=0.15$，$\Delta y=0.1$.

12. 求下列函数的全微分：

(1) $z=\dfrac{y}{x}$；　　(2) $z=\dfrac{x+y}{x-y}$；

(3) $z=\ln(3x-3y+8)$；　　(4) $z=\sqrt{\dfrac{3x+4y}{2x-4y}}$；

(5) $u=\dfrac{z}{\sqrt{x^2+y^2}}$；　　　　(6) $u=e^{xyz}$.

13. 设 $z=\ln(e^x+e^y)$，验证：$\dfrac{\partial^2 z}{\partial x^2}\cdot\dfrac{\partial^2 z}{\partial y^2}-\left(\dfrac{\partial^2 z}{\partial x\partial y}\right)^2=0$.

14. 设 f,g 为区域 D 中二阶可导的任意函数，证明：

(1) 若 $\dfrac{\partial z}{\partial x}=0$，则 $z=f(y)$；

(2) 若 $\dfrac{\partial^2 z}{\partial x\partial y}=0$，则 $z=f(y)+g(x)$.

15. 求下列各式的近似值：

(1) $\sqrt{(1.02)^3+(1.97)^3}$；　　　　(2) $(10.1)^{2.03}$.

16. 当圆锥体变形时，它的底半径 r 由 30.1 cm 减少到 30 cm，高 H 由60 cm 减少到 59.5 cm，试求体积变化的近似值.

17. 已知边长 $x=6$ m，$y=8$ m 的矩形，求当 x 边增加 5 cm，y 边减少10 cm 时，该矩形对角线变化的近似值.

第三节　多元函数微分法

一、复合函数微分法

在一元函数中，复合函数微分法是一个重要方法.对于多元函数也是一样.下面先就二元函数的复合函数进行讨论.

设函数 $z=f(u,v)$ 的定义域为 D，而函数 $u=\varphi(x,y)$，$v=\psi(x,y)$，当点(x,y)在某一区域 G 中取值时，对应的点(u,v)在 D 中，那么 $z=f(\varphi(x,y),\psi(x,y))$ 就是以 u,v 为中间变量关于 x,y 的一个二元复合函数.特别当 $u=\varphi(x)$，$v=\psi(x)$ 时，$z=f(\varphi(x),\psi(x))$ 是以 u,v 为中间变量关于 x 的一元复合函数.

下面我们先从最简单的入手，来解决函数 $z=f(\varphi(x),\psi(x))$ 在什么条件下可以求导，又怎样求导数$\dfrac{dz}{dx}$的问题.

定理 1　如果函数 $u=\varphi(x)$，$v=\psi(x)$ 在点 x 处可导，函数 $z=f(u,v)$ 在对应点$(\varphi(x),\psi(x))$处具有连续偏导数，则复合函数 $z=f(\varphi(x),\psi(x))$ 在点 x 处可导，且

$$\frac{\mathrm{d}z}{\mathrm{d}x}=\frac{\partial z}{\partial u}\frac{\mathrm{d}u}{\mathrm{d}x}+\frac{\partial z}{\partial v}\frac{\mathrm{d}v}{\mathrm{d}x}. \tag{8.9}$$

证　给 x 一个增量 Δx，相应 $u=\varphi(x)$，$v=\psi(x)$ 有增量 Δu 和 Δv，因此 $z=f(u,v)$ 也有一个相应增量 Δz，又因为 $z=f(u,v)$ 在点 (u,v) 处的偏导数连续，所以由第二节定理 4 中的(8.6)式可知

$$\Delta z=f_u(u,v)\Delta u+f_v(u,v)\Delta v+\alpha\Delta u+\beta\Delta v.$$

其中当 $\Delta u\to 0,\Delta v\to 0$ 时，$\alpha\to 0,\beta\to 0$. 上式两端同除以 Δx 得

$$\frac{\Delta z}{\Delta x}=f_u(u,v)\frac{\Delta u}{\Delta x}+f_v(u,v)\frac{\Delta v}{\Delta x}+\alpha\frac{\Delta u}{\Delta x}+\beta\frac{\Delta v}{\Delta x}.$$

又因为当 $\Delta x\to 0$ 时，$\Delta u\to 0$，$\Delta v\to 0$，$\frac{\Delta u}{\Delta x}\to\varphi'(x)$，$\frac{\Delta v}{\Delta x}\to\psi'(x)$，所以

$$\frac{\mathrm{d}z}{\mathrm{d}x}=f_u(u,v)\frac{\mathrm{d}u}{\mathrm{d}x}+f_v(u,v)\frac{\mathrm{d}v}{\mathrm{d}x}$$

或

$$\frac{\mathrm{d}z}{\mathrm{d}x}=\frac{\partial f}{\partial u}\frac{\mathrm{d}u}{\mathrm{d}x}+\frac{\partial f}{\partial v}\frac{\mathrm{d}v}{\mathrm{d}x}.$$

■

$\frac{\mathrm{d}z}{\mathrm{d}x}$为全导数，公式(8.9)为全导数公式.

推论　若函数 $u=\varphi(x,y)$，$v=\psi(x,y)$ 在点 (x,y) 处的偏导数存在，函数 $z=f(u,v)$ 的偏导数在对应点 (u,v) 处连续，则复合函数 $z=f(u(x,y),v(x,y))$ 关于 (x,y) 的偏导数存在，且

$$\frac{\partial z}{\partial x}=\frac{\partial f}{\partial u}\frac{\partial u}{\partial x}+\frac{\partial f}{\partial v}\frac{\partial v}{\partial x}, \tag{8.10}$$

$$\frac{\partial z}{\partial y}=\frac{\partial f}{\partial u}\frac{\partial u}{\partial y}+\frac{\partial f}{\partial v}\frac{\partial v}{\partial y}. \tag{8.11}$$

证　对 x 求偏导时，首先将 y 看作常量，这样应用上面定理可得

$$\frac{\partial z}{\partial x}=\frac{\partial f}{\partial u}\frac{\partial u}{\partial x}+\frac{\partial f}{\partial v}\frac{\partial v}{\partial x},$$

同理，

$$\frac{\partial z}{\partial y}=\frac{\partial f}{\partial u}\frac{\partial u}{\partial y}+\frac{\partial f}{\partial v}\frac{\partial v}{\partial y}.$$

■

公式(8.9)、(8.10)与(8.11)可推广到更多元的函数,如 $z=f(u,v,w,s)$,而 $u=u(x)$, $v=v(x)$, $w=w(x)$, $s=s(x)$,则在与定理条件相类似的条件下,复合函数

$$z=f(u(x),v(x),w(x),s(x))$$

在点 x 处可导,且导数为

$$\frac{\mathrm{d}z}{\mathrm{d}x}=\frac{\partial f}{\partial u}\frac{\mathrm{d}u}{\mathrm{d}x}+\frac{\partial f}{\partial v}\frac{\mathrm{d}v}{\mathrm{d}x}+\frac{\partial f}{\partial w}\frac{\mathrm{d}w}{\mathrm{d}x}+\frac{\partial f}{\partial s}\frac{\mathrm{d}s}{\mathrm{d}x}.$$

同理,若 $z=f(u,v,w,s)$, $u=u(x,y)$, $v=v(x,y)$, $w=w(x,y)$, $s=s(x,y)$,在相应条件下,复合函数 $z=f(u(x,y),v(x,y),w(x,y),s(x,y))$ 在点 (x,y) 处的偏导数为

$$\frac{\partial z}{\partial x}=\frac{\partial f}{\partial u}\frac{\partial u}{\partial x}+\frac{\partial f}{\partial v}\frac{\partial v}{\partial x}+\frac{\partial f}{\partial w}\frac{\partial w}{\partial x}+\frac{\partial f}{\partial s}\frac{\partial s}{\partial x},$$

$$\frac{\partial z}{\partial y}=\frac{\partial f}{\partial u}\frac{\partial u}{\partial y}+\frac{\partial f}{\partial v}\frac{\partial v}{\partial y}+\frac{\partial f}{\partial w}\frac{\partial w}{\partial y}+\frac{\partial f}{\partial s}\frac{\partial s}{\partial y}.$$

例 1 设 $z=\mathrm{e}^{u-2v}$, $u=\sin x$, $v=\mathrm{e}^{x}$,求 $\frac{\mathrm{d}z}{\mathrm{d}x}$.

解 由全导数公式(8.9)得

$$\frac{\mathrm{d}z}{\mathrm{d}x}=\frac{\partial z}{\partial u}\frac{\mathrm{d}u}{\mathrm{d}x}+\frac{\partial z}{\partial v}\frac{\mathrm{d}v}{\mathrm{d}x}=\mathrm{e}^{u-2v}(\cos x-2\mathrm{e}^{x})=\mathrm{e}^{\sin x-2\mathrm{e}^{x}}(\cos x-2\mathrm{e}^{x}).$$

例 2 求 $\frac{\mathrm{d}}{\mathrm{d}x}[f(x)^{g(x)}]$,其中 $f(x)>0$,且 $f(x)$, $g(x)$ 可导.

解 可利用对数微分法求解,但用复合函数微分法更简单.令 $u=f(x)$, $v=g(x)$,则

$$\begin{aligned}\frac{\mathrm{d}}{\mathrm{d}x}[f(x)^{g(x)}]&=\frac{\mathrm{d}}{\mathrm{d}x}(u^{v})=\frac{\partial}{\partial u}(u^{v})\frac{\mathrm{d}u}{\mathrm{d}x}+\frac{\partial}{\partial v}(u^{v})\frac{\mathrm{d}v}{\mathrm{d}x}\\&=vu^{v-1}\cdot f'(x)+u^{v}\ln u\cdot g'(x)\\&=g(x)\cdot f(x)^{g(x)-1}\cdot f'(x)+f(x)^{g(x)}\ln f(x)\cdot g'(x).\end{aligned}$$

例 3 设 $z=a^{xy}\cos(x+y)$,求 $\frac{\partial z}{\partial x}$, $\frac{\partial z}{\partial y}$.

解 令 $u=xy$, $v=x+y$,则 $z=a^{u}\cos v$,所以

$$\frac{\partial z}{\partial x}=\frac{\partial z}{\partial u}\frac{\partial u}{\partial x}+\frac{\partial z}{\partial v}\frac{\partial v}{\partial x}$$

$$=a^{u}\ln a\cdot\cos v\cdot y-a^{u}\sin v$$

$$=a^{xy}[y\ln a\cdot\cos(x+y)-\sin(x+y)],$$

$$\frac{\partial z}{\partial y}=\frac{\partial z}{\partial u}\frac{\partial u}{\partial y}+\frac{\partial z}{\partial v}\frac{\partial v}{\partial y}$$

$$=a^{u}\ln a\cdot x\cdot\cos v-a^{u}\sin v$$

$$=a^{xy}[x\ln a\cdot\cos(x+y)-\sin(x+y)].$$

需注意的是：

(1) 在复合函数求导公式中，一般含有较多的项，为了避免混淆或遗漏，常采用下面的图将函数的中间变量及直接变量关系表示出来.如公式(8.9)的复合函数关系用图

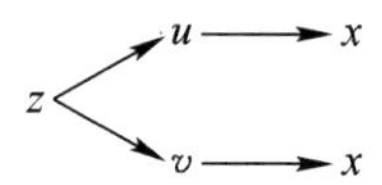

表示出来.

求$\frac{\mathrm{d}z}{\mathrm{d}x}$，只要看图中右端有几个与 x 有关的通路，然后将每条路线上按次序求导后作乘积，各不同路线乘积之和就是公式(8.9).

同样，根据图

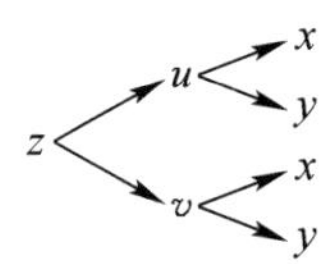

可得公式(8.10)和(8.11).

利用这种方法，可以迅速而准确地求出另外一些复合函数的求导公式.

例 4　设 $z=f(x,y,u)$ 有一阶连续偏导数，其中 $u=\varphi(x,y)$ 的一阶偏导数存在，求$\frac{\partial z}{\partial x},\frac{\partial z}{\partial y}$.

解　复合函数关系表示为下图：

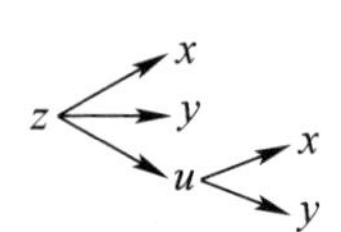

所以

$$\frac{\partial z}{\partial x}=\frac{\partial f}{\partial x}+\frac{\partial f}{\partial u}\frac{\partial u}{\partial x}=\frac{\partial f}{\partial x}+\frac{\partial f}{\partial u}\frac{\partial \varphi}{\partial x},$$

$$\frac{\partial z}{\partial y}=\frac{\partial f}{\partial y}+\frac{\partial f}{\partial u}\frac{\partial u}{\partial y}=\frac{\partial f}{\partial y}+\frac{\partial f}{\partial u}\frac{\partial \varphi}{\partial y}.$$

例 5　求 $u=f(x^2,xz^2,xyz)$ 的偏导数,其中 f 具有一阶连续偏导数.

解　令 $v=x^2,w=xz^2,s=xyz$, 复合关系为

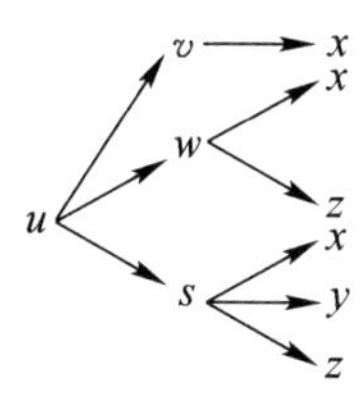

所以

$$\begin{aligned}\frac{\partial u}{\partial x}&=\frac{\partial f}{\partial v}\frac{\mathrm{d}v}{\mathrm{d}x}+\frac{\partial f}{\partial w}\frac{\partial w}{\partial x}+\frac{\partial f}{\partial s}\frac{\partial s}{\partial x}\\&=\frac{\partial f}{\partial v}\cdot 2x+\frac{\partial f}{\partial w}\cdot z^2+\frac{\partial f}{\partial s}\cdot yz\\&=2x\cdot\frac{\partial f}{\partial v}+z^2\cdot\frac{\partial f}{\partial w}+yz\cdot\frac{\partial f}{\partial s},\end{aligned}$$

$$\frac{\partial u}{\partial y}=\frac{\partial f}{\partial s}\frac{\partial s}{\partial y}=\frac{\partial f}{\partial s}\cdot xz=xz\cdot\frac{\partial f}{\partial s},$$

$$\begin{aligned}\frac{\partial u}{\partial z}&=\frac{\partial f}{\partial w}\frac{\partial w}{\partial z}+\frac{\partial f}{\partial s}\frac{\partial s}{\partial z}\\&=\frac{\partial f}{\partial w}\cdot 2xz+\frac{\partial f}{\partial s}\cdot xy\\&=2xz\cdot\frac{\partial f}{\partial w}+xy\cdot\frac{\partial f}{\partial s}.\end{aligned}$$

(2) 求多元函数的高阶偏导数时,除了加强对函数关系分析外,还需掌握好两个要领:

① 将导数的四则运算和复合运算分开做,不宜混在一起;

② 求出来的偏导数仍然保持原来函数的复合关系.

例 6　设 $z=y\varphi\left(\frac{y}{x}\right)+\ln(2x-y)$, 其中 φ 具有二阶导数,求 $\frac{\partial^2 z}{\partial x\partial y}$.

解　$$\frac{\partial z}{\partial x}=y\varphi'\left(\frac{y}{x}\right)\left(-\frac{y}{x^2}\right)+\frac{2}{2x-y}=\frac{2}{2x-y}-\frac{y^2}{x^2}\varphi'\left(\frac{y}{x}\right),$$

$$\frac{\partial^2 z}{\partial x\partial y}=\frac{\partial}{\partial y}\left(\frac{\partial z}{\partial x}\right)=\frac{\partial}{\partial y}\left[\frac{2}{2x-y}-\frac{y^2}{x^2}\varphi'\left(\frac{y}{x}\right)\right]$$

$$=\frac{\partial}{\partial y}\left(\frac{2}{2x-y}\right)-\frac{2y}{x^2}\varphi'\left(\frac{y}{x}\right)-\frac{y^2}{x^2}\frac{\partial}{\partial y}\left[\varphi'\left(\frac{y}{x}\right)\right]$$

$$=\frac{2}{(2x-y)^2}-\frac{2y}{x^2}\varphi'\left(\frac{y}{x}\right)-\frac{y^2}{x^3}\varphi''\left(\frac{y}{x}\right).$$

例 7　设 $z=f(x+y,xy^2)$，其中 f 具有连续的二阶偏导数，求 $\frac{\partial^2 z}{\partial x^2}$，$\frac{\partial^2 z}{\partial x\partial y}$.

解　设 $u=x+y,v=xy^2$，则 $z=f(u,v)$，为方便起见，引入以下记号：

$$f_1=\frac{\partial f(u,\ v)}{\partial u},\quad f_{12}=\frac{\partial^2 f(u,\ v)}{\partial u\partial v},$$

这里下标 1 表示对第一个变量 u 的偏导数，下标 2 表示对第二个变量 v 的偏导数，同理有 f_2，f_{11}，f_{22}等.

因所给的函数由 $z=f(u,\ v)$ 及 $u=x+y,\ v=xy^2$ 复合而成，根据复合函数的求导法则，有

$$\frac{\partial z}{\partial x}=\frac{\partial f}{\partial u}\frac{\partial u}{\partial x}+\frac{\partial f}{\partial v}\frac{\partial v}{\partial x}=f_1+y^2 f_2.$$

应当注意，在求 $\frac{\partial f_1}{\partial x}$ 及$\frac{\partial f_2}{\partial x}$ 时，f_1，f_2 仍旧保持 f 的复合关系，根据复合函数的求导法则，有

$$\begin{aligned}\frac{\partial^2 z}{\partial x^2}&=\left(\frac{\partial f_1}{\partial u}+\frac{\partial f_1}{\partial v}\frac{\partial v}{\partial x}\right)+y^2\left(\frac{\partial f_2}{\partial u}+\frac{\partial f_2}{\partial v}\frac{\partial v}{\partial x}\right)\\&=f_{11}+y^2 f_{12}+y^2(f_{21}+y^2 f_{22})\\&=f_{11}+2y^2 f_{12}+y^4 f_{22},\end{aligned}$$

$$\begin{aligned}\frac{\partial^2 z}{\partial x\partial y}&=\frac{\partial f_1}{\partial u}+\frac{\partial f_1}{\partial v}\frac{\partial v}{\partial y}+2yf_2+y^2\left(\frac{\partial f_2}{\partial u}+\frac{\partial f_2}{\partial v}\frac{\partial v}{\partial y}\right)\\&=f_{11}+2xyf_{12}+2yf_2+y^2(f_{21}+2xyf_{22})\\&=2yf_2+f_{11}+(2xy+y^2)f_{12}+2xy^3 f_{22}.\end{aligned}$$

(3) 多元函数的全微分与一元函数一样,也具有全微分形式不变性.

设 u,v 为自变量,$z=f(u,v)$ 具有连续偏导数,则全微分 $\mathrm{d}z=\frac{\partial z}{\partial u}\mathrm{d}u+\frac{\partial z}{\partial v}\mathrm{d}v$. 而当 $u=u(x,y)$,$v=v(x,y)$,且它们也具有连续偏导数时,复合函数 $z=f(u(x,y),v(x,y))$ 的全微分为

$$\mathrm{d}z=\frac{\partial z}{\partial x}\mathrm{d}x+\frac{\partial z}{\partial y}\mathrm{d}y,$$

将复合函数求偏导公式(8.10)与(8.11)代入上式,则有

$$\begin{aligned}\mathrm{d}z&=\left(\frac{\partial f}{\partial u}\frac{\partial u}{\partial x}+\frac{\partial f}{\partial v}\frac{\partial v}{\partial x}\right)\mathrm{d}x+\left(\frac{\partial f}{\partial u}\frac{\partial u}{\partial y}+\frac{\partial f}{\partial v}\frac{\partial v}{\partial y}\right)\mathrm{d}y\\&=\frac{\partial f}{\partial u}\left(\frac{\partial u}{\partial x}\mathrm{d}x+\frac{\partial u}{\partial y}\mathrm{d}y\right)+\frac{\partial f}{\partial v}\left(\frac{\partial v}{\partial x}\mathrm{d}x+\frac{\partial v}{\partial y}\mathrm{d}y\right)\\&=\frac{\partial f}{\partial u}\mathrm{d}u+\frac{\partial f}{\partial v}\mathrm{d}v.\end{aligned}$$

可见,无论 u,v 是自变量,还是中间变量,函数 z 的全微分形式是一样的.这个性质称为全微分形式不变性.利用这个性质来证明或计算导数与微分更简单,特别对于较复杂的函数关系,效果更为显著.

例 8　设 $z=f(x,y,t)$,$y=g(x,t)$,$x=h(t)$,其中 f,g,h 为可微函数,求 $\frac{\mathrm{d}z}{\mathrm{d}t}$.

解　$\mathrm{d}z=\frac{\partial f}{\partial x}\mathrm{d}x+\frac{\partial f}{\partial y}\mathrm{d}y+\frac{\partial f}{\partial t}\mathrm{d}t$,又

$$\mathrm{d}x=h'(t)\mathrm{d}t,$$

$$\mathrm{d}y=\frac{\partial g}{\partial x}\mathrm{d}x+\frac{\partial g}{\partial t}\mathrm{d}t=\frac{\partial g}{\partial x}\cdot h'(t)\mathrm{d}t+\frac{\partial g}{\partial t}\mathrm{d}t,$$

所以

$$\begin{aligned}\mathrm{d}z&=\frac{\partial f}{\partial x}[h'(t)\mathrm{d}t]+\frac{\partial f}{\partial y}\left[\frac{\partial g}{\partial x}\cdot h'(t)\mathrm{d}t+\frac{\partial g}{\partial t}\mathrm{d}t\right]+\frac{\partial f}{\partial t}\mathrm{d}t\\&=\left[\frac{\partial f}{\partial x}\cdot h'(t)+\frac{\partial f}{\partial y}\frac{\partial g}{\partial x}\cdot h'(t)+\frac{\partial f}{\partial y}\frac{\partial g}{\partial t}+\frac{\partial f}{\partial t}\right]\mathrm{d}t,\end{aligned}$$

$$\frac{\mathrm{d}z}{\mathrm{d}t}=\frac{\partial f}{\partial x}\cdot h'(t)+\frac{\partial f}{\partial y}\frac{\partial g}{\partial x}\cdot h'(t)+\frac{\partial f}{\partial y}\frac{\partial g}{\partial t}+\frac{\partial f}{\partial t}.$$

二、隐函数微分法

在讲一元隐函数微分法时,我们没有给出一般公式.现在我们可以从多元复

合函数微分法导出一元隐函数的求导公式,进而可以推广到多元隐函数的情形.为此我们首先要解决方程 $F(x,y)=0$ 在什么条件下才唯一确定函数 $y=y(x)$,且它是连续的又是可导的.对于二元函数也有同样的问题.关于这一系列的问题,下面定理给出了满意的回答.

1. 一个方程确定的隐函数的导数

定理 2 如果函数 $F(x,y)$满足

(1) $F(x_0,y_0)=0$;

(2) 在点(x_0,y_0)的某邻域中具有连续偏导数;

(3) $F_y(x_0,y_0)\neq 0$,

则方程 $F(x,y)=0$ 在点 x_0 的某邻域内唯一确定了一个单值可导且具有连续导数的函数 $y=y(x)$, 它满足 $y_0=y(x_0)$ 及 $F(x,y(x))\equiv 0$, 且

$$\frac{\mathrm{d}y}{\mathrm{d}x}=-\frac{F_x(x,y)}{F_y(x,y)}. \tag{8.12}$$

这个定理称为隐函数存在定理.这里,我们不证定理关于隐函数的存在性结论,仅证明计算导数的公式.

设由方程 $F(x,y)=0$ 确定 $y=y(x)$, 则对 $F(x,y(x))\equiv 0$ 应用全导数公式(8.9)可得

$$F_x+F_y\frac{\mathrm{d}y}{\mathrm{d}x}=0,$$

从而解得 $\frac{\mathrm{d}y}{\mathrm{d}x}=-\frac{F_x(x,y)}{F_y(x,y)}$, 公式(8.12)得证.

对于由方程 $F(x,y,z)=0$ 所确定的函数 $z=f(x,y)$ 的情形,也有类似于上面所陈述的隐函数存在定理.除了 $F(x,y,z)$ 在点(x_0,y_0,z_0)的某邻域内有连续的偏导数的假设外,也必须有 $F(x_0,y_0,z_0)=0$ 以及 $F_z(x_0,y_0,z_0)\neq 0$, 则方程 $F(x,y,z)=0$在点(x_0,y_0)的某邻域内唯一确定了单值函数 $z=f(x,y)$, 它在该邻域内连续,满足 $z_0=f(x_0,y_0)$, $F(x,y,f(x,y))\equiv 0$, 且有连续的偏导数$\frac{\partial z}{\partial x},\frac{\partial z}{\partial y}$.具体计算$\frac{\partial z}{\partial x},\frac{\partial z}{\partial y}$的方法如下:

由于 $z=f(x,y)$ 由 $F(x,y,z)=0$ 确定,则

$$F(x,y,f(x,y))\equiv 0.$$

应用复合函数求偏导公式(8.10)与(8.11)得

$$F_x + F_z\frac{\partial z}{\partial x}=0,\quad F_y + F_z\frac{\partial z}{\partial y}=0,$$

$$\boxed{\frac{\partial z}{\partial x}=-\frac{F_x}{F_z},\quad \frac{\partial z}{\partial y}=-\frac{F_y}{F_z}.}\tag{8.13}$$

一般对于 $n+1$ 元方程 $F(x_1,x_2,\cdots,x_n,z)=0$ 所确定的 n 元隐函数 $z=z(x_1,x_2,\cdots,x_n)$，也有同样的公式：

$$\boxed{\frac{\partial z}{\partial x_i}=-\frac{F_{x_i}(x_1,x_2,\cdots,x_n,z)}{F_z(x_1,x_2,\cdots,x_n,z)}\quad (i=1,2,\cdots,n).}$$

例 9　已知 $x^2y-5^x+2^y=0$，求$\frac{\mathrm{d}y}{\mathrm{d}x}$.

解　记 $F(x,y)=x^2y-5^x+2^y$，$F_x=2xy-5^x\ln 5$，$F_y=x^2+2^y\ln 2$，所以

$$\frac{\mathrm{d}y}{\mathrm{d}x}=-\frac{F_x(x,y)}{F_y(x,y)}=\frac{5^x\ln 5-2xy}{x^2+2^y\ln 2}.$$

例 10　设 $\mathrm{e}^z-xyz=0$，求$\frac{\partial^2 z}{\partial x^2}$，$\frac{\partial^2 z}{\partial x\partial y}$.

解　令 $F(x,y,z)=\mathrm{e}^z-xyz$，则 $F_x=-yz$，$F_y=-xz$，$F_z=\mathrm{e}^z-xy$，所以

$$\frac{\partial z}{\partial x}=-\frac{F_x}{F_z}=\frac{yz}{\mathrm{e}^z-xy}=\frac{z}{xz-x},$$

同理，$\frac{\partial z}{\partial y}=\frac{z}{yz-y}$，

$$\frac{\partial^2 z}{\partial x^2}=\frac{\partial}{\partial x}\left(\frac{\partial z}{\partial x}\right)=\frac{\partial}{\partial x}\left(\frac{z}{xz-x}\right)$$

$$=\frac{(xz-x)\frac{\partial z}{\partial x}-z\left(z+x\frac{\partial z}{\partial x}-1\right)}{(xz-x)^2}=\frac{-x\frac{\partial z}{\partial x}-z^2+z}{(xz-x)^2}$$

$$=-\frac{z(z^2-2z+2)}{x^2(z-1)^3},$$

$$\frac{\partial^2 z}{\partial x\partial y}=\frac{\partial}{\partial y}\left(\frac{\partial z}{\partial x}\right)=\frac{\partial}{\partial y}\left(\frac{z}{xz-x}\right)$$

$$=\frac{(xz-x)\frac{\partial z}{\partial y}-xz\frac{\partial z}{\partial y}}{(xz-x)^2}=\frac{-x\frac{\partial z}{\partial y}}{(xz-x)^2}=-\frac{z}{xy(z-1)^3}.$$

2. 方程组确定的隐函数的导数

若隐函数方程不止一个,联立方程组在一定条件下也能确定出隐函数,这样确定出来的隐函数求导方法和上面讨论情况相似.

如考虑方程组

$$\begin{cases}F(x,y,u,v)=0,\\G(x,y,u,v)=0.\end{cases}$$

显然在方程组的四个变量中,一般只有两个独立变量,而另外两个随之变化,所以方程组在一定条件下可确定出两个二元隐函数①.

下面假定方程组 $\begin{cases}F(x,y,u,v)=0,\\G(x,y,u,v)=0\end{cases}$ 确定了两个单值连续且有连续偏导数的二元函数 $u=u(x,y),v=v(x,y)$, 来推导这两个函数的偏导数的表达式.

将 $u=u(x,y),v=v(x,y)$ 代入方程组,则

$$\begin{cases}F(x,y,u(x,y),v(x,y))\equiv 0,\\G(x,y,u(x,y),v(x,y))\equiv 0.\end{cases}$$

应用复合函数求导公式(8.10),对方程组两端关于 x 求偏导数得

---

① 隐函数存在定理:

设函数 $F(x,y,u,v),G(x,y,u,v)$ 满足:

(1) $F(x_0,y_0,u_0,v_0)=0,G(x_0,y_0,u_0,v_0)=0$;

(2) 在点 (x_0,y_0,u_0,v_0) 的某邻域中具有对各变量的连续偏导数;

(3) 在点 (x_0,y_0,u_0,v_0) 处,函数行列式

$$J=\begin{vmatrix}F_u & F_v\\G_u & G_v\end{vmatrix}\neq 0,$$

则方程组 $F(x,y,u,v)=0,G(x,y,u,v)=0$ 在点 (x_0,y_0) 某邻域中唯一确定一组单值连续且有连续偏导数的函数 $u=u(x,y),v=v(x,y)$, 它们满足条件 $u_0=u(x_0,y_0),v_0=v(x_0,y_0)$, 并有

$$\frac{\partial u}{\partial x}=-\frac{1}{J}\begin{vmatrix}F_x & F_v\\G_x & G_v\end{vmatrix},\quad \frac{\partial v}{\partial x}=-\frac{1}{J}\begin{vmatrix}F_u & F_x\\G_u & G_x\end{vmatrix},$$

$$\frac{\partial u}{\partial y}=-\frac{1}{J}\begin{vmatrix}F_y & F_v\\G_y & G_v\end{vmatrix},\quad \frac{\partial v}{\partial y}=-\frac{1}{J}\begin{vmatrix}F_u & F_y\\G_u & G_y\end{vmatrix}.$$

$$\begin{cases}\dfrac{\partial F}{\partial x}+\dfrac{\partial F}{\partial u}\dfrac{\partial u}{\partial x}+\dfrac{\partial F}{\partial v}\dfrac{\partial v}{\partial x}=0,\\ \dfrac{\partial G}{\partial x}+\dfrac{\partial G}{\partial u}\dfrac{\partial u}{\partial x}+\dfrac{\partial G}{\partial v}\dfrac{\partial v}{\partial x}=0.\end{cases}$$

这是关于$\dfrac{\partial u}{\partial x},\dfrac{\partial v}{\partial x}$的线性方程组,当系数行列式

$$J=\begin{vmatrix}\dfrac{\partial F}{\partial u} & \dfrac{\partial F}{\partial v}\\ \dfrac{\partial G}{\partial u} & \dfrac{\partial G}{\partial v}\end{vmatrix}\neq 0$$

时,可解得

$$\frac{\partial u}{\partial x}=-\frac{\begin{vmatrix}\dfrac{\partial F}{\partial x} & \dfrac{\partial F}{\partial v}\\ \dfrac{\partial G}{\partial x} & \dfrac{\partial G}{\partial v}\end{vmatrix}}{\begin{vmatrix}\dfrac{\partial F}{\partial u} & \dfrac{\partial F}{\partial v}\\ \dfrac{\partial G}{\partial u} & \dfrac{\partial G}{\partial v}\end{vmatrix}},\quad \frac{\partial v}{\partial x}=-\frac{\begin{vmatrix}\dfrac{\partial F}{\partial u} & \dfrac{\partial F}{\partial x}\\ \dfrac{\partial G}{\partial u} & \dfrac{\partial G}{\partial x}\end{vmatrix}}{\begin{vmatrix}\dfrac{\partial F}{\partial u} & \dfrac{\partial F}{\partial v}\\ \dfrac{\partial G}{\partial u} & \dfrac{\partial G}{\partial v}\end{vmatrix}}.$$

同理,方程组两端关于 y 求偏导,有

$$\frac{\partial u}{\partial y}=-\frac{\begin{vmatrix}\dfrac{\partial F}{\partial y} & \dfrac{\partial F}{\partial v}\\ \dfrac{\partial G}{\partial y} & \dfrac{\partial G}{\partial v}\end{vmatrix}}{\begin{vmatrix}\dfrac{\partial F}{\partial u} & \dfrac{\partial F}{\partial v}\\ \dfrac{\partial G}{\partial u} & \dfrac{\partial G}{\partial v}\end{vmatrix}},\quad \frac{\partial v}{\partial y}=-\frac{\begin{vmatrix}\dfrac{\partial F}{\partial u} & \dfrac{\partial F}{\partial y}\\ \dfrac{\partial G}{\partial u} & \dfrac{\partial G}{\partial y}\end{vmatrix}}{\begin{vmatrix}\dfrac{\partial F}{\partial u} & \dfrac{\partial F}{\partial v}\\ \dfrac{\partial G}{\partial u} & \dfrac{\partial G}{\partial v}\end{vmatrix}}.$$

例 11　已知 $\begin{cases}v^2-u^2=2x,\\ uv=y\end{cases}$ 确定了两个二元函数 $u=u(x,y)$, $v=$

$v(x, y)$，求$\frac{\partial u}{\partial x}, \frac{\partial v}{\partial x}, \frac{\partial u}{\partial y}, \frac{\partial v}{\partial y}$.

解 将方程组中 u,v 看作 x,y 的隐函数,两端关于 x 求导可得

$$\begin{cases} 2v\dfrac{\partial v}{\partial x} - 2u\dfrac{\partial u}{\partial x} = 2, \\ u\dfrac{\partial v}{\partial x} + v\dfrac{\partial u}{\partial x} = 0, \end{cases} \quad \text{即} \begin{cases} v\dfrac{\partial v}{\partial x} - u\dfrac{\partial u}{\partial x} = 1, \\ u\dfrac{\partial v}{\partial x} + v\dfrac{\partial u}{\partial x} = 0. \end{cases}$$

当 $\begin{vmatrix} v & -u \\ u & v \end{vmatrix} = v^2 + u^2 \neq 0$ 时,解得

$$\frac{\partial u}{\partial x} = -\frac{u}{u^2 + v^2}, \quad \frac{\partial v}{\partial x} = \frac{v}{u^2 + v^2}.$$

再将方程组两端对 y 求导,则有

$$\begin{cases} v\dfrac{\partial v}{\partial y} - u\dfrac{\partial u}{\partial y} = 0, \\ u\dfrac{\partial v}{\partial y} + v\dfrac{\partial u}{\partial y} = 1. \end{cases}$$

当 $u^2 + v^2 \neq 0$ 时,解得

$$\frac{\partial u}{\partial y} = \frac{v}{u^2 + v^2}, \quad \frac{\partial v}{\partial y} = \frac{u}{u^2 + v^2}.$$

最后我们指出,有时求隐函数的导数不一定要套用公式,用全微分来求也是比较方便的.

例 12 求由方程 $\frac{x^2}{a^2} + \frac{y^2}{b^2} + \frac{z^2}{c^2} = 1$ 所确定的隐函数 $z = z(x,y)$ 的偏导数.

解 把方程中的 z 看作隐函数,则方程是关于 x,y 的一个恒等式,两边求全微分得

$$\frac{2x}{a^2}\mathrm{d}x + \frac{2y}{b^2}\mathrm{d}y + \frac{2z}{c^2}\mathrm{d}z = 0,$$

整理得

$$\mathrm{d}z = -\frac{c^2 x}{a^2 z}\mathrm{d}x - \frac{c^2 y}{b^2 z}\mathrm{d}y,$$

因此，

$$\frac{\partial z}{\partial x}=-\frac{c^2x}{a^2z},\quad \frac{\partial z}{\partial y}=-\frac{c^2y}{b^2z}.$$

例 13　用全微分来解例 11.

解　将方程组 $\begin{cases}v^2-u^2=2x,\\uv=y\end{cases}$ 中的 u,v 看作 x,y 的隐函数，两端分别求全微分得

$$\begin{cases}2v\mathrm{d}v-2u\mathrm{d}u=2\mathrm{d}x,\\u\mathrm{d}v+v\mathrm{d}u=\mathrm{d}y,\end{cases}$$

从上式解出 $\mathrm{d}u,\mathrm{d}v$，有

$$\mathrm{d}u=\frac{-u\mathrm{d}x+v\mathrm{d}y}{u^2+v^2},\quad \mathrm{d}v=\frac{v\mathrm{d}x+u\mathrm{d}y}{u^2+v^2}.$$

所以

$$\frac{\partial u}{\partial x}=-\frac{u}{u^2+v^2},\qquad \frac{\partial u}{\partial y}=\frac{v}{u^2+v^2},$$

$$\frac{\partial v}{\partial x}=\frac{v}{u^2+v^2},\qquad \frac{\partial v}{\partial y}=\frac{u}{u^2+v^2}.$$

习题 8.3

1. 求下列函数的全导数：

(1) $u=x+4\sqrt{x}y-3y,x=t^2,y=\dfrac{1}{t}$；

(2) $u=\arctan xy,y=\mathrm{e}^x$；

(3) $u=\dfrac{y}{x},x=\mathrm{e}^t,y=1-\mathrm{e}^{2t}$；

(4) $u=\arcsin(x-y),x=3t,y=4t^3$；

(5) $u=\tan(3t+2x^2-y),x=\dfrac{1}{t},y=\sqrt{t}$；

(6) $u=f(ty,t^2+y^2),y=\varphi(t)$，其中 f,φ 均可微；

(7) $u=f(xy,x^2+y^2),x=g(t),y=h(t)$，$f,g,h$ 均可微.

2. 设 $u=f(x,y,z,t),x=x(t),y=y(t),z=z(t)$，写出 $\dfrac{\mathrm{d}u}{\mathrm{d}t}$ 的公式.

3. 求 $\dfrac{\partial z}{\partial x},\dfrac{\partial z}{\partial y}$（其中 f 均可微）：

(1) $z=u^v, u=x^2+y^2, v=xy$;

(2) $z=u^2\ln v, u=\dfrac{x}{y}, v=3x-2y$;

(3) $z=(2x+4y)^{2x+4y}$;

(4) $z=f(u,v), u=x^2+y^2, v=\mathrm{e}^{xy}$;

(5) $z=f\left(xy,\dfrac{y}{x}\right)$.

4. 设 $S=f(x^2,xy^2,xyz^2)$，其中 f 可微，求$\dfrac{\partial S}{\partial x},\dfrac{\partial S}{\partial y},\dfrac{\partial S}{\partial z}$.

5. 设 f 具有一阶连续偏导数，验证下列公式.

(1) 若$f\left(\dfrac{x}{z},\dfrac{y}{z}\right)=0$，则 $x\dfrac{\partial z}{\partial x}+y\dfrac{\partial z}{\partial y}=z$;

(2) 若 $\dfrac{1}{z}-\dfrac{1}{x}=f\left(\dfrac{1}{y}-\dfrac{1}{x}\right)$，则 $x^2\dfrac{\partial z}{\partial x}+y^2\dfrac{\partial z}{\partial y}=z^2$.

6. 设函数 $z=z(x,y)$ 由方程 $F\left(x+\dfrac{z}{y},y+\dfrac{z}{x}\right)=0$ 给出，F,z 都是可微函数，则有等式

$$x\frac{\partial z}{\partial x}+y\frac{\partial z}{\partial y}=z-xy.$$

7. 设 $2\sin(x+2y-3z)=x+2y-3z$.

(1) 证明：$\dfrac{\partial z}{\partial x}+\dfrac{\partial z}{\partial y}=1$;　　　(2) 求全微分 $\mathrm{d}z$.

8. 设 $x=x(y,z), y=y(x,z), z=z(x,y)$ 都是由方程 $F(x,y,z)=0$ 所确定的具有连续偏导数的函数，证明：$\dfrac{\partial x}{\partial y}\cdot\dfrac{\partial y}{\partial z}\cdot\dfrac{\partial z}{\partial x}=-1$.

9. 设 $\Phi(u,v)$ 具有连续偏导数，证明：由方程 $\Phi(cx-az,cy-bz)=0$ 所确定的函数 $z=f(x,y)$ 满足 $a\dfrac{\partial z}{\partial x}+b\dfrac{\partial z}{\partial y}=c$.

10. 设 $z^3-2xz+y=0$，求$\dfrac{\partial^2 z}{\partial y^2},\dfrac{\partial^2 z}{\partial x\partial y}$.

11. 设 $x+z=y\mathrm{e}^z$，求$\dfrac{\partial^2 z}{\partial x^2},\dfrac{\partial^2 z}{\partial x\partial y}$.

12. 设函数 $u=f(v)$ 具有二阶连续导数，$v=x^2+y^2-z^2$，求$\dfrac{\partial^2 u}{\partial x^2},\dfrac{\partial^2 u}{\partial z^2}$.

13. 求$\frac{\partial^2 u}{\partial x\partial y}$(其中$f$具有二阶连续偏导数,$g$具有二阶连续导数):

(1) $u=f(x,xy)$;　(2) $u=f(x+y,\ x^2y)$;

(3) $u=f(x,\ 2x+y,\ xy)$;　(4) $u=f(x^2+y^2+z^2,\ x+y+z)$;

(5) $u=f(x+y,\ xy)+g\left(\frac{x}{y}\right)$.

14. 设$z=f(x,y)$,$x=x(\xi,\eta)$,$y=y(\xi,\eta)$,其中$f(x,y)$,$x(\xi,\eta)$,$y(\xi,\eta)$均具有二阶连续偏导数,求$\frac{\partial^2 z}{\partial \xi^2}$.

15. 利用全微分形式不变性,求下列隐函数z的全微分,并由此求出z的偏导数:

(1) $\frac{x}{z}=\ln\frac{z}{y}$;　(2) $z=f(xz,z-y)$;

(3) $f(x+y,y+z,z+x)=0$.

16. 求由下列方程组所确定的隐函数的导数或偏导数:

(1) $x+y+z=0,xyz=1$,求$\frac{\mathrm{d}y}{\mathrm{d}x},\frac{\mathrm{d}z}{\mathrm{d}x}$;

(2) $u=f(ux,v+y),v=g(u-x,v^2y)$,$f,g$具有一阶连续偏导数,求$\frac{\partial u}{\partial x},\frac{\partial v}{\partial x}$;

(3) $xu+yv=0,yu+xv=1$,求$\frac{\partial u}{\partial x},\frac{\partial v}{\partial x},\frac{\partial u}{\partial y},\frac{\partial v}{\partial y}$.

17. 设$z=u^3+v^3$,u,v分别是由方程组$x=u+v,y=u^2+v^2$所确定的隐函数,求$\frac{\partial z}{\partial x},\frac{\partial z}{\partial y}$.

第四节　多元函数微分法在几何上的应用

一、空间曲线的切线与法平面

定义1　设P_0为空间曲线L上的定点(图8.7),$P\in L$为P_0的邻近点,当点P沿曲线L趋近于点P_0时,割线P_0P的极限位置P_0T(如果极限存在的话),就称为曲线L在点P_0处的切线.过P_0且垂直于切线的平面π,称为曲线L在点P_0处的法平面.

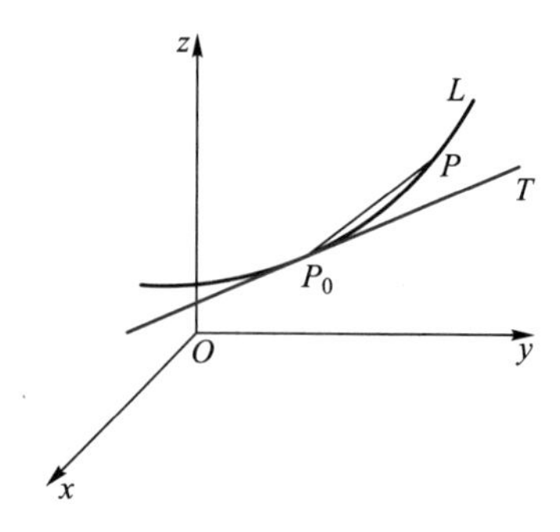

图 8.7

设空间曲线 L 的方程为 $x=x(t)$，$y=y(t)$，$z=z(t)$，其中 $x'(t),y'(t)$，$z'(t)$ 存在且不同时为零(进一步,如果 $x'(t),y'(t),z'(t)$ 连续,则称 L 为光滑曲线),当参数 t_0 对应曲线上的点 $P_0(x_0,\ y_0,\ z_0)$，$t_0+\Delta t$ 对应着点 $P(x_0+\Delta x,\ y_0+\Delta y,\ z_0+\Delta z)$ 时,可得割线 P_0P 的方程为

$$\frac{x-x_0}{\Delta x}=\frac{y-y_0}{\Delta y}=\frac{z-z_0}{\Delta z},$$

用 $\Delta t(\Delta t\neq 0)$ 去除上式中各分母得

$$\frac{x-x_0}{\dfrac{\Delta x}{\Delta t}}=\frac{y-y_0}{\dfrac{\Delta y}{\Delta t}}=\frac{z-z_0}{\dfrac{\Delta z}{\Delta t}},$$

当 $\Delta t\to 0$ 时,点 P 沿曲线 L 趋向于点 P_0,若割线 P_0P 的极限位置存在,则曲线 L 在 P_0 点处的切线 P_0T 的方程为

$$\boxed{\frac{x-x_0}{x'(t_0)}=\frac{y-y_0}{y'(t_0)}=\frac{z-z_0}{z'(t_0)},}$$

其中 (x,y,z) 为切线 P_0T 上动点的坐标.而 $(x'(t_0),y'(t_0),z'(t_0))$ 为曲线 L 上点 P_0 处的切向量.

曲线 L 在点 P_0 处的法平面方程为

$$\boxed{x'(t_0)(x-x_0)+y'(t_0)(y-y_0)+z'(t_0)(z-z_0)=0,}$$

其中 (x,y,z) 为法平面上的动点的坐标.

当曲线 L 的方程由一般式给出,即

$$L:\begin{cases}F(x,y,z)=0,\\ G(x,y,z)=0,\end{cases}$$

$P_0(x_0,y_0,z_0)$为曲线L上一点.设F,G对各变量具有连续偏导数,且在点P_0处F_y,F_z,G_y,G_z满足

$$\begin{vmatrix} F_y & F_z \\ G_y & G_z \end{vmatrix} \neq 0,$$

则由隐函数存在定理可知,在点P_0的某邻域内可确定出函数$y=y(x),z=z(x)$,且在点P_0处$y'(x_0),z'(x_0)$存在.于是得到曲线L在点P_0处的切向量$(1,y'(x_0),z'(x_0))$,从而曲线在点P_0处的切线方程为

$$\boxed{\frac{x-x_0}{1}=\frac{y-y_0}{y'(x_0)}=\frac{z-z_0}{z'(x_0)},}$$

法平面方程为

$$\boxed{(x-x_0)+y'(x_0)(y-y_0)+z'(x_0)(z-z_0)=0.}$$

例 1　求曲线$x=2t,\ y=t^2,\ z=4t^4$在点$P_0(2,\ 1,\ 4)$处的切线与法平面方程.

解　先求相应于点$P_0(2,1,4)$的参数t_0,由

$$\begin{cases} 2=2t_0, \\ 1=t_0^2, \\ 4=4t_0^4, \end{cases}$$

得$t_0=1$,所以

$$x'(t_0)=2,\quad y'(t_0)=2,\quad z'(t_0)=16.$$

切线方程为

$$\frac{x-2}{1}=\frac{y-1}{1}=\frac{z-4}{8},$$

法平面方程为

$$(x-2)+(y-1)+8(z-4)=0,$$

即

$$x+y+8z-35=0.$$

例 2　求圆柱螺线$x=a\cos\theta,\ y=a\sin\theta,\ z=k\theta\ (a>0,\ k>0$,为常数)在$\theta=\frac{\pi}{2}$处的切线与法平面方程.

解 $\theta=\frac{\pi}{2}$ 对应圆柱螺线上的点为$\left(0,a,\frac{k\pi}{2}\right)$,又

$$x'(\theta)\bigg|_{\theta=\frac{\pi}{2}}=-a\sin\theta\bigg|_{\theta=\frac{\pi}{2}}=-a,$$

$$y'(\theta)\bigg|_{\theta=\frac{\pi}{2}}=a\cos\theta\bigg|_{\theta=\frac{\pi}{2}}=0,$$

$$z'(\theta)\bigg|_{\theta=\frac{\pi}{2}}=k,$$

所以切线方程为

$$\frac{x}{-a}=\frac{y-a}{0}=\frac{z-\frac{k\pi}{2}}{k},$$

法平面方程为

$$2ax-2kz+k^2\pi=0.$$

例 3 求圆周 L: $x^2+y^2+z^2-3x=0$, $2x-3y+5z-4=0$ 在点(1, 1, 1)处的切线与法平面方程.

解 L:$\begin{cases}x^2+y^2+z^2-3x=0,\\2x-3y+5z-4=0,\end{cases}$ 选取 x 作为参数,则由方程组可确定出 $y=y(x)$,$z=z(x)$. 对方程

$$L:\begin{cases}x^2+y^2(x)+z^2(x)-3x=0,\\2x-3y(x)+5z(x)-4=0\end{cases}$$

两端关于 x 求导得

$$\begin{cases}2x+2yy'+2zz'-3=0,\\2-3y'+5z'=0,\end{cases}$$

因此

$$y'\bigg|_{(1,1,1)}=\frac{9}{16},\quad z'\bigg|_{(1,1,1)}=-\frac{1}{16}.$$

所以圆周 L 在点(1,1,1)处的切线方程为

$$\frac{x-1}{16}=\frac{y-1}{9}=\frac{z-1}{-1},$$

法平面方程为

$$16(x-1)+9(y-1)-(z-1)=0,$$

即

$$16x+9y-z-24=0.$$

二、曲面的切平面与法线

定义 2 若空间曲面 Σ 上过点 P_0 的任意一条光滑曲线 L 在点 P_0 处的切线均在过点 P_0 的同一平面之内(如图 8.8 所示),则该平面称为曲面 Σ 在点 P_0 处的切平面.过点 P_0 且垂直于切平面的直线称为曲面 Σ 在点 P_0 处的法线.

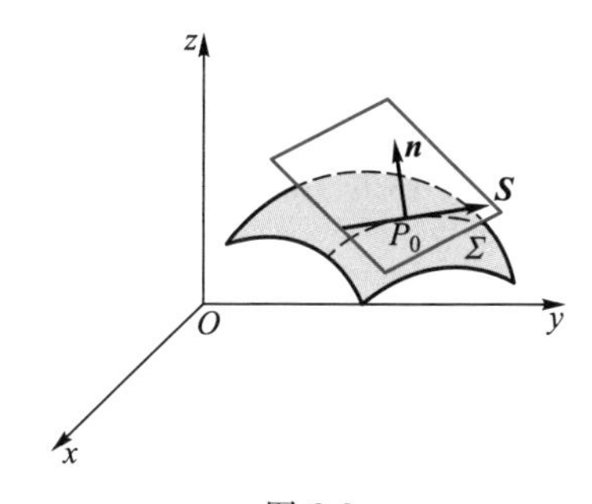

图 8.8

问题:曲面 Σ 满足什么条件才具有切平面? 切平面的方程是什么? 下面的定理回答了这个问题.

定理 设曲面 Σ 的方程为 $F(x,y,z)=0$, P_0 为曲面 Σ 上的点,函数 $F(x,y,z)$ 在点 $P_0(x_0,y_0,z_0)$ 处具有一阶连续偏导数,且 $F_x(x_0,y_0,z_0)$, $F_y(x_0,y_0,z_0)$, $F_z(x_0,y_0,z_0)$ 不同时为零(此时称 Σ 在点 P_0 处光滑),则曲面 Σ 在点 P_0 处具有切平面,其方程为

$$F_x(x_0,y_0,z_0)(x-x_0)+F_y(x_0,y_0,z_0)(y-y_0)+F_z(x_0,y_0,z_0)(z-z_0)=0.$$

证 根据切平面定义,只需证明曲面 Σ 上过点 P_0 的任意一条光滑曲线在点 P_0 处的切线均在同一平面内即可.

事实上,设曲面 Σ 上过点 P_0 的任意一条光滑曲线 L 的参数方程为 $x=x(t)$, $y=y(t)$, $z=z(t)$, 且在点 P_0 处 $t=t_0$, $x'(t_0)$, $y'(t_0)$, $z'(t_0)$ 不同时为零,因为 L 在曲面 Σ 上,所以 $F(x(t),y(t),z(t))\equiv 0$, 由全导数公式得

$$\left.\frac{\mathrm{d}F}{\mathrm{d}t}\right|_{t=t_0}=\left.\left(\frac{\partial F}{\partial x}\frac{\mathrm{d}x}{\mathrm{d}t}+\frac{\partial F}{\partial y}\frac{\mathrm{d}y}{\mathrm{d}t}+\frac{\partial F}{\partial z}\frac{\mathrm{d}z}{\mathrm{d}t}\right)\right|_{t=t_0}=0.$$

若记

$$\begin{aligned}\boldsymbol{n} &= \left(\frac{\partial F}{\partial x},\frac{\partial F}{\partial y},\frac{\partial F}{\partial z}\right)\bigg|_{t=t_0}\\ &= (F_x(x_0,y_0,z_0),F_y(x_0,y_0,z_0),F_z(x_0,y_0,z_0)),\end{aligned}$$

又

$$\boldsymbol{S} = \left(\frac{\mathrm{d}x}{\mathrm{d}t},\frac{\mathrm{d}y}{\mathrm{d}t},\frac{\mathrm{d}z}{\mathrm{d}t}\right)\bigg|_{t=t_0} = (x'(t_0),y'(t_0),z'(t_0))$$

为曲线 L 在点 P_0 处切线的方向向量，这表明向量 $\boldsymbol{S}$ 垂直于曲面 Σ 上点 P_0 处的固定向量（即常向量）$\boldsymbol{n}$. 由曲线 L 的任意性可知，曲面 Σ 上过点 P_0 的任意一条曲线在点 P_0 处的切线均垂直于向量 $\boldsymbol{n}$，即曲面 Σ 上过点 P_0 的任意一条光滑曲线在 P_0 处的切线均位于过点 P_0 以 $\boldsymbol{n}$ 为法向量的这个平面内，该平面就是曲面 Σ 在点 P_0 处的切平面，其方程为

$$\boxed{F_x(x_0,y_0,z_0)(x-x_0)+F_y(x_0,y_0,z_0)(y-y_0)+F_z(x_0,y_0,z_0)(z-z_0)=0.}$$

所以曲面 Σ 在点 P_0 处的法线方程为

$$\boxed{\frac{x-x_0}{F_x(x_0,y_0,z_0)}=\frac{y-y_0}{F_y(x_0,y_0,z_0)}=\frac{z-z_0}{F_z(x_0,y_0,z_0)}.}$$

■

例 4　求球面 $x^2+y^2+z^2=14$ 在点 $(1,2,3)$ 处的切平面与法线方程.

解　令 $F(x,y,z)=x^2+y^2+z^2-14$,

$$F_x\Big|_{(1,2,3)}=2x\Big|_{(1,2,3)}=2,$$

$$F_y\Big|_{(1,2,3)}=2y\Big|_{(1,2,3)}=4,$$

$$F_z\Big|_{(1,2,3)}=2z\Big|_{(1,2,3)}=6,$$

故切平面方程为

$$2(x-1)+4(y-2)+6(z-3)=0,$$

即

$$x+2y+3z-14=0,$$

法线方程为

$$\frac{x-1}{1}=\frac{y-2}{2}=\frac{z-3}{3}.$$

例 5　设曲面 Σ 的方程由显函数 $z=f(x,y)$ 给出，且 $f(x,y)$ 在点 $P_0(x_0,y_0)$ 处具有连续偏导数，求 Σ 在点 P_0 处的切平面及法线方程，并求法线的方向余弦.

解　令 $F(x,y,z)=z-f(x,y)$，显然满足定理条件，且

$$F_x(x_0,y_0,z_0)=-f_x(x_0,y_0),F_y(x_0,y_0,z_0)=-f_y(x_0,y_0),F_z(x_0,y_0,z_0)=1,$$

所以曲面 Σ 在点 P_0 处的切平面方程为

$$-f_x(x_0,y_0)(x-x_0)-f_y(x_0,y_0)(y-y_0)+(z-z_0)=0,$$

即

$$\boxed{z-z_0=f_x(x_0,y_0)(x-x_0)+f_y(x_0,y_0)(y-y_0),} \tag{8.14}$$

法线方程为

$$\boxed{\frac{x-x_0}{f_x(x_0,y_0)}=\frac{y-y_0}{f_y(x_0,y_0)}=\frac{z-z_0}{-1},}$$

且其方向余弦为

$$\begin{cases}\cos\alpha=\dfrac{f_x(x_0,y_0)}{\pm\sqrt{1+f_x^2(x_0,y_0)+f_y^2(x_0,y_0)}},\\[2ex] \cos\beta=\dfrac{f_y(x_0,y_0)}{\pm\sqrt{1+f_x^2(x_0,y_0)+f_y^2(x_0,y_0)}},\\[2ex] \cos\gamma=\dfrac{-1}{\pm\sqrt{1+f_x^2(x_0,y_0)+f_y^2(x_0,y_0)}}.\end{cases} \tag{8.15}$$

需注意，此例中(8.14)式右端恰好是函数 $z=f(x,y)$ 在点 $P_0(x_0,y_0)$ 处的全微分，而左端是曲面 Σ 在点 P_0 处切平面上点的竖坐标的增量. 可见，函数 $z=f(x,y)$ 在点 P_0 处的全微分在几何上表示曲面 $z=f(x,y)$ 在点 P_0 处切平面上点的竖坐标的增量，这就是全微分的几何意义.

还需注意(8.15)式中的正负号，它由法线的方向决定，若法线与 z 轴正向夹角 γ 为锐角(即法向量向上)，$\cos\gamma>0$，根号前面取负号，此时法向量的方向余弦为

$$\cos\alpha=\frac{-f_x(x_0,y_0)}{\sqrt{1+f_x^2(x_0,y_0)+f_y^2(x_0,y_0)}},$$

$$\cos\beta=\frac{-f_y(x_0,y_0)}{\sqrt{1+f_x^2(x_0,y_0)+f_y^2(x_0,y_0)}},$$

$$\cos\gamma=\frac{1}{\sqrt{1+f_x^2(x_0,y_0)+f_y^2(x_0,y_0)}}.$$

习题 8.4

1. 求下列曲线在指定点处的切线与法平面方程:

(1) $x=t,y=2t^2,z=3t^3$,点$(1,2,3)$;

(2) $x=t-\sin t,y=1-\cos t,z=4$ 对应于 $t=\dfrac{\pi}{2}$的点;

(3) $y^2=2mx,z^2=m-x$,点(x_0,y_0,z_0);

(4) $\begin{cases}x^2+y^2+z^2=4a^2,\\x^2+y^2=2ax,\end{cases}$点$(a,a,\sqrt{2}a)$;

(5) $\begin{cases}y^2+z^2=25,\\x^2+y^2=10,\end{cases}$点$(1,3,4)$.

2. 在曲线 $x=t,y=t^2,z=t^3$ 上求一点,使该点处的切线平行于平面 $x+2y+z=4$.

3. 求下列曲面在指定点处的切平面及法线的方向余弦(法线与 z 轴正向夹角为锐角):

(1) $z=x^3+xy+y^3$,点$(1,1,3)$;　　(2) $z=\mathrm{e}^{xy}(1+\cos y)$,点$(0,0,2)$.

4. 求下列曲面在指定点处的切平面与法线方程:

(1) $\mathrm{e}^z-z+xy=3$,点$(2,1,0)$;

(2) $\dfrac{x^2}{a^2}+\dfrac{y^2}{b^2}+\dfrac{z^2}{c^2}=1$,点$(x_0,y_0,z_0)$;

(3) $xy=z^2$,点(x_0,y_0,z_0).

5. 证明:曲面 $xyz=a^3$ 上任一点的切平面与三坐标面围成的四面体体积是一个常数.

6. 证明:锥面 $z=\sqrt{x^2+y^2}$ 在任一点(x_0,y_0,z_0)处的切平面通过原点.

7. 证明:曲面 $\sqrt{x}+\sqrt{y}+\sqrt{z}=\sqrt{a}\ (a>0)$ 上任何点处的切平面在各坐标轴上截距之和等于 a.

8. 求椭球面 $3x^2+y^2+z^2=16$ 在点$(-1,-2,3)$处的切平面与 xOy 坐标面的夹角的余弦.

第五节　方向导数与梯度

一、方向导数

我们知道,偏导数$f_x(x_0,y_0)$,$f_y(x_0,y_0)$描述了函数$f(x,y)$在点$P_0(x_0,y_0)$处分别沿平行于x轴和y轴这两个特殊方向的变化率. 现在我们来考察函数$f(x,y)$在xOy坐标面上由点$P_0(x_0,y_0)$出发,沿任意一个确定方向的变化率问题,即方向导数.

定义1　设$f(x, y)$在点$P_0(x_0, y_0)$的某邻域内有定义,l是从点P_0出发的一条射线,如图8.9所示,在射线l上$P(x_0+\Delta x, y_0+\Delta y)$为点$P_0$的邻近点,令$\rho=|P_0P|=\sqrt{(\Delta x)^2+(\Delta y)^2}$,若极限

$$\lim_{P\to P_0}\frac{f(P)-f(P_0)}{|P_0P|}=\lim_{\rho\to 0}\frac{f(x_0+\Delta x, y_0+\Delta y)-f(x_0, y_0)}{\rho}$$

存在,则称该极限值为$f(x, y)$在点$P_0(x_0, y_0)$处沿l方向的方向导数,记为$\left.\frac{\partial f}{\partial l}\right|_{(x_0, y_0)}$,即

$$\left.\frac{\partial f}{\partial l}\right|_{(x_0, y_0)}=\lim_{\rho\to 0}\frac{f(x_0+\Delta x, y_0+\Delta y)-f(x_0, y_0)}{\rho}.$$

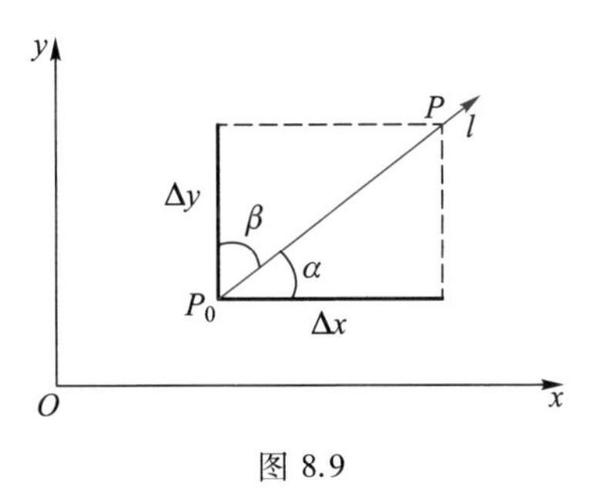

图 8.9

下面给出$\frac{\partial f}{\partial l}$的计算公式.

定理 设函数 $f(x,y)$ 在点 (x,y) 处可微，l 为给定的方向，$\boldsymbol{e}_l=(\cos\alpha,\cos\beta)$ 是与 l 同向的单位向量，则 $f(x,y)$ 在点 (x,y) 处沿 l 方向的方向导数存在，且

$$\frac{\partial f}{\partial l}=\frac{\partial f}{\partial x}\cos\alpha+\frac{\partial f}{\partial y}\cos\beta, \tag{8.16}$$

其中 $\cos\alpha,\cos\beta$ 为 l 方向的方向余弦.

证 因为 $f(x,y)$ 在点 $P(x,y)$ 处可微，$Q(x+\Delta x,y+\Delta y)$ 为 l 上点 P 的邻近点，所以

$$\begin{aligned}\Delta z&=f(x+\Delta x,y+\Delta y)-f(x,y)\\&=f_x(x,y)\Delta x+f_y(x,y)\Delta y+\alpha_1\rho,\end{aligned}$$

其中 $\lim\limits_{\rho\to 0}\alpha_1=0$.

由图 8.9 可知，在 l 上 $\Delta x=\rho\cos\alpha,\Delta y=\rho\cos\beta$，所以有

$$\begin{aligned}\frac{\Delta z}{\rho}&=f_x(x,y)\frac{\Delta x}{\rho}+f_y(x,y)\frac{\Delta y}{\rho}+\alpha_1\\&=f_x(x,y)\cos\alpha+f_y(x,y)\cos\beta+\alpha_1,\end{aligned}$$

令 $\rho\to 0$，由于 $\lim\limits_{\rho\to 0}\alpha_1=0$，所以右端极限存在，即 $\dfrac{\Delta z}{\rho}$ 极限存在，亦即方向导数存在，且

$$\frac{\partial f}{\partial l}=f_x(x,y)\cos\alpha+f_y(x,y)\cos\beta.$$ ■

需注意在公式(8.16)中，当 $\alpha=0,\beta=\dfrac{\pi}{2}$ 时，$\dfrac{\partial f}{\partial l}=\dfrac{\partial f}{\partial x}$，又当 $\alpha=\dfrac{\pi}{2},\beta=0$ 时，$\dfrac{\partial f}{\partial l}=\dfrac{\partial f}{\partial y}$. 由此可见，当 $f(x,y)$ 可微时，$f(x,y)$ 沿 x 轴正向的方向导数等于偏导数 $\dfrac{\partial f}{\partial x}$，$f(x,y)$ 沿 y 轴正向的方向导数等于 $\dfrac{\partial f}{\partial y}$.

注 如果记 θ 为 x 轴正向逆时针旋转到 l 方向的转角，则 $\cos\alpha=\cos\theta$，$\cos\beta=\sin\theta$，公式(8.16)可以改写为

$$\boxed{\frac{\partial f}{\partial l}=\frac{\partial f}{\partial x}\cos\theta+\frac{\partial f}{\partial y}\sin\theta.}$$

对于多元函数,我们可以类似地定义方向导数,而且也有上述类似定理.

如设三元函数 $u=f(x,y,z)$ 在点 $P_0(x_0,y_0,z_0)$ 处可微,l 为给定的方向,$\boldsymbol{e}_l=(\cos\alpha,\cos\beta,\cos\gamma)$ 是与 l 同向的单位向量,则 u 在点 P_0 处沿 l 方向的方向导数存在,且

$$\left.\frac{\partial u}{\partial l}\right|_{P_0}=\left.\frac{\partial f}{\partial x}\right|_{P_0}\cos\alpha+\left.\frac{\partial f}{\partial y}\right|_{P_0}\cos\beta+\left.\frac{\partial f}{\partial z}\right|_{P_0}\cos\gamma.$$

例 1　求函数 $u=\sqrt{x^2+y^2+z^2}$ 在点 $M_0(1,0,1)$ 处沿 $\boldsymbol{a}=\boldsymbol{i}+2\boldsymbol{j}+2\boldsymbol{k}$ 方向 l 的方向导数.

解
$$\left.\frac{\partial u}{\partial x}\right|_{(1,0,1)}=\left.\frac{x}{\sqrt{x^2+y^2+z^2}}\right|_{(1,0,1)}=\frac{1}{\sqrt{2}},$$

$$\left.\frac{\partial u}{\partial y}\right|_{(1,0,1)}=\left.\frac{y}{\sqrt{x^2+y^2+z^2}}\right|_{(1,0,1)}=0,$$

$$\left.\frac{\partial u}{\partial z}\right|_{(1,0,1)}=\left.\frac{z}{\sqrt{x^2+y^2+z^2}}\right|_{(1,0,1)}=\frac{1}{\sqrt{2}},$$

又因为 $\boldsymbol{a}=\boldsymbol{i}+2\boldsymbol{j}+2\boldsymbol{k}$, 所以 $\cos\alpha=\frac{1}{3},\cos\beta=\frac{2}{3},\cos\gamma=\frac{2}{3}$,

$$\begin{aligned}\left.\frac{\partial u}{\partial l}\right|_{(1,0,1)}&=\left.\frac{\partial u}{\partial x}\right|_{(1,0,1)}\cos\alpha+\left.\frac{\partial u}{\partial y}\right|_{(1,0,1)}\cos\beta+\left.\frac{\partial u}{\partial z}\right|_{(1,0,1)}\cos\gamma\\&=\frac{1}{\sqrt{2}}\cdot\frac{1}{3}+0\cdot\frac{2}{3}+\frac{1}{\sqrt{2}}\cdot\frac{2}{3}=\frac{1}{\sqrt{2}}.\end{aligned}$$

二、梯度

由上面的讨论可知,在某点沿某一方向的方向导数是一个常数,而梯度是与方向导数密切相关的一个向量.为了把梯度概念解释得更清楚,我们引入场的概念.

1. 场的定义

定义 2　若区域 Ω 中的每一点对应着物理量的一个确定值,则称区域 Ω 上确定了该物理量的场.当物理量为数量(或向量)时,称该场为数量场(或向量场).

例如,空间不同位置的温度各不相同,且对空间每个确定的位置 M,有确定的温度 $T(M)$ 与之对应.而温度 $T(M)$ 是一个数量,所以在空间中由温度确定了一个数量场,称为温度场.

又如,将一个点电荷 q 放在空间直角坐标系的原点,这样在原点周围不同的点处,对应着不同的电场强度,且场强 $\boldsymbol{E}=\dfrac{q}{4\pi\varepsilon r^{3}}\boldsymbol{r}$,其中 ε 为介电常数,$\boldsymbol{r}$ 为空间点的向径.当点定了,$\boldsymbol{r}$ 就成为固定向量,场强 $\boldsymbol{E}$ 也就成了常向量.所以点电荷 q 周围空间中由场强 $\boldsymbol{E}$ 确定了一个电场,且是个向量场.

由定义 2 及上述两个实例可看出,场中物理量与场中点是个函数关系,即分布在场中各点处的物理量是场中之点 M 的单值函数,所以场还可以如下定义:

定义 3　区域 Ω 上一个数量场 $u(M)$(或向量场 $\boldsymbol{A}(M)$)是指 $u(M)$(或 $\boldsymbol{A}(M)$)为 Ω 上的一个数量函数(或向量函数).

如,温度场 $T(M)$,$M\in\Omega$ 是个数量场;电场 $\boldsymbol{E}(M)$,$M\in\Omega$ 是个向量场.

在空间直角坐标系中,数量场 $u(M)$ 即数量函数 $u(x,y,z)$,向量场 $\boldsymbol{A}(M)$ 即向量函数.

$$\boldsymbol{A}(M)=\boldsymbol{A}(x,y,z)=P(x,y,z)\boldsymbol{i}+Q(x,y,z)\boldsymbol{j}+R(x,y,z)\boldsymbol{k},$$

其中 $P(x, y, z)$, $Q(x, y, z)$, $R(x, y, z)$ 为向量函数 $\boldsymbol{A}(x, y, z)$ 的三个坐标函数.

2. 梯度

为了给出梯度的定义,首先我们来讨论下面的实际问题.

设有数量场 $u=u(M)$, 问在数量场中点 M_0 处,u 沿哪个方向的变化率最大? 最大值等于多少?

设 $u(M)=u(x,y,z)$, 在点 $M_0(x_0,y_0,z_0)$ 处具有一阶连续偏导数,l 为给定的方向, $\boldsymbol{e}_l=(\cos\alpha,\cos\beta,\cos\gamma)$ 为 l 同向的单位向量,则数量场 u 在点 M_0 处沿 $\boldsymbol{e}_l$ 方向的方向导数为

$$\left.\frac{\partial u}{\partial l}\right|_{M_0}=\left.\frac{\partial u}{\partial x}\right|_{M_0}\cos\alpha+\left.\frac{\partial u}{\partial y}\right|_{M_0}\cos\beta+\left.\frac{\partial u}{\partial z}\right|_{M_0}\cos\gamma,$$

记

$$\boldsymbol{G}=\left.\left(\frac{\partial u}{\partial x},\frac{\partial u}{\partial y},\frac{\partial u}{\partial z}\right)\right|_{M_0}=\left.\frac{\partial u}{\partial x}\right|_{M_0}\boldsymbol{i}+\left.\frac{\partial u}{\partial y}\right|_{M_0}\boldsymbol{j}+\left.\frac{\partial u}{\partial z}\right|_{M_0}\boldsymbol{k}.$$

则

$$\left.\frac{\partial u}{\partial l}\right|_{M_0}=\boldsymbol{G}\cdot\boldsymbol{e}_l=|\boldsymbol{G}|\cos(\widehat{\boldsymbol{G},\boldsymbol{e}_l})=\mathrm{Prj}_l\,\boldsymbol{G},$$

且当$(\widehat{\boldsymbol{G},\boldsymbol{e}_l})=0$时,即向量$\boldsymbol{G}$与$\boldsymbol{e}_l$方向一致时,方向导数取最大值,即$u$沿$\boldsymbol{G}$方向的变化率最大,且最大值等于$|\boldsymbol{G}|$.我们把$\boldsymbol{G}$叫做函数$u(M)$在给定点$M_0$处的梯度,一般有如下定义:

定义 4　若在数量场$u(M)$中一点M处,存在这样的向量$\boldsymbol{G}$,其方向为函数$u(M)$在点M处变化率最大的方向,其模恰好是这个最大变化率的数值,则称向量$\boldsymbol{G}$为函数$u(M)$在点M处的梯度,记为$\mathbf{grad}\,u(M)$,即

$$\mathbf{grad}\,u(M)=\boldsymbol{G}.$$

当$u=u(M)=u(x,y,z)$,$u(x,y,z)$在空间区域Ω一阶偏导连续时,则

$$\mathbf{grad}\,u=\frac{\partial u}{\partial x}\boldsymbol{i}+\frac{\partial u}{\partial y}\boldsymbol{j}+\frac{\partial u}{\partial z}\boldsymbol{k}.$$

当$u(M)=u(x,y)$,$u(x,y)$在平面区域D一阶偏导连续时,则

$$\mathbf{grad}\,u=\frac{\partial u}{\partial x}\boldsymbol{i}+\frac{\partial u}{\partial y}\boldsymbol{j}.$$

如果我们定义向量微分算子

$$\boldsymbol{\nabla}=\boldsymbol{i}\frac{\partial}{\partial x}+\boldsymbol{j}\frac{\partial}{\partial y}+\boldsymbol{k}\frac{\partial}{\partial z}$$

(称其为纳布拉(nabla)算子),那么数量场$u=u(M)$的梯度可以写为

$$\mathbf{grad}\,u=\boldsymbol{\nabla}u=\frac{\partial u}{\partial x}\boldsymbol{i}+\frac{\partial u}{\partial y}\boldsymbol{j}+\frac{\partial u}{\partial z}\boldsymbol{k}.$$

例 2　已知函数$u=xy+yz+zx$及点$M_0(1,2,-2)$,求u沿$\boldsymbol{r}=\overrightarrow{OM_0}$方向的方向导数及$u$在点$M_0$处梯度大小和方向余弦.

解　$\left.\dfrac{\partial u}{\partial x}\right|_{(1,2,-2)}=y+z\Big|_{(1,2,-2)}=0,$

$$\left.\frac{\partial u}{\partial y}\right|_{(1,2,-2)}=x+z\Big|_{(1,2,-2)}=-1,$$

$$\left.\frac{\partial u}{\partial z}\right|_{(1,2,-2)}=y+x\Big|_{(1,2,-2)}=3.$$

又 $\boldsymbol{r}=\overrightarrow{OM_0}=\boldsymbol{i}+2\boldsymbol{j}-2\boldsymbol{k}$, 所以方向余弦为

$$\cos\alpha=\frac{1}{3},\quad \cos\beta=\frac{2}{3},\quad \cos\gamma=-\frac{2}{3}.$$

$$\left.\frac{\partial u}{\partial \boldsymbol{r}}\right|_{(1,2,-2)}=\left.\frac{\partial u}{\partial x}\right|_{(1,2,-2)}\cos\alpha+\left.\frac{\partial u}{\partial y}\right|_{(1,2,-2)}\cos\beta+\left.\frac{\partial u}{\partial z}\right|_{(1,2,-2)}\cos\gamma$$

$$=0\cdot\frac{1}{3}-1\cdot\frac{2}{3}+3\cdot\left(-\frac{2}{3}\right)=-\frac{8}{3}.$$

$$\mathbf{grad}\,u(1,2,-2)=\left.\left(\frac{\partial u}{\partial x}\boldsymbol{i}+\frac{\partial u}{\partial y}\boldsymbol{j}+\frac{\partial u}{\partial z}\boldsymbol{k}\right)\right|_{(1,2,-2)}=-\boldsymbol{j}+3\boldsymbol{k},$$

所以

$$|\mathbf{grad}\,u(1,2,-2)|=\sqrt{(-1)^2+3^2}=\sqrt{10},$$

且其方向余弦为

$$\cos\alpha_1=0,\quad \cos\beta_1=-\frac{1}{\sqrt{10}},\quad \cos\gamma_1=\frac{3}{\sqrt{10}}.$$

最后留给读者自行验证梯度运算的一些基本公式,设 $u=u(x,y,z)$,$v=v(x,y,z)$ 具有一阶连续偏导数,c 为常数,则

(1) $\mathbf{grad}\,c=\mathbf{0}$;

(2) $\mathbf{grad}(cu)=c\,\mathbf{grad}\,u$;

(3) $\mathbf{grad}(u\pm v)=\mathbf{grad}\,u\pm\mathbf{grad}\,v$;

(4) $\mathbf{grad}(uv)=u\,\mathbf{grad}\,v+v\,\mathbf{grad}\,u$;

(5) $\mathbf{grad}\left(\frac{u}{v}\right)=\frac{1}{v^2}(v\,\mathbf{grad}\,u-u\,\mathbf{grad}\,v)\quad(v\neq 0)$;

(6) $\mathbf{grad}\,f(u)=f'(u)\,\mathbf{grad}\,u\quad(f(u)$ 可微$)$.

习题 8.5

1. 求函数 $z=x^2-xy+y^2$ 在点$(1,1)$处沿 $\boldsymbol{e}_l=(\cos\alpha,\cos\beta)$ 方向的方向导数.问在什么方向上方向导数分别取最大值、最小值以及为零?

2. 求函数 $u = xyz$ 在点 $A(5,1,2)$ 处沿从点 A 到点 $B(9,4,1)$ 方向的方向导数.

3. 求函数 $u = \ln(x^2 + y^2)$ 在点 $A(3,4)$ 处沿其梯度方向的方向导数.

4. 求函数 $u = x^2 + 2y^2 + 3z^2 + xy + 3x - 2y - 6z$ 在点 $P(1,1,1)$ 处的梯度以及沿点 P 的向径 $\overrightarrow{OP}$ 方向的方向导数.

5. 求函数 $u = x + y + z$ 沿球面 $x^2 + y^2 + z^2 = 1$ 上点 $M_0(x_0, y_0, z_0)$ 处外法线方向的方向导数及 $\mathbf{grad}\, u\Big|_{M_0}$.

6. 设函数 $f(x,y) = \begin{cases} \dfrac{xy}{\sqrt{x^2 + y^2}}, & \text{当点}(x,y) \neq (0,0), \\ 0, & \text{当点}(x,y) = (0,0). \end{cases}$

(1) 求 $\dfrac{\partial f}{\partial x}$;

(2) 求 $f(x,y)$ 在点 $(0,0)$ 处沿 $\boldsymbol{a} = \boldsymbol{i} + \boldsymbol{j}$ 方向的方向导数.

第六节　多元函数的极值与最值

一、多元函数的极值

现在我们应用偏导数来讨论多元函数的极值问题.为此先将一元函数的极值概念推广到多元函数.这里仍着重对二元函数进行讨论.

定义　设函数 $f(x,y)$ 在点 $P_0(x_0,y_0)$ 的某邻域内有定义,若对于该点的去心邻域中的一切点 (x,y) 有 $f(x,y) < f(x_0,y_0)$ 成立,则称函数 $f(x,y)$ 在点 P_0 处取极大值 $f(x_0,y_0)$.反之若有不等式 $f(x,y) > f(x_0,y_0)$ 成立,则称函数 $f(x,y)$ 在点 P_0 处取极小值 $f(x_0,y_0)$.我们把极大值与极小值统称为极值,使函数取极值的点 $P_0(x_0,y_0)$ 称为极值点.

例 1　说明函数 $z = xy$ 在点 $(0,0)$ 处不取极值.

解　由于在点 $(0,0)$ 处无论怎样的邻域中的点 $(x,y) \neq (0,0)$,函数值均既有大于 $z(0,0)$ 的,又有小于函数值 $z(0,0)$ 的.故点 $(0,0)$ 不是极值点.

例 2　函数 $z = -(x^2 + y^2)$ 在点 $(0,0)$ 处是否取极值.

解　由于在点 $(0,0)$ 处无论怎样的邻域中的点 $(x,y) \neq (0,0)$,都有 $z(x,y) < z(0,0) = 0$,故点 $(0,0)$ 为极大值点.

关于二元函数极值的判定，也有与一元函数类似的判定定理.

定理 1(极值存在的必要条件)　设函数 $f(x,y)$ 在点 $P_0(x_0,y_0)$ 处具有偏导数，且点 P_0 为极值点，则 $f(x,y)$ 在点 $P_0(x_0,y_0)$ 的偏导数必为零，即

$$f_x(x_0,y_0)=0,\quad f_y(x_0,y_0)=0.$$

证　因为 $f(x,y)$ 在点 (x_0,y_0) 偏导数存在且取极值，所以当固定 $y=y_0$ 时，一元函数 $f(x,y_0)$ 也必在 $x=x_0$ 处取极值，由一元函数取极值的必要条件可知 $f_x(x_0,y_0)=0$.

同理可证 $f_y(x_0,y_0)=0$. ■

凡使得 $f_x(x,y)=0,\quad f_y(x,y)=0$ 的点 (x,y)，称为函数 $f(x,y)$ 的驻点.

由定理 1 可知，偏导数存在的函数的极值点必为驻点.但反过来，驻点未必是极值点.如本节例 1 中函数 $z=xy$，显然有 $z_x(0,0)=z_y(0,0)=0$，即点 $(0,0)$ 为其驻点，但点 $(0,0)$ 却不是它的极值点.那么如何判定驻点是否为极值点呢？下面定理回答了这个问题.

定理 2(极值存在的充分条件)　设函数 $f(x,y)$ 在点 (x_0,y_0) 的某邻域内具有二阶连续偏导数，且 $f_x(x_0,y_0)=0$，$f_y(x_0,y_0)=0$. 若令 $f_{xx}(x_0,y_0)=A$，$f_{xy}(x_0,y_0)=B$，$f_{yy}(x_0,y_0)=C$，则

(1) 当 $B^2-AC<0$ 时，$f(x,y)$ 在点 (x_0,y_0) 处取极值，且 $A>0$ 时，$f(x_0,y_0)$ 为极小值；$A<0$，$f(x_0,y_0)$ 为极大值.

(2) 当 $B^2-AC>0$ 时，$f(x,y)$ 在点 (x_0,y_0) 处不取极值.

(3) 当 $B^2-AC=0$ 时，$f(x,y)$ 在点 (x_0,y_0) 处可能有极值，也可能无极值，需另作讨论.

定理的证明见本节的最后一段.

上述极值与驻点的定义及极值存在的必要条件均可以推广到多元函数.

如设 n 元函数 $u=f(P)$，$P\in\mathbf{R}^n$，在点 P_0 某邻域内有定义，若对该邻域中任意一点 $P\neq P_0$，有

$$f(P)<f(P_0)\quad 或\quad f(P)>f(P_0),$$

则称 $f(P)$ 在点 P_0 处有极大值 $f(P_0)$ 或极小值 $f(P_0)$，且点 P_0 为极值点.

又如 n 元可微函数 $u=f(x_1,x_2,\cdots,x_n)$ 在点 $(a_1,a_2,\cdots,a_n)$ 取极值的必要条件为

$$f_{x_i}(a_1,a_2,\cdots,a_n)=0\quad (i=1,2,\cdots,n)$$

例 3　求函数 $z=x^3+y^3-3xy$ 的极值.

解　首先解方程组

$$\begin{cases} z_x=3x^2-3y=0, \\ z_y=3y^2-3x=0, \end{cases}$$

解得驻点为(0,0),(1,1).

计算函数的二阶偏导数

$$z_{xx}=6x, \qquad z_{xy}=-3, \qquad z_{yy}=6y.$$

由于在点(0,0)处，$A=0$，$B=-3$，$C=0$，$B^2-AC>0$，所以 $z(x,y)$ 在点(0,0)处不取极值.

在点(1, 1)处，$A=6>0$，$B=-3$，$C=6$，$B^2-AC=-27<0$，所以 $z(1,1)=-1$ 为极小值.

例 4　求函数 $f(x,y)=(1+e^y)\cos x-ye^y$ 的极值.

解　$\begin{cases} f_x=-(1+e^y)\sin x=0, \\ f_y=e^y(\cos x-1-y)=0, \end{cases}$ 解得驻点 $(k\pi,(-1)^k-1)$，$k=0,\pm1,\pm2,\cdots$.又

$$f_{xx}=-(1+e^y)\cos x, \quad f_{xy}=-e^y\sin x,$$

$$f_{yy}=e^y(\cos x-2-y),$$

$$A=f_{xx}(k\pi,(-1)^k-1)=(-1)^{k+1}[1+e^{(-1)^k-1}],$$

$$B=f_{xy}(k\pi,(-1)^k-1)=0,$$

$$C=f_{yy}(k\pi,(-1)^k-1)=-e^{(-1)^k-1}.$$

当 k 为偶数时，$B^2-AC=-2<0$，$A=-2<0$，所以 $f(k\pi,0)=2$ 为极大值.

当 k 为奇数时，$B^2-AC=(1+e^{-2})e^{-2}>0$，所以 $f(x,y)$ 在 $(k\pi,-2)$ 处不取极值.

由例 4 可知，二元函数可以有无穷多个极大值，而无极小值.

应当注意，偏导数不存在的点，仍有可能是极值点.

例如，函数 $z=\sqrt{x^2+y^2}$ 的偏导数为

$$\frac{\partial z}{\partial x}=\frac{x}{\sqrt{x^2+y^2}}, \qquad \frac{\partial z}{\partial y}=\frac{y}{\sqrt{x^2+y^2}},$$

它在点(0,0)处显然不存在，但在点(0,0)的邻域中任一点 $(x,y)\neq(0,0)$ 均有

$z=\sqrt{x^2+y^2}>z(0,0)=0$，可见 $z(0,0)=0$ 为极小值.

二、多元函数的最值

与一元函数一样，多元函数的最大值和最小值统称为最值.

根据多元函数在闭区域上连续的性质可知，当 $f(x,y)$ 在有界闭区域 D 上连续时，它在 D 上必能取到最大值和最小值.一般求函数 $z=f(x,y)$ 在 D 上的最大值与最小值步骤如下：

(1) 求出函数 $f(x,y)$ 在 D 内所有驻点及偏导数不存在点处的函数值；

(2) 求出 $f(x,y)$ 在 D 的边界上的最大值与最小值；

(3) 将上述函数值与边界上的最大值和最小值进行比较，最大者即为最大值，最小者即为最小值.

特别地，如果可微函数 $f(x,y)$ 在区域 D 内有唯一驻点，又根据问题的实际意义知其最大值或最小值存在且在 D 内取得，则该驻点处的函数值就是所求的最大值或最小值.

例 5 求函数 $f(x,y)=3x^2+3y^2-x^3$ 在区域 D：$x^2+y^2\leqslant 16$ 上的极值及最小值.

解 先解方程组

$$\begin{cases}\dfrac{\partial f}{\partial x}=6x-3x^2=0,\\[2mm] \dfrac{\partial f}{\partial y}=6y=0,\end{cases}$$

求得驻点 $(0,0)$ 及 $(2,0)$，显然都位于区域 D 内.

又 $\dfrac{\partial^2 f}{\partial x^2}=6-6x$，$\dfrac{\partial^2 f}{\partial x\partial y}=0$，$\dfrac{\partial^2 f}{\partial y^2}=6$，在点 $(0,0)$ 处，$A=6>0$，$B=0$，$C=6$. $B^2-AC=-36<0$，所以 $f(0,0)=0$ 为极小值.

在点 $(2,0)$ 处，$A=-6$，$B=0$，$C=6$，$B^2-AC=36>0$，所以在点 $(2,0)$ 处无极值.

下面求 $f(x,y)$ 在边界 $x^2+y^2=16$ 上的最小值.

由方程 $x^2+y^2=16$ 解出 $y^2=16-x^2(-4\leqslant x\leqslant 4)$，代入 $f(x,y)$，可得 $f(x,y)$ 在边界上取最值的关系式，

$$g(x)=48-x^3\quad(-4\leqslant x\leqslant 4).$$

因为 $g'(x)=-3x^2\leqslant 0$，所以 $g(x)$ 在 $[-4,4]$ 上为减函数，它必在 $x=4$ 处取得最

小值 $g(4)=-16$.

比较 $f(0,0)=0$, $f(2,0)=4$, $f(4,0)=g(4)=-16$ 可知,函数 $f(x,y)=3x^2+3y^2-x^3$ 在闭区域 D 上的最小值为 -16,而且是在 D 的边界点 $(4,0)$ 处取得.

例 6　把一个正数 a 表示为三个正数之和,并且使它们的乘积最大,求这三个正数.

解　设这三个正数为 x,y,z,由于 $x+y+z=a$,所以 $z=a-x-y$,于是问题转化为求函数

$$u=xy(a-x-y)$$

在区域 D:$x>0,y>0,a-x-y>0$ 上的最大值问题.

解方程组

$$\begin{cases}\dfrac{\partial u}{\partial x}=y(a-2x-y)=0,\\ \dfrac{\partial u}{\partial y}=x(a-2y-x)=0,\end{cases}$$

解得驻点 $(0,0)$,$(0,a)$,$(a,0)$,$\left(\dfrac{a}{3},\dfrac{a}{3}\right)$,前面三个驻点不在 D 内,又函数 $u>0$ 且连续,当点 (x,y) 在 D 内分别趋向 $x=0,y=0,x+y=a$ 时,函数 u 趋向于零,所以 $\left(\dfrac{a}{3},\dfrac{a}{3}\right)$ 必为最大值点.此时,$z=a-x-y=a-\dfrac{a}{3}-\dfrac{a}{3}=\dfrac{a}{3}$,即当三个正数相等时,它们乘积最大.

三、条件极值

上面所讨论的多元函数的极值问题概括起来有两类:一类是多元函数的自变量是互相独立的,除限制在函数定义域内考虑问题外,别无其他条件的约束,我们称这一类极值问题为无条件极值(或自由极值)问题.而另一类是多元函数的自变量受一定条件的限制(或约束),这种对自变量附加一定条件的极值问题称为条件极值问题.如例 5 中求函数 $z=f(x,y)=3x^2+3y^2-x^3$ 在边界 $x^2+y^2=16$ 上的最小值时,x, y 不是独立变量,要满足条件 $x^2+y^2=16$.它可归结为,在 $x^2+y^2=16$ 的条件下求函数 $z=3x^2+3y^2-x^3$ 的极值问题,即条件极值问题.将条件中的 y 代入 z 得

$$g(x)=48-x^3\qquad(-4\leqslant x\leqslant 4),$$

求 $g(x)$ 的极值就是无条件极值问题.这种方法也是求条件极值的一个有效的方

法.但是不是所有的条件极值都可以这样做.当条件较繁以至于不能从条件中解出一个变量来,则必须单独讨论求条件极值的方法,下面介绍的方法称为拉格朗日乘数法.

现在我们来寻求函数 $z=f(x, y)$ 在条件 $\varphi(x, y)=0$ 下取得极值的必要条件.我们假定函数 $f(x, y)$,$\varphi(x, y)$ 在 (x_0, y_0) 的某个邻域内一阶偏导数连续,且 $\varphi_x(x_0, y_0) \neq 0$. 如果在点 (x_0, y_0) 取得极值,则必有 $\varphi(x_0, y_0)=0$, 根据隐函数存在定理可知,方程 $\varphi(x, y)=0$ 在点 (x_0, y_0) 的某个邻域内唯一地确定一个具有连续导数的函数 $y=\psi(x)$, 且满足 $y_0=\psi(x_0)$, 将其代入函数 $f(x, y)$ 得到变量 x 的函数 $z=f(x, \psi(x))$, 由于此函数在 x_0 处取极值,由一元函数取极值的必要条件可知

$$\left.\frac{\mathrm{d}z}{\mathrm{d}x}\right|_{x=x_0}=f_x(x_0, y_0)+f_y(x_0, y_0)\left.\frac{\mathrm{d}y}{\mathrm{d}x}\right|_{x=x_0}=0,$$

而 $\left.\frac{\mathrm{d}y}{\mathrm{d}x}\right|_{x=x_0}=-\frac{\varphi_x(x_0, y_0)}{\varphi_y(x_0, y_0)}$, 将其代入前一个式子有

$$f_x(x_0, y_0)-\frac{\varphi_x(x_0, y_0)}{\varphi_y(x_0, y_0)}f_y(x_0, y_0)=0.$$

这个式子也可以写为

$$\frac{f_x(x_0, y_0)}{\varphi_x(x_0, y_0)}=\frac{f_y(x_0, y_0)}{\varphi_y(x_0, y_0)}=-\lambda_0$$

或

$$\begin{cases}f_x(x_0, y_0)+\lambda_0\varphi_x(x_0, y_0)=0,\\ f_y(x_0, y_0)+\lambda_0\varphi_y(x_0, y_0)=0.\end{cases}$$

因此我们有

定理 3　设函数 $f(x, y)$, $\varphi(x, y)$ 在点 (x_0, y_0) 的某个邻域内一阶偏导数连续,且 $\varphi_y(x_0, y_0)\neq 0$, (x_0, y_0) 为函数 $z=f(x, y)$ 在条件 $\varphi(x, y)=0$ 下的极值点,则必存在数 λ_0,使得 (x_0, y_0, λ_0) 为函数

$$F(x, y, \lambda)=f(x, y)+\lambda\varphi(x, y) \tag{8.17}$$

的驻点,即 (x_0, y_0, λ_0) 为方程组

$$\begin{cases} F_x = f_x(x, y) + \lambda \varphi_x(x,y) = 0, \\ F_y = f_y(x, y) + \lambda \varphi_y(x, y) = 0, \\ F_\lambda = \varphi(x, y) = 0 \end{cases} \tag{8.18}$$

的解.

由(8.17)定义的函数称为拉格朗日函数,λ 称为拉格朗日乘数.

类似地,求三元函数 $u = f(x, y, z)$ 在条件 $\varphi(x, y, z) = 0$ 下的极值问题可以转换为求拉格朗日函数

$$F(x, y, z,\lambda) = f(x, y, z) + \lambda\varphi(x, y, z)$$

的驻点,即求解方程组

$$\begin{cases} F_x = f_x(x, y, z) + \lambda\varphi_x(x, y, z) = 0, \\ F_y = f_y(x, y, z) + \lambda\varphi_y(x, y, z) = 0, \\ F_z = f_z(x, y, z) + \lambda\varphi_z(x, y, z) = 0, \\ F_\lambda = \varphi(x, y, z) = 0. \end{cases}$$

这个方法还可以推广至多个自变量和多个条件的情形.如求函数$f(x, y, z)$在条件 $\varphi(x, y, z) = 0$ 及 $\psi(x, y, z) = 0$ 下的可能的极值点,可作拉格朗日函数为

$$F(x, y, z, \lambda, \mu) = f(x, y, z) + \lambda\varphi(x, y, z) + \mu\psi(x, y, z),$$

求出方程组

$$\begin{cases} F_x = f_x + \lambda\varphi_x + \mu\psi_x = 0, \\ F_y = f_y + \lambda\varphi_y + \mu\psi_y = 0, \\ F_z = f_z + \lambda\varphi_z + \mu\psi_z = 0, \\ F_\lambda = \varphi(x, y, z) = 0, \\ F_\mu = \psi(x, y, z) = 0 \end{cases}$$

的解$(x_0, y_0, z_0, \lambda_0, \mu_0)$,则点$(x_0, y_0, z_0)$就是$f(x, y, z)$在条件 $\varphi(x, y, z) = 0, \psi(x, y, z) = 0$ 下可能的极值点.

至于如何判定所求得的点是否为极值点,这在实际问题中往往可由问题本身的性质来确定.

上述求条件极值的方法称为拉格朗日乘数法.

例 7 用拉格朗日乘数法解本节例 6.

解 实际问题归结为求函数 $u=xyz$ 在条件 $x+y+z=a$ 下的极值问题.为此作拉格朗日函数

$$F(x,y,z,\lambda)=xyz+\lambda(x+y+z-a)\quad(0<x,y,z<a),$$

解方程组

$$\begin{cases}F_x=yz+\lambda=0,\\F_y=xz+\lambda=0,\\F_z=xy+\lambda=0,\\F_\lambda=x+y+z=a\end{cases}$$

可得 $x=y=z=\dfrac{a}{3}$，这是唯一可能的极值点.由实际问题知一定存在最大值,所以 $u=xyz$ 在点 $\left(\dfrac{a}{3},\dfrac{a}{3},\dfrac{a}{3}\right)$ 处取最大值,即三个正数相等时其乘积最大.

例 8 求原点到椭圆 $x+y+z=0$, $x^2+\dfrac{1}{4}y^2+\dfrac{1}{4}z^2=2$ 的最短距离.

解 设 (x,y,z) 为椭圆上的点,它到原点的距离平方为 $d^2=x^2+y^2+z^2$. 因点 (x,y,z) 在椭圆上,故满足 $x+y+z=0$, $x^2+\dfrac{1}{4}y^2+\dfrac{1}{4}z^2=2$. 问题转化为求函数 $d^2=x^2+y^2+z^2$ 在条件 $x+y+z=0$, $x^2+\dfrac{1}{4}y^2+\dfrac{1}{4}z^2=2$ 下的极值问题.这里有两个条件,所以作拉格朗日函数

$$F(x,y,z,\lambda,\mu)=x^2+y^2+z^2+\lambda(x+y+z)+\mu\left(x^2+\frac{1}{4}y^2+\frac{1}{4}z^2-2\right).$$

解方程组

$$\begin{cases}F_x=2x+\lambda+2x\mu=0, & (8.19)\\F_y=2y+\lambda+\dfrac{1}{2}y\mu=0, & (8.20)\\F_z=2z+\lambda+\dfrac{1}{2}z\mu=0, & (8.21)\\F_\lambda=x+y+z=0, & (8.22)\\F_\mu=x^2+\dfrac{1}{4}y^2+\dfrac{1}{4}z^2-2=0. & (8.23)\end{cases}$$

由(8.19),(8.20)式得 $2x(1+\mu)=-\lambda$, $2y\left(1+\dfrac{1}{4}\mu\right)=-\lambda$, 故

$$\frac{x}{y}=\frac{1+\frac{1}{4}\mu}{1+\mu}.$$

由(8.19)和(8.21)式得 $2x(1+\mu)=-\lambda,2z\left(1+\frac{1}{4}\mu\right)=-\lambda$，故

$$\frac{x}{z}=\frac{1+\frac{1}{4}\mu}{1+\mu}.$$

因此 $xz=xy$，解得 $x=0$ 或 $y=z$，用 $x=0$ 代入(8.22)和(8.23)式解得 $y=\pm 2$，$z=\mp 2$，用 $y=z$ 代入(8.22)和(8.23)式解得 $x=\frac{4}{3},y=-\frac{2}{3},z=-\frac{2}{3}$ 或 $x=-\frac{4}{3}$，$y=\frac{2}{3},z=\frac{2}{3}$. 因此方程组有四个驻点 $\left(\frac{4}{3},-\frac{2}{3},-\frac{2}{3}\right)$，$\left(-\frac{4}{3},\frac{2}{3},\frac{2}{3}\right)$，$(0,2,-2)$，$(0,-2,2)$.这些点到原点的距离各为 $\frac{2}{3}\sqrt{6},\frac{2}{3}\sqrt{6},2\sqrt{2},2\sqrt{2}$，其中最短距离为 $\frac{2}{3}\sqrt{6}$.按题意最短距离是存在的，故 $\frac{2}{3}\sqrt{6}$ 就是原点到椭圆 $x+y+z=0,x^2+\frac{1}{4}y^2+\frac{1}{4}z^2=2$ 的最短距离.

*四、多元函数的泰勒公式及二元函数取极值充分条件的证明

1. 多元函数的泰勒公式

在一元函数中我们已介绍过，若函数 $f(x)$ 在点 x_0 的某邻域内具有 $n+1$ 阶导数，则在该邻域内任意一点 x，有下面的 n 阶泰勒公式

$$f(x)=f(x_0)+f'(x_0)(x-x_0)+\frac{f''(x_0)}{2!}(x-x_0)^2+\cdots+$$
$$\frac{f^{(n)}(x_0)}{n!}(x-x_0)^n+\frac{f^{(n+1)}(x_0+\theta(x-x_0))}{(n+1)!}(x-x_0)^{n+1}\quad(0<\theta<1)$$

成立.

对于多元函数也有类似的公式.如

定理 4　设 $z=f(x,y)$ 在点(x_0,y_0)的某邻域内具有 $n+1$ 阶连续偏导数，则在该邻域中任一点 $(x_0+\Delta x,y_0+\Delta y)$ 处有如下公式成立：

$$\begin{aligned}f(x_0+\Delta x,y_0+\Delta y)=&f(x_0,y_0)+\left(\frac{\partial}{\partial x}\Delta x+\frac{\partial}{\partial y}\Delta y\right)f(x_0,y_0)+\\&\frac{1}{2!}\left(\frac{\partial}{\partial x}\Delta x+\frac{\partial}{\partial y}\Delta y\right)^2 f(x_0,y_0)+\cdots+\\&\frac{1}{n!}\left(\frac{\partial}{\partial x}\Delta x+\frac{\partial}{\partial y}\Delta y\right)^n f(x_0,y_0)+\\&\frac{1}{(n+1)!}\left(\frac{\partial}{\partial x}\Delta x+\frac{\partial}{\partial y}\Delta y\right)^{n+1} f(x_0+\theta\Delta x,y_0+\theta\Delta y)\\&\qquad(0<\theta<1),\end{aligned}$$

其中 $\left(\frac{\partial}{\partial x}\Delta x+\frac{\partial}{\partial y}\Delta y\right)^n f(x_0,y_0)$ 表示式是

当 $n=1$ 时，

$$\left(\frac{\partial}{\partial x}\Delta x+\frac{\partial}{\partial y}\Delta y\right)f(x_0,y_0)=f_x(x_0,y_0)\Delta x+f_y(x_0,y_0)\Delta y.$$

当 $n=2$ 时，

$$\begin{aligned}&\left(\frac{\partial}{\partial x}\Delta x+\frac{\partial}{\partial y}\Delta y\right)^2 f(x_0,y_0)\\=&f_{xx}(x_0,y_0)(\Delta x)^2+2f_{xy}(x_0,y_0)\Delta x\cdot\Delta y+f_{yy}(x_0,y_0)(\Delta y)^2.\end{aligned}$$

当 $n=3$ 时，

$$\begin{aligned}&\left(\frac{\partial}{\partial x}\Delta x+\frac{\partial}{\partial y}\Delta y\right)^3 f(x_0,y_0)\\=&f_{xxx}(x_0,y_0)(\Delta x)^3+3f_{xxy}(x_0,y_0)(\Delta x)^2\cdot\Delta y+\\&3f_{xyy}(x_0,y_0)\Delta x(\Delta y)^2+f_{yyy}(x_0,y_0)(\Delta y)^3.\end{aligned}$$

一般地，

$$\left(\frac{\partial}{\partial x}\Delta x+\frac{\partial}{\partial y}\Delta y\right)^n f(x_0,\ y_0)=\sum_{i=0}^{n}\mathrm{C}_n^i(\Delta x)^i(\Delta y)^{n-i}\left.\frac{\partial^{(n)}f}{\partial x^i\partial y^{n-i}}\right|_{(x_0,y_0)}.$$

证　我们用一元函数的麦克劳林公式和多元复合函数微分法来证明.

令 $\Phi(t)=f(x_0+t\Delta x,y_0+t\Delta y)=f(x(t),y(t))$，其中 $x(t)=x_0+t\Delta x$，$y(t)=y_0+t\Delta y$，由一元函数的麦克劳林公式，

$$\Phi(t)=\Phi(0)+\Phi'(0)t+\frac{1}{2!}\Phi''(0)t^2+\cdots+$$

$$\frac{1}{n!}\Phi^{(n)}(0)t^n+\frac{1}{(n+1)!}\Phi^{(n+1)}(\theta t)t^{n+1}\quad(0<\theta<1).\tag{8.24}$$

而

$$\begin{aligned}\Phi'(0)&=\left(\frac{\partial f}{\partial x}\frac{\mathrm{d}x}{\mathrm{d}t}+\frac{\partial f}{\partial y}\frac{\mathrm{d}y}{\mathrm{d}t}\right)\Bigg|_{t=0}=\left(\frac{\partial f}{\partial x}\Delta x+\frac{\partial f}{\partial y}\Delta y\right)\Bigg|_{t=0}\\&=f_x(x_0,y_0)\Delta x+f_y(x_0,y_0)\Delta y\\&=\left(\frac{\partial}{\partial x}\Delta x+\frac{\partial}{\partial y}\Delta y\right)f(x_0,y_0),\end{aligned}$$

$$\begin{aligned}\Phi''(0)&=[f_{xx}\cdot(\Delta x)^2+f_{xy}\cdot(\Delta x)(\Delta y)+f_{yx}\cdot(\Delta x)\cdot\Delta y+f_{yy}\cdot(\Delta y)^2]\Big|_{t=0}\\&=f_{xx}(x_0,y_0)(\Delta x)^2+2f_{xy}(x_0,y_0)\Delta x\cdot\Delta y+f_{yy}(x_0,y_0)(\Delta y)^2\\&=\left(\frac{\partial}{\partial x}\Delta x+\frac{\partial}{\partial y}\Delta y\right)^2f(x_0,y_0),\end{aligned}$$

$$\cdots\cdots\cdots\cdots$$

$$\Phi^{(n)}(0)=\left(\frac{\partial}{\partial x}\Delta x+\frac{\partial}{\partial y}\Delta y\right)^nf(x_0,y_0),$$

$$\begin{aligned}\Phi^{(n+1)}(t)&=\sum_{p=0}^{n+1}\mathrm{C}_{n+1}^{p}(\Delta x)^p(\Delta y)^{n+1-p}\frac{\partial^{(n+1)}f}{\partial x^p\partial y^{n+1-p}}\Bigg|_{x_0+t\Delta x,y_0+t\Delta y}\\&=\left(\frac{\partial}{\partial x}\Delta x+\frac{\partial}{\partial y}\Delta y\right)^{n+1}f(x_0+t\Delta x,y_0+t\Delta y).\end{aligned}$$

代入(8.24)式可得

$$\begin{aligned}&f(x_0+t\Delta x,y_0+t\Delta y)\\&=f(x_0,y_0)+\left(\frac{\partial}{\partial x}\Delta x+\frac{\partial}{\partial y}\Delta y\right)f(x_0,y_0)t+\\&\quad\frac{1}{2!}\left(\frac{\partial}{\partial x}\Delta x+\frac{\partial}{\partial y}\Delta y\right)^2f(x_0,y_0)t^2+\cdots+\end{aligned}$$

$$\frac{1}{n!}\left(\frac{\partial}{\partial x}\Delta x+\frac{\partial}{\partial y}\Delta y\right)^{n} f(x_0,y_0)t^n+$$

$$\frac{1}{(n+1)!}\left(\frac{\partial}{\partial x}\Delta x+\frac{\partial}{\partial y}\Delta y\right)^{n+1} f(x_0+\theta t\Delta x,y_0+\theta t\Delta y)t^{n+1}\quad(0<\theta<1).$$

取 $t=1$,则有

$$\begin{aligned}
&f(x_0+\Delta x,y_0+\Delta y)\\
&=f(x_0,y_0)+\left(\frac{\partial}{\partial x}\Delta x+\frac{\partial}{\partial y}\Delta y\right)f(x_0,y_0)+\\
&\frac{1}{2!}\left(\frac{\partial}{\partial x}\Delta x+\frac{\partial}{\partial y}\Delta y\right)^2 f(x_0,y_0)+\cdots+\\
&\frac{1}{n!}\left(\frac{\partial}{\partial x}\Delta x+\frac{\partial}{\partial y}\Delta y\right)^n f(x_0,y_0)+\\
&\frac{1}{(n+1)!}\left(\frac{\partial}{\partial x}\Delta x+\frac{\partial}{\partial y}\Delta y\right)^{n+1} f(x_0+\theta\Delta x,y_0+\theta\Delta y),0<\theta<1.
\end{aligned}$$

这就是二元函数 $f(x,y)$ 在点 (x_0,y_0) 处的 n 阶泰勒公式. ■

2. 极值充分条件的证明

现在证本节的定理 2.

因为在点 (x_0,y_0) 处 $f_x(x_0,y_0)=f_y(x_0,y_0)=0$,于是由二元函数的泰勒公式得

$$\begin{aligned}
\Delta z&=f(x_0+\Delta x,y_0+\Delta y)-f(x_0,y_0)\\
&=\frac{1}{2!}\left(\frac{\partial}{\partial x}\Delta x+\frac{\partial}{\partial y}\Delta y\right)^2 f(x_0+\theta\Delta x,y_0+\theta\Delta y)\\
&=\frac{1}{2}[f_{xx}(x_0,y_0)(\Delta x)^2+2f_{xy}(x_0,y_0)\Delta x\cdot\Delta y+\\
&\quad f_{yy}(x_0,y_0)(\Delta y)^2]+o(\rho^2)\\
&=\frac{1}{2}[A(\Delta x)^2+2B\Delta x\cdot\Delta y+C(\Delta y)^2]+o(\rho^2),
\end{aligned}$$

其中 $\rho=\sqrt{(\Delta x)^2+(\Delta y)^2}$.

事实上,因为 $f(x,y)$ 的二阶偏导数在点 (x_0,y_0) 处连续,所以有

$$f_{xx}(x_0+\theta\Delta x,y_0+\theta\Delta y)=f_{xx}(x_0,y_0)+\alpha_1,$$

$$f_{xy}(x_0+\theta\Delta x, y_0+\theta\Delta y)=f_{xy}(x_0,y_0)+\alpha_2,$$

$$f_{yy}(x_0+\theta\Delta x, y_0+\theta\Delta y)=f_{yy}(x_0,y_0)+\alpha_3,$$

其中 $\alpha_1,\alpha_2,\alpha_3$ 当 $\rho=\sqrt{(\Delta x)^2+(\Delta y)^2}\to 0$ 时为无穷小,故

$$\begin{aligned}\Delta z&=\frac{1}{2!}\left(\frac{\partial}{\partial x}\Delta x+\frac{\partial}{\partial y}\Delta y\right)^2 f(x_0+\theta\Delta x,y_0+\theta\Delta y)\\&=\frac{1}{2}[f_{xx}(x_0+\theta\Delta x,y_0+\theta\Delta y)(\Delta x)^2+2f_{xy}(x_0+\theta\Delta x,y_0+\theta\Delta y)\Delta x\cdot\Delta y+\\&\quad f_{yy}(x_0+\theta\Delta x,y_0+\theta\Delta y)(\Delta y)^2]\\&=\frac{1}{2}[f_{xx}(x_0,y_0)(\Delta x)^2+2f_{xy}(x_0,y_0)\Delta x\cdot\Delta y+f_{yy}(x_0,y_0)(\Delta y)^2]+\\&\quad\frac{1}{2}[\alpha_1(\Delta x)^2+2\alpha_1\alpha_2\Delta x\cdot\Delta y+\alpha_3(\Delta y)^2].\end{aligned}\tag{8.25}$$

又

$$\begin{aligned}&\frac{1}{2}\left[\frac{|\alpha_1(\Delta x)^2+2\alpha_1\alpha_2\Delta x\cdot\Delta y+\alpha_3(\Delta y)^2|}{\rho^2}\right]\\&\leqslant\frac{1}{2}\left[\frac{(\Delta x)^2}{(\Delta x)^2+(\Delta y)^2}|\alpha_1|+\frac{2|\Delta x\cdot\Delta y|}{(\Delta x)^2+(\Delta y)^2}|\alpha_2|+\frac{(\Delta y)^2}{(\Delta x)^2+(\Delta y)^2}|\alpha_3|\right]\\&\leqslant\frac{1}{2}(|\alpha_1|+|\alpha_2|+|\alpha_3|),\end{aligned}$$

可见,当 $\rho\to 0$ 时, $\frac{1}{2}[\alpha_1(\Delta x)^2+2\alpha_1\alpha_2\Delta x\cdot\Delta y+\alpha_3(\Delta y)^3]=o(\rho^2)$.

令 $\Delta x=\rho\cos\theta,\Delta y=\rho\sin\theta$, 代入(8.25)式得

$$\Delta z=\frac{1}{2}\rho^2\left[A\cos^2\theta+2B\sin\theta\cdot\cos\theta+C\cdot\sin^2\theta+2\frac{o(\rho^2)}{\rho^2}\right].$$

因为当 $\rho\to 0$ 时, $\frac{o(\rho^2)}{\rho^2}\to 0$, 所以当 $|\Delta x|$, $|\Delta y|$ 充分小时, ρ 也充分小, 当 $A(\Delta x)^2+2B\Delta x\cdot\Delta y+C(\Delta y)^2\neq 0$ 时, Δz 的符号完全由二次齐次式 $A(\Delta x)^2+2B\Delta x\cdot\Delta y+C(\Delta y)^2$ 的符号决定. 于是根据极值的定义,要判定 $f(x,y)$ 在驻点

(x_0,y_0)是否取极值,只要看这个二次齐次式在点(x_0,y_0)的邻域内是否恒小于或大于零即可.

下面来讨论二次齐次式

$$Q = A(\Delta x)^2 + 2B\Delta x \cdot \Delta y + C(\Delta y)^2 \tag{8.26}$$

的正负.

(1) 若 $B^2 - AC < 0$,则 $AC > 0$, 此时 A 与 C 同号,将(8.26)式配方得

$$Q = A\left[\left(\Delta x + \frac{B}{A}\Delta y\right)^2 + \frac{AC - B^2}{A^2}(\Delta y)^2\right], \tag{8.27}$$

对不同时为零的 $\Delta x, \Delta y$,上式方括号内的值恒为正,所以当 $A > 0$ 时, $Q > 0$, 当 $A < 0$ 时, $Q < 0$. 从而 $A > 0$ 时, $\Delta z > 0$, 即 $f(x,y)$ 在点(x_0,y_0)处取极小值.当 $A < 0$ 时, $\Delta z < 0$, 即 $f(x,y)$ 在点(x_0,y_0)处取极大值.

(2) 若 $B^2 - AC > 0$, 分三种情况讨论:

① $A \neq 0$, 由(8.27)式可知,当 $\Delta x \neq 0$ 而 $\Delta y = 0$ 时,Q 与 A 同号;当 $\Delta x + \frac{B}{A}\Delta y = 0$,而 $\Delta y \neq 0$ 时, Q 与 A 异号.也就是说,当 $A \neq 0$ 时 Δz 可正可负,即 $f(x,y)$ 在点(x_0,y_0)处不取极值.

② 当 $C \neq 0$ 时,Q 可表示为

$$Q = C\left[\left(\Delta y + \frac{B}{C}\Delta x\right)^2 + \frac{AC - B^2}{C^2}(\Delta x)^2\right].$$

根据此式作与①中同样的讨论,可知 Δz 可正可负,所以 $f(x,y)$ 在点(x_0,y_0)处不取极值.

③ 当 $A = 0, C = 0$, 此时 $B \neq 0$, 从而

$$Q = 2B\Delta x \cdot \Delta y.$$

显然在点(x_0, y_0)邻域内,Q 可正可负,从而 Δz 可正可负,即 $f(x, y)$ 在点(x_0, y_0)处不取极值.

(3) 若 $B^2 - AC = 0$, 不能断定 $f(x,y)$ 在点(x_0,y_0)处是否取极值.如函数 $z = x^3 + y^3$ 与 $z = x^4 + y^4$, 在驻点(0,0)处均有 $B^2 - AC = 0$, 但前者无极值,后者取极小值. ■

▶ 习题 8.6

1. 求下列函数的极值点与极值:

(1) $z = x^2 + xy + y^2 - 3x - 6y$;

(2) $z = e^{2x}(x + y^2 + 2y)$;

(3) $z=\sin x+\cos y+\cos(x-y)\ \left(0\leqslant x\leqslant\dfrac{\pi}{2},0\leqslant y\leqslant\dfrac{\pi}{2}\right)$；

(4) $z=4-(x^2+y^2)^{2/3}$.

2. 求由方程 $x^2+y^2+z^2-2x+2y-4z=10$ 所确定的隐函数 $z=z(x,y)$ 的极值.

3. 求函数 $z=x^2y(4-x-y)$ 在区域 D: $0\leqslant x\leqslant 4$, $0\leqslant y\leqslant 4$, $0\leqslant x+y\leqslant 4$ 上的最大值与最小值.

4. 求函数 $z=x^2+12xy+2y^2$ 在区域 $4x^2+y^2\leqslant 25$ 上的最大值.

5. 在球面 $x^2+y^2+z^2=1$ 上求一点 (x,y,z)，使它到点 $(1,2,3)$ 的距离最远.

6. 某车间需要用铁皮制造一个体积为 2 m^3 的有盖长方体水箱，怎样选取它的长、宽、高，才能使所用的材料最省？

7. 用拉格朗日乘数法求空间点 (a,b,c) 到平面 $Ax+By+Cz+D=0$ 的最短距离.

8. 抛物面 $z=x^2+y^2$ 被平面 $x+y+z=1$ 截成一椭圆，求原点到这椭圆的最长与最短距离.

9. 分解已知正数 a 为三个正的因子，使它们的倒数和为最小.

10. 求直线 $x+y=4$ 与椭圆 $\dfrac{x^2}{4}+y^2=1$ 之间的最短距离.

本章资源

1. 知识能力矩阵
2. 小结及重难点解析
3. 课后习题中的难题解答
4. 自测题
5. 数学家小传

第九章　重积分及其应用

我们在第五章讨论过定积分，其中被积函数是一元函数，积分范围是直线上的区间，因而它一般只能用来计算与一元函数和区间有关的量.但是，在科学技术中往往还需要计算与多元函数和区域有关的量，例如计算空间物体的体积、表面积、质量以及一般区域物体的质心等问题，这就需要把定积分的概念加以推广，来讨论被积函数是多元函数而积分范围是平面或空间中某一几何形体的积分，即二重积分和三重积分.

第一节　二重积分的概念与性质

一、二重积分的概念

1. 实例

实例 1　曲顶柱体的体积.

设有一立体，它的底是 xOy 坐标面上的有界闭区域 D，侧面是以 D 的边界曲线为准线而母线平行于 z 轴的柱面，它的顶面是曲面 $z=f(x,y)$，这里 $f(x,y)\geqslant 0$ 且在 D 上连续，这种立体称作曲顶柱体（图 9.1），试求这个曲顶柱体的体积 V.

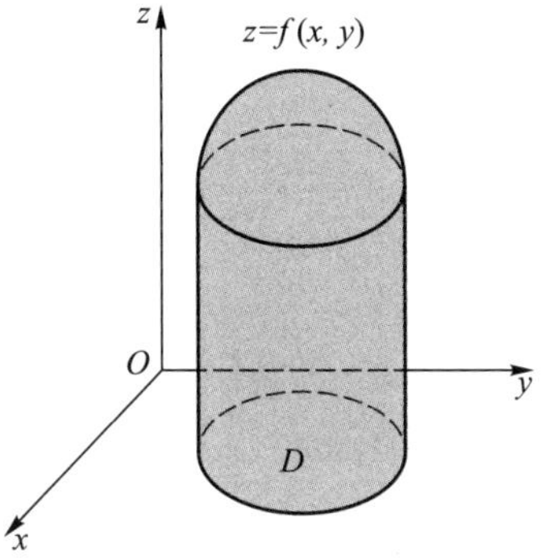

z
z=f(x, y)
O
y
D
x

图 9.1

我们知道，圆柱体的体积为

$$V=\text{底面积}\times\text{高}.$$

对于曲顶柱体，当点 (x,y) 在区域 D 上变动时，其高 $f(x,y)$ 是个变量，因此它的体积不能直接用上述公式来计算.为了把这一公式运用于曲顶柱体，可以采用类似于求曲边梯形面积的办法来解决此问题.

首先，任意用一组曲线将区域 D 分成 n 个小闭区域

$$\Delta\sigma_1,\Delta\sigma_2,\cdots,\Delta\sigma_n.$$

（为方便起见，第 i 个小区域的面积也用 $\Delta\sigma_i$ 表示 $(i=1,2,\cdots,n)$）. 分别以这些小区域的边界曲线为准线，作母线平行于 z 轴的柱面，这些柱面将曲顶柱体分成 n 个小曲顶柱体（图 9.2）. 其体积分别记作

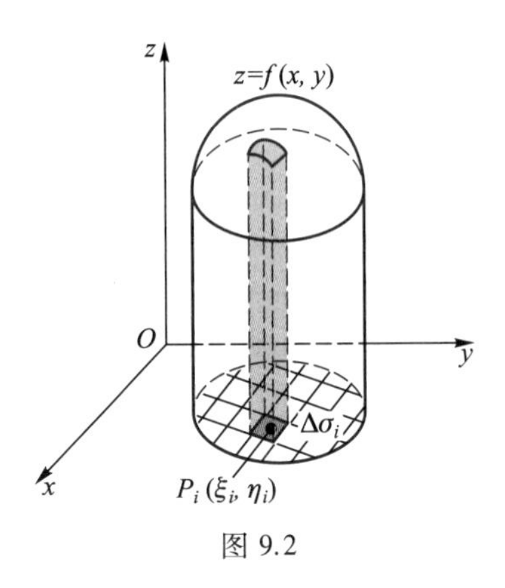

图 9.2

$$\Delta v_1,\Delta v_2,\cdots,\Delta v_n.$$

显然，曲顶柱体的体积

$$V=\sum_{i=1}^{n}\Delta v_i.$$

其次，考虑如何求这些小曲顶柱体的体积. 由于 $z=f(x,y)$ 是连续的，当这些小区域 $\Delta\sigma_i$ 的直径（指在闭域上任意两点距离的最大者）很小时，$\Delta\sigma_i$ 上各点处对应的曲面的高度变化也就很小，我们可以把小曲顶柱体近似看作一个平顶柱体. 在每个小区域 $\Delta\sigma_i$ 上任取一点 $P_i(\xi_i,\eta_i)$，则以区域 $\Delta\sigma_i$ 为底的小曲顶柱体的体积，近似地等于以 $f(\xi_i,\eta_i)$ 为高而底为 $\Delta\sigma_i$ 的平顶柱体的体积

$$\Delta v_i\approx f(\xi_i,\eta_i)\Delta\sigma_i\quad(i=1,2,\cdots,n).$$

于是，整个曲顶柱体体积的近似值为

$$V\approx\sum_{i=1}^{n}f(\xi_i,\eta_i)\Delta\sigma_i.$$

若分割得越细，近似值越接近于其体积. 用 λ 表示 n 个小闭区域的直径中的最大者，当 $\lambda\to0$ 时，上述和式的极限就定义为曲顶柱体的体积

$$V=\lim_{\lambda\to0}\sum_{i=1}^{n}f(\xi_i,\eta_i)\Delta\sigma_i.$$

实例 2　非均匀平面薄片的质量.

设有一平面薄片，在 xOy 坐标面上所占有的区域为 D，它在点 (x,y) 处的密度为 $\mu(x,y)$，假设 $\mu(x,y)$ 在 D 上连续，求该薄片的质量 m.

将平面薄片任意分成 n 小块，也就是把区域 D 任意分成 n 个小区域 $\Delta\sigma_i(i=1,2,\cdots,n)$，$\Delta\sigma_i$ 同时又代表其面积. 由于 $\mu(x,y)$ 连续，当小闭区域 $\Delta\sigma_i$ 的直径很小时，这些小块可以近似看作均匀薄片，即密度函数 $\mu(x,y)$ 在 $\Delta\sigma_i$ 上可以近似地看作一个常数. 在 $\Delta\sigma_i$ 上任取一点 $P_i(\xi_i,\eta_i)$，则 $\mu(\xi_i,\eta_i)\Delta\sigma_i$ $(i=1,$

$2,\cdots,n$) 可看作第 i 个小薄片质量的近似值(图 9.3).再求和,取极限,即得薄片的质量

$$m=\lim_{\lambda\to 0}\sum_{i=1}^{n}\mu(\xi_i,\eta_i)\Delta\sigma_i.$$

上面两个问题的实际意义虽然不同,但都可通过分割、近似、求和与取极限等四步求出所求量,且所求量都归结为相同形式的和式极限.其实有许多物理量与几何量可归结成此类和式极限,由此抽象出二重积分定义.

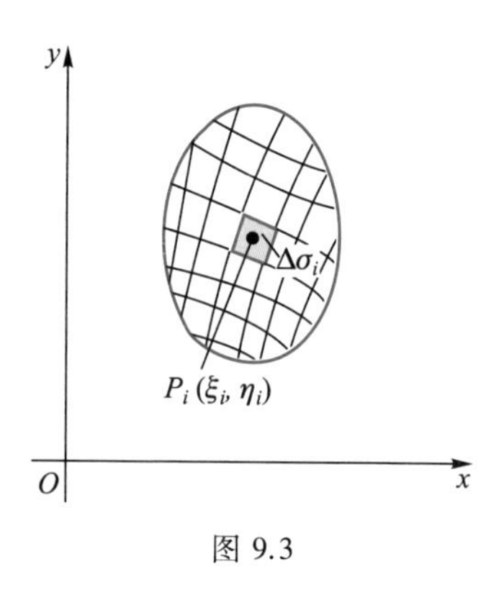

图 9.3

2. 二重积分定义与存在定理

定义 设 $f(x,y)$ 是定义在有界闭区域 D 上的有界函数,将区域 D 任意分成 n 个小闭区域

$$\Delta\sigma_1,\Delta\sigma_2,\cdots,\Delta\sigma_n,$$

其中 $\Delta\sigma_i(i=1,2,\cdots,n)$ 表示第 i 个小闭区域,也表示它的面积.在每个 $\Delta\sigma_i$ 任取一点 (ξ_i,η_i),作乘积 $f(\xi_i,\eta_i)\Delta\sigma_i\ (i=1,2,\cdots,n)$,并作和式 $\sum\limits_{i=1}^{n}f(\xi_i,\eta_i)\Delta\sigma_i$.记所有小区域的直径最大者为 λ,如果不论小区域怎样划分以及点 (ξ_i,η_i) 怎样选取,当 $\lambda\to 0$ 时,和式 $\sum\limits_{i=1}^{n}f(\xi_i,\eta_i)\Delta\sigma_i$ 的极限存在,则称此极限为函数 $f(x,y)$ 在闭区域 D 上的二重积分,记作 $\iint\limits_D f(x,y)\mathrm{d}\sigma$,即

$$\iint\limits_D f(x,y)\mathrm{d}\sigma=\lim_{\lambda\to 0}\sum_{i=1}^{n}f(\xi_i,\eta_i)\Delta\sigma_i. \tag{9.1}$$

其中 $f(x,y)$ 称为被积函数,$f(x,y)\mathrm{d}\sigma$ 称为被积表达式,$\mathrm{d}\sigma$ 称为面积元素,x 与 y 称为积分变量,D 称为积分区域,$\sum\limits_{i=1}^{n}f(\xi_i,\eta_i)\Delta\sigma_i$ 称为积分和式.

有了二重积分的定义,实例 1、实例 2 中的体积和质量都可用二重积分来表示.曲顶柱体的体积是曲顶上点的竖坐标在底 D 上的二重积分

$$V=\iint\limits_D f(x,y)\mathrm{d}\sigma.$$

平面薄片的质量是它的面密度 $\mu(x,y)$ 在薄片所占闭区域 D 上的二重积分

$$m = \iint_D \mu(x,y)\,\mathrm{d}\sigma.$$

若 $f(x,y)$ 在区域 D 上的二重积分存在，即(9.1)式右端的和式极限存在，则称 $f(x,y)$ 在区域 D 上可积.

下面我们叙述一下二重积分存在的一个充分条件：

二重积分存在定理　若函数 $f(x,y)$ 在有界闭区域 D 上连续，则二重积分存在.

二重积分的几何意义是明显的，当 $f(x,y) \geqslant 0$，被积函数 $f(x,y)$ 可解释为曲顶柱体的顶在点 (x,y) 处的竖坐标，所以 $\iint_D f(x,y)\,\mathrm{d}\sigma$ 表示曲顶柱体的体积；如果 $f(x,y) \leqslant 0$，柱体就在 xOy 坐标面的下方，$-\iint_D f(x,y)\,\mathrm{d}\sigma$ 表示曲顶柱体的体积；如果 $f(x,y)$ 在 D 的若干部分区域上是正的，而在其他的部分区域上是负的，我们可以把 xOy 坐标面上方的柱体体积取成正，xOy 坐标面下方的柱体体积取成负，那么，$f(x,y)$ 在 D 上的二重积分就等于这些部分区域上的柱体体积的代数和.特别地，当 $f(x,y) \equiv 1$ 时，$\iint_D \mathrm{d}\sigma$ 在数值上表示积分区域 D 的面积.

二、二重积分的性质

假设以下所涉及的二重积分都存在，由于下面这些性质的证明与定积分类似，因此它们的证明都从略.

性质 1　被积函数的常数因子可以提到积分号的外面，即

$$\iint_D kf(x,y)\,\mathrm{d}\sigma = k\iint_D f(x,y)\,\mathrm{d}\sigma \ (k \text{ 为常数}).$$

性质 2　函数的代数和的积分等于函数积分的代数和，即

$$\iint_D [f(x,y) \pm g(x,y)]\,\mathrm{d}\sigma = \iint_D f(x,y)\,\mathrm{d}\sigma \pm \iint_D g(x,y)\,\mathrm{d}\sigma.$$

性质 3　若闭区域 D 被有限条曲线划分为有限个子闭区域，而且这些子闭区域间除边界点外无公共内点，则在 D 上的二重积分等于在各子闭区域上的二重积分的和.例如 D 分为两个闭区域 D_1 与 D_2，则

$$\iint_D f(x,y)\,\mathrm{d}\sigma = \iint_{D_1} f(x,y)\,\mathrm{d}\sigma + \iint_{D_2} f(x,y)\,\mathrm{d}\sigma.$$

这个性质表明二重积分对于积分区域具有可加性.

性质 4 若在 D 上, $f(x,y) \geqslant g(x,y)$, 则

$$\iint_D f(x,y)\,\mathrm{d}\sigma \geqslant \iint_D g(x,y)\,\mathrm{d}\sigma.$$

特别有

$$\left|\iint_D f(x,y)\,\mathrm{d}\sigma\right| \leqslant \iint_D |f(x,y)|\,\mathrm{d}\sigma.$$

性质 5(估值定理) 设 M,m 分别是 $f(x,y)$ 在闭区域 D 上的最大值与最小值, σ 是 D 的面积, 则

$$m\sigma \leqslant \iint_D f(x,y)\,\mathrm{d}\sigma \leqslant M\sigma.$$

例 估计二重积分 $\iint_D \mathrm{e}^{\sin x\cos y}\mathrm{d}\sigma$ 的值, 其中积分区域 D 是圆域 $\{(x,y)\mid x^2+y^2 \leqslant 4\}$.

解 因为 $-1 \leqslant \sin x \leqslant 1$, $-1 \leqslant \cos y \leqslant 1$, 所以 $-1 \leqslant \sin x\cos y \leqslant 1$, 因此

$$\mathrm{e}^{-1} \leqslant \mathrm{e}^{\sin x\cos y} \leqslant \mathrm{e}^{1} = \mathrm{e},$$

而区域 D 的面积为 $\sigma = \pi \cdot 2^2 = 4\pi$.

由估值定理, 得

$$\frac{4\pi}{\mathrm{e}} \leqslant \iint_D \mathrm{e}^{\sin x\cos y}\mathrm{d}\sigma \leqslant 4\pi\mathrm{e}.$$

性质 6 (中值定理) 设函数 $f(x,y)$ 在闭区域 D 上连续, σ 是 D 的面积, 则在 D 上至少存在一点 (ξ,η), 使得

$$\iint_D f(x,y)\,\mathrm{d}\sigma = f(\xi,\eta)\cdot\sigma.$$

习题 9.1

1. 说明二重积分和定积分的共同点和不同点.

2. 利用二重积分定义证明:

(1) $\iint_D \mathrm{d}\sigma = \sigma$ (其中 σ 为 D 的面积);

(2) $\iint\limits_D kf(x,y)\mathrm{d}\sigma = k\iint\limits_D f(x,y)\mathrm{d}\sigma$ (其中 k 为常数).

3. 根据二重积分的性质,比较下列积分的大小:

(1) $\iint\limits_D (x+y)^2\mathrm{d}\sigma$ 与 $\iint\limits_D (x+y)^3\mathrm{d}\sigma$, 其中积分区域 D 是由 x 轴、y 轴与直线 $x+y=1$ 所围成;

(2) $\iint\limits_D (x+y)^2\mathrm{d}\sigma$ 与 $\iint\limits_D (x+y)^3\mathrm{d}\sigma$, 其中积分区域 D 是由圆周 $(x-2)^2+(y-1)^2=2$ 所围成.

4. 利用二重积分的性质估计下列积分的值:

(1) $I=\iint\limits_D (x+y+1)\mathrm{d}\sigma$, 其中积分区域 D 是矩形域 $\{(x,y)\mid 0\leqslant x\leqslant 1, 0\leqslant y\leqslant 2\}$;

(2) $I=\iint\limits_D (x^2+3y^2+4)\mathrm{d}\sigma$, 其中积分区域 D 是圆域 $\{(x,y)\mid x^2+y^2\leqslant 4\}$;

(3) $I=\iint\limits_D (x+y+10)\mathrm{d}\sigma$, 其中积分区域 D 是圆域 $\{(x,y)\mid x^2+y^2\leqslant 4\}$.

第二节　二重积分的计算法

关于二重积分的计算,一般不是按照定义来计算,而是把二重积分化为二次积分(即二次定积分)来计算,下面我们介绍其方法.

一、二重积分在直角坐标系中的计算法

我们根据二重积分的几何意义,通过计算曲顶柱体的体积来导出二重积分在直角坐标系中的计算公式.

假设二重积分的被积函数 $f(x,y)$ 在闭区域 D 上连续且 $f(x,y)\geqslant 0$, 积分区域 D 由不等式

$$D:\quad \begin{cases} y_1(x)\leqslant y\leqslant y_2(x), \\ a\leqslant x\leqslant b \end{cases}$$

来表示(图 9.4),其中函数 $y_1(x)$, $y_2(x)$ 在区间 $[a,b]$ 上连续.此时二重积分在几何上代表曲顶柱体的体积.下面我们用定积分中已知平行截面面积,计算立体体积的方法来计算该曲顶柱体的体积.

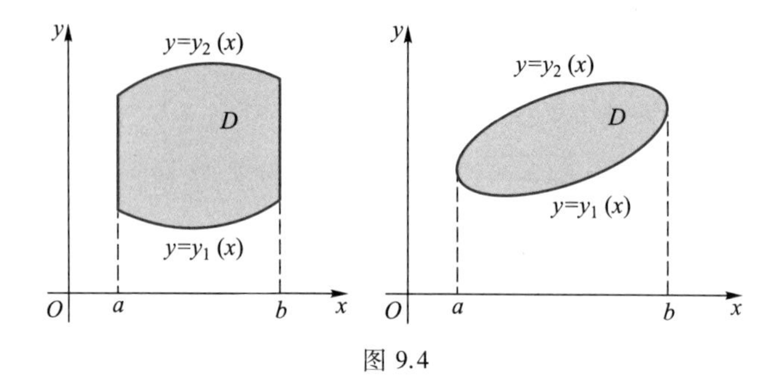

图 9.4

先求截面面积. 将闭域 D 投影到 x 轴上,得区间 $[a,b]$(图 9.5). 在 $[a,b]$ 中任取一点 x_0,过 x_0 作平行于 yOz 坐标面的平面去截曲顶柱体,截面是一个以区间 $[y_1(x_0),y_2(x_0)]$ 为底、曲线 $z=f(x_0,y)$ 为曲边的曲边梯形(图 9.5 中阴影部分),其截面面积为

$$S(x_0)=\int_{y_1(x_0)}^{y_2(x_0)}f(x_0,y)\mathrm{d}y.$$

一般地,过区间 $[a,b]$ 上任一点 x 作平行于 yOz 坐标面的平面截曲顶柱体,截面面积为

$$S(x)=\int_{y_1(x)}^{y_2(x)}f(x,y)\mathrm{d}y.$$

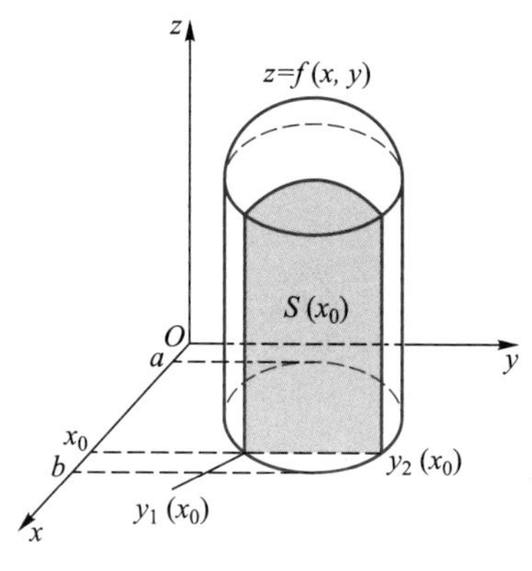

图 9.5

因此,曲顶柱体的体积为

$$V=\int_a^b S(x)\mathrm{d}x=\int_a^b\left[\int_{y_1(x)}^{y_2(x)}f(x,y)\mathrm{d}y\right]\mathrm{d}x.$$

这个体积也就是所求二重积分的值,从而有

$$\iint\limits_D f(x,y)\mathrm{d}\sigma=\int_a^b\left[\int_{y_1(x)}^{y_2(x)}f(x,y)\mathrm{d}y\right]\mathrm{d}x. \tag{9.2}$$

(9.2)式右端的积分称为先对 y 后对 x 的二次积分.也就是说,先把 x 看作常数,把 $f(x,y)$ 看作 y 的函数,对 y 计算从 $y_1(x)$ 到 $y_2(x)$ 的定积分;计算结果当然是 x 的函数,再将这个结果对 x 计算从 a 到 b 的定积分.

我们可以把(9.2)式右端的括号去掉,将其写成

$$\begin{aligned}\iint\limits_D f(x,y)\mathrm{d}\sigma&=\int_a^b\int_{y_1(x)}^{y_2(x)}f(x,y)\mathrm{d}y\mathrm{d}x\\&=\int_a^b\mathrm{d}x\int_{y_1(x)}^{y_2(x)}f(x,y)\mathrm{d}y.\end{aligned} \tag{9.3}$$

在上述讨论中,我们假定 $f(x,y) \geqslant 0$, 但实际上公式(9.3)的成立并不受此条件限制.

类似地,如果积分区域 D 可由不等式

$$\begin{cases} x_1(y) \leqslant x \leqslant x_2(y), \\ c \leqslant y \leqslant d \end{cases}$$

来表示(图 9.6),其中 $x_1(y)$, $x_2(y)$ 在区间 $[c,d]$ 上连续,则有下面的计算公式

$$\iint_D f(x,y)\,\mathrm{d}\sigma = \int_c^d \left[\int_{x_1(y)}^{x_2(y)} f(x,y)\,\mathrm{d}x \right] \mathrm{d}y = \int_c^d \mathrm{d}y \int_{x_1(y)}^{x_2(y)} f(x,y)\,\mathrm{d}x. \tag{9.4}$$

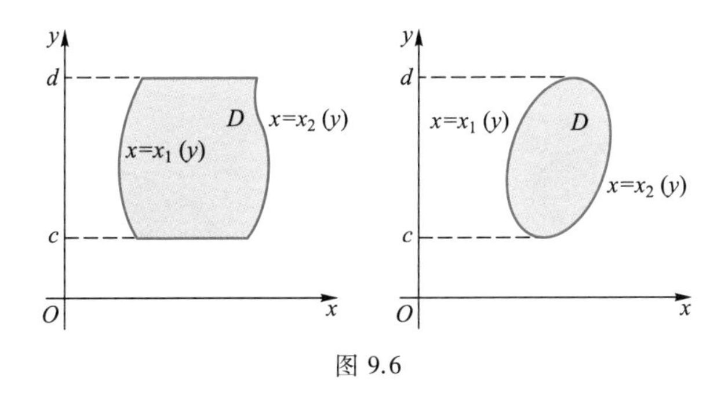

图 9.6

这就是把二重积分化为先对 x 后对 y 的二次积分的计算公式.

如果积分区域 D 既可用不等式 $y_1(x) \leqslant y \leqslant y_2(x)$, $a \leqslant x \leqslant b$ 表示,也可用不等式 $x_1(y) \leqslant x \leqslant x_2(y)$, $c \leqslant y \leqslant d$ 表示,则由公式(9.3)及(9.4)得

$$\int_a^b \mathrm{d}x \int_{y_1(x)}^{y_2(x)} f(x,y)\,\mathrm{d}y = \int_c^d \mathrm{d}y \int_{x_1(y)}^{x_2(y)} f(x,y)\,\mathrm{d}x. \tag{9.5}$$

上式表明,这两个不同次序的二次积分相等.因为它们都等于同一个二重积分 $\iint_D f(x,y)\,\mathrm{d}\sigma$.

(9.5)式表明,当被积函数 $f(x,y)$ 在区域 D 上连续时,我们可以交换它在 D 上的两个二次积分的次序,但在交换积分次序的同时,一般说来,上、下限都要随之改变.

应用公式(9.3)或(9.4)时,积分区域 D 必须满足这样的条件:穿过区域 D 内部且平行于 y 轴(x 轴)的直线与 D 的边界相交不多于两点.若区域 D 不是这种情况,此时应将 D 分为若干部分,使其每部分的边界符合上面所说的情形.例

如在图 9.7 中,把 D 分成三部分,这三部分上的二重积分都可以应用公式(9.3).根据二重积分的性质 3,区域 D 上的二重积分就等于在 D_1,D_2,D_3 上的二重积分的和.

二重积分化为二次积分时,确定积分限是一个关键.积分限是根据积分区域 D 来确定的.先画出区域 D 的图形.若积分区域 D 如图 9.8 所示,则将区域 D 投影到 x 轴上得到闭区间 $[a,b]$,在 $[a,b]$ 内任意固定一个 x 值作平行于 y 轴的直线,去穿域 D,穿入点为 D 的边界上的 B,穿出点为 D 的边界上的 E.B 点的纵坐标 $y_1(x)$ 与 E 点的纵坐标 $y_2(x)$(假定 $y_1(x) \leqslant y_2(x)$)分别是对 y 积分的下限与上限,而 a 与 b 就分别是对 x 积分的下限与上限.这时区域 D 可表示为

$$\begin{cases} y_1(x) \leqslant y \leqslant y_2(x), \\ a \leqslant x \leqslant b. \end{cases}$$

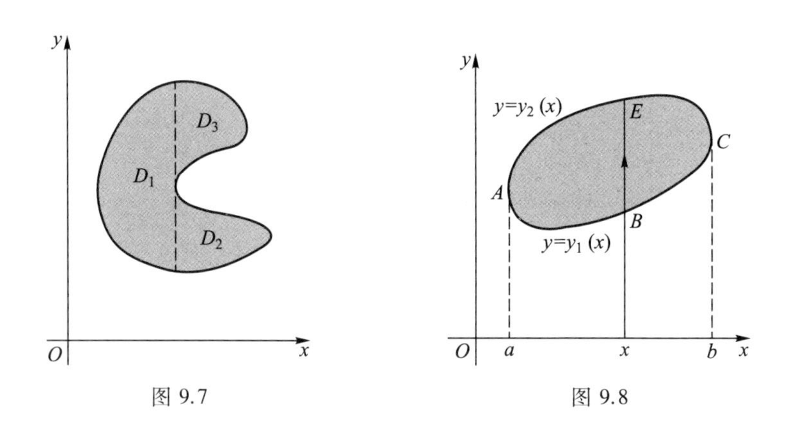

图 9.7　　图 9.8

这样将二重积分化为先对 y 后对 x 的二次积分的积分限也随之确定.

请读者自己总结一下将二重积分化为先对 x 后对 y 的二次积分的定限方法.

下面说明二重积分的面积元素 $\mathrm{d}\sigma$ 在直角坐标系中的表达式为

$$\mathrm{d}\sigma = \mathrm{d}x\mathrm{d}y.$$

根据二重积分的定义,有

$$\iint_D f(x,y)\,\mathrm{d}\sigma = \lim_{\lambda \to 0} \sum_{i=1}^{n} f(\xi_i,\eta_i)\,\Delta\sigma_i.$$

并且上式右端的极限与域 D 的分法及点 (ξ_i,η_i) 的取法无关.因此在直角坐标系中,可以用平行于 x 轴和 y 轴的两组直线去分割区域 D,那么除了包含边界点的

一些小闭区域外，其余小区域皆为矩形（图 9.9）. 若将沿 x 轴各小段的长度记为 Δx_j，沿 y 轴各小段的长度记为 Δy_k，于是每个小矩形的面积为

$$\Delta\sigma_i = \Delta x_j \Delta y_k.$$

在第 i 个小区域 $\Delta\sigma_i$ 上，选矩形的左下角点 (x_j, y_k) 作为所取的点 $P_i(\xi_i, \eta_i)$，在这样的分法和点的取法下，当继续分细域 D 时，可以证明（从略）：边上不规则的小区域产生的项之和趋于零，即在域 D 上的积分和式的极限，与在域 D 上所有规则的小区域对应的和式的极限是相等的，所以

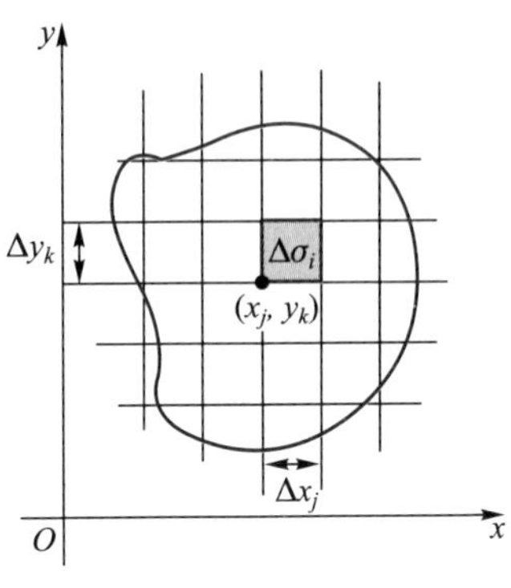

图 9.9

$$\lim_{\lambda\to 0}\sum f(\xi_i, \eta_i)\Delta\sigma_i = \lim_{\lambda\to 0}\sum f(x_j, y_k)\Delta x_j \Delta y_k.$$

因此我们常把二重积分记作 $\iint\limits_D f(x,y)\,\mathrm{d}x\mathrm{d}y$，即

$$\iint\limits_D f(x,y)\,\mathrm{d}\sigma = \iint\limits_D f(x,y)\,\mathrm{d}x\mathrm{d}y,$$

其中 $\mathrm{d}\sigma = \mathrm{d}x\mathrm{d}y$ 称为直角坐标系中的面积元素.

例 1　计算 $I = \iint\limits_D \dfrac{x^2}{y^2}\mathrm{d}x\mathrm{d}y$，其中 D 是由直线 $x=2$，$y=x$ 及双曲线 $xy=1$ 所围成的平面区域.

解法 1　先对 y 后对 x 积分.

根据区域 D 的边界曲线作出积分区域 D 的草图（图 9.10）. 区域 D 可表示为

$$\begin{cases} \dfrac{1}{x} \leqslant y \leqslant x, \\ 1 \leqslant x \leqslant 2. \end{cases}$$

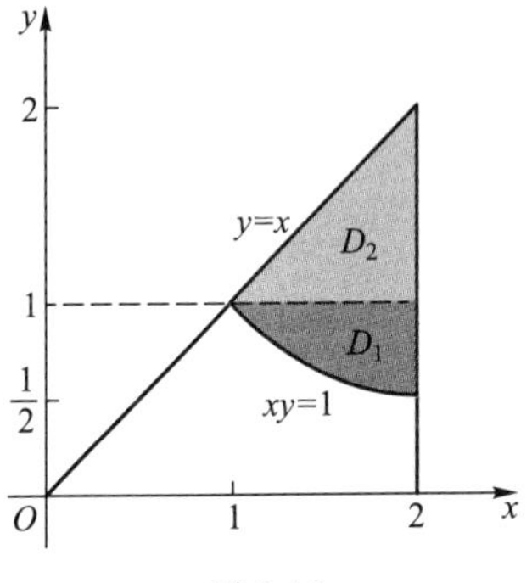

图 9.10

于是

$$I = \int_1^2 \mathrm{d}x \int_{\frac{1}{x}}^{x} \frac{x^2}{y^2}\mathrm{d}y$$

$$= \int_1^2 x^2\left(-\frac{1}{y}\right)\Bigg|_{\frac{1}{x}}^{x}\mathrm{d}x = \int_1^2 (x^3 - x)\,\mathrm{d}x = \frac{9}{4}.$$

解法 2　先对 x 后对 y 积分.

先将区域 D 投影到 y 轴上（图 9.10），得区间 $\left[\dfrac{1}{2}, 2\right]$，由于在区间 $\left[\dfrac{1}{2}, 1\right]$

及[1,2]上表示 $x=x_1(y)$ 的式子不同，所以要从交点(1,1)作平行于 x 轴的直线 $y=1$，把 D 分成 D_1 和 D_2 两部分，其中 $D_1=\left\{(x,y)\,\middle|\,\frac{1}{y}\leqslant x\leqslant 2,\frac{1}{2}\leqslant y\leqslant 1\right\}$；$D_2=\{(x,y)\mid y\leqslant x\leqslant 2,1\leqslant y\leqslant 2\}$. 根据二重积分的性质3，就有

$$\begin{aligned}I&=\iint\limits_{D_1}\frac{x^2}{y^2}\mathrm{d}x\mathrm{d}y+\iint\limits_{D_2}\frac{x^2}{y^2}\mathrm{d}x\mathrm{d}y\\&=\int_{\frac{1}{2}}^{1}\mathrm{d}y\int_{\frac{1}{y}}^{2}\frac{x^2}{y^2}\mathrm{d}x+\int_{1}^{2}\mathrm{d}y\int_{y}^{2}\frac{x^2}{y^2}\mathrm{d}x\\&=\int_{\frac{1}{2}}^{1}\frac{1}{y^2}\cdot\frac{x^3}{3}\Bigg|_{\frac{1}{y}}^{2}\mathrm{d}y+\int_{1}^{2}\frac{1}{y^2}\cdot\frac{x^3}{3}\Bigg|_{y}^{2}\mathrm{d}y\\&=\int_{\frac{1}{2}}^{1}\left(\frac{8}{3y^2}-\frac{1}{3y^5}\right)\mathrm{d}y+\int_{1}^{2}\left(\frac{8}{3y^2}-\frac{y}{3}\right)\mathrm{d}y\\&=\frac{17}{12}+\frac{5}{6}=\frac{9}{4}.\end{aligned}$$

由此可见，这里采用先对 x 后对 y 积分计算起来比较繁，所以在计算二重积分时应该根据被积函数及积分域的形状选择适当的积分次序，以便使计算尽可能地简单.

例 2　计算 $I=\iint\limits_{D}|y-x^2|\mathrm{d}x\mathrm{d}y$，其中 D 是由 $|x|\leqslant 1,0\leqslant y\leqslant 2$ 围成的平面区域.

解　在计算积分时，必须先去掉被积函数 $f(x,y)=|y-x^2|$ 绝对值符号，为此要考虑 $y-x^2$ 在区域 D 上的正负，而抛物线 $y-x^2=0$ 将区域 D 分为两部分 D_1+D_2（如图 9.11 所示）.

$D_1=\{(x,y)\mid x^2\leqslant y\leqslant 2,\ -1\leqslant x\leqslant 1\}$,

$D_2=\{(x,y)\mid 0\leqslant y\leqslant x^2,\ -1\leqslant x\leqslant 1\}$,

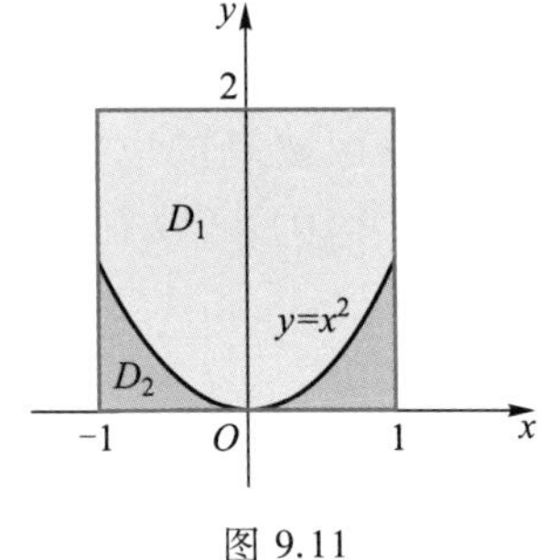

图 9.11

于是

$$\begin{aligned}I&=\iint\limits_{D_1}(y-x^2)\mathrm{d}x\mathrm{d}y+\iint\limits_{D_2}(x^2-y)\mathrm{d}x\mathrm{d}y\\&=\int_{-1}^{1}\mathrm{d}x\int_{x^2}^{2}(y-x^2)\mathrm{d}y+\int_{-1}^{1}\mathrm{d}x\int_{0}^{x^2}(x^2-y)\mathrm{d}y\\&=\int_{-1}^{1}\left(\frac{y^2}{2}-x^2y\right)\Bigg|_{x^2}^{2}\mathrm{d}x+\int_{-1}^{1}\left(x^2y-\frac{y^2}{2}\right)\Bigg|_{0}^{x^2}\mathrm{d}x\end{aligned}$$

$$=\int_{-1}^{1}\left(2-2x^{2}+\frac{1}{2}x^{4}\right)\mathrm{d}x+\frac{1}{2}\int_{-1}^{1}x^{4}\mathrm{d}x$$

$$=2\int_{0}^{1}\left(2-2x^{2}+\frac{1}{2}x^{4}\right)\mathrm{d}x+\int_{0}^{1}x^{4}\mathrm{d}x$$

$$=2\left(2-\frac{2}{3}+\frac{1}{10}\right)+\frac{1}{5}=\frac{46}{15}.$$

例 3 交换二重积分 $I=\int_{0}^{1}\mathrm{d}x\int_{0}^{x}f(x,y)\,\mathrm{d}y+\int_{1}^{2}\mathrm{d}x\int_{0}^{2-x}f(x,y)\,\mathrm{d}y$ 的积分次序.

解 先确定积分区域,再改变其积分次序.

右边两个积分的积分区域分别为

$$D_{1}=\{(x,y)\mid 0\leqslant y\leqslant x,0\leqslant x\leqslant 1\},$$

$$D_{2}=\{(x,y)\mid 0\leqslant y\leqslant 2-x,1\leqslant x\leqslant 2\}.$$

D_1 与 D_2 的图形如图 9.12 所示,二重积分 I 的积分域 $D=D_1\cup D_2$.

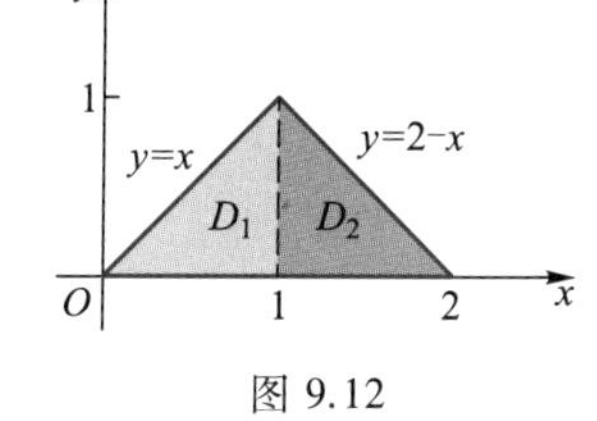

图 9.12

交换积分次序,其积分区域 D 可表示为

$$\begin{cases}y\leqslant x\leqslant 2-y,\\0\leqslant y\leqslant 1.\end{cases}$$

从而

$$I=\int_{0}^{1}\mathrm{d}y\int_{y}^{2-y}f(x,y)\,\mathrm{d}x.$$

例 4 计算 $I=\iint\limits_{D}\mathrm{e}^{\frac{x}{y}}\mathrm{d}x\mathrm{d}y$. 其中 D 是由抛物线 $y^{2}=x$, 直线 $x=0$ 及 $y=1$ 所围成的区域(图 9.13).

解 若先对 y 后对 x 积分,则积分区域可表示为

$$D:\begin{cases}\sqrt{x}\leqslant y\leqslant 1,\\0\leqslant x\leqslant 1.\end{cases}$$

因此

$$I=\int_{0}^{1}\mathrm{d}x\int_{\sqrt{x}}^{1}\mathrm{e}^{\frac{x}{y}}\mathrm{d}y.$$

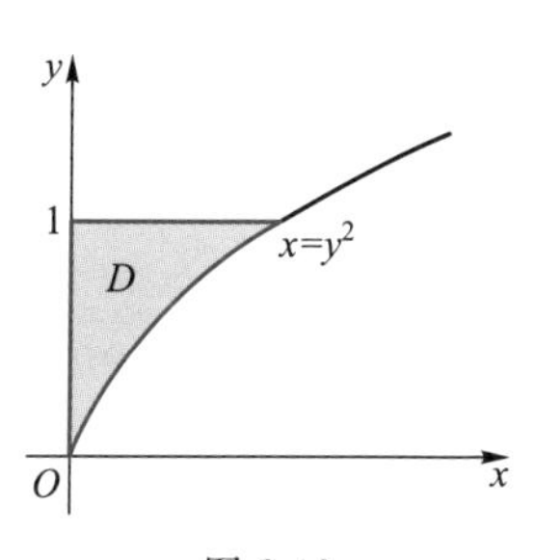

图 9.13

由于 $\mathrm{e}^{\frac{x}{y}}$ 关于 y 的原函数不能用初等函数表示,因而上式右端的积分求不出结果,故改为先对 x 后对 y 积分,有

$$I=\int_{0}^{1}\mathrm{d}y\int_{0}^{y^{2}}\mathrm{e}^{\frac{x}{y}}\mathrm{d}x=\int_{0}^{1}\left(y\mathrm{e}^{\frac{x}{y}}\right)\Big|_{0}^{y^{2}}\mathrm{d}y$$

$$=\int_0^1 y(e^y-1)\,dy=\frac{1}{2}.$$

例 5 证明：$\int_0^a dx\int_0^x f(y)\,dy=\int_0^a (a-x)f(x)\,dx\ (a>0)$.

证 将左边的二重积分改变积分次序，它的积分域(图 9.14)可表示为

$$D=\{(x,y)\mid y\leqslant x\leqslant a,0\leqslant y\leqslant a\}.$$

于是

$$\begin{aligned}\int_0^a dx\int_0^x f(y)\,dy&=\int_0^a dy\int_y^a f(y)\,dx\\&=\int_0^a (a-y)f(y)\,dy\\&=\int_0^a (a-x)f(x)\,dx.\end{aligned}$$

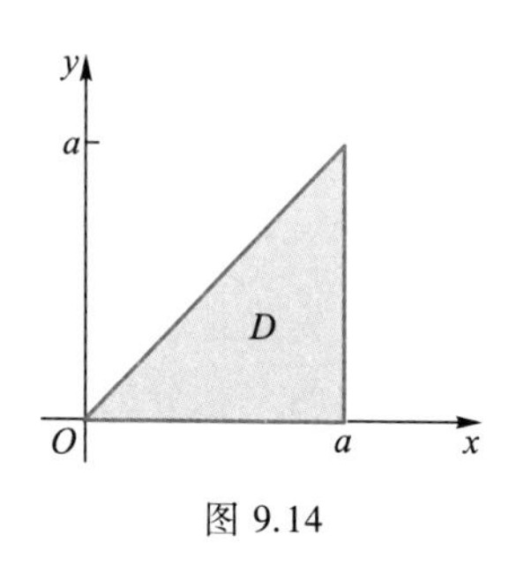

图 9.14

二、二重积分在极坐标系中的计算法

有些二重积分，积分区域 D 的边界曲线用极坐标方程来表示比较方便，且被积函数用极坐标表达比较简单，那么我们就应该讨论在极坐标系中如何计算二重积分.

按二重积分的定义

$$\iint_D f(x,y)\,d\sigma=\lim_{\lambda\to 0}\sum_{i=1}^{n} f(\xi_i,\eta_i)\Delta\sigma_i.$$

下面我们来研究这个和的极限在极坐标系中的形式.

设从极点 O 出发且穿过闭区域 D 内部的射线与 D 的边界曲线相交不多于两点.我们用以极点为中心的一族同心圆：$\rho=$ 常数，以及从极点出发的一族射线：$\varphi=$ 常数，来分割区域 D(图 9.15)，这里小区域 $\Delta\sigma_i$ 的面积为

$$\begin{aligned}\Delta\sigma_i&=\frac{1}{2}(\rho_i+\Delta\rho_i)^2\Delta\varphi_i-\frac{1}{2}\rho_i^2\Delta\varphi_i\\&=\frac{\rho_i+(\rho_i+\Delta\rho_i)}{2}\Delta\rho_i\Delta\varphi_i\\&=\bar{\rho}_i\Delta\rho_i\Delta\varphi_i,\end{aligned}$$

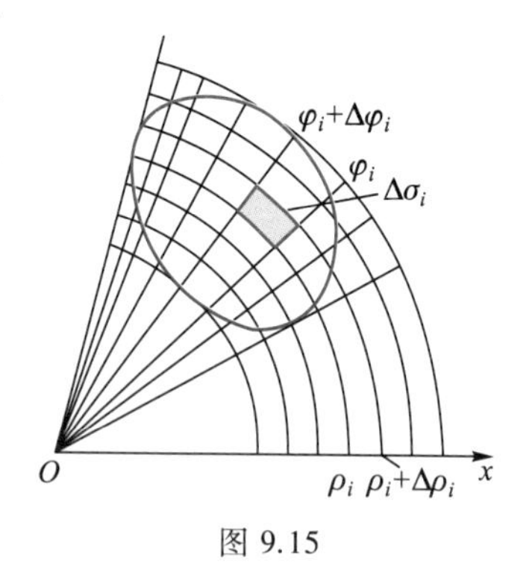

图 9.15

其中 $\bar{\rho}_i$ 表示相邻两圆弧的半径的平均值.在这小闭区域内取圆周 $\rho=\bar{\rho}_i$ 上的一点 $(\bar{\rho}_i,\bar{\varphi}_i)$，该点的直角坐标为 (ξ_i,η_i)，由直角坐标与极坐标的关系有

$\xi_i=\bar{\rho}_i\cos\bar{\varphi}_i,\eta_i=\bar{\rho}_i\sin\bar{\varphi}_i$，于是

$$\lim_{\lambda\to 0}\sum_{i=1}^{n}f(\xi_i,\eta_i)\Delta\sigma_i=\lim_{\lambda\to 0}\sum_{i=1}^{n}f(\bar{\rho}_i\cos\bar{\varphi}_i,\bar{\rho}_i\sin\bar{\varphi}_i)\bar{\rho}_i\Delta\rho_i\Delta\varphi_i,$$

即

$$\begin{aligned}\iint_D f(x,y)\mathrm{d}\sigma&=\iint_D f(\rho\cos\varphi,\rho\sin\varphi)\rho\mathrm{d}\rho\mathrm{d}\varphi\\&=\iint_D F(\rho,\varphi)\rho\mathrm{d}\rho\mathrm{d}\varphi.\end{aligned}\tag{9.6}$$

其中 $F(\rho,\varphi)=f(\rho\cos\varphi,\rho\sin\varphi)$，$\mathrm{d}\sigma=\rho\mathrm{d}\rho\mathrm{d}\varphi$ 称为极坐标系中的面积元素.

公式(9.6)表明，要把一个直角坐标系中的二重积分变换为极坐标系中的二重积分，只要把被积函数中的 x,y 分别换成 $\rho\cos\varphi,\rho\sin\varphi$，同时把直角坐标系中的面积元素 $\mathrm{d}x\mathrm{d}y$ 换成极坐标系中的面积元素 $\rho\mathrm{d}\rho\mathrm{d}\varphi$.

极坐标系中的二重积分，同样可化为二次积分来计算，确定上、下限的方法，完全类似于在直角坐标系中的方法.

若极点 O 在区域 D 的内部，设 D 的边界曲线方程为 $\rho=\rho(\varphi)(0\leqslant\varphi\leqslant 2\pi)$(图 9.16)，则积分区域 D 可用不等式

$$0\leqslant\rho\leqslant\rho(\varphi),\quad 0\leqslant\varphi\leqslant 2\pi$$

来表示，于是

$$\iint_D F(\rho,\varphi)\rho\mathrm{d}\rho\mathrm{d}\varphi=\int_0^{2\pi}\mathrm{d}\varphi\int_0^{\rho(\varphi)}F(\rho,\varphi)\rho\mathrm{d}\rho.$$

若极点 O 在区域 D 的边界上(图 9.17)，设区域 D 在两条射线 $\varphi=\alpha,\varphi=\beta$ 之间，D 的边界曲线方程为 $\rho=\rho(\varphi)$，则积分区域 D 可用不等式

$$0\leqslant\rho\leqslant\rho(\varphi),\quad \alpha\leqslant\varphi\leqslant\beta$$

来表示，于是

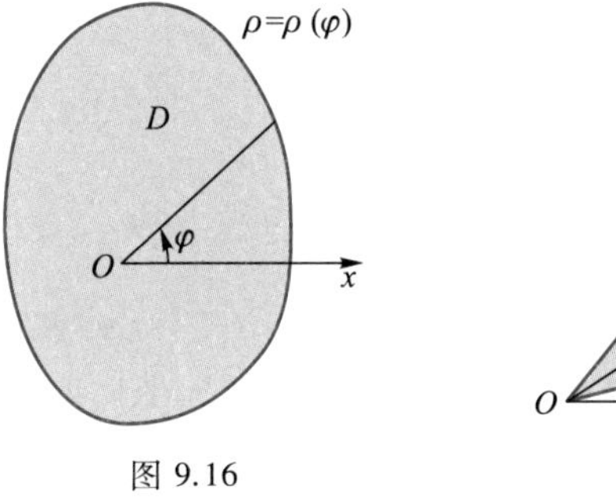

图 9.16

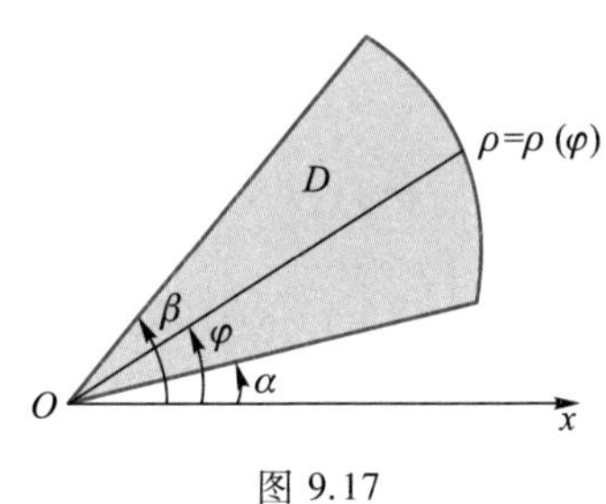

图 9.17

$$\iint\limits_D F(\rho,\varphi)\rho\,\mathrm{d}\rho\,\mathrm{d}\varphi=\int_\alpha^\beta \mathrm{d}\varphi\int_0^{\rho(\varphi)}F(\rho,\varphi)\rho\,\mathrm{d}\rho.$$

若极点 O 在区域 D 的外部(图 9.18),设区域 D 在某两条射线 $\varphi=\alpha,\varphi=\beta$ 之间,射线与 D 的边界交点把区域边界分为 $\widehat{MPN}$ 与 $\widehat{MQN}$ 两部分,其方程分别为 $\rho=\rho_1(\varphi)(\alpha\leqslant\varphi\leqslant\beta)$ 及 $\rho=\rho_2(\varphi)(\alpha\leqslant\varphi\leqslant\beta)$,此时区域 D 可用不等式

$$\rho_1(\varphi)\leqslant\rho\leqslant\rho_2(\varphi),\quad \alpha\leqslant\varphi\leqslant\beta$$

来表示,于是

$$\iint\limits_D F(\rho,\varphi)\rho\,\mathrm{d}\rho\,\mathrm{d}\varphi=\int_\alpha^\beta \mathrm{d}\varphi\int_{\rho_1(\varphi)}^{\rho_2(\varphi)}F(\rho,\varphi)\rho\,\mathrm{d}\rho. \tag{9.7}$$

例 6 把二重积分 $\iint\limits_D f(x,y)\,\mathrm{d}\sigma$ 化为在极坐标系中的二次积分,其中 D 是由圆环 $1\leqslant x^2+y^2\leqslant 4$,直线 $y=0$ 及 $y=x$ 所围成的第一象限部分(图 9.19).

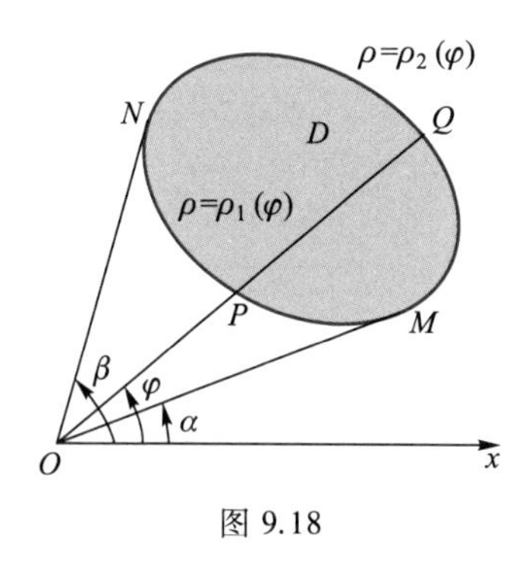

图 9.18

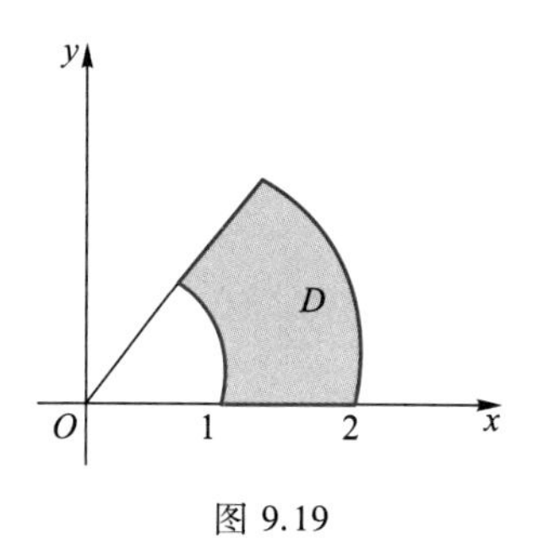

图 9.19

解 在极坐标系中,区域 D 可表示为

$$D=\left\{(\rho,\varphi)\,\middle|\,1\leqslant\rho\leqslant 2,0\leqslant\varphi\leqslant\frac{\pi}{4}\right\}.$$

由公式(9.7)有

$$\iint\limits_D f(x,y)\,\mathrm{d}\sigma=\int_0^{\frac{\pi}{4}}\mathrm{d}\varphi\int_1^2 f(\rho\cos\varphi,\rho\sin\varphi)\rho\,\mathrm{d}\rho.$$

例 7 求球体 $x^2+y^2+z^2\leqslant 4a^2$ 被圆柱面 $x^2+y^2=2ax$ 所截部分的体积.

解 根据图形的对称性,我们仅画出了立体位于 xOy 坐标面上方的那一半(图 9.20(a)).该立体的体积等于它在第一卦限部分的 4 倍.这一部分是以球面 $z=\sqrt{4a^2-x^2-y^2}$ 为顶,并以半圆 $y=\sqrt{2ax-x^2}$ 及 x 轴所围区域 D

(图 9.20(b))为底的曲顶柱体,于是所求体积为

$$V = 4\iint_D \sqrt{4a^2 - x^2 - y^2}\,d\sigma.$$

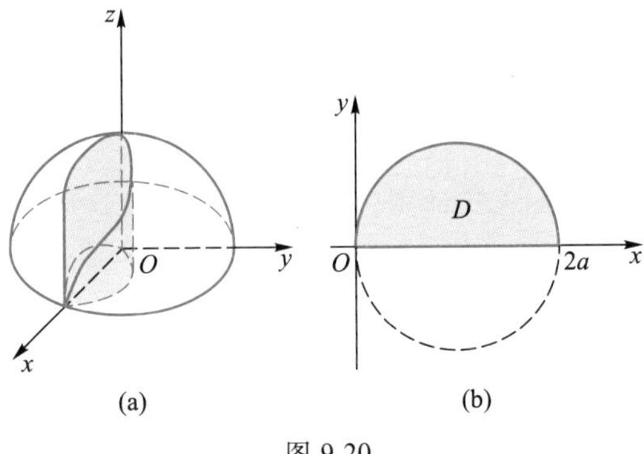

图 9.20

利用极坐标计算,得

$$V = 4\iint_D \sqrt{4a^2 - \rho^2}\,\rho\,d\rho\,d\varphi,$$

其中 $D = \left\{(\rho,\varphi) \,\middle|\, 0 \leqslant \rho \leqslant 2a\cos\varphi, 0 \leqslant \varphi \leqslant \frac{\pi}{2}\right\}$. 于是

$$\begin{aligned} V &= 4\int_0^{\frac{\pi}{2}} d\varphi \int_0^{2a\cos\varphi} \sqrt{4a^2 - \rho^2}\,\rho\,d\rho \\ &= 4\int_0^{\frac{\pi}{2}} \left[-\frac{1}{3}(4a^2 - \rho^2)^{\frac{3}{2}}\right]\Bigg|_0^{2a\cos\varphi} d\varphi \\ &= \frac{32a^3}{3}\int_0^{\frac{\pi}{2}} (1 - \sin^3\varphi)\,d\varphi = \frac{16}{9}a^3(3\pi - 4). \end{aligned}$$

例 8 计算 $I = \iint_D (x^2 + y^2)\,d\sigma$, 其中 D 为 $\sqrt{2x - x^2} \leqslant y \leqslant \sqrt{4 - x^2}$ 和 $0 \leqslant x \leqslant 2$ 所围成的平面区域.

解 本题用极坐标系做简单,如图 9.21 所示区域 D 可表示为

$$D = \left\{(\rho,\varphi) \,\middle|\, 2\cos\varphi \leqslant \rho \leqslant 2, 0 \leqslant \varphi \leqslant \frac{\pi}{2}\right\}.$$

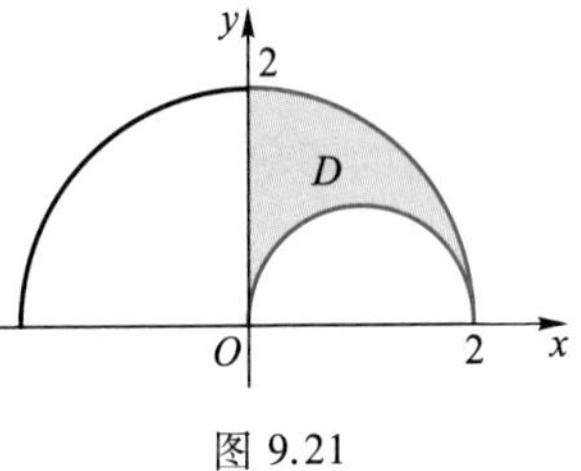

图 9.21

于是

$$I = \int_0^{\frac{\pi}{2}} d\varphi \int_{2\cos\varphi}^{2} \rho^2 \cdot \rho\,d\rho = \int_0^{\frac{\pi}{2}} \frac{\rho^4}{4}\Bigg|_{2\cos\varphi}^{2} d\varphi$$

$$=\int_0^{\frac{\pi}{2}}(4-4\cos^4\varphi)\mathrm{d}\varphi=4\int_0^{\frac{\pi}{2}}(1-\cos^4\varphi)\mathrm{d}\varphi$$

$$=4\left(\frac{\pi}{2}-\frac{3}{4}\cdot\frac{1}{2}\cdot\frac{\pi}{2}\right)=\frac{5}{4}\pi.$$

例 9 计算 $\iint\limits_D \mathrm{e}^{-x^2-y^2}\mathrm{d}x\mathrm{d}y$，其中区域 D 为圆域 $\{(x,y)\mid x^2+y^2\leqslant a^2\ (a>0)\}$.

解 本题用直角坐标无法计算，采用极坐标.区域 D 可表示为

$$D=\{(\rho,\varphi)\mid 0\leqslant\rho\leqslant a,0\leqslant\varphi\leqslant 2\pi\}.$$

于是

$$\iint\limits_D \mathrm{e}^{-x^2-y^2}\mathrm{d}x\mathrm{d}y=\iint\limits_D \mathrm{e}^{-\rho^2}\rho\mathrm{d}\rho\mathrm{d}\varphi=\int_0^{2\pi}\mathrm{d}\varphi\int_0^a \mathrm{e}^{-\rho^2}\rho\mathrm{d}\rho$$

$$=2\pi\left(-\frac{1}{2}\mathrm{e}^{-\rho^2}\right)\Big|_0^a=\pi(1-\mathrm{e}^{-a^2}).$$

现在利用上面的结果来计算反常积分 $\int_0^{+\infty}\mathrm{e}^{-x^2}\mathrm{d}x$. 设

$$D_1=\{(x,y)\mid x^2+y^2\leqslant R^2,x\geqslant 0,y\geqslant 0\},$$

$$D_2=\{(x,y)\mid x^2+y^2\leqslant 2R^2,x\geqslant 0,y\geqslant 0\},$$

$$S=\{(x,y)\mid 0\leqslant x\leqslant R,0\leqslant y\leqslant R\}.$$

显然 $D_1\subset S\subset D_2$（图 9.22）.由于 $\mathrm{e}^{-x^2-y^2}>0$，所以有

$$\iint\limits_{D_1}\mathrm{e}^{-x^2-y^2}\mathrm{d}x\mathrm{d}y<\iint\limits_S\mathrm{e}^{-x^2-y^2}\mathrm{d}x\mathrm{d}y<\iint\limits_{D_2}\mathrm{e}^{-x^2-y^2}\mathrm{d}x\mathrm{d}y.$$

因为 $\iint\limits_S\mathrm{e}^{-x^2-y^2}\mathrm{d}x\mathrm{d}y=\int_0^R\mathrm{e}^{-x^2}\mathrm{d}x\int_0^R\mathrm{e}^{-y^2}\mathrm{d}y=\left(\int_0^R\mathrm{e}^{-x^2}\mathrm{d}x\right)^2$，应用上面已得的结果有

$$\iint\limits_{D_1}\mathrm{e}^{-x^2-y^2}\mathrm{d}x\mathrm{d}y=\frac{\pi}{4}(1-\mathrm{e}^{-R^2}),$$

$$\iint\limits_{D_2}\mathrm{e}^{-x^2-y^2}\mathrm{d}x\mathrm{d}y=\frac{\pi}{4}(1-\mathrm{e}^{-2R^2}).$$

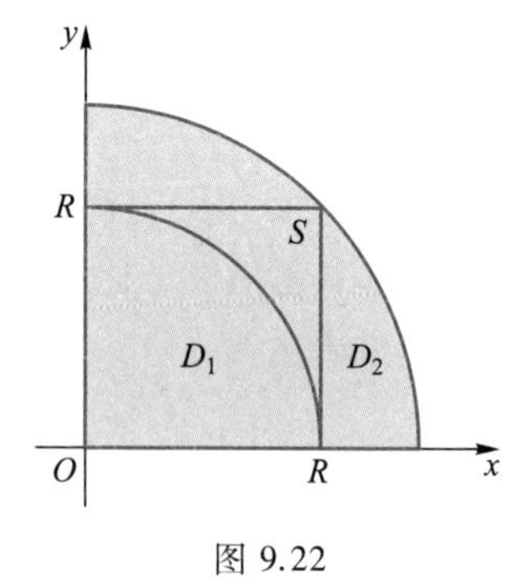

图 9.22

于是上面的不等式可写成

$$\frac{\pi}{4}(1-\mathrm{e}^{-R^2})<\left(\int_0^R\mathrm{e}^{-x^2}\mathrm{d}x\right)^2$$

$$<\frac{\pi}{4}(1-\mathrm{e}^{-2R^2}),$$

令 $R\to+\infty$，上式两端趋于同一极限 $\frac{\pi}{4}$，从而

$$\int_0^{+\infty} e^{-x^2}dx = \frac{\sqrt{\pi}}{2}.$$

*三、二重积分的换元法

之前我们利用极坐标变换

$$\begin{cases} x = \rho\cos\varphi, \\ y = \rho\sin\varphi \end{cases} \tag{9.8}$$

把平面上同一个点 M,既用直角坐标(x,y)表示,又用极坐标(ρ,φ)表示,将直角坐标表示的二重积分化成了用极坐标表示的二重积分,是二重积分换元法的一种特殊情形.下面我们讨论在一般的坐标变换下,二重积分换元法的方法.

定理　设$f(x,y)$在 xOy 坐标面上的闭区域 D 上连续,变换

$$T: x = x(u,v), y = y(u,v) \tag{9.9}$$

将 uOv 平面上的闭区域 D'变为 xOy 坐标面上的 D,且满足

(1) $x(u,v)$,$y(u,v)$在 D'上具有一阶连续偏导数;

(2) 在 D'上雅可比式

$$J(u,v) = \frac{\partial(x,y)}{\partial(u,v)} = \begin{vmatrix} \dfrac{\partial x}{\partial u} & \dfrac{\partial x}{\partial v} \\ \dfrac{\partial y}{\partial u} & \dfrac{\partial y}{\partial v} \end{vmatrix} \neq 0;$$

(3) 变换 $T: D' \to D$ 是一对一的,即当 $(x,y) \in D$ 时,唯一地确定两个连续可微函数

$$u = u(x,y),\quad v = v(x,y),\quad (u,v) \in D'. \tag{9.10}$$

则有

$$\iint_D f(x,y)\,dxdy = \iint_{D'} f(x(u,v),y(u,v))\,|J(u,v)|\,dudv. \tag{9.11}$$

公式(9.11)称为二重积分的换元公式.(9.9)与(9.10)分别称为坐标变换和坐标逆变换.在上述变换下,xOy 坐标面上的点 $M_0(x_0,y_0)$既可以用坐标线 $x = x_0$,$y = y_0$ 的交点来确定,也可用两曲线

$$u(x,y) = u_0,\quad v(x,y) = v_0$$

的交点来确定(图 9.23),其中$u_0=u(x_0,y_0)$,$v_0=v(x_0,y_0)$,(u_0,v_0)称为 M_0 的曲线坐标,曲线族 $u = u(x,y) = c$,$v = v(x,y) = c$ 称为此曲线坐标的坐标线.

下面我们来推导公式(9.11).显然在定理的假设下,公式(9.11)两端的二重积分都存在.首先利用坐标变换把积分域 D 的边界曲线方程用曲线坐标表示,并

把被积函数化成曲线坐标形式：

$$f(x,y)=f(x(u,v),y(u,v)).$$

为了把面积微元 $\mathrm{d}\sigma$ 用曲线坐标表示，类似于极坐标中所用的思想，用曲线坐标的坐标线来划分 xOy 坐标面上的积分域 D（图 9.24），设 $\Delta\sigma$ 的四个顶点的曲线坐标分别为

$$M_1(u,v),M_2(u+\Delta u,v),M_3(u+\Delta u,v+\Delta v),M_4(u,v+\Delta v).$$

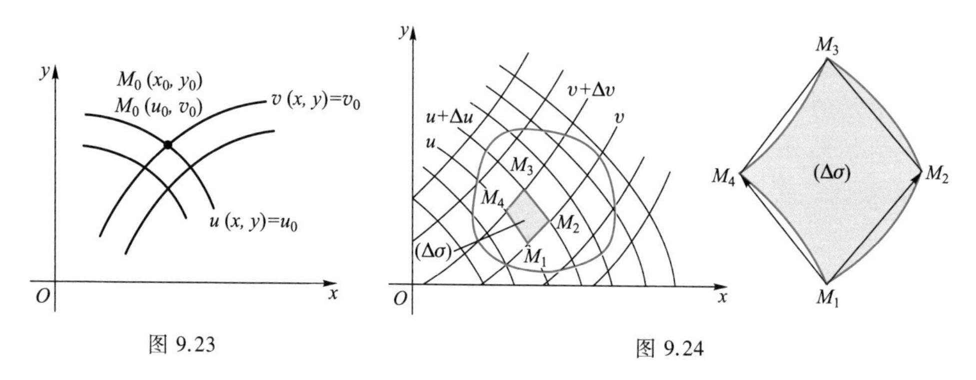

图 9.23　　　　图 9.24

经变换(9.9)变成 xOy 坐标面上的直角坐标分别为 $M_1(x_1,y_1)$，$M_2(x_2,y_2)$，$M_3(x_3,y_3)$，$M_4(x_4,y_4)$.当划分很细时，$\Delta\sigma$ 可以近似地看作是 $\overrightarrow{M_1M_2}$ 与 $\overrightarrow{M_1M_4}$ 为边所构成的平行四边形，于是，

$$\begin{aligned}\overrightarrow{M_1M_2}&=(x_2-x_1)\boldsymbol{i}+(y_2-y_1)\boldsymbol{j}\\&=[x(u+\Delta u,v)-x(u,v)]\boldsymbol{i}+[y(u+\Delta u,v)-y(u,v)]\boldsymbol{j}.\end{aligned}$$

对上式右端向量的两个坐标分别用二元函数的微分去近似替代，得

$$\overrightarrow{M_1M_2}\approx\frac{\partial x}{\partial u}\Delta u\boldsymbol{i}+\frac{\partial y}{\partial u}\Delta u\boldsymbol{j}.$$

同理可得

$$\overrightarrow{M_1M_4}\approx\frac{\partial x}{\partial v}\Delta v\boldsymbol{i}+\frac{\partial y}{\partial v}\Delta v\boldsymbol{j}.$$

因此子区域的面积 $\Delta\sigma$ 可近似用 $\left|\overrightarrow{M_1M_2}\times\overrightarrow{M_1M_4}\right|$ 代替，即

$$\Delta\sigma\approx\left\|\begin{vmatrix}\boldsymbol{i}&\boldsymbol{j}&\boldsymbol{k}\\\frac{\partial x}{\partial u}\Delta u&\frac{\partial y}{\partial u}\Delta u&0\\\frac{\partial x}{\partial v}\Delta v&\frac{\partial y}{\partial v}\Delta v&0\end{vmatrix}\right\|=\left|\frac{\partial(x,y)}{\partial(u,v)}\right|\Delta u\Delta v=|J(u,v)|\Delta u\Delta v.$$

求和并取极限,便有

$$\iint_D f(x,y)\,\mathrm{d}x\mathrm{d}y=\iint_{D'} f(x(u,v),y(u,v))\,|J(u,v)|\,\mathrm{d}u\mathrm{d}v.$$

其中

$$\mathrm{d}\sigma=\left|\frac{\partial(x,y)}{\partial(u,v)}\right|\mathrm{d}u\mathrm{d}v=|J(u,v)|\,\mathrm{d}u\mathrm{d}v$$

就是曲线坐标下的面积微元.

当变换(9.9)为极坐标 $x=\rho\cos\varphi, y=\rho\sin\varphi$ 时,雅可比式

$$J(\rho,\varphi)=\begin{vmatrix}\dfrac{\partial x}{\partial\rho} & \dfrac{\partial x}{\partial\varphi}\\[2mm] \dfrac{\partial y}{\partial\rho} & \dfrac{\partial y}{\partial\varphi}\end{vmatrix}=\begin{vmatrix}\cos\varphi & -\rho\sin\varphi\\ \sin\varphi & \rho\cos\varphi\end{vmatrix}=\rho.$$

于是二重积分由直角坐标换成极坐标的公式为

$$\iint_D f(x,y)\,\mathrm{d}x\mathrm{d}y=\iint_{D'} f(\rho\cos\varphi,\rho\sin\varphi)\rho\,\mathrm{d}\rho\mathrm{d}\varphi.$$

例 10 求 $I=\iint_D(y-x)\,\mathrm{d}\sigma$, 其中 D 是由直线 $y=x-3, y=x+1$, $y=-\dfrac{x}{3}+\dfrac{7}{9}$ 及 $y=-\dfrac{x}{3}+5$ 所围成的区域(图 9.25).

解 从图 9.25 中容易看出,如果我们用直角坐标直接计算此积分,不论先对 y 积分还是先对 x 积分,都必须把积分域 D 分成三个子域,这显然比较麻烦.现在我们使用曲线坐标变换.

由于积分域 D 的边界是由直线族 $y-x=c_1$ 中的两条直线(对应于 $c_1=-3$ 与 $c_1=1$)以及直线族 $y+\dfrac{1}{3}x=c_2$ 中的两条直线(对应于 $c_2=\dfrac{7}{9}$ 与 $c_2=5$)所围成,启发我们去作变换

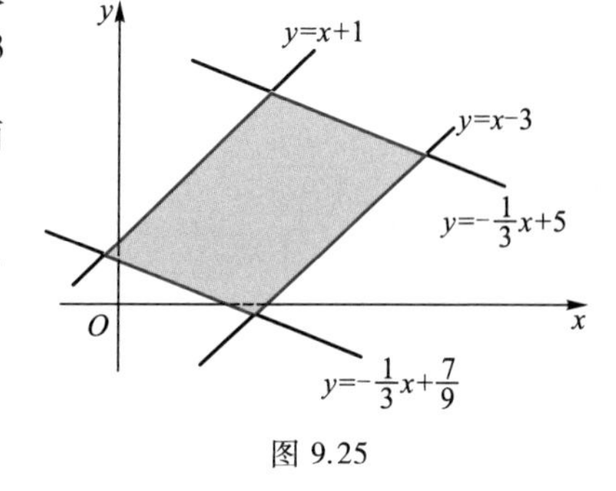

图 9.25

$$u=y-x,\quad v=y+\frac{1}{3}x,$$

或

$$x=-\frac{3}{4}u+\frac{3}{4}v,\quad y=\frac{1}{4}u+\frac{3}{4}v.$$

在此变换下,xOy 直角坐标平面上的积分域的边界曲线对应于 uOv 平面上

的闭区域 D' 的边界曲线为 $u=-3, u=1, v=\frac{7}{9}, v=5$（图 9.26），与 D 对应的 uOv 平面上区域 D' 可表示为

$$D'=\left\{(u,v)\,\middle|\,-3\leqslant u\leqslant 1,\frac{7}{9}\leqslant v\leqslant 5\right\},$$

$$J=\frac{\partial(x,y)}{\partial(u,v)}=\begin{vmatrix}-\frac{3}{4} & \frac{3}{4}\\ \frac{1}{4} & \frac{3}{4}\end{vmatrix}=-\frac{3}{4}.$$

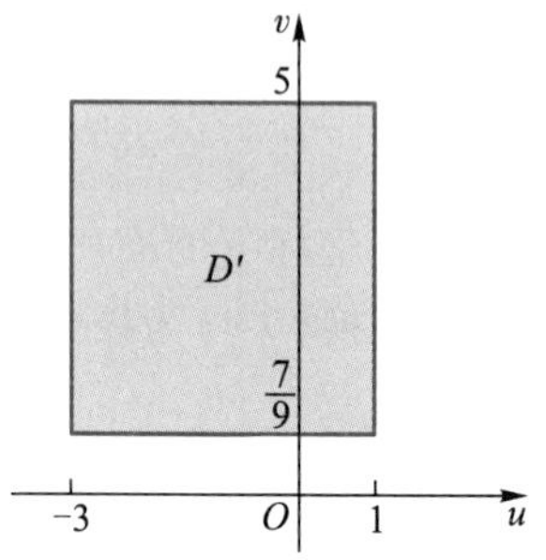

图 9.26

于是，由公式（9.11）可得

$$\begin{aligned}I&=\iint_D(y-x)\mathrm{d}\sigma\\&=\iint_{D'}\left[\left(\frac{1}{4}u+\frac{3}{4}v\right)-\left(-\frac{3}{4}u+\frac{3}{4}v\right)\right]\left|\frac{\partial(x,y)}{\partial(u,v)}\right|\mathrm{d}u\mathrm{d}v\\&=\frac{3}{4}\iint_{D'}u\mathrm{d}u\mathrm{d}v=\frac{3}{4}\int_{-3}^{1}u\mathrm{d}u\int_{\frac{7}{9}}^{5}\mathrm{d}v=-\frac{38}{3}.\end{aligned}$$

例 11　求由直线 $x+y=c, x+y=d, y=ax, y=bx\ (0<c<d, 0<a<b)$ 所围成的闭区域 D（图 9.27(a)）的面积.

解　所求面积为 $\iint_D \mathrm{d}x\mathrm{d}y$. 由图 9.27(a) 可见，如果我们用直角坐标直接计算此积分，必须将积分域 D 分成三个子域来进行，比较麻烦，为了使所给积分容易计算，我们采用曲线坐标变换：

$$u=x+y,\quad v=\frac{y}{x},$$

则 $x=\frac{u}{1+v}, y=\frac{uv}{1+v}$. 在这变换下，$D$ 的边界 $x+y=c, x+y=d, y=ax, y=bx$ 依次与 $u=c, u=d, v=a, v=b$ 对应. 后者构成与 D 对应的闭区域 D' 的边界. 于是

$$D'=\{(u,v)\mid c\leqslant u\leqslant d, a\leqslant v\leqslant b\},$$

如图 9.27(b) 所示. 又雅可比式

$$J=\frac{\partial(x,y)}{\partial(u,v)}=\frac{u}{(1+v)^2}\neq 0,\quad (u,v)\in D'.$$

从而所求面积为

$$\iint_D \mathrm{d}x\mathrm{d}y=\iint_{D'}\frac{u}{(1+v)^2}\mathrm{d}u\mathrm{d}v=\int_a^b\frac{\mathrm{d}v}{(1+v)^2}\int_c^d u\mathrm{d}u$$

$$=\frac{(b-a)(d^2-c^2)}{2(1+a)(1+b)}.$$

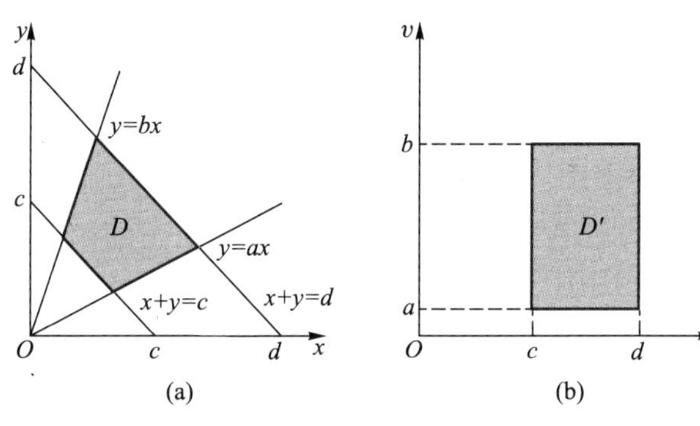

图 9.27

例 12　计算 $\iint\limits_D \sin\left(\frac{x^2}{a^2}+\frac{y^2}{b^2}\right)\mathrm{d}x\mathrm{d}y$, 其中 D 为椭圆 $\frac{x^2}{a^2}+\frac{y^2}{b^2}=1(a>0,b>0)$ 所围成的区域.

解　由于积分域是椭圆,如果采用极坐标变换,积分域的边界曲线方程变得比较复杂,使积分难以计算,为简化积分域的边界曲线方程,我们运用曲线坐标变换

$$\frac{x^2}{a^2}=\rho^2\cos^2\varphi,\quad \frac{y^2}{b^2}=\rho^2\sin^2\varphi,$$

即

$$x=a\rho\cos\varphi,\quad y=b\rho\sin\varphi\quad(0\leqslant\rho<+\infty,0\leqslant\varphi\leqslant2\pi).$$

在此变换下,与 D 对应的闭区域为 $D'=\{(\rho,\varphi)\mid 0\leqslant\rho\leqslant1,0\leqslant\varphi\leqslant2\pi\}$, 雅可比式

$$J=\left|\frac{\partial(x,y)}{\partial(\rho,\varphi)}\right|=\begin{vmatrix}a\cos\varphi & -a\rho\sin\varphi\\ b\sin\varphi & b\rho\cos\varphi\end{vmatrix}=ab\rho.$$

从而

$$\iint\limits_D \sin\left(\frac{x^2}{a^2}+\frac{y^2}{b^2}\right)\mathrm{d}x\mathrm{d}y=\iint\limits_{D'}\sin\rho^2 ab\rho\mathrm{d}\rho\mathrm{d}\varphi=ab\int_0^{2\pi}\mathrm{d}\varphi\int_0^1\rho\sin\rho^2\mathrm{d}\rho$$

$$=\pi ab(1-\cos1).$$

形如例 12 中所用的变换

$$x=a\rho\cos\varphi,\quad y=b\rho\sin\varphi\quad(0\leqslant\rho<+\infty,0\leqslant\varphi\leqslant2\pi)$$

称为广义极坐标变换,在此变换下,面积微元 $\mathrm{d}\sigma=ab\rho\mathrm{d}\rho\mathrm{d}\varphi$.

当 $a=1,b=1$ 时,广义极坐标变换就是极坐标变换.

习题 9.2

1. 已知二重积分的积分域为 D，画出其图形，并把 $\iint\limits_{D} f(x,y)\mathrm{d}\sigma$ 化为二次积分：

(1) D 是由直线 $y=1, x=2$ 及 $y=x$ 所围成的区域；

(2) D 是由 $x+y=1, x-y=1$ 及 $x=0$ 所围成的区域；

(3) D 是由 $y\geqslant x, y\geqslant -x$ 及曲线 $y=2-x^2$ 所围成的区域；

(4) D 是由 $y\geqslant x^2, y\leqslant 4-x^2$ 所围成的区域；

(5) D 是由椭圆 $\dfrac{x^2}{4}+\dfrac{y^2}{9}=1$ 所围成的区域；

(6) D 是第一象限内由 $x^2+y^2=8, y=0, y=1$ 及 $2x=y^2$ 所围成的区域.

2. 设函数 $f(x,y)$ 在有界闭区域 D 上连续，证明：

(1) 若积分区域 D 关于 y 轴对称，而 D_1 是 D 中对应于 $x\geqslant 0$ 的部分，则

$$\iint\limits_{D} f(x,y)\mathrm{d}\sigma=\begin{cases}2\iint\limits_{D_1} f(x,y)\mathrm{d}\sigma, & \text{当 } f(-x,y)=f(x,y),\\ 0, & \text{当 } f(-x,y)=-f(x,y).\end{cases}$$

(2) 若积分区域 D 关于 x 轴对称，而 D_1 是 D 中对应于 $y\geqslant 0$ 部分，则

$$\iint\limits_{D} f(x,y)\mathrm{d}\sigma=\begin{cases}2\iint\limits_{D_1} f(x,y)\mathrm{d}\sigma, & \text{当 } f(x,-y)=f(x,y),\\ 0, & \text{当 } f(x,-y)=-f(x,y).\end{cases}$$

(3) 若积分区域 D 关于 x 轴和 y 轴均对称，而 D_1 是 D 中对应于 $x\geqslant 0$, $y\geqslant 0$ 的部分，则

$$\iint\limits_{D} f(x,y)\mathrm{d}\sigma=\begin{cases}4\iint\limits_{D_1} f(x,y)\mathrm{d}\sigma, & \text{当 } f(-x,y)=f(x,-y)=f(x,y),\\ 0, & \text{当 } f(-x,y) \text{ 或 } f(x,-y)=-f(x,y).\end{cases}$$

根据上述结论，计算下列二重积分：

① $\iint\limits_{D} x\sqrt{R^2-y^2}\,\mathrm{d}\sigma$，其中 D 为圆域 $\{(x,y)\mid x^2+y^2\leqslant R^2\}$；

② $I=\iint\limits_{D}(x+y)\mathrm{d}\sigma$，其中 D 是由 $y=|x|, y=2|x|$ 及 $y=1$ 所围成的区域.

3. 画出对应于下列各积分的积分域的图形，并改变积分次序.

(1) $\int_0^1 \mathrm{d}y\int_y^{\sqrt{y}} f(x,y)\mathrm{d}x$；

(2) $\int_0^1 dx\int_x^1 f(x,y)dy$;

(3) $\int_0^2 dx\int_{-\sqrt{1-(x-1)^2}}^0 f(x,y)dy$;

(4) $\int_0^{\frac{\sqrt{2}}{2}} dx\int_0^x f(x,y)dy+\int_{\frac{\sqrt{2}}{2}}^1 dx\int_0^{\sqrt{1-x^2}} f(x,y)dy$;

(5) $\int_0^{\pi} dx\int_0^{\sin x} f(x,y)dy$.

4. 计算下列二重积分:

(1) $\iint\limits_D \cos(x+y)dxdy$,其中 D 是由直线 $y=x,y=\pi$ 及 $x=0$ 所围成的区域;

(2) $\int_0^{\frac{\pi}{6}} dy\int_y^{\frac{\pi}{6}} \frac{\cos x}{x}dx$;

(3) $\iint\limits_D \sqrt{4x^2-y^2}d\sigma$,其中 D 是由直线 $y=x,x=1$ 及 $y=0$ 所围成的区域;

(4) $\iint\limits_D |y-x^2|d\sigma$,其中 D 是由 $-1\leqslant x\leqslant 1,0\leqslant y\leqslant 1$ 所围成的区域;

(5) $\iint\limits_D e^{-y^2}dxdy$,其中 D 是以 $(0,0)$,$(1,1)$ 和 $(0,1)$ 为顶点的三角形所围成的区域;

(6) $\iint\limits_D e^{\max\{x^2,y^2\}}dxdy$,其中 $D=\{(x,y)\mid 0\leqslant x\leqslant 1,0\leqslant y\leqslant 1\}$.

5. 将下列二重积分化为极坐标系中的二次积分:

(1) $\int_0^2 dx\int_0^x f(\sqrt{x^2+y^2})dy$;

(2) $\int_0^1 dx\int_x^{\sqrt{2x-x^2}} f(x,y)dy$;

(3) $\iint\limits_D f(x,y)d\sigma$,其中区域 D 是由 $x^2+y^2\leqslant ax$ 与 $x^2+y^2\leqslant ay$ $(a>0)$ 所围成的公共部分.

6. 利用极坐标计算下列二重积分:

(1) $\iint\limits_D \sqrt{1-x^2-y^2}d\sigma$,其中 D 为圆域 $x^2+y^2\leqslant 1$ 在第一象限的部分;

(2) $\iint\limits_D \sin\sqrt{x^2+y^2}d\sigma$,其中 D 为环域 $\pi^2\leqslant x^2+y^2\leqslant 4\pi^2$;

(3) $\iint\limits_D \arctan\frac{y}{x}dxdy$,其中 D 由圆环 $1\leqslant x^2+y^2\leqslant 4$,直线 $y=0,y=x$ 所围成

的第一象限的区域；

(4) $\iint\limits_D |x^2+y^2-4|\mathrm{d}x\mathrm{d}y$，其中域 D 为 $x^2+y^2\leqslant 16$.

7. 选择适当的坐标系，计算下列二重积分：

(1) $\iint\limits_D \dfrac{x}{x^2+y^2}\mathrm{d}x\mathrm{d}y$，其中 D 是由抛物线 $y=\dfrac{x^2}{2}$ 和直线 $y=x$ 所围成的区域；

(2) $\iint\limits_D \sqrt{(x^2+y^2)^3}\,\mathrm{d}\sigma$，其中 D 是由 $x^2+y^2\leqslant 1$ 及 $x^2+y^2\leqslant 2x$ 所围成的公共部分；

(3) $\iint\limits_D \sqrt{\dfrac{1-x^2-y^2}{1+x^2+y^2}}\,\mathrm{d}\sigma$，其中 D 是由圆周 $x^2+y^2=1$ 及坐标轴所围成的第一象限内的区域；

(4) $\iint\limits_D y\mathrm{d}x\mathrm{d}y$，其中 D 是由直线 $x=-2, y=0, y=2$ 及曲线 $x=-\sqrt{2y-y^2}$ 所围成的平面区域.

8. 用二重积分求下列曲线所围平面区域 D 的面积：

(1) 双纽线 $(x^2+y^2)^2=2(x^2-y^2)$ 和圆周 $x^2+y^2=2x$；

(2) $(x^2+y^2)^2=2ax^3(a>0)$；

(3) 由 $xy=1, xy=2, y=x, y=2x$ 所围成的位于第一象限部分.

9. 求由 $z=x^2+y^2$ 与 $z=h$ 所围立体的体积.

10. 求两圆柱面 $x^2+y^2=R^2, x^2+z^2=R^2$ 所围立体的体积.

11. 求位于抛物面 $z=x^2+y^2$ 的下面，xOy 坐标面的上面及圆柱面 $x^2+y^2=2x$ 内部围成的立体的体积（图 9.28）.

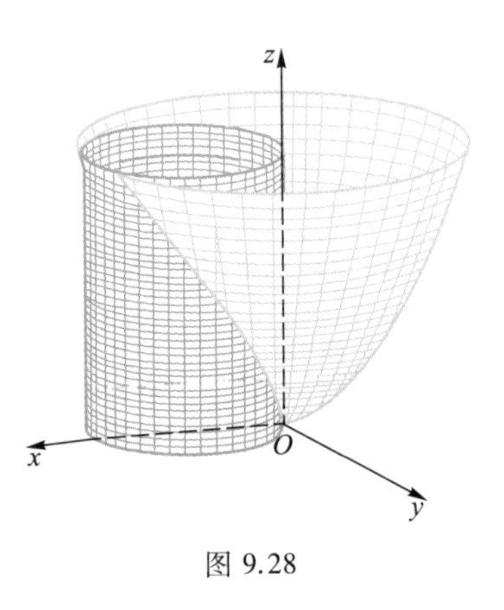

图 9.28

12. 设 $f(x)$ 在区间 $[0,1]$ 上连续，证明：

$$\int_0^1 \mathrm{e}^{f(x)}\mathrm{d}x\int_0^1 \mathrm{e}^{-f(y)}\mathrm{d}y\geqslant 1.$$

*13. 计算 $\iint\limits_D \mathrm{e}^{\frac{y-x}{y+x}}\mathrm{d}x\mathrm{d}y$，其中 D 是由 x 轴、y 轴和直线 $x+y=2$ 所围成的区域.

*14. 计算 $\iint\limits_D \sqrt{1-\dfrac{x^2}{a^2}-\dfrac{y^2}{b^2}}\,\mathrm{d}x\mathrm{d}y$，其中 D 为椭圆 $\dfrac{x^2}{a^2}+\dfrac{y^2}{b^2}=1$ 所围成的区域.

*15. 计算 $\iint\limits_D \sqrt{xy}\,\mathrm{d}x\mathrm{d}y$，其中 D 为由曲线 $xy=1, xy=2, y=x, y=4x\ (x>0, y>0)$ 所围成的闭区域.

*16. 计算 $\iint\limits_D x^2\,\mathrm{d}x\mathrm{d}y$，其中 D 为椭圆 $\frac{x^2}{4}+\frac{y^2}{9}=1$ 所围成的闭区域.

第三节　三重积分

一、三重积分的概念

二重积分的被积函数是一个二元函数，它的积分域是一平面区域. 若考虑三元函数 $f(x,y,z)$ 在空间区域 Ω 上的积分，就得到三重积分.

定义　设 $f(x,y,z)$ 是空间有界闭区域 Ω 上的有界函数，将 Ω 任意分成 n 个小闭区域

$$\Delta v_1, \Delta v_2, \cdots, \Delta v_n,$$

其中 $\Delta v_i\ (i=1,2,\cdots,n)$ 表示第 i 个小区域，也表示它的体积. 在每个 Δv_i 上任取一点 (ξ_i,η_i,ζ_i)，作和式 $\sum\limits_{i=1}^{n} f(\xi_i,\eta_i,\zeta_i)\Delta v_i$. 记所有小区域 Δv_i 的直径最大者为 λ，如果不论 Δv_i 怎样划分以及点 (ξ_i,η_i,ζ_i) 怎样选取，若当 $\lambda\to 0$ 时，上述和式的极限存在，则称此极限为函数 $f(x,y,z)$ 在闭区域 Ω 上的三重积分，记作 $\iiint\limits_{\Omega} f(x,y,z)\,\mathrm{d}v$，即

$$\iiint\limits_{\Omega} f(x,y,z)\,\mathrm{d}v = \lim_{\lambda\to 0}\sum_{i=1}^{n} f(\xi_i,\eta_i,\zeta_i)\Delta v_i,$$

其中 $\mathrm{d}v$ 称为体积元素.

与二重积分一样，若函数 $f(x,y,z)$ 在区域 Ω 上连续，则三重积分 $\iiint\limits_{\Omega} f(x,y,z)\,\mathrm{d}v$ 一定存在. 今后我们总假定函数 $f(x,y,z)$ 在其积分区域 Ω 上连续.

二重积分的一些术语，如被积函数，积分区域等，可用于三重积分. 它的所有性质对三重积分同样成立.

对于三重积分，没有直观的几何意义，但是它却有着各种不同的物理意义. 例如，若把 $f(x,y,z)$ 看作是质量非均匀连续分布的某空间物体的体密度，Ω 是此

物体在空间所占的区域,那么三重积分 $\iiint\limits_{\Omega} f(x,y,z)\,\mathrm{d}v$ 就表示此物体的质量.

二、三重积分在直角坐标系中的计算法

由三重积分的定义

$$\iiint\limits_{\Omega} f(x,y,z)\,\mathrm{d}v = \lim_{\lambda\to 0}\sum_{i=1}^{n} f(\xi_i,\eta_i,\zeta_i)\Delta v_i. \tag{9.12}$$

为了把小区域的体积 Δv_i 具体表出,我们用平行于坐标面的平面来分割区域 Ω,除包含有边界点的区域外,得到小区域 Δv_i 都是长方体.设长方体小区域 Δv_i 的边长为 $\Delta x_i,\Delta y_i,\Delta z_i$,则 $\Delta v_i = \Delta x_i\Delta y_i\Delta z_i$.

分别同二重积分一样,在求(9.12)式右端的和式极限时,可以略去其中包含有边界点的小区域的各项,从而得

$$\iiint\limits_{\Omega} f(x,y,z)\,\mathrm{d}v = \lim_{\lambda\to 0}\sum_{i=1}^{n} f(\xi_i,\eta_i,\zeta_i)\Delta x_i\Delta y_i\Delta z_i.$$

因此在直角坐标系中,也把三重积分记作

$$\iiint\limits_{\Omega} f(x,y,z)\,\mathrm{d}x\mathrm{d}y\mathrm{d}z,$$

即

$$\boxed{\iiint\limits_{\Omega} f(x,y,z)\,\mathrm{d}v = \iiint\limits_{\Omega} f(x,y,z)\,\mathrm{d}x\mathrm{d}y\mathrm{d}z,}$$

其中 $\mathrm{d}v = \mathrm{d}x\mathrm{d}y\mathrm{d}z$ 称为直角坐标系中的体积元素.

与二重积分的计算方法类似,三重积分的计算也可以化为三次积分来计算.

假设平行于 z 轴且穿过闭区域 Ω 内部的直线与区域的边界曲面的交点不多于两点.把闭区域 Ω 投影到 xOy 坐标面上,得一平面闭区域 D(图 9.29).以 D 的边界为准线,作母线平行于 z 轴的柱面,它与区域 Ω 的交线把区域 Ω 的边界曲面分成上、下两部分,设其方程分别为 $z = z_2(x,y)$ 与 $z = z_1(x,y)$,其中 $z_1(x,y) \leqslant z_2(x,y)$,且 $z_1(x,y)$ 与 $z_2(x,y)$ 都在 D 上连续.过 D 内任一点 (x,y) 作平行于 z 轴的直线穿过 Ω,交其边界曲面于两点,穿入点的竖坐标为 $z = z_1(x,y)$,穿

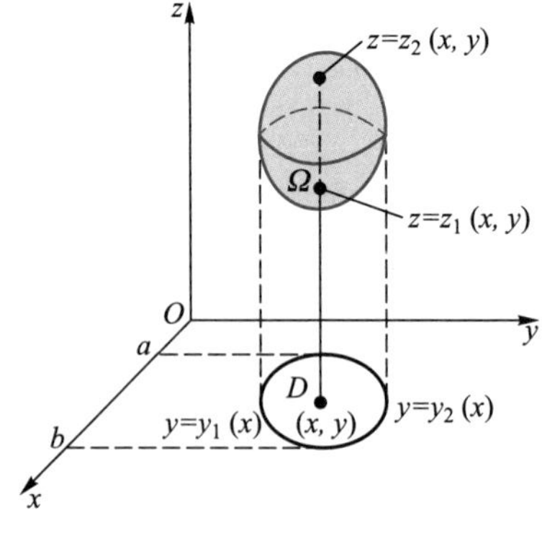

图 9.29

出点的竖坐标为 $z=z_2(x,y)$.

先将 x,y 看作定值,将 $f(x,y,z)$ 看作是 z 的函数,在区间 $[z_1(x,y),z_2(x,y)]$ 上对 z 积分,所得结果是 x,y 的函数,记作 $F(x,y)$,即

$$F(x,y)=\int_{z_1(x,y)}^{z_2(x,y)}f(x,y,z)\,\mathrm{d}z.$$

然后计算 $F(x,y)$ 在闭区域 D 上的二重积分

$$\iint_D F(x,y)\,\mathrm{d}\sigma=\iint_D\left[\int_{z_1(x,y)}^{z_2(x,y)}f(x,y,z)\,\mathrm{d}z\right]\mathrm{d}\sigma,$$

它等于三重积分 $\iiint_\Omega f(x,y,z)\,\mathrm{d}v$, 即

$$\iiint_\Omega f(x,y,z)\,\mathrm{d}v=\iint_D\left[\int_{z_1(x,y)}^{z_2(x,y)}f(x,y,z)\,\mathrm{d}z\right]\mathrm{d}\sigma.$$

若区域 D 可用不等式

$$y_1(x)\leqslant y\leqslant y_2(x),\quad a\leqslant x\leqslant b$$

来表示,则由二重积分的计算法可得

$$\boxed{\iiint_\Omega f(x,y,z)\,\mathrm{d}v=\int_a^b\mathrm{d}x\int_{y_1(x)}^{y_2(x)}\mathrm{d}y\int_{z_1(x,y)}^{z_2(x,y)}f(x,y,z)\,\mathrm{d}z.}\tag{9.13}$$

公式(9.13)是把三重积分化为先对 z、次对 y、最后对 x 的三次积分,其积分上、下限可根据区域 Ω 表达式

$$\Omega:\begin{cases}z_1(x,y)\leqslant z\leqslant z_2(x,y),\\ y_1(x)\leqslant y\leqslant y_2(x),\\ a\leqslant x\leqslant b\end{cases}$$

来写出.

如果平行于 x 轴或 y 轴且穿过区域 Ω 内部的直线与 Ω 的边界曲面的交点不多于两点时,那么也可以把区域 Ω 投影到 yOz 坐标面或 xOz 坐标面上,按其顺序将三重积分化为三次积分.如果平行于坐标轴且穿过区域 Ω 内部的直线与边界曲面的交点多于两个,也可像处理二重积分那样,把区域 Ω 分成若干部分,使每一部分符合上述条件,将 Ω 上的三重积分化为各部分区域上的三重积分的和.

例 1　求 $I=\iiint_\Omega xz\,\mathrm{d}x\mathrm{d}y\mathrm{d}z$, 其中 Ω 是由平面 $x=0,y=0,z=0$ 及 $x+y+z=1$ 所围成的区域.

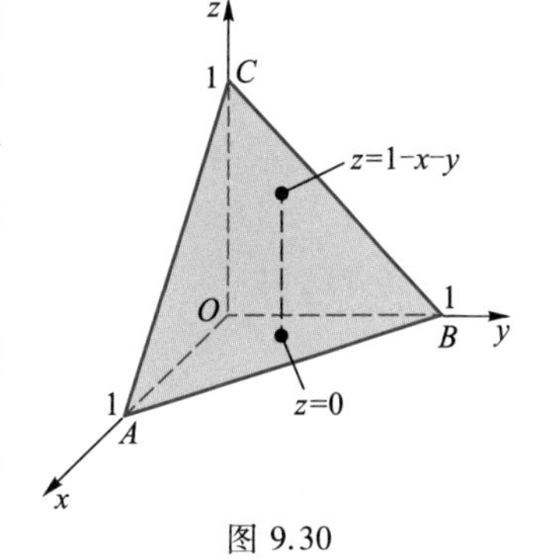

图 9.30

解　作区域 Ω,如图 9.30 所示.

为定出三重积分的上、下限,先将积分区域

Ω 投影到 xOy 坐标面上，得投影区域 D 为三角形 OAB. 直线 OA、OB 及 AB 的方程依次为 $y=0, x=0$ 及 $x+y=1$，所以 D 可用不等式

$$0 \leqslant y \leqslant 1-x, \quad 0 \leqslant x \leqslant 1$$

来表示.

再在 D 内任取一点 (x, y)，过此点作平行于 z 轴的直线去穿 Ω，穿入点的竖坐标为 $z=0$，穿出点的竖坐标为 $z=1-x-y$. 因此，区域 Ω 可用不等式

$$0 \leqslant z \leqslant 1-x-y, \quad 0 \leqslant y \leqslant 1-x, \quad 0 \leqslant x \leqslant 1$$

来表示.

于是由公式(9.13)得

$$I=\int_0^1 \mathrm{d}x \int_0^{1-x} \mathrm{d}y \int_0^{1-x-y} xz \mathrm{d}z=\int_0^1 \mathrm{d}x \int_0^{1-x} \frac{x}{2}(1-x-y)^2 \mathrm{d}y$$

$$=\frac{1}{6} \int_0^1 x(1-x)^3 \mathrm{d}x=\frac{1}{120}.$$

有时，计算一个三重积分也可采用“先重后单”方法来简化计算，即先计算一个二重积分，再计算一个定积分.

设空间闭区域

$$\Omega=\{(x, y, z) \mid c_1 \leqslant z \leqslant c_2,(x, y) \in D_z\},$$

其中 D_z 是竖坐标为 z 的平面截闭区域 Ω 所得到的一个平面闭区域(图 9.31)，则有

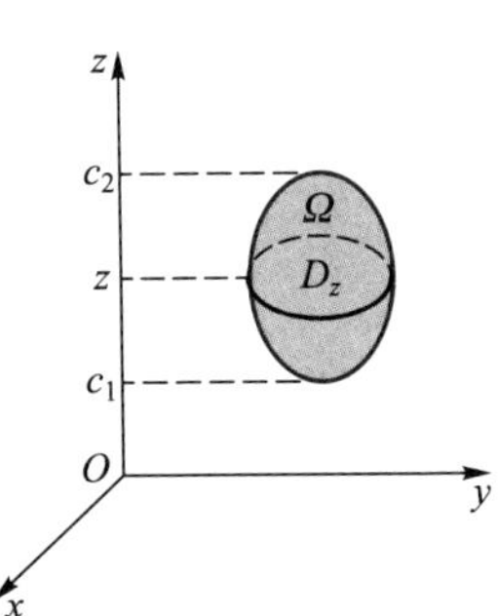

图 9.31

$$\boxed{\iiint_{\Omega} f(x, y, z) \mathrm{d}v=\int_{c_1}^{c_2} \mathrm{d}z \iint_{D_z} f(x, y, z) \mathrm{d}x \mathrm{d}y.} \tag{9.14}$$

例 2 求 $I=\iiint_{\Omega} \mathrm{e}^{|z|} \mathrm{d}v$，其中 $\Omega=\{(x, y, z) \mid x^2+y^2+z^2 \leqslant 1\}$.

解 Ω 为单位球域，在 z 轴上的投影区间为 $[-1,1]$. 过 $[-1,1]$ 中任一点 z 作平行于 xOy 坐标面的平面截 Ω 得一圆域 $D_z=\{(x, y) \mid x^2+y^2 \leqslant 1-z^2\}$，则空间闭区域 Ω 可表示为

$$\Omega=\{(x, y, z) \mid-1 \leqslant z \leqslant 1, x^2+y^2 \leqslant 1-z^2\}.$$

由公式(9.14)得

$$I=\int_{-1}^1 \mathrm{d}z \iint_{D_z} \mathrm{e}^{|z|} \mathrm{d}x \mathrm{d}y=\int_{-1}^1 \mathrm{e}^{|z|} \mathrm{d}z \iint_{D_z} \mathrm{d}x \mathrm{d}y$$

$$=\pi \int_{-1}^1 \mathrm{e}^{|z|}(1-z^2) \mathrm{d}z=2 \pi \int_0^1(1-z^2) \mathrm{e}^z \mathrm{d}z$$

$$= -2\pi(1-z)^2 e^z \Big|_0^1 = 2\pi.$$

三、三重积分在柱坐标系中的计算法

与二重积分计算法中引进极坐标的理由类似,三重积分有时也要利用柱坐标或球坐标来进行计算.

1. 柱坐标系

设 $M(x,y,z)$ 为空间内一点,它在 xOy 坐标面上的投影点 P 的极坐标为 (ρ,φ),则空间一点 M 也可用三个数 ρ,φ,z 来表示.这里规定 ρ,φ 和 z 的变化范围为 $0 \leqslant \rho < +\infty, 0 \leqslant \varphi \leqslant 2\pi, -\infty < z < +\infty$. 这样确定的坐标系称为柱坐标系,称 (ρ,φ,z) 为空间点 M 的柱坐标,记作 $M(\rho,\varphi,z)$,如图 9.32 所示.

构成柱坐标系的三族坐标面分别为

$\rho=$ 常数: 表示一族以 z 轴为轴的圆柱面;

$\varphi=$ 常数: 表示一族过 z 轴的半平面;

$z=$ 常数: 表示一族垂直于 z 轴的平面.

显然,点 M 的直角坐标与柱坐标的关系是

$$\begin{cases} x = \rho\cos\varphi, \\ y = \rho\sin\varphi, \\ z = z. \end{cases}$$

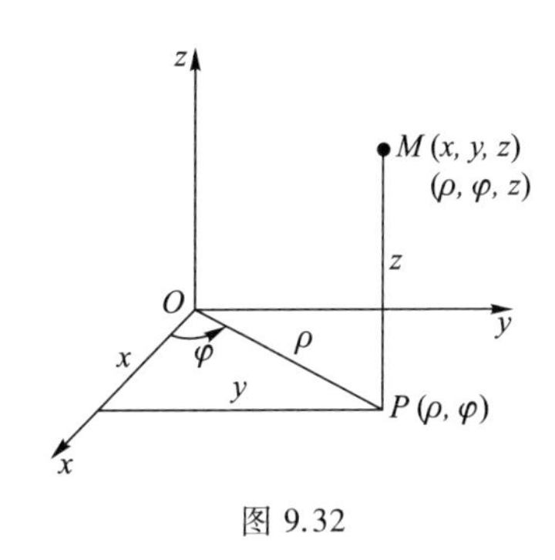

图 9.32

2. 三重积分在柱坐标系中的计算法

首先要把三重积分 $\iiint\limits_{\Omega} f(x,y,z)\,\mathrm{d}v$ 中的变量和体积元素变换成柱坐标.为此,用三组坐标面 $\rho=$ 常数,$\varphi=$ 常数,$z=$ 常数把 Ω 分成许多小闭区域,除了含 Ω 的边界点的一些不规则的小区域外,这种小区域都是柱体.现考虑由 ρ,φ,z 各取得微小改变量 $\mathrm{d}\rho,\mathrm{d}\varphi,\mathrm{d}z$ 所成的柱体的体积(图 9.33),这个体积等于高与底面积的乘积.现在此柱体的高为 $\mathrm{d}z$,底面积可视为极坐标下的面积元素 $\rho\mathrm{d}\rho\mathrm{d}\varphi$,于是得柱坐标系下的体积元素为

$$\mathrm{d}v = \rho\,\mathrm{d}\rho\,\mathrm{d}\varphi\,\mathrm{d}z,$$

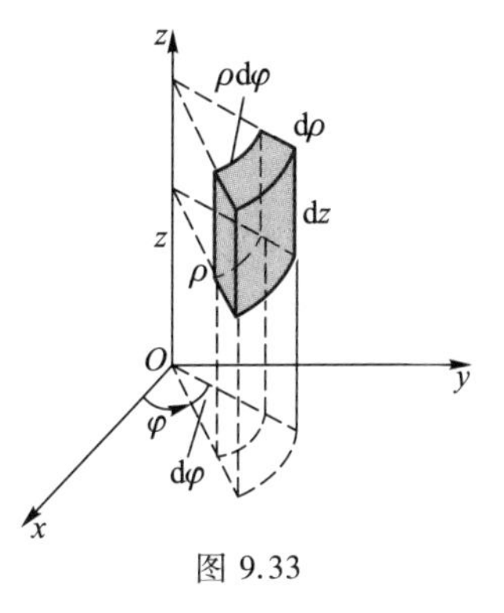

图 9.33

由直角坐标与柱坐标间的关系可知:

$$\iiint_{\Omega} f(x,y,z)\,\mathrm{d}x\mathrm{d}y\mathrm{d}z = \iiint_{\Omega} F(\rho,\varphi,z)\rho\,\mathrm{d}\rho\,\mathrm{d}\varphi\,\mathrm{d}z, \tag{9.15}$$

其中 $F(\rho,\varphi,z)=f(\rho\cos\varphi,\rho\sin\varphi,z)$，式(9.15)就是把三重积分的变量从直角坐标变换为柱坐标的公式.

柱坐标系下的三重积分的计算，用与在直角坐标系中的计算类似方法，将(9.15)式右端的三重积分化为对 z,ρ,φ 的三次积分，积分限是根据 z,ρ,φ 在积分区域 Ω 中的变化范围来确定的，下面通过例子来说明.

例 3 求 $I=\iiint_{\Omega}(x^2+y^2+z^2)\,\mathrm{d}v$，其中区域 Ω 是由曲面 $z=x^2+y^2$ 与平面 $z=1$ 所围成的区域.

解 将空间区域 Ω 投影到 xOy 坐标面上得投影区域 D，其边界曲线可从联立方程

$$\begin{cases} z=x^2+y^2, \\ z=1 \end{cases}$$

中消去 z 而得，即边界曲线方程为 $x^2+y^2=1$. 因而区域 D 可表示为

$$0\leqslant\rho\leqslant1,\quad 0\leqslant\varphi\leqslant2\pi.$$

在 D 内任取一点 (ρ,φ)，过此点作平行于 z 轴的直线去穿 Ω，穿入点的竖坐标为 $z=\rho^2$，穿出点的竖坐标为 $z=1$（图 9.34）. 因此闭区域 Ω 可用不等式

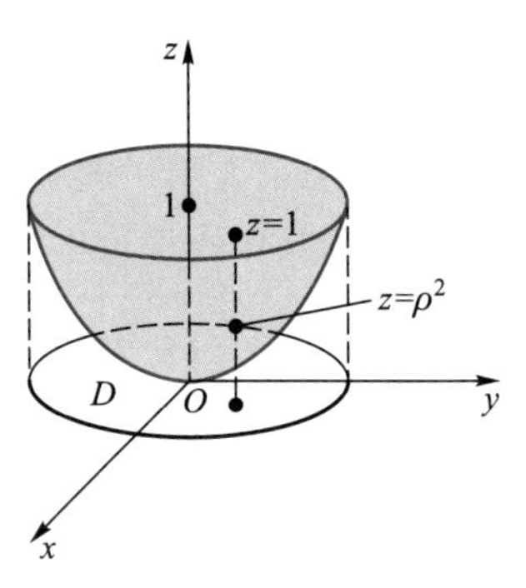

图 9.34

$$\rho^2\leqslant z\leqslant1,\quad 0\leqslant\rho\leqslant1,\quad 0\leqslant\varphi\leqslant2\pi$$

来表示. 于是由公式(9.15)得

$$\begin{aligned} I &= \iiint_{\Omega}(\rho^2+z^2)\rho\,\mathrm{d}\rho\,\mathrm{d}\varphi\,\mathrm{d}z \\ &= \int_0^{2\pi}\mathrm{d}\varphi\int_0^1\rho\,\mathrm{d}\rho\int_{\rho^2}^1(\rho^2+z^2)\,\mathrm{d}z \\ &= \int_0^{2\pi}\mathrm{d}\varphi\int_0^1\rho\left(\rho^2z+\frac{z^3}{3}\right)\Big|_{\rho^2}^1\mathrm{d}\rho \\ &= \int_0^{2\pi}\mathrm{d}\varphi\int_0^1\left(\rho^3+\frac{\rho}{3}-\rho^5-\frac{\rho^7}{3}\right)\mathrm{d}\rho \\ &= \frac{5}{12}\pi. \end{aligned}$$

例 4 设一立体 Ω 是柱面 $x^2+y^2=1$ 介于平面 $z=4$ 与抛物面 $z=1-x^2-y^2$

之间的部分(图 9.35),其任一点的密度与该点到 z 轴的距离成正比,求立体 Ω 的质量.

解　将立体 Ω 投影到 xOy 坐标面上得投影区域 D,其边界曲线方程是 $x^2+y^2=1$, 此空间区域 Ω 用柱坐标表示是

$$\Omega=\{(\rho,\varphi,z)\mid 0\leqslant\varphi\leqslant 2\pi,0\leqslant\rho\leqslant 1,1-\rho^2\leqslant z\leqslant 4\}.$$

由已知,任一点的密度 $\mu=k\sqrt{x^2+y^2}$, 其中 k 为比例常数,因此

$$\begin{aligned}m&=\iiint_{\Omega}k\sqrt{x^2+y^2}\,\mathrm{d}v\\&=\int_0^{2\pi}\mathrm{d}\varphi\int_0^1\mathrm{d}\rho\int_{1-\rho^2}^4 k\rho\cdot\rho\,\mathrm{d}z\\&=k\int_0^{2\pi}\mathrm{d}\varphi\int_0^1\rho^2[4-(1-\rho^2)]\,\mathrm{d}\rho\\&=k\int_0^{2\pi}\mathrm{d}\varphi\int_0^1(3\rho^2+\rho^4)\,\mathrm{d}\rho\\&=\frac{12\pi k}{5}.\end{aligned}$$

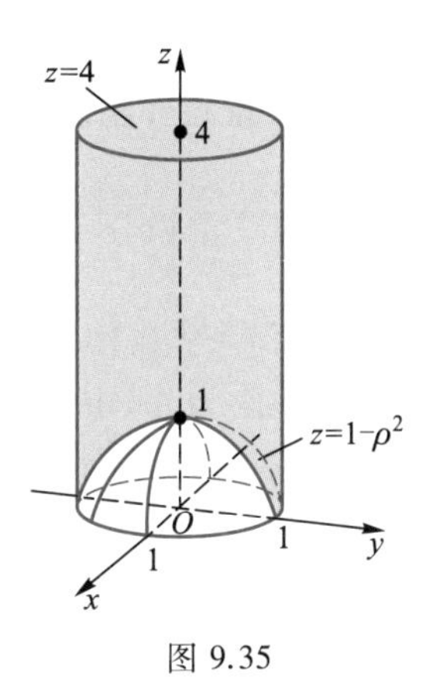

图 9.35

四、三重积分在球坐标系中的计算法

1. 球坐标系

设 $M(x,y,z)$ 为空间内一点,它在 xOy 坐标面上的投影为 P(图 9.36),联结 OM 及 OP,记 $\left|\overrightarrow{OM}\right|=r$, z 轴正向与有向线段$\overrightarrow{OM}$所夹的角为 θ,面对 z 轴的正向看,自 x 轴按逆时针方向转到有向线段$\overrightarrow{OP}$所夹的角为 φ .这样,对于空间一点 M,也可用三个数 r,θ,φ 来表示,这里 r,θ,φ 的变化范围是 $0\leqslant r<+\infty$,$0\leqslant\theta\leqslant\pi$,$0\leqslant\varphi\leqslant 2\pi$. 这样确定的坐标系称为球坐标系.而称$(r,\theta,\varphi)$为空间点 M 的球坐标,记作 $M(r,\theta,\varphi)$.

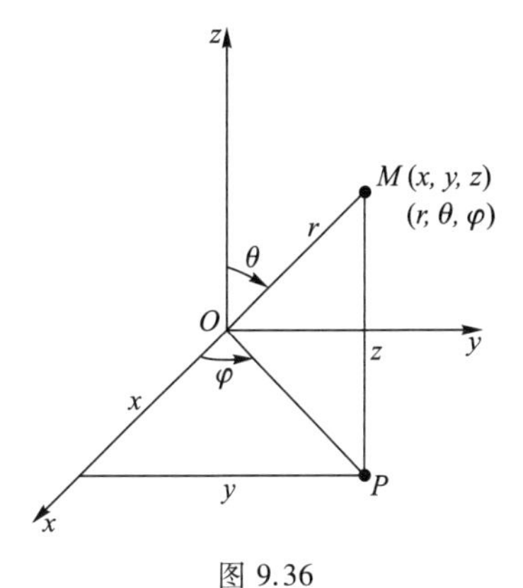

图 9.36

构成球坐标系的三族坐标面分别为

$r=$常数:表示一族以原点为球心的球面;

$\theta=$常数:表示一族以原点为顶点,以 z 轴为轴的圆锥面;

φ=常数:表示一族含 z 轴的半平面.

显然,点 M 的直角坐标与球坐标的关系是

$$\begin{cases} x = OP\cos\varphi = r\sin\theta\cos\varphi, \\ y = OP\sin\varphi = r\sin\theta\sin\varphi, \\ z = r\cos\theta. \end{cases} \tag{9.16}$$

2. 三重积分在球坐标系中的计算法

先将三重积分 $\iiint\limits_{\Omega} f(x,y,z)\,\mathrm{d}v$ 中的变量和体积元素变换成球坐标.为此,用三族坐标面 r=常数,θ=常数,φ=常数把积分区域 Ω 分成许多小区域,设 r,θ,φ 的改变量依次为 $\mathrm{d}r,\mathrm{d}\theta,\mathrm{d}\varphi$,则不含边界点的小区域可近似地看作以 AB,AC,AD 为边长的小长方体,如图 9.37 所示.由于 $AB \approx r\mathrm{d}\theta, AC \approx r\sin\theta\mathrm{d}\varphi, AD \approx \mathrm{d}r$, 所以在球坐标系中的体积元素 $\mathrm{d}v$ 为

$$\mathrm{d}v = r^2\sin\theta\,\mathrm{d}r\mathrm{d}\theta\mathrm{d}\varphi,$$

再注意到关系式(9.16),便有

$$\iiint\limits_{\Omega} f(x,y,z)\,\mathrm{d}x\mathrm{d}y\mathrm{d}z = \iiint\limits_{\Omega} F(r,\theta,\varphi)r^2\sin\theta\,\mathrm{d}r\mathrm{d}\theta\mathrm{d}\varphi, \tag{9.17}$$

其中 $F(r,\theta,\varphi)=f(r\sin\theta\cos\varphi, r\sin\theta\sin\varphi, r\cos\theta)$. (9.17)式就是把三重积分的变量从直角坐标变换为球坐标的公式.

要计算球坐标系中的三重积分,可把它化为先对 r 后对 θ 再对 φ 的三次积分.

若积分区域 Ω 的边界曲面是一个包围原点在内的闭曲面,其球坐标方程为 $r = r(\theta,\varphi)$, 则

$$\iiint\limits_{\Omega} F(r,\theta,\varphi)r^2\sin\theta\,\mathrm{d}r\mathrm{d}\theta\mathrm{d}\varphi = \int_0^{2\pi}\mathrm{d}\varphi\int_0^{\pi}\mathrm{d}\theta\int_0^{r(\theta,\varphi)} F(r,\theta,\varphi)r^2\sin\theta\,\mathrm{d}r.$$

特别当积分区域 Ω 由球面 $x^2+y^2+z^2=R^2$ 围成时,则

$$\iiint\limits_{\Omega} F(r,\theta,\varphi)r^2\sin\theta\,\mathrm{d}r\mathrm{d}\theta\mathrm{d}\varphi = \int_0^{2\pi}\mathrm{d}\varphi\int_0^{\pi}\mathrm{d}\theta\int_0^{R} F(r,\theta,\varphi)r^2\sin\theta\,\mathrm{d}r.$$

若原点不在区域 Ω 的内部,则定限方法如下:先将积分区域 Ω 投影到 xOy 坐标面上,得域 D,在 D 中按平面极坐标确定 φ 角的变化范围,得 $\alpha \leqslant \varphi \leqslant \beta$, 则 α 与 β 就分别是对 φ 积分的下限和上限;再对固定的 $\varphi \in (\alpha,\beta)$, 过 z 轴作半平

面去截 Ω,得截面 S(图 9.38).在此半平面内用极坐标定限法则确定 S: $\theta_1(\varphi)\leqslant\theta\leqslant\theta_2(\varphi)$, $r_1(\theta,\varphi)\leqslant r\leqslant r_2(\theta,\varphi)$, 则 $\theta_1(\varphi)$ 与 $\theta_2(\varphi)$ 就分别是对 θ 积分的下限与上限; $r_1(\theta,\varphi)$ 与 $r_2(\theta,\varphi)$ 就分别是对 r 积分的下限与上限.

从而

$$\iiint_{\Omega}F(r,\theta,\varphi)r^2\sin\theta\mathrm{d}r\mathrm{d}\theta\mathrm{d}\varphi=\int_{\alpha}^{\beta}\mathrm{d}\varphi\int_{\theta_1(\varphi)}^{\theta_2(\varphi)}\mathrm{d}\theta\int_{r_1(\theta,\varphi)}^{r_2(\theta,\varphi)}F(r,\theta,\varphi)r^2\sin\theta\mathrm{d}r.$$

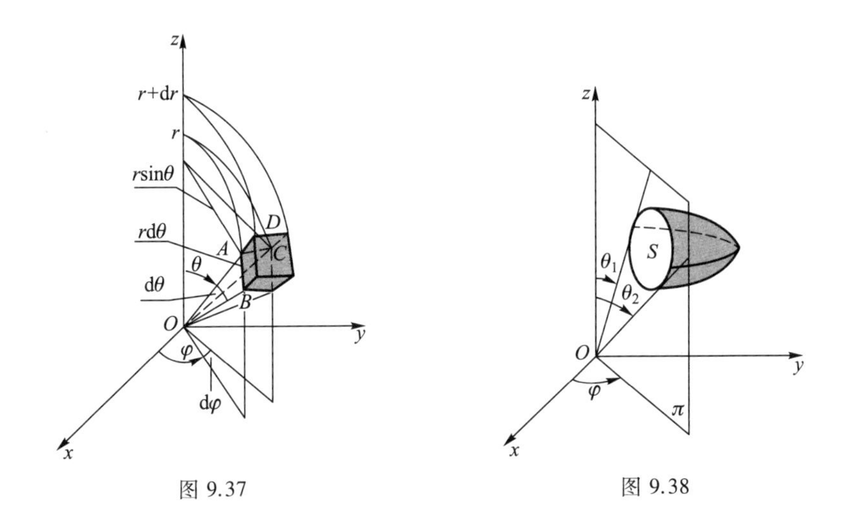

图 9.37　　　图 9.38

例 5　计算 $I=\iiint_{\Omega}\sqrt{x^2+y^2+z^2}\,\mathrm{d}v$,其中积分区域 $\Omega=\{(x,y,z)\mid x^2+y^2+z^2\leqslant R^2\}$.

解　因为原点在球内,而球面方程 $x^2+y^2+z^2=R^2$ 在球坐标系中的方程为 $r=R$, 所以积分区域 Ω 可用不等式

$$0\leqslant r\leqslant R,\quad 0\leqslant\theta\leqslant\pi,\quad 0\leqslant\varphi\leqslant 2\pi$$

来表示,于是

$$I=\iiint_{\Omega}r\cdot r^2\sin\theta\mathrm{d}r\mathrm{d}\theta\mathrm{d}\varphi=\int_0^{2\pi}\mathrm{d}\varphi\int_0^{\pi}\mathrm{d}\theta\int_0^{R}r^3\sin\theta\mathrm{d}r=\pi R^4.$$

例 6　求球面 $x^2+y^2+z^2=2Rz(R>0)$ 与锥面 $z=\sqrt{x^2+y^2}$ 所围的包含球心的那部分区域 Ω 的体积.

解　画出区域 Ω,如图 9.39 所示.在球坐标系下,球面方程为 $r=2R\cos\theta$, 锥面方程为 $\theta=\dfrac{\pi}{4}$.

空间区域 Ω 在 xOy 坐标面上的投影为圆域：$x^2+y^2\leqslant R^2$，故 $0\leqslant\varphi\leqslant 2\pi$. 固定 φ，作过 z 轴的半平面与 Ω 相交，得阴影区域为 S. 因此，$0\leqslant\theta\leqslant\frac{\pi}{4}$.

在 $\varphi=\varphi$ 上，作射线 $\theta=\theta\left(0\leqslant\theta\leqslant\frac{\pi}{4}\right)$，这射线由 O 穿进域 S，从 $r=2R\cos\theta$ 穿出，所以 $0\leqslant r\leqslant 2R\cos\theta$. 从而区域 Ω 可表示为

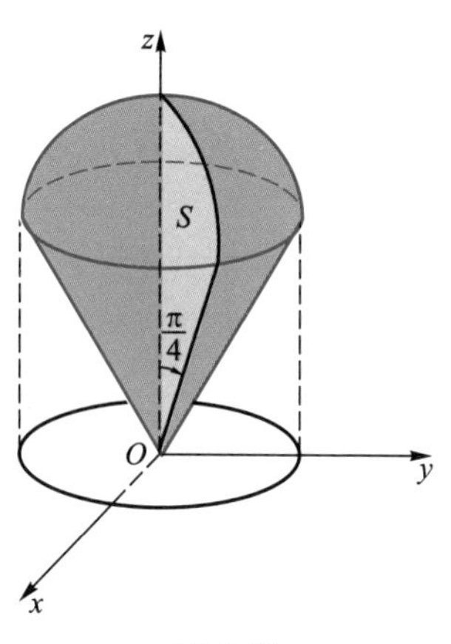

图 9.39

$$0\leqslant r\leqslant 2R\cos\theta,\quad 0\leqslant\theta\leqslant\frac{\pi}{4},\quad 0\leqslant\varphi\leqslant 2\pi.$$

于是体积

$$\begin{aligned}V&=\iiint_\Omega \mathrm{d}v=\iiint_\Omega r^2\sin\theta\mathrm{d}r\mathrm{d}\theta\mathrm{d}\varphi\\&=\int_0^{2\pi}\mathrm{d}\varphi\int_0^{\frac{\pi}{4}}\mathrm{d}\theta\int_0^{2R\cos\theta}r^2\sin\theta\mathrm{d}r\\&=\frac{16}{3}\pi R^3\int_0^{\frac{\pi}{4}}\cos^3\theta\sin\theta\mathrm{d}\theta=\pi R^3.\end{aligned}$$

本节介绍了三重积分在三种不同坐标系中的计算方法，在具体计算三重积分时，选择合适的坐标系十分关键，应根据积分区域与被积函数两方面综合起来考虑. 一般来讲，当积分区域是球域或球域的一部分时，被积函数又呈 $f(x^2+y^2+z^2)$ 型，宜采用球坐标系；若积分区域在 xOy 坐标面上的投影区域为圆域或部分圆域，被积函数又呈 $f(x^2+y^2)$ 型，则宜采用柱坐标系.

在计算重积分时要经常注意积分区域是否具有对称性，以及被积函数在对称区域上是否具有奇偶性，若有，则常能使重积分的计算得以简化.

习题 9.3

1. 把三重积分 $\iiint_\Omega f(x,y,z)\mathrm{d}v$ 化为在直角坐标系中的三次积分，积分区域 Ω 分别为：

(1) Ω 是由圆柱面 $x^2+y^2=1$ 与平面 $z=0,z=x+y+10$ 所围成的区域；

(2) Ω 是由椭圆抛物面 $z=x^2+y^2$，抛物柱面 $y=x^2$ 及平面 $y=1,z=0$ 所围成的区域；

(3) Ω 是由曲面 $z=xy$ 与平面 $y=x,x=1$ 和 $z=0$ 所围成的区域；

(4) Ω 是由曲面 $z=x^2+y^2$ 及平面 $z=1$ 所围成的区域.

2. 计算下列三重积分：

(1) $\iiint\limits_{\Omega} xz\mathrm{d}x\mathrm{d}y\mathrm{d}z$，其中 Ω 是由平面 $z=0, z=y, y=1$ 以及抛物柱面 $y=x^2$ 所围成的区域；

(2) $\iiint\limits_{\Omega} \dfrac{1}{(1+x+y+z)^3}\mathrm{d}x\mathrm{d}y\mathrm{d}z$，其中 Ω 是由平面 $x+y+z=1$ 与三坐标面所围成的四面体；

(3) $\iiint\limits_{\Omega} xy\mathrm{d}v$，其中 Ω 是由双曲抛物面 $z=xy$，平面 $x+y=1$ 及 $z=0$ 围成.

3. 将下列三重积分变换成柱坐标系或球坐标系下的三次积分：

(1) $\int_{-1}^{1}\mathrm{d}x\int_{-\sqrt{1-x^2}}^{\sqrt{1-x^2}}\mathrm{d}y\int_{-\sqrt{1-x^2-y^2}}^{0} f(\sqrt{x^2+y^2+z^2})\mathrm{d}z$；

(2) $\int_{-1}^{1}\mathrm{d}x\int_{-\sqrt{1-x^2}}^{\sqrt{1-x^2}}\mathrm{d}y\int_{\sqrt{x^2+y^2}}^{\sqrt{2-x^2-y^2}} f(x,y,z)\mathrm{d}z$.

4. 利用柱坐标计算下列三重积分：

(1) $\iiint\limits_{\Omega} z\mathrm{d}x\mathrm{d}y\mathrm{d}z$，其中 Ω 为半球体 $\{(x,y,z)\mid x^2+y^2+z^2\leqslant 1, z\geqslant 0\}$；

(2) $\iiint\limits_{\Omega} z\sqrt{x^2+y^2}\mathrm{d}v$，其中 Ω 是柱面 $y=\sqrt{2x-x^2}$ 及平面 $z=0, z=a\ (a>0), y=0$ 所围成的区域；

(3) $\iiint\limits_{\Omega} x^2y^2z\mathrm{d}v$，其中 Ω 是由 $2z=x^2+y^2$ 与平面 $z=2$ 所围成的区域；

(4) $\iiint\limits_{\Omega} \mathrm{e}^z\mathrm{d}v$，其中 Ω 是由锥面 $z=\sqrt{x^2+y^2}$ 与抛物面 $z=2-x^2-y^2$ 所围成的区域.

5. 利用球坐标计算下列三重积分：

(1) $\iiint\limits_{\Omega}(x^2+y^2+z^2)\mathrm{d}v$，其中 Ω 是由球面 $x^2+y^2+z^2=1$ 所围成的第一卦限内的区域；

(2) $\iiint\limits_{\Omega} z\mathrm{d}v$，其中 Ω 是由不等式 $x^2+y^2+(z-1)^2\leqslant 1, x^2+y^2\leqslant z^2$ 所确定.

6. 选择适当的坐标系，计算下列三重积分：

(1) $\iiint\limits_{\Omega} xy\mathrm{d}v$，其中 Ω 为柱面 $x^2+y^2=1$ 及平面 $z=1, z=0, x=0, y=0$ 所围成的在第一卦限内的闭区域；

(2) $\iiint\limits_{\Omega}\dfrac{\cos(\sqrt{x^2+y^2+z^2})}{\sqrt{x^2+y^2+z^2}}\mathrm{d}v$，其中$\Omega$为$\{(x,y,z)\mid \pi^2\leqslant x^2+y^2+z^2\leqslant 4\pi^2\}$；

(3) $\iiint\limits_{\Omega}y\mathrm{d}v$，其中$\Omega$是由$z=3-x^2-y^2$与$z=-5+x^2+y^2$所围区域在$x\geqslant 0$，$y\geqslant 0$部分；

(4) $\iiint\limits_{\Omega}y\cos(x+z)\mathrm{d}v$，其中$\Omega$是由抛物柱面$y=\sqrt{x}$，平面$x+z=\dfrac{\pi}{2}$，$y=0$，$z=0$所围成；

(5) $\iiint\limits_{\Omega}(x^2+y^2)\mathrm{d}v$，其中$\Omega$是曲线$\begin{cases}y^2=2z,\\x=0\end{cases}$绕$z$轴旋转一周而成的曲面及平面$z=2$，$z=8$所围成的区域；

(6) $\iiint\limits_{\Omega}\left|z-\sqrt{x^2+y^2}\right|\mathrm{d}v$，其中$\Omega$是由平面$z=0$，$z=1$及圆柱面$x^2+y^2=2$所围成的区域.

7. 设有一内壁形状为抛物面$z=x^2+y^2$的容器，原来在容器内盛有$8\pi\ \mathrm{cm}^3$的水，后来又注入$64\pi\ \mathrm{cm}^3$的水，试求水面比原来升高了多少？

8. 求由圆柱面$x^2+y^2=2ax$，旋转抛物面$az=x^2+y^2(a>0)$及平面$z=0$所围成的立体的体积.

9. 求由$x^2+y^2+z^2=1$，$x^2+y^2+z^2=4$及$z=\sqrt{x^2+y^2}$所围立体的体积.

10. 设$f(w)$连续，Ω由$0\leqslant z\leqslant h$，$x^2+y^2\leqslant t^2$围成，若$F(t)=\iiint\limits_{\Omega}[z^2+f(x^2+y^2)]\mathrm{d}v$，求

(1) $\dfrac{\mathrm{d}F(t)}{\mathrm{d}t}$；　　(2) $\lim\limits_{t\to 0^+}\dfrac{F(t)}{t^2}$.

第四节　重积分的应用

在定积分的应用中，我们介绍了定积分的微元法，这种方法也可推广到二重积分（或三重积分）的应用中.

如果所求量u对于平面闭区域D具有可加性（即当区域D分成许多小区域时，所求量u相应地分成许多部分量，且u等于部分量之和），并且在积分区域D内任取一点$P(x,y)$及含点$P(x,y)$的一个小区域$\mathrm{d}\sigma$，当此小区域的直径很小时，在此区域内将非均匀变化看作均匀变化（即视$f(x,y)$在$\mathrm{d}\sigma$内不变），便得到

相应的部分量 $\Delta u \approx f(x,y)\,\mathrm{d}\sigma$，称 $f(x,y)\,\mathrm{d}\sigma$ 为所求量 u 的微元，记作 $\mathrm{d}u$，以它为被积表达式，在闭区域 D 上积分，即得所求量

$$u=\iint_D f(x,y)\,\mathrm{d}\sigma.$$

上述方法称为二重积分的微元法.

在三重积分的应用中也可采用微元法.现在我们运用微元法，借助于重积分来解决与分布在平面或空间区域的量有关的几何与物理问题.

一、曲面面积

设曲面 Σ 的方程为 $z=f(x,y)$，D 为曲面 Σ 在 xOy 坐标面上的投影区域，函数 $f(x,y)$ 在 D 上具有连续偏导数，现在我们用微元法求曲面 Σ 的面积 A.

在闭区域 D 上任取一点 $P(x,y)$ 及含点 $P(x,y)$ 的一个小区域 $\mathrm{d}\sigma$（这小块区域的面积也记作 $\mathrm{d}\sigma$）.点 $P(x,y)$ 对应于曲面 Σ 上的一点 $M(x,y,f(x,y))$，点 M 处曲面 Σ 的切平面设为 T（图 9.40）.以小区域 $\mathrm{d}\sigma$ 的边界为准线，作母线平行于 z 轴的柱面，这柱面在曲面 Σ 上截下一小片曲面，在切平面 T 上截一小片平面，由于 $\mathrm{d}\sigma$ 的直径很小，那一小片平面的面积 $\mathrm{d}A$ 可以近似代替相应的那小片曲面的面积.由于 $\mathrm{d}\sigma$ 是 $\mathrm{d}A$ 在 xOy 坐标面上的投影（图 9.41），因而 $\mathrm{d}\sigma=\mathrm{d}A\,|\cos\gamma|$，其中 γ 是曲面 Σ 在点 $M(x,y,z)$ 的切平面的法线与 z 轴正向所成的角.在点 M 处，曲面 $z=f(x,y)$ 的法向量为 $\boldsymbol{n}=\left(z_x(x,y),z_y(x,y),-1\right)$，故

$$|\cos\gamma|=\frac{1}{\sqrt{1+z_x^2(x,y)+z_y^2(x,y)}},$$

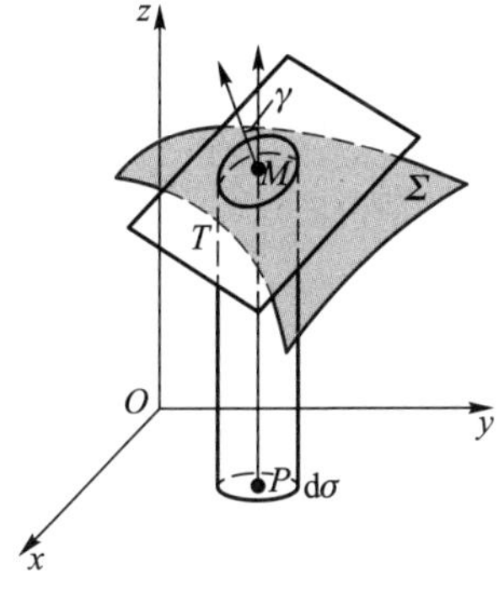

图 9.40

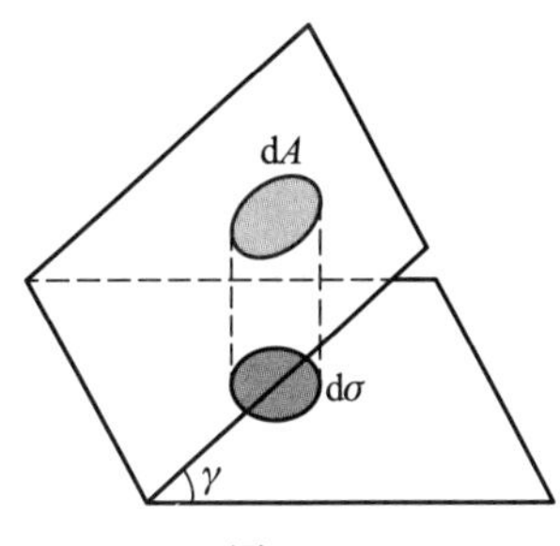

图 9.41

所以

$$dA=\sqrt{1+z_x^2(x,y)+z_y^2(x,y)}\,d\sigma.$$

dA 称为曲面 $z=f(x,y)$ 的曲面面积微元.

以 dA 为被积表达式在区域 D 上积分得

$$A=\iint_D\sqrt{1+z_x^2(x,y)+z_y^2(x,y)}\,dxdy. \tag{9.18}$$

(9.18)是计算曲面面积的公式.

如果曲面 Σ 的方程为 $x=g(y,z)$ 或 $y=h(x,z)$，那么相应的曲面面积的计算公式为

$$A=\iint_{D_{yz}}\sqrt{1+x_y^2+x_z^2}\,dydz,$$

或

$$A=\iint_{D_{xz}}\sqrt{1+y_x^2+y_z^2}\,dxdz. \tag{9.19}$$

其中 D_{yz} 与 D_{xz} 分别是曲面 Σ 在 yOz 坐标面与 xOz 坐标面上的投影区域.

例 1 求圆柱面 $x^2+y^2=a^2$ 在第一卦限中被平面 $z=0, z=mx\ (m>0), x=b(0<b<a)$ 所截下部分的面积(图 9.42).

解 在第一卦限内的圆柱面方程为

$$y=\sqrt{a^2-x^2},$$

由

$$\frac{\partial y}{\partial x}=\frac{-x}{\sqrt{a^2-x^2}},\quad \frac{\partial y}{\partial z}=0,$$

得

$$\sqrt{1+y_x^2+y_z^2}=\frac{a}{\sqrt{a^2-x^2}}.$$

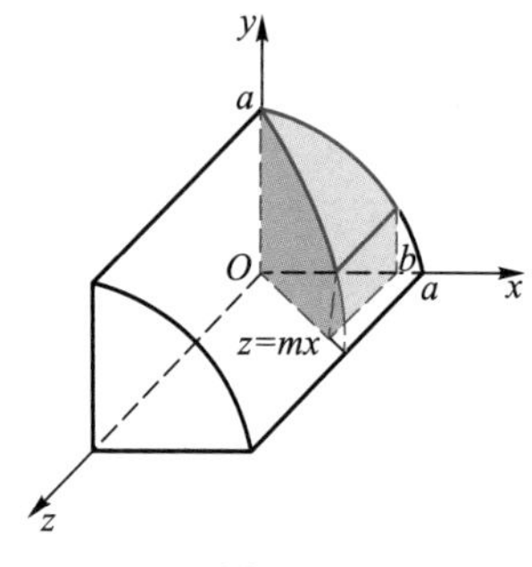

图 9.42

曲面在 xOz 坐标面上的投影域 D: $\begin{cases}0\leqslant z\leqslant mx,\\0\leqslant x\leqslant b.\end{cases}$ 代入公式(9.19)得

$$A=\iint_D\frac{a}{\sqrt{a^2-x^2}}dxdz=\int_0^b\int_0^{mx}\frac{a}{\sqrt{a^2-x^2}}dzdx$$

$$=\int_0^b \frac{amx}{\sqrt{a^2-x^2}}\mathrm{d}x = a^2m - am\sqrt{a^2-b^2}.$$

例 2　求半径为 a 的球面的面积.

解　球面的面积为上半球面的面积的 2 倍,而上半球面的方程为 $z=\sqrt{a^2-x^2-y^2}$,则它在 xOy 坐标面上的投影区域 D 为圆域 $x^2+y^2\leqslant a^2$.

由

$$\frac{\partial z}{\partial x}=\frac{-x}{\sqrt{a^2-x^2-y^2}},\quad \frac{\partial z}{\partial y}=\frac{-y}{\sqrt{a^2-x^2-y^2}},$$

得

$$\sqrt{1+z_x^2+z_y^2}=\frac{a}{\sqrt{a^2-x^2-y^2}}.$$

因为上式表示的函数在闭区域 D 上无界,我们不能直接引用曲面面积的计算公式.所以先取区域 $D_1: x^2+y^2\leqslant b^2(0<b<a)$ 为积分区域,算出相应于 D_1 上的球面面积 A_1 后,再令 $b\to a$ 取 A_1 的极限(这极限就称为函数 $\frac{a}{\sqrt{a^2-x^2-y^2}}$ 在闭区域 D 上的反常二重积分),就得半球面的面积

$$A_1=\iint\limits_{D_1}\frac{a}{\sqrt{a^2-x^2-y^2}}\mathrm{d}x\mathrm{d}y.$$

利用极坐标,得

$$A_1=\iint\limits_{D_1}\frac{a}{\sqrt{a^2-\rho^2}}\rho\,\mathrm{d}\rho\,\mathrm{d}\varphi=\int_0^{2\pi}\mathrm{d}\varphi\int_0^b\frac{a\rho}{\sqrt{a^2-\rho^2}}\mathrm{d}\rho$$

$$=2\pi a\int_0^b\frac{\rho\,\mathrm{d}\rho}{\sqrt{a^2-\rho^2}}=2\pi a\left(a-\sqrt{a^2-b^2}\right).$$

因此,球面的面积为

$$A=2\lim_{b\to a}A_1=2\lim_{b\to a}2\pi a\left(a-\sqrt{a^2-b^2}\right)=4\pi a^2.$$

二、物理应用

1. 平面与空间物体的质心

由力学知道,若质量为 m 的质点到已知直线或平面的距离为 r,则称乘积 mr 为该质点对已知直线或平面的静矩.

设 xOy 坐标面内有质量分别为 $m_1,m_2,\cdots,m_n$ 的 n 个质点,它们的坐标分别

为$(x_1,y_1),(x_2,y_2),\cdots,(x_n,y_n)$,则称

$$M_x=\sum_{i=1}^{n}m_iy_i,\quad M_y=\sum_{i=1}^{n}m_ix_i$$

分别为质点组对 x 轴与 y 轴的静矩.

由力学也知道,如果把质点组的质量集中在这样一点 $P(\bar{x},\bar{y})$,使得质点组对各坐标轴的静矩等于质点组的质量集中在 P 点后对同一坐标轴的静矩,那么点 P 就称为该质点组的质量中心(简称质心),由此有

$$m\bar{x}=M_y,\qquad m\bar{y}=M_x.$$

其中 $m=\sum\limits_{i=1}^{n}m_i$ 为该质点组的总质量,则平面内质点组的质心坐标为

$$\bar{x}=\frac{M_y}{m}=\frac{\sum\limits_{i=1}^{n}m_ix_i}{\sum\limits_{i=1}^{n}m_i},\quad \bar{y}=\frac{M_x}{m}=\frac{\sum\limits_{i=1}^{n}m_iy_i}{\sum\limits_{i=1}^{n}m_i}.$$

设有一平面薄片,占有 xOy 坐标面上的闭区域 D,薄片在点(x,y)处的面密度为$\mu(x,y)$,假定$\mu(x,y)$在 D 上连续,现在要求该薄片的质心坐标.

应用微元法.在闭区域 D 上任取一点 $M(x,y)$ 及含点 $M(x,y)$的一直径很小的闭区域 $\mathrm{d}\sigma$(这小闭区域的面积也记作 $\mathrm{d}\sigma$),如图 9.43 所示.由于 $\mathrm{d}\sigma$ 的直径很小,$\mu(x,y)$在 D 上连续,所以薄片上相应于 $\mathrm{d}\sigma$ 的部分的质量近似等于$\mu(x,y)\mathrm{d}\sigma$.这部分质量可近似看作集中在点 M 上,于是可得对 x 轴与 y 轴的静矩分别为

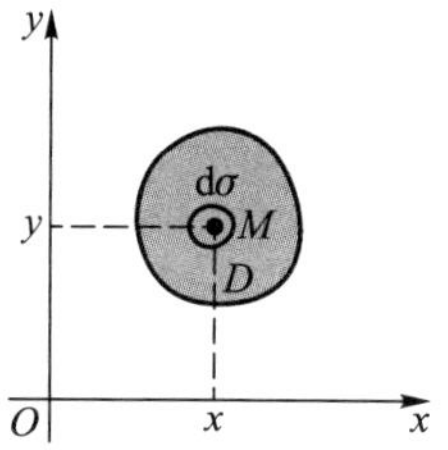

$$\mathrm{d}M_x=y\mathrm{d}m=y\mu(x,y)\mathrm{d}\sigma,$$
$$\mathrm{d}M_y=x\mathrm{d}m=x\mu(x,y)\mathrm{d}\sigma.$$

图 9.43

以这些微元为被积表达式,在区域 D 上积分,从而得到平面薄片 D 对 x 轴和 y 轴的静矩

$$M_x-\iint\limits_D y\mu(x,y)\mathrm{d}\sigma,\quad M_y=\iint\limits_D x\mu(x,y)\mathrm{d}\sigma.$$

由于平板 D 的质量为

$$m=\iint\limits_D\mathrm{d}m=\iint\limits_D\mu(x,y)\mathrm{d}\sigma,$$

所以平板 D 的质心坐标为

$$\bar{x}=\frac{\iint\limits_{D} x\mu(x,y)\,\mathrm{d}\sigma}{\iint\limits_{D}\mu(x,y)\,\mathrm{d}\sigma},\quad \bar{y}=\frac{\iint\limits_{D} y\mu(x,y)\,\mathrm{d}\sigma}{\iint\limits_{D}\mu(x,y)\,\mathrm{d}\sigma}. \tag{9.20}$$

对于空间物体,求质心的方法与上面类似.设物体占有空间闭区域 Ω,其体密度为 $\mu(x,y,z)$,它的质心为$(\bar{x},\bar{y},\bar{z})$,则有

$$\begin{aligned}\bar{x}&=\frac{\iiint\limits_{\Omega} x\mu(x,y,z)\,\mathrm{d}v}{\iiint\limits_{\Omega}\mu(x,y,z)\,\mathrm{d}v},\\ \bar{y}&=\frac{\iiint\limits_{\Omega} y\mu(x,y,z)\,\mathrm{d}v}{\iiint\limits_{\Omega}\mu(x,y,z)\,\mathrm{d}v},\\ \bar{z}&=\frac{\iiint\limits_{\Omega} z\mu(x,y,z)\,\mathrm{d}v}{\iiint\limits_{\Omega}\mu(x,y,z)\,\mathrm{d}v}.\end{aligned} \tag{9.21}$$

特别当质量是均匀分布的时候,可取 $\mu\equiv 1$, 这时求得的质心又称为物体图形的形心.

例 3 求位于两圆 $\rho=2\cos\varphi,\rho=4\cos\varphi$ 之间的均匀薄片的质心(图 9.44).

解 因为区域 D 关于 x 轴对称,所以质心$(\bar{x},\bar{y})$必在 x 轴上.于是,$\bar{y}=0$.

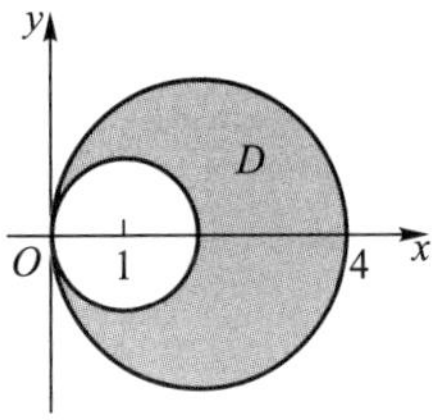

由公式(9.20)得

$$\bar{x}=\frac{\iint\limits_{D} x\mu\,\mathrm{d}\sigma}{\iint\limits_{D}\mu\,\mathrm{d}\sigma}=\frac{\iint\limits_{D} x\,\mathrm{d}\sigma}{\iint\limits_{D}\mathrm{d}\sigma}.$$

图 9.44

由于区域 D 位于半径为 1 与半径为 2 的两圆之间,因此

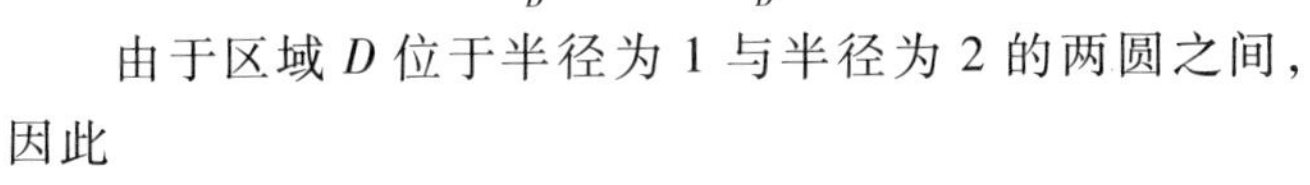

$$\iint\limits_{D}\mathrm{d}\sigma=\pi\cdot 2^2-\pi\cdot 1^2=3\pi.$$

而

$$\iint_D x\mathrm{d}\sigma = \int_{-\frac{\pi}{2}}^{\frac{\pi}{2}}\mathrm{d}\varphi \int_{2\cos\varphi}^{4\cos\varphi}\rho\cos\varphi\rho\mathrm{d}\rho$$

$$=\int_{-\frac{\pi}{2}}^{\frac{\pi}{2}}\frac{64\cos^3\varphi - 8\cos^3\varphi}{3}\cos\varphi\mathrm{d}\varphi$$

$$=\frac{56}{3}\int_{-\frac{\pi}{2}}^{\frac{\pi}{2}}\cos^4\varphi\mathrm{d}\varphi = 7\pi.$$

故

$$\bar{x} = \frac{7\pi}{3\pi} = \frac{7}{3}.$$

所以质心坐标为$\left(\frac{7}{3},0\right)$.

例 4 求均匀半球体的质心.

解 设球心在坐标原点,球半径为 R,则半球体所占空间闭区域 Ω 可表示为

$$0 \leqslant z \leqslant \sqrt{R^2 - x^2 - y^2}.$$

显然,质心在 z 轴上,故 $\bar{x} = \bar{y} = 0$.

$$\bar{z} = \frac{1}{M}\iiint_\Omega z\mu\mathrm{d}v = \frac{1}{v}\iiint_\Omega z\mathrm{d}v,$$

其中 $v = \frac{2}{3}\pi R^3$ 为半球体的体积.

$$\iiint_\Omega z\mathrm{d}v = \iiint_\Omega r\cos\theta \cdot r^2\sin\theta\mathrm{d}r\mathrm{d}\theta\mathrm{d}\varphi$$

$$=\int_0^{2\pi}\mathrm{d}\varphi \int_0^{\frac{\pi}{2}}\cos\theta\sin\theta\mathrm{d}\theta \int_0^R r^3\mathrm{d}r = \frac{\pi R^4}{4}.$$

因此,$\bar{z} = \frac{3}{8}R$,质心坐标为$\left(0,0,\frac{3}{8}R\right)$.

例 5 求抛物柱面 $x = y^2$ 和平面 $x = z, z = 0$ 及 $x = 1$ 围成的均匀立体 Ω 的质心.

解 立体 Ω 及其投影到 xOy 坐标面的投影区域 D 如图 9.45 所示,立体 Ω 的下表面与上表面分别是 $z = 0$ 和 $z = x$,因此空间区域 Ω 可表示为

$$\Omega = \{(x,y,z) \mid -1 \leqslant y \leqslant 1, y^2 \leqslant x \leqslant 1, 0 \leqslant z \leqslant x\}.$$

因为均匀立体,所以密度 $\mu =$ 常数,又空间区域关于 xOz 坐标面对称,因此 $\bar{y} = 0$,

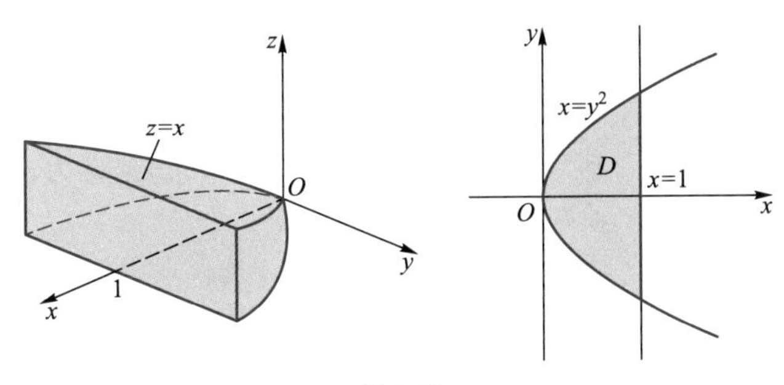

图 9.45

$$m=\iiint_{\Omega}\mu\,\mathrm{d}v=\int_{-1}^{1}\mathrm{d}y\int_{y^2}^{1}\mathrm{d}x\int_{0}^{x}\mu\,\mathrm{d}z=\mu\int_{-1}^{1}\mathrm{d}y\int_{y^2}^{1}x\,\mathrm{d}x=\frac{4\mu}{5},$$

$$\iiint_{\Omega}x\mu\,\mathrm{d}v=\int_{-1}^{1}\mathrm{d}y\int_{y^2}^{1}\mathrm{d}x\int_{0}^{x}\mu x\,\mathrm{d}z=\mu\int_{-1}^{1}\mathrm{d}y\int_{y^2}^{1}x^2\,\mathrm{d}x=\frac{4\mu}{7},$$

$$\iiint_{\Omega}z\mu\,\mathrm{d}v=\int_{-1}^{1}\mathrm{d}y\int_{y^2}^{1}\mathrm{d}x\int_{0}^{x}\mu z\,\mathrm{d}z=\mu\int_{-1}^{1}\mathrm{d}y\int_{y^2}^{1}\frac{x^2}{2}\mathrm{d}x=\frac{2\mu}{7}.$$

故，

$$\bar{x}=\frac{\frac{4\mu}{7}}{\frac{4}{5}\mu}=\frac{5}{7},\quad \bar{z}=\frac{\frac{2\mu}{7}}{\frac{4}{5}\mu}=\frac{5}{14}.$$

故物体 Ω 的质心为 $\left(\frac{5}{7},0,\frac{5}{14}\right)$.

2. 转动惯量

由力学可知，一个质量为 m 的质点运动时具有动能. 当质点平动时，其动能为 $E=\frac{1}{2}mv^2$.

若有一质量为 m 的质点，它到已知轴 L 的垂直距离为 r，绕轴 L 旋转的角速度为 ω，则线速度为 $v=\omega r$，转动质点的动能为 $E=\frac{1}{2}mv^2=\frac{1}{2}(mr^2)\omega^2$，其中括号内的量 mr^2 与角速度无关，它相当于平动中的质量 m，是转动中惯性大小的度量，称为质点对轴 L 的转动惯量，记作 $I_L=mr^2$.

若有质量分别为 $m_1,m_2,\cdots,m_n$ 的 n 个质点，且到已知轴 L 的垂直距离依次为 $r_1,r_2,\cdots,r_n$，则该质点组对轴 L 的转动惯量定义为各质点分别对轴 L 的转动

惯量之和

$$I_L = \sum_{i=1}^{n} m_i r_i^2.$$

设有一平面薄片，占有 xOy 坐标面上的闭区域 D，其密度为连续函数 $\mu(x,y)$.现在要求薄片对于 x 轴以及 y 轴的转动惯量.

应用微元法.在闭区域 D 上任取一点 $P(x,y)$ 及含点 $P(x,y)$ 的一直径很小的闭区域 $\mathrm{d}\sigma$（小区域的面积也用 $\mathrm{d}\sigma$ 来表示）.因为 $\mathrm{d}\sigma$ 直径很小，$\mu(x,y)$ 在 D 上连续，所以薄片中相应于 $\mathrm{d}\sigma$ 部分的质量近似等于 $\mu(x,y)\mathrm{d}\sigma$，这部分质量可以近似看作集中在点 $P(x,y)$ 上，于是可得到薄片对 x 轴以及 y 轴的转动惯量微元

$$\mathrm{d}I_x = y^2\mu(x,y)\mathrm{d}\sigma, \quad \mathrm{d}I_y = x^2\mu(x,y)\mathrm{d}\sigma.$$

以这些微元为被积表达式，在区域 D 上积分，即得薄片对 x 轴以及 y 轴的转动惯量为

$$\boxed{I_x = \iint_D y^2\mu(x,y)\mathrm{d}\sigma, \qquad I_y = \iint_D x^2\mu(x,y)\mathrm{d}\sigma.} \tag{9.22}$$

同理，可得空间物体 Ω 对坐标轴的转动惯量为

$$\boxed{\begin{aligned} I_x &= \iiint_\Omega (y^2+z^2)\mu(x,y,z)\mathrm{d}v, \\ I_y &= \iiint_\Omega (x^2+z^2)\mu(x,y,z)\mathrm{d}v, \\ I_z &= \iiint_\Omega (x^2+y^2)\mu(x,y,z)\mathrm{d}v. \end{aligned}} \tag{9.23}$$

$$I_{yz} = \iiint_\Omega x^2\mu(x,y,z)\mathrm{d}v, I_{xz} = \iiint_\Omega y^2\mu(x,y,z)\mathrm{d}v, I_{xy} = \iiint_\Omega z^2\mu(x,y,z)\mathrm{d}v$$

分别称为物体 Ω 对 yOz 坐标面、xOz 坐标面和 xOy 坐标面的转动惯量，且

$$I_x = I_{xz} + I_{xy}, \quad I_y = I_{yz} + I_{xy}, \quad I_z = I_{yz} + I_{xz}.$$

有时我们还会遇到对一点的转动惯量.一质点组对某一定点的转动惯量，是各质点的质量分别与它对该定点的距离平方乘积之和.由此可以推得平面薄片 D 与空间物体 Ω 对坐标原点 O 的转动惯量分别为

$$I_O = \iint_D (x^2+y^2)\mu(x,y)\mathrm{d}\sigma$$

与

$$I_O = \iiint_\Omega (x^2+y^2+z^2)\mu(x,y,z)\mathrm{d}v.$$

例 6 试求圆心在原点,半径为 R 的一个圆盘(密度 μ 为常数)对 x 轴的转动惯量.

解 由题意,圆盘所占区域 D 可表示为 $x^2+y^2\leqslant R^2$. 根据公式(9.22),有

$$I_x=\iint_D y^2\mu\,\mathrm{d}\sigma=\mu\iint_D \rho^2\sin^2\varphi\rho\,\mathrm{d}\rho\,\mathrm{d}\varphi=\mu\int_0^{2\pi}\sin^2\varphi\,\mathrm{d}\varphi\int_0^R\rho^3\,\mathrm{d}\rho$$
$$=\frac{\mu R^4}{4}\int_0^{2\pi}\frac{1-\cos 2\varphi}{2}\mathrm{d}\varphi=\frac{\pi\mu R^4}{4}.$$

例 7 已知圆锥台(图 9.46)的高为 h,上、下底圆的半径分别为 $a,b\ (b>a)$,侧面方程为 $z=\dfrac{h}{b-a}(b-\sqrt{x^2+y^2})$,试求其对 z 轴的转动惯量(体密度 $\mu=1$).

解 由公式(9.23)有

$$I_z=\iiint_\Omega(x^2+y^2)\,\mathrm{d}v.$$

采用“先重后单”方法,空间闭区域 Ω 可表示为

$$\Omega=\left\{(x,y,z)\;\middle|\;0\leqslant z\leqslant h,x^2+y^2\leqslant\left(b-\frac{b-a}{h}z\right)^2\right\}.$$

于是

$$I_z=\iiint_\Omega(x^2+y^2)\,\mathrm{d}v=\int_0^h\mathrm{d}z\iint_{D_z}(x^2+y^2)\,\mathrm{d}x\mathrm{d}y$$
$$=\int_0^h\mathrm{d}z\int_0^{2\pi}\mathrm{d}\varphi\int_0^{b-\frac{b-a}{h}z}\rho^2\cdot\rho\,\mathrm{d}\rho$$
$$=\frac{\pi}{2}\int_0^h\left(b-\frac{b-a}{h}z\right)^4\mathrm{d}z$$
$$=\frac{\pi h(b^5-a^5)}{10(b-a)}.$$

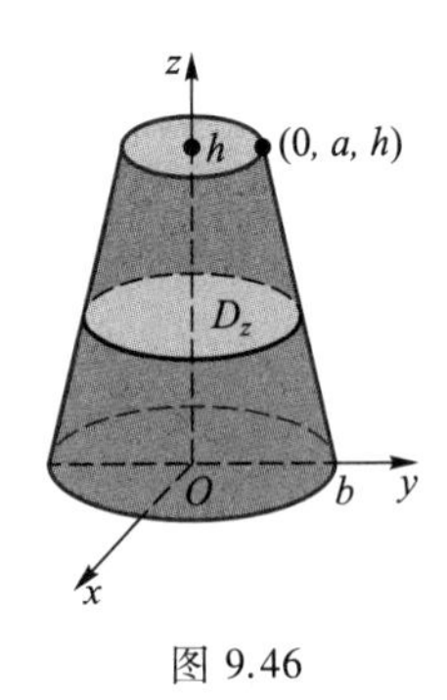

图 9.46

3. 引力

设有一物体,占有有界空间闭区域 Ω,在点(x,y,z)处的体密度为$\mu(x,y,z)$,假定 $\mu(x,y,z)$ 在 Ω 上连续.区域 Ω 外有一质点 $M_0(x_0,y_0,z_0)$,质量为 m_0,求物体 Ω 对点 M_0 的引力(图 9.47).

我们应用微元法来求引力 $\boldsymbol{F}=(F_x,F_y,F_z)$.在区域 Ω 内任取一点 $M(x,y,z)$及含点 M 的一直径很小的闭区域 $\mathrm{d}v$(其体积也用 $\mathrm{d}v$ 表示).物体 Ω 中相应于 $\mathrm{d}v$ 的部分的质量 $\mu\mathrm{d}v$ 近似地看作集中在点 $M(x,y,z)$处.

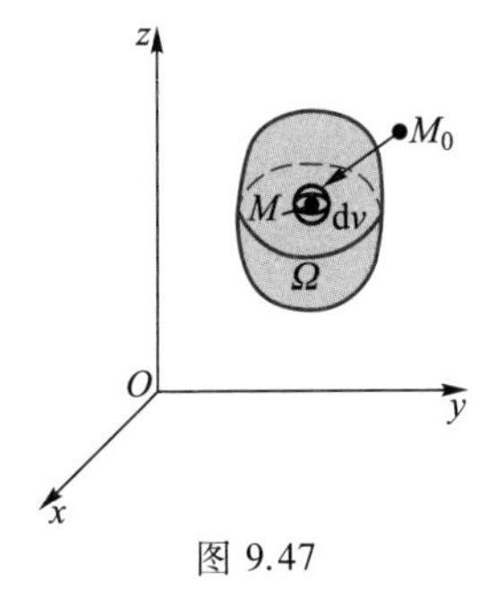

图 9.47

于是按两质点的引力公式,可得出物体 Ω 中相应于 $\mathrm{d}v$ 的部分对质点引力的大小近似为 $G\dfrac{m_0\mu\mathrm{d}v}{r^2}$,引力方向与 $(x-x_0,y-y_0,z-z_0)$ 一致,其中 $r=\sqrt{(x-x_0)^2+(y-y_0)^2+(z-z_0)^2}$.于是物体对质点 M_0 的引力在三个坐标轴上的投影 F_x,F_y,F_z 的元素为

$$\mathrm{d}F_x=G\frac{m_0\mu(x-x_0)}{r^3}\mathrm{d}v,$$

$$\mathrm{d}F_y=G\frac{m_0\mu(y-y_0)}{r^3}\mathrm{d}v,$$

$$\mathrm{d}F_z=G\frac{m_0\mu(z-z_0)}{r^3}\mathrm{d}v.$$

以这些微元为被积表达式,在区域 Ω 上积分,即得

$$\boxed{\begin{aligned}F_x&=G\iiint_\Omega\frac{m_0\mu(x-x_0)}{r^3}\mathrm{d}v,\\F_y&=G\iiint_\Omega\frac{m_0\mu(y-y_0)}{r^3}\mathrm{d}v,\\F_z&=G\iiint_\Omega\frac{m_0\mu(z-z_0)}{r^3}\mathrm{d}v.\end{aligned}}\tag{9.24}$$

若有一平面薄片,占有 xOy 坐标面上的闭区域 D,面密度为 $\mu(x,y)$,则该薄片对质量为 m_0 的质点 $M_0(x_0,y_0,z_0)$ 的引力 $\boldsymbol{F}$ 在三个坐标轴上的投影为

$$\boxed{\begin{aligned}F_x&=G\iint_D\frac{m_0\mu(x-x_0)}{r^3}\mathrm{d}\sigma,\\F_y&=G\iint_D\frac{m_0\mu(y-y_0)}{r^3}\mathrm{d}\sigma,\\F_z&=-G\iint_D\frac{m_0\mu z_0}{r^3}\mathrm{d}\sigma,\end{aligned}}\tag{9.25}$$

其中

$$r=\sqrt{(x-x_0)^2+(y-y_0)^2+z_0^2}.$$

例 8 设有一块圆形薄板,半径为 R,密度为一常数 μ.在圆板的中心垂直线上距圆板中心为 h 处,有一单位质量的质点 P,求圆板对该质点的引力.

解　取坐标系如图 9.48 所示.由积分区域的对称性知 $F_x=F_y=0$，而

$$F_z=-G\iint\limits_D \frac{\mu h\mathrm{d}\sigma}{(x^2+y^2+h^2)^{3/2}}.$$

其中 $D=\{(x,y)\mid x^2+y^2\leqslant R^2\}$. 采用极坐标来计算

$$\begin{aligned}F_z&=-G\mu h\int_0^{2\pi}\mathrm{d}\varphi\int_0^R\frac{\rho}{(\rho^2+h^2)^{3/2}}\mathrm{d}\rho\\&=-2\pi G\mu h\int_0^R\frac{\rho}{(\rho^2+h^2)^{3/2}}\mathrm{d}\rho\\&=-2\pi G\mu\left(1-\frac{h}{\sqrt{R^2+h^2}}\right).\end{aligned}$$

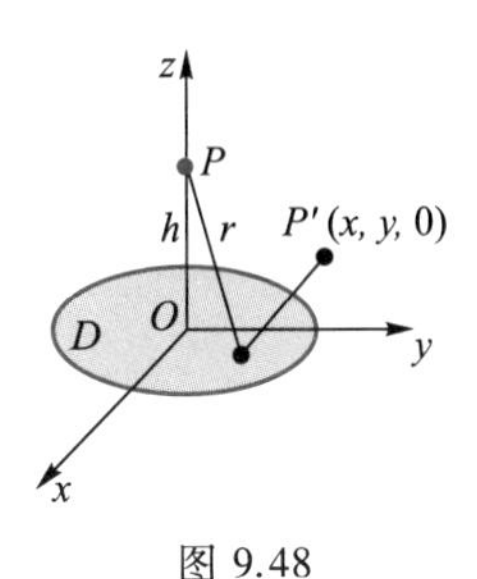

图 9.48

故所求引力为 $\left(0,0,2\pi G\mu\left(\frac{h}{\sqrt{R^2+h^2}}-1\right)\right)$.

习题 9.4

1. 计算下列曲面的面积：

(1) 锥面 $z=\sqrt{x^2+y^2}$ 夹在两曲面 $x^2+y^2=y$ 与 $x^2+y^2=2y$ 之间的那部分曲面；

(2) 球面 $x^2+y^2+z^2=3a^2$ 在旋转抛物面 $x^2+y^2=2az(a>0)$ 内的部分；

(3) 柱面 $x^2+z^2=a^2$ 在柱面 $x^2+y^2=a^2(a>0)$ 内的部分.

2. 若球体 $x^2+y^2+z^2\leqslant 2az(a>0)$ 各点的密度与坐标原点到该点的距离成反比，求球体的质量.

3. 求半径为 R，顶角为 2α 的均匀扇形薄板的质心.

4. 求由球面 $x^2+y^2+z^2=a^2$ 及锥面 $z=\sqrt{x^2+y^2}$ 所围成的均匀物体的质心.

5. 设在均匀材料的半球体上，拼接一个由同样材料制成的、底圆半径与球半径同为 R 的圆锥体.试确定圆锥体的高度 H，以使所成物体的质心在球心.

6. 设有一半径为 R 的球体，P_0 是此球的表面上的一个定点，球体上任一点的密度与该点到 P_0 距离的平方成正比(比例常数 $k>0$)，求球体的质心位置.

7. 试求球体 $x^2+y^2+z^2\leqslant 1$ 的第一卦限部分对 z 轴的转动惯量(设密度 $\mu=1$).

8. 求由 $y^2=ax$ 及直线 $x=a(a>0)$ 所围图形(密度为常数 μ)对直线 $y=-a$ 的转动惯量.

9. 一个半径为 R，高为 H 的均匀圆柱体，在其对称轴上距上底为 a 处有一单位质点，求圆柱体对该质点的引力.

10. 一均匀物体(密度 $\mu=1$) 占有的闭区域 Ω 是由曲面 $z=x^2+y^2$ 和平面 $z=$

$0,|x|=a,|y|=a$ 所围成.

(1) 求其体积;

(2) 求物体的质心;

(3) 求物体关于 z 轴的转动惯量.

*第五节 含参变量积分

若 $f(x,y)$ 在矩形域 $a\leqslant x\leqslant b,\alpha\leqslant y\leqslant\beta$ 上连续,则对任一固定 $y\in[\alpha,\beta]$,$f(x,y)$ 是变量 x 在 $[a,b]$ 上的一个一元连续函数,从而积分

$$\int_a^b f(x,y)\,\mathrm{d}x$$

存在,这个积分的值依赖于取定的 y 值,当 y 的值改变时,一般说来这个积分的值也随之改变.这个积分确定一个定义在 $[\alpha,\beta]$ 上的 y 的函数,记作

$$\varphi(y)=\int_a^b f(x,y)\,\mathrm{d}x\quad(\alpha\leqslant y\leqslant\beta).\tag{9.26}$$

这里的变量 y 在积分过程中是一个常量,通常称它为参变量,称(9.26)式右端是一个含参变量 y 的积分.

含参变量积分作为函数的一种表示形式,它在理论上和实用上都有重要作用,有许多很有用的特殊函数就是这种形式的函数.

下面我们讨论含参变量积分所确定的函数的连续性、可微性和可积性.

以后我们把矩形域 $a\leqslant x\leqslant b,\alpha\leqslant y\leqslant\beta$,简记为 $[a,b;\alpha,\beta]$.

定理 1 若函数 $f(x,y)$ 在矩形域 $[a,b;\alpha,\beta]$ 上连续,则

$$\varphi(y)=\int_a^b f(x,y)\,\mathrm{d}x\tag{9.27}$$

在 $[\alpha,\beta]$ 上连续.

在(9.27)式中,当 $y=y_0\in[\alpha,\beta]$ 时,$\varphi(y_0)=\int_a^b f(x,y_0)\,\mathrm{d}x$,由定理 1 的结论便有

$$\lim_{y\to y_0}\int_a^b f(x,y)\,\mathrm{d}x=\int_a^b\lim_{y\to y_0}f(x,y)\,\mathrm{d}x.$$

即含参变量积分对参变量作极限运算时,对参变量 y 的极限运算与对变量 x 的积分运算的顺序可以交换.这个性质也称为积分号下求极限.

在积分(9.27)中积分限 a 与 b 都是常数.当积分限是参变量 y 的函数时,积分

$$\varphi(y)=\int_{a(y)}^{b(y)} f(x,y)\,\mathrm{d}x$$

也是参变量 y 的函数.若函数 $a(y)$ 与 $b(y)$ 在 $[\alpha,\beta]$ 上连续,且 $a \leqslant a(y) \leqslant b$, $a \leqslant b(y) \leqslant b$, 则定理的结论也成立.

既然 $\varphi(y)$ 在 $[\alpha,\beta]$ 上连续,那么它在 $[\alpha,\beta]$ 上的积分存在,这个积分可以写为

$$\int_{\alpha}^{\beta}\varphi(y)\,\mathrm{d}y=\int_{\alpha}^{\beta}\left[\int_{a}^{b} f(x,y)\,\mathrm{d}x\right]\mathrm{d}y=\int_{\alpha}^{\beta}\mathrm{d}y\int_{a}^{b} f(x,y)\,\mathrm{d}x.$$

右端积分是函数 $f(x,y)$ 先对 x 后对 y 的二次积分,当 $f(x,y)$ 在 $[a,b;\alpha,\beta]$ 上连续时,则二重积分 $\iint\limits_{[a,b;\alpha,\beta]} f(x,y)\,\mathrm{d}x\mathrm{d}y$ 是存在的,这个二重积分也可化为先对 y 后对 x 的二次积分 $\int_{a}^{b}\left[\int_{\alpha}^{\beta} f(x,y)\,\mathrm{d}y\right]\mathrm{d}x$, 因此有下述定理.

定理 2　若 $f(x,y)$ 在矩形域 $[a,b;\alpha,\beta]$ 上连续,则

$$\int_{a}^{b}\left[\int_{\alpha}^{\beta} f(x,y)\,\mathrm{d}y\right]\mathrm{d}x=\int_{\alpha}^{\beta}\left[\int_{a}^{b} f(x,y)\,\mathrm{d}x\right]\mathrm{d}y. \tag{9.28}$$

公式(9.28)也可写成

$$\int_{a}^{b}\mathrm{d}x\int_{\alpha}^{\beta} f(x,y)\,\mathrm{d}y=\int_{\alpha}^{\beta}\mathrm{d}y\int_{a}^{b} f(x,y)\,\mathrm{d}x,$$

即积分顺序可交换,也称为积分号下求积分.

定理 3　若函数 $f(x,y)$ 及其偏导数 $f_y(x,y)$ 在矩形域 $[a,b;\alpha,\beta]$ 上连续,则

$$\varphi'(y)=\frac{\mathrm{d}}{\mathrm{d}y}\int_{a}^{b} f(x,y)\,\mathrm{d}x=\int_{a}^{b}\frac{\partial}{\partial y}f(x,y)\,\mathrm{d}x.$$

定理 3 表明,含参变量积分对参变量的求导运算可以越过积分号,即求导与积分运算的顺序可交换.这个性质也称为积分号下求微商.

定理 3 中含参变量积分的上、下限是常数,但在实际应用中还会遇到积分限也是参变量的函数,这时有下面的定理.

定理 4　若 $f(x,y)$ 及 $f_y(x,y)$ 在矩形域 $[a,b;\alpha,\beta]$ 上连续,$a(y)$ 及 $b(y)$ 在 $[\alpha,\beta]$ 上可微,且 $y\in[\alpha,\beta]$ 时,满足

$$a \leqslant a(y) \leqslant b,\quad a \leqslant b(y) \leqslant b,$$

则

$$\frac{\mathrm{d}}{\mathrm{d}y}\int_{a(y)}^{b(y)} f(x,y)\,\mathrm{d}x=\int_{a(y)}^{b(y)} f_y(x,y)\,\mathrm{d}x+f[b(y),y]b'(y)-f[a(y),y]a'(y). \tag{9.29}$$

证 记 $\varphi(y)=\int_{a(y)}^{b(y)}f(x,y)\mathrm{d}x$，考虑 $\varphi(y)$ 在 $[\alpha,\beta]$ 上任一点 y_0 处的导数，由于

$$\varphi(y)=\int_{a(y_0)}^{b(y_0)}f(x,y)\mathrm{d}x+\int_{b(y_0)}^{b(y)}f(x,y)\mathrm{d}x-\int_{a(y_0)}^{a(y)}f(x,y)\mathrm{d}x,$$

现将上式右端三个积分分别记作 $\varphi_1(y),\varphi_2(y),\varphi_3(y)$，并分别考虑它们在点 y_0 处的导数，由定理 3 可得

$$\varphi_1'(y_0)=\int_{a(y_0)}^{b(y_0)}f_y(x,y_0)\mathrm{d}x.$$

此外，由于 $\varphi_2(y_0)=0$，所以

$$\varphi_2'(y_0)=\lim_{\Delta y\to 0}\frac{\varphi_2(y_0+\Delta y)-\varphi_2(y_0)}{\Delta y}=\lim_{\Delta y\to 0}\frac{\varphi_2(y_0+\Delta y)}{\Delta y}$$

$$=\lim_{\Delta y\to 0}\int_{b(y_0)}^{b(y_0+\Delta y)}\frac{1}{\Delta y}f(x,y_0+\Delta y)\mathrm{d}x,$$

利用积分中值定理，得

$$\varphi_2'(y_0)=\lim_{\Delta y\to 0}\frac{b(y_0+\Delta y)-b(y_0)}{\Delta y}f(\xi,y_0+\Delta y).$$

其中 ξ 在 $b(y_0)$ 与 $b(y_0+\Delta y)$ 之间，由 $b(y)$ 的可微性及 $f(x,y)$ 的连续性，则有

$$\varphi_2'(y_0)=b'(y_0)f(b(y_0),y_0).$$

同理可证

$$\varphi_3'(y_0)=a'(y_0)f(a(y_0),y_0).$$

由于 $y_0\in[\alpha,\beta]$ 的任一性，于是定理得证. 公式(9.29)称为莱布尼茨公式. ■

例 1 设 $\varphi(y)=\int_y^{y^2}\frac{\sin xy}{x}\mathrm{d}x$，求 $\varphi'(y)$.

解 应用莱布尼茨公式，得

$$\varphi'(y)=\int_y^{y^2}\cos xy\mathrm{d}x+\frac{\sin y^3}{y^2}2y-\frac{\sin y^2}{y}\cdot 1$$

$$=\frac{\sin xy}{y}\bigg|_y^{y^2}+\frac{2\sin y^3}{y}-\frac{\sin y^2}{y}$$

$$=\frac{3\sin y^3-2\sin y^2}{y}.$$

例 2 计算定积分 $I=\int_0^1\frac{\ln(1+x)}{1+x^2}\mathrm{d}x$.

解 所求积分为含参变量积分

$$\varphi(y)=\int_0^1\frac{\ln(1+xy)}{1+x^2}\mathrm{d}x$$

在 $y=1$ 处的值.由于函数 $\frac{\ln(1+xy)}{1+x^2}$ 及其对 y 的偏导数 $\frac{x}{(1+x^2)(1+xy)}$ 在矩形域$[0,1;0,1]$上连续,根据定理 3,有

$$\begin{aligned}\varphi'(y)&=\int_0^1\frac{x}{(1+x^2)(1+xy)}\mathrm{d}x\\&=\frac{1}{1+y^2}\int_0^1\left(\frac{x}{1+x^2}+\frac{y}{1+x^2}-\frac{y}{1+xy}\right)\mathrm{d}x\\&=\frac{1}{1+y^2}\left[\frac{1}{2}\ln(1+x^2)+y\arctan x-\ln(1+xy)\right]\Bigg|_0^1\\&=\frac{1}{1+y^2}\left[\frac{1}{2}\ln 2+\frac{\pi}{4}y-\ln(1+y)\right],\end{aligned}$$

将上式在$[0,1]$上对 y 积分,得

$$\begin{aligned}\varphi(1)-\varphi(0)&=\int_0^1\frac{1}{1+y^2}\left[\frac{1}{2}\ln 2+\frac{\pi}{4}y-\ln(1+y)\right]\mathrm{d}y\\&=\left[\frac{\ln 2}{2}\arctan y+\frac{\pi}{8}\ln(1+y^2)\right]\Bigg|_0^1-\int_0^1\frac{\ln(1+y)}{1+y^2}\mathrm{d}y\\&=\frac{\pi}{4}\ln 2-\varphi(1).\end{aligned}$$

又因为 $\varphi(0)=0$, $\varphi(1)$为所求积分之值,所以由上式得

$$I=\int_0^1\frac{\ln(1+x)}{1+x^2}\mathrm{d}x=\frac{\pi}{8}\ln 2.$$

例 3 求 $I=\int_0^1\frac{x^b-x^a}{\ln x}\mathrm{d}x(0<a<b)$.

解 因为

$$\int_a^b x^y\mathrm{d}y=\frac{x^y}{\ln x}\Bigg|_a^b=\frac{x^b-x^a}{\ln x},$$

所以

$$I=\int_0^1\mathrm{d}x\int_a^b x^y\mathrm{d}y.$$

根据定理 2,交换积分次序,得

$$I=\int_a^b\mathrm{d}y\int_0^1 x^y\mathrm{d}x=\int_a^b\frac{1}{y+1}\mathrm{d}y=\ln\frac{b+1}{a+1}.$$

*习题 9.5

1. 求下列参变量的积分所确定的函数的极限：

(1) $\lim\limits_{x\to 0}\int_{x}^{1+x}\frac{\mathrm{d}y}{1+x^2+y^2}$；　　(2) $\lim\limits_{y\to 0}\int_{-1}^{1}\sqrt{x^2+y^2}\,\mathrm{d}x$；

(3) $\lim\limits_{x\to 0}\int_{0}^{2}y^2\cos xy\mathrm{d}y$.

2. 求下列函数的导数：

(1) $\varphi(x)=\int_{x}^{x^2}\mathrm{e}^{-xy^2}\mathrm{d}y$；　　(2) $\varphi(y)=\int_{a+y}^{b+y}\frac{\sin yx}{x}\mathrm{d}x$；

(3) $F(t)=\int_{0}^{t}\frac{\ln(1+tx)}{x}\mathrm{d}x$.

3. 设 $f(x)$ 为可微函数，且 $F(x)=\int_{0}^{x}(x+y)f(y)\mathrm{d}y$，求 $F''(x)$.

4. 应用对参数的微分法，计算积分

$$I(\theta)=\int_{0}^{\frac{\pi}{2}}\ln\frac{1+\theta\cos x}{1-\theta\cos x}\cdot\frac{\mathrm{d}x}{\cos x}\quad(|\theta|<1).$$

5. 计算积分 $\int_{0}^{1}\frac{x^b-x^a}{\ln x}\sin\left(\ln\frac{1}{x}\right)\mathrm{d}x\ (0<a<b)$.

本章资源

1. 知识能力矩阵

2. 小结及重难点解析

3. 课后习题中的难题解答

4. 自测题

5. 数学家小传

第十章　曲线积分与曲面积分

上一章已经把积分概念从积分范围为数轴上一个区间的情形推广到积分范围为平面或空间内一个闭区域的情形.本章将把积分概念推广到积分范围为一段曲线或一片曲面的情形,即曲线积分和曲面积分.这种新型积分与我们前面遇到过的二重积分、三重积分之间的联系在格林定理、高斯定理、斯托克斯定理中给出,这些定理有重要的理论意义和广泛的应用.

第一节　对弧长的曲线积分

一、对弧长的曲线积分的概念与性质

实例　求曲线弧的质量.

设平面上有一条光滑曲线 L,它的两个端点为 A,B,L 上任一点 $M(x,y)$ 处的线密度为连续函数 $\mu(x,y)$,求此曲线弧的质量(图 10.1).

解　用分点 $A=M_0,M_1,\cdots,M_{i-1},M_i,\cdots,M_n=B$ 将曲线 L 任意分成 n 小段 $\widehat{M_{i-1}M_i}$,其长度分别为 $\Delta s_i(i=1,2,\cdots,n)$.

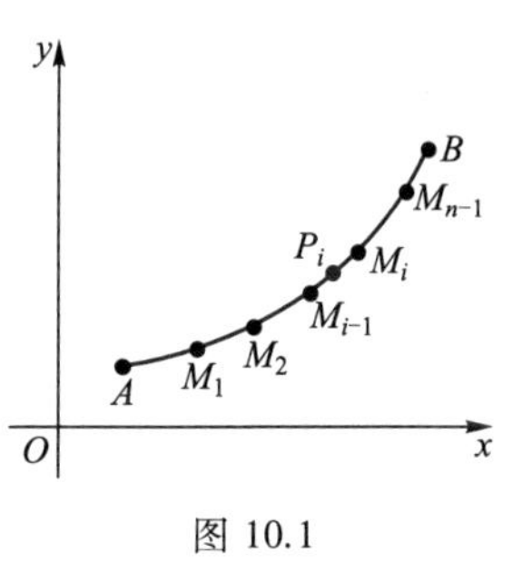

图 10.1

现考察小弧段 $\widehat{M_{i-1}M_i}$ 的质量.在弧段 $\widehat{M_{i-1}M_i}$ 上任取一点 $P_i(\xi_i,\eta_i)$,曲线在 P_i 处的密度为 $\mu(\xi_i,\eta_i)$.当 Δs_i 很小时,因为线密度连续,就可以用点 P_i 处的线密度代替这小弧段上其他各点处的线密度,从而得到这小弧段的质量的近似值为

$$\Delta m_i \approx \mu(\xi_i,\eta_i)\Delta s_i \quad (i=1,2,\cdots,n).$$

因此整个曲线的质量的近似值为

$$m=\sum_{i=1}^{n}\Delta m_i \approx \sum_{i=1}^{n}\mu(\xi_i,\eta_i)\Delta s_i.$$

显而易见,当分点愈多,小弧段的长度愈小时,近似值就越接近于曲线弧的

质量.

记 $\lambda = \max\{\Delta s_1, \Delta s_2, \cdots, \Delta s_n\}$，则曲线的质量 m 可精确地表达为：当 $\lambda \to 0$ 时，上述和式的极限，即

$$m = \lim_{\lambda \to 0} \sum_{i=1}^{n} \mu(\xi_i, \eta_i) \Delta s_i.$$

这种和式的极限在研究许多物理量或几何量中也会遇到.由此抽象出对弧长的曲线积分的概念.

定义 设 L 为 xOy 坐标面上一条光滑曲线，其端点为 A, B，函数 $f(x,y)$ 在 L 上有界.在 L 上任取点 $A = M_0, M_1, \cdots, M_{n-1}, M_n = B$，将 L 分成 n 小段，每小段的长度为 $\Delta s_i (i=1,2,\cdots,n)$，在每小段上任取一点 (ξ_i, η_i)，作和式 $\sum\limits_{i=1}^{n} f(\xi_i, \eta_i) \Delta s_i$，若不论对 L 怎样分割，对点 (ξ_i, η_i) 怎样选取，当各小弧段的长度的最大值 $\lambda \to 0$ 时，上述和的极限存在，则称此极限值为函数 $f(x,y)$ 在曲线 L 上对弧长的曲线积分（或称第一型曲线积分），记作

$$\int_L f(x,y) \mathrm{d}s \quad 或 \quad \int_{\overset{\frown}{AB}} f(x,y) \mathrm{d}s,$$

即

$$\int_L f(x,y) \mathrm{d}s = \lim_{\lambda \to 0} \sum_{i=1}^{n} f(\xi_i, \eta_i) \Delta s_i.$$

其中 $f(x,y)$ 叫做被积函数，曲线 L 叫做积分路径，$\mathrm{d}s$ 叫做弧长元素（即弧微分）.

根据这个定义，上面所说的曲线质量 m，当线密度 $\mu(x,y)$ 在 L 上连续时，就等于 $\mu(x,y)$ 对弧长的曲线积分，即

$$m = \int_L \mu(x,y) \mathrm{d}s.$$

可以证明：若函数 $f(x,y)$ 在光滑曲线 L 上连续，则 $f(x,y)$ 在 L 上对弧长的曲线积分一定存在（即 $f(x,y)$ 在曲线 L 上可积）.以后我们总假定 L 是光滑的或分段光滑的（即 L 可分成有限段，而每一段都是光滑的），函数在 L 上是连续的.

若 L 是分段光滑的，我们规定函数在 L 上的曲线积分等于在各光滑段上的曲线积分之和.

若 L 是闭曲线，通常把函数 $f(x,y)$ 在闭曲线上对弧长的曲线积分记作 $\oint_L f(x,y) \mathrm{d}s$.

容易证明，对弧长的曲线积分具有如下性质：

（1）线性性质：设 α,β 为常数，则

$$\int_L [\alpha f(x,y) \pm \beta g(x,y)]\mathrm{d}s = \alpha\int_L f(x,y)\mathrm{d}s \pm \beta\int_L g(x,y)\mathrm{d}s.$$

（2）对弧段具有可加性：若 L 是由 L_1 与 L_2 组成的（记作 $L = L_1 + L_2$），则

$$\int_L f(x,y)\mathrm{d}s = \int_{L_1} f(x,y)\mathrm{d}s + \int_{L_2} f(x,y)\mathrm{d}s.$$

此性质可以推广到 L 由 $L_1,L_2,\cdots,L_k$ 组成的情形.

以上概念和性质可以推广到空间曲线 L 上，

$$\int_L f(x,y,z)\mathrm{d}s = \lim_{\lambda\to 0}\sum_{i=1}^{n} f(\xi_i,\eta_i,\zeta_i)\Delta s_i.$$

其中 $f(x,y,z)$ 是定义在空间曲线 L 上的函数，$\mathrm{d}s$ 表示空间曲线的弧长元素.

二、对弧长的曲线积分的计算与应用

在曲线积分 $\int_L f(x,y)\mathrm{d}s$ 中，被积函数 $f(x,y)$ 虽然是二元函数. 但 $f(x,y)$ 中的 x,y 是在曲线 L 上变化的，所以 x,y 不是独立的，它们之间的关系实质上只依赖于一个变量. 如果利用曲线 L 的方程消去一个变量，曲线积分就可化为定积分来计算.

定理　设平面曲线 L 的参数方程为

$$\begin{cases} x = x(t), \\ y = y(t) \end{cases} \quad (\alpha \leqslant t \leqslant \beta),$$

其中 $x(t),y(t)$ 在 $[\alpha,\beta]$ 上具有一阶连续导数，且 $x'^2(t) + y'^2(t) \neq 0$. 若 $f(x,y)$ 在 L 上连续，则有

$$\int_L f(x,y)\mathrm{d}s = \int_{\alpha}^{\beta} f(x(t),y(t))\sqrt{x'^2(t) + y'^2(t)}\,\mathrm{d}t. \tag{10.1}$$

证　因为 $f(x,y)$ 在 L 上连续，所以曲线积分 $\int_L f(x,y)\mathrm{d}s$ 存在，从而对 L 的任何分法，点 (ξ_i,η_i) 的任何取法，恒有

$$\int_L f(x,y)\mathrm{d}s = \lim_{\lambda\to 0}\sum_{i=1}^{n} f(\xi_i,\eta_i)\Delta s_i.$$

设 t_{i-1},t_i 为第 i 段曲线两端点的对应参数值，由于

$$\Delta s_i = \int_{t_{i-1}}^{t_i}\sqrt{x'^2(t) + y'^2(t)}\,\mathrm{d}t.$$

应用积分中值定理有

$$\Delta s_i=\sqrt{x'^2(\bar{t}_i)+y'^2(\bar{t}_i)}\,\Delta t_i,$$

其中 $\bar{t}_i\in[t_{i-1},t_i]$，$\Delta t_i=t_i-t_{i-1}$. 令 $\xi_i=x(\bar{t}_i)$，$\eta_i=y(\bar{t}_i)$，则有

$$\int_L f(x,y)\,\mathrm{d}s=\lim_{\lambda\to 0}\sum_{i=1}^{n}f[x(\bar{t}_i),y(\bar{t}_i)]\sqrt{x'^2(\bar{t}_i)+y'^2(\bar{t}_i)}\,\Delta t_i.$$

注意到 $f(x(t),y(t))\sqrt{x'^2(t)+y'^2(t)}$ 在 $[\alpha,\beta]$ 上连续，从而上式右边即为定积分 $\int_\alpha^\beta f(x(t),y(t))\sqrt{x'^2(t)+y'^2(t)}\,\mathrm{d}t$，故(10.1)式成立. ■

公式(10.1)表明，计算对弧长的曲线积分 $\int_L f(x,y)\,\mathrm{d}s$ 时，只要把被积函数中的变量 x,y 用曲线 L 的参数方程 $x=x(t)$，$y=y(t)$ 代入，使 $f(x,y)$ 成为 t 的一元函数 $f(x(t),y(t))$，将弧微分 $\mathrm{d}s$ 换为 $\sqrt{x'^2(t)+y'^2(t)}\,\mathrm{d}t$，然后从 α 到 β 作定积分. 这里必须注意，定积分的下限 α 一定小于上限 β. 这是因为从上述推导中可以看出，由于小弧段的长度 Δs_i 总是正的，从而 $\Delta t_i>0$，所以定积分的下限 α 一定小于上限 β.

若曲线 L 由方程

$$y=y(x)\quad(a\leqslant x\leqslant b)$$

给出，那么可以把这种情形看作是

$$\begin{cases}x=x,\\ y=y(x)\end{cases}\quad(a\leqslant x\leqslant b),$$

即将 x 看作参数，由公式(10.1)可得

$$\boxed{\int_L f(x,y)\,\mathrm{d}s=\int_a^b f(x,y(x))\sqrt{1+y'^2(x)}\,\mathrm{d}x.}\tag{10.2}$$

类似地，若曲线 L 的方程为

$$x=x(y)\quad(c\leqslant y\leqslant d),$$

则

$$\boxed{\int_L f(x,y)\,\mathrm{d}s=\int_c^d f(x(y),y)\sqrt{1+x'^2(y)}\,\mathrm{d}y.}\tag{10.3}$$

而当曲线 L 由极坐标方程

$$\rho=\rho(\varphi)\quad(\alpha\leqslant\varphi\leqslant\beta)$$

形式给出时，则由公式(10.1)可得

$$\int_L f(x,y)\,ds = \int_\alpha^\beta f(\rho\cos\varphi,\rho\sin\varphi)\sqrt{\rho^2+\rho'^2(\varphi)}\,d\varphi. \tag{10.4}$$

公式(10.1)可推广到空间曲线 L 对弧长的曲线积分.设空间曲线 L 的方程为

$$\begin{cases} x = x(t), \\ y = y(t), \quad (\alpha \leqslant t \leqslant \beta), \\ z = z(t) \end{cases}$$

则有

$$\int_L f(x,y,z)\,ds = \int_\alpha^\beta f(x(t),y(t),z(t))\sqrt{x'^2(t)+y'^2(t)+z'^2(t)}\,dt. \tag{10.5}$$

例 1　计算 $\int_L xy\,ds$, 其中 L 为椭圆 $\begin{cases} x = a\cos t, \\ y = b\sin t \end{cases}$ 在第一象限部分(图 10.2).

解　$\frac{dx}{dt} = -a\sin t, \frac{dy}{dt} = b\cos t.$

$$ds = \sqrt{x'^2(t)+y'^2(t)}\,dt = \sqrt{a^2\sin^2 t + b^2\cos^2 t}\,dt.$$

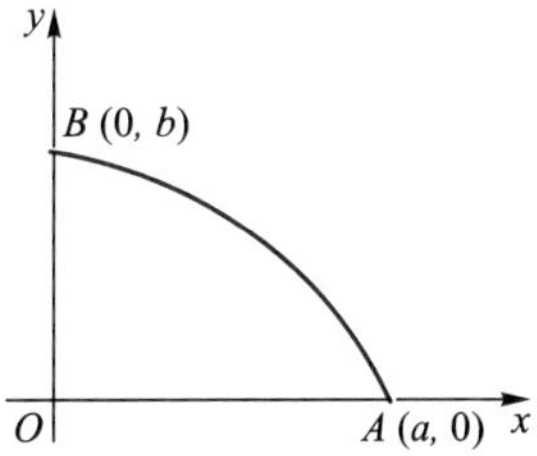

图 10.2

点 A 与点 B 对应的参数为 0 与 $\frac{\pi}{2}$,由公式(10.1)得

$$\begin{aligned}\int_L xy\,ds &= \int_0^{\frac{\pi}{2}} a\cos t \cdot b\sin t \cdot \sqrt{a^2\sin^2 t + b^2\cos^2 t}\,dt \\ &= ab\int_0^{\frac{\pi}{2}} \cos t \cdot \sin t \cdot \sqrt{a^2-(a^2-b^2)\cos^2 t}\,dt \\ &= \frac{ab}{2(a^2-b^2)}\int_0^{\frac{\pi}{2}} \sqrt{a^2-(a^2-b^2)\cos^2 t}\,d[a^2-(a^2-b^2)\cos^2 t] \\ &= \frac{ab}{3(a+b)}(a^2+ab+b^2).\end{aligned}$$

例 2　计算 $\int_L y\,ds$, 其中:

(1) L 由折线 OAB 组成,A 的坐标为(1,0),B 的坐标为(1,1)(图 10.3);

(2) L 是抛物线 $y^2 = x$ 从点 $B(1,-1)$ 到点 $A(1,1)$ 的一段(图 10.4).

解　(1) 因为积分路径 $L = \overline{OA} + \overline{AB}$, 所以

$$\int_L y\,ds = \int_{\overline{OA}} y\,ds + \int_{\overline{AB}} y\,ds.$$

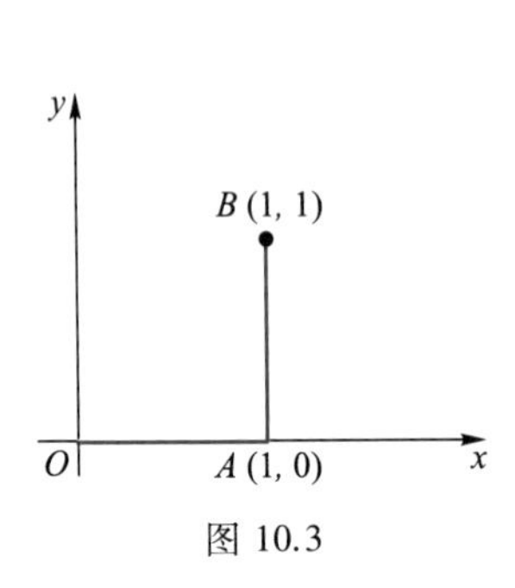

图 10.3

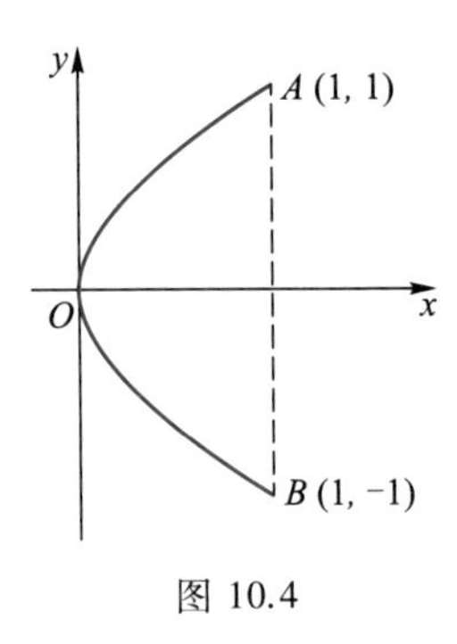

图 10.4

在$\overline{OA}$上：$y=0, \mathrm{d}s=\mathrm{d}x$；在$\overline{AB}$上：$x=1, \mathrm{d}s=\mathrm{d}y$，因此

$$\int_L y\mathrm{d}s=\int_0^1 0\mathrm{d}x+\int_0^1 y\mathrm{d}y=\frac{1}{2}.$$

（2）将 L 的方程改写成

$$x=y^2 \quad (-1 \leqslant y \leqslant 1),$$

以保证函数是单值的，则 $\frac{\mathrm{d}x}{\mathrm{d}y}=2y, \mathrm{d}s=\sqrt{1+(2y)^2}\mathrm{d}y$，由公式（10.3）得

$$\int_L y\mathrm{d}s=\int_{-1}^1 y\sqrt{1+4y^2}\mathrm{d}y=0$$

（因为被积函数是奇函数）.

例 3 计算 $\int_L xyz\mathrm{d}s$，其中 L 是螺旋线 $x=a\cos t, y=a\sin t, z=kt$ 的一段 $(0 \leqslant t \leqslant 2\pi)$.

解 $\frac{\mathrm{d}x}{\mathrm{d}t}=-a\sin t, \frac{\mathrm{d}y}{\mathrm{d}t}=a\cos t, \frac{\mathrm{d}z}{\mathrm{d}t}=k.$

$$\mathrm{d}s=\sqrt{x'^2(t)+y'^2(t)+z'^2(t)}\mathrm{d}t=\sqrt{a^2+k^2}\mathrm{d}t.$$

由公式（10.5）得

$$\begin{aligned}\int_L xyz\mathrm{d}s&=\int_0^{2\pi} a^2\cos t\cdot\sin t\cdot kt\sqrt{a^2+k^2}\mathrm{d}t\\&=\frac{1}{2}ka^2\sqrt{a^2+k^2}\int_0^{2\pi} t\sin 2t\mathrm{d}t\\&=\frac{1}{2}ka^2\sqrt{a^2+k^2}\left[\frac{-t\cos 2t}{2}\Bigg|_0^{2\pi}+\frac{1}{2}\int_0^{2\pi}\cos 2t\mathrm{d}t\right]\\&=-\frac{1}{2}\pi ka^2\sqrt{a^2+k^2}.\end{aligned}$$

曲线的质量可以用对弧长的曲线积分来表示，关于曲线的质心、转动惯量等也都可应用这种积分来表达.

如有光滑平面曲线 L,其线密度为 $\mu(x,y)$,应用积分微元法,不难建立下面的结果.曲线的质心坐标 $\bar{x},\bar{y}$ 为

$$\bar{x}=\frac{\int_L x\mu\mathrm{d}s}{\int_L \mu\mathrm{d}s},\qquad \bar{y}=\frac{\int_L y\mu\mathrm{d}s}{\int_L \mu\mathrm{d}s}.$$

曲线对 x 轴、y 轴及原点的转动惯量分别为

$$I_x=\int_L y^2\mu\mathrm{d}s,\qquad I_y=\int_L x^2\mu\mathrm{d}s,\qquad I_O=\int_L (x^2+y^2)\mu\mathrm{d}s.$$

例 4　设有一半圆弧 $L: x^2+y^2=R^2(y\geqslant 0)$,其上均匀分布着质量,求它的质心和对 x 轴的转动惯量.

解　如图 10.5 所示,由对称性知质心的横坐标 $\bar{x}=0$. 因为质量均匀分布,所以线密度 μ 为常数.

$$\bar{y}=\frac{\int_L y\mu\mathrm{d}s}{\int_L \mu\mathrm{d}s}=\frac{\int_L y\mathrm{d}s}{\int_L \mathrm{d}s}.$$

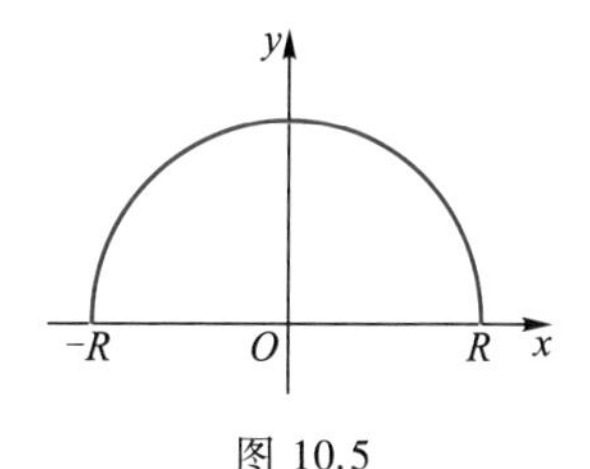

图 10.5

为了便于计算,利用半圆的参数方程

$$x=R\cos t,\quad y=R\sin t\quad (0\leqslant t\leqslant \pi),$$

则

$$\mathrm{d}s=\sqrt{x'^2+y'^2}\,\mathrm{d}t=R\mathrm{d}t.$$

于是

$$\int_L y\mathrm{d}s=\int_0^{\pi} R^2\sin t\mathrm{d}t=2R^2.$$

而

$$\int_L \mathrm{d}s=\pi R,$$

故

$$\bar{y}=\frac{2R}{\pi}.$$

所以半圆弧的质心坐标为 $\left(0,\dfrac{2R}{\pi}\right)$.

半圆弧对 x 轴的转动惯量为

$$I_x=\int_L \mu y^2\mathrm{d}s=\mu\int_0^{\pi} R^3\sin^2 t\mathrm{d}t=\frac{\mu\pi R^3}{2}.$$

▶ 习题 10.1

1. 计算下列曲线积分：

(1) $\oint_L (x+y)\mathrm{d}s$，其中 L 是以 $O(0,0)$，$A(1,0)$，$B(0,1)$ 为顶点的三角形边界；

(2) $\int_C \sin 2x\mathrm{d}s$，其中 C 为曲线 $y=\sin x(0\leqslant x\leqslant \pi)$；

(3) $\oint_L (x^{\frac{4}{3}}+y^{\frac{4}{3}})\mathrm{d}s$，其中 L 为星形线 $x^{\frac{2}{3}}+y^{\frac{2}{3}}=a^{\frac{2}{3}}$；

(4) $\int_C x|y|\mathrm{d}s$，其中 C 是椭圆 $x=a\cos t, y=b\sin t(a>b>0)$ 的右半部分（$x\geqslant 0$ 部分）；

(5) $\oint_L \sqrt{x^2+y^2}\mathrm{d}s$，其中 L 为圆 $x^2+y^2=4x$ 的一周；

(6) $\oint_C \mathrm{e}^{\sqrt{x^2+y^2}}\mathrm{d}s$，其中 C 为曲线 $\rho=a, \varphi=-\dfrac{\pi}{2}, \varphi=\dfrac{\pi}{4}$（$\rho,\varphi$ 为极坐标）所围成的闭曲线；

(7) $\int_L xyz\mathrm{d}s$，其中 L 为曲线 $x=t, y=\dfrac{2}{3}t\sqrt{2t}, z=\dfrac{1}{2}t^2$ 在 $0\leqslant t\leqslant 1$ 对应的一段.

2. 设曲线 $y=\ln x$ 上每一点的密度等于该点的横坐标的平方，求曲线在 $x=\sqrt{3}$ 和 $x=\sqrt{15}$ 之间这一段的质量.

3. 求半径为 R，圆心角为 $2\alpha\left(0<\alpha<\dfrac{\pi}{2}\right)$ 的均匀圆弧的质心.

第二节 对坐标的曲线积分

一、对坐标的曲线积分的概念

实例 求变力沿曲线所做的功.

设一质点在变力 $\boldsymbol{F}(x,y)$ 的作用下，由点 A 沿平面光滑曲线 L 移动到点 B，求变力 $\boldsymbol{F}$ 所做的功（图 10.6）.

我们知道，若常力 $\boldsymbol{F}$ 使质点从点 A 沿直线移动到点 B，则力 $\boldsymbol{F}$ 所做的功为

$$W=\boldsymbol{F}\cdot\overrightarrow{AB}.$$

现在 $\boldsymbol{F}(x,y)$ 是变力(力的大小和方向都在变),而质点又沿曲线 L 移动,功 W 不能直接按以上公式计算.

为了解决这个问题,首先用分点 $A=M_0, M_1,\cdots,M_{n-1},M_n=B$ 把曲线 L 分成 n 个小弧段 $\overset{\frown}{M_{i-1}M_i}$ $(i=1,2,\cdots,n)$. 现考察第 i 个小弧段 $\overset{\frown}{M_{i-1}M_i}$,由于 $\overset{\frown}{M_{i-1}M_i}$ 光滑而且很短,所以可以用有向线段 $\overrightarrow{M_{i-1}M_i}$ 来近似代替,记 $\Delta\boldsymbol{l}_i=\overrightarrow{M_{i-1}M_i}$. 若 $\boldsymbol{F}(x,y)$ 在 L 上连续,则可在 $\overset{\frown}{M_{i-1}M_i}$ 上任取一点 (ξ_i,η_i),以该点处的力 $\boldsymbol{F}(\xi_i,\eta_i)$ 来近似代替该弧段上各点处的力,从而得到变力 $\boldsymbol{F}(x,y)$ 沿有向小弧段 $\overset{\frown}{M_{i-1}M_i}$ 对质点所做的功 ΔW_i,其近似值等于常力 $\boldsymbol{F}(\xi_i,\eta_i)$ 沿线段 $\overrightarrow{M_{i-1}M_i}$ 对质点所做的功,即

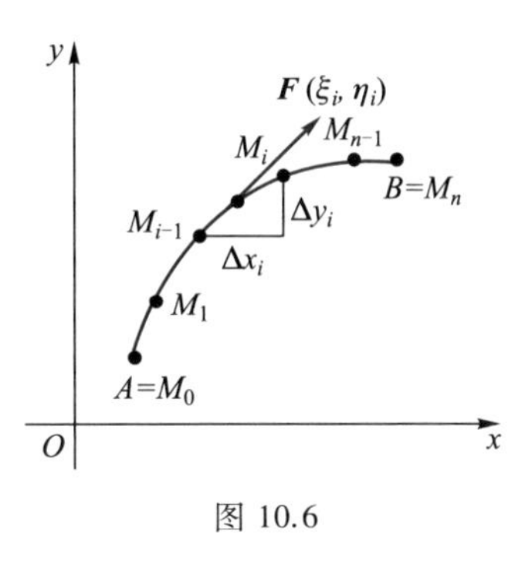

图 10.6

$$\Delta W_i \approx \boldsymbol{F}(\xi_i,\eta_i)\cdot\Delta\boldsymbol{l}_i.$$

现设 $\boldsymbol{F}(x,y)=P(x,y)\boldsymbol{i}+Q(x,y)\boldsymbol{j}$,而 $\Delta\boldsymbol{l}_i=\Delta x_i\boldsymbol{i}+\Delta y_i\boldsymbol{j}$,其中 $\Delta x_i=x_i-x_{i-1}$, $\Delta y_i=y_i-y_{i-1}$ 分别是 $\overrightarrow{M_{i-1}M_i}$ 在 x 轴及 y 轴上的投影.

于是变力 $\boldsymbol{F}(x,y)$ 沿曲线 L 对质点所做的功的近似值为

$$\begin{aligned}W&=\sum_{i=1}^{n}W_i\approx\sum_{i=1}^{n}\boldsymbol{F}(\xi_i,\eta_i)\cdot\Delta\boldsymbol{l}_i\\&=\sum_{i=1}^{n}\left[P(\xi_i,\eta_i)\Delta x_i+Q(\xi_i,\eta_i)\Delta y_i\right].\end{aligned}$$

用 λ 表示所有小曲线弧 $\overset{\frown}{M_{i-1}M_i}$ 的弧长的最大值,当 $\lambda\to0$ 时,有 $|\Delta\boldsymbol{l}_i|\to0(i=1,2,\cdots,n)$,上述和式取极限,其极限值自然地被认作变力 $\boldsymbol{F}(x,y)$ 沿平面光滑曲线 L 对质点所做的功,即

$$\begin{aligned}W&=\lim_{\lambda\to0}\sum_{i=1}^{n}\boldsymbol{F}(\xi_i,\eta_i)\cdot\Delta\boldsymbol{l}_i\\&=\lim_{\lambda\to0}\sum_{i=1}^{n}\left[P(\xi_i,\eta_i)\Delta x_i+Q(\xi_i,\eta_i)\Delta y_i\right].\end{aligned}$$

由上式右端这种形式的和式极限,数学上就可得到对坐标的曲线积分的定义.

定义 设 L 为 xOy 坐标面内从点 A 到点 B 的一条有向光滑曲线,向量函数 $\boldsymbol{F}(x,y)=P(x,y)\boldsymbol{i}+Q(x,y)\boldsymbol{j}$ 在 L 上有定义且有界(即 $P(x,y)$,$Q(x,y)$ 有界).用分点 $A=M_0,M_1,\cdots,M_{n-1},M_n=B$ 把 L 任意分成 n 段有向小曲线弧 $\widehat{M_{i-1}M_i}$ $(i=1,2,\cdots,n)$,在 $\widehat{M_{i-1}M_i}$ 上任取一点 (ξ_i,η_i),并记 $\Delta\boldsymbol{l}_i=\overrightarrow{M_{i-1}M_i}=\Delta x_i\boldsymbol{i}+\Delta y_i\boldsymbol{j}$,其中 $\Delta x_i=x_i-x_{i-1}$,$\Delta y_i=y_i-y_{i-1}$,若当各小弧段长度的最大值 $\lambda\to0$ 时,和式

$$\sum_{i=1}^{n}\boldsymbol{F}(\xi_i,\eta_i)\cdot\Delta\boldsymbol{l}_i=\sum_{i=1}^{n}[P(\xi_i,\eta_i)\Delta x_i+Q(\xi_i,\eta_i)\Delta y_i]$$

极限存在,则称此极限值为向量函数 $\boldsymbol{F}(x,y)$ 沿有向曲线 L 从 A 到 B 对坐标的曲线积分(或称第二型曲线积分),记作

$$\int_L\boldsymbol{F}(x,y)\cdot\mathrm{d}\boldsymbol{l}\quad 或\quad \int_L P(x,y)\mathrm{d}x+Q(x,y)\mathrm{d}y,$$

即

$$\int_L\boldsymbol{F}(x,y)\cdot\mathrm{d}\boldsymbol{l}=\lim_{\lambda\to0}\sum_{i=1}^{n}\boldsymbol{F}(\xi_i,\eta_i)\cdot\Delta\boldsymbol{l}_i$$

或

$$\int_L P(x,y)\mathrm{d}x+Q(x,y)\mathrm{d}y=\lim_{\lambda\to0}\sum_{i=1}^{n}[P(\xi_i,\eta_i)\Delta x_i+Q(\xi_i,\eta_i)\Delta y_i].$$

若 $Q(x,y)=0$,则 $\boldsymbol{F}(x,y)=P(x,y)\boldsymbol{i}$,从而

$$\int_L\boldsymbol{F}(x,y)\cdot\mathrm{d}\boldsymbol{l}=\int_L P(x,y)\mathrm{d}x.$$

通常把 $\int_L P(x,y)\mathrm{d}x$ 称为函数 $P(x,y)$ 沿有向曲线 L 对坐标 x 的曲线积分;同样,把 $\int_L Q(x,y)\mathrm{d}y$ 称为函数 $Q(x,y)$ 沿有向曲线 L 对坐标 y 的曲线积分.因此曲线积分

$$\int_L P(x,y)\mathrm{d}x+Q(x,y)\mathrm{d}y$$

又可看成两个对坐标的曲线积分之和,即

$$\int_L P(x,y)\mathrm{d}x+Q(x,y)\mathrm{d}y=\int_L P(x,y)\mathrm{d}x+\int_L Q(x,y)\mathrm{d}y.$$

其中 $P(x,y)$,$Q(x,y)$ 叫做被积函数,L 叫做积分路径.

按照定义,变力 $\boldsymbol{F}(x,y)=P(x,y)\boldsymbol{i}+Q(x,y)\boldsymbol{j}$ 沿曲线 L 从 A 到 B 对质点所做的功为

$$W=\int_{\widehat{AB}}P\mathrm{d}x+Q\mathrm{d}y.$$

我们指出：当 $P(x,y)$，$Q(x,y)$ 在有向光滑曲线 L 上连续时，对坐标的曲线积分 $\int_L P(x,y)\mathrm{d}x+Q(x,y)\mathrm{d}y$ 一定存在.以后我们总假定 $P(x,y)$，$Q(x,y)$ 在 L 上连续.

如果 L 是分段光滑的，我们规定函数在有向曲线弧 L 上对坐标的曲线积分等于在各光滑段上对坐标的曲线积分之和.今后我们假定积分路径 L 都是光滑曲线或分段光滑曲线.

二、对坐标的曲线积分的性质

根据对坐标的曲线积分的定义，可以推导出它的一些常用的性质.

(1) 线性性质：

$$\begin{aligned}&\int_L[\alpha\boldsymbol{F}(x,y)+\beta\boldsymbol{G}(x,y)]\cdot\mathrm{d}\boldsymbol{l}\\=&\alpha\int_L\boldsymbol{F}(x,y)\cdot\mathrm{d}\boldsymbol{l}+\beta\int_L\boldsymbol{G}(x,y)\cdot\mathrm{d}\boldsymbol{l},\end{aligned}$$

其中 α,β 为常数.

(2) 对积分弧段的可加性：

若光滑曲线 L 是由有向光滑曲线弧段 L_1 与 L_2 依次连成：$L=L_1+L_2$，则有

$$\int_L\boldsymbol{F}(x,y)\cdot\mathrm{d}\boldsymbol{l}=\int_{L_1}\boldsymbol{F}(x,y)\cdot\mathrm{d}\boldsymbol{l}+\int_{L_2}\boldsymbol{F}(x,y)\cdot\mathrm{d}\boldsymbol{l}.$$

上式可以推广到 L 由 $L_1,L_2,\cdots,L_k$ 连成的情形.这就是说，如果 L 是由 k 部分连成，则在 L 上的曲线积分等于在各部分上的曲线积分之和.

(3) 有向性：

设 L 是有向曲线弧，L^-是与 L 方向相反的有向曲线弧，则有

$$\int_L\boldsymbol{F}(x,y)\cdot\mathrm{d}\boldsymbol{l}=-\int_{L^-}\boldsymbol{F}(x,y)\cdot\mathrm{d}\boldsymbol{l}.$$

证　把 L 任意分成 n 段，相应地 L^- 也分成 n 段，对于每个小弧段 $\overset{\frown}{M_{i-1}M_i}$ 来讲，当曲线方向改变时，有向线段 $\overrightarrow{M_{i-1}M_i}=-\overrightarrow{M_iM_{i-1}}$，从而有

$$\boldsymbol{F}(\xi_i,\eta_i)\cdot\overrightarrow{M_{i-1}M_i}=-\boldsymbol{F}(\xi_i,\eta_i)\cdot\overrightarrow{M_iM_{i-1}},$$

求和且取极限，得

$$\int_L\boldsymbol{F}(x,y)\cdot\mathrm{d}\boldsymbol{l}=-\int_{L^-}\boldsymbol{F}(x,y)\cdot\mathrm{d}\boldsymbol{l}.$$ ■

性质(3)的物理意义是:质点沿曲线 L 从 A 移到 B 力 $\boldsymbol{F}(x,y)$ 所做的功,与质点沿曲线 L 从 B 移动到 A 克服力 $\boldsymbol{F}(x,y)$ 所做的功,彼此相差一个符号.

性质(3)也表明,对坐标的曲线积分与积分路径的方向有关.当积分路径的方向改变时,对坐标的曲线积分要改变符号,这是区别于对弧长的曲线积分的主要特征,对弧长的曲线积分与积分路径的方向无关.事实上,对弧长的曲线积分的定义中,积分和式中的弧长 Δs_i 总是大于零的.

以上概念和性质可以推广到空间曲线 L 上:

$$\int_L P(x,y,z)\,\mathrm{d}x + Q(x,y,z)\,\mathrm{d}y + R(x,y,z)\,\mathrm{d}z$$
$$= \lim_{\lambda\to 0}\sum_{i=1}^{n}\left[P(x_i,y_i,z_i)\Delta x_i + Q(x_i,y_i,z_i)\Delta y_i + R(x_i,y_i,z_i)\Delta z_i\right].$$

三、对坐标的曲线积分的计算法

对坐标的曲线积分 $\int_L P\mathrm{d}x + Q\mathrm{d}y$ 可以化成定积分计算,其计算公式由下面定理给出.

定理 (1) 设曲线 L 的方程为 $\begin{cases} x = x(t), \\ y = y(t), \end{cases}$ 其中 t 介于 α,β 之间;

(2) 当 t 介于 α,β 之间时,$x'(t),y'(t)$ 连续;

(3) 当 t 单调地由 α 变到 β 时,曲线 L 从点 A 移动到点 B;

(4) 函数 $\boldsymbol{F}(x,y)$ 在 L 上连续,

则

$$\int_L \boldsymbol{F}(x,y)\cdot \mathrm{d}\boldsymbol{l} = \int_L P(x,y)\,\mathrm{d}x + Q(x,y)\,\mathrm{d}y$$
$$= \int_{\alpha}^{\beta}\left[P(x(t),y(t))x'(t) + Q(x(t),y(t))y'(t)\right]\mathrm{d}t. \tag{10.6}$$

证 先证

$$\int_L P(x,y)\,\mathrm{d}x = \int_{\alpha}^{\beta} P(x(t),y(t))x'(t)\,\mathrm{d}t. \tag{10.7}$$

因为 $P(x,y)$ 在 L 上连续,所以 $\int_L P(x,y)\,\mathrm{d}x$ 存在,由定义有

$$\int_L P(x,y)\,\mathrm{d}x = \lim_{\lambda\to 0}\sum_{i=1}^{n} P(\xi_i,\eta_i)\Delta x_i.$$

其中(ξ_i,η_i)为曲线弧$\widehat{M_{i-1}M_i}$上任一点，$\Delta x_i = x_i - x_{i-1}$. 记$x_i = x(t_i)(i=1,2,\cdots,n)$，由微分中值定理有

$$\Delta x_i = x_i - x_{i-1} = x(t_i) - x(t_{i-1}) = x'(\tau_i)\Delta t_i,$$

其中$\Delta t_i = t_i - t_{i-1}$，$\tau_i$在$t_{i-1}$与$t_i$之间. 取$\xi_i = x(\tau_i)$，$\eta_i = y(\tau_i)$，则有

$$\lim_{\lambda\to 0}\sum_{i=1}^{n} P(\xi_i,\eta_i)\Delta x_i = \lim_{\lambda\to 0}\sum_{i=1}^{n} P[x(\tau_i),y(\tau_i)]x'(\tau_i)\Delta t_i.$$

由于$P(x(t),y(t))$及$x'(t)$在$[\alpha,\beta]$上连续，所以上式右边的和式极限是参数t在区间$[\alpha,\beta]$上的定积分，于是有

$$\int_L P(x,y)\mathrm{d}x = \int_\alpha^\beta P(x(t),y(t))x'(t)\mathrm{d}t.$$

同理可证

$$\int_L Q(x,y)\mathrm{d}y = \int_\alpha^\beta Q(x(t),y(t))y'(t)\mathrm{d}t. \tag{10.8}$$

将公式(10.7)与(10.8)相加，即得公式(10.6). ■

公式(10.6)表明，将对坐标的曲线积分$\int_L P(x,y)\mathrm{d}x + Q(x,y)\mathrm{d}y$化为定积分计算时，必须把$x,y,\mathrm{d}x,\mathrm{d}y$依次换为$x(t),y(t),x'(t)\mathrm{d}t,y'(t)\mathrm{d}t$；积分下限$\alpha$对应于曲线$L$的起点的参数值，积分上限$\beta$对应于曲线$L$终点的参数值.

如果曲线L的方程由$y=f(x)$给出，且x从a变到b时对应的点$M(x,y)$描绘出由A到B的曲线L，那么

$$\int_L P(x,y)\mathrm{d}x + Q(x,y)\mathrm{d}y = \int_a^b [P(x,y(x)) + Q(x,y(x))y'(x)]\mathrm{d}x.$$

同样，当曲线L的方程由$x=x(y)$给出，且y从c变到d时，对应的点$M(x,y)$描绘出由A到B的曲线L，那么

$$\int_L P(x,y)\mathrm{d}x + Q(x,y)\mathrm{d}y = \int_c^d [P(x(y),y)x'(y) + Q(x(y),y)]\mathrm{d}y.$$

若曲线L是空间光滑曲线：

$$x=x(t),\quad y=y(t),\quad z=z(t)\quad (\alpha \leqslant t \leqslant \beta),$$

并且α与β分别对应曲线L的起点A与终点B，则有

$$\int_L P(x,y,z)\mathrm{d}x + Q(x,y,z)\mathrm{d}y + R(x,y,z)\mathrm{d}z$$
$$=\int_\alpha^\beta [P(x(t),y(t),z(t))x'(t) + Q(x(t),y(t),z(t))y'(t) + R(x(t),y(t),z(t))z'(t)]\mathrm{d}t. \tag{10.9}$$

例 1　计算 $I=\int_L y^2\mathrm{d}x - x^2\mathrm{d}y$，其中 L 是圆周 $x=\cos t, y=\sin t$ 上由 $t_1=0$ 到 $t_2=\frac{\pi}{2}$ 的一段.

解　$$I=\int_0^{\frac{\pi}{2}}[\sin^2 t(-\sin t) - \cos^2 t\cos t]\mathrm{d}t$$
$$=-2\int_0^{\frac{\pi}{2}}\sin^3 t\mathrm{d}t=-2\cdot\frac{2}{3}\cdot 1=-\frac{4}{3}.$$

例 2　计算 $I=\int_L x^2y\mathrm{d}x$，其中 L 是抛物线 $y^2=x$ 从点 $A(1,-1)$ 到点 $B(1,1)$ 的弧段(图 10.7).

解法 1　把曲线 L 的方程看作是以 x 为参数的参数方程来计算.由方程 $y^2=x$ 可得 $y=\pm\sqrt{x}$，不是单值函数，所以要把 L 分成 $\overset{\frown}{AO}$ 和 $\overset{\frown}{OB}$ 两部分.在 $\overset{\frown}{AO}$ 上，$y=-\sqrt{x}$，起点 A 对应于 $x=1$，终点 O 对应于 $x=0$；在 $\overset{\frown}{OB}$ 上，$y=\sqrt{x}$，起点 O 对应于 $x=0$，终点 B 对应于 $x=1$. 因此，

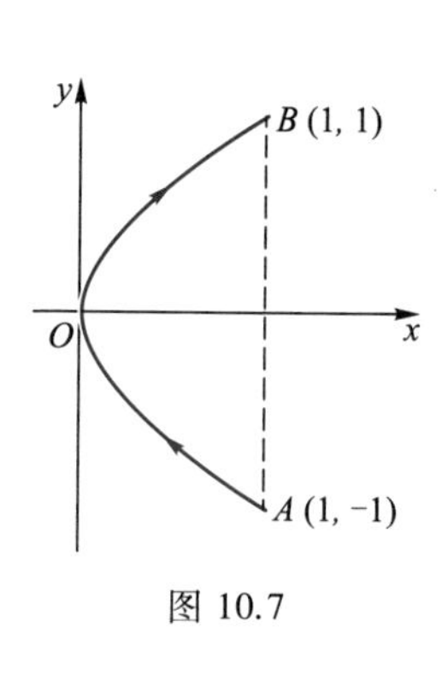

图 10.7

$$\int_L x^2y\mathrm{d}x=\int_{\overset{\frown}{AO}} x^2y\mathrm{d}x+\int_{\overset{\frown}{OB}} x^2y\mathrm{d}x$$
$$=\int_1^0 x^2(-\sqrt{x})\mathrm{d}x+\int_0^1 x^2(\sqrt{x})\mathrm{d}x$$
$$=2\int_0^1 x^{\frac{5}{2}}\mathrm{d}x=\frac{4}{7}.$$

解法 2　把曲线 L 的方程看作是以 y 为参数的参数方程来计算.现在 $x=y^2$，起点 A 对应于 $y=-1$，终点 B 对应于 $y=1$. 因此，

$$\int_L x^2y\mathrm{d}x=\int_{-1}^1 (y^2)^2y\cdot 2y\mathrm{d}y=2\int_{-1}^1 y^6\mathrm{d}y=\frac{4}{7}.$$

例 3　有一质点在力 $\boldsymbol{F}=y\boldsymbol{i}+x\boldsymbol{j}$ 的作用下，沿

(1) 曲线 $y=\sqrt{x}$ 从点 $O(0,0)$ 移动到 $B(1,1)$；

(2) 曲线 $y=x^2$ 从点 $O(0,0)$ 移动到 $B(1,1)$；

(3) 折线 OAB 从点 $O(0,0)$ 移动到 $B(1,1)$，如图 10.8 所示.求力 $\boldsymbol{F}$ 所做的功(假定均带有适当的度量单位).

解 力 $\boldsymbol{F}$ 所做的功可表示为

$$W=\int_L \boldsymbol{F}(x,y)\cdot \mathrm{d}\boldsymbol{l}=\int_L y\mathrm{d}x+x\mathrm{d}y.$$

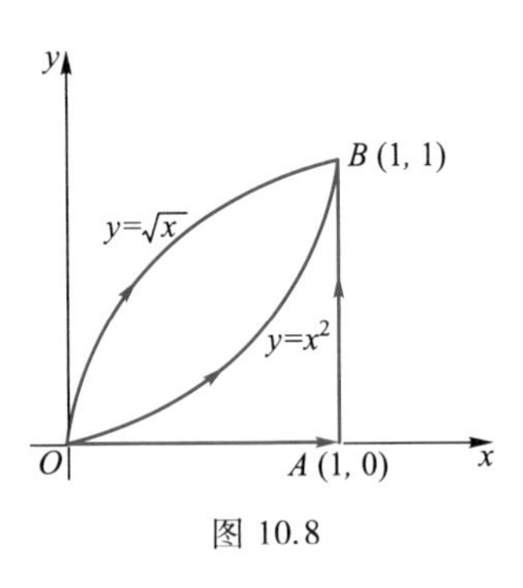

图 10.8

(1) 可取 x 为参数，曲线 L 的方程 $y=\sqrt{x}$，x 从 0 变到 1. 于是

$$W=\int_0^1\left(\sqrt{x}+x\cdot\frac{1}{2\sqrt{x}}\right)\mathrm{d}x$$

$$=\frac{3}{2}\int_0^1\sqrt{x}\,\mathrm{d}x=1.$$

(2) 可取 x 为参数，曲线 L 的方程 $y=x^2$，x 从 0 变到 1. 于是

$$W=\int_0^1(x^2+x\cdot 2x)\mathrm{d}x=3\int_0^1 x^2\mathrm{d}x=1.$$

(3) 在直线段$\overline{OA}$上，可取 x 为参数，曲线 L 的方程 $y=0$，x 从 0 变到 1；在直线段$\overline{AB}$上，可取 y 为参数，曲线 L 的方程为 $x=1$，y 从 0 变到 1. 于是

$$W=\int_L y\mathrm{d}x+x\mathrm{d}y=\int_{\overline{OA}}y\mathrm{d}x+x\mathrm{d}y+\int_{\overline{AB}}y\mathrm{d}x+x\mathrm{d}y$$

$$=\int_0^1(0+x\cdot 0)\mathrm{d}x+\int_0^1(y\cdot 0+1)\mathrm{d}y=1.$$

本例说明，对有些函数 $P(x,y)$，$Q(x,y)$，它们的曲线积分的值只与积分路径的起点与终点有关，而与联结起点和终点的路径本身无关.

例 4 求 $I=\int_L y\mathrm{d}x-x\mathrm{d}y+(x+y+z)\mathrm{d}z$，其中 L 是由点 $A(3,2,1)$ 到 $B(0,0,0)$ 的直线段.

解 直线 AB 的方程是 $\dfrac{x}{3}=\dfrac{y}{2}=\dfrac{z}{1}$，化为参数方程得 $x=3t$，$y=2t$，$z=t$. 对应于起点 A 及终点 B 的参数值分别是 $t=1$ 及 $t=0$. 因此，

$$I=\int_1^0[2t\cdot 3-3t\cdot 2+(3t+2t+t)]\mathrm{d}t=\int_1^0 6t\mathrm{d}t=-3.$$

四、两类曲线积分间的关系

对弧长的曲线积分与对坐标的曲线积分分别来自不同的物理模型，从而有着不同的特点，但它们之间有着如下的关系：

$$\int_L P(x,y)\,\mathrm{d}x + Q(x,y)\,\mathrm{d}y = \int_L (P\cos\alpha + Q\cos\beta)\,\mathrm{d}s.$$

其中 $\cos\alpha,\cos\beta$ 为平面有向曲线 L 的切线向量的方向余弦,这切线向量的指向与 L 的方向一致.

事实上,由对坐标的曲线积分

$$\int_L \boldsymbol{F}(x,y)\cdot \mathrm{d}\boldsymbol{l} = \int_L P(x,y)\,\mathrm{d}x + Q(x,y)\,\mathrm{d}y$$

记 $\mathrm{d}\boldsymbol{l} = \mathrm{d}x\boldsymbol{i} + \mathrm{d}y\boldsymbol{j}$,则

$$|\mathrm{d}\boldsymbol{l}| = \sqrt{(\mathrm{d}x)^2 + (\mathrm{d}y)^2} = \mathrm{d}s,$$

其中 $\mathrm{d}s$ 是弧微分.

$$\mathrm{d}\boldsymbol{e}_l = \frac{\mathrm{d}\boldsymbol{l}}{|\mathrm{d}\boldsymbol{l}|} = \frac{\mathrm{d}\boldsymbol{l}}{\mathrm{d}s} = \frac{\mathrm{d}x}{\mathrm{d}s}\boldsymbol{i} + \frac{\mathrm{d}y}{\mathrm{d}s}\boldsymbol{j} = (\cos\alpha)\,\boldsymbol{i} + (\cos\beta)\,\boldsymbol{j},$$

其中 $\cos\alpha,\cos\beta$ 是有向曲线 L 在点 (x,y) 处切线向量的方向余弦,这切线向量的指向与有向曲线 L 的方向一致,因此

$$\begin{aligned}\int_L P(x,y)\,\mathrm{d}x + Q(x,y)\,\mathrm{d}y &= \int_L \boldsymbol{F}(x,y)\cdot \mathrm{d}\boldsymbol{l} = \int_L \boldsymbol{F}(x,y)\cdot \mathrm{d}\boldsymbol{e}_l\mathrm{d}s\\ &= \int_L [P(x,y)\cos\alpha + Q(x,y)\cos\beta]\,\mathrm{d}s.\end{aligned}$$

同样,对于空间曲线 L 上的两类曲线积分亦有类似的关系:

$$\int_L P\mathrm{d}x + Q\mathrm{d}y + R\mathrm{d}z = \int_L (P\cos\alpha + Q\cos\beta + R\cos\gamma)\,\mathrm{d}s,$$

其中 $\cos\alpha,\cos\beta,\cos\gamma$ 为有向曲线 L 在点 (x,y,z) 处切线向量的方向余弦.

例 5 设 S 为有向曲线 L 之长,M 为函数 $\sqrt{P^2+Q^2}$ 在 L 上的一个上界,证明:

$$\left|\int_L P\mathrm{d}x + Q\mathrm{d}y\right| \leqslant MS.$$

证 记 $\boldsymbol{F}(x,y)=P(x,y)\boldsymbol{i}+Q(x,y)\boldsymbol{j}$,则

$$\begin{aligned}\left|\int_L P\mathrm{d}x + Q\mathrm{d}y\right| &= \left|\int_L \boldsymbol{F}(x,y)\cdot \mathrm{d}\boldsymbol{l}\right| = \left|\int_L \boldsymbol{F}(x,y)\cdot \mathrm{d}\boldsymbol{e}_l\mathrm{d}s\right|\\ &\leqslant \int_L |\boldsymbol{F}(x,y)\cdot \mathrm{d}\boldsymbol{e}_l|\,\mathrm{d}s \leqslant \int_L |\boldsymbol{F}(x,y)|\,\mathrm{d}s\\ &= \int_L \sqrt{P^2+Q^2}\,\mathrm{d}s \leqslant \int_L M\mathrm{d}s = MS.\end{aligned}$$

习题 10.2

1. 计算下列对坐标的曲线积分:

(1) $\int_L (x^2-xy)\mathrm{d}x+(xy-y^2)\mathrm{d}y$，其中 L 是从点 $A(1,-2)$ 到点 $B(-1,2)$ 的直线段.

(2) $\int_L 2xy\mathrm{d}x+x^2\mathrm{d}y$，其中 L 是从点 $A(0,0)$ 分别经 (i) $y=x$；(ii) $y=x^2$； (iii) $y^2=x$ 到点 $B(1,1)$ 的曲线.

(3) $\int_L x\mathrm{d}y$，其中 L 是由坐标轴及直线 $\frac{x}{2}+\frac{y}{3}=1$ 所构成的三角形正向（通常规定：逆时针走向为正向）边界.

(4) $\int_L -x\cos y\mathrm{d}x+y\sin x\mathrm{d}y$，其中 L 是从点 $A(0,0)$ 到点 $B(2\pi,4\pi)$ 的直线段.

(5) $\oint_L (x+y)\mathrm{d}x$，其中 L 是沿圆 $x^2+y^2=4x$ 逆时针运动一周形成的曲线弧 $\left(\oint_L\right.$ 表示曲线积分的积分路线为闭曲线$\left.\right)$.

(6) $\int_L (x^2+2xy)\mathrm{d}y$，其中 L 是椭圆 $\frac{x^2}{a^2}+\frac{y^2}{b^2}=1$ 由点 $A(a,0)$ 经点 $B(0,b)$ 到点 $C(-a,0)$ 的弧段.

(7) $\oint_L \frac{\mathrm{d}x+\mathrm{d}y}{|x|+|y|}$，其中 L 是以 $A(1,0)$，$B(0,1)$，$C(-1,0)$，$D(0,-1)$ 为顶点的正方形边界.

(8) $\int_L (2-y)\mathrm{d}x-(1-y)\mathrm{d}y$，其中 L 为摆线 $x=t-\sin t$，$y=1-\cos t$ 的一拱 $(0\leqslant t\leqslant 2\pi)$.

(9) $\int_L x\mathrm{d}x+y\mathrm{d}y+z\mathrm{d}z$，其中 L 是从点 $A(1,1,1)$ 到点 $B(2,3,4)$ 的直线段.

2. 在椭圆 $x=a\cos t$，$y=b\sin t$ 上每一点处都有作用力 $\boldsymbol{F}$，$\boldsymbol{F}$ 的大小等于从该点到椭圆中心的距离，而方向朝着椭圆中心.

(1) 试计算质点 P 沿椭圆位于第一象限中的弧从点 $A(a,0)$ 移动到点 $B(0,b)$ 时，力 $\boldsymbol{F}$ 所做的功；

(2) 求点 P 按正向走遍椭圆时，力 $\boldsymbol{F}$ 所做的功.

第三节　格林公式及其应用

下面我们要介绍二重积分与曲线积分之间的关系，也就是要讨论平面有界

闭区域 D 上的二重积分与沿闭区域 D 的边界的曲线积分的关系，由下面叙述的格林(Green)公式表出.

先介绍平面单连通区域的概念.设 D 为平面区域，若在其中任作一条闭曲线，而这曲线所围的区域全部落在 D 中，则称 D 为平面单连通区域，否则称为复连通区域.通俗地说，平面单连通区域就是不含有洞(包括点洞)的区域，复连通区域是含有“洞”(包括点“洞”)的区域.如平面上圆域或右半平面 $x>0$ 都是单连通区域，而圆环 $1<x^2+y^2<4$ 或挖去圆心的圆域 $0<x^2+y^2<1$ 都是复连通区域.

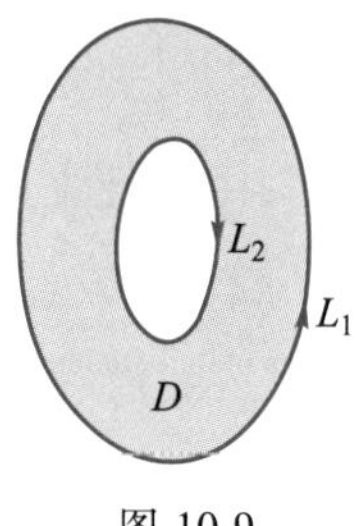

图 10.9

对于平面区域 D 的边界曲线 L，我们规定 L 的正向如下：当行人沿此方向行走时，区域 D 永远在他的左边.例如，D 是边界曲线 L_1 与 L_2 所围成的复连通区域(图 10.9)，作为 D 的正向边界，L_1 的正向是逆时针方向，而 L_2 的正向是顺时针方向.

一、格林公式

定理 1 设闭区域 D 由分段光滑的曲线 L 围成，函数 $P(x,y)$ 及 $Q(x,y)$ 在 D 上具有一阶连续偏导数，则有

$$\oint_L P\mathrm{d}x+Q\mathrm{d}y=\iint_D\left(\frac{\partial Q}{\partial x}-\frac{\partial P}{\partial y}\right)\mathrm{d}x\mathrm{d}y, \tag{10.10}$$

其中 L 是 D 的取正向的边界曲线.

公式(10.10)叫做格林公式.

证 先假设光滑曲线 L 与平行于坐标轴的直线的交点不超过两个(此时称曲线 L 为简单曲线)，作区域 D 及边界曲线 L 的图形，并标出 L 的正方向，如图 10.10.于是区域 D 可用不等式 $y_1(x)\leqslant y\leqslant y_2(x)$，$a\leqslant x\leqslant b$ 来表示.

先把(10.10)式右边的二重积分写成两个二重积分之差的形式，即

$$\iint_D\left(\frac{\partial Q}{\partial x}-\frac{\partial P}{\partial y}\right)\mathrm{d}x\mathrm{d}y=\iint_D\frac{\partial Q}{\partial x}\mathrm{d}x\mathrm{d}y-\iint_D\frac{\partial P}{\partial y}\mathrm{d}x\mathrm{d}y.$$

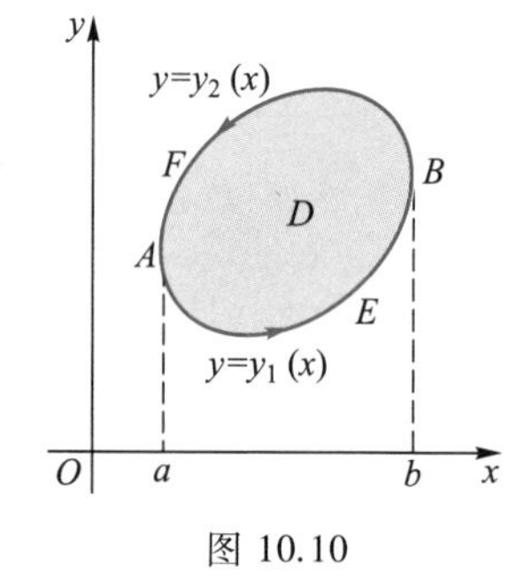

图 10.10

再分别证明上式右端这两个二重积分等于边界 L 上的相应的曲线积分.

先证

$$-\iint_D\frac{\partial P}{\partial y}\mathrm{d}x\mathrm{d}y=\oint_L P\mathrm{d}x.$$

由二重积分的计算法，有

$$\iint_D \frac{\partial P}{\partial y}dxdy = \int_a^b dx\int_{y_1(x)}^{y_2(x)} \frac{\partial P}{\partial y}dy$$

$$=\int_a^b P(x,y)\Big|_{y_1(x)}^{y_2(x)} dx$$

$$=\int_a^b [P(x,y_2(x)) - P(x,y_1(x))]dx.$$

另一方面,根据曲线积分计算法,有

$$\oint_L Pdx = \int_{\widehat{AEB}} Pdx + \int_{\widehat{BFA}} Pdx$$

$$=\int_a^b P(x,y_1(x))dx + \int_b^a P(x,y_2(x))dx$$

$$= -\int_a^b [P(x,y_2(x)) - P(x,y_1(x))]dx.$$

所以

$$\oint_L Pdx = -\iint_D \frac{\partial P}{\partial y}dxdy.$$

同理可证

$$\oint_L Qdy = \iint_D \frac{\partial Q}{\partial x}dxdy.$$

于是得

$$\oint_L Pdx + Qdy = \iint_D \left(\frac{\partial Q}{\partial x} - \frac{\partial P}{\partial y}\right) dxdy.$$ ■

若区域 D 的边界曲线 L 与平行于坐标轴的直线的交点多于两个(图 10.11(a)),或区域 D 是有洞的,即是复连通区域(图 10.11(b)),格林公式也是成立的.

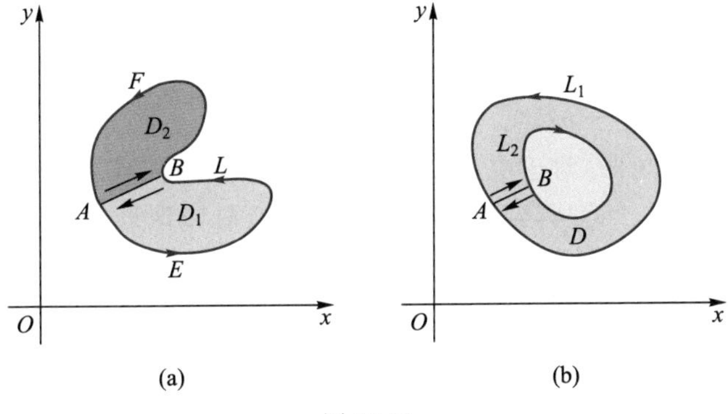

图 10.11

例如，对于图 10.11(a)，我们可以引进曲线$\widehat{AB}$，将 D 分成 D_1 与 D_2 两部分，使得它们的边界满足定理的条件，D_1 与 D_2 的边界闭曲线分别为 $\widehat{AEBA}$ 及 $\widehat{ABFA}$. 于是

$$\iint_D\left(\frac{\partial Q}{\partial x}-\frac{\partial P}{\partial y}\right)\mathrm{d}x\mathrm{d}y=\iint_{D_1}\left(\frac{\partial Q}{\partial x}-\frac{\partial P}{\partial y}\right)\mathrm{d}x\mathrm{d}y+\iint_{D_2}\left(\frac{\partial Q}{\partial x}-\frac{\partial P}{\partial y}\right)\mathrm{d}x\mathrm{d}y$$
$$=\oint_{\widehat{AEBA}}P\mathrm{d}x+Q\mathrm{d}y+\oint_{\widehat{ABFA}}P\mathrm{d}x+Q\mathrm{d}y.$$

因为路线$\widehat{BA}$是$\widehat{AEBA}$的一部分，而$\widehat{AB}$是$\widehat{ABFA}$的一部分，它们的方向正好相反，所以这两部分曲线积分的值相互抵消，因此

$$\oint_{\widehat{AEBA}}P\mathrm{d}x+Q\mathrm{d}y+\oint_{\widehat{ABFA}}P\mathrm{d}x+Q\mathrm{d}y$$
$$=\int_{\widehat{AEB}}P\mathrm{d}x+Q\mathrm{d}y+\int_{\widehat{BFA}}P\mathrm{d}x+Q\mathrm{d}y$$
$$=\oint_L P\mathrm{d}x+Q\mathrm{d}y.$$

从而

$$\oint_L P\mathrm{d}x+Q\mathrm{d}y=\iint_D\left(\frac{\partial Q}{\partial x}-\frac{\partial P}{\partial y}\right)\mathrm{d}x\mathrm{d}y.$$

再如图 10.11(b) 中，L_1 与 L_2 是区域 D 的边界曲线，方向为正向，我们也可以引进曲线弧$\widehat{AB}$，把 L_1 与 L_2 连起来，使区域 D 变成单连通区域，它的边界曲线为 $L_1+\widehat{AB}+L_2+\widehat{BA}$，于是按定理 1，

$$\iint_D\left(\frac{\partial Q}{\partial x}-\frac{\partial P}{\partial y}\right)\mathrm{d}x\mathrm{d}y=\oint_{L_1+\widehat{AB}+L_2+\widehat{BA}}P\mathrm{d}x+Q\mathrm{d}y.$$

因为沿$\widehat{AB}$和$\widehat{BA}$的积分互相抵消，所以

$$\iint_D\left(\frac{\partial Q}{\partial x}-\frac{\partial P}{\partial y}\right)\mathrm{d}x\mathrm{d}y=\oint_{L_1}P\mathrm{d}x+Q\mathrm{d}y+\oint_{L_2}P\mathrm{d}x+Q\mathrm{d}y.$$

因此，公式(10.10)对于由分段光滑曲线围成的闭区域都成立.

利用格林公式，可以得到用曲线积分计算有界闭区域的面积. 事实上，在公式(10.10)中，若令 $P=-y, Q=x$，即得

$$\oint_L x\mathrm{d}y-y\mathrm{d}x=2\iint_D\mathrm{d}\sigma=2S,$$

其中 S 为区域 D 的面积.

于是

$$\boxed{S=\frac{1}{2}\oint_L x\mathrm{d}y-y\mathrm{d}x.}\tag{10.11}$$

例 1 求椭圆 $x=a\cos t, y=b\sin t$ 所围成图形的面积.

解 由公式(10.11)有

$$S=\frac{1}{2}\oint_L x\mathrm{d}y-y\mathrm{d}x=\frac{1}{2}\int_0^{2\pi}(ab\cos^2t+ab\sin^2t)\mathrm{d}t=\pi ab.$$

例 2 计算 $I=\oint_L x^2y\mathrm{d}x+y^3\mathrm{d}y$, 其中 L 是由曲线 $y^3=x^2$ 与直线 $y=x$ 连接而成的逆时针闭路线(图 10.12).

解 因为 $P=x^2y, Q=y^3$, 所以

$$\frac{\partial Q}{\partial x}-\frac{\partial P}{\partial y}=-x^2.$$

由格林公式有

$$I=-\iint_D x^2\mathrm{d}x\mathrm{d}y,$$

其中 D 为 $x\leqslant y\leqslant x^{\frac{2}{3}}, 0\leqslant x\leqslant 1$, 由二重积分计算法得

$$I=-\int_0^1\mathrm{d}x\int_x^{x^{2/3}}x^2\mathrm{d}y=-\frac{1}{44}.$$

例 3 计算 $I=\int_L(\mathrm{e}^x\sin y-my)\mathrm{d}x+(\mathrm{e}^x\cos y-m)\mathrm{d}y$, 其中 L 为由点 $A(a,0)$ 到点 $B(-a,0)$ 的半圆周 $y=\sqrt{a^2-x^2}$ (图 10.13).

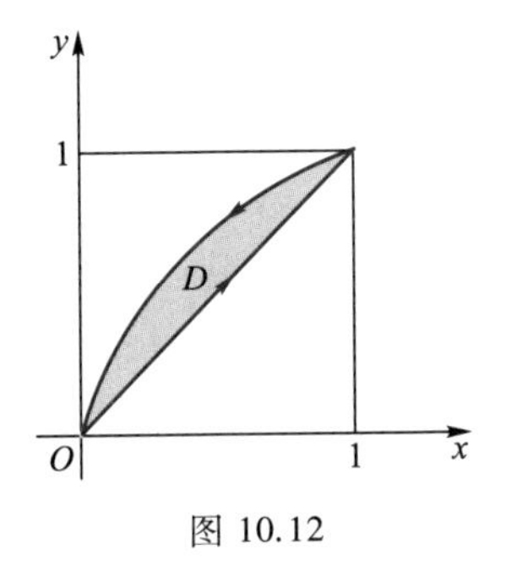

图 10.12

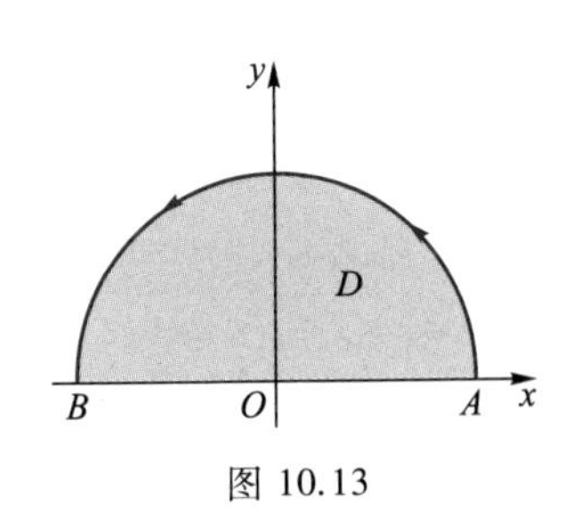

图 10.13

分析 这里被积表达式比较复杂, $P=\mathrm{e}^x\sin y-my, Q=\mathrm{e}^x\cos y-m$. 受格林公式启发,考虑表达式 $\frac{\partial Q}{\partial x}-\frac{\partial P}{\partial y}$,有 $\frac{\partial Q}{\partial x}-\frac{\partial P}{\partial y}=\mathrm{e}^x\cos y-\mathrm{e}^x\cos y+m=m$. 此式极简单.但曲线 L 不是封闭曲线,无法用格林公式.如果添加“辅助线”,连接 $\overline{BA}$,则

$L+\overline{BA}$ 形成封闭曲线,围成的区域为 D.不难验证,P 和 Q 在 D 上满足格林公式条件,故得解法如下:

解　添线段$\overline{BA}$,使 L 与$\overline{BA}$形成封闭曲线,由格林公式,有

$$\oint_{L+\overline{BA}}(e^x\sin y-my)\mathrm{d}x+(e^x\cos y-m)\mathrm{d}y=\iint_D m\mathrm{d}\sigma=\frac{1}{2}m\pi a^2,$$

其中 D 为 $L+\overline{BA}$ 所围成的半圆域.

又在线段 $\overline{BA}$ 上,$y=0(-a\leqslant x\leqslant a)$,因而

$$\int_{\overline{BA}}(e^x\sin y-my)\mathrm{d}x+(e^x\cos y-m)\mathrm{d}y=0.$$

故

$$\begin{aligned}&\int_L(e^x\sin y-my)\mathrm{d}x+(e^x\cos y-m)\mathrm{d}y\\=&\oint_{L+\overline{BA}}(e^x\sin y-my)\mathrm{d}x+(e^x\cos y-m)\mathrm{d}y-\\&\int_{\overline{BA}}(e^x\sin y-my)\mathrm{d}x+(e^x\cos y-m)\mathrm{d}y\\=&\frac{1}{2}\pi ma^2.\end{aligned}$$

由此例可知,当被积函数表达式 $P\mathrm{d}x+Q\mathrm{d}y$ 比较复杂,而 $\dfrac{\partial Q}{\partial x}-\dfrac{\partial P}{\partial y}$ 比较简单时,可考虑用格林公式来计算.若曲线 L 不封闭,可添一些“辅助线”,使之成为封闭曲线,再利用格林公式来计算,当然在添的辅助线上的曲线积分应该是易算的.

例 4　计算$\oint_L y^2\mathrm{d}x+3xy\mathrm{d}y$,其中 L 是由圆 $x^2+y^2=1$, $x^2+y^2=4$ 与$y=0$ 围成的在上半平面的环域 D 的正向边界(图 10.14).

解　在极坐标系中,

$$D=\{(\rho,\varphi)\mid 1\leqslant\rho\leqslant 2,0\leqslant\varphi\leqslant\pi\}.$$

由格林公式得

$$\begin{aligned}\oint_L y^2\mathrm{d}x+3xy\mathrm{d}y&=\iint_D\left[\frac{\partial}{\partial x}(3xy)-\frac{\partial}{\partial y}(y^2)\right]\mathrm{d}x\mathrm{d}y\\&=\iint_D y\mathrm{d}x\mathrm{d}y=\int_0^{\pi}\mathrm{d}\theta\int_1^2(\rho\sin\theta)\rho\mathrm{d}\rho\\&=\int_0^{\pi}\sin\theta\mathrm{d}\theta\int_1^2\rho^2\mathrm{d}\rho=\frac{14}{3}.\end{aligned}$$

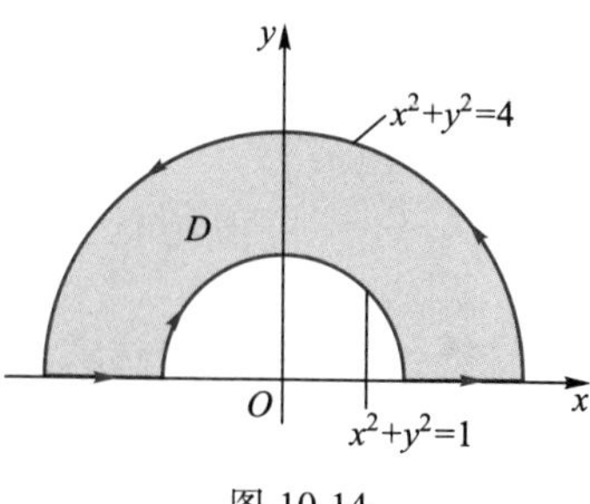

图 10.14

例 5　计算 $I=\oint_L \dfrac{x\mathrm{d}y-y\mathrm{d}x}{x^2+y^2}$，其中 L 为不通过原点的简单光滑正向闭曲线.

解　令 $P=\dfrac{-y}{x^2+y^2}, Q=\dfrac{x}{x^2+y^2}$，则当 $x^2+y^2\neq 0$ 时，有

$$\frac{\partial Q}{\partial x}=\frac{y^2-x^2}{(x^2+y^2)^2}=\frac{\partial P}{\partial y}.$$

记 L 所围成的闭区域为 D，当 $(0,0)\notin D$ 时，由格林公式得

$$\oint_L \frac{x\mathrm{d}y-y\mathrm{d}x}{x^2+y^2}=0.$$

当 $(0,0)\in D$，即闭区域 D 包含坐标原点时，选取适当小的 $r>0$，在 D 内作圆周 $C: x^2+y^2=r^2$. 记 L 和 C 所围成的闭区域为 D_1（图 10.15），对区域 D_1 应用格林公式，得

$$\oint_L \frac{x\mathrm{d}y-y\mathrm{d}x}{x^2+y^2}-\oint_C \frac{x\mathrm{d}y-y\mathrm{d}x}{x^2+y^2}=0,$$

其中 C 的方向取逆时针方向. 于是

$$\begin{aligned}\oint_L \frac{x\mathrm{d}y-y\mathrm{d}x}{x^2+y^2}&=\oint_C \frac{x\mathrm{d}y-y\mathrm{d}x}{x^2+y^2}\\&=\int_0^{2\pi}\frac{r^2\cos^2\theta+r^2\sin^2\theta}{r^2}\mathrm{d}\theta\\&=2\pi.\end{aligned}$$

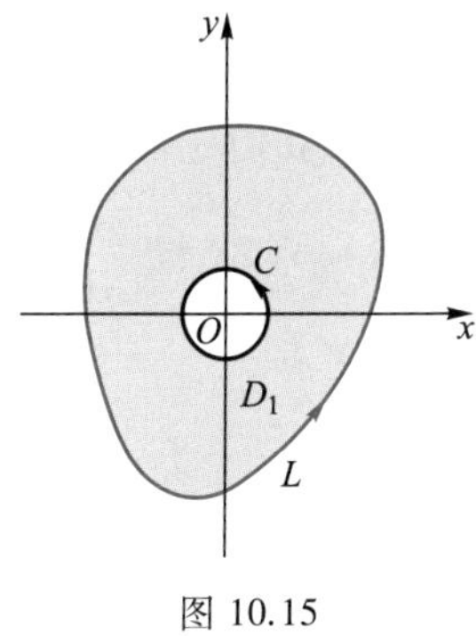

图 10.15

二、平面上曲线积分与路径无关的条件

曲线积分 $\int_{\widehat{AB}} P\mathrm{d}x+Q\mathrm{d}y$ 的值，在函数 P,Q 已知，A,B 两点已经给定以后，一般还与从 A 到 B 所取的路径有关. 但也有一些曲线积分，它的积分值只与起点 A 和终点 B 有关，而与沿什么路径无关.

例如，在第二节例 3 中，我们曾经计算过曲线积分 $\int_L y\mathrm{d}x+x\mathrm{d}y$，它沿着三条不同的路线所得的值都等于 1，这表明此曲线积分与路径无关. 在许多物理问题中，也会碰到曲线积分与路径无关的情况，如在重力作用下，一个质点由点 A 移动到点 B 时，重力所做的功与路径无关，等于终点与起点位能之差. 在静电场中，电场力所做的功也与路径无关，等于起点与终点的电势能之差等.

所谓曲线积分与路径无关，用式子来表示就是指

$$\int_{L_1} P\mathrm{d}x+Q\mathrm{d}y=\int_{L_2} P\mathrm{d}x+Q\mathrm{d}y,$$

其中 L_1 与 L_2 是从起点 A 到终点 B 的任意两条路径.

下面,我们来讨论在什么条件下,曲线积分与路径无关.

定理 2 若函数 $P(x,y),Q(x,y)$ 在单连通域 D 上具有一阶连续偏导数,则下列三个命题是等价的:

(1) 在 D 内每一点处都有 $\frac{\partial Q}{\partial x}=\frac{\partial P}{\partial y}$;

(2) $\oint_L P\mathrm{d}x+Q\mathrm{d}y=0$, 其中 L 是全部包含在 D 内任一条光滑或分段光滑的闭曲线;

(3) 曲线积分 $\int_{\widehat{AB}} P\mathrm{d}x+Q\mathrm{d}y$ 与积分路径无关,只与起点 A 和终点 B 有关,其中曲线 AB 落在 D 内.

证 我们先证明(1)⇔(2),再证明(2)⇔(3),从而有(1)⇔(3).

(1)⇒(2).设 $\frac{\partial Q}{\partial x}=\frac{\partial P}{\partial y}$, L 为 D 内任一条光滑闭曲线,L 围成的区域为 D_1.由格林公式有

$$\oint_L P\mathrm{d}x+Q\mathrm{d}y=\iint_{D_1}\left(\frac{\partial Q}{\partial x}-\frac{\partial P}{\partial y}\right)\mathrm{d}x\mathrm{d}y=\iint_{D_1}0\mathrm{d}x\mathrm{d}y=0.$$

(2)⇒(1).要证若沿 D 内任意闭曲线的曲线积分为零,则 $\frac{\partial Q}{\partial x}=\frac{\partial P}{\partial y}$ 在 D 内恒成立.事实上,若上述结论不成立,则在 D 内至少存在一点 M_0,使 $\left(\frac{\partial Q}{\partial x}-\frac{\partial P}{\partial y}\right)\Bigg|_{M_0}\neq 0$. 不妨假设 $\left(\frac{\partial Q}{\partial x}-\frac{\partial P}{\partial y}\right)\Bigg|_{M_0}>0$, 由于$\frac{\partial Q}{\partial x}$,$\frac{\partial P}{\partial y}$在 D 内连续,在 D 内必有一邻域 $N(M_0,\delta)$,使得 $\frac{\partial Q}{\partial x}-\frac{\partial P}{\partial y}>0$, 于是由二重积分性质有

$$\iint_{N(M_0,\delta)}\left(\frac{\partial Q}{\partial x}-\frac{\partial P}{\partial y}\right)\mathrm{d}x\mathrm{d}y>0.$$

从而

$$\oint_\gamma P\mathrm{d}x+Q\mathrm{d}y=\iint_{N(M_0,\delta)}\left(\frac{\partial Q}{\partial x}-\frac{\partial P}{\partial y}\right)\mathrm{d}x\mathrm{d}y>0,$$

其中 γ 为 $N(M_0,\delta)$的正向边界.

这结果与沿 D 内任意闭曲线的积分为零的假设相矛盾,所以必有 $\frac{\partial Q}{\partial x}=\frac{\partial P}{\partial y}$ 在 D 内处处成立.

(2)⇒(3). 设$\oint_L P\mathrm{d}x+Q\mathrm{d}y=0$，其中$L$为$D$内任一条光滑闭曲线，在$D$内任取两条联结点$A$与点$B$的不相交的光滑曲线$L_1$与$L_2$，方向为$A$到$B$的方向，则$L_1+L_2^-$构成正向的封闭曲线$L$(图 10.16)，于是

$$\begin{aligned}\oint_L P\mathrm{d}x+Q\mathrm{d}y&=\oint_{L_1+L_2^-} P\mathrm{d}x+Q\mathrm{d}y\\&=\int_{L_1} P\mathrm{d}x+Q\mathrm{d}y+\int_{L_2^-} P\mathrm{d}x+Q\mathrm{d}y\\&=\int_{L_1} P\mathrm{d}x+Q\mathrm{d}y-\int_{L_2} P\mathrm{d}x+Q\mathrm{d}y.\end{aligned}$$

由于$\oint_L P\mathrm{d}x+Q\mathrm{d}y=0$，故有

$$\int_{L_1} P\mathrm{d}x+Q\mathrm{d}y-\int_{L_2} P\mathrm{d}x+Q\mathrm{d}y=0.$$

从而

$$\int_{L_1} P\mathrm{d}x+Q\mathrm{d}y=\int_{L_2} P\mathrm{d}x+Q\mathrm{d}y.$$

(3)⇒(2). 设(3)成立，则对于D内任一条光滑闭曲线L，在L上任取两点A,B，将L分成两段，即$L=L_{AB}+L_{BA}$(图 10.17)，有

$$\begin{aligned}\oint_L P\mathrm{d}x+Q\mathrm{d}y&=\int_{L_{AB}} P\mathrm{d}x+Q\mathrm{d}y+\int_{L_{BA}} P\mathrm{d}x+Q\mathrm{d}y\\&=\int_{L_{AB}} P\mathrm{d}x+Q\mathrm{d}y-\int_{L_{AB}} P\mathrm{d}x+Q\mathrm{d}y.\end{aligned}$$

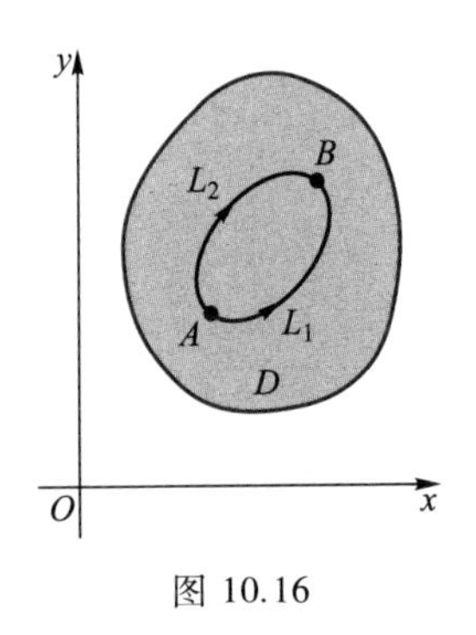

图 10.16

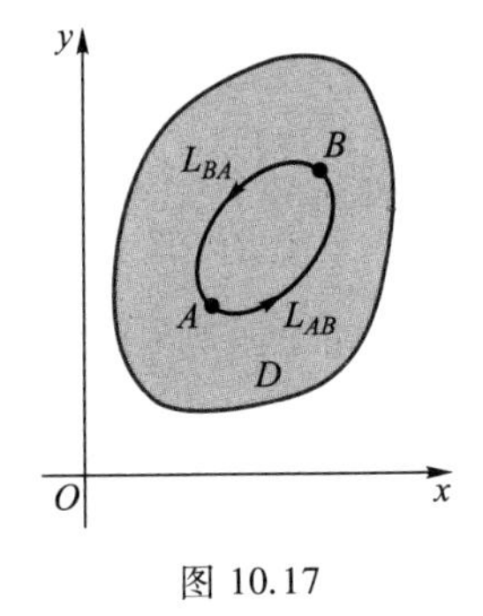

图 10.17

由假设(3)得

$$\oint_L P\mathrm{d}x+Q\mathrm{d}y=0.$$ ■

例 6　计算$I=\int_L (y\mathrm{e}^{-x}+x)\mathrm{d}x+(6y-\mathrm{e}^{-x})\mathrm{d}y$，其中$L$是自点$A(1,0)$，经点

$B(0,1)$到点 $C(-1,1)$的有向圆弧(图 10.18).

解 因为 $P=ye^{-x}+x, Q=6y-e^{-x}$, 且有

$$\frac{\partial Q}{\partial x}=\frac{\partial P}{\partial y}=e^{-x}.$$

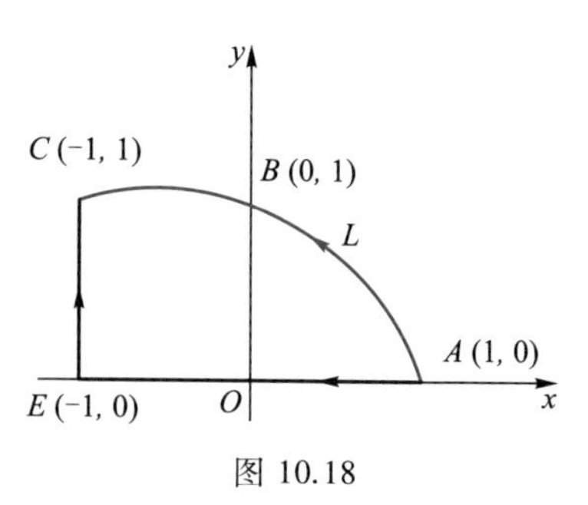

图 10.18

所以此曲线积分在全平面上与路径无关.因此在计算中就无需写出圆弧的方程,可沿更为方便的路线进行计算.一般来说,我们可以取沿坐标轴或平行于坐标轴的直线来计算积分.在此我们可取如图 10.18 所示的路径 $AOEC$代替 L.在$\overline{AOE}$上: $y=0$, x 从 1 变到-1; 在直线段$\overline{EC}$上: $x=-1$, y 从 0 变到 1.于是

$$\begin{aligned}I&=\int_{\overline{AOE}}(ye^{-x}+x)\mathrm{d}x+(6y-e^{-x})\mathrm{d}y+\\&\quad\int_{\overline{EC}}(ye^{-x}+x)\mathrm{d}x+(6y-e^{-x})\mathrm{d}y\\&=\int_1^{-1}x\mathrm{d}x+\int_0^1[6y-e^{-(-1)}]\mathrm{d}y\\&=3-e.\end{aligned}$$

必须注意,定理 2 中的区域 D 必须是单连通区域,且函数 $P(x,y)$,$Q(x,y)$ 在 D 内具有一阶连续偏导数.如果这两个条件之一不能满足,那么就不能保证定理的结论成立.例如,在第三节例 5 中我们已经看到,当 L 所围成的区域含有原点时,虽然除去原点外,恒有 $\frac{\partial Q}{\partial x}=\frac{\partial P}{\partial y}$, 但沿闭曲线积分 $\oint_L P\mathrm{d}x+Q\mathrm{d}y\neq 0$, 其原因在于区域内含有破坏函数 P,Q 及$\frac{\partial Q}{\partial x},\frac{\partial P}{\partial y}$连续性条件的点 O,这种点通常称为奇点.

三、全微分准则、原函数

我们已知,当二元函数 $u(x,y)$有连续偏导数时,便有全微分

$$\mathrm{d}u=\frac{\partial u}{\partial x}\mathrm{d}x+\frac{\partial u}{\partial y}\mathrm{d}y.$$

反过来,设已给两个连续的二元函数 $P(x,y)$及 $Q(x,y)$,是否存在$u(x,y)$,使其全微分为

$$P(x,y)\mathrm{d}x+Q(x,y)\mathrm{d}y. \tag{10.12}$$

要解决这个问题,需要解决下列两个问题:

(1) 函数 $P(x,y)$与 $Q(x,y)$满足什么条件,表达式(10.12)是全微分.

(2) 怎样求出 $u(x,y)$，使它的微分为(10.12)式.

在解决这个问题之前，我们先引入全微分的原函数这一概念.

定义　若函数 $u(x,y)$，使

$$du = P(x,y)dx + Q(x,y)dy,$$

则称 $u(x,y)$ 是表达式 $P(x,y)dx + Q(x,y)dy$ 的一个原函数.

显而易见，全微分的原函数不止一个，因为 $u(x,y)+c$（c 为常数）也是 $Pdx+Qdy$ 的原函数.读者不难证明：全微分 $Pdx + Qdy$ 的任意两个原函数之差是一个常数.

下面介绍原函数存在定理.

定理 3　设函数 $P(x,y)$，$Q(x,y)$ 在单连通域 D 内具有一阶连续偏导数，则在 D 内表达式

$$P(x,y)dx + Q(x,y)dy$$

为某一函数 $u(x,y)$ 的全微分的充分必要条件是等式

$$\frac{\partial Q}{\partial x} = \frac{\partial P}{\partial y} \tag{10.13}$$

在 D 内恒成立.

证　先证必要性.

假设存在一个原函数 $u(x,y)$，即

$$du = P(x,y)dx + Q(x,y)dy,$$

则必有

$$\frac{\partial u}{\partial x} = P(x,y),\quad \frac{\partial u}{\partial y} = Q(x,y).$$

从而

$$\frac{\partial^2 u}{\partial x\partial y} = \frac{\partial P}{\partial y},\quad \frac{\partial^2 u}{\partial y\partial x} = \frac{\partial Q}{\partial x}.$$

由于 P 与 Q 具有一阶连续偏导数，所以 $\frac{\partial^2 u}{\partial x\partial y}$，$\frac{\partial^2 u}{\partial y\partial x}$ 连续，因此 $\frac{\partial^2 u}{\partial x\partial y} = \frac{\partial^2 u}{\partial y\partial x}$，于是

$$\frac{\partial Q}{\partial x} = \frac{\partial P}{\partial y}.$$

再证充分性.

因为在单连通域 D 内恒有 $\frac{\partial Q}{\partial x} = \frac{\partial P}{\partial y}$，则由定理 2 可知，线积分

$$\int_{M_0(x_0,y_0)}^{M(x,y)} P(x,y)dx + Q(x,y)dy$$

与路径无关，其中 M_0 与 M 是域 D 内两点. 当起点 $M_0(x_0, y_0)$ 固定时，这个积分的值取决于终点 $M(x, y)$. 因此，上述曲线积分就是 x, y 的二元函数，记作 $u(x, y)$，即

$$\boxed{u(x,y)=\int_{M_0(x_0,y_0)}^{M(x,y)} P(x,y)\,\mathrm{d}x+Q(x,y)\,\mathrm{d}y.} \tag{10.14}$$

下证 $u(x,y)$ 的全微分正好是被积表达式 $P(x,y)\,\mathrm{d}x+Q(x,y)\,\mathrm{d}y$，这只要证明 $\dfrac{\partial u}{\partial x}=P(x,y), \dfrac{\partial u}{\partial y}=Q(x,y)$.

取 $N(x+\Delta x, y)$ 为点 M 附近的一点（N 仍在 D 内），则有

$$u(x+\Delta x,y)=\int_{M_0(x_0,y_0)}^{N(x+\Delta x,y)} P(x,y)\,\mathrm{d}x+Q(x,y)\,\mathrm{d}y.$$

因为积分与路径无关，因此上述积分的路径可以取先从 M_0 到 M，然后沿平行于 x 轴的直线段从 M 到 N（图 10.19），于是得

$$\begin{aligned}&u(x+\Delta x,y)-u(x,y)\\=&\int_{M(x,y)}^{N(x+\Delta x,y)} P(x,y)\,\mathrm{d}x+Q(x,y)\,\mathrm{d}y.\end{aligned}$$

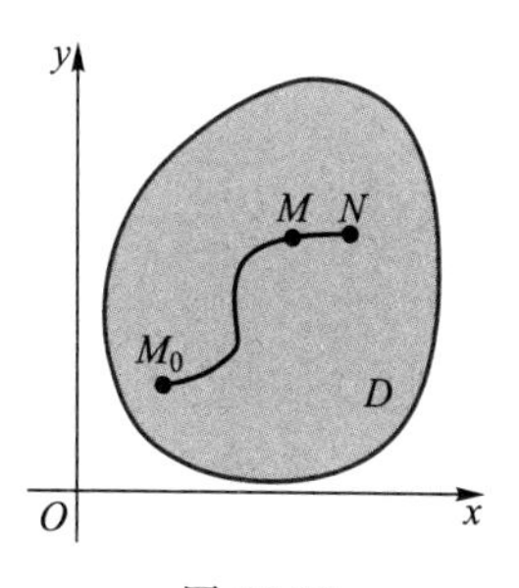

图 10.19

因为在直线段 MN 上 $y=$ 常数，$\mathrm{d}y=0$，所以上式成为

$$u(x+\Delta x,y)-u(x,y)=\int_{x}^{x+\Delta x} P(x,y)\,\mathrm{d}x.$$

应用积分中值定理得

$$u(x+\Delta x,y)-u(x,y)=P(x+\theta\Delta x,y)\Delta x \quad (0\leqslant\theta\leqslant 1).$$

故

$$\lim_{\Delta x\to 0}\frac{u(x+\Delta x,y)-u(x,y)}{\Delta x}=\lim_{\Delta x\to 0}P(x+\theta\Delta x,y).$$

因为 $P(x,y)$ 的偏导数在 D 内连续，所以 $P(x,y)$ 本身也一定连续，因此上述右端的极限存在，且为 $P(x,y)$，由偏导数的定义得

$$\frac{\partial u}{\partial x}=P(x,y).$$

同理可证

$$\frac{\partial u}{\partial y}=Q(x,y).$$

■

根据上述定理，如果函数 $P(x,y), Q(x,y)$ 在单连通域 D 内具有一阶连续偏导数，且满足(10.13)式，那么 $P\mathrm{d}x+Q\mathrm{d}y$ 是某个函数的全微分，这函数可用公式

(10.14)来求出,即

$$u(x,y)=\int_{M_0(x_0,y_0)}^{M(x,y)}P(x,y)\,dx+Q(x,y)\,dy.$$

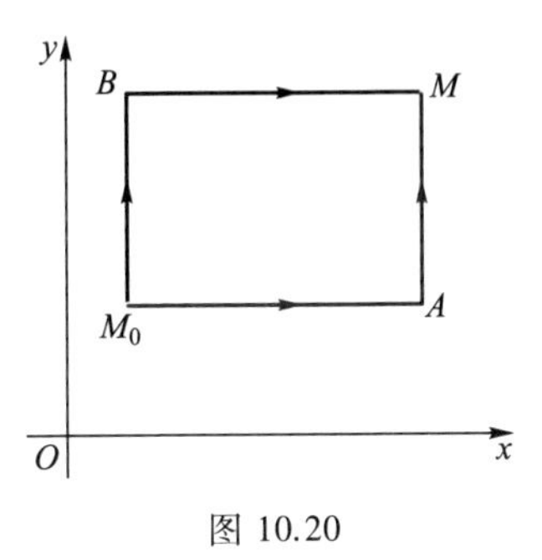

图 10.20

由于上述积分与路径无关,为计算简便起见,我们可以取平行于各坐标轴的折线作为积分路径(图 10.20),设积分路径为折线 M_0AM,并假定这折线 M_0AM 完全位于 D 内. 于是在 M_0A 上:$y=y_0$, $dy=0$; 在 AM 上:$x=x$(常数), $dx=0$. 在公式(10.14)中,如果取 M_0AM 为积分路径,则有

$$\boxed{u(x,y)=\int_{x_0}^{x}P(x,y_0)\,dx+\int_{y_0}^{y}Q(x,y)\,dy.}$$

在公式(10.14)中,如果取 M_0BM 为积分路径,则有

$$\boxed{u(x,y)=\int_{y_0}^{y}Q(x_0,y)\,dy+\int_{x_0}^{x}P(x,y)\,dx.}$$

例 7 验证在 xOy 坐标面内,微分式

$$e^x(1+\sin y)\,dx+(e^x+2\sin y)\cos y\,dy$$

是某个函数的全微分,并求出它的一个原函数.

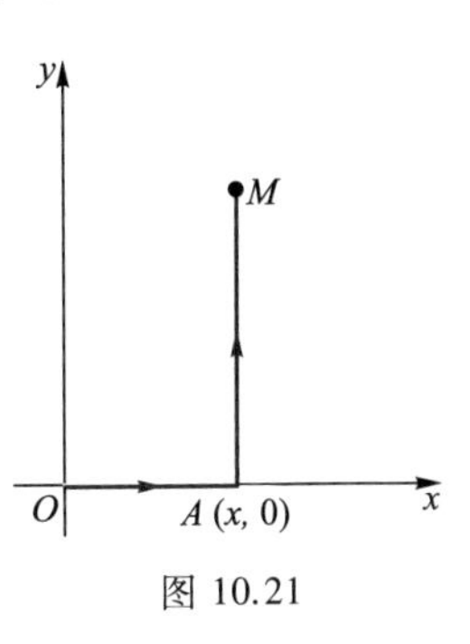

图 10.21

解法 1(用线积分求) 因为 $P=e^x(1+\sin y)$, $Q=(e^x+2\sin y)\cos y$,且

$$\frac{\partial Q}{\partial x}=e^x\cos y=\frac{\partial P}{\partial y}$$

在整个 xOy 坐标面内恒成立,所以在整个 xOy 坐标面内它是某个函数 $u(x,y)$ 的全微分.

取积分路径如图 10.21 所示,这里取 $M_0(x_0,y_0)=(0,0)$, 于是它的一个原函数是

$$\begin{aligned}u(x,y)&=\int_{M_0(0,0)}^{M(x,y)}e^x(1+\sin y)\,dx+(e^x+2\sin y)\cos y\,dy\\&=\int_{\overline{OA}}e^x(1+\sin y)\,dx+(e^x+2\sin y)\cos y\,dy+\\&\quad\int_{\overline{AM}}e^x(1+\sin y)\,dx+(e^x+2\sin y)\cos y\,dy\\&=\int_0^x e^x\,dx+\int_0^y(e^x+2\sin y)\cos y\,dy\\&=e^x-1+e^x\sin y+\sin^2 y.\end{aligned}$$

解法 2(用微分法求) 因为函数 u 满足

$$\frac{\partial u}{\partial x}=e^{x}(1+\sin y),$$

故

$$u=\int e^{x}(1+\sin y)\,dx=e^{x}(1+\sin y)+c(y).$$

由于 y 是被看作常数积分的,故积分常数 c 中可能含有 y,由此得

$$\frac{\partial u}{\partial y}=e^{x}\cos y+c'(y).$$

又因为 u 必须满足

$$\frac{\partial u}{\partial y}=(e^{x}+2\sin y)\cos y,$$

故

$$e^{x}\cos y+c'(y)=(e^{x}+2\sin y)\cos y,$$

则

$$c'(y)=2\sin y\cos y,\quad c(y)=\int 2\sin y\cos y\,dy=\sin^{2}y+c.$$

所求函数为 $u=e^{x}(1+\sin y)+\sin^{2}y+c$.

应当指出,由定理 2 和定理 3,我们也可以利用原函数来计算与路径无关的线积分.事实上,若线积分

$$I=\int_{(x_0,y_0)}^{(x_1,y_1)}P\,dx+Q\,dy$$

与路径无关(如图 10.22 所示),则 $P\,dx+Q\,dy$ 必为某一函数的全微分,设其原函数为 $F(x,y)$,由于

$$\varphi(x,y)=\int_{(x_0,y_0)}^{(x,y)}P\,dx+Q\,dy$$

也是被积表达式的一个原函数,所以

$$\varphi(x,y)=F(x,y)+c.$$

但 $\varphi(x_0,y_0)=0$, 故

$$c=-F(x_0,y_0).$$

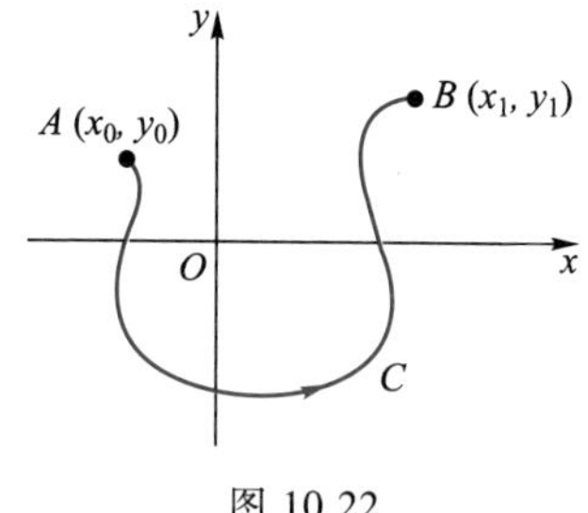

图 10.22

于是

$$\varphi(x,y)=F(x,y)-F(x_0,y_0).$$

因此

$$\int_{(x_0,y_0)}^{(x_1,y_1)} P\mathrm{d}x + Q\mathrm{d}y = F(x_1,y_1) - F(x_0,y_0) = F(x,y)\Big|_{(x_0,y_0)}^{(x_1,y_1)}. \tag{10.15}$$

公式(10.15)看作是定积分中的牛顿-莱布尼茨公式的推广.

例 8 计算 $\int_{(1,1)}^{(3,4)} x\mathrm{d}y + y\mathrm{d}x$.

解 容易看出 $x\mathrm{d}y + y\mathrm{d}x = \mathrm{d}(xy)$，所以由公式(10.15)得

$$\int_{(1,1)}^{(3,4)} x\mathrm{d}y + y\mathrm{d}x = xy\Big|_{(1,1)}^{(3,4)} = 12 - 1 = 11.$$

由此可知,记住一些简单函数的全微分是有用处的，如

$$\mathrm{d}(x^2+y^2) = 2x\mathrm{d}x + 2y\mathrm{d}y; \qquad \mathrm{d}(xy) = x\mathrm{d}y + y\mathrm{d}x;$$

$$\mathrm{d}\left(\frac{y}{x}\right) = \frac{x\mathrm{d}y - y\mathrm{d}x}{x^2}; \qquad \mathrm{d}\left(\sqrt{x^2+y^2}\right) = \frac{x\mathrm{d}x + y\mathrm{d}y}{\sqrt{x^2+y^2}};$$

$$\mathrm{d}\left(\arctan\frac{y}{x}\right) = \frac{x\mathrm{d}y - y\mathrm{d}x}{x^2+y^2}.$$

习题 10.3

1. 计算下列对坐标的曲线积分：

(1) $\oint_L (1+y^2)\mathrm{d}x + xy\mathrm{d}y$,其中 L 为由 $y=\sin x$ 及 $y=2\sin x(0\leqslant x\leqslant \pi)$ 所形成的逆时针方向的闭曲线；

(2) $\int_L \frac{(x+y)\mathrm{d}x + (x-y)\mathrm{d}y}{|x|+|y|}$,其中 L 是方程 $|x|+|y|=1$ 所围成的顺时针方向闭路；

(3) $\oint_L x\mathrm{e}^{-y^2}\mathrm{d}y$,其中 L 是以 $O(0,0)$,$A(1,1)$,$B(0,1)$ 为顶点的三角形边界，方向为逆时针方向；

(4) $\int_{\widehat{AOB}} (12xy+\mathrm{e}^y)\mathrm{d}x - (\cos y - x\mathrm{e}^y)\mathrm{d}y$,其中路径 $\widehat{AOB}$ 为由点 $A(-1,1)$ 沿曲线 $y=x^2$ 到点 $O(0,0)$,再沿直线 $y=0$ 到点 $B(2,0)$；

(5) $\int_L (\mathrm{e}^x\sin y + y + 1)\mathrm{d}x + (\mathrm{e}^x\cos y - x)\mathrm{d}y$,其中 L 是下半圆周 $\widehat{AB}$,圆的直径两端点 A,B 的坐标分别为(1,0)与(7,0).

2. 验证下列曲线积分与路径无关,并计算其值：

(1) $\int_L \mathrm{e}^x(\cos y\mathrm{d}x - \sin y\mathrm{d}y)$,其中 L 是从点 $A(0,0)$ 到点 $B(a,b)$ 的任意

弧段；

(2) $\int_L (2xy+3x\sin x)\mathrm{d}x+(x^2-y\mathrm{e}^y)\mathrm{d}y$，其中 L 是从 $O(0,0)$ 沿摆线 $x=t-\sin t,\ y=1-\cos t$ 到点 $A(\pi,2)$ 的一段弧；

(3) $\int_{\widehat{AD}}[f(y)\cos x-2y]\mathrm{d}x+[f'(y)\sin x-2x]\mathrm{d}y$，其中 $f'(y)$ 连续，曲线 $\widehat{AD}$ 由圆弧 $\widehat{AB}$ 及折线 BCD 组成，其中 $A(0,1)$，$B(-1,1)$，$C(0,-1)$，$D(1,2)$；

(4) $\int_L \dfrac{(x-y)\mathrm{d}x+(x+y)\mathrm{d}y}{x^2+y^2}$，其中 L 是从点 $A(-a,0)$，经上半椭圆周 $\dfrac{x^2}{a^2}+\dfrac{y^2}{b^2}=1(y\geqslant 0)$ 到点 $B(a,0)$ 的弧段.

3. 确定 λ 的值，使曲线积分

$$I=\int_A^B (x^4+4xy^3)\mathrm{d}x+(6x^{\lambda-1}y^2-5y^4)\mathrm{d}y$$

与路径无关，并求 A,B 分别为 $(0,0)$，$(1,2)$ 时 I 的值.

4. 设函数 $P(x,y)$，$Q(x,y)$ 在复连通域 D 内连续可微，且恒有 $\dfrac{\partial Q}{\partial x}=\dfrac{\partial P}{\partial y}$，$L_1$ 与 L_2 是 D 内任何两条同向闭曲线，且 L_1 与 L_2 各自所围区域内具有相同的不属于 D 的点.证明

$$\oint_{L_1} P\mathrm{d}x+Q\mathrm{d}y=\oint_{L_2} P\mathrm{d}x+Q\mathrm{d}y.$$

并由此计算 $\oint_L \dfrac{(x-y)\mathrm{d}x+(x+y)\mathrm{d}y}{x^2+y^2}$，其中 L 为正方形 $|x|+|y|=2$ 的正向边界线.

5. 计算 $\oint_L \dfrac{x\mathrm{d}y-y\mathrm{d}x}{4x^2+y^2}$，其中 L 为不通过原点的简单光滑正向闭曲线.

6. 判别下列微分形式是否存在原函数，若是，则求出其原函数.

(1) $2xy\mathrm{d}x+x^2\mathrm{d}y$；

(2) $(2x\cos y-y^2\sin x)\mathrm{d}x+(2y\cos x-x^2\sin y)\mathrm{d}y$；

(3) $\dfrac{x\mathrm{d}x+y\mathrm{d}y}{x^2+y^2}$.

7. 设位于点 $(0,1)$ 的质点 A 对质点 M 的引力大小为 $\dfrac{k}{r^2}$（$k>0$ 为常数，r 为质点 A 与 M 之间的距离），质点 M 沿曲线 $y=\sqrt{2x-x^2}$ 自 $B(2,0)$ 运动到 $O(0,0)$，求在此运动过程中质点 A 对质点 M 的引力所做的功.

第四节　对面积的曲面积分

一、对面积的曲面积分的概念与性质

我们从曲面的质量问题着手，引入对面积的曲面积分.

实例　求曲面的质量.

设有曲面 Σ，在其上每点 $M(x,y,z)$ 处的面密度为连续函数 $\mu(x,y,z)$，求曲面 Σ 的质量 m.

我们用类似于曲线积分中求曲线质量的方法来处理这个问题.

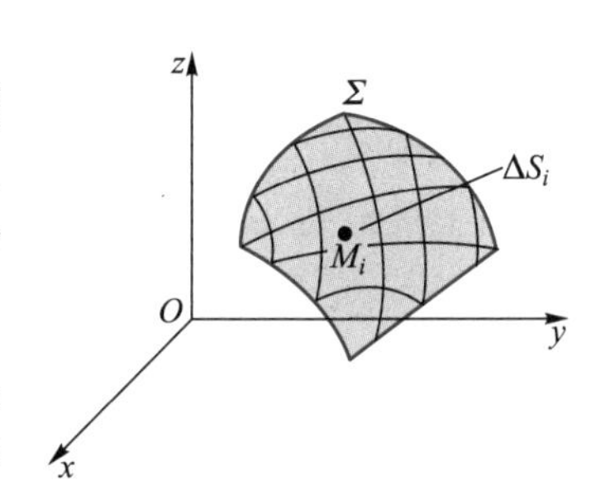

图 10.23

用曲线把曲面 Σ 任意地分割成 n 小块 ΔS_i $(i=1,2,\cdots,n)$，其面积仍用 ΔS_i 表示. 在小块曲面 ΔS_i 上任取一点 $M_i(\xi_i,\eta_i,\zeta_i)$（图 10.23），在点 M_i 处的密度为 $\mu(\xi_i,\eta_i,\zeta_i)$，当 ΔS_i 很小时，我们可以把这小块近似地看作是质量均匀分布的，等于 $\mu(\xi_i,\eta_i,\zeta_i)$. 于是这小块曲面的质量可以近似地用$\mu(\xi_i,\eta_i,\zeta_i)\Delta S_i$来代替，即

$$\Delta m_i \approx \mu(\xi_i,\eta_i,\zeta_i)\Delta S_i \quad (i=1,2,\cdots,n).$$

因此曲面 Σ 的质量为

$$m \approx \sum_{i=1}^{n}\mu(\xi_i,\eta_i,\zeta_i)\Delta S_i.$$

当分割得越细，近似值就越接近于曲面 Σ 的质量. 用 λ 表示 n 块小曲面 ΔS_i 的直径（曲面上任意两点间的距离的最大者）的最大者，则曲面 Σ 的质量 m 可精确地表达为当 λ 趋于零时，上述和式的极限，即

$$m=\lim_{\lambda\to 0}\sum_{i=1}^{n}\mu(\xi_i,\eta_i,\zeta_i)\Delta S_i.$$

考虑上面右端这类形式的极限问题，就引出对面积的曲面积分的概念.

定义　设 $f(x,y,z)$ 是定义在光滑曲面 Σ 上的有界函数，将 Σ 任意分割成 n 小块 $\Delta S_1,\Delta S_2,\cdots,\Delta S_n$（$\Delta S_i$ 同时又表示该小块的面积）. 在每一小块上任取一点 (ξ_i,η_i,ζ_i)，作和式

$$\sum_{i=1}^{n}f(\xi_i,\eta_i,\zeta_i)\Delta S_i.$$

若不论对 Σ 怎样分法,点 (ξ_i,η_i,ζ_i) 怎样取法,当各小块曲面的直径的最大值 $\lambda\to 0$ 时,上述和式的极限存在,则称此极限为 $f(x,y,z)$ 在曲面 Σ 上对面积的曲面积分(或称第一型曲面积分),记作 $\iint\limits_{\Sigma} f(x,y,z)\,\mathrm{d}S$, 即

$$\iint\limits_{\Sigma} f(x,y,z)\,\mathrm{d}S=\lim_{\lambda\to 0}\sum_{i=1}^{n} f(\xi_i,\eta_i,\zeta_i)\Delta S_i.$$

其中 $f(x,y,z)$ 称为被积函数,Σ 称为积分曲面,$\mathrm{d}S$ 称为曲面面积元素.

我们指出,当 $f(x,y,z)$ 在光滑曲面 Σ 上连续时,对面积的曲面积分是存在的.今后总假定 $f(x,y,z)$ 在 Σ 上连续.

由上述定义,面密度为连续函数 $\mu(x,y,z)$ 的光滑曲面 Σ 的质量 m,可表示为 $\mu(x,y,z)$ 在 Σ 上对面积的曲面积分

$$m=\iint\limits_{\Sigma}\mu(x,y,z)\,\mathrm{d}S.$$

若曲面 Σ 是分片光滑的(即由有限多片光滑曲面组成的曲面),则规定函数在 Σ 上对面积的曲面积分等于函数在各片光滑曲面上对面积的曲面积分之和.

对面积的曲面积分具有与二重积分类似的性质,其中最常用的是

(1) 线性性质:设 α,β 为常数,则

$$\iint\limits_{\Sigma}[\alpha f(x,y,z)+\beta g(x,y,z)]\,\mathrm{d}S$$
$$=\alpha\iint\limits_{\Sigma} f(x,y,z)\,\mathrm{d}S+\beta\iint\limits_{\Sigma} g(x,y,z)\,\mathrm{d}S.$$

(2) 若光滑曲面 Σ 可分成两块光滑曲面 Σ_1 与 Σ_2(记作 $\Sigma=\Sigma_1+\Sigma_2$), 则有

$$\iint\limits_{\Sigma} f(x,y,z)\,\mathrm{d}S=\iint\limits_{\Sigma_1} f(x,y,z)\,\mathrm{d}S+\iint\limits_{\Sigma_2} f(x,y,z)\,\mathrm{d}S.$$

二、对面积的曲面积分的计算法

对面积的曲面积分可以化为二重积分来计算.

定理 设光滑曲面 Σ 的方程为单值函数 $z=z(x,y)$, Σ 在 xOy 坐标面上的投影区域为 D_{xy},函数 $z=z(x,y)$ 在 D_{xy} 上具有连续偏导数,被积函数 $f(x,y,z)$ 在 Σ 上连续,则有

$$\iint_{\Sigma} f(x,y,z)\mathrm{d}S=\iint_{D_{xy}} f(x,y,z(x,y))\sqrt{1+z_x^2+z_y^2}\,\mathrm{d}\sigma. \tag{10.16}$$

证　因为函数 $f(x,y,z)$ 在 Σ 上连续,所以曲面积分 $\iint_{\Sigma} f(x,y,z)\mathrm{d}S$ 存在,从而对 Σ 的任意分法,点 (ξ_i,η_i,ζ_i) 的任何取法,恒有

$$\iint_{\Sigma} f(x,y,z)\mathrm{d}S=\lim_{\lambda\to 0}\sum_{i=1}^{n} f(\xi_i,\eta_i,\zeta_i)\Delta S_i.$$

设 Σ 上第 i 小块曲面 ΔS_i(它的面积也记作 ΔS_i)在 xOy 坐标面上的投影区域为 $\Delta\sigma_i$(它的面积也记作 $\Delta\sigma_i$),则上式中的 ΔS_i 表示为

$$\Delta S_i=\iint_{\Delta\sigma_i}\sqrt{1+z_x^2(x,y)+z_y^2(x,y)}\,\mathrm{d}\sigma.$$

利用二重积分的中值定理,上式又可写成

$$\Delta S_i=\sqrt{1+z_x^2(\xi_i',\eta_i')+z_y^2(\xi_i',\eta_i')}\,\Delta\sigma_i,$$

其中 (ξ_i',η_i') 是小闭区域 $\Delta\sigma_i$ 上的一点. 因 (ξ_i,η_i,ζ_i) 是 Σ 上的一点,所以 $\zeta_i=z(\xi_i,\eta_i)$,这里 (ξ_i,η_i) 也是 $\Delta\sigma_i$ 上的一点,于是取点 (ξ_i,η_i,ζ_i) 为 $(\xi_i',\eta_i',\zeta_i')$,则有

$$\begin{aligned}&\iint_{\Sigma} f(x,y,z)\mathrm{d}S\\&=\lim_{\lambda\to 0}\sum_{i=1}^{n} f(\xi_i',\eta_i',z(\xi_i',\eta_i'))\sqrt{1+z_x^2(\xi_i',\eta_i')+z_y^2(\xi_i',\eta_i')}\,\Delta\sigma_i.\end{aligned}$$

由于函数 $f(x,y,z(x,y))$ 以及函数 $\sqrt{1+z_x^2(x,y)+z_y^2(x,y)}$ 在区域 D_{xy} 上连续,所以上式右端的极限存在,它等于二重积分

$$\iint_{D_{xy}} f(x,y,z(x,y))\sqrt{1+z_x^2(x,y)+z_y^2(x,y)}\,\mathrm{d}\sigma,$$

故(10.16)式成立.

由公式(10.16)可知,要计算对面积的曲面积分,当曲面 Σ 由方程 $z=z(x,y)$ 给出时,首先把 Σ 的方程 $z=z(x,y)$ 代入被积函数中的竖坐标,然后把曲面元素 $\mathrm{d}S$ 换成 $\sqrt{1+z_x^2+z_y^2}\,\mathrm{d}x\mathrm{d}y$,最后将 Σ 投影到 xOy 坐标面上,得区域 D_{xy},这样便把对面积的曲面积分化为 D_{xy} 上的二重积分.

若光滑曲面 Σ 由方程 $x=x(y,z)$ 或 $y=y(x,z)$ 给出,类似地有

$$\iint_{\Sigma} f(x,y,z)\mathrm{d}S=\iint_{D_{yz}} f(x(y,z),y,z)\sqrt{1+x_y^2+x_z^2}\,\mathrm{d}y\mathrm{d}z. \tag{10.17}$$

$$\boxed{\iint_{\Sigma} f(x,y,z)\,\mathrm{d}S = \iint_{D_{xz}} f(x,y(x,z),z)\sqrt{1+y_x^2+y_z^2}\,\mathrm{d}x\mathrm{d}z.} \tag{10.18}$$

其中 D_{yz}，D_{xz} 分别是曲面 Σ 在 yOz 坐标面与 xOz 坐标面上的投影区域.

如果曲面 Σ 与平行于坐标轴的直线的交点多于一点，则应将 Σ 分成几部分，使每一部分的曲面方程为单值函数，再应用上面的公式进行计算.

特别地，当 $f(x,y,z)=1$ 时，则 $\iint_{\Sigma}\mathrm{d}S$ 表示曲面 Σ 的面积，其计算方法就是第九章第四节的曲面面积的计算公式.

例 1 计算 $I=\oiint_{\Sigma} xyz\mathrm{d}S$，其中曲面 Σ 是由 $x=0,y=0,z=0$ 及 $x+y+z=1$ 所围成的四面体的整个边界曲面（记号 $\oiint_{\Sigma}$ 表示在封闭曲面 Σ 上积分.）.

解 如图 10.24 所示，将整个边界曲面 Σ 在 $x=0,y=0,z=0$ 及 $x+y+z=1$ 上的部分依次记为 $\Sigma_1,\Sigma_2,\Sigma_3$ 与 Σ_4，则有

$$I=\iint_{\Sigma_1} xyz\mathrm{d}S+\iint_{\Sigma_2} xyz\mathrm{d}S+\iint_{\Sigma_3} xyz\mathrm{d}S+\iint_{\Sigma_4} xyz\mathrm{d}S.$$

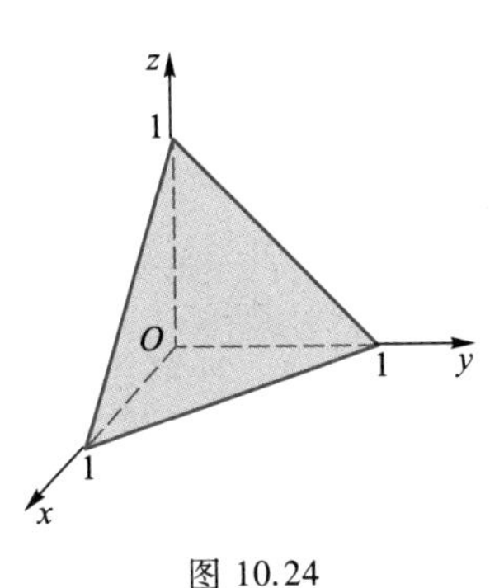

图 10.24

由于在 $\Sigma_1,\Sigma_2,\Sigma_3$ 上，被积函数 $f(x,y,z)=xyz=0$，所以

$$\iint_{\Sigma_1} xyz\mathrm{d}S=\iint_{\Sigma_2} xyz\mathrm{d}S=\iint_{\Sigma_3} xyz\mathrm{d}S=0.$$

在平面 Σ_4 上 $z=1-x-y$，因此

$$\mathrm{d}S=\sqrt{1+z_x^2+z_y^2}\,\mathrm{d}x\mathrm{d}y=\sqrt{1+(-1)^2+(-1)^2}\,\mathrm{d}x\mathrm{d}y=\sqrt{3}\,\mathrm{d}x\mathrm{d}y.$$

从而

$$\iint_{\Sigma_4} xyz\mathrm{d}S=\iint_{D_{xy}}\sqrt{3}\,xy(1-x-y)\,\mathrm{d}x\mathrm{d}y,$$

其中 D_{xy} 是 Σ_4 在 xOy 坐标面上的投影区域，它是由直线 $x=0,y=0$ 及 $x+y=1$ 所围成的区域，于是

$$\begin{aligned}I&=\oiint_{\Sigma} xyz\mathrm{d}S=\iint_{\Sigma_4} xyz\mathrm{d}S=\sqrt{3}\int_0^1\mathrm{d}x\int_0^{1-x}xy(1-x-y)\,\mathrm{d}y\\&=\sqrt{3}\int_0^1 x\left[(1-x)\frac{y^2}{2}-\frac{y^3}{3}\right]\Bigg|_0^{1-x}\mathrm{d}x\\&=\sqrt{3}\int_0^1 x\cdot\frac{(1-x)^3}{6}\mathrm{d}x=\frac{\sqrt{3}}{120}.\end{aligned}$$

例 2 计算 $I=\iint\limits_{\Sigma}(xy+xz+yz)\mathrm{d}S$, 其中曲面 Σ 为圆锥面 $z=\sqrt{x^2+y^2}$ 被柱面 $x^2+y^2=2ay(a>0)$ 所割下的部分.

解法 1 因为曲面 Σ 的方程为 $z=\sqrt{x^2+y^2}$, 所以

$$\mathrm{d}S=\sqrt{1+z_x^2+z_y^2}\,\mathrm{d}x\mathrm{d}y=\sqrt{1+\frac{x^2}{x^2+y^2}+\frac{y^2}{x^2+y^2}}\,\mathrm{d}x\mathrm{d}y=\sqrt{2}\,\mathrm{d}x\mathrm{d}y.$$

曲面 Σ 在 xOy 坐标面上的投影区域 D 是

$$\{(x,y)\mid x^2+y^2\leqslant 2ay\}.$$

由于区域 D 关于 y 轴对称,所以

$$\begin{aligned}I&=\sqrt{2}\iint\limits_{D}[xy+(x+y)\sqrt{x^2+y^2}]\mathrm{d}x\mathrm{d}y\\&=\sqrt{2}\iint\limits_{D}x(y+\sqrt{x^2+y^2})\mathrm{d}x\mathrm{d}y+\sqrt{2}\iint\limits_{D}y\sqrt{x^2+y^2}\,\mathrm{d}x\mathrm{d}y\\&=0+2\sqrt{2}\int_0^{\frac{\pi}{2}}\mathrm{d}\varphi\int_0^{2a\sin\varphi}\rho^3\sin\varphi\,\mathrm{d}\rho=8\sqrt{2}\,a^4\int_0^{\frac{\pi}{2}}\sin^5\varphi\,\mathrm{d}\varphi\\&=8\sqrt{2}\,a^4\cdot\frac{4}{5}\cdot\frac{2}{3}=\frac{64}{15}\sqrt{2}\,a^4.\end{aligned}$$

解法 2 曲面 Σ 关于 yOz 坐标面对称,被积函数的前两项都是关于 x 的奇函数,根据对称性(见习题 10.4 第 4 题),得

$$I=\iint\limits_{\Sigma}(xy+xz+yz)\mathrm{d}S=\iint\limits_{\Sigma}yz\mathrm{d}S.$$

由于 $\mathrm{d}S=\sqrt{2}\mathrm{d}x\mathrm{d}y$, 且曲面 Σ 在 xOy 坐标面上的投影区域为 $D=\{(x,y)\mid x^2+y^2\leqslant 2ay\}$, 故

$$\begin{aligned}I&=\sqrt{2}\iint\limits_{D}y\sqrt{x^2+y^2}\,\mathrm{d}x\mathrm{d}y=\sqrt{2}\int_0^{\pi}\mathrm{d}\varphi\int_0^{2a\sin\varphi}\rho^3\sin\varphi\,\mathrm{d}\rho\\&=4\sqrt{2}\,a^4\int_0^{\pi}\sin^5\varphi\,\mathrm{d}\varphi=\frac{64}{15}\sqrt{2}\,a^4.\end{aligned}$$

例 3 求形如旋转抛物面 $z=\frac{1}{2}(x^2+y^2)(0\leqslant z\leqslant 1)$ 的曲面物体的质量,其中面密度 $\mu=z$.

解 所求质量 $m=\iint\limits_{\Sigma}\mu\mathrm{d}S=\iint\limits_{\Sigma}z\mathrm{d}S$, 其中 Σ 表示抛物面,由对称性知

$$m=4\iint\limits_{\Sigma_1}z\mathrm{d}S,$$

其中 Σ_1 表示抛物面在第一卦限内的部分. Σ_1 在 xOy 坐标面上的投影域为 $D_{xy}=\{(x,y)\mid x\geqslant 0,y\geqslant 0,x^2+y^2\leqslant 2\}$. 由于 Σ_1 的方程为 $z=\dfrac{1}{2}(x^2+y^2)$，所以

$$\mathrm{d}S=\sqrt{1+z_x^2+z_y^2}\,\mathrm{d}x\mathrm{d}y=\sqrt{1+x^2+y^2}\,\mathrm{d}x\mathrm{d}y.$$

于是

$$\begin{aligned}m&=4\iint\limits_{\Sigma_1}z\mathrm{d}S=4\iint\limits_{D_{xy}}\frac{1}{2}(x^2+y^2)\sqrt{1+x^2+y^2}\,\mathrm{d}x\mathrm{d}y\\&=2\int_0^{\frac{\pi}{2}}\mathrm{d}\varphi\int_0^{\sqrt{2}}\rho^2\sqrt{1+\rho^2}\,\rho\,\mathrm{d}\rho\\&\xlongequal{\sqrt{1+\rho^2}=u}\pi\int_1^{\sqrt{3}}(u^2-1)u^2\mathrm{d}u\\&=\frac{2\pi}{15}(6\sqrt{3}+1).\end{aligned}$$

习题 10.4

1. 计算下列曲面积分：

(1) $\iint\limits_{\Sigma}(x+y+z)\mathrm{d}S$，其中 Σ 是平面 $x+y+z=1$ 在第一卦限部分；

(2) $\oiint\limits_{\Sigma}z\mathrm{d}S$，其中 Σ 是球面 $x^2+y^2+z^2=R^2$；

(3) $\iint\limits_{\Sigma}(x^2+y^2)\mathrm{d}S$，其中 Σ 是锥面 $z=\sqrt{x^2+y^2}$ 及平面 $z=1$ 所围成的立体的表面；

(4) $\iint\limits_{\Sigma}|xyz|\mathrm{d}S$，其中 Σ 为旋转抛物面 $z=x^2+y^2$ 被平面 $z=1$ 所截下的部分；

(5) $\iint\limits_{\Sigma}x^2\mathrm{d}S$，其中 Σ 是球面 $x^2+y^2+z^2=a^2$.

2. 已知球面 $x^2+y^2+z^2=R^2$，柱面 $x^2+y^2=Rx$.

(1) 求球面在柱面内的面积； (2) 求柱面在球面内的面积.

3. 设锥面壳 $z=\sqrt{x^2+y^2}\ (0\leqslant z\leqslant 1)$ 上点 (x,y,z) 的密度为 $\mu=z$，求：

(1) 锥面壳的质量； (2) 锥面壳的质心.

4. 证明：若光滑曲面关于 yOz 坐标面对称，而 Σ_1 是 Σ 中对应于 $x\geqslant 0$ 部分，则

$$\iint_{\Sigma} f(x,y,z)\,\mathrm{d}S=\begin{cases}2\iint_{\Sigma_1} f(x,y,z)\,\mathrm{d}S, & \text{当 } f(-x,y,z)=f(x,y,z),\\ 0, & \text{当 } f(-x,y,z)=-f(x,y,z).\end{cases}$$

根据你证明的结果,叙述光滑曲面 Σ 关于 xOz(或 xOy)坐标面对称,且函数 $f(x,y,z)$ 关于 y(或 z)有奇偶性的相类似的结论.

第五节　对坐标的曲面积分

一、对坐标的曲面积分的概念与性质

我们先叙述曲面的侧的概念:

对坐标的曲线积分与积分路径的方向有关,同样对坐标的曲面积分依赖于曲面的定向.

我们通常看到的曲面都有两侧.如一张报纸、一块花布都存在正面与反面之分;一个球面有外侧与内侧之别,如果曲面不闭合,有上侧与下侧,右侧与左侧,前侧与后侧之分,这样的曲面称为双侧曲面.双侧曲面有这样的特征:一点 M 如果在某一侧移动而不越过边界,就不可能移到另一侧去.也就是说,规定此曲面在一点 M 处法向量指向之后,当点在曲面连续移动而不越过其边界再回到原来位置时,法向量的指向不变.以后,我们总假定所考虑的曲面是双侧曲面.

为了区分曲面的两侧,我们可以通过曲面上的法向量的指向来定出曲面的侧.例如,对于曲面 $z=z(x,y)$,如果取法向量 $\boldsymbol{n}$ 的指向向上(即与 z 轴正向之夹角小于$\dfrac{\pi}{2}$),这意味着规定曲面的上侧为正侧,从而曲面的下侧为负侧.又如,对于闭曲面,如果取它的法向量的指向朝外,这意味着闭曲面的外侧为正侧,从而内侧为负侧.这样区别了正侧和负侧的曲面称为有向曲面.

实例　求流体流过曲面的流量.

设有某种稳定流动(即速度与时间无关)的不可压缩流体(不妨设密度为1),求流体在单位时间内以流速 $\boldsymbol{v}=\boldsymbol{v}(x,y,z)$ 流过曲面 Σ 的流量 φ.

如果 Σ 是一个平面块,单位法向量为 $\boldsymbol{n}$,面积为 A,且流体在这区域上各点处的流速为常向量 $\boldsymbol{v}$.那么在单位时间内流过这区域的流量组成一个底面积为 A,斜高为 $|\boldsymbol{v}|$ 的斜柱体(图 10.25),记$(\widehat{\boldsymbol{v},\boldsymbol{n}})=\theta$,这斜柱体的体积为

$$A\,|\boldsymbol{v}|\cos\theta=\boldsymbol{v}\cdot\boldsymbol{n}\,A.$$

这也就是通过闭区域 A 流向 $\boldsymbol{n}$ 所指一侧的流量.

如果 Σ 是一片曲面，且流速 $\boldsymbol{v}$ 不是常向量，它与点的位置有关，计算流量就要利用积分的方法.

将曲面 Σ 分成 n 小块 $\Delta S_i(i=1,2,\cdots,n)$，第 i 块小曲面的面积亦用 ΔS_i 来表示.在 ΔS_i 上任取一点 $M_i(\xi_i,\eta_i,\zeta_i)$，设点 M_i 处的单位法向量 $\boldsymbol{n}_i=\boldsymbol{n}(\xi_i,\eta_i,\zeta_i)$（图 10.26）.当分割很细密时，$\Delta S_i$ 可近似看成小平面块，且把 ΔS_i 上各点流速 $\boldsymbol{v}$ 近似看作常数，等于在点 M_i 处的流速 $\boldsymbol{v}_i=\boldsymbol{v}(\xi_i,\eta_i,\zeta_i)$. 所以在单位时间内流体流过 ΔS_i 的流量 $\Delta\varphi_i$ 的近似值为

$$\Delta\varphi_i \approx \boldsymbol{v}_i \cdot \boldsymbol{n}_i \Delta S_i.$$

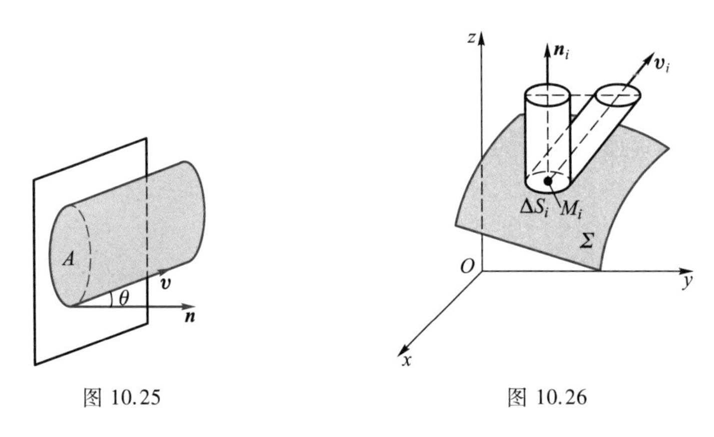

图 10.25　　图 10.26

因此，流体流过 Σ 的总流量的近似值为

$$\varphi=\sum_{i=1}^{n}\Delta\varphi_i \approx \sum_{i=1}^{n}\boldsymbol{v}_i \cdot \boldsymbol{n}_i \Delta S_i.$$

当分割无限细密，ΔS_i 的最大直径（曲面的直径是指曲面上任意两点间的距离的最大者）λ 趋于零时，上面和式的极限，就是流体在单位时间内流过曲面 Σ 的流量，即

$$\varphi=\lim_{\lambda\to 0}\sum_{i=1}^{n}\boldsymbol{v}_i \cdot \boldsymbol{n}_i \Delta S_i.$$

在解决其他问题，如求非均匀电场中通过给定曲面的电通量等，也会遇到上述和式的极限形式.现抽去其物理意义，从而引出对坐标的曲面积分的概念.

1. 定义

定义 1　设 Σ 为光滑的有向曲面，向量函数 $\boldsymbol{F}(x,y,z)$ 在 Σ 上有界.把 Σ 任意分成 n 块小曲面 $\Delta S_i(i=1,2,\cdots,n)$（$\Delta S_i$ 同时又表示第 i 块小曲面的面积），在 ΔS_i 上任取一点 (ξ_i,η_i,ζ_i)，作和式

$$\sum_{i=1}^{n} \boldsymbol{F}(\xi_i,\eta_i,\zeta_i) \cdot \boldsymbol{n}_i \Delta S_i,$$

其中 $\boldsymbol{n}_i$ 为有向曲面在点(ξ_i,η_i,ζ_i)处的单位法向量.若不论对 Σ 怎样分法,点(ξ_i,η_i,ζ_i)怎样取法,当 ΔS_i 的最大直径 λ 趋于零时,上述和式的极限存在,则称此极限为向量函数 $\boldsymbol{F}(x,y,z)$ 在有向曲面 Σ 上对坐标的曲面积分(第二型曲面积分),记作 $\iint\limits_{\Sigma} \boldsymbol{F}(x,y,z) \cdot \boldsymbol{n}\mathrm{d}S$, 即

$$\iint\limits_{\Sigma} \boldsymbol{F}(x,y,z) \cdot \boldsymbol{n}\mathrm{d}S = \lim_{\lambda \to 0} \sum_{i=1}^{n} \boldsymbol{F}(\xi_i,\eta_i,\zeta_i) \cdot \boldsymbol{n}_i(\xi_i,\eta_i,\zeta_i)\Delta S_i.$$

这是对坐标的曲面积分的向量表示式,借助于向量的坐标表示式,可以将向量形式的积分式 $\iint\limits_{\Sigma} \boldsymbol{F} \cdot \boldsymbol{n}\mathrm{d}S$ 化为坐标形式.为此,设向量函数

$$\boldsymbol{F}(x,y,z) = P(x,y,z)\boldsymbol{i} + Q(x,y,z)\boldsymbol{j} + R(x,y,z)\boldsymbol{k}.$$

有向曲面 Σ 在点(x,y,z)处的单位法向量

$$\boldsymbol{n}(x,y,z) = (\cos\alpha)\boldsymbol{i} + (\cos\beta)\boldsymbol{j} + (\cos\gamma)\boldsymbol{k},$$

其中 α,β,γ 皆为 x,y,z 的函数,则在曲面 Σ 上任一点 $M_i(\xi_i,\eta_i,\zeta_i)$处,有

$$\begin{aligned}
&\iint\limits_{\Sigma} \boldsymbol{F}(x,y,z) \cdot \boldsymbol{n}\mathrm{d}S \\
&= \lim_{\lambda \to 0} \sum_{i=1}^{n} \boldsymbol{F}(\xi_i,\eta_i,\zeta_i) \cdot \boldsymbol{n}_i(\xi_i,\eta_i,\zeta_i)\Delta S_i \\
&= \lim_{\lambda \to 0} \sum_{i=1}^{n} [P(\xi_i,\eta_i,\zeta_i)\cos\alpha_i + Q(\xi_i,\eta_i,\zeta_i)\cos\beta_i + R(\xi_i,\eta_i,\zeta_i)\cos\gamma_i]\Delta S_i \\
&= \lim_{\lambda \to 0} \sum_{i=1}^{n} [P(\xi_i,\eta_i,\zeta_i)\cos\alpha_i\Delta S_i + Q(\xi_i,\eta_i,\zeta_i)\cos\beta_i\Delta S_i + \\
&\quad R(\xi_i,\eta_i,\zeta_i)\cos\gamma_i\Delta S_i] \\
&= \iint\limits_{\Sigma} P(x,y,z)\cos\alpha\mathrm{d}S + Q(x,y,z)\cos\beta\mathrm{d}S + R(x,y,z)\cos\gamma\mathrm{d}S \\
&= \iint\limits_{\Sigma} [P(x,y,z)\cos\alpha + Q(x,y,z)\cos\beta + R(x,y,z)\cos\gamma]\mathrm{d}S. \qquad (10.19)
\end{aligned}$$

由第九章第四节可知, $\mathrm{d}x\mathrm{d}y = \cos\gamma\mathrm{d}S$, 即 $\mathrm{d}x\mathrm{d}y$ 是曲面元素 $\mathrm{d}S$ 在 xOy 坐标面上的投影.但应注意,这里的 $\mathrm{d}x\mathrm{d}y$ 是可正可负的,当 $\gamma \leqslant \frac{\pi}{2}$时, $\mathrm{d}x\mathrm{d}y \geqslant 0$; 当 $\gamma > \frac{\pi}{2}$时, $\mathrm{d}x\mathrm{d}y < 0$.

若曲面 Σ 与平行于 y 轴(或 x 轴)的直线至多有一个交点时,曲面元素 $\mathrm{d}S$ 也可以向 xOz 坐标面(或 yOz 坐标面)投影.同样,有

$$\mathrm{d}z\mathrm{d}x=\cos\beta\mathrm{d}S,\quad \mathrm{d}y\mathrm{d}z=\cos\alpha\mathrm{d}S,$$

其中 α,β,γ 是小曲面片 $\mathrm{d}S$ 的法向量的方向角.

于是(10.19)式可写成

$$\boxed{\iint_{\Sigma}\boldsymbol{F}(x,y,z)\cdot\boldsymbol{n}\mathrm{d}S=\iint_{\Sigma}P\mathrm{d}y\mathrm{d}z+Q\mathrm{d}z\mathrm{d}x+R\mathrm{d}x\mathrm{d}y.}\tag{10.20}$$

上式右端也可以写成

$$\boxed{\iint_{\Sigma}P\mathrm{d}y\mathrm{d}z+Q\mathrm{d}z\mathrm{d}x+R\mathrm{d}x\mathrm{d}y=\iint_{\Sigma}P\mathrm{d}y\mathrm{d}z+\iint_{\Sigma}Q\mathrm{d}z\mathrm{d}x+\iint_{\Sigma}R\mathrm{d}x\mathrm{d}y.}$$

上式称为组合的对坐标的曲面积分.

应当指出,当 $P(x,y,z),Q(x,y,z),R(x,y,z)$ 在有向光滑曲面 Σ 上连续时,对坐标的曲面积分是存在的,以后总假定 P,Q,R 在 Σ 上连续.

2. 性质

对坐标的曲面积分有与对坐标的曲线积分相类似的性质,例如:

(1) 对积分曲面块的可加性:如果把光滑曲面 Σ 分成分片光滑曲面 Σ_1 与 Σ_2,则

$$\boxed{\iint_{\Sigma}\boldsymbol{F}(x,y,z)\cdot\boldsymbol{n}\mathrm{d}S=\iint_{\Sigma_1}\boldsymbol{F}(x,y,z)\cdot\boldsymbol{n}\mathrm{d}S+\iint_{\Sigma_2}\boldsymbol{F}(x,y,z)\cdot\boldsymbol{n}\mathrm{d}S.}$$

上式可以推广到 Σ 分成 $\Sigma_1,\Sigma_2,\cdots,\Sigma_k$ 的情形.

(2) 有向性:记 $-\Sigma$ 表示与 Σ 取相反侧的有向曲面,则

$$\boxed{\iint_{-\Sigma}\boldsymbol{F}(x,y,z)\cdot\boldsymbol{n}\mathrm{d}S=-\iint_{\Sigma}\boldsymbol{F}(x,y,z)\cdot\boldsymbol{n}\mathrm{d}S.}$$

有向性表明,对坐标的曲面积分与积分曲面 Σ 的方向有关.当积分曲面改变为相反侧时,对坐标的曲面积分要改变符号.因此,关于对坐标的曲面积分,我们必须注意积分曲面所取的侧.

这些性质的证明思想与对坐标的曲线积分类似,由读者自己完成.

3. 两类曲面积分之间的关系

由(10.19)式和(10.20)式可得

$$\iint\limits_{\Sigma}(P\cos\alpha+Q\cos\beta+R\cos\gamma)\,\mathrm{d}S=\iint\limits_{\Sigma}P\mathrm{d}y\mathrm{d}z+Q\mathrm{d}z\mathrm{d}x+R\mathrm{d}x\mathrm{d}y. \tag{10.21}$$

上式表明了对面积的曲面积分和对坐标的曲面积分的关系,因为上式左端就是被积函数

$$\boldsymbol{F}(x,y,z)\cdot\boldsymbol{n}=P\cos\alpha+Q\cos\beta+R\cos\gamma$$

在 Σ 上的对面积的曲面积分.

4. 积分统一定义

从定积分、二重积分、三重积分、曲线积分与曲面积分的定义可知,各种不同类型的积分本质上都是一种具有相同结构的和式的极限,它们的差别仅在于积分区域的不同.因此,我们可以给出在各种区域上积分的一般定义.

定义 2　设区域 Ω 为一个可度量(即它可以求长度,或者可以求面积,或者可以求体积,或者可以求曲面面积等)的几何形体,$f(M)$ 是定义在 Ω 上的有界函数,将 Ω 任意细分成 n 个可度量的子域 $\Delta\Omega_i(i=1,2,\cdots,n)$,并且 $\Delta\Omega_i$ 也表示子域的度量,在每个子域 $\Delta\Omega_i$ 上任取一点 $M_i(i=1,2,\cdots,n)$,作和式

$$\sum_{i=1}^{n}f(M_i)\Delta\Omega_i.$$

记所有子域的最大直径为 λ.若不论子域怎样分法及点 M_i 怎样取法,当 $\lambda\to0$ 时,上述和式恒有同一极限,则称此极限为函数 $f(M)$ 在区域 Ω 上的积分,记作 $\int_{\Omega}f(M)\mathrm{d}\Omega$,即

$$\int_{\Omega}f(M)\mathrm{d}\Omega=\lim_{\lambda\to0}\sum_{i=1}^{n}f(M_i)\Delta\Omega_i.$$

其中 Ω 叫做积分区域,$f(M)$ 叫做被积函数.

当积分为对坐标的曲线、曲面积分时,$f(M)$ 与 $\mathrm{d}\Omega$ 均为向量,乘为向量点乘.

例如,若区域 Ω 是 x 轴上的区间 $[a,b]$,则 $\Delta\Omega_i$ 是分割 $[a,b]$ 上各子区间的长度 Δx_i,函数 $f(M)$ 必须在 $[a,b]$ 上有定义,从而可表示为一元函数 $f(x)$,于是积分 $\int_{\Omega}f(M)\mathrm{d}\Omega$ 就是定积分 $\int_a^b f(x)\mathrm{d}x$.

若区域 Ω 是空间(或平面)中一条曲线 L,则 $\Delta\Omega_i$ 是分割曲线 L 所得小弧段的长度 Δs_i,函数 $f(M)$ 必须在 L 上每一点有定义,从而可表示为三元函数 $f(x,y,z)$(或二元函数 $f(x,y)$),于是积分 $\int_{\Omega}f(M)\mathrm{d}\Omega$ 就是对弧长的曲线积分

$\int_L f(x,y,z)\,\mathrm{d}s\left(\text{或}\int_L f(x,y)\,\mathrm{d}s\right)$.

若区域 Ω 是光滑有向曲面 Σ,则 $\Delta\Omega_i$ 是分割曲面 Σ 所得小曲面块的面积 ΔS_i,函数 $\boldsymbol{f}(M)$ 必须在曲面 Σ 上有定义,从而可表示为三元向量函数 $\boldsymbol{f}(x,y,z)$,记 $\boldsymbol{n}$ 为有向曲面在点 (x,y,z) 处的单位法向量.于是积分 $\int_\Omega f(M)\,\mathrm{d}\Omega$ 就是对坐标的曲面积分 $\iint_\Sigma \boldsymbol{f}(x,y,z)\cdot\boldsymbol{n}\,\mathrm{d}S$.

把各种积分统一用 $\int_\Omega f(M)\,\mathrm{d}\Omega$ 来表示,这样做,一方面便于在数学上统一地讨论它们的共同性质,例如对积分区域的可加性可统一写成:若 $\Omega=\Omega_1\cup\Omega_2$,且 $\Omega_1\cap\Omega_2=\varnothing$,则有

$$\int_\Omega f(M)\,\mathrm{d}\Omega=\int_{\Omega_1} f(M)\,\mathrm{d}\Omega+\int_{\Omega_2} f(M)\,\mathrm{d}\Omega.$$

另一方面也便于表达一些涉及各种区域的物理量.例如,若 $f(M)$ 表示密度函数,则区域 Ω 的质量可统一由 $\int_\Omega f(M)\,\mathrm{d}\Omega$ 来表示,具体计算这质量时,当然应根据 Ω 是什么区域,分别写成定积分、二重积分、三重积分、曲线积分及曲面积分,然后才可进行计算.

二、对坐标的曲面积分的计算法

当 $P(x,y,z),Q(x,y,z),R(x,y,z)$ 在有向光滑曲面 Σ 上连续时,对坐标的曲面积分可化为二重积分来计算,下面我们只介绍如何将曲面积分 $\iint_\Sigma R(x,y,z)\,\mathrm{d}x\mathrm{d}y$ 化为二重积分的方法.

设曲面 Σ 的方程是单值函数 $z=z(x,y)$,即 Σ 与平行于 z 轴的直线的交点只有一个,Σ 在 xOy 坐标面上的投影区域为 D_{xy},函数 $z=z(x,y)$ 在 D_{xy} 上具有一阶连续偏导数,被积函数 $R(x,y,z)$ 在 Σ 上连续,则有

$$\boxed{\iint_\Sigma R(x,y,z)\,\mathrm{d}x\mathrm{d}y=\pm\iint_{D_{xy}} R[x,y,z(x,y)]\,\mathrm{d}x\mathrm{d}y.}\tag{10.22}$$

关于等式右端的正负符号的决定:当积分曲面 Σ 取上侧时取正号,当 Σ 取下侧时取负号.

事实上,

$$\iint_\Sigma R(x,y,z)\,\mathrm{d}x\mathrm{d}y=\iint_\Sigma R(x,y,z)\cos\gamma\,\mathrm{d}S$$

$$= \lim_{\lambda \to 0} \sum_{i=1}^{n} R(\xi_i, \eta_i, \zeta_i) \cos \gamma_i \Delta S_i.$$

因为(ξ_i,η_i,ζ_i)是 Σ 上的一点,所以 $\zeta_i = z(\xi_i,\eta_i)$.记 $\Delta\sigma_i = |\cos \gamma_i| \Delta S_i$, 表示 ΔS_i 在 xOy 坐标面上的投影区域的面积,则 $\cos \gamma_i \Delta S_i = \pm \Delta\sigma_i$(当 $\cos \gamma_i > 0$ 时取正号,当 $\cos \gamma_i < 0$ 时取负号),从而有

$$\sum_{i=1}^{n} R(\xi_i, \eta_i, \zeta_i) \cos \gamma_i \Delta S_i = \pm \sum_{i=1}^{n} R(\xi_i, \eta_i, z(\zeta_i, \eta_i)) \Delta\sigma_i.$$

令 $\lambda \to 0$, 上式两端取极限,就得到

$$\iint_{\Sigma} R(x,y,z)\,\mathrm{d}x\mathrm{d}y = \pm \iint_{D_{xy}} R(x,y,z(x,y))\,\mathrm{d}x\mathrm{d}y.$$

应注意上式中左边的 $\mathrm{d}x\mathrm{d}y$ 与右边的 $\mathrm{d}x\mathrm{d}y$ 虽然记号相同,但概念是不同的,左边的 $\mathrm{d}x\mathrm{d}y$ 表示曲面元素 $\mathrm{d}S$ 在 xOy 坐标面上的投影,而右边的 $\mathrm{d}x\mathrm{d}y$ 则为区域 D_{xy} 的面积元素,它不会是负的.

公式(10.22)表明,对坐标的曲面积分可化为二重积分进行计算,其步骤是:首先把曲面方程 $z = z(x,y)$ 代入被积函数 $R(x,y,z)$ 中的变量 z,使 $R(x,y,z)$ 变成 $R(x,y,z(x,y))$,其次把曲面 Σ 投影到 xOy 坐标面上,得投影区域 D_{xy},同时把 $\mathrm{d}x\mathrm{d}y$ 按规定化为 xOy 坐标面上的面积元素 $\mathrm{d}x\mathrm{d}y$,便可把对坐标的曲面积分化为二重积分:

$$\iint_{\Sigma} R(x,y,z)\,\mathrm{d}x\mathrm{d}y = \pm \iint_{D_{xy}} R(x,y,z(x,y))\,\mathrm{d}x\mathrm{d}y.$$

类似地,当函数 $P(x,y,z)$ 在光滑曲面 $\Sigma: x = x(y,z), (y,z) \in D_{yz}$ 上连续时,有

$$\boxed{\iint_{\Sigma} P(x,y,z)\,\mathrm{d}y\mathrm{d}z = \pm \iint_{D_{yz}} P(x(y,z),y,z)\,\mathrm{d}y\mathrm{d}z.} \tag{10.23}$$

在此,当 Σ 取前侧时取+号,当 Σ 取后侧时取-号.

当函数 $Q(x,y,z)$ 在光滑曲面 $\Sigma: y = y(x,z), (x,z) \in D_{xz}$ 上连续时,有

$$\boxed{\iint_{\Sigma} Q(x,y,z)\,\mathrm{d}z\mathrm{d}x = \pm \iint_{D_{xz}} Q(x,y(x,z),z)\,\mathrm{d}z\mathrm{d}x.} \tag{10.24}$$

在此,当 Σ 取右侧时取+号,当 Σ 取左侧时取-号.

如果曲面 Σ 与平行相应的坐标轴的直线有多于一个的交点,那么上述公式不能直接应用,我们必须把曲面分成 n 个部分,根据曲面积分对积分曲面的可加性,将 Σ 分片进行计算.

例 1 计算 $I=\iint\limits_{\Sigma}(x^3+y^2+z)\mathrm{d}x\mathrm{d}y$，其中 Σ 是球面 $x^2+y^2+z^2=1$ 在 $x\geqslant 0$，$y\geqslant 0$ 部分的外侧.

解 如图 10.27 所示，为了把 Σ 的方程用单值函数 $z=z(x,y)$ 表示，我们把 Σ 分成上、下两部分 Σ_1 及 Σ_2. Σ_1 的方程为

$$z=\sqrt{1-x^2-y^2}.$$

Σ_2 的方程为

$$z=-\sqrt{1-x^2-y^2}.$$

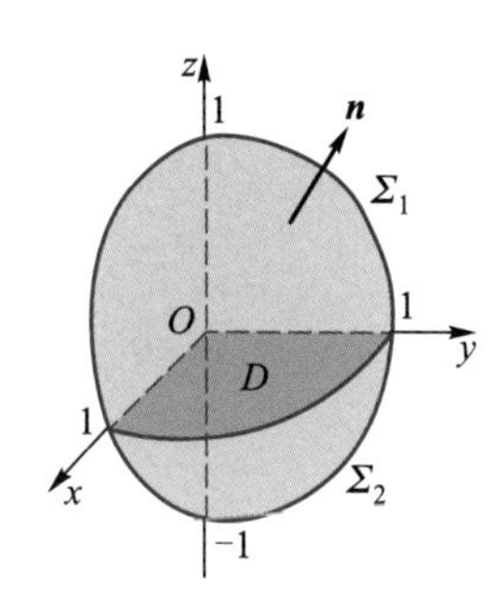

图 10.27

于是

$$I=\iint\limits_{\Sigma_1}(x^3+y^2+z)\mathrm{d}x\mathrm{d}y+\iint\limits_{\Sigma_2}(x^3+y^2+z)\mathrm{d}x\mathrm{d}y.$$

上式右端的第一个积分的积分曲面 Σ_1 取上侧，第二个积分的积分曲面 Σ_2 取下侧. 它们在 xOy 坐标面上的投影区域为 $D=\{(x,y)\mid x^2+y^2\leqslant 1,x\geqslant 0,y\geqslant 0\}$，因此

$$I=\iint\limits_{D}(x^3+y^2+\sqrt{1-x^2-y^2})\mathrm{d}x\mathrm{d}y-\iint\limits_{D}(x^3+y^2-\sqrt{1-x^2-y^2})\mathrm{d}x\mathrm{d}y$$

$$=2\iint\limits_{D}\sqrt{1-x^2-y^2}\mathrm{d}x\mathrm{d}y=2\int_0^{\frac{\pi}{2}}\mathrm{d}\varphi\int_0^1\sqrt{1-\rho^2}\rho\mathrm{d}\rho=\frac{\pi}{3}.$$

例 2 计算 $I=\oiint\limits_{\Sigma}(x^2-yz)\mathrm{d}y\mathrm{d}z+(y^2-zx)\mathrm{d}z\mathrm{d}x+(z^2-xy)\mathrm{d}x\mathrm{d}y$，其中 Σ 是由三个坐标面与平面 $x=a,y=a,z=a(a>0)$ 所围成的正方体表面的外侧(图10.28).

解 先计算 $\oiint\limits_{\Sigma}(x^2-yz)\mathrm{d}y\mathrm{d}z$，注意到 Σ 由六块平面

$\Sigma_{上}: z=a$； $\Sigma_{下}:z=0$； $\Sigma_{右}:y=a$；

$\Sigma_{左}: y=0$； $\Sigma_{前}:x=a$； $\Sigma_{后}:x=0$

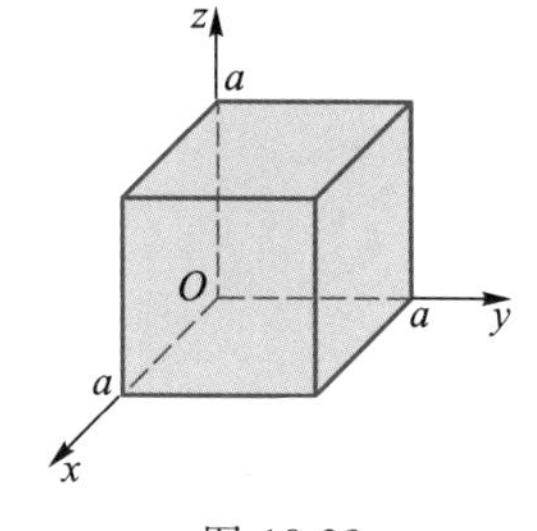

图 10.28

围成. 将 Σ 投影到 yOz 坐标面上，因为 $\Sigma_{上},\Sigma_{下},\Sigma_{左},\Sigma_{右}$ 都垂直于 yOz 坐标面，所以它们在 yOz 坐标面上的投影面积均为 0. 而 $\Sigma_{前},\Sigma_{后}$ 在 yOz 坐标面上的投影区域为 $D_{yz}=\{(y,z)\mid 0\leqslant y\leqslant a,0\leqslant z\leqslant a\}$. 由于积分是沿正方体的外侧，因此 $\Sigma_{前}$ 在 yOz 坐标面上的投影为正，$\Sigma_{后}$ 在 yOz 坐标面上的投影为负. 于是

$$\oiint\limits_{\Sigma}(x^2-yz)\mathrm{d}y\mathrm{d}z=\iint\limits_{\Sigma_{前}}(x^2-yz)\mathrm{d}y\mathrm{d}z+\iint\limits_{\Sigma_{后}}(x^2-yz)\mathrm{d}y\mathrm{d}z$$

$$=\iint_{D_{yz}}(a^2-yz)\mathrm{d}y\mathrm{d}z-\iint_{D_{yz}}(0-yz)\mathrm{d}y\mathrm{d}z$$

$$=\iint_{D_{yz}}a^2\mathrm{d}y\mathrm{d}z=a^2\int_0^a\mathrm{d}y\int_0^a\mathrm{d}z=a^4.$$

又因为在第一个积分中,把 x,y,z 轮换一下就得到后面两个积分,且 Σ 是正方体的外侧,所以后两个积分的值也分别为 a^4,因此有 $I=3a^4$.

例 3　计算曲面积分 $\iint\limits_{\Sigma}\frac{x\mathrm{d}y\mathrm{d}z+z^2\mathrm{d}x\mathrm{d}y}{x^2+y^2+z^2}$,其中 Σ 是由曲面 $x^2+y^2=R^2$ 及两平面 $z=R,z=-R(R>0)$ 所围成立体表面的外侧(图 10.29).

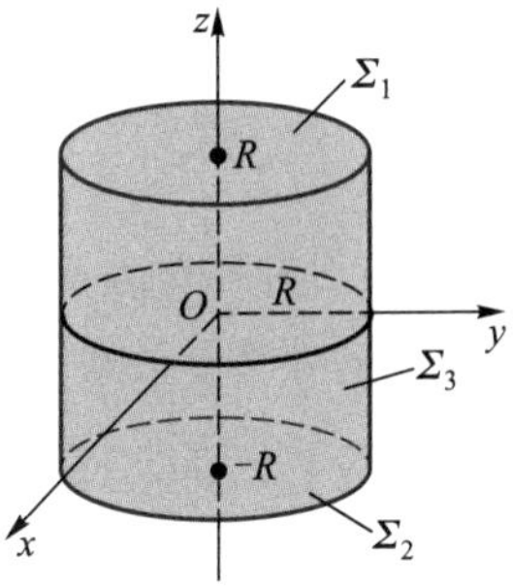

图 10.29

解　设 $\Sigma_1,\Sigma_2,\Sigma_3$ 依次为 Σ 的上、下底和圆柱面部分,因为 Σ_1,Σ_2 都垂直于 yOz 坐标面,所以它们在 yOz 坐标面上的投影区域的面积为 0,则

$$\iint\limits_{\Sigma_1}\frac{x\mathrm{d}y\mathrm{d}z}{x^2+y^2+z^2}=\iint\limits_{\Sigma_2}\frac{x\mathrm{d}y\mathrm{d}z}{x^2+y^2+z^2}=0.$$

记 Σ_1,Σ_2 在 xOy 坐标面上的投影区域为 D_{xy},则

$$\iint\limits_{\Sigma_1+\Sigma_2}\frac{z^2\mathrm{d}x\mathrm{d}y}{x^2+y^2+z^2}=\iint\limits_{D_{xy}}\frac{R^2\mathrm{d}x\mathrm{d}y}{x^2+y^2+R^2}-\iint\limits_{D_{xy}}\frac{(-R)^2\mathrm{d}x\mathrm{d}y}{x^2+y^2+R^2}=0.$$

因为 Σ_3 垂直于 xOy 坐标面,它们在 xOy 坐标面上的投影面积为 0,所以

$$\iint\limits_{\Sigma_3}\frac{z^2\mathrm{d}x\mathrm{d}y}{x^2+y^2+z^2}=0.$$

记 Σ_3 在 yOz 坐标面上的投影区域为 D_{yz},则

$$\iint\limits_{\Sigma_3}\frac{x\mathrm{d}y\mathrm{d}z}{x^2+y^2+z^2}=\iint\limits_{D_{yz}}\frac{\sqrt{R^2-y^2}\,\mathrm{d}y\mathrm{d}z}{R^2+z^2}-\iint\limits_{D_{yz}}\frac{-\sqrt{R^2-y^2}\,\mathrm{d}y\mathrm{d}z}{R^2+z^2}$$

$$=2\iint\limits_{D_{yz}}\frac{\sqrt{R^2-y^2}}{R^2+z^2}\mathrm{d}y\mathrm{d}z$$

$$=2\int_{-R}^{R}\sqrt{R^2-y^2}\,\mathrm{d}y\int_{-R}^{R}\frac{\mathrm{d}z}{R^2+z^2}=\frac{\pi^2}{2}R.$$

所以 $\iint\limits_{\Sigma}\frac{x\mathrm{d}y\mathrm{d}z+z^2\mathrm{d}x\mathrm{d}y}{x^2+y^2+z^2}=\frac{1}{2}\pi^2R.$

习题 10.5

1. 计算下列曲面积分:

(1) $\iint\limits_{\Sigma}(6x+4y+3z)\mathrm{d}x\mathrm{d}z$，其中 Σ 是平面 $\frac{x}{2}+\frac{y}{3}+\frac{z}{4}=1$ 在第一卦限部分，取上侧；

(2) $\oiint\limits_{\Sigma}(x+y^2+z^3)\mathrm{d}y\mathrm{d}z$，其中 Σ 是球面 $x^2+y^2+z^2=R^2$ 的外侧；

(3) $\oiint\limits_{\Sigma}x^2y^2z\mathrm{d}x\mathrm{d}y$，其中 Σ 是平面 $|x|=1,|y|=1,|z|=1$ 所围成的正方体的外侧；

(4) $\iint\limits_{\Sigma}x\mathrm{d}y\mathrm{d}z+y\mathrm{d}z\mathrm{d}x+z\mathrm{d}x\mathrm{d}y$，其中 Σ 是锥面 $z=\sqrt{x^2+y^2}\,(0\leqslant z\leqslant 1)$ 在 $x\geqslant 0,y\geqslant 0$ 的部分的下侧.

2. 把对坐标的曲面积分

$$\iint\limits_{\Sigma}P(x,y,z)\mathrm{d}y\mathrm{d}z+Q(x,y,z)\mathrm{d}z\mathrm{d}x+R(x,y,z)\mathrm{d}x\mathrm{d}y$$

化成对面积的曲面积分，其中 Σ 是抛物面 $z=8-x^2-y^2$ 在 xOy 坐标面上方部分的外侧.

第六节　高斯公式与散度

一、高斯公式

格林公式表达出平面闭区域上的二重积分与其边界曲线上的曲线积分之间的关系，而高斯(Gauss)公式表达了空间闭区域上的三重积分与其边界曲面上的曲面积分之间的关系，见下述定理.

定理 1　设空间闭区域 Ω 是由分片光滑的闭曲面 Σ 所围成，函数 $P(x,y,z)$，$Q(x,y,z)$，$R(x,y,z)$ 在 Ω 上具有一阶连续偏导数，则有

$$\oiint\limits_{\Sigma}P\mathrm{d}y\mathrm{d}z+Q\mathrm{d}z\mathrm{d}x+R\mathrm{d}x\mathrm{d}y=\iiint\limits_{\Omega}\left(\frac{\partial P}{\partial x}+\frac{\partial Q}{\partial y}+\frac{\partial R}{\partial z}\right)\mathrm{d}v \tag{10.25}$$

成立，其中 Σ 是闭域 Ω 的边界曲面的外侧，公式(10.25)称为高斯公式.

证　假设包围 Ω 的闭曲面 Σ 与任一平行于坐标轴的直线的交点不多于两个.为此，把闭曲面 Σ 分成上下两部分曲面 Σ_2 与 Σ_1(图 10.30).首先证明

$$\oiint\limits_{\Sigma}R\mathrm{d}x\mathrm{d}y=\iiint\limits_{\Omega}\frac{\partial R}{\partial z}\mathrm{d}v.$$

将 Σ_2 用单值函数 $z=z_2(x,y)$ 表示，Σ_1 用单值函数 $z=z_1(x,y)$ 表示. 于是由三重积分计算法，有

$$\iiint\limits_{\Omega}\frac{\partial R}{\partial z}\mathrm{d}v=\iint\limits_{D}\mathrm{d}x\mathrm{d}y\int_{z_1(x,y)}^{z_2(x,y)}\frac{\partial R}{\partial z}\mathrm{d}z$$
$$=\iint\limits_{D}[R(x,y,z_2(x,y))-R(x,y,z_1(x,y))]\mathrm{d}x\mathrm{d}y.$$

其中域 D 是闭域 Ω 在 xOy 坐标面上的投影域.

根据曲面积分的计算法，有

$$\oint\!\!\!\!\oint\limits_{\Sigma}R\mathrm{d}x\mathrm{d}y=\iint\limits_{\Sigma_2}R\mathrm{d}x\mathrm{d}y+\iint\limits_{\Sigma_1}R\mathrm{d}x\mathrm{d}y$$
$$=\iint\limits_{D}R(x,y,z_2(x,y))\mathrm{d}x\mathrm{d}y-\iint\limits_{D}R(x,y,z_1(x,y))\mathrm{d}x\mathrm{d}y.$$

故得

$$\oint\!\!\!\!\oint\limits_{\Sigma}R\mathrm{d}x\mathrm{d}y=\iiint\limits_{\Omega}\frac{\partial R}{\partial z}\mathrm{d}v.$$

类似地，可证

$$\oint\!\!\!\!\oint\limits_{\Sigma}P\mathrm{d}y\mathrm{d}z=\iiint\limits_{\Omega}\frac{\partial P}{\partial x}\mathrm{d}v,$$

$$\oint\!\!\!\!\oint\limits_{\Sigma}Q\mathrm{d}z\mathrm{d}x=\iiint\limits_{\Omega}\frac{\partial Q}{\partial y}\mathrm{d}v.$$

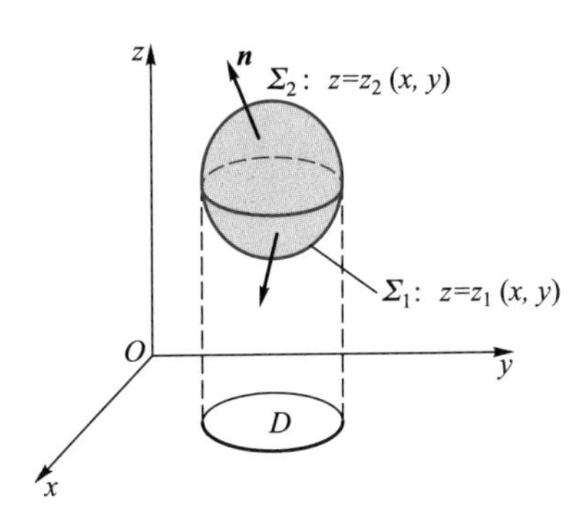

图 10.30

把以上三式两端分别相加，即得高斯公式(10.25).

如果曲面 Σ 与平行于坐标轴的直线的交点多于两个时，可以引进几张辅助曲面把 Ω 分为有限个闭区域，使得每个闭区域的边界曲面与任一平行于坐标轴的直线的交点不多于两个. 注意到沿辅助曲面相反两侧的两个曲面积分的绝对值相等而符号相反，相加时正好抵消，所以高斯公式仍然成立. ■

特别地，当高斯公式中 $P=x,Q=y,R=z$ 时，则有

$$\oint\!\!\!\!\oint\limits_{\Sigma}x\mathrm{d}y\mathrm{d}z+y\mathrm{d}z\mathrm{d}x+z\mathrm{d}x\mathrm{d}y=\iiint\limits_{\Omega}(1+1+1)\mathrm{d}v,$$

于是得到利用对坐标的曲面积分计算空间区域体积的公式：

$$V=\frac{1}{3}\oint\!\!\!\!\oint\limits_{\Sigma}x\mathrm{d}y\mathrm{d}z+y\mathrm{d}z\mathrm{d}x+z\mathrm{d}x\mathrm{d}y.$$

例 1　利用高斯公式计算本章第五节中的例 2

$$I=\oint\!\!\!\!\oint\limits_{\Sigma}(x^2-yz)\mathrm{d}y\mathrm{d}z+(y^2-zx)\mathrm{d}z\mathrm{d}x+(z^2-xy)\mathrm{d}x\mathrm{d}y,$$

其中 Σ 是由 $x=a, y=a, z=a(a>0)$ 及三个坐标面围成的正方体外表面.

解 由于 $P=x^2-yz, Q=y^2-zx, R=z^2-xy$, 则

$$\frac{\partial P}{\partial x}+\frac{\partial Q}{\partial y}+\frac{\partial R}{\partial z}=2(x+y+z).$$

由高斯公式得

$$I=\iiint\limits_{\Omega}2(x+y+z)\mathrm{d}v=2\int_0^a\mathrm{d}x\int_0^a\mathrm{d}y\int_0^a(x+y+z)\mathrm{d}z=3a^4.$$

显然,这比用分片计算曲面积分要简便得多.因此,计算沿闭曲面对坐标的曲面积分时,一般首先考虑能否用高斯公式,即使当曲面不是封闭时,也常常采用添加辅助曲面的方法来应用高斯公式.

例 2 利用高斯公式计算曲面积分

$$\iint\limits_{\Sigma}(x^2\cos\alpha+y^2\cos\beta+z^2\cos\gamma)\mathrm{d}S,$$

其中 Σ 为锥面 $x^2+y^2=z^2$ 介于平面 $z=0$ 与 $z=h(h>0)$ 之间的部分外侧, $\cos\alpha$, $\cos\beta$, $\cos\gamma$ 是 Σ 在点 (x,y,z) 处的法向量的方向余弦(图 10.31).

解 由于

$$\iint\limits_{\Sigma}(x^2\cos\alpha+y^2\cos\beta+z^2\cos\gamma)\mathrm{d}S=\iint\limits_{\Sigma}x^2\mathrm{d}y\mathrm{d}z+y^2\mathrm{d}z\mathrm{d}x+z^2\mathrm{d}x\mathrm{d}y.$$

而曲面 Σ 不是封闭曲面,不能直接利用高斯公式.若添加辅助平面 $\Sigma_1: z=h(x^2+y^2\leqslant h^2)$, 取上侧,则 $\Sigma+\Sigma_1$ 一起构成一个封闭曲面,记它们围成的空间闭区域为 Ω.由高斯公式得

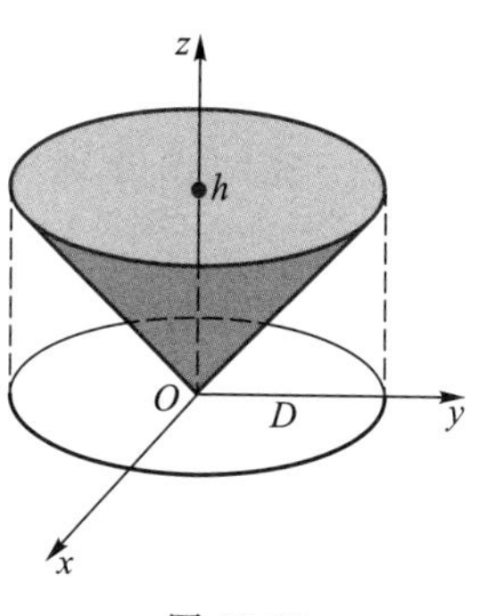

图 10.31

$$\begin{aligned}&\oint\!\!\!\oint\limits_{\Sigma+\Sigma_1}(x^2\cos\alpha+y^2\cos\beta+z^2\cos\gamma)\mathrm{d}S\\&=\oint\!\!\!\oint\limits_{\Sigma+\Sigma_1}x^2\mathrm{d}y\mathrm{d}z+y^2\mathrm{d}z\mathrm{d}x+z^2\mathrm{d}x\mathrm{d}y\\&=2\iiint\limits_{\Omega}(x+y+z)\mathrm{d}v\xlongequal{\text{(由对称性)}}2\iiint\limits_{\Omega}z\mathrm{d}v,\end{aligned}$$

其中

$$\Omega=\{\varphi,\rho,z\mid 0\leqslant\varphi\leqslant 2\pi, 0\leqslant\rho\leqslant h, \rho\leqslant z\leqslant h\}.$$

则

$$\begin{aligned}\oint\!\!\!\oint\limits_{\Sigma+\Sigma_1}x^2\mathrm{d}y\mathrm{d}z+y^2\mathrm{d}z\mathrm{d}x+z^2\mathrm{d}x\mathrm{d}y&=2\int_0^{2\pi}\mathrm{d}\varphi\int_0^h\rho\mathrm{d}\rho\int_\rho^h z\mathrm{d}z\\&=\int_0^{2\pi}\mathrm{d}\varphi\int_0^h\rho(h^2-\rho^2)\mathrm{d}\rho=\frac{1}{2}\pi h^4.\end{aligned}$$

而

$$\iint_{\Sigma_1}(x^2\cos\alpha+y^2\cos\beta+z^2\cos\gamma)\mathrm{d}S$$

$$=\iint_{\Sigma_1}\left(x^2\cos\frac{\pi}{2}+y^2\cos\frac{\pi}{2}+z^2\cos 0\right)\mathrm{d}S$$

$$=\iint_{\Sigma_1}z^2\mathrm{d}S=\iint_D h^2\mathrm{d}x\mathrm{d}y=\pi h^4.$$

因此，

$$\iint_{\Sigma}(x^2\cos\alpha+y^2\cos\beta+z^2\cos\gamma)\mathrm{d}S$$

$$=\oiint_{\Sigma+\Sigma_1}(x^2\cos\alpha+y^2\cos\beta+z^2\cos\gamma)\mathrm{d}S-\iint_{\Sigma_1}(x^2\cos\alpha+y^2\cos\beta+z^2\cos\gamma)\mathrm{d}S$$

$$=\frac{1}{2}\pi h^4-\pi h^4=-\frac{\pi h^4}{2}.$$

二、通量与散度

1. 通量

设有稳定流速场 $\boldsymbol{v}(x,y,z)$，其中的流体是不可压缩的，设流体的密度为 1，Σ 为流速场中一片有向曲面，在单位时间内流过 Σ 的流量为

$$\varphi=\iint_{\Sigma}\boldsymbol{v}\cdot\boldsymbol{n}\mathrm{d}S=\iint_{\Sigma}\boldsymbol{v}\cdot\mathrm{d}\boldsymbol{S}.$$

其中 $\mathrm{d}\boldsymbol{S}$ 可理解为大小为曲面元素 $\mathrm{d}S$，方向为法线方向 $\boldsymbol{n}$ 的向量，$\mathrm{d}\boldsymbol{S}$ 叫做曲面 Σ 的向量面元素.

这种形式的面积分，在其他的向量场中也常碰到. 例如，在电位移为 $\boldsymbol{D}$ 的电场中，穿过曲面 Σ 的电通量为

$$\varphi=\iint_{\Sigma}\boldsymbol{D}\cdot\mathrm{d}\boldsymbol{S}.$$

在磁感应强度为 $\boldsymbol{B}$ 的磁场中，穿过曲面 Σ 的磁通量为

$$\varphi=\iint_{\Sigma}\boldsymbol{B}\cdot\mathrm{d}\boldsymbol{S}.$$

由此可见，这种形式的面积分对研究向量场是十分重要的. 为此，我们引入通量的定义.

定义 1　设有向量场 $\boldsymbol{A}(x,y,z)$，Σ 为其中一有向曲面，称

$$\varphi=\iint_{\Sigma}\boldsymbol{A}\cdot\mathrm{d}\boldsymbol{S}$$

为向量场 $\boldsymbol{A}(x,y,z)$ 穿过曲面 Σ 的通量.

现在我们以流速场为例，来说明通量为正、为负、为零的物理意义. 首先让我们考察穿过曲面元素 $\mathrm{d}S$ 的流量 $\mathrm{d}\varphi=\boldsymbol{v}\cdot\mathrm{d}\boldsymbol{S}$. 当 $\boldsymbol{v}$ 是从 $\mathrm{d}S$ 的负侧流向正侧时，$\boldsymbol{v}$ 与 $\boldsymbol{n}$ 相交成锐角，此时 $\mathrm{d}\varphi=\boldsymbol{v}\cdot\mathrm{d}\boldsymbol{S}>0$，流量为正(图 10.32(a))；反之，当 $\boldsymbol{v}$ 是从 $\mathrm{d}S$ 的正侧流向负侧时，$\boldsymbol{v}$ 与 $\boldsymbol{n}$ 相交成钝角，此时 $\mathrm{d}\varphi=\boldsymbol{v}\cdot\mathrm{d}\boldsymbol{S}<0$，流量为负(图 10.32(b)). 因此，总流量

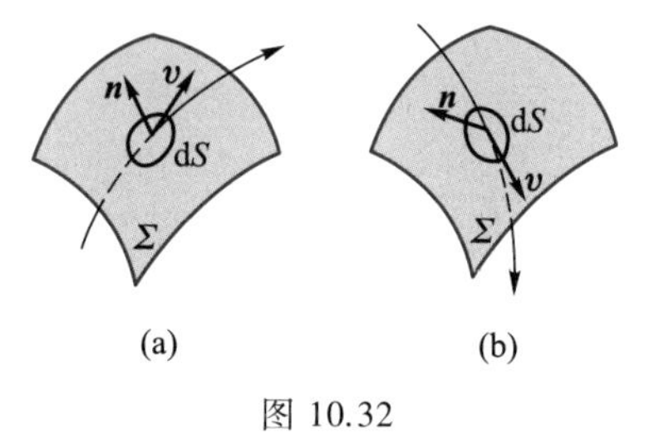

图 10.32

$$\varphi=\iint_{\Sigma}\boldsymbol{v}\cdot\mathrm{d}\boldsymbol{S}$$

表示为流体穿过曲面流量的代数和. 当 $\varphi>0$ 时，说明流体从曲面 Σ 的负侧流向正侧的流量多于从正侧流向负侧的流量；当 $\varphi<0$ 时，说明流体从曲面 Σ 的正侧流向负侧的流量多于从负侧流向正侧的流量；当 $\varphi=0$ 时，说明流体从曲面 Σ 的负侧流向正侧的流量与从曲面 Σ 的正侧流向负侧的流量正好相等，彼此抵消.

如果 Σ 是一封闭曲面，由于我们取定闭曲面的外侧为正侧，这时

$$\varphi=\oint\!\!\!\oint_{\Sigma}\boldsymbol{v}\cdot\mathrm{d}\boldsymbol{S}$$

表示流体从闭曲面 Σ 内流出的流量与从外流进 Σ 的流量之差. 从而，当 $\varphi>0$ 时，就表示流出多于流入，此时，在曲面 Σ 所围区域 Ω 内有产生流体的“源泉”，从中不断地散发出流量(通俗地讲，有水龙头). 当 $\varphi<0$ 时，表示 Ω 内部必有吸收流体的“洞”(通俗地讲，有出水口)，这洞就是流体消失的地方，它不断地吸收流量. 今后不论是“源”或“洞”，我们都称为源(把洞看作负源).

因此，在一般的向量场 $\boldsymbol{A}(x,y,z)$ 中，对于穿过闭曲面 Σ 的通量中，我们也视 φ 为正或为负而说曲面 Σ 包围的区域 Ω 有正源或负源. 至于其源的实际意义如何，应视具体的物理场而定. 例如，对于电场，正源表示存在正电荷它发出电力线，负源表示存在负电荷，它吸收电力线. 又如，对于磁场，正源与负源分别表示存在磁的正极与负极.

由上分析可知，流速场 $\boldsymbol{v}(x,y,z)$ 的通量 $\oint\!\!\!\oint_{\Sigma}\boldsymbol{v}\cdot\mathrm{d}\boldsymbol{S}$ 表示闭曲面 Σ 所围空间区域 Ω 中在单位时间内发散或吸收的流体总量. 一般说来，向量场 $\boldsymbol{A}(x,y,z)$ 的通量 $\oint\!\!\!\oint_{\Sigma}\boldsymbol{A}\cdot\mathrm{d}\boldsymbol{S}$ 是从整体上刻画了曲面 Σ 所围的空间区域 Ω 源的总体效应. 为了更

精确地掌握场中各点处源的正负及其强弱,我们在场中点 M 处作包点 M 在内的任意闭曲面 Σ,Σ 所围空间区域为 Ω,Ω 的体积为 ΔV,于是

$$\frac{\varphi}{\Delta V}=\frac{1}{\Delta V}\oiint_{\Sigma}\boldsymbol{A}\cdot\mathrm{d}\boldsymbol{S},$$

上式表示在 ΔV 内的平均通量密度,它近似地反映了点 M 处源的强度,而

$$\lim_{\Omega\to M}\frac{1}{\Delta V}\oiint_{\Sigma}\boldsymbol{A}\cdot\mathrm{d}\boldsymbol{S}$$

就精确地反映了 M 点处源的强度.称为向量场 $\boldsymbol{A}$ 在 M 处的通量密度,也称为 $\boldsymbol{A}$ 在 M 处的散度.

2. 散度

定义 2 设有向量场 $\boldsymbol{A}(x,y,z)$,在场中点 M 处作包含点 M 在内的任一闭曲面 Σ,Σ 所围空间区域为 Ω,Ω 的体积为 ΔV,直径为 λ,若当 $\lambda\to 0$ 时,极限

$$\lim_{\lambda\to 0}\frac{\oiint_{\Sigma}\boldsymbol{A}\cdot\mathrm{d}\boldsymbol{S}}{\Delta V}$$

存在,则称此极限值为向量场 $\boldsymbol{A}(x,y,z)$ 在点 M 处的散度,记作 $\operatorname{div}\boldsymbol{A}$,即

$$\operatorname{div}\boldsymbol{A}=\lim_{\lambda\to 0}\frac{\oiint_{\Sigma}\boldsymbol{A}\cdot\mathrm{d}\boldsymbol{S}}{\Delta V}.$$

由定义可知,

(1) 散度是一个数量,表示向量场中在点 M 处源的发散强度.若 $\operatorname{div}\boldsymbol{A}>0$,则表示该点有发散通量的正源;若 $\operatorname{div}\boldsymbol{A}<0$,则表示该点有吸收通量的负源;若 $\operatorname{div}\boldsymbol{A}=0$,则表示该点无源.

(2) 散度与坐标系的选择无关,仅依赖于向量场 $\boldsymbol{A}$ 及点 M 的位置.由于向量场 $\boldsymbol{A}$ 中每一点都对应地有一个散度 $\operatorname{div}\boldsymbol{A}$,而 $\operatorname{div}\boldsymbol{A}$ 是一个数量,因此 $\operatorname{div}\boldsymbol{A}$ 形成一个数量场,称为向量场的散度场.

3. 散度的计算公式

定理 2 设有向量场 $\boldsymbol{A}(x,y,z)=P(x,y,z)\boldsymbol{i}+Q(x,y,z)\boldsymbol{j}+R(x,y,z)\boldsymbol{k}$ (其中 P,Q,R 具有一阶连续偏导数),则在点 $M(x,y,z)$ 处的散度为

$$\boxed{\operatorname{div}\boldsymbol{A}=\nabla\cdot\boldsymbol{A}=\frac{\partial P}{\partial x}+\frac{\partial Q}{\partial y}+\frac{\partial R}{\partial z}.}\tag{10.26}$$

证 由高斯公式

$$\oiint_{\Sigma}\boldsymbol{A}\cdot\mathrm{d}\boldsymbol{S}=\oiint_{\Sigma}P\mathrm{d}y\mathrm{d}z+Q\mathrm{d}z\mathrm{d}x+R\mathrm{d}x\mathrm{d}y$$
$$=\iiint_{\Omega}\left(\frac{\partial P}{\partial x}+\frac{\partial Q}{\partial y}+\frac{\partial R}{\partial z}\right)\mathrm{d}v.$$

由三重积分的中值定理,在 Ω 内至少存在一点 M^*,使得

$$\iiint_{\Omega}\left(\frac{\partial P}{\partial x}+\frac{\partial Q}{\partial y}+\frac{\partial R}{\partial z}\right)\mathrm{d}v=\left(\frac{\partial P}{\partial x}+\frac{\partial Q}{\partial y}+\frac{\partial R}{\partial z}\right)\Bigg|_{M^*}\cdot\Delta V,$$

则

$$\left(\frac{\partial P}{\partial x}+\frac{\partial Q}{\partial y}+\frac{\partial R}{\partial z}\right)_{M^*}=\frac{\oiint_{\Sigma}\boldsymbol{A}\cdot\mathrm{d}\boldsymbol{S}}{\Delta V}.$$

当 $\lambda\to0$,即 Ω 收缩成一点 M 时,必有 M^* 趋于点 M,因而在点 M 处的散度

$$\operatorname{div}\boldsymbol{A}=\lim_{\lambda\to0}\frac{\oiint_{\Sigma}\boldsymbol{A}\cdot\mathrm{d}\boldsymbol{S}}{\Delta V}=\lim_{\lambda\to0}\left(\frac{\partial P}{\partial x}+\frac{\partial Q}{\partial y}+\frac{\partial R}{\partial z}\right)\Bigg|_{M^*}$$
$$=\left(\frac{\partial P}{\partial x}+\frac{\partial Q}{\partial y}+\frac{\partial R}{\partial z}\right)\Bigg|_{M}.$$

■

引入散度后,高斯公式可以写成

$$\oiint_{\Sigma}\boldsymbol{A}\cdot\mathrm{d}\boldsymbol{S}=\iiint_{\Omega}\operatorname{div}\boldsymbol{A}\mathrm{d}v=\iiint_{\Omega}\nabla\cdot\boldsymbol{A}\mathrm{d}v.$$

其物理意义就更加明显了.

例 3 求 $\nabla\cdot(\nabla u)$,其中函数 $u=u(x,y,z)$ 具有二阶连续偏导数.

解 因为 $\nabla u=\dfrac{\partial u}{\partial x}\boldsymbol{i}+\dfrac{\partial u}{\partial y}\boldsymbol{j}+\dfrac{\partial u}{\partial z}\boldsymbol{k}$,所以

$$\nabla\cdot(\nabla u)=\operatorname{div}\left(\frac{\partial u}{\partial x}\boldsymbol{i}+\frac{\partial u}{\partial y}\boldsymbol{j}+\frac{\partial u}{\partial z}\boldsymbol{k}\right)=\frac{\partial^2 u}{\partial x^2}+\frac{\partial^2 u}{\partial y^2}+\frac{\partial^2 u}{\partial z^2}.$$

利用公式(10.26),不难验证散度的下列运算法则:

(1) $\operatorname{div}(\alpha\boldsymbol{A}+\beta\boldsymbol{B})=\alpha\operatorname{div}\boldsymbol{A}+\beta\operatorname{div}\boldsymbol{B}$(其中 α,β 为常数),
或 $\nabla\cdot(\alpha\boldsymbol{A}\pm\beta\boldsymbol{B})=\alpha\nabla\cdot\boldsymbol{A}\pm\beta\nabla\cdot\boldsymbol{B}$(其中 α,β 为常数);

(2) $\operatorname{div}(u\boldsymbol{A})=u\operatorname{div}\boldsymbol{A}+\boldsymbol{A}\cdot\mathbf{grad}\,u$,
或 $\nabla\cdot(u\boldsymbol{A})=u\nabla\cdot\boldsymbol{A}+\nabla u\cdot\boldsymbol{A}$.

例 4 在电量为 q 的点电荷所产生的电场中,(1) 求电位移向量 $\boldsymbol{D}$ 穿过以 M_0 为中心、R 为半径的球面 Σ 的电通量 Φ;(2) 求 $\boldsymbol{D}$ 的散度.

解 由电学知道电位移向量

$$\boldsymbol{D}=\varepsilon\boldsymbol{E}=\frac{q}{4\pi r^{2}}\boldsymbol{e}_{r},\quad r\neq 0,$$

其中 ε 为介电常数,$\boldsymbol{E}$ 为电场强度,r 是 M_0 到任一点 M 的距离,$\boldsymbol{e}_r$ 是从 M_0 指向 M 点的单位向量.

（1）由于 $\boldsymbol{e}_r$ 与球面 Σ 的法向量平行且同向,所以

$$\Phi=\oiint_{\Sigma}\boldsymbol{D}\cdot\mathrm{d}\boldsymbol{S}=\oiint_{\Sigma}\frac{q}{4\pi R^{2}}\boldsymbol{e}_{r}\cdot\boldsymbol{n}\mathrm{d}S=\frac{q}{4\pi R^{2}}\oiint_{\Sigma}\mathrm{d}S=q.$$

（2）由于

$$\begin{aligned}\nabla\cdot\boldsymbol{D}&=\nabla\cdot\left(\frac{q}{4\pi r^{2}}\boldsymbol{e}_{r}\right)=\frac{q}{4\pi}\ \nabla\cdot\left(\frac{1}{r^{3}}\boldsymbol{r}\right)\\&=\frac{q}{4\pi}\left(\frac{1}{r^{3}}\ \nabla\cdot\boldsymbol{r}+\nabla\frac{1}{r^{3}}\cdot\boldsymbol{r}\right),\end{aligned}$$

而

$$\nabla\cdot\boldsymbol{r}=\frac{\partial x}{\partial x}+\frac{\partial y}{\partial y}+\frac{\partial z}{\partial z}=3,$$

$$\nabla\frac{1}{r^{3}}=-3\frac{1}{r^{4}}\ \nabla r=-3\frac{\boldsymbol{r}}{r^{5}},$$

所以

$$\nabla\cdot\boldsymbol{D}=\frac{q}{4\pi}\left(\frac{3}{r^{3}}-\frac{3}{r^{5}}\boldsymbol{r}\cdot\boldsymbol{r}\right)=\frac{q}{4\pi}\left(\frac{3}{r^{3}}-\frac{3}{r^{3}}\right)=0.$$

由上例可见,除点电荷 q 所在的点 $M_0(r=0)$ 外,在场中处处 $\nabla\cdot\boldsymbol{D}=0$. 由此,再利用高斯公式可知:

$\boldsymbol{D}$ 穿过任何不包含点 M_0 在内的闭曲面的电通量均为零;$\boldsymbol{D}$ 穿过任何包含点 M_0 的闭曲面的电通量都等于 q.

▶ 习题 10.6

1. 利用高斯公式计算下列曲面积分:

（1）$\oiint_{\Sigma}x^{3}\mathrm{d}y\mathrm{d}z+y^{3}\mathrm{d}z\mathrm{d}x+z^{3}\mathrm{d}x\mathrm{d}y$,其中 Σ 为球面 $x^{2}+y^{2}+z^{2}=a^{2}\ (a>0)$ 的外侧;

（2）$\oiint_{\Sigma}yz\mathrm{d}x\mathrm{d}y+zx\mathrm{d}y\mathrm{d}z+xy\mathrm{d}z\mathrm{d}x$,其中 Σ 是由第一卦限内的圆柱面

$x^2+y^2=R^2$，平面 $z=h(h>0)$ 和坐标面所构成的封闭曲面的外侧；

(3) $\iint\limits_{\Sigma} yz\mathrm{d}z\mathrm{d}x+2\mathrm{d}x\mathrm{d}y$，其中 Σ 是球面 $x^2+y^2+z^2=4$ 的外侧在 $z\geqslant 0$ 的部分；

(4) $\oint\!\!\!\!\oint\limits_{\Sigma}[(z^n-y^n)\cos\alpha+(x^n-z^n)\cos\beta+(y^n-x^n)\cos\gamma]\mathrm{d}S$ 其中 Σ 是 $x^2+y^2+z^2=R^2$ 的外侧，$\cos\alpha,\cos\beta,\cos\gamma$ 为 Σ 的外法线向量的方向余弦；

(5) $\oint\!\!\!\!\oint\limits_{\Sigma} z\mathrm{d}x\mathrm{d}y$，其中 Σ 为柱面 $x^2+y^2=R^2$，$y^2=\dfrac{z}{2}$ 及平面 $z=0$ 所围成立体表面的外侧；

(6) $\iint\limits_{\Sigma} x(8y+1)\mathrm{d}y\mathrm{d}z+2(1-y^2)\mathrm{d}z\mathrm{d}x-4yz\mathrm{d}x\mathrm{d}y$，其中 Σ 是由曲线 $\begin{cases} z=\sqrt{y-1}, \\ x=0 \end{cases}$ $(1\leqslant y\leqslant 3)$ 绕 y 轴旋转一周所形成的曲面，它的法向量与 y 轴正向的夹角恒大于 $\dfrac{\pi}{2}$；

(7) $\iint\limits_{\Sigma} x\sin x\mathrm{d}y\mathrm{d}z+y^2\mathrm{d}z\mathrm{d}x+z^2\mathrm{d}x\mathrm{d}y$，其中 Σ 是曲面 $z=1-\sqrt{1-x^2-y^2}$ 的上侧；

(8) $\oint\!\!\!\!\oint\limits_{\Sigma} x^3\mathrm{d}y\mathrm{d}z+[yf(yz)+y^3]\mathrm{d}z\mathrm{d}x+[z^3-zf(yz)]\mathrm{d}x\mathrm{d}y$，其中 $f(u)$ 具有连续的导数，Σ 为锥面 $z=\sqrt{x^2+y^2}$ 与两球面 $x^2+y^2+z^2=1$，$x^2+y^2+z^2=4$ 所围成的立体表面的外侧.

2. 设 $\boldsymbol{F}=x^2\boldsymbol{i}+y^2\boldsymbol{j}+xyz\boldsymbol{k}$，求 $\iint\limits_{\Sigma}\boldsymbol{F}\cdot\mathrm{d}\boldsymbol{S}$. 其中 Σ 是由三个坐标面及平面 $x=a$，$y=b$，$z=c$ 所围成立体表面的外侧.

3. 证明：若 Σ 为分片光滑的闭曲面，而 $\boldsymbol{l}$ 为任意固定方向，则 $\oint\!\!\!\!\oint\limits_{\Sigma}\cos(\widehat{\boldsymbol{n},\boldsymbol{l}})\mathrm{d}S=0$，其中 $\boldsymbol{n}$ 为曲面 Σ 的外法线向量.

4. 已知流体的流速为 $\boldsymbol{v}=xy\boldsymbol{i}+yz\boldsymbol{j}+xz\boldsymbol{k}$，求由平面 $z=1$，$x=0$，$y=0$ 和锥面 $z^2=x^2+y^2$ 所围成的立体在第一卦限部分由内向外流出的流量.

5. 求下列向量场 $\boldsymbol{A}$ 的散度：

(1) $\boldsymbol{A}=y^2\boldsymbol{i}+xy\boldsymbol{j}+xz\boldsymbol{k}$；

(2) $\boldsymbol{A}=\mathrm{e}^{xy^2}\boldsymbol{i}+(\cos xy)\boldsymbol{j}+(\cos xz^2)\boldsymbol{k}$；

(3) $\boldsymbol{A}=x^y\boldsymbol{i}+\arctan\mathrm{e}^{xy}\boldsymbol{j}+\ln(1+yz)\boldsymbol{k}$.

第七节　斯托克斯公式与旋度

一、斯托克斯公式

格林公式表达了平面闭曲线上的曲线积分与由此闭曲线所围成的平面区域上一个二重积分之间的关系.在空间闭曲线上的曲线积分与以此闭曲线为边界的曲面上的曲面积分也有类似关系,这就是下面叙述的斯托克斯(Stokes)公式.

定理 1　设 L 是空间分段光滑的有向闭曲线,Σ 是以 L 为边界的分片光滑的有向曲面,函数 $P(x,y,z)$,$Q(x,y,z)$,$R(x,y,z)$ 在包含曲面 Σ 在内的某个空间区域内具有一阶连续偏导数,则有

$$\oint_L P\mathrm{d}x + Q\mathrm{d}y + R\mathrm{d}z$$
$$=\iint_{\Sigma}\left(\frac{\partial R}{\partial y}-\frac{\partial Q}{\partial z}\right)\mathrm{d}y\mathrm{d}z+\left(\frac{\partial P}{\partial z}-\frac{\partial R}{\partial x}\right)\mathrm{d}z\mathrm{d}x+\left(\frac{\partial Q}{\partial x}-\frac{\partial P}{\partial y}\right)\mathrm{d}x\mathrm{d}y. \qquad (10.27)$$

其中积分路径 L 的方向与曲面 Σ 的方向要符合右手法则:右手握拳,大拇指伸直,以四指弯曲的方向与 L 的正向重合,则大拇指的指向与曲面 Σ 上的法向量的指向相同,如图 10.33 所示.公式(10.27)称为斯托克斯公式.

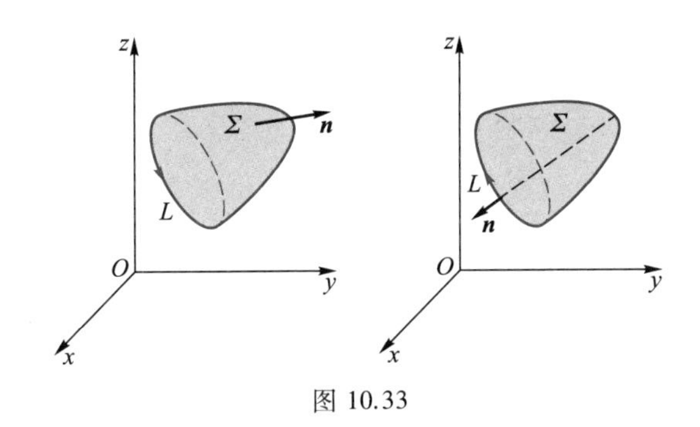

图 10.33

证　首先我们来证明

$$\oint_L P\mathrm{d}x=\iint_{\Sigma}\frac{\partial P}{\partial z}\mathrm{d}z\mathrm{d}x-\frac{\partial P}{\partial y}\mathrm{d}x\mathrm{d}y. \qquad (10.28)$$

先设曲面 Σ 与平行于 z 轴的直线相交不多于一点,曲面 Σ 的法向量与相应曲线 L 的正向如图 10.34 所示,此时,Σ 的方程可以写成 $z=f(x,y)$,其边界曲线记为 L,L 在 xOy 坐标面上的投影曲线记为 C,C 所围成的闭区域为 D.设曲线 C

的参数方程为

$$x=x(t),y=y(t)\quad(\alpha\leqslant t\leqslant\beta),$$

从而 L 的参数方程应是

$$x=x(t),y=y(t),z=f(x(t),y(t))\quad(\alpha\leqslant t\leqslant\beta).$$

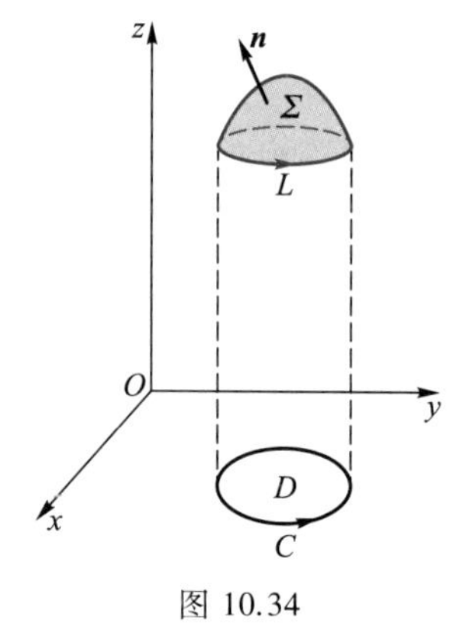

图 10.34

设 t 增大的方向对应于 L 的正向，故(10.28)式的左端

$$\begin{aligned}&\oint_L P(x,y,z)\mathrm{d}x\\=&\int_\alpha^\beta P(x(t),y(t),f(x(t),y(t)))x'(t)\mathrm{d}t\\=&\oint_C P(x,y,f(x,y))\mathrm{d}x,\end{aligned}$$

对上式右端应用格林公式，再利用复合函数求导法则，得

$$\oint_C P(x,y,f(x,y))\mathrm{d}x-0\mathrm{d}y=-\iint_D\frac{\partial}{\partial y}P(x,y,f(x,y))\mathrm{d}\sigma\ ,$$

因此

$$\oint_C P(x,y,z)\mathrm{d}x=-\iint_D\left(\frac{\partial P}{\partial y}+\frac{\partial P}{\partial z}\cdot\frac{\partial z}{\partial y}\right)\mathrm{d}\sigma.$$

另一方面，有向曲面 Σ: $z=f(x,y)$ 的法向量的方向余弦为

$$\cos\alpha=\frac{-z_x}{\sqrt{1+z_x^2+z_y^2}},\cos\beta=\frac{-z_y}{\sqrt{1+z_x^2+z_y^2}},\cos\gamma=\frac{1}{\sqrt{1+z_x^2+z_y^2}},$$

从而

$$z_y=-\frac{\cos\beta}{\cos\gamma}.$$

于是(10.28)的右端

$$\begin{aligned}\iint_\Sigma\frac{\partial P}{\partial z}\mathrm{d}z\mathrm{d}x-\frac{\partial P}{\partial y}\mathrm{d}x\mathrm{d}y&=\iint_\Sigma\left(\frac{\partial P}{\partial z}\cos\beta-\frac{\partial P}{\partial y}\cos\gamma\right)\mathrm{d}S\\&=-\iint_\Sigma\left(\frac{\partial P}{\partial y}-\frac{\partial P}{\partial z}\cdot\frac{\cos\beta}{\cos\gamma}\right)\cos\gamma\mathrm{d}S\\&=-\iint_D\left(\frac{\partial P}{\partial y}+\frac{\partial P}{\partial z}\cdot\frac{\partial z}{\partial y}\right)\mathrm{d}\sigma.\end{aligned}$$

因此(10.28)式成立.

当曲面 Σ 与平行于 z 轴的直线的交点多于一个时，可通过分割的方法，把 Σ

分成几部分,使每一部分均与平行于 z 轴的直线至多交于一点,然后分片讨论,再利用第二型线积分的性质,同样可证(10.28)式成立.

同理可证

$$\oint_L Q(x,y,z)\,\mathrm{d}y=\iint_\Sigma \frac{\partial Q}{\partial x}\mathrm{d}x\mathrm{d}y-\frac{\partial Q}{\partial z}\mathrm{d}y\mathrm{d}z, \tag{10.29}$$

$$\oint_L R(x,y,z)\,\mathrm{d}z=\iint_\Sigma \frac{\partial R}{\partial y}\mathrm{d}y\mathrm{d}z-\frac{\partial R}{\partial x}\mathrm{d}z\mathrm{d}x, \tag{10.30}$$

将(10.28),(10.29),(10.30)三式两端分别相加,即得斯托克斯公式(10.27). ■

为了便于记忆,斯托克斯公式可以写成

$$\oint_L P\mathrm{d}x+Q\mathrm{d}y+R\mathrm{d}z=\iint_\Sigma \begin{vmatrix} \mathrm{d}y\mathrm{d}z & \mathrm{d}z\mathrm{d}x & \mathrm{d}x\mathrm{d}y \\ \dfrac{\partial}{\partial x} & \dfrac{\partial}{\partial y} & \dfrac{\partial}{\partial z} \\ P & Q & R \end{vmatrix}.$$

把其中的行列式按第一行展开,并把 $\dfrac{\partial}{\partial y}$ 与 R 的“积”理解为 $\dfrac{\partial R}{\partial y}$, $\dfrac{\partial}{\partial z}$ 与 Q 的“积”理解为 $\dfrac{\partial Q}{\partial z}$ 等,这个行列式的值恰好是公式(10.25)左端的被积表达式.

利用两类曲面积分间的关系,斯托克斯公式也可表示为

$$\oint_L P\mathrm{d}x+Q\mathrm{d}y+R\mathrm{d}z=\iint_\Sigma \begin{vmatrix} \cos\alpha & \cos\beta & \cos\gamma \\ \dfrac{\partial}{\partial x} & \dfrac{\partial}{\partial y} & \dfrac{\partial}{\partial z} \\ P & Q & R \end{vmatrix}\mathrm{d}S,$$

其中 $\boldsymbol{n}=(\cos\alpha,\cos\beta,\cos\gamma)$ 为有向曲面 Σ 在点 (x,y,z) 处的单位法向量.

显然,当曲面 Σ 是 xOy 坐标面上的一块平面闭区域时,斯托克斯公式便简化为格林公式.

例 1　计算 $I=\oint_L (y+z)\mathrm{d}x+(2x-z)\mathrm{d}y+(2y-x)\mathrm{d}z$,其中 L 是平面 $x+y+z=1$ 被三个坐标面所截得的三角形的边界,它的正向与三角形上侧的法向量符合右手法则(图 10.35).

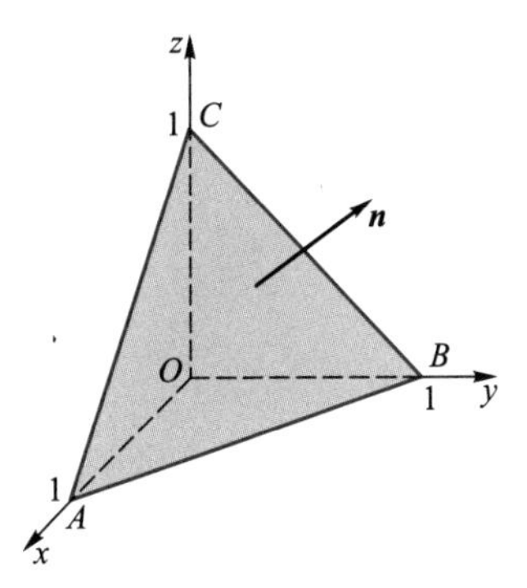

图 10.35

解　取 Σ 为平面 $x+y+z=1$ 被三个坐标面所截得的 $\triangle ABC$. Σ 的法向量为 $(1,1,1)$,于是法向量的方向余弦为

$$\cos\alpha=\cos\beta=\cos\gamma=\frac{1}{\sqrt{3}}.$$

由斯托克斯公式有

$$\begin{aligned}I&=\oint_L(y+z)\mathrm{d}x+(2x-z)\mathrm{d}y+(2y-x)\mathrm{d}z\\&=\iint_\Sigma 3\mathrm{d}y\mathrm{d}z+2\mathrm{d}z\mathrm{d}x+\mathrm{d}x\mathrm{d}y\\&=\iint_\Sigma(3\cos\alpha+2\cos\beta+\cos\gamma)\mathrm{d}S\\&=2\sqrt{3}\iint_\Sigma\mathrm{d}S=2\sqrt{3}\cdot\frac{\sqrt{3}}{2}=3.\end{aligned}$$

例 2 计算 $I=\oint_L(y^2-z^2)\mathrm{d}x+(2z^2-x^2)\mathrm{d}y+(3x^2-y^2)\mathrm{d}z$，其中 L 是平面 $x+y+z=2$ 与柱面 $|x|+|y|=1$ 的交线，从 z 轴正向看去，L 为逆时针方向.

解 设 Σ 为平面 $x+y+z=2$ 上所围成部分区域的上侧（与 L 的方向服从右手法则），D 为 Σ 在 xOy 坐标面上的投影（图 10.36），由于平面 Σ 的法向量的方向余弦为

$$\cos\alpha=\cos\beta=\cos\gamma=\frac{1}{\sqrt{3}},$$

则由斯托克斯公式有

$$\begin{aligned}I&=\iint_\Sigma\begin{vmatrix}\frac{1}{\sqrt{3}}&\frac{1}{\sqrt{3}}&\frac{1}{\sqrt{3}}\\\frac{\partial}{\partial x}&\frac{\partial}{\partial y}&\frac{\partial}{\partial z}\\y^2-z^2&2z^2-x^2&3x^2-y^2\end{vmatrix}\mathrm{d}S\\&=-\frac{2}{\sqrt{3}}\iint_\Sigma(4x+2y+3z)\mathrm{d}S.\end{aligned}$$

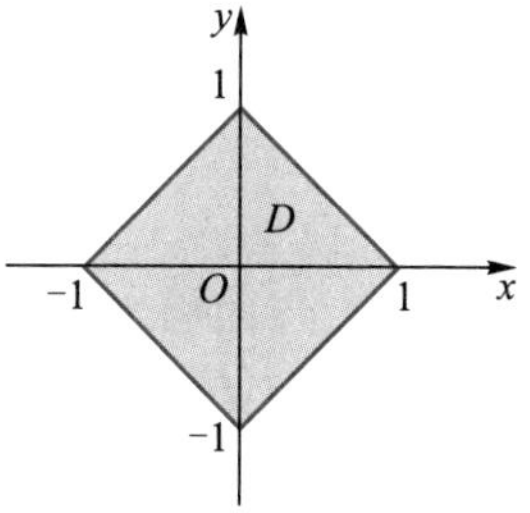

图 10.36

因为在 Σ 上 $z=2-x-y$，所以

$$I=-2\iint_D(x-y+6)\mathrm{d}x\mathrm{d}y,$$

由于区域 D 关于 x 轴和 y 轴分别对称，故 $\iint_D x\mathrm{d}x\mathrm{d}y=\iint_D y\mathrm{d}x\mathrm{d}y=0$，

$$I=-12\iint_D\mathrm{d}x\mathrm{d}y=-12\cdot(\sqrt{2})^2=-24.$$

二、环量与旋度

1. 环量定义

设有向量场 $\boldsymbol{A}(x,y,z)=P(x,y,z)\boldsymbol{i}+Q(x,y,z)\boldsymbol{j}+R(x,y,z)\boldsymbol{k}$, L 为场中一条有向闭曲线,则称线积分

$$\oint_L \boldsymbol{A}\cdot \mathrm{d}\boldsymbol{l}=\oint_L P\mathrm{d}x+Q\mathrm{d}y+R\mathrm{d}z$$

为向量场 $\boldsymbol{A}$ 沿闭曲线 L 的环量.

例 3　设有平面向量场 $\boldsymbol{A}=-y\boldsymbol{i}+x\boldsymbol{j}$, L 为场中圆 $(x-a)^2+y^2=a^2$, 求此向量场 $\boldsymbol{A}$ 关于 L 正向的环量.

解　$\oint_L \boldsymbol{A}\cdot \mathrm{d}\boldsymbol{l}=\oint_L -y\mathrm{d}x+x\mathrm{d}y$. 因为 $P=-y, Q=x, \dfrac{\partial P}{\partial y}=-1, \dfrac{\partial Q}{\partial x}=1$ 在 L 及围域内连续,所以由格林公式得

$$\oint_L \boldsymbol{A}\cdot \mathrm{d}\boldsymbol{l}=\oint_L -y\mathrm{d}x+x\mathrm{d}y=\iint_D 2\mathrm{d}x\mathrm{d}y=2\pi a^2.$$

2. 旋度定义

设有向量场 $\boldsymbol{A}(x,y,z)=P(x,y,z)\boldsymbol{i}+Q(x,y,z)\boldsymbol{j}+R(x,y,z)\boldsymbol{k}$, 则称由

$$\frac{\partial R}{\partial y}-\frac{\partial Q}{\partial z},\quad \frac{\partial P}{\partial z}-\frac{\partial R}{\partial x},\quad \frac{\partial Q}{\partial x}-\frac{\partial P}{\partial y}$$

确定的向量为向量场 $\boldsymbol{A}$ 在点 $M(x,y,z)$ 处的旋度,记作 **rot** $\boldsymbol{A}$,即

$$\mathbf{rot}\,\boldsymbol{A}=\left(\frac{\partial R}{\partial y}-\frac{\partial Q}{\partial z}\right)\boldsymbol{i}+\left(\frac{\partial P}{\partial z}-\frac{\partial R}{\partial x}\right)\boldsymbol{j}+\left(\frac{\partial Q}{\partial x}-\frac{\partial P}{\partial y}\right)\boldsymbol{k}. \tag{10.31}$$

为了便于记忆,**rot** $\boldsymbol{A}$ 的表达式可用行列式的形式表示为

$$\mathbf{rot}\,\boldsymbol{A}=\begin{vmatrix}\boldsymbol{i} & \boldsymbol{j} & \boldsymbol{k}\\ \dfrac{\partial}{\partial x} & \dfrac{\partial}{\partial y} & \dfrac{\partial}{\partial z}\\ P & Q & R\end{vmatrix}=\boldsymbol{\nabla}\times\boldsymbol{A}.$$

显然,旋度是一个向量函数,它依赖于点的位置.

例 4　求向量场 $\boldsymbol{A}=xz\boldsymbol{i}+xyz\boldsymbol{j}-y^2\boldsymbol{k}$ 在点 $M(x,y,z)$ 处的旋度.

解　$$\mathbf{rot}\boldsymbol{A}=\nabla\times\boldsymbol{A}=\begin{vmatrix}\boldsymbol{i}&\boldsymbol{j}&\boldsymbol{k}\\\dfrac{\partial}{\partial x}&\dfrac{\partial}{\partial y}&\dfrac{\partial}{\partial z}\\xz&xyz&-y^2\end{vmatrix}=-y(2+x)\boldsymbol{i}+x\boldsymbol{j}+yz\boldsymbol{k}.$$

引入旋度后,斯托克斯公式可以写成

$$\oint_L\boldsymbol{A}\cdot\mathrm{d}\boldsymbol{l}=\iint_\Sigma\mathbf{rot}\,\boldsymbol{A}\cdot\mathrm{d}\boldsymbol{S}=\iint_\Sigma\nabla\times\boldsymbol{A}\cdot\mathrm{d}\boldsymbol{S}.$$

由此,斯托克斯公式可叙述为:向量场 $\boldsymbol{A}$ 沿有向闭曲线 L 的环量等于向量场 $\boldsymbol{A}$ 的旋度场通过 L 所张的曲面 Σ 的通量.这里 L 的正向与曲面 Σ 的侧应符合右手法则.

现在,我们从力学的角度来对旋度的定义作些解释.

设有一物体绕过原点 O 的定轴 L(z 轴)转动(图 10.37),其角速度 $\boldsymbol{\omega}=(\omega_x,\omega_y,\omega_z)$,$M$ 为物体内任意一点,于是物体在点 M 处产生的线速度为

$$\boldsymbol{v}(M)=\boldsymbol{\omega}\times\boldsymbol{r}.$$

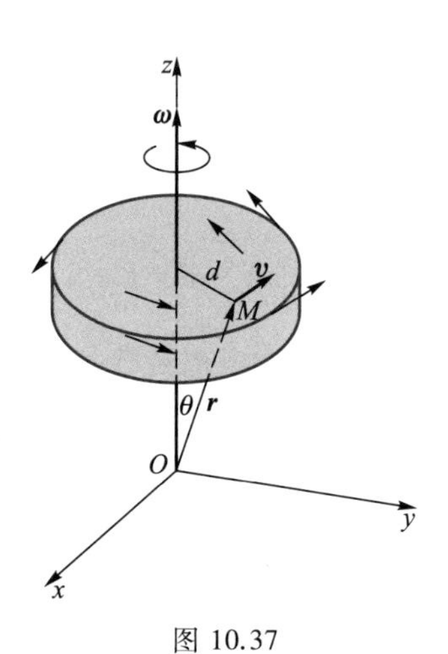

图 10.37

其中 $\boldsymbol{r}=\overrightarrow{OM}=(x,y,z)$. 故

$$\boldsymbol{v}=\boldsymbol{\omega}\times\boldsymbol{r}=\begin{vmatrix}\boldsymbol{i}&\boldsymbol{j}&\boldsymbol{k}\\\omega_x&\omega_y&\omega_z\\x&y&z\end{vmatrix}$$
$$=(z\omega_y-y\omega_z,x\omega_z-z\omega_x,y\omega_x-x\omega_y).$$

从而

$$\mathbf{rot}\,\boldsymbol{v}=\begin{vmatrix}\boldsymbol{i}&\boldsymbol{j}&\boldsymbol{k}\\\dfrac{\partial}{\partial x}&\dfrac{\partial}{\partial y}&\dfrac{\partial}{\partial z}\\z\omega_y-y\omega_z&x\omega_z-z\omega_x&y\omega_x-x\omega_y\end{vmatrix}$$
$$=(2\omega_x,2\omega_y,2\omega_z)=2\boldsymbol{\omega}.$$

这表明:物体旋转的线速度场的旋度,除去一常数因子外,恰好等于物体旋转的角速度.

3. 旋度的运算法则

(1) $\mathbf{rot}(\alpha\boldsymbol{A}+\beta\boldsymbol{B})=\alpha\mathbf{rot}\,\boldsymbol{A}+\beta\mathbf{rot}\,\boldsymbol{B}$　(α,β 为常数),

或　$\nabla\times(\alpha\boldsymbol{A}+\beta\boldsymbol{B})=\alpha\nabla\times\boldsymbol{A}+\beta\nabla\times\boldsymbol{B}$.

(2) $\mathbf{rot}(u\boldsymbol{A})=u\mathbf{rot}\,\boldsymbol{A}+\mathbf{grad}\,u\times\boldsymbol{A}$,

或　$\nabla\times(u\boldsymbol{A})=u\nabla\times\boldsymbol{A}+\nabla u\times\boldsymbol{A}$.

(3) $\mathrm{div}(\boldsymbol{A}\times\boldsymbol{B})=\boldsymbol{B}\cdot\mathbf{rot}\,\boldsymbol{A}-\boldsymbol{A}\cdot\mathbf{rot}\,\boldsymbol{B}$,

或　$\nabla\cdot(\boldsymbol{A}\times\boldsymbol{B})=\boldsymbol{B}\cdot\nabla\times\boldsymbol{A}-\boldsymbol{A}\cdot\nabla\times\boldsymbol{B}$.

(4) $\mathbf{rot}(\mathbf{grad}\,u)=\mathbf{0}$ 或　$\nabla\times(\nabla u)=\mathbf{0}$.

(5) $\mathrm{div}(\mathbf{rot}\,\boldsymbol{A})=0$ 或　$\nabla\cdot(\nabla\times\boldsymbol{A})=0$.

这些法则的证明留给读者作为练习.

*三、几种重要的向量场

场论中有几种重要的向量场,即有势场、无旋场、无源场、调和场.下面分别介绍它们.在此之前,需要说明三维空间里单连通域与复连通域的概念:

(1) 如果在一个空间区域 Ω 内的任何一条简单闭曲线 C,都可以作出一张以 C 为边界且全部位于 Ω 内的曲面 Σ,则称此区域 Ω 为线单连通域;否则,称为线复连通域.例如空心球体是线单连通域,而环面体则为线复连通域,如图 10.38 所示.

(2) 如果在一个空间区域 Ω 内任何不自身相交的闭曲面 Σ,它所包围的区域全部属于 Ω 中(即 Σ 内没有洞),则称此区域 Ω 为面单连通域,否则,称为面复连通域.例如环面体是面单连通域,而空心球体则为面复连通域,如图 10.38 所示.

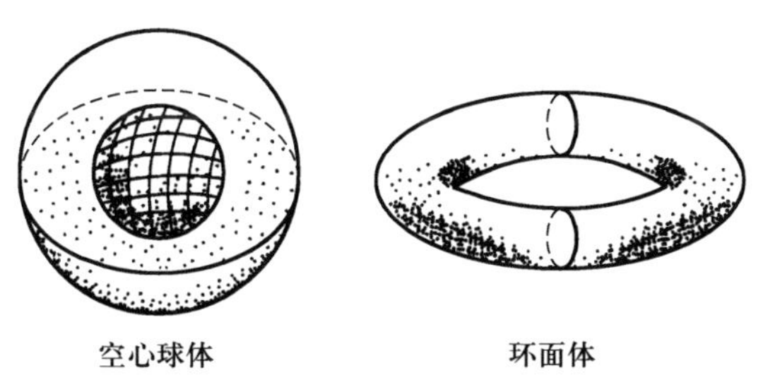

图 10.38

显然,实心的球体、圆柱体、平行六面体等既是线单连通域,同时又是面单连通域.

1. 有势场

定义 1 在线单连通域内,设有向量场 $\boldsymbol{A}(M)$,若存在单值函数 $u(M)$ 满足

$$\boldsymbol{A}=\mathbf{grad}\ u,$$

则称此向量场 $\boldsymbol{A}(M)$ 为有势场,并称 u 为 $\boldsymbol{A}$ 的势函数或位函数.

由此定义可以看出:

(1) 有势场是一个梯度场;

(2) 有势场的势函数有无穷多个,它们之间只相差一个常数.

因为若 $\boldsymbol{A}(M)$ 为有势场,必存在势函数 u,满足

$$\boldsymbol{A}=\mathbf{grad}\ u,$$

由梯度的运算法则有

$$\mathbf{grad}(u+c)=\mathbf{grad}\ u=\boldsymbol{A}\quad (c\text{ 为任意常数}),$$

即 $u+c$ 亦为有势场 $\boldsymbol{A}(M)$ 的势函数,由于 c 为任意常数,所以有势场 $\boldsymbol{A}(M)$ 的势函数有无穷多个.

又 u_1 和 u_2 均为向量场 $\boldsymbol{A}(M)$ 的势函数,则有

$$\mathbf{grad}\ u_1=\mathbf{grad}\ u_2,$$

或

$$\mathbf{grad}(u_1-u_2)=\mathbf{0},$$

于是有

$$u_1-u_2=c\quad (\text{常数}).$$

即

$$u_1=u_2+c.$$

所以在有势场中的任何两个势函数之间,只相差一个常数.

由此,若已知有势场 $\boldsymbol{A}(M)$ 的一个势函数 $u(M)$,则场的所有势函数的全体可表示为

$$u(M)+c\quad (c\text{ 为任意常数}).$$

2. 无旋场

定义 2 在线单连通域 Ω 内,设有向量场 $\boldsymbol{A}(M)$,

(1) 若 $\mathbf{rot}\,\boldsymbol{A}=\nabla\times\boldsymbol{A}=\mathbf{0}$, 则称 $\boldsymbol{A}$ 为无旋场;

(2) 若线积分 $\int_{M_0}^{M}\boldsymbol{A}\cdot \mathrm{d}\boldsymbol{l}$ 的值在 Ω 内与路径无关,则称 $\boldsymbol{A}$ 为保守场,其中 M_0,M 为 Ω 内任意两点.

类似于第三节中平面上曲线积分与路径无关的条件的证明,可以得到:

定理 2　设 Ω 是线单连通域, $\boldsymbol{A}=(P,Q,R)$ 在 Ω 内具有一阶连续偏导数,则下述四个命题是等价的:

(1) $\boldsymbol{A}$ 是无旋场,则在 Ω 内恒有

$$R_y=Q_z,\quad P_z=R_x,\quad Q_x=P_y;$$

(2) 沿 Ω 内任一条简单的闭曲线 C,均有环量

$$\oint_C \boldsymbol{A}\cdot \mathrm{d}\boldsymbol{l}=\oint_C P\mathrm{d}x+Q\mathrm{d}y+R\mathrm{d}z=0;$$

(3) $\boldsymbol{A}$ 是一保守场,即在 Ω 内,线积分 $\int_{M_0}^{M}\boldsymbol{A}\cdot \mathrm{d}\boldsymbol{l}$ 与路径无关;　　(10.32)

(4) $\boldsymbol{A}$ 是一有势场,即在 Ω 内, $P\mathrm{d}x+Q\mathrm{d}y+R\mathrm{d}z$ 为某一函数 u 的全微分.

由定理 2 我们可以看出:在线单连通域内,"有势场""无旋场""保守场"这三者是等价的.

对有势场来说,(10.32)式还给我们提供了计算势函数 u 的途径:

就是在场中选定一点 $M_0(x_0,y_0,z_0)$,用(10.32)式,以任一路径从点 $M_0(x_0,y_0,z_0)$ 到点 $M(x,y,z)$ 积分.一般为了简便,常选取逐段平行于坐标轴的折线 M_0RSM 作为积分路线,如图 10.39 所示,其中 M_0R 平行于 x 轴,RS 平行于 y 轴,SM 平行于 z 轴,这样(10.32)式便成为

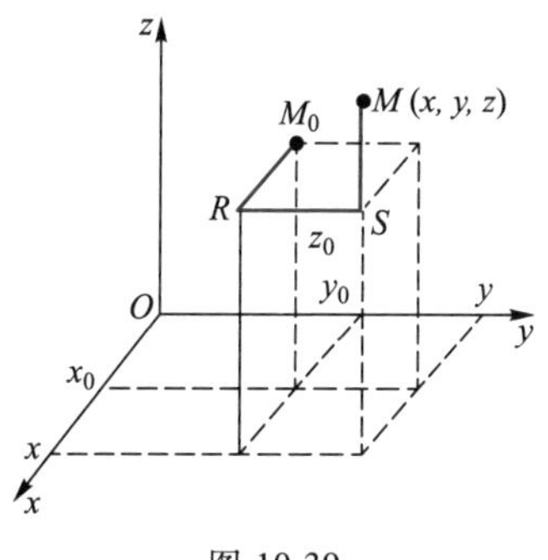

图 10.39

$$u(x,y,z)=\int_{x_0}^{x}P(x,y_0,z_0)\,\mathrm{d}x+\int_{y_0}^{y}Q(x,y,z_0)\,\mathrm{d}y+\int_{z_0}^{z}R(x,y,z)\,\mathrm{d}z.\quad(10.33)$$

利用此公式,就可以比较方便地求出势函数.

例 5　验证向量场

$$\boldsymbol{A}=(x^2-y^2)\boldsymbol{i}+(y^2-2xy)\boldsymbol{j}+(z^2+2)\boldsymbol{k}$$

为有势场,并求其势函数.

解　由于

$$\mathbf{rot}\boldsymbol{A}=\nabla\times\boldsymbol{A}=\begin{vmatrix}\boldsymbol{i}&\boldsymbol{j}&\boldsymbol{k}\\ \dfrac{\partial}{\partial x}&\dfrac{\partial}{\partial y}&\dfrac{\partial}{\partial z}\\ x^2-y^2&y^2-2xy&z^2+2\end{vmatrix}=(0,0,0),$$

故 $\boldsymbol{A}$ 为有势场.

现在应用公式(10.33)来求其势函数.为简便计算,取 $M_0(x_0,y_0,z_0)$ 为坐标

原点 $O(0,0,0)$，则

$$u=\int_0^x x^2\mathrm{d}x+\int_0^y(y^2-2xy)\mathrm{d}y+\int_0^z(z^2+2)\mathrm{d}z$$
$$=\frac{x^3}{3}+\frac{y^3}{3}-xy^2+\frac{z^3}{3}+2z.$$

故势函数的全体为

$$u=\frac{x^3+y^3+z^3}{3}-xy^2+2z+c,\ c\text{ 为任意常数}.$$

3. 无源场

介绍无源场之前，我们先引入向量线和向量管的概念.

在向量场中，为了直观地表示向量的分布情况，引入了向量线的概念. 所谓向量线，就是这样的曲线，在它上面每一点处，曲线都和对应于该点的向量相切. 例如静电场中的电力线、磁场中的磁力线、流速场中的流线等，都是向量线.

在向量场中，对于场中的任意一条闭曲线 C（非向量线），在其上的每一点处，有且仅有一条向量线通过，这些向量线的全体，就构成一张通过曲线 C 的管形曲面，称之为向量管（图 10.40）.

定义 3　设有向量场 $\boldsymbol{A}(M)$，若其散度 $\operatorname{div}\boldsymbol{A}=\nabla\cdot\boldsymbol{A}=0$，则称此向量场 $\boldsymbol{A}$ 为无源场.

定理 3　在面单连通域 Ω 内，无源场 $\boldsymbol{A}(M)$ 穿过 Ω 内任一向量管的所有横断面的通量均相等.

证　设 Σ 为由二断面 Σ_1 与 Σ_2 以及二断面之间的一段向量管面 Σ_3 所组成的一个封闭曲面（图 10.41），其法向量 $\boldsymbol{n}_1$ 与 $\boldsymbol{n}_2$ 都朝向向量 $\boldsymbol{A}$ 所指的一侧. 由于无源场的散度为零，且场所在区域是面单连通域，则由高斯公式有

$$\oint\!\!\!\!\oint_{\Sigma}\boldsymbol{A}\cdot\mathrm{d}\boldsymbol{S}=\iiint_{\Omega}\operatorname{div}\boldsymbol{A}\,\mathrm{d}v=0,$$

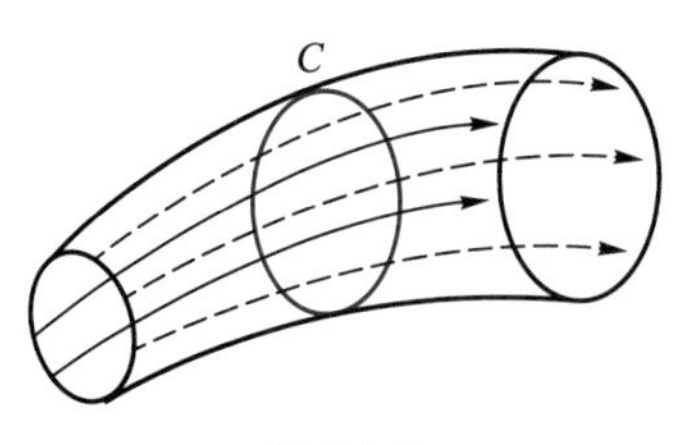

图 10.40

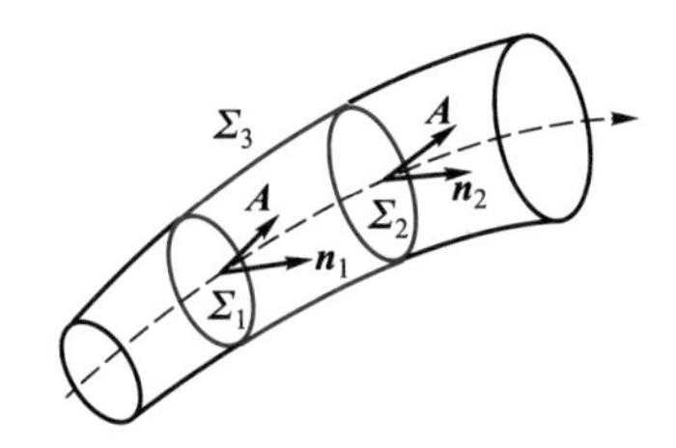

图 10.41

或

$$\iint_{\Sigma_1} A_n \mathrm{d}S + \iint_{\Sigma_2} A_n \mathrm{d}S + \iint_{\Sigma_3} A_n \mathrm{d}S = 0,$$

其中 A_n 表示 $\boldsymbol{A}$ 在闭曲面 Σ 上的外法向量 $\boldsymbol{n}$ 的方向上的投影.由向量管的定义可知,管壁的法向量均与 $\boldsymbol{A}$ 垂直,所以在管面 Σ_3 上有 $A_n \equiv 0$. 因此,上式成为

$$-\iint_{\Sigma_1} A_{n_1} \mathrm{d}S + \iint_{\Sigma_2} A_{n_2} \mathrm{d}S = 0.$$

或

$$\iint_{\Sigma_1} A_{n_1} \mathrm{d}S = \iint_{\Sigma_2} A_{n_2} \mathrm{d}S,$$

即

$$\iint_{\Sigma_1} \boldsymbol{A} \cdot \mathrm{d}\boldsymbol{S} = \iint_{\Sigma_2} \boldsymbol{A} \cdot \mathrm{d}\boldsymbol{S}.$$

定理表明,流入某个向量管的流量和从管内流出的流量是相等的.因此,流体在向量管内流动,宛如在真正的管子内流动一样,管形场因而得名.无源场又称为管形场.

定理 4　在面单连通域内向量场 $\boldsymbol{A}$ 为无源场的充要条件是,它是另一个向量场 $\boldsymbol{B}$ 的旋度场.

此定理的证明超出了本书的范围,因此证明略去.

4. 调和场

定义 4　既无源又无旋的向量场 $\boldsymbol{A}$ 称为调和场,即在场域内恒有

$$\operatorname{div} \boldsymbol{A} = 0, \quad \mathbf{rot}\, \boldsymbol{A} = \mathbf{0} \quad 或 \quad \nabla \cdot \boldsymbol{A} = 0,\ \nabla \times \boldsymbol{A} = \mathbf{0}.$$

由于调和场 $\boldsymbol{A}$ 是无旋场,所以也是有势场,因此存在势函数 u 满足

$$\boldsymbol{A} = \mathbf{grad}\, u = \nabla u = \left(\frac{\partial u}{\partial x}, \frac{\partial u}{\partial y}, \frac{\partial u}{\partial z}\right).$$

又由于 $\boldsymbol{A}$ 是无源场,于是有

$$\operatorname{div} \boldsymbol{A} = \nabla \cdot \boldsymbol{A} = \nabla \cdot (\nabla u) = 0,$$

即

$$\frac{\partial^2 u}{\partial x^2} + \frac{\partial^2 u}{\partial y^2} + \frac{\partial^2 u}{\partial z^2} = 0.$$

上式是一个二阶偏微分方程,称为拉普拉斯(Laplace)方程.满足拉普拉斯方程且具有二阶连续偏导数的函数,称为调和函数.

例如,在本章第六节例 4 中我们已经知道,点电荷 q 所产生的静电场中,电

位移向量

$$\boldsymbol{D}=\varepsilon\boldsymbol{E}=\frac{q}{4\pi r^2}\boldsymbol{e}_r \quad (r\neq 0).$$

我们已求出

$$\nabla\cdot\boldsymbol{D}=0,$$

容易计算出

$$\nabla\times\boldsymbol{D}=\boldsymbol{0},$$

即当 $r\neq 0$ 时,$\boldsymbol{D}$ 是无旋场也是无源场,所以是调和场.

习题 10.7

1. 利用斯托克斯公式,计算下列曲线积分:

(1) $\oint_L y\mathrm{d}x+z\mathrm{d}y+x\mathrm{d}z$,其中 L 为圆周 $x^2+y^2+z^2=a^2, x+y+z=0$,若从 x 轴正向看去,圆周是取逆时针方向;

(2) $\oint_L (y^2-z^2)\mathrm{d}x+(z^2-x^2)\mathrm{d}y+(x^2-y^2)\mathrm{d}z$,其中 L 是用平面 $x+y+z=\frac{3}{2}$ 截立方体:$0\leqslant x\leqslant 1, 0\leqslant y\leqslant 1, 0\leqslant z\leqslant 1$ 的表面所得的切痕,若从 x 轴正向看去,取逆时针方向;

(3) $\oint_L z\mathrm{d}x+x\mathrm{d}y+y\mathrm{d}z$,其中 L 为曲线 $z=\sqrt{x^2+y^2}, z=1$,从 z 轴的正向看去是沿逆时针方向;

(4) $\oint_L (y-z)\mathrm{d}x+(z-x)\mathrm{d}y+(x-y)\mathrm{d}z$,其中 L 为椭圆 $x^2+y^2=1, x+\frac{z}{2}=1$,从 x 轴正向看去,这椭圆是沿逆时针方向.

2. 求向量场 $\boldsymbol{A}=-y\boldsymbol{i}+x\boldsymbol{j}+c\boldsymbol{k}$($c$ 为常数)沿圆周 $x^2+y^2=1, z=0$ 的环量,从 z 轴正向看去 L 沿逆时针方向.

3. 求向量场 $\boldsymbol{A}=z\boldsymbol{i}+x\boldsymbol{j}+y\boldsymbol{k}$ 沿闭曲线 $z=x^2+y^2, z=2$ 的环量,从 z 轴正向看去 L 沿逆时针方向.

4. 求下列向量场 $\boldsymbol{A}$ 的旋度:

(1) $\boldsymbol{A}=(x^2, xyz, yz^2)$;

(2) $\boldsymbol{A}=(x^2y, y^2z, z^2x)$;

(3) $\boldsymbol{A}=(y\cos xy, x\cos xy, \sin z)$.

*5. 验证:$\boldsymbol{A}=(2xyz^2, x^2z^2+\cos y, 2x^2yz)$ 为有势场,并求其势函数.

*6. 证明:$\boldsymbol{A}=-2y\boldsymbol{i}-2x\boldsymbol{j}$ 为平面调和场,并求其势函数.

本章资源

1. 知识能力矩阵
2. 小结及重难点解析
3. 课后习题中的难题解答
4. 自测题
5. 数学家小传

第十一章　无穷级数

无穷级数是微积分的一个重要组成部分,它是近似计算、表示函数并进行数学理论分析的有力工具,它在应用科学中有着广泛的应用.本章先讨论数项级数,介绍数项级数的基本概念及敛散性的判别法则,再讨论函数项级数,着重讨论如何将函数展开成幂级数与三角级数的问题.

第一节　数项级数

一、数项级数的概念及基本性质

设有数列 $u_1,u_2,u_3,\cdots,u_n,\cdots$,我们将表达式

$$u_1+u_2+u_3+\cdots+u_n+\cdots \tag{11.1}$$

称为(数项)无穷级数,简称(数项)级数,记为 $\sum\limits_{n=1}^{\infty}u_n$, 即

$$\sum_{n=1}^{\infty}u_n=u_1+u_2+u_3+\cdots+u_n+\cdots,$$

其中第 n 项 u_n 称为级数(11.1)的一般项或通项.

级数(11.1)的前 n 项之和

$$S_n=u_1+u_2+u_3+\cdots+u_n=\sum_{k=1}^{n}u_k \tag{11.2}$$

称为级数(11.1)的部分和,当 n 依次取 1,2,3,…时,我们得到一个新的数列:

$$S_1,\ S_2,\ S_3,\ \cdots,\ S_n,\ \cdots.$$

这个数列称为级数(11.1)的部分和数列,根据这个数列有无极限,我们引进下述定义:

定义　当 $n\to\infty$ 时,数列 S_n 存在极限,即

$$\lim_{n\to\infty}S_n=S,$$

则称级数(11.1)收敛,S 称为级数(11.1)的和,记为

$$\sum_{n=1}^{\infty} u_n = u_1 + u_2 + u_3 + \cdots + u_n + \cdots = S.$$

此时又称级数 $\sum\limits_{n=1}^{\infty} u_n$ 收敛于 S.若当 $n \to \infty$ 时,数列 S_n 不存在极限,则称级数(11.1)发散.

若级数 $\sum\limits_{n=1}^{\infty} u_n$ 收敛于 S,则部分和 S_n 是 S 的一个近似值,差值

$$r_n = S - S_n = u_{n+1} + u_{n+2} + \cdots$$

称为级数的余项.用 S_n 代替 S 所产生的误差是余项的绝对值,即误差为 $|r_n|$.

例 1 讨论几何级数(又称等比级数)

$$\sum_{n=0}^{\infty} aq^n = a + aq + aq^2 + \cdots + aq^n + \cdots \qquad (a \neq 0)$$

的敛散性,如果收敛,求其和.

解 当 $q = 1$ 时, $S_n = na \to \infty\ (n \to \infty)$, 这时级数发散.

当 $q = -1$ 时, $S_n = \begin{cases} a, & n \text{ 为奇数}, \\ 0, & n \text{ 为偶数}, \end{cases}$ 因此 $\lim\limits_{n\to\infty} S_n$ 不存在,级数发散.

当 $|q| \neq 1$ 时, $S_n = \dfrac{a(1-q^n)}{1-q} = \dfrac{a}{1-q} - \dfrac{aq^n}{1-q}$.

当 $|q| < 1$ 时, $\lim\limits_{n\to\infty} q^n = 0$, 因此 $\lim\limits_{n\to\infty} S_n = \dfrac{a}{1-q}$, 级数收敛,其和为 $\dfrac{a}{1-q}$.

当 $|q| > 1$ 时, $\lim\limits_{n\to\infty} q^n = \infty$, 因此 $\lim\limits_{n\to\infty} S_n$ 不存在,这时级数发散.

归纳起来,当 $|q| < 1$ 时,几何级数 $\sum\limits_{n=0}^{\infty} aq^n$ 收敛,其和为 $\dfrac{a}{1-q}$; 当 $|q| \geqslant 1$ 时,几何级数 $\sum\limits_{n=0}^{\infty} aq^n$ 发散.

例 2 证明:级数 $\sum\limits_{n=1}^{\infty} \dfrac{1}{n(n+1)}$ 是收敛的,求其和 S 及余项 r_n.

证

$$\begin{aligned} S_n &= \frac{1}{1\cdot 2} + \frac{1}{2\cdot 3} + \frac{1}{3\cdot 4} + \cdots + \frac{1}{n(n+1)} \\ &= \left(\frac{1}{1} - \frac{1}{2}\right) + \left(\frac{1}{2} - \frac{1}{3}\right) + \left(\frac{1}{3} - \frac{1}{4}\right) + \cdots + \left(\frac{1}{n} - \frac{1}{n+1}\right) \\ &= 1 - \frac{1}{n+1} \to 1 \quad (n \to \infty), \end{aligned}$$

因此级数收敛,其和 $S=1$,余项 $r_n=S-S_n=\dfrac{1}{n+1}$.

例 3 证明:级数 $\sum\limits_{n=1}^{\infty}\ln\left(1+\dfrac{1}{n}\right)$ 是发散的.

证
$$S_n=\ln\frac{2}{1}+\ln\frac{3}{2}+\ln\frac{4}{3}+\cdots+\ln\frac{n+1}{n}$$
$$=\ln(n+1)\to\infty\quad(n\to\infty),$$

因此所给级数是发散的.

一般情况下,对于级数(11.1)来说,数列 S_n 的通项公式难以化简,因此直接用定义来判断一个级数的敛散性往往是比较困难的.而在许多问题中,我们又常常需要判别一个级数的敛散性.为此我们先讨论级数的一些基本性质,然后再建立一些比较实用的级数敛散性的判别法则.

性质 1 若级数 $\sum\limits_{i=1}^{\infty}u_i$ 和级数 $\sum\limits_{i=1}^{\infty}v_i$ 均收敛,α,β 为常数,则 $\sum\limits_{i=1}^{\infty}(\alpha u_i+\beta v_i)$ 收敛,而且
$$\sum_{i=1}^{\infty}(\alpha u_i+\beta v_i)=\alpha\sum_{i=1}^{\infty}u_i+\beta\sum_{i=1}^{\infty}v_i.$$

证 设 $S_n=\sum\limits_{i=1}^{n}u_i\to S,\sigma_n=\sum\limits_{i=1}^{n}v_i\to\sigma(n\to\infty)$,则
$$\lim_{n\to\infty}\sum_{i=1}^{n}(\alpha u_i+\beta v_i)=\lim_{n\to\infty}(\alpha S_n+\beta\sigma_n)=\alpha S+\beta\sigma.$$

所以 $\sum\limits_{i=1}^{\infty}(\alpha u_i+\beta v_i)$ 收敛,而且有
$$\sum_{i=1}^{\infty}(\alpha u_i+\beta v_i)=\alpha\sum_{i=1}^{\infty}u_i+\beta\sum_{i=1}^{\infty}v_i.$$ ■

例 4 判断 $\sum\limits_{n=1}^{\infty}\dfrac{3+(-1)^n}{2^n}$ 是否收敛,若收敛,求其和.

解 因为 $\sum\limits_{n=1}^{\infty}\dfrac{3}{2^n}$ 和 $\sum\limits_{n=1}^{\infty}\left(-\dfrac{1}{2}\right)^n$ 均收敛,所以 $\sum\limits_{n=1}^{\infty}\left[\dfrac{3}{2^n}+\left(-\dfrac{1}{2}\right)^n\right]$ 收敛,而且
$$\sum_{n=1}^{\infty}\frac{3+(-1)^n}{2^n}=\sum_{n=1}^{\infty}\frac{3}{2^n}+\sum_{n=1}^{\infty}\left(-\frac{1}{2}\right)^n$$

$$=\frac{\frac{3}{2}}{1-\frac{1}{2}}+\frac{-\frac{1}{2}}{1+\frac{1}{2}}=\frac{8}{3}.$$

注 若 $\sum_{i=1}^{\infty}u_i$ 和 $\sum_{i=1}^{\infty}v_i$ 都发散，α,β 为常数，则 $\sum_{i=1}^{\infty}(\alpha u_i+\beta v_i)$ 不一定发散. 如 $u_i=1,\ v_i=-1,\ i=1,2,\cdots,\ \alpha=1,\ \beta=1,\ \sum_{i=1}^{\infty}u_i$ 和 $\sum_{i=1}^{\infty}v_i$ 均发散，而 $\alpha u_i+\beta v_i\equiv 0,\ \sum_{i=1}^{\infty}(\alpha u_i+\beta v_i)$ 收敛，若 $\sum_{i=1}^{\infty}u_i$ 发散，$\sum_{i=1}^{\infty}v_i$ 收敛，α,β 为常数，且 $\alpha\neq 0$，则可证明 $\sum_{i=1}^{\infty}(\alpha u_i+\beta v_i)$ 一定发散.

性质 2 在一个级数的前面去掉或加上有限项，所得新级数与原级数有相同的敛散性.

证 设将级数 $\sum_{i=1}^{\infty}u_i$ 的前 m 项 $u_1,u_2,\cdots,u_m$ 去掉（m 为一个常数），则得到新级数 $\sum_{i=m+1}^{\infty}u_i$，记原级数的前 m 项部分和为 S_m，新级数的前 n 项部分和为 σ_n.S_m 为常数，$\sigma_n=u_{m+1}+u_{m+2}+u_{m+3}+\cdots+u_{m+n}=S_{m+n}-S_m$，当$n\to\infty$ 时，σ_n 和 S_{m+n}或者都有极限，或者都没有极限，即新级数与原级数有相同的收敛性. 在 σ_n 和 S_{m+n} 都有极限时，设 $\sigma_n\to\sigma,S_{m+n}\to S(n\to\infty)$，则 $\sigma=S-S_m$.

类似地可以证明在级数前面加上有限项，所得新级数与原级数有相同的敛散性. ■

性质 3 收敛级数加括号后，所得新级数仍然收敛，且与原级数有相同的和.

证 设级数 $\sum_{n=1}^{\infty}u_n=u_1+u_2+u_3+\cdots+u_n+\cdots$ 收敛，则它的部分和序列 S_n 收敛，设 $S_n\to S(n\to\infty)$，该级数按某一规律加括号后所得级数为

$$(u_1+\cdots+u_{n_1})+(u_{n_1+1}+\cdots+u_{n_2})+\cdots,$$

用 σ_i 表示所得新级数前 i 项的和，则有

$$\sigma_1=S_{n_1},\quad \sigma_2=S_{n_2},\quad \cdots,\quad \sigma_i=S_{n_i},\quad \cdots$$

数列 σ_i 就是数列 S_n 的一个子列，而数列 S_n 是收敛的，因此数列 σ_i 也收敛，而且与数列 S_n 有相同的极限，即 $\lim\limits_{n\to\infty}\sigma_i=\lim\limits_{i\to\infty}S_{n_i}=\lim\limits_{n\to\infty}S_n=S$. 即加括号后的级数仍然

收敛于原级数的和. ■

注 (1) 一个发散级数加括号后,所得级数不一定发散.例如:级数 $1-1+1-1+\cdots$ 是发散的,而加括号后得到的级数 $(1-1)+(1-1)+\cdots$ 是收敛的.

(2) 可以证明,如果一个级数加括号后所得级数是发散的,则原来级数也发散.

性质 4(收敛的必要条件) 若级数 $\sum\limits_{n=1}^{\infty}u_n$ 收敛,则 $u_n\to 0(n\to\infty)$.

证 因为级数收敛,所以 $\lim\limits_{n\to\infty}S_n$ 和 $\lim\limits_{n\to\infty}S_{n-1}$ 都存在且相等.而 $u_n=S_n-S_{n-1}$,所以 $\lim\limits_{n\to\infty}u_n=\lim\limits_{n\to\infty}(S_n-S_{n-1})=0$. ■

注 级数的通项 u_n 趋于零,只是级数收敛的必要条件,而不是充分条件.例如,级数 $\sum\limits_{n=1}^{\infty}\ln\left(1+\dfrac{1}{n}\right)$ 的通项 $u_n=\ln\left(1+\dfrac{1}{n}\right)\to 0(n\to\infty)$,但前面已证明,该级数是发散的.

由性质 4 知,若级数的通项 u_n 不趋于零,则级数一定发散.

例 5 证明下列级数是发散的:

(1) $\sum\limits_{n=1}^{\infty}\dfrac{n}{100n+1}$; (2) $\sum\limits_{n=1}^{\infty}\dfrac{1+n}{\sqrt[n]{n}}$; (3) $\sum\limits_{n=1}^{\infty}\dfrac{(-1)^n n^2}{3n^2-n}$.

证 (1) $u_n=\dfrac{n}{100n+1}\to\dfrac{1}{100}\neq 0(n\to\infty)$,级数发散.

(2) $u_n=\dfrac{1+n}{\sqrt[n]{n}}\to\infty\ (n\to\infty)$,级数发散.

(3) 当 $n\to\infty$ 时,$u_{2n-1}\to-\dfrac{1}{3}$,$u_{2n}\to\dfrac{1}{3}$,因此 $\lim\limits_{n\to\infty}u_n$ 不存在,即 $n\to\infty$ 时,u_n 不趋于零,级数发散.

二、正项级数及其判敛法

若 $u_n\geqslant 0$,则称级数 $\sum\limits_{n=1}^{\infty}u_n$ 为正项级数.若级数 $\sum\limits_{n=1}^{\infty}u_n$ 为正项级数,则有

$$S_1\leqslant S_2\leqslant S_3\leqslant\cdots\leqslant S_n\leqslant\cdots,$$

即级数的部分和数列 S_n 是递增的.若数列 S_n 有界,即存在正常数 M,使 $|S_n|\leqslant M$ 对一切 n 均成立,由单调有界数列必收敛的准则,$\lim\limits_{n\to\infty}S_n$ 必存在,即级数必收敛;反之,如果正项级数 $\sum\limits_{n=1}^{\infty}u_n$ 收敛,则 $\lim\limits_{n\to\infty}S_n$ 必存在,根据收敛数列必有界的性

质可知,数列 S_n 有界,因而有

正项级数收敛的充分必要条件是它的部分和数列有界.

定理 1(比较判别法)　若 $0 \leqslant u_n \leqslant v_n (n=1,2,\cdots)$,则

(1) 当 $\sum_{n=1}^{\infty} v_n$ 收敛时, $\sum_{n=1}^{\infty} u_n$ 也收敛;

(2) 当 $\sum_{n=1}^{\infty} u_n$ 发散时, $\sum_{n=1}^{\infty} v_n$ 也发散.

证　记 $S_n = u_1 + u_2 + \cdots + u_n, \sigma_n = v_1 + v_2 + \cdots + v_n$.

(1) 当 $\sum_{n=1}^{\infty} v_n$ 收敛时,数列 σ_n 有界,即存在正常数 M,使 $0 \leqslant \sigma_n \leqslant M$ 对一切 n 均成立,而

$$0 \leqslant S_n = u_1 + u_2 + \cdots + u_n \leqslant v_1 + v_2 + \cdots + v_n = \sigma_n \leqslant M,$$

即数列 S_n 有界,因此 $\sum_{n=1}^{\infty} u_n$ 也收敛.

(2) 用反证法.假设 $\sum_{n=1}^{\infty} v_n$ 收敛,由(1)的结论知 $\sum_{n=1}^{\infty} u_n$ 收敛,这与已知条件矛盾,故 $\sum_{n=1}^{\infty} v_n$ 必发散. ■

利用级数的基本性质,可以证明如下推论.

如果 $0 \leqslant u_n \leqslant c v_n (n = N+1, N+2, \cdots)$, N 为某一正整数, c 为正常数,则

(1) 当 $\sum_{n=1}^{\infty} v_n$ 收敛时, $\sum_{n=1}^{\infty} u_n$ 也收敛;

(2) 当 $\sum_{n=1}^{\infty} u_n$ 发散时, $\sum_{n=1}^{\infty} v_n$ 也发散.

用比较判别法判别级数的敛散性时,常用的比较标准是几何级数和 p-级数 $\sum_{n=1}^{\infty} \frac{1}{n^p}$(其中 p 为常数).

例 6　证明:调和级数 $\sum_{n=1}^{\infty} \frac{1}{n}$ 是发散的.

证　因为 $0 < \ln\left(1 + \frac{1}{n}\right) < \frac{1}{n} (n = 1, 2, \cdots)$,由例 3 知 $\sum_{n=1}^{\infty} \ln\left(1 + \frac{1}{n}\right)$ 是发散的,所以 $\sum_{n=1}^{\infty} \frac{1}{n}$ 是发散的.

例 7 证明:(1) 当 $p<1$ 时,p-级数 $\sum\limits_{n=1}^{\infty}\frac{1}{n^p}$ 发散;

(2) 当 $p>1$ 时,p-级数 $\sum\limits_{n=1}^{\infty}\frac{1}{n^p}$ 收敛.

证 (1) 当 $p<1$ 时, $0<\frac{1}{n}\leqslant\frac{1}{n^p}(n=1,2,\cdots)$, 因为 $\sum\limits_{n=1}^{\infty}\frac{1}{n}$ 发散,所以 $\sum\limits_{n=1}^{\infty}\frac{1}{n^p}$ 发散.

(2) 当 $p>1$ 时, $0<\frac{1}{n^p}=\int_{n-1}^{n}\frac{\mathrm{d}x}{n^p}<\int_{n-1}^{n}\frac{\mathrm{d}x}{x^p}=v_n(n=2,3,\cdots)$, 而

$$v_2+v_3+\cdots+v_{n+1}=\int_1^{n+1}\frac{\mathrm{d}x}{x^p}=\frac{1}{p-1}\left[1-\frac{1}{(n+1)^{p-1}}\right]\to\frac{1}{p-1}(n\to\infty),$$

因而级数 $\sum\limits_{n=2}^{\infty}v_n$ 收敛,故 $\sum\limits_{n=2}^{\infty}\frac{1}{n^p}$ 收敛. 利用级数的基本性质,可得 $\sum\limits_{n=1}^{\infty}\frac{1}{n^p}$ 收敛.

综合上面两个例题的结果,可得,

当 $p\leqslant 1$ 时,p-级数 $\sum\limits_{n=1}^{\infty}\frac{1}{n^p}$ 发散;当 $p>1$ 时,p-级数 $\sum\limits_{n=1}^{\infty}\frac{1}{n^p}$ 收敛.

例 8 证明:级数 $\sum\limits_{n=1}^{\infty}\frac{1}{\sqrt{n(n+1)}}$ 是发散的.

证 $\frac{1}{\sqrt{n(n+1)}}>\frac{1}{n+1}>0$, 而级数 $\sum\limits_{n=1}^{\infty}\frac{1}{n+1}=\sum\limits_{n=2}^{\infty}\frac{1}{n}$ 是发散的,因而 $\sum\limits_{n=1}^{\infty}\frac{1}{\sqrt{n(n+1)}}$ 也是发散的.

例 9 证明:(1) 级数 $\sum\limits_{n=2}^{\infty}\frac{1}{n\ln n}$ 是发散的;

(2) 级数 $\sum\limits_{n=2}^{\infty}\frac{1}{n\ln^2 n}$ 是收敛的.

证 (1) $\frac{1}{n\ln n}=\int_n^{n+1}\frac{\mathrm{d}x}{n\ln n}>\int_n^{n+1}\frac{\mathrm{d}x}{x\ln x}=u_n(n=2,3,\cdots)$, $u_n>0$ 且

$$\begin{aligned}u_2+u_3+\cdots+u_{n+1}&=\int_2^{n+2}\frac{\mathrm{d}x}{x\ln x}\\&=\ln[\ln(n+2)]-\ln(\ln 2)\to+\infty\ (n\to+\infty),\end{aligned}$$

故 $\sum\limits_{n=2}^{\infty}u_n$ 发散,因此 $\sum\limits_{n=2}^{\infty}\frac{1}{n\ln n}$ 发散.

(2) $0<\dfrac{1}{n\ln^2 n}=\int_{n-1}^{n}\dfrac{\mathrm{d}x}{n\ln^2 n}<\int_{n-1}^{n}\dfrac{\mathrm{d}x}{x\ln^2 x}=v_n(n=3,4,\cdots)$.而

$$v_3+v_4+\cdots+v_{n+2}=\int_2^{n+2}\frac{\mathrm{d}x}{x\ln^2 x}$$
$$=\frac{1}{\ln 2}-\frac{1}{\ln(n+2)}\to\frac{1}{\ln 2}\quad(n\to\infty).$$

级数 $\sum\limits_{n=3}^{\infty}v_n$ 收敛,故级数 $\sum\limits_{n=3}^{\infty}\dfrac{1}{n\ln^2 n}$ 收敛, $\sum\limits_{n=2}^{\infty}\dfrac{1}{n\ln^2 n}$ 收敛.

为了应用上的方便,下面给出比较判别法的极限形式.

定理 2(比较判别法的极限形式) $\sum\limits_{n=1}^{\infty}u_n$, $\sum\limits_{n=1}^{\infty}v_n$ 是两个正项级数,若 $\lim\limits_{n\to\infty}\dfrac{u_n}{v_n}=l$, 且 $0<l<+\infty$,则这两个级数的敛散性相同;若 $\lim\limits_{n\to\infty}\dfrac{u_n}{v_n}=0$,则当 $\sum\limits_{n=1}^{\infty}v_n$ 收敛时, $\sum\limits_{n=1}^{\infty}u_n$ 收敛,当 $\sum\limits_{n=1}^{\infty}u_n$ 发散时, $\sum\limits_{n=1}^{\infty}v_n$ 发散.

证 若 $\lim\limits_{n\to\infty}\dfrac{u_n}{v_n}=l$, 且 $0<l<+\infty$,由极限定义可知,对 $\varepsilon=\dfrac{l}{2}$, 存在正整数 N, 当 $n>N$ 时恒有

$$l-\frac{l}{2}<\frac{u_n}{v_n}<l+\frac{l}{2},$$

即

$$\frac{l}{2}v_n<u_n<\frac{3}{2}lv_n,$$

再根据比较判别法的推论,可以知道两级数同时收敛或同时发散,即有相同的敛散性.

若 $\lim\limits_{n\to\infty}\dfrac{u_n}{v_n}=0$, 由极限定义可知,对 $\varepsilon=1$,存在正整数 N,当 $n>N$ 时恒有

$$\frac{u_n}{v_n}<1,$$

即

$$0<u_n<v_n.$$

根据比较判别法的推论,可知当 $\sum\limits_{n=1}^{\infty}v_n$ 收敛时, $\sum\limits_{n=1}^{\infty}u_n$ 收敛;当 $\sum\limits_{n=1}^{\infty}u_n$ 发散时,

$\sum_{n=1}^{\infty} v_n$ 发散.

当 $\lim_{n\to\infty}\frac{u_n}{v_n}=+\infty$ 时,可化为 $\lim_{n\to\infty}\frac{v_n}{u_n}=0$ 的情况讨论.

特别地,取 $v_n=\frac{1}{n^p}$, 可以证明.

推论(极限判别法) 设 $u_n \geqslant 0$, $\lim_{n\to\infty} n^p u_n = l \geqslant 0$(即 $\lim_{n\to\infty}\frac{u_n}{\frac{1}{n^p}}=l$).

(1) 若 $p>1$,且 $0\leqslant l<+\infty$, 则级数 $\sum_{n=1}^{\infty} u_n$ 收敛;

(2) 若 $p\leqslant 1$,且 $0<l\leqslant+\infty$, 则级数 $\sum_{n=1}^{\infty} u_n$ 发散.

注 当 $p\leqslant 1$,而 $l=0$ 时,此判别法失效,只能由其他判别法另行判断.

例 10 判别下列级数的敛散性:

(1) $\sum_{n=1}^{\infty}\frac{\sqrt{n}}{n^3-n+1}$; (2) $\sum_{n=1}^{\infty}\frac{n}{\sqrt{n^3+3n+5}}$;

(3) $\sum_{n=1}^{\infty}\sin\frac{1}{n}$; (4) $\sum_{n=1}^{\infty}\left(1-\cos\frac{1}{n}\right)$;

(5) $\sum_{n=1}^{\infty}\frac{1}{\sqrt{n}\cdot 2^n}$; (6) $\sum_{n=1}^{\infty}(1-\sqrt[n]{n})$.

解 (1) 取 $p=\frac{5}{2}>1$, $\lim_{n\to\infty} n^{\frac{5}{2}}u_n=\lim_{n\to\infty}\frac{n^3}{n^3-n+1}=1$, 根据正项级数的极限判别法,正项级数 $\sum_{n=1}^{\infty}\frac{\sqrt{n}}{n^3-n+1}$ 收敛.

(2) 因为 $\lim_{n\to\infty} nu_n=\lim_{n\to\infty}\frac{n^2}{\sqrt{n^3+3n+5}}=+\infty$, 由正项级数的极限判别法,正项级数 $\sum_{n=1}^{\infty}\frac{n}{\sqrt{n^3+3n+5}}$ 发散.

(3) $\lim_{n\to\infty} nu_n=\lim_{n\to\infty} n\sin\frac{1}{n}=1$, 由正项级数的极限判别法可知正项级数 $\sum_{n=1}^{\infty}\sin\frac{1}{n}$ 发散.

（4）取 $p=2>1,\lim\limits_{n\to\infty}n^2u_n=\lim\limits_{n\to\infty}n^2\left(1-\cos\dfrac{1}{n}\right)=\dfrac{1}{2}$，由正项级数的极限判别法可知正项级数 $\sum\limits_{n=1}^{\infty}\left(1-\cos\dfrac{1}{n}\right)$ 收敛.

（5）取 $v_n=\dfrac{1}{2^n}$，则 $\lim\limits_{n\to\infty}\dfrac{u_n}{v_n}=\lim\limits_{n\to\infty}\dfrac{1}{\sqrt{n}}=0$，$\sum\limits_{n=1}^{\infty}\dfrac{1}{2^n}$ 收敛，由比较判别法可知正项级数 $\sum\limits_{n=1}^{\infty}\dfrac{1}{\sqrt{n}\cdot 2^n}$ 收敛.

（6）$1-\sqrt[n]{n}\leqslant 0$，先讨论正项级数 $\sum\limits_{n=1}^{\infty}(\sqrt[n]{n}-1)$ 的敛散性. $\lim\limits_{n\to\infty}n(\sqrt[n]{n}-1)=\lim\limits_{n\to\infty}n(\mathrm{e}^{\frac{1}{n}\ln n}-1)=\lim\limits_{n\to\infty}\ln n=+\infty$，由正项级数的极限判别法可知 $\sum\limits_{n=1}^{\infty}(\sqrt[n]{n}-1)$ 发散，由级数的基本性质可知级数 $\sum\limits_{n=1}^{\infty}(1-\sqrt[n]{n})$ 发散.

以几何级数作为比较标准，可以得到在实用上很方便的比值判别法和根值判别法.

定理 3（比值判别法，达朗贝尔（d'Alembert）判别法） 设 $u_n>0$. 若 $\lim\limits_{n\to\infty}\dfrac{u_{n+1}}{u_n}=\rho$，则

（1）当 $\rho<1$ 时，级数 $\sum\limits_{n=1}^{\infty}u_n$ 收敛；

（2）当 $\rho>1$（或 $\lim\limits_{n\to\infty}\dfrac{u_{n+1}}{u_n}=+\infty$）时，级数 $\sum\limits_{n=1}^{\infty}u_n$ 发散；

（3）当 $\rho=1$ 时，级数 $\sum\limits_{n=1}^{\infty}u_n$ 可能收敛，也可能发散.

证 （1）当 $\rho<1$ 时，取 $\varepsilon=\dfrac{1-\rho}{2}>0$，由极限定义可知，存在正整数 N，当 $n\geqslant N$ 时恒有

$$\frac{u_{n+1}}{u_n}<\rho+\varepsilon=\frac{1+\rho}{2}=r<1,$$

因此 $u_{N+1}<ru_N,u_{N+2}<ru_{N+1}<r^2u_N,\cdots,u_{N+n}<r^nu_N,\cdots$，而级数 $\sum\limits_{n=1}^{\infty}r^nu_N$ 收敛，

因此正项级数 $\sum\limits_{n=N+1}^{\infty} u_n$ 收敛,可得 $\sum\limits_{n=1}^{\infty} u_n$ 收敛.

(2) 当 $\rho>1$ 或 $\lim\limits_{n\to\infty}\dfrac{u_{n+1}}{u_n}=+\infty$ 时,由极限定义可知,必存在正整数 N,当 $n\geqslant N$ 时恒有

$$\frac{u_{n+1}}{u_n}>1,$$

即

$$u_{n+1}>u_n>0,$$

因此当 $n\geqslant N$ 时,正项级数的通项 u_n 是逐渐增大的,u_n 不可能趋于零,由级数收敛的必要条件知道,正项级数 $\sum\limits_{n=1}^{\infty} u_n$ 发散.

(3) 当 $\rho=1$ 时,级数可能收敛,也可能发散.例如 p-级数,不论 p 为怎样的常数,均有

$$\lim_{n\to\infty}\frac{(n+1)^{-p}}{n^{-p}}=1.$$

但是,当 $p\leqslant 1$ 时,p-级数发散;而当 $p>1$ 时,p-级数收敛.

因此只根据 $\rho=1$,还不能确定级数是收敛还是发散. ■

例 11　判别下列级数的敛散性:

(1) $\sum\limits_{n=1}^{\infty}\dfrac{n!}{n^n}$;　　(2) $\sum\limits_{n=1}^{\infty}\dfrac{n!}{10^n}$;　　(3) $\sum\limits_{n=1}^{\infty}\dfrac{1}{n(2n-1)}$.

解　(1) $u_n=\dfrac{n!}{n^n}>0,\dfrac{u_{n+1}}{u_n}=\left(\dfrac{n}{n+1}\right)^n\to \mathrm{e}^{-1}<1$, 由正项级数的比值判别法知 $\sum\limits_{n=1}^{\infty}\dfrac{n!}{n^n}$ 收敛.

(2) $u_n=\dfrac{n!}{10^n}>0,\dfrac{u_{n+1}}{u_n}=\dfrac{n+1}{10}\to+\infty\ (n\to\infty)$, 由正项级数的比值判别法知 $\sum\limits_{n=1}^{\infty}\dfrac{n!}{10^n}$ 发散.

(3) $u_n=\dfrac{1}{n(2n-1)}>0,\dfrac{u_{n+1}}{u_n}=\dfrac{n(2n-1)}{(n+1)(2n+1)}\to 1\ (n\to\infty)$, $\rho=1$, 比值

判别法失效.取 $p=2>1$, $\lim\limits_{n\to\infty} n^2 u_n=\dfrac{1}{2}$, 由正项级数极限判别法知 $\sum\limits_{n=1}^{\infty}\dfrac{1}{n(2n-1)}$ 收敛.

定理 4(根值判别法,柯西(Cauchy)判别法)　设 $u_n\geqslant 0$.若 $\lim\limits_{n\to\infty}\sqrt[n]{u_n}=\rho$, 则

(1) 当 $\rho<1$ 时,级数 $\sum\limits_{n=1}^{\infty}u_n$ 收敛;

(2) 当 $\rho>1$(或 $\lim\limits_{n\to\infty}\sqrt[n]{u_n}=+\infty$) 时,级数 $\sum\limits_{n=1}^{\infty}u_n$ 发散;

(3) 当 $\rho=1$ 时,级数 $\sum\limits_{n=1}^{\infty}u_n$ 可能收敛,也可能发散.

证　(1) 当 $\rho<1$ 时,取 $\varepsilon=\dfrac{1-\rho}{2}>0$, 由极限定义知存在正整数 N,当 $n\geqslant N$ 时恒有

$$0\leqslant\sqrt[n]{u_n}<\rho+\varepsilon=\frac{1+\rho}{2}=r<1,$$

即

$$0\leqslant u_n<r^n.$$

因为 $\sum\limits_{n=N}^{\infty}r^n$ 收敛,所以正项级数 $\sum\limits_{n=N}^{\infty}u_n$ 收敛,可得 $\sum\limits_{n=1}^{\infty}u_n$ 收敛.

(2) 当 $\rho>1$ 时,取 $\varepsilon=\dfrac{\rho-1}{2}>0$, 由极限定义知存在正整数 N,当 $n\geqslant N$ 时恒有

$$\sqrt[n]{u_n}>\rho-\varepsilon=\frac{\rho+1}{2}>1,$$

即

$$u_n>1.$$

于是当 n 趋于无穷大时,u_n 不趋于零,级数 $\sum\limits_{n=1}^{\infty}u_n$ 发散.

(3) 当 $\rho=1$ 时,不论 p 为怎样的常数,均有 $\lim\limits_{n\to\infty}\sqrt[n]{\dfrac{1}{n^p}}=1$, 而 p-级数可能收敛,也可能发散,因此只根据 $\rho=1$,还不能确定级数是收敛还是发散. ■

例 12 证明级数 $\sum\limits_{n=1}^{\infty}\frac{1}{n^n}$ 收敛,并估计以部分和 S_n 代替和 S 所产生的误差 $|r_n|$.

解 $u_n=\frac{1}{n^n}>0,\sqrt[n]{u_n}=\frac{1}{n}\to 0<1(n\to\infty)$,由根值判别法知级数 $\sum\limits_{n=1}^{\infty}\frac{1}{n^n}$ 收敛.

$$\begin{aligned}|r_n|&=|S-S_n|=|u_{n+1}+u_{n+2}+\cdots|\\&=\frac{1}{(n+1)^{n+1}}+\frac{1}{(n+2)^{n+2}}+\frac{1}{(n+3)^{n+3}}+\cdots\\&<\frac{1}{(n+1)^{n+1}}+\frac{1}{(n+1)^{n+2}}+\frac{1}{(n+1)^{n+3}}+\cdots\\&=\frac{1}{n(n+1)^n}.\end{aligned}$$

给定一个正项级数,我们应设法选择适当的判别法去判别它的敛散性.一般说来,当 u_n 不趋于零时,可断定级数发散;当 u_n 与某一几何级数或 p-级数的通项是同阶无穷小时,则可采用比较判别法;当 u_n 含有形如 $n!$ 的因子时,常用比值判别法;当 $\lim\limits_{n\to\infty}\sqrt[n]{u_n}$ 容易求时,常用根值判别法.

三、任意项级数

1. 交错级数

前面我们讨论了正项级数敛散性的判别,现在我们讨论正项和负项可以任意出现的任意项级数的敛散性问题.先讨论一种特殊的任意项级数——交错级数.

设 $u_n>0,n=1,2,\cdots$.形如 $\sum\limits_{n=1}^{\infty}(-1)^n u_n$ 或 $\sum\limits_{n=1}^{\infty}(-1)^{n-1}u_n$ 的级数称为交错级数.

定理 5(莱布尼茨定理) 若交错级数 $\sum\limits_{n=1}^{\infty}(-1)^{n-1}u_n(u_n>0,n=1,2,\cdots)$ 满足:

(1) $u_n\geqslant u_{n+1}(n=1,2,\cdots)$; (2) $\lim\limits_{n\to\infty}u_n=0$,

则交错级数 $\sum\limits_{n=1}^{\infty}(-1)^{n-1}u_n$ 收敛,且其和 $S\leqslant u_1$,其余项 r_n 的绝对值 $|r_n|\leqslant u_{n+1}$.

证 由条件(1)知

$$S_{2(n+1)} = (u_1 - u_2) + (u_3 - u_4) + \cdots + (u_{2n+1} - u_{2n+2})$$
$$= S_{2n} + (u_{2n+1} - u_{2n+2}) \geqslant S_{2n},$$

$$S_{2n} = u_1 - (u_2 - u_3) - (u_4 - u_5) - \cdots - (u_{2n-2} - u_{2n-1}) - u_{2n} < u_1.$$

因此数列 S_{2n} 是单调递增而且有界的数列，$\lim\limits_{n\to\infty} S_{2n}$ 存在，设其极限为 S，则$S \leqslant u_1$.

又

$$\lim_{n\to\infty} S_{2n+1} = \lim_{n\to\infty}(S_{2n} + u_{2n+1}) = \lim_{n\to\infty} S_{2n} + \lim_{n\to\infty} u_{2n+1} = S + 0 = S,$$

$\lim\limits_{n\to\infty} S_{2n} = \lim\limits_{n\to\infty} S_{2n+1} = S$，根据极限定义可以证明

$$\lim_{n\to\infty} S_n = S,$$

因此级数 $\sum\limits_{n=1}^{\infty}(-1)^{n-1}u_n$ 有和 S，且 $S \leqslant u_1$.

$$|r_n| = |(-1)^n u_{n+1} + (-1)^{n+1}u_{n+2} + (-1)^{n+2}u_{n+3} + \cdots|$$
$$= u_{n+1} - u_{n+2} + u_{n+3} - u_{n+4} + \cdots$$

也是一个交错级数，它也满足收敛的两个条件，因此其和小于级数的第一项，即 $|r_n| \leqslant u_{n+1}$. ■

我们把莱布尼茨定理的两个条件称为莱布尼茨条件，而把满足莱布尼茨条件的交错级数称为莱布尼茨型级数.

例 13 证明下列级数收敛，并估计 $|r_n|$.

(1) $\sum\limits_{n=1}^{\infty} \dfrac{(-1)^{n-1}}{n}$； (2) $\sum\limits_{n=2}^{\infty} \dfrac{(-1)^n \ln n}{n}$.

解 (1) $u_n = \dfrac{1}{n} > \dfrac{1}{n+1} = u_{n+1}$，且$\lim\limits_{n\to\infty} u_n = 0$. 因此交错级数 $\sum\limits_{n=1}^{\infty} \dfrac{(-1)^{n-1}}{n}$ 收敛，且 $|r_n| < u_{n+1} = \dfrac{1}{n+1}$.

(2) 令$f(x) = \dfrac{\ln x}{x}$，则$f'(x) = \dfrac{1 - \ln x}{x^2} < 0(x \geqslant 3)$，$f(x)$ 在$[3, +\infty)$上单调递减.$n \geqslant 3$ 时，$f(n) > f(n+1)$. 即 $n \geqslant 3$ 时，$u_n > u_{n+1}$；且 $\lim\limits_{n\to\infty} u_n = \lim\limits_{n\to\infty} \dfrac{\ln n}{n} = 0$，所以交错级数 $\sum\limits_{n=3}^{\infty} \dfrac{(-1)^{n-1}\ln n}{n}$ 收敛，于是交错级数 $\sum\limits_{n=2}^{\infty} \dfrac{(-1)^n \ln n}{n}$ 也收敛，而且

$$|r_n| \leqslant u_{n+1} = \frac{\ln(n+2)}{n+2}.$$

2. 绝对收敛与条件收敛

对于一般的任意项级数的收敛性问题,常把它化为正项级数的收敛性问题来讨论,我们先介绍级数的绝对收敛与条件收敛的概念.

对于任意项级数 $\sum\limits_{n=1}^{\infty} u_n$,若级数 $\sum\limits_{n=1}^{\infty} |u_n|$ 收敛,则称级数 $\sum\limits_{n=1}^{\infty} u_n$ 绝对收敛;若级数 $\sum\limits_{n=1}^{\infty} u_n$ 收敛,而级数 $\sum\limits_{n=1}^{\infty} |u_n|$ 发散,则称级数 $\sum\limits_{n=1}^{\infty} u_n$ 条件收敛.

例如,级数 $\sum\limits_{n=1}^{\infty} \frac{(-1)^n}{n^2}$ 是绝对收敛的,而级数 $\sum\limits_{n=1}^{\infty} \frac{(-1)^n}{n}$ 是条件收敛的.

定理 6 若级数 $\sum\limits_{n=1}^{\infty} |u_n|$ 收敛,则级数 $\sum\limits_{n=1}^{\infty} u_n$ 必收敛.

证 因为 $0 \leqslant \frac{|u_n| + u_n}{2} \leqslant |u_n|, 0 \leqslant \frac{|u_n| - u_n}{2} \leqslant |u_n|$,而级数 $\sum\limits_{n=1}^{\infty} |u_n|$ 收敛,所以正项级数 $\sum\limits_{n=1}^{\infty} \frac{|u_n| + u_n}{2}$ 和 $\sum\limits_{n=1}^{\infty} \frac{|u_n| - u_n}{2}$ 均收敛,故级数 $\sum\limits_{n=1}^{\infty} \left(\frac{|u_n| + u_n}{2} - \frac{|u_n| - u_n}{2} \right)$ 收敛,即 $\sum\limits_{n=1}^{\infty} u_n$ 收敛. ■

这样,不少任意项级数的敛散性的判别问题,可化为正项级数的敛散性的判别问题来解决.实际上一个任意项级数的各项取绝对值,就得到一个正项级数,若这个正项级数收敛,则由定理 6 知道原来的级数也收敛.

但应注意,若级数 $\sum\limits_{n=1}^{\infty} |u_n|$ 发散,则级数 $\sum\limits_{n=1}^{\infty} u_n$ 不一定发散.例如,级数 $\sum\limits_{n=1}^{\infty} \left| \frac{(-1)^n}{n} \right|$ 发散,但级数 $\sum\limits_{n=1}^{\infty} \frac{(-1)^n}{n}$ 收敛.

例 14 判别下列级数的敛散性,若级数收敛,指出它是绝对收敛,还是条件收敛.

(1) $\sum\limits_{n=1}^{\infty} \frac{\sin \frac{n\pi}{3}}{n^2}$; (2) $\sum\limits_{n=3}^{\infty} (-1)^n \tan \frac{\pi}{n}$; (3) $\sum\limits_{n=1}^{\infty} (-1)^n \sqrt{\frac{n}{n+1}}$.

解 (1) $\left| \frac{\sin \frac{n\pi}{3}}{n^2} \right| \leqslant \frac{1}{n^2}$,而 $\sum\limits_{n=1}^{\infty} \frac{1}{n^2}$ 收敛,因此 $\sum\limits_{n=1}^{\infty} \left| \frac{\sin \frac{n\pi}{3}}{n^2} \right|$ 收敛,所以

$\sum_{n=1}^{\infty} \frac{\sin \frac{n\pi}{3}}{n^2}$ 收敛,而且是绝对收敛的.

(2) $\left|(-1)^n \tan \frac{\pi}{n}\right| = \tan \frac{\pi}{n}$, $\lim_{n\to\infty} n\tan \frac{\pi}{n} = \pi$, 级数 $\sum_{n=1}^{\infty} \left|(-1)^n \tan \frac{\pi}{n}\right|$ 发散. 当 $n \geqslant 3$ 时, $\tan \frac{\pi}{n} > \tan \frac{\pi}{n+1} > 0$, 且 $\lim_{n\to\infty} \tan \frac{\pi}{n} = 0$. 因而级数 $\sum_{n=3}^{\infty} (-1)^n \tan \frac{\pi}{n}$ 是收敛的,而且它是条件收敛的.

(3) $\left|(-1)^n \sqrt{\frac{n}{n+1}}\right| = \sqrt{\frac{n}{n+1}} \to 1 (n \to \infty)$, 级数的通项 $u_n = (-1)^n \sqrt{\frac{n}{n+1}}$ 不趋于零,因此级数 $\sum_{n=1}^{\infty} (-1)^n \sqrt{\frac{n}{n+1}}$ 发散.

由常数项级数收敛的定义和数列极限的柯西收敛准则,易得常数项级数的柯西收敛准则.

*__定理 7__ 级数 $\sum_{n=1}^{\infty} u_n$ 收敛的充分必要条件是,对任一给定正数 ε,都存在正数 $N = N(\varepsilon) > 0$, 使当 $n > N$, $p > 0$ 时,有 $|u_n + u_{n+1} + \cdots + u_{n+p}| < \varepsilon$.

还可以证明下列定理.

*__定理 8__ 绝对收敛的级数不因改变项的位置而改变它的和(绝对收敛级数具有可交换性).

*__定理 9__(绝对收敛级数的乘法) 设级数 $\sum_{n=1}^{\infty} u_n$ 及 $\sum_{n=1}^{\infty} v_n$ 均绝对收敛,其和分别为 S 及 σ,则它们的柯西乘积

$$u_1v_1 + (u_1v_2 + u_2v_1) + \cdots + (u_1v_n + u_2v_{n-1} + \cdots + u_nv_1) + \cdots$$

也绝对收敛,且其和为 $S \cdot \sigma$.

习题 11.1

1. 写出下列级数的前三项及部分和 S_1, S_2, S_3, S_n,并判别级数的敛散性,若级数收敛,求和及余项.

(1) $\sum_{n=1}^{\infty} \frac{1}{3^n}$; (2) $\sum_{n=1}^{\infty} n$;

(3) $\sum_{n=1}^{\infty} \frac{\sqrt{n+1}-\sqrt{n}}{\sqrt{n(n+1)}}$;　　(4) $\sum_{n=1}^{\infty} \sqrt[n]{n}$;

(5) $\sum_{n=1}^{\infty} \frac{1}{(2n-1)(2n+1)}$;　　(6) $\sum_{n=1}^{\infty} \cos \frac{n\pi}{2}$.

2. 按已给出各项的规律,写出下列级数的通项,并将级数写成 $\sum_{n=1}^{\infty} u_n$ 的形式.

(1) $\frac{1}{1}+\frac{1}{2}+\frac{1}{3}+\frac{1}{4}+\cdots$;　　(2) $1-\frac{1}{3}+\frac{1}{5}-\frac{1}{7}+\cdots$;

(3) $\frac{1}{2!}+\frac{1}{4!}+\frac{1}{6!}+\frac{1}{8!}+\cdots$;　　(4) $1+\frac{2!}{2^2}+\frac{3!}{3^3}+\frac{4!}{4^4}+\cdots$.

3. 已知级数 $\sum_{n=1}^{\infty} u_n$ 的前 n 项部分和 $S_n=\frac{3n}{n+2}(n=1,2,\cdots)$.

(1) 求此级数的通项 u_n,并写出 u_1,u_2,u_3;

(2) 证明此级数收敛,并求其和及余项.

4. 已知级数 $\sum_{n=1}^{\infty} u_n(u_n \neq 0)$ 收敛,判别下列级数的敛散性:

(1) $\sum_{n=1}^{\infty} (u_n+10^{-8})$;　　(2) $\sum_{n=1}^{\infty} (u_n-10^{-n})$;

(3) $\sum_{n=1}^{\infty} 10^8 u_n$;　　(4) $\sum_{n=1}^{\infty} u_{n+5}$;

(5) $\sum_{n=1}^{\infty} \frac{1}{u_n}$;　　(6) $\sum_{n=1}^{\infty} (u_n+u_{n+1})$;

(7) $(u_1+u_2)+(u_3+u_4)+(u_5+u_6)+\cdots+(u_{2n-1}+u_{2n})+\cdots$.

5. 判别下列级数的敛散性,如果收敛,求级数的和.

(1) $\sum_{n=1}^{\infty} \left(-\frac{4}{5}\right)^n$;　　(2) $\sum_{n=1}^{\infty} \left(\frac{4}{3}\right)^n$;

(3) $\sum_{n=1}^{\infty} \left[\frac{2}{3^n}+\frac{(-1)^n}{4^n}\right]$;　　(4) $\sum_{n=1}^{\infty} \sqrt{\frac{n}{n+1}}$;

(5) $\sum_{n=1}^{\infty} \frac{1}{n(n+1)(n+2)}$;　　(6) $\sum_{n=2}^{\infty} \ln \frac{n^2}{n^2-1}$;

(7) $\sum_{n=1}^{\infty} \cos \frac{1}{n}$;　　(8) $\sum_{n=1}^{\infty} \sin \frac{n\pi}{6}$.

*6. 已知级数 $\sum_{n=1}^{\infty} u_n$ 的前 $2n$ 项部分和 $S_{2n} \to a$,且 $u_{2n+1} \to 0(n \to \infty)$, 证明

$\sum_{n=1}^{\infty} u_n$ 收敛，且其和为 a.

7. 用比较判别法判断下列级数的敛散性：

(1) $\sum_{n=1}^{\infty} \frac{\sqrt{n}}{3n-2}$;　　(2) $\sum_{n=1}^{\infty} \frac{10^5}{n^2+3n+5}$;

(3) $\sum_{n=1}^{\infty} \frac{1}{(n+1)\cdot 3^n}$;　　(4) $\sum_{n=1}^{\infty} \ln\left(1+\frac{1}{n^2}\right)$;

(5) $\sum_{n=1}^{\infty} \tan\frac{\pi}{2^{n+1}}$;　　(6) $\sum_{n=1}^{\infty} \frac{1}{\ln(1+n)}$;

(7) $\sum_{n=1}^{\infty} \frac{\sqrt[n]{n}-1}{n}$;　　(8) $\sum_{n=1}^{\infty} \sinh\frac{1}{n}$;

(9) $\sum_{n=1}^{\infty} \frac{1}{1+a^n}$（$a$ 为正常数）.

8. 用比值判别法判别下列级数的敛散性：

(1) $\sum_{n=1}^{\infty} \frac{n^2}{2^n}$;　　(2) $\sum_{n=1}^{\infty} \frac{3^n\cdot n!}{n^n}$;

(3) $\sum_{n=1}^{\infty} n\sin\frac{\pi}{2^n}$;　　(4) $\sum_{n=1}^{\infty} \frac{(n!)^2}{(2n)!}$;

(5) $\sum_{n=1}^{\infty} 2^n\tan\frac{\pi}{4n}$;　　(6) $\sum_{n=1}^{\infty} \frac{1\cdot 3\cdot 5\cdot\cdots\cdot(2n-1)}{3^n\cdot n!}$.

9. 用根值判别法判别下列级数的敛散性：

(1) $\sum_{n=1}^{\infty} \left(\frac{2n+1}{3n-1}\right)^n$;　　(2) $\sum_{n=1}^{\infty} \left[\frac{1}{\ln(1+n)}\right]^{\frac{n}{2}}$;

(3) $\sum_{n=1}^{\infty} \left(\frac{3n-2}{2n+100}\right)^n$;

(4) $\sum_{n=1}^{\infty} \left(\frac{a_n}{3}\right)^n$，其中 $a_n\to a(n\to\infty)$，a_n，a 均为正数，$a\neq 3$.

10. 选择适当的判别法，判别下列级数的敛散性：

(1) $\sum_{n=1}^{\infty} \frac{3}{(n+1)\sqrt{2n-1}}$;　　(2) $\sum_{n=1}^{\infty} \frac{2^n}{\sqrt[3]{n^n}}$;

(3) $\sum_{n=1}^{\infty}\frac{(n!)^2}{n(n+4)^5}$;　　(4) $\sum_{n=1}^{\infty}\frac{e^n}{(2n-1)!}$;

(5) $\sum_{n=1}^{\infty}\frac{\left(1+\frac{1}{n}\right)^{n^2}}{3^n}$;　　(6) $\sum_{n=1}^{\infty}\frac{1}{n}(\sqrt{n+1}-\sqrt{n-1})$;

(7) $\sum_{n=1}^{\infty}\cos\frac{1}{n^2}$;　　(8) $\sum_{n=1}^{\infty}3^n\tan\frac{\pi}{4^n}$;

(9) $\sum_{n=1}^{\infty}\int_0^{\frac{1}{n}}\frac{x\mathrm{d}x}{1+x^3}$;

(10) $\sum_{n=1}^{\infty}u_n$,其中 $u_{2n-1}=\frac{1}{n},u_{2n}=\frac{1}{2^n},n=1,2,\cdots$;

(11) $\sum_{n=1}^{\infty}\frac{n+(-1)^n}{2^n}$.

11. 若 $\sum_{n=1}^{\infty}u_n^2,\sum_{n=1}^{\infty}v_n^2$ 收敛,证明:$\sum_{n=1}^{\infty}|u_nv_n|,\sum_{n=1}^{\infty}\frac{|u_n|}{n},\sum_{n=1}^{\infty}\frac{|v_n|}{\sqrt[3]{n^2}}$ 也收敛.

12. 若正项级数 $\sum_{n=1}^{\infty}u_n$ 收敛,证明:级数 $\sum_{n=1}^{\infty}u_n^2$ 也收敛.

13. 设 $a_n>0,b_n>0$,且 $\frac{a_{n+1}}{a_n}<\frac{b_{n+1}}{b_n}$,$\sum_{n=1}^{\infty}b_n$ 收敛,求证:级数 $\sum_{n=1}^{\infty}a_n$ 收敛.

14. 判别下列级数是否收敛?若收敛,则判别它是绝对收敛还是条件收敛.

(1) $\sum_{n=1}^{\infty}\frac{(-1)^{n-1}}{\sqrt{n}}$;　　(2) $\sum_{n=1}^{\infty}(-1)^n\frac{n^2}{2^n}$;

(3) $\sum_{n=1}^{\infty}(-1)^n\sin\frac{1}{n}$;　　(4) $\sum_{n=1}^{\infty}(-1)^n\cos\frac{1}{n}$;

(5) $\sum_{n=1}^{\infty}\frac{\cos n\alpha}{\sqrt{n^3+1}}$;　　(6) $\sum_{n=1}^{\infty}(-1)^n\int_0^1x^n(1-x)\mathrm{d}x$.

*15. 设级数 $\sum_{n=1}^{\infty}a_n,\sum_{n=1}^{\infty}c_n$ 均收敛,$a_n\leqslant b_n\leqslant c_n(n=1,2,\cdots)$,证明:$\sum_{n=1}^{\infty}b_n$ 收敛.

*16. 设级数 $\sum_{n=1}^{\infty}(-1)^nu_n(u_n>0)$ 条件收敛,证明:级数 $\sum_{n=1}^{\infty}u_{2n-1}$ 发散.

第二节 幂 级 数

一、函数项级数的一般概念

若函数序列 $u_1(x), u_2(x), \cdots, u_n(x), \cdots$ 中的每一个函数在区间 I 上都有定义,则把

$$\sum_{n=1}^{\infty} u_n(x) = u_1(x) + u_2(x) + \cdots + u_n(x) + \cdots$$

称为定义在区间 I 上的函数项级数.

对于 I 上的每个定点 x_0,当 $x = x_0$ 时,上述函数项级数就成为常数项级数 $\sum\limits_{n=1}^{\infty} u_n(x_0)$.若 $\sum\limits_{n=1}^{\infty} u_n(x_0)$ 收敛,则称 x_0 为函数项级数 $\sum\limits_{n=1}^{\infty} u_n(x)$ 的收敛点;若 $\sum\limits_{n=1}^{\infty} u_n(x_0)$ 发散,则称 x_0 为函数项级数 $\sum\limits_{n=1}^{\infty} u_n(x)$ 的发散点.函数项级数 $\sum\limits_{n=1}^{\infty} u_n(x)$ 的收敛点的全体称为它的收敛域.发散点的全体称为它的发散域.

若某一函数项级数的收敛域为 D,则对每个 $x \in D$,级数 $\sum\limits_{n=1}^{\infty} u_n(x)$ 有和,而且这个和是 x 的函数,记为 $\sum\limits_{n=1}^{\infty} u_n(x) = S(x)$. 我们把 $S(x)$ 称为函数项级数 $\sum\limits_{n=1}^{\infty} u_n(x)$ 的和函数,和函数的定义域就是函数项级数的收敛域 D.

我们把 $\sum\limits_{i=1}^{n} u_i(x) = S_n(x)$ 称为函数项级数 $\sum\limits_{n=1}^{\infty} u_n(x)$ 的部分和,把 $r_n(x) = S(x) - S_n(x)$ 称为函数项级数 $\sum\limits_{n=1}^{\infty} u_n(x)$ 的余项.显然,在收敛域 D 内,有 $S(x) = \lim\limits_{n\to\infty} S_n(x)$ 及 $\lim\limits_{n\to\infty} r_n(x) = 0$.

例 1 求函数项级数 $\sum\limits_{n=1}^{\infty} x^{n-1}$ 的收敛域及和函数.

解 这是一个几何级数,当 $|x| < 1$ 时收敛,当 $|x| \geqslant 1$ 时发散,因此它的收敛域为 $(-1,1)$;在收敛域内 $\sum\limits_{n=1}^{\infty} x^{n-1} = \dfrac{1}{1-x}$,即和函数为 $S(x) = \dfrac{1}{1-x}(|x| < 1)$.

例 2　求函数项级数 $\sum_{n=1}^{\infty}\frac{\sin nx}{n^2}$ 的收敛域.

解　对任意实数 x,均有 $\left|\frac{\sin nx}{n^2}\right|\leqslant\frac{1}{n^2}$,而常数项级数 $\sum_{n=1}^{\infty}\frac{1}{n^2}$ 收敛,因而 $\sum_{n=1}^{\infty}\frac{\sin nx}{n^2}$ 收敛,故所求收敛域为$(-\infty,+\infty)$.

二、幂级数及其收敛区间

比较简单的函数项级数是幂级数,它在理论和实际应用中都非常重要.形如下面的级数

$$\sum_{n=0}^{\infty}a_n(x-x_0)^n=a_0+a_1(x-x_0)+a_2(x-x_0)^2+\cdots+a_n(x-x_0)^n+\cdots \tag{11.3}$$

称为 $x-x_0$ 的幂级数,其中常数 $a_0,a_1,a_2,\cdots,a_n,\cdots$ 称为幂级数的系数.若 $x_0=0$,则得更简单的形式

$$\sum_{n=0}^{\infty}a_nx^n=a_0+a_1x+a_2x^2+\cdots+a_nx^n+\cdots, \tag{11.4}$$

称其为 x 的幂级数.

在(11.3)式中,令 $x-x_0=t$,则 $\sum_{n=0}^{\infty}a_n(x-x_0)^n=\sum_{n=0}^{\infty}a_nt^n$,就可把(11.3)式化为(11.4)式的形式,下面我们着重讨论形如(11.4)式的幂级数.

从例 1 中可以看到,幂级数 $\sum_{n=1}^{\infty}x^{n-1}$ 的收敛域是一个区间,这个结论可以推广到一般的幂级数.

定理 1(阿贝尔(Abel)定理)　若幂级数(11.4)当 $x=x_0(x_0\neq 0)$ 时收敛,则对一切满足 $|x|<|x_0|$ 的 x,幂级数(11.4)均绝对收敛;若幂级数(11.4)在 $x=x_1$ 处发散,则对一切满足 $|x|>|x_1|$ 的 x,幂级数(11.4)均发散.

证　设 x_0 为幂级数(11.4)的收敛点,即 $\sum_{n=0}^{\infty}a_nx_0^n$ 收敛,则 $\lim_{n\to\infty}a_nx_0^n=0$. 于是存在正常数 M,使得 $|a_nx_0^n|\leqslant M(n=0,1,2,\cdots)$.当 $|x|<|x_0|$ 时,

$$|a_nx^n|=\left|a_nx_0^n\cdot\frac{x^n}{x_0^n}\right|\leqslant M\left|\frac{x}{x_0}\right|^n,$$

等比级数 $\sum_{n=0}^{\infty} M\left|\frac{x}{x_0}\right|^n$ 收敛，因而 $\sum_{n=0}^{\infty}|a_n x^n|$ 收敛，即幂级数(11.4)在 $(-|x_0|,|x_0|)$ 内每一点处均绝对收敛.

第二部分可用反证法证明. ■

由此可知，若幂级数(11.4)不是仅在 $x=0$ 一点处收敛，也不是在整个数轴上都收敛，则从原点沿数轴向右方走，开始时遇到的均是收敛点，一旦遇到发散点，后面的就都是发散点，收敛点和发散点必有一个分界点 p.若从原点沿数轴向左方走，情形也是一样，设收敛点和发散点的分界点为 p'，则幂级数(11.4)在 (p',p) 内收敛，在 $[p',p]$ 外发散，在 p,p' 处可能收敛，也可能发散.由定理 1 可推得 $|p'|=|p|$，由此可以得到：

推论　若幂级数(11.4)不是仅在点 $x=0$ 处收敛，也不是在整个数轴上都收敛，则必存在正常数 R，当 $|x|<R$ 时，该幂级数绝对收敛；当 $|x|>R$ 时，该幂级数发散；当 $|x|=R$ 时，该幂级数可能收敛，也可能发散.

正常数 R 称为幂级数(11.4)的收敛半径.根据该幂级数在 $x=R, x=-R$ 处的收敛性，它的收敛域可能是 $(-R,R)$，$[-R,R)$，$(-R,R]$ 或者 $[-R,R]$，我们把该幂级数的收敛域称为它的收敛区间.

若幂级数(11.4)只在 $x=0$ 处收敛，则规定收敛半径 $R=0$，这时收敛区间只有一点 $x=0$；若该幂级数对一切实数 x 都收敛，则规定收敛半径 $R=+\infty$，这时收敛区间是 $(-\infty,+\infty)$.

定理 2　设在幂级数(11.4)中，$\lim_{n\to\infty}\left|\frac{a_{n+1}}{a_n}\right|=\rho$ ($a_n\neq 0$, $n=N, N+1, N+2, \cdots, N$ 为某一正整数).

(1) 若 $0<\rho<+\infty$，则收敛半径 $R=\frac{1}{\rho}$；

(2) 若 $\rho=0$，则收敛半径 $R=+\infty$；

(3) 若 $\rho=+\infty$，则收敛半径 $R=0$.

证　$\lim_{n\to\infty}\frac{|a_{n+1}x^{n+1}|}{|a_n x^n|}=\lim_{n\to\infty}\left|\frac{a_{n+1}}{a_n}\right||x|=\rho|x|$.

(1) 若 $0<\rho<+\infty$，则当 $|x|<\frac{1}{\rho}$ 时，$\rho|x|<1$，幂级数(11.4)绝对收敛；当 $|x|>\frac{1}{\rho}$ 时，$\rho|x|>1$，$|a_n x^n|$ 不趋向于零，因此该幂级数发散，于是 $R=\frac{1}{\rho}$.

(2) 若 $\rho=0$, 则对任何 $x\neq 0$, 有 $\left|\dfrac{a_{n+1}x^{n+1}}{a_nx^n}\right|\to 0<1(n\to\infty)$, 因此该幂级数绝对收敛. 于是 $R=+\infty$.

(3) 若 $\rho=+\infty$, 则对任何 $x\neq 0$, $\left|\dfrac{a_{n+1}x^{n+1}}{a_nx^n}\right|\to+\infty\ (n\to+\infty)$, a_nx^n 不可能趋于零,因此该幂级数发散,于是 $R=0$. ■

注 定理 2 中的极限式 $\lim\limits_{n\to\infty}\left|\dfrac{a_{n+1}}{a_n}\right|$ 也可用极限式 $\lim\limits_{n\to\infty}\sqrt[n]{|a_n|}$ 来代替,结论不变.

例 3 求下列幂级数的收敛半径和收敛区间:

(1) $\sum\limits_{n=1}^{\infty}(-1)^{n-1}\dfrac{x^n}{n}$; (2) $\sum\limits_{n=1}^{\infty}\dfrac{x^n}{n!}$; (3) $\sum\limits_{n=1}^{\infty}n^nx^n$.

解 (1) $\rho=\lim\limits_{n\to\infty}\left|\dfrac{a_{n+1}}{a_n}\right|=\lim\limits_{n\to\infty}\dfrac{n}{n+1}=1, R=1$. 当 $x=1$ 时,幂级数成为莱布尼茨型交错级数 $\sum\limits_{n=1}^{\infty}\dfrac{(-1)^{n-1}}{n}$, 它是收敛的. 当 $x=-1$ 时, 幂级数成为 $\sum\limits_{n=1}^{\infty}\dfrac{(-1)^{2n-1}}{n}=\sum\limits_{n=1}^{\infty}\dfrac{-1}{n}$, 它是发散的,因此所求的收敛区间是 $(-1,1]$.

(2) $\rho=\lim\limits_{n\to\infty}\left|\dfrac{a_{n+1}}{a_n}\right|=\lim\limits_{n\to\infty}\dfrac{1}{n+1}=0, R=+\infty$, 因此它的收敛区间为 $(-\infty,+\infty)$.

(3) $\rho=\lim\limits_{n\to\infty}\sqrt[n]{|a_n|}=\lim\limits_{n\to\infty}n=+\infty, R=0$, 幂级数仅在 $x=0$ 点处收敛.

例 4 求下列幂级数的收敛域:

(1) $\sum\limits_{n=1}^{\infty}\dfrac{x^{3n}}{n\cdot 3^{2n}}$; (2) $\sum\limits_{n=1}^{\infty}\dfrac{(-1)^{n-1}(x+1)^n}{n^2}$.

解 (1) 这是一个缺项的幂级数, $a_{3n+1}=a_{3n+2}=0$, 不能用定理 2 来求它的收敛半径. 但可用比值判别法来解决问题. 由

$$\lim_{n\to\infty}\left|\frac{u_{n+1}(x)}{u_n(x)}\right|=\lim_{n\to\infty}\left|\frac{x^{3(n+1)}}{(n+1)\cdot 3^{2(n+1)}}\cdot\frac{n\cdot 3^{2n}}{x^{3n}}\right|=\frac{|x|^3}{3^2}.$$

当 $|x|<\sqrt[3]{9}$ 时,级数收敛,当 $|x|>\sqrt[3]{9}$ 时,级数发散. 因此幂级数的收敛半径为 $\sqrt[3]{9}$. 当 $x=\sqrt[3]{9}$ 时,级数成为 $\sum\limits_{n=1}^{\infty}\dfrac{1}{n}$, 它是发散的, 当 $x=-\sqrt[3]{9}$ 时,级数成为 $\sum\limits_{n=1}^{\infty}\dfrac{(-1)^n}{n}$, 它是收敛的. 因此幂级数 $\sum\limits_{n=1}^{\infty}\dfrac{x^{3n}}{n\cdot 3^{2n}}$ 的收敛域为 $[-\sqrt[3]{9},\sqrt[3]{9})$.

(2) 此题仍可用比值判别法来解.

$$\lim_{n\to\infty}\left|\frac{u_{n+1}(x)}{u_n(x)}\right|=\lim_{n\to\infty}\frac{n^2}{(n+1)^2}|x+1|=|x+1|.$$

当 $|x+1|<1$ 时,级数收敛;

当 $|x+1|>1$ 时,级数发散;

当 $|x+1|=1$ 时,容易验证级数收敛,即当 $-1\leqslant x+1\leqslant 1$ 时,幂级数收敛,因此所求收敛域为 $[-2,0]$.

例 5　设 $a_n>0$,交错级数 $\sum\limits_{n=1}^{\infty}(-1)^n a_n$ 是条件收敛的,求幂级数 $\sum\limits_{n=1}^{\infty}a_n x^n$ 的收敛半径和收敛区间.

解　由条件知,$\sum\limits_{n=1}^{\infty}a_n$ 是发散的,而 $\sum\limits_{n=1}^{\infty}(-1)^n a_n$ 是收敛的,因此当 $x=1$ 时,$\sum\limits_{n=1}^{\infty}a_n x^n$ 发散,由阿贝尔定理,幂级数在 $[-1,1]$ 外发散;当 $x=-1$ 时,幂级数收敛,由阿贝尔定理,它在 $(-1,1)$ 内收敛.

因此所求的收敛半径 $R=1$,收敛区间为 $[-1,1)$.

三、幂级数的运算

1. 幂级数的四则运算

设幂级数 $\sum\limits_{n=0}^{\infty}a_n x^n$ 及 $\sum\limits_{n=0}^{\infty}b_n x^n$ 的收敛半径分别为 R_1,R_2,且 $R_1>0,R_2>0$,$R=\min\{R_1,R_2\}$,则当 $x\in(-R,R)$ 时,两个幂级数均绝对收敛,因此在 $(-R,R)$ 内有如下等式:

(1) $$\sum_{n=0}^{\infty}a_n x^n+\sum_{n=0}^{\infty}b_n x^n=\sum_{n=0}^{\infty}(a_n+b_n)x^n;$$

(2) $$\sum_{n=0}^{\infty}a_n x^n-\sum_{n=0}^{\infty}b_n x^n=\sum_{n=0}^{\infty}(a_n-b_n)x^n;$$

(3) $$\left(\sum_{n=0}^{\infty}a_n x^n\right)\cdot\left(\sum_{n=0}^{\infty}b_n x^n\right)=a_0b_0+(a_0b_1+a_1b_0)x+(a_0b_2+a_1b_1+a_2b_0)x^2+\cdots+(a_0b_n+a_1b_{n-1}+\cdots+a_nb_0)x^n+\cdots.$$

上述三个等式右端的幂级数在$(-R,R)$内绝对收敛.

关于幂级数的除法,设$b_0 \neq 0$,则有

$$\left(\sum_{n=0}^{\infty} a_n x^n\right) \Big/ \left(\sum_{n=0}^{\infty} b_n x^n\right) = \sum_{n=0}^{\infty} c_n x^n,$$

其中$c_0,c_1,c_2,\cdots,c_n,\cdots$应满足$\sum\limits_{n=0}^{\infty} a_n x^n = \left(\sum\limits_{n=0}^{\infty} b_n x^n\right)\left(\sum\limits_{n=0}^{\infty} c_n x^n\right)$,即

$$\begin{aligned}
a_0 &= b_0 c_0,\\
a_1 &= b_0 c_1 + b_1 c_0,\\
a_2 &= b_0 c_2 + b_1 c_1 + b_2 c_0,\\
&\cdots\cdots\cdots\cdots\\
a_n &= b_0 c_n + b_1 c_{n-1} + b_2 c_{n-2} + \cdots + b_n c_0,\\
&\cdots\cdots\cdots\cdots
\end{aligned}$$

由这些方程,可依次得到$c_0,c_1,c_2,\cdots,c_n,\cdots$. 应注意,幂级数$\sum\limits_{n=0}^{\infty} c_n x^n$的收敛半径可能比$R(=\min\{R_1,R_2\})$小得多.

2. 幂级数的分析运算

设幂级数$\sum\limits_{n=0}^{\infty} a_n x^n$的收敛半径为$R$,收敛区间为$I$,和函数为$S(x)$,则有

(1) $S(x)$在I上连续(如果I含有区间的端点,则在该点的连续是指单侧连续).

(2) $S(x)$在$(-R,R)$内可导,$x\in(-R,R)$时有逐项求导公式:

$$\boxed{S'(x) = \left(\sum_{n=0}^{\infty} a_n x^n\right)' = \sum_{n=1}^{\infty} n a_n x^{n-1},}$$

且等式右端的幂级数的收敛半径仍为R.

(3) $S(x)$在$(-R,R)$内可积,$x\in(-R,R)$时有逐项积分公式:

$$\boxed{\int_0^x S(x)\,\mathrm{d}x = \int_0^x \left(\sum_{n=0}^{\infty} a_n x^n\right)\mathrm{d}x = \sum_{n=0}^{\infty} \frac{a_n}{n+1} x^{n+1},}$$

且等式右端的幂级数的收敛半径仍为R.

注　在$x=\pm R$处幂级数$\sum\limits_{n=1}^{\infty} n a_n x^{n-1}$及$\sum\limits_{n=0}^{\infty} \frac{1}{n+1} a_n x^{n+1}$的收敛性需要另

外讨论.

例 6 在区间$(-1,1)$内求幂级数$\sum\limits_{n=0}^{\infty}\dfrac{x^n}{n+1}$的和函数.

解 幂级数$\sum\limits_{n=0}^{\infty}\dfrac{x^n}{n+1}$的收敛半径为 1.设它的和函数为$S(x)$,则$xS(x)=\sum\limits_{n=0}^{\infty}\dfrac{x^{n+1}}{n+1}$.由幂级数的分析运算性质可得

$$[xS(x)]'=\left(\sum_{n=0}^{\infty}\frac{x^{n+1}}{n+1}\right)'=\sum_{n=0}^{\infty}x^n=\frac{1}{1-x},$$

$$xS(x)=\int_0^x[xS(x)]'\mathrm{d}x+0\cdot S(0)$$

$$=\int_0^x\frac{\mathrm{d}x}{1-x}=-\ln(1-x).$$

当$x\neq0$时,$S(x)=-\dfrac{\ln(1-x)}{x}$;当$x=0$时,$S(0)=\left(\sum\limits_{n=0}^{\infty}\dfrac{x^n}{n+1}\right)\Bigg|_{x=0}=1$,因此有

$$S(x)=\begin{cases}-\dfrac{\ln(1-x)}{x}, & 0<|x|<1,\\ 1, & x=0.\end{cases}$$

容易验证,$S(x)$在$x=0$处连续.

例 7 求幂级数$\sum\limits_{n=1}^{\infty}nx^n$的收敛区间及和函数.

解 $\rho=\lim\limits_{n\to\infty}\left|\dfrac{a_{n+1}}{a_n}\right|=\lim\limits_{n\to\infty}\dfrac{n+1}{n}=1,R=1$,当$x=\pm1$时,幂级数$\sum\limits_{n=1}^{\infty}nx^n$发散,因此所求收敛区间为$(-1,1)$.设$S(x)=\sum\limits_{n=1}^{\infty}nx^n,x\in(-1,1)$,则在$(-1,1)$内,

$$S(x)=x\sum_{n=1}^{\infty}nx^{n-1}=x\left(\sum_{n=1}^{\infty}x^n\right)'=x\left(\frac{x}{1-x}\right)'=\frac{x}{(1-x)^2}.$$

四、函数展开成幂级数

幂级数是比较简单的一种函数项级数,在它的收敛区间内具有很好的代数运算和分析运算性质.因此将函数用幂级数来表示,有重要的理论和实际意义.

将函数用幂级数表示(也称为将函数展开成幂级数),必须解决以下问题:

函数$f(x)$在什么条件下才能展开成幂级数$\sum\limits_{n=0}^{\infty}a_n(x-x_0)^n$? 如果可以展

开，如何求幂级数的系数 $a_n(n=0,1,2,\cdots)$？它的展开式是否唯一？它的展开式 $\sum_{n=0}^{\infty} a_n(x-x_0)^n$ 在什么条件下收敛于 $f(x)$？

1. 函数的幂级数展开式——泰勒级数

若 $f(x)$ 是幂级数 $\sum_{n=0}^{\infty} a_n(x-x_0)^n$ 在点 x_0 的某一邻域 $(x_0-\delta,x_0+\delta)$ 内的和函数，即

$$f(x)=\sum_{n=0}^{\infty} a_n(x-x_0)^n, \quad x\in(x_0-\delta,x_0+\delta),$$

则等式的右边的幂级数有任意阶导数，因此 $f(x)$ 在 $(x_0-\delta,x_0+\delta)$ 内也必须有任意阶导数，而且

$$f^{(n)}(x)=n!\ a_n+\frac{(n+1)!}{1!}a_{n+1}(x-x_0)+\frac{(n+2)!}{2!}a_{n+2}(x-x_0)^2+\cdots,$$

$$f^{(n)}(x_0)=n!\ a_n, \qquad a_n=\frac{f^{(n)}(x_0)}{n!} \qquad (n=0,1,2,\cdots).$$

定义　若 $f(x)$ 在点 x_0 的某一邻域内具有任意阶导数，则幂级数

$$\sum_{n=0}^{\infty}\frac{f^{(n)}(x_0)}{n!}(x-x_0)^n$$

$$=f(x_0)+f'(x_0)(x-x_0)+\frac{f''(x_0)}{2!}(x-x_0)^2+\cdots+\frac{f^{(n)}(x_0)}{n!}(x-x_0)^n+\cdots \tag{11.5}$$

称为 $f(x)$ 在点 x_0 处的泰勒（Taylor）级数，而系数 $\frac{f^{(n)}(x_0)}{n!}$ 称为泰勒系数.

特别地，当 $x_0=0$ 时，幂级数成为

$$\sum_{n=0}^{\infty}\frac{f^{(n)}(0)}{n!}x^n=f(0)+f'(0)x+\frac{f''(0)}{2!}x^2+\cdots+\frac{f^{(n)}(0)}{n!}x^n+\cdots. \tag{11.6}$$

我们把它称为 $f(x)$ 的麦克劳林（Maclaurin）级数.

由此可知，函数 $f(x)$ 能展开成幂级数 $\sum_{n=0}^{\infty} a_n(x-x_0)^n$ 的必要条件是 $f(x)$ 在 $x=x_0$ 的某一邻域内有任意阶导数，而且此幂级数必然是 $f(x)$ 在点 x_0 处的泰勒

级数,即$f(x)$的幂级数展开式是唯一的.

2. $f(x)$的泰勒级数收敛于$f(x)$的充分必要条件

定理 3 若$f(x)$在点x_0的某一邻域内具有任意阶导数,则$f(x)$在点x_0处的泰勒级数在该邻域内收敛于$f(x)$的充分必要条件是,当$n\to\infty$时,$f(x)$在点x_0处的泰勒公式的余项$R_n(x)$(对邻域内所有点x)趋于零.

证 由已知条件,$f(x)$在点x_0处的泰勒公式为

$$f(x)=S_{n+1}(x)+R_n(x),$$

其中

$$S_{n+1}(x)=f(x_0)+f'(x_0)(x-x_0)+\frac{1}{2!}f''(x_0)(x-x_0)^2+\cdots+\frac{1}{n!}f^{(n)}(x_0)(x-x_0)^n$$

称为$f(x)$的n次泰勒多项式,

$$S_{n+1}(x)=f(x)-R_n(x),$$

令$n\to\infty$,对上面式子两边取极限,则有

$$\lim_{n\to\infty}S_{n+1}(x)=f(x)-\lim_{n\to\infty}R_n(x).$$

若$\lim\limits_{n\to\infty}R_n(x)=0$,则

$$f(x)=\lim_{n\to\infty}S_{n+1}(x)=\sum_{n=0}^{\infty}\frac{f^{(n)}(x_0)}{n!}(x-x_0)^n,$$

即$f(x)$在点x_0处的泰勒级数收敛于$f(x)$.

反之,若$f(x)$在点x_0处的泰勒级数收敛于$f(x)$,即

$$f(x)=\sum_{n=0}^{\infty}\frac{f^{(n)}(x_0)}{n!}(x-x_0)^n=\lim_{n\to\infty}S_{n+1}(x),$$

则有$\lim\limits_{n\to\infty}R_n(x)=\lim\limits_{n\to\infty}[f(x)-S_{n+1}(x)]=0.$ ■

3. 函数展开成幂级数

我们主要讨论函数$f(x)$在$x_0=0$处展开成泰勒级数(麦克劳林级数)的问题,即把$f(x)$展开成x的幂级数的问题.由前面讨论可知,要解决这个问题,可按

下面步骤进行：

(1) 求$f(x)$的各阶导数:$f'(x)$,$f''(x)$,…,$f^{(n)}(x)$,….

(2) 求$f(0)$,$f'(0)$,$f''(0)$,…,$f^{(n)}(0)$,….

(3) 写出 x 的幂级数 $\sum\limits_{n=0}^{\infty}\dfrac{f^{(n)}(0)}{n!}x^n$，并求它的收敛半径 R.

(4) 考察 x 在$(-R,R)$内时，当 $n\to\infty$ 时,$f(x)$的泰勒公式的余项 $R_n(x)$是否趋于零,若趋于零,则所求的幂级数在收敛区间内收敛于$f(x)$.

这种方法称为直接展开法.

例 8 将函数 $f(x)=e^x$ 展开成 x 的幂级数.

解 $f^{(n)}(x)=e^x(n=1,2,\cdots)$,

$f(0)=f'(0)=f''(0)=\cdots=f^{(n)}(0)=1.$

于是得到$f(x)$的麦克劳林级数

$$\sum_{n=0}^{\infty}\frac{x^n}{n!}=1+x+\frac{x^2}{2!}+\cdots+\frac{x^n}{n!}+\cdots,$$

它的收敛区间为$(-\infty,+\infty)$.

$$|R_n(x)|=\left|\frac{f^{(n+1)}(\xi)}{(n+1)!}x^{n+1}\right|=\left|\frac{e^{\xi}x^{n+1}}{(n+1)!}\right|\quad(\xi\text{ 介于 }0,x\text{ 之间})$$

$$<e^{|x|}\cdot\frac{|x|^{n+1}}{(n+1)!}\to 0\quad(n\to\infty)$$

对任何实常数 x 均成立.因而有

$$e^x=1+x+\frac{x^2}{2!}+\cdots+\frac{x^n}{n!}+\cdots\quad(-\infty<x<+\infty).\tag{11.7}$$

例 9 把函数 $f(x)=\sin x$ 展开成 x 的幂级数.

解 $f^{(n)}(x)=\sin\left(x+\dfrac{n\pi}{2}\right)\quad(n=1,2,\cdots)$,

$f(0)=0,f'(0)=1,f''(0)=0,f'''(0)=-1,\cdots,$

一般地,有

$$f^{(2n)}(0)=0,\quad f^{(2n+1)}(0)=(-1)^n\quad(n=0,1,2,\cdots),$$

于是得到 x 的幂级数：

$$\sum_{n=0}^{\infty}\frac{(-1)^n x^{2n+1}}{(2n+1)!}=x-\frac{x^3}{3!}+\frac{x^5}{5!}-\cdots+(-1)^n\cdot\frac{x^{2n+1}}{(2n+1)!}+\cdots.$$

它的收敛区间为$(-\infty,+\infty)$.

对于任何实常数 x 及在 0 和 x 之间的 ξ,

$$|R_n(x)| = \left|\frac{f^{(n+1)}(\xi)}{(n+1)!}x^{n+1}\right| = \left|\frac{\sin\left(\xi + \frac{n+1}{2}\pi\right)}{(n+1)!}x^{n+1}\right|$$

$$\leqslant \frac{|x|^{n+1}}{(n+1)!} \to 0 \quad (n \to \infty),$$

因而有

$$\sin x = x - \frac{x^3}{3!} + \frac{x^5}{5!} - \cdots + (-1)^n \cdot \frac{x^{2n+1}}{(2n+1)!} + \cdots \quad (-\infty < x < \infty). \tag{11.8}$$

例 10 将函数 $f(x) = (1+x)^{\mu}$ 展开成 x 的幂级数,其中 μ 为任意常数.

解 $f'(x) = \mu(1+x)^{\mu-1}, f''(x) = \mu(\mu-1)(1+x)^{\mu-2}, \cdots,$

$f^{(n)}(x) = \mu(\mu-1)\cdots(\mu-n+1)(1+x)^{\mu-n}, \cdots,$

$f(0) = 1, f'(0) = \mu, f''(0) = \mu(\mu-1), \cdots,$

$f^{(n)}(0) = \mu(\mu-1)\cdots(\mu-n+1), \cdots.$

于是得到 $f(x)$ 的麦克劳林级数:

$$1 + \mu x + \frac{\mu(\mu-1)}{2!}x^2 + \cdots + \frac{\mu(\mu-1)\cdots(\mu-n+1)}{n!}x^n + \cdots,$$

当 μ 不等于正整数时,泰勒系数均不为零,因此 $\left|\frac{a_{n+1}}{a_n}\right| = \left|\frac{\mu-n}{n+1}\right| \to 1\ (n \to \infty)$, $R=1$, 对于任意常数 μ,上面的幂级数在 $(-1,1)$ 内均收敛(当 μ 为正整数时,收敛区间为 $(-\infty,+\infty)$).但是要直接证明 $\lim\limits_{n\to\infty} R_n(x) = 0\ (x \in (-1,1))$ 比较困难,为此设所得 x 的幂级数的和函数为 $F(x)$,即

$$F(x) = 1 + \mu x + \frac{\mu(\mu-1)}{2!}x^2 + \cdots + \frac{\mu(\mu-1)\cdots(\mu-n+1)}{n!}x^n + \cdots$$

$$(-1 < x < 1),$$

$$F'(x) = \mu\left[1 + (\mu-1)x + \cdots + \frac{(\mu-1)\cdots(\mu-n+1)}{(n-1)!}x^{n-1} + \cdots\right],$$

$$xF'(x) = \mu\left[x + (\mu-1)x^2 + \cdots + \frac{(\mu-1)\cdots(\mu-n+1)}{(n-1)!}x^n + \cdots\right],$$

$$(1+x)F'(x)=\mu\left[1+\mu x+\frac{\mu(\mu-1)}{2!}x^2+\cdots+\frac{\mu(\mu-1)\cdots(\mu-n+1)}{n!}x^n+\cdots\right]$$

$$=\mu F(x).$$

令 $\varphi(x)=\dfrac{F(x)}{(1+x)^{\mu}}$,则

$$\varphi'(x)=\frac{F'(x)(1+x)^{\mu}-F(x)\cdot\mu(1+x)^{\mu-1}}{(1+x)^{2\mu}}$$

$$=\frac{(1+x)F'(x)-\mu F(x)}{(1+x)^{\mu+1}}=0.$$

因此有 $\varphi(x)=c$,但 $\varphi(0)=1$,从而 $\varphi(x)=1$,即

$$F(x)=(1+x)^{\mu}.$$

因此有

$$(1+x)^{\mu}=1+\mu x+\frac{\mu(\mu-1)}{2!}x^2+\cdots+\frac{\mu(\mu-1)\cdots(\mu-n+1)}{n!}x^n+\cdots$$

$$(-1<x<1).\qquad(11.9)$$

在区间端点,即在 $x=1$ 或 -1 处,展开式是否成立,由 μ 的数值而定.

上面的幂级数展开式(11.9)称为二项式展开式,当 μ 为正整数时,级数成为 x 的 μ 次多项式,公式(11.9)就成为中学代数中的二项展开式.当 $\mu=-1,\dfrac{1}{2},-\dfrac{1}{2}$ 时,二项展开式分别为

$$\frac{1}{1+x}=1-x+x^2-x^3+\cdots+(-1)^n x^n+\cdots\qquad(-1<x<1);$$

$$\sqrt{1+x}=1+\frac{1}{2}x-\frac{1}{2\cdot 4}x^2+\frac{1\cdot 3}{2\cdot 4\cdot 6}x^3-\cdots+$$

$$\frac{(-1)^{n-1}(2n-3)!!}{(2n)!!}x^n+\cdots\qquad(-1\leqslant x\leqslant 1);$$

$$\frac{1}{\sqrt{1+x}}=1-\frac{1}{2}x+\frac{1\cdot 3}{2\cdot 4}x^2-\frac{1\cdot 3\cdot 5}{2\cdot 4\cdot 6}x^3+\cdots+$$

$$(-1)^n\frac{(2n-1)!!}{(2n)!!}x^n+\cdots\qquad(-1<x\leqslant 1).$$

对于一般的函数$f(x)$而言,求 $a_n=\frac{f^{(n)}(0)}{n!}$不是容易的事,而研究它的泰勒公式的余项在某个区间内当 $n\to\infty$ 时趋于零的问题更加困难.因此,我们常利用间接展开法,即根据函数的幂级数展开式的唯一性,利用一些已知的函数(如$e^x,\sin x,\frac{1}{1-x},(1+x)^\mu$)的幂级数展开式,再利用变量代换、四则运算及分析运算,求出所给函数的幂级数展开式.

例 11　将下列函数展开成 x 的幂级数:

(1) $f(x)=e^{-x^2}$;　　(2) $f(x)=\frac{1}{x^2-3x+2}$;

(3) $f(x)=\cos x$;　　(4) $f(x)=\ln(1+x)$;

(5) $f(x)=\frac{1}{(1-x)^2}$.

解　(1) $e^u=1+u+\frac{u^2}{2!}+\cdots+\frac{u^n}{n!}+\cdots(-\infty<u<+\infty)$,令 $u=-x^2$,得

$$e^{-x^2}=1-x^2+\frac{x^4}{2!}-\frac{x^6}{3!}+\cdots+\frac{(-1)^n x^{2n}}{n!}+\cdots\quad(-\infty<x<+\infty).$$

(2) $$f(x)=\frac{1}{(x-1)(x-2)}=\frac{1}{x-2}-\frac{1}{x-1}=\frac{1}{1-x}-\frac{1}{2}\frac{1}{1-\frac{x}{2}}$$

$$=1+x+x^2+x^3+\cdots+x^n+\cdots-$$

$$\frac{1}{2}\left[1+\frac{x}{2}+\left(\frac{x}{2}\right)^2+\left(\frac{x}{2}\right)^3+\cdots+\left(\frac{x}{2}\right)^n+\cdots\right]$$

$$=\left(1-\frac{1}{2}\right)+\left(1-\frac{1}{2^2}\right)x+\left(1-\frac{1}{2^3}\right)x^2+$$

$$\left(1-\frac{1}{2^4}\right)x^3+\cdots+\left(1-\frac{1}{2^{n+1}}\right)x^n+\cdots,$$

$$x\in(-1,1)\cap(-2,2),\quad 即\ x\in(-1,1).$$

(3) 因为

$$\sin x=x-\frac{x^3}{3!}+\frac{x^5}{5!}-\cdots+\frac{(-1)^n}{(2n+1)!}x^{2n+1}+\cdots\quad(-\infty<x<+\infty),$$

两边求导得

$$\cos x=1-\frac{x^2}{2!}+\frac{x^4}{4!}-\cdots+(-1)^n\cdot\frac{x^{2n}}{(2n)!}+\cdots\quad(-\infty<x<+\infty).$$

(4) $$f'(x)=\frac{1}{1+x}=1-x+x^2-\cdots+(-1)^n x^n+\cdots\ (-1<x<1),$$

$$f(x)-f(0)=\int_0^x[1-x+x^2-\cdots+(-1)^n x^n+\cdots]\mathrm{d}x$$

$$=x-\frac{x^2}{2}+\frac{x^3}{3}-\cdots+(-1)^n\cdot\frac{x^{n+1}}{n+1}+\cdots.$$

由 $f(0)=0$, 得

$$\ln(1+x)=x-\frac{x^2}{2}+\frac{x^3}{3}-\cdots+(-1)^n\cdot\frac{x^{n+1}}{n+1}+\cdots\quad(-1<x\leqslant 1).$$

注　右边的幂级数在 $x=1$ 处收敛,可以证明在这一点处幂级数收敛于$f(x)$.

(5) $\dfrac{1}{1-x}=1+x+x^2+\cdots+x^n+\cdots\ (-1<x<1)$, 两边对 x 求导,可得

$$\frac{1}{(1-x)^2}=1+2x+3x^2+\cdots+nx^{n-1}+\cdots\quad(-1<x<1).$$

例 12　将下列函数展开成 $x-x_0$ 的幂级数:

(1) $f(x)=\sin x,\ x_0=\dfrac{\pi}{4}$;　　　　(2) $f(x)=\dfrac{x}{x^2-5x+6},\ x_0=-1$.

解　(1) $$f(x)=\sin\left[\left(x-\frac{\pi}{4}\right)+\frac{\pi}{4}\right]$$

$$=\frac{\sqrt{2}}{2}\cos\left(x-\frac{\pi}{4}\right)+\frac{\sqrt{2}}{2}\sin\left(x-\frac{\pi}{4}\right)$$

$$=\frac{\sqrt{2}}{2}\left[1-\frac{\left(x-\frac{\pi}{4}\right)^2}{2!}+\frac{\left(x-\frac{\pi}{4}\right)^4}{4!}-\cdots+\right.$$

$$\left.\frac{(-1)^n\left(x-\frac{\pi}{4}\right)^{2n}}{(2n)!}+\cdots\right]+$$

$$\frac{\sqrt{2}}{2}\left[\left(x-\frac{\pi}{4}\right)-\frac{\left(x-\frac{\pi}{4}\right)^{3}}{3!}+\frac{\left(x-\frac{\pi}{4}\right)^{5}}{5!}-\cdots+\right.$$

$$\left.\frac{(-1)^{n}\left(x-\frac{\pi}{4}\right)^{2n+1}}{(2n+1)!}+\cdots\right]$$

$$=\frac{\sqrt{2}}{2}\left[1+\left(x-\frac{\pi}{4}\right)-\frac{\left(x-\frac{\pi}{4}\right)^{2}}{2!}-\frac{\left(x-\frac{\pi}{4}\right)^{3}}{3!}+\cdots+\right.$$

$$\left.(-1)^{n}\cdot\frac{\left(x-\frac{\pi}{4}\right)^{2n}}{(2n)!}+(-1)^{n}\cdot\frac{\left(x-\frac{\pi}{4}\right)^{2n+1}}{(2n+1)!}+\cdots\right]$$

$$(-\infty<x<+\infty).$$

(2) $f(x)=\dfrac{x}{(x-2)(x-3)}=\dfrac{-2}{x-2}+\dfrac{3}{x-3}$

$$=\frac{-2}{x+1-3}+\frac{3}{x+1-4}$$

$$=\frac{2}{3}\cdot\frac{1}{1-\frac{x+1}{3}}-\frac{3}{4}\cdot\frac{1}{1-\frac{x+1}{4}}$$

$$=\frac{2}{3}\left[1+\frac{x+1}{3}+\left(\frac{x+1}{3}\right)^{2}+\cdots+\left(\frac{x+1}{3}\right)^{n}+\cdots\right]-$$

$$\frac{3}{4}\left[1+\frac{x+1}{4}+\left(\frac{x+1}{4}\right)^{2}+\cdots+\left(\frac{x+1}{4}\right)^{n}+\cdots\right]$$

$$=\left(\frac{2}{3}-\frac{3}{4}\right)+\left(\frac{2}{3^{2}}-\frac{3}{4^{2}}\right)(x+1)+\left(\frac{2}{3^{3}}-\frac{3}{4^{3}}\right)(x+1)^{2}+\cdots+$$

$$\left(\frac{2}{3^{n+1}}-\frac{3}{4^{n+1}}\right)(x+1)^{n}+\cdots,\quad x\in(-4,2).$$

五、函数的幂级数展开式的一些应用

1. 近似计算

以前我们曾用泰勒公式计算函数的近似值,而用泰勒级数计算要比用泰勒公式能更精确地估计近似值的误差.

例 13　计算$\frac{1}{\sqrt{e}}$的近似值,要求误差不超过 10^{-4}.

解　由 $e^x=1+x+\frac{x^2}{2!}+\cdots+\frac{x^n}{n!}+\cdots\ (-\infty<x<+\infty)$,取 $x=-\frac{1}{2}$,得

$$\frac{1}{\sqrt{e}}=e^{-\frac{1}{2}}=1-\frac{1}{2}+\frac{\left(-\frac{1}{2}\right)^2}{2!}+\cdots+\frac{\left(-\frac{1}{2}\right)^n}{n!}+\cdots.$$

这是一个莱布尼茨型的交错级数,$|r_n|\leqslant u_{n+1}$.

$$u_1=1,\ u_2=\frac{1}{2},\ u_3=\frac{1}{8},\ u_4=\frac{1}{48},\ u_5=\frac{1}{384},\ u_6=\frac{1}{3\ 840},$$

$$u_7=\frac{1}{6!}\left(\frac{1}{2}\right)^6<10^{-4},$$

因此,

$$\frac{1}{\sqrt{e}}\approx1-\frac{1}{2}+\frac{1}{8}-\frac{1}{48}+\frac{1}{384}-\frac{1}{3\ 840}\approx0.606\ 5.$$

例 14　计算$\sqrt[5]{240}$的近似值,精确到小数第四位.

解　由 $(1+x)^{\frac{1}{5}}=1+\frac{x}{5}+\frac{\frac{1}{5}\left(\frac{1}{5}-1\right)}{2!}x^2+\frac{\frac{1}{5}\left(\frac{1}{5}-1\right)\left(\frac{1}{5}-2\right)}{3!}x^3+\cdots$ $(|x|<1)$,得

$$\sqrt[5]{240}=(243-3)^{\frac{1}{5}}=3\left(1-\frac{1}{3^4}\right)^{\frac{1}{5}}$$

$$=3\left[1+\frac{1}{5}\left(-\frac{1}{3^4}\right)+\frac{1}{2!}\cdot\frac{1}{5}\left(-\frac{4}{5}\right)\left(-\frac{1}{3^4}\right)^2+\right.$$

$$\frac{1}{3!}\cdot\frac{1}{5}\left(-\frac{4}{5}\right)\left(-\frac{9}{5}\right)\left(-\frac{1}{3^4}\right)^3+\cdots\bigg],$$

$$\begin{aligned}|r_2|&=3\left(\frac{2}{25\cdot 3^8}+\frac{6}{125}\cdot\frac{1}{3^{12}}+\frac{21}{625}\cdot\frac{1}{3^{16}}+\cdots\right)\\&<3\cdot\frac{2}{25\cdot 3^8}\left(1+\frac{1}{81}+\frac{1}{81^2}+\cdots\right)\\&=\frac{1}{25\cdot 27\cdot 40}<10^{-4},\end{aligned}$$

因此

$$\sqrt[5]{240}\approx 3\left(1-\frac{1}{5\cdot 3^4}\right)\approx 2.992\ 6.$$

例 15 证明 $\ln\frac{1+x}{1-x}=2\left(x+\frac{x^3}{3}+\frac{x^5}{5}+\cdots+\frac{x^{2n+1}}{2n+1}+\cdots\right)\quad(-1<x<1)$，并由此计算 ln 2 的近似值，精确到 10^{-3}.

解 由本节例 11 中(4)知道

$$\ln(1+x)=x-\frac{x^2}{2}+\frac{x^3}{3}-\frac{x^4}{4}+\cdots+\frac{(-1)^{n-1}x^n}{n}+\cdots\quad(-1<x\leqslant 1),$$

把 x 换成 $-x$ 得

$$\ln(1-x)=-x-\frac{x^2}{2}-\frac{x^3}{3}-\frac{x^4}{4}-\cdots-\frac{x^n}{n}-\cdots\quad(-1\leqslant x<1),$$

两式相减得

$$\ln\frac{1+x}{1-x}=2\left(x+\frac{x^3}{3}+\frac{x^5}{5}+\cdots+\frac{x^{2n+1}}{2n+1}+\cdots\right)\qquad(|x|<1).$$

令 $\frac{1+x}{1-x}=2$，得 $x=\frac{1}{3}$.

$$\ln 2=\ln\frac{1+\frac{1}{3}}{1-\frac{1}{3}}=2\left[\frac{1}{3}+\frac{\left(\frac{1}{3}\right)^3}{3}+\frac{\left(\frac{1}{3}\right)^5}{5}+\frac{\left(\frac{1}{3}\right)^7}{7}+\cdots\right].$$

$$
\begin{aligned}
|r_3| &= 2\left(\frac{1}{7}\cdot\frac{1}{3^7}+\frac{1}{9}\cdot\frac{1}{3^9}+\frac{1}{11}\cdot\frac{1}{3^{11}}+\cdots\right)\\
&< \frac{2}{7}\cdot\frac{1}{3^7}\left(1+\frac{1}{9}+\frac{1}{81}+\cdots\right)\\
&= \frac{1}{28\cdot 243} < 10^{-3}.
\end{aligned}
$$

$$
\ln 2 \approx 2\left(\frac{1}{3}+\frac{1}{3^4}+\frac{1}{5\cdot 3^5}\right) \approx 0.693.
$$

利用幂级数,不仅可以计算一些函数的近似值,而且还可以计算一些定积分的近似值.

例 16 计算定积分 $\int_0^1 e^{-x^2}dx$ 的近似值,精确到 10^{-3}.

解
$$
\begin{aligned}
\int_0^1 e^{-x^2}dx &= \int_0^1\left(1-x^2+\frac{x^4}{2!}-\frac{x^6}{3!}+\frac{x^8}{4!}-\cdots\right)dx\\
&=1-\frac{1}{3}+\frac{1}{5\cdot 2!}-\frac{1}{7\cdot 3!}+\frac{1}{9\cdot 4!}-\cdots.
\end{aligned}
$$

这是一个莱布尼茨型的交错级数, $|r_n| < u_{n+1}$.

$$
u_1=1,\quad u_2=\frac{1}{3},\quad u_3=\frac{1}{10},\quad u_4=\frac{1}{42},\quad u_5=\frac{1}{216},
$$

$$
u_6=\frac{1}{11\cdot 120} < 10^{-3},
$$

因此

$$
\int_0^1 e^{-x^2}dx \approx 1-\frac{1}{3}+\frac{1}{10}-\frac{1}{42}+\frac{1}{216} \approx 0.747.
$$

例 17 计算定积分 $\int_0^1 \frac{\sin x}{x}dx$ 的近似值,精确到 10^{-4}.

解 $\lim\limits_{x\to 0}\frac{\sin x}{x}=1$, 所给的是定积分而不是反常积分.如果补充定义被积函数 $f(x)$ 在 $x=0$ 处的值为 1,则被积函数 $f(x)$ 在 $[0,1]$ 上连续.

$$
\begin{aligned}
\int_0^1 \frac{\sin x}{x}dx &= \int_0^1\left(1-\frac{x^2}{3!}+\frac{x^4}{5!}-\frac{x^6}{7!}+\cdots\right)dx\\
&=1-\frac{1}{3\cdot 3!}+\frac{1}{5\cdot 5!}-\frac{1}{7\cdot 7!}+\cdots.
\end{aligned}
$$

这是一个莱布尼茨型的交错级数，$|r_n| < u_{n+1}, u_4 = \dfrac{1}{7\cdot 7!} < 10^{-4}$. 因此

$$\int_0^1 \frac{\sin x}{x}\mathrm{d}x \approx 1 - \frac{1}{18} + \frac{1}{600} \approx 0.946\ 1.$$

2. 级数求和

利用一些已知函数的幂级数展开式及幂级数的运算性质,可以求某些级数的和.

例 18 求下列级数的和:

(1) $\sum\limits_{n=1}^{\infty} \dfrac{(-1)^n \cdot n}{2^n}$;　　(2) $\sum\limits_{n=1}^{\infty} \dfrac{1}{n\cdot 4^n}$;

(3) $\sum\limits_{n=1}^{\infty} \dfrac{n+(-1)^n}{n!}$;　　(4) $\sum\limits_{n=1}^{\infty} \dfrac{(-1)^{n-1}(n+1)}{(2n)!}$.

解 (1) 令 $f(x) = \sum\limits_{n=1}^{\infty} (-1)^n n x^{n-1}, x \in (-1,1)$,则

$$f(x) = \left[\sum_{n=1}^{\infty}(-x)^n\right]' = \left(\frac{-x}{1+x}\right)' = \frac{-1}{(1+x)^2}.$$

$$\sum_{n=1}^{\infty}\frac{(-1)^n\cdot n}{2^n} = \frac{1}{2}\sum_{n=1}^{\infty}(-1)^n n\left(\frac{1}{2}\right)^{n-1}$$

$$= \frac{1}{2}f\left(\frac{1}{2}\right) = \frac{1}{2}\left(-\frac{4}{9}\right) = -\frac{2}{9}.$$

(2) 令 $f(x) = \sum\limits_{n=1}^{\infty}\dfrac{x^n}{n},\quad x \in (-1,1)$, 则

$$f'(x) = \sum_{n=1}^{\infty} x^{n-1} = \frac{1}{1-x},$$

$$f(x) - f(0) = \int_0^x \frac{\mathrm{d}x}{1-x} = -\ln(1-x).$$

而 $f(0)=0$,因此 $f(x) = -\ln(1-x)$.

$$\sum_{n=1}^{\infty}\frac{1}{n\cdot 4^n} = f\left(\frac{1}{4}\right) = -\ln\left(1-\frac{1}{4}\right) = \ln\frac{4}{3}.$$

(3) $\sum\limits_{n=1}^{\infty}\dfrac{n}{n!} = \sum\limits_{n=1}^{\infty}\dfrac{1}{(n-1)!} = 1 + \dfrac{1}{1!} + \dfrac{1}{2!} + \dfrac{1}{3!} + \cdots + \dfrac{1}{n!} + \cdots = \mathrm{e}$,

$$\sum_{n=1}^{\infty}\frac{(-1)^n}{n!}=-\frac{1}{1!}+\frac{1}{2!}-\frac{1}{3!}+\cdots+\frac{(-1)^n}{n!}+\cdots$$

$$=\left[1-\frac{1}{1!}+\frac{1}{2!}-\frac{1}{3!}+\cdots+\frac{(-1)^n}{n!}+\cdots\right]-1$$

$$=\mathrm{e}^{-1}-1,$$

因此

$$\sum_{n=1}^{\infty}\frac{n+(-1)^n}{n!}=\sum_{n=1}^{\infty}\frac{n}{n!}+\sum_{n=1}^{\infty}\frac{(-1)^n}{n!}=\mathrm{e}+\mathrm{e}^{-1}-1.$$

(4) $\displaystyle\sum_{n=1}^{\infty}\frac{(-1)^{n-1}\cdot n}{(2n)!}$

$$=\frac{1}{2}\sum_{n=1}^{\infty}\frac{(-1)^{n-1}}{(2n-1)!}$$

$$=\frac{1}{2}\left[1-\frac{1}{3!}+\frac{1}{5!}-\frac{1}{7!}+\cdots+(-1)^{n-1}\frac{1}{(2n-1)!}+\cdots\right]$$

$$=\frac{1}{2}\sin 1,$$

$$\sum_{n=1}^{\infty}\frac{(-1)^{n-1}}{(2n)!}=\frac{1}{2!}-\frac{1}{4!}+\frac{1}{6!}-\cdots+\frac{(-1)^{n-1}}{(2n)!}+\cdots$$

$$=1-\left[1-\frac{1}{2!}+\frac{1}{4!}-\frac{1}{6!}+\cdots+\frac{(-1)^n}{(2n)!}+\cdots\right]$$

$$=1-\cos 1,$$

$$\sum_{n=1}^{\infty}\frac{(-1)^{n-1}(n+1)}{(2n)!}=\frac{1}{2}\sin 1+1-\cos 1.$$

3. 欧拉公式的证明

在复变函数中将证明：对复变数 $z=x+\mathrm{i}y$ 仍有

$$\boxed{\mathrm{e}^z=1+z+\frac{z^2}{2!}+\cdots+\frac{z^n}{n!}+\cdots,\quad |z|<+\infty,}$$

令 $x=0$，即 $z=\mathrm{i}y$，便有

$$e^{iy}=1+iy+\frac{(iy)^2}{2!}+\frac{(iy)^3}{3!}+\frac{(iy)^4}{4!}+\cdots+\frac{(iy)^{2n}}{(2n)!}+\frac{(iy)^{2n+1}}{(2n+1)!}+\cdots$$

$$=\left[1-\frac{y^2}{2!}+\frac{y^4}{4!}-\cdots+(-1)^n\cdot\frac{y^{2n}}{(2n)!}+\cdots\right]+$$

$$i\left[y-\frac{y^3}{3!}+\cdots+(-1)^n\cdot\frac{y^{2n+1}}{(2n+1)!}+\cdots\right]$$

$$=\cos y+i\sin y.$$

把 y 换成 x,就得到欧拉公式:

$$\boxed{e^{ix}=\cos x+i\sin x.}$$

用 $-x$ 代替 x,得

$$e^{-ix}=\cos x-i\sin x.$$

于是

$$\boxed{\begin{aligned}\sin x&=\frac{1}{2i}(e^{ix}-e^{-ix}),\\ \cos x&=\frac{1}{2}(e^{ix}+e^{-ix}).\end{aligned}}$$

这两个公式也称为欧拉公式.

习题 11.2

1. 求下列幂级数的收敛区间:

(1) $\sum\limits_{n=1}^{\infty}\frac{x^n}{\sqrt{n}}$;

(2) $\sum\limits_{n=1}^{\infty}\frac{(-2)^n x^n}{\sqrt{n(n+1)}}$;

(3) $\sum\limits_{n=1}^{\infty}\frac{nx^n}{3^n}$;

(4) $\sum\limits_{n=1}^{\infty}\frac{n^4 x^n}{n!}$;

(5) $\sum\limits_{n=1}^{\infty}\frac{n!\ x^n}{3^n}$;

(6) $\sum\limits_{n=1}^{\infty}\frac{4^n x^n}{n\sqrt{n}}$;

(7) $\sum\limits_{n=1}^{\infty}\frac{x^{3n-2}}{(2n+1)\cdot 3^n}$;

(8) $\sum\limits_{n=1}^{\infty}\frac{(-5)^n x^{2n-1}}{n}$;

(9) $\sum\limits_{n=1}^{\infty}\frac{(x-3)^n}{\sqrt{n+1}}$.

2. 利用幂级数的运算性质，求下列幂级数的收敛区间及和函数：

(1) $\sum_{n=1}^{\infty} 2nx^{2n-1}$；　　(2) $\sum_{n=1}^{\infty} \frac{x^n}{n}$；

(3) $\sum_{n=1}^{\infty} \frac{x^{n-1}}{n+1}$；　　(4) $\sum_{n=1}^{\infty} n(n+1)x^n$；

(5) $\sum_{n=1}^{\infty} \frac{x^{2n-1}}{2n-1}$，并求 $\sum_{n=1}^{\infty} \frac{2^n}{(2n-1)\cdot 3^n}$.

3. 求级数 $\sum_{n=1}^{\infty}\left(\frac{x^n}{n}-\frac{x^{n+1}}{n+1}\right)$ 的收敛区间及和函数.

4. 将下列函数展开成 x 的幂级数：

(1) $f(x)=\frac{1}{2-x-x^2}$；　　(2) $f(x)=\frac{1}{4+4x+x^2}$；

(3) $f(x)=\sqrt{4+5x}$；　　(4) $f(x)=\ln(4-5x+x^2)$；

(5) $f(x)=\frac{1}{\sqrt[3]{8-3x}}$；　　(6) $f(x)=\arctan x^2$；

(7) $f(x)=\begin{cases}\frac{1-\cos x}{x^2}, & x\neq 0,\\ \frac{1}{2}, & x=0;\end{cases}$

(8) $f(x)=\sin x^3$；　　(9) $f(x)=\frac{1}{1+x+x^2}$.

5. 将下列函数展开成 $x-x_0$ 的幂级数：

(1) $f(x)=\frac{1}{x^2+3x+2}$，　$x_0=1$；

(2) $f(x)=\frac{1}{x^2}$，　$x_0=2$；

(3) $f(x)=\mathrm{e}^x$，　$x_0=-1$；

(4) $f(x)=\cos x$，　$x_0=\frac{3\pi}{4}$.

6. 把下列幂级数的和函数展开成 $x-x_0$ 的幂级数：

(1) $f(x)=\sum_{n=0}^{\infty}(-x)^n$，　$x_0=\frac{1}{2}$；

(2) $f(x)=\sum_{n=0}^{\infty}\frac{(2x)^n}{n!}$，　$x_0=2$.

7. 利用幂级数求下列式子的近似值：

(1) $\sin 18^\circ$（精确到 10^{-4}）；　　(2) $\sqrt[5]{33}$（精确到 10^{-3}）；

(3) $\sqrt[3]{e}$（精确到 10^{-4}）；　　(4) $\int_0^{\frac{1}{10}} \frac{dx}{1+x^4}$（精确到 10^{-4}）；

(5) $\int_0^{\frac{1}{5}} \frac{\arctan x}{x} dx$，取前三项并估计误差.

8. 求下列级数的和：

(1) $\sum_{n=1}^{\infty} \frac{n}{2^n}$；　　(2) $\sum_{n=1}^{\infty} \frac{(-1)^{n-1}}{n \cdot 3^n}$；

(3) $\sum_{n=0}^{\infty} \frac{1}{(2n)!}$；　　(4) $\sum_{n=0}^{\infty} \frac{1}{(2n+1)!}$；

(5) $\sum_{n=0}^{\infty} \frac{(-1)^{\left[\frac{n}{2}\right]}}{n!}$.

第三节　傅里叶级数

一、三角级数

在实际问题中，常会遇到各种周期运动，而最简单的周期运动是简谐振动，它可用

$$y = A\sin(\omega t + \varphi)$$

来表示，其中周期为 $T = \frac{2\pi}{\omega}$. 为了方便，我们先研究以 2π 为周期（不必为最小正整期）的简谐振动

$$y_k = A_k \sin(kx + \varphi_k) \quad (k = 1, 2, \cdots).$$

但是在实际问题中，许多以 2π 为周期的周期运动不是简谐振动. 例如，$y = \sin x + \frac{1}{3}\sin 3x$ 是两个简谐振动的合成. 这样就产生一个问题：对于任何一个以 2π 为周期的周期振动，是否都可以用若干个以 2π 为周期的简谐振动的合成来表示呢？从数学角度来讲，一个以 2π 为周期的周期函数 $f(x)$，能否展开成形如

$$A_0 + \sum_{k=1}^{\infty} A_k \sin(kx + \varphi_k)$$

的级数呢?

我们称此级数为三角级数.

因为 $A_k\sin(kx+\varphi_k)=A_k\sin\varphi_k\cos kx+A_k\cos\varphi_k\sin kx$,令

$$a_k=A_k\sin\varphi_k,\quad b_k=A_k\cos\varphi_k\quad(k=1,2,\cdots),$$

$$a_0=2A_0,$$

则三角级数可以改写为

$$\frac{a_0}{2}+\sum_{k=1}^{\infty}(a_k\cos kx+b_k\sin kx),\tag{11.10}$$

它仍然称为三角级数,如果它收敛,显然和函数仍以 2π 为周期.

研究以 2π 为周期的周期函数 $f(x)$ 展开成三角级数的问题,其思路和函数展开成幂级数相类似.先假定 $f(x)$ 能展开成形如(11.10)式的三角级数,求出 a_k,b_k,然后再研究所得级数在什么条件下收敛于 $f(x)$.这里重点是展开问题,至于收敛问题,由于它比较复杂,我们只给出常用的主要结论.

定义 设 $\{\varphi_n(x)\}(n=0,1,2,\cdots)$ 是一族在区间 $[a,b]$ 上有定义且平方可积的函数(即 $[\varphi_n(x)]^2$ 在 $[a,b]$ 上可积),且满足条件:

(1) $\int_a^b\varphi_m(x)\varphi_n(x)\mathrm{d}x=0\quad(m\neq n)$;

(2) $\int_a^b[\varphi_n(x)]^2\mathrm{d}x=\lambda_n>0$($\lambda_n$ 为常数),

则称 $\{\varphi_n(x)\}$ 是 $[a,b]$ 上的正交函数系.

现在考察三角函数族

$$1,\cos x,\sin x,\cos 2x,\sin 2x,\cdots,\cos nx,\sin nx,\cdots,\tag{11.11}$$

因为

$$\int_a^{a+2\pi}1\cdot\cos nx\mathrm{d}x=\int_a^{a+2\pi}1\cdot\sin nx\mathrm{d}x=0\quad(n=1,2,\cdots),$$

$$\int_a^{a+2\pi}\cos mx\sin nx\mathrm{d}x=0\quad(n,m=1,2,\cdots),$$

$$\int_a^{a+2\pi}\cos mx\cos nx\mathrm{d}x=\int_a^{a+2\pi}\sin mx\sin nx\mathrm{d}x=0$$

$$(m\neq n;m,n=1,2,\cdots),$$

$$\int_a^{a+2\pi}\cos^2 nx\mathrm{d}x=\int_a^{a+2\pi}\sin^2 nx\mathrm{d}x=\pi>0\quad(n=1,2,\cdots),$$

$$\int_{a}^{a+2\pi} 1^2 \cdot \mathrm{d}x = 2\pi > 0,$$

所以(11.11)式表示的三角函数族是$[a,a+2\pi]$上的正交函数系,其中 a 可以为任意实数,特别当取 $a=-\pi$ 或 $a=0$ 时可得三角函数族(11.11)是$[-\pi,\pi]$或$[0,2\pi]$上的正交函数系,或称三角函数族(11.11)在$[-\pi,\pi]$或$[0,2\pi]$上具有正交性.

二、函数展开成傅里叶级数

1. 傅里叶系数

假定以 2π 为周期的周期函数 $f(x)$ 能展开成三角级数

$$f(x)=\frac{a_0}{2}+\sum_{k=1}^{\infty}(a_k\cos kx+b_k\sin kx), \tag{11.12}$$

并假定级数(11.12)可以逐项积分,我们就可以求出 a_k,b_k.

先求 a_0,对(11.12)式两边从$-\pi$ 到 π 积分,并利用三角函数系的正交性得

$$\int_{-\pi}^{\pi} f(x)\,\mathrm{d}x=\int_{-\pi}^{\pi}\frac{a_0}{2}\mathrm{d}x+\sum_{k=1}^{\infty}\left(a_k\int_{-\pi}^{\pi}\cos kx\mathrm{d}x+b_k\int_{-\pi}^{\pi}\sin kx\mathrm{d}x\right)=\pi a_0,$$

因此得

$$a_0=\frac{1}{\pi}\int_{-\pi}^{\pi}f(x)\,\mathrm{d}x.$$

再求 a_n,(11.12)式两边同乘 $\cos nx$,再从$-\pi$ 到 π 积分得

$$\begin{aligned}&\int_{-\pi}^{\pi}f(x)\cos nx\mathrm{d}x\\ =&\int_{-\pi}^{\pi}\frac{a_0}{2}\cos nx\mathrm{d}x+\sum_{k=1}^{\infty}\left(a_k\int_{-\pi}^{\pi}\cos kx\cos nx\mathrm{d}x+b_k\int_{-\pi}^{\pi}\sin kx\cos nx\mathrm{d}x\right)\\ =&\int_{-\pi}^{\pi}a_n\cos^2 nx\mathrm{d}x=a_n\pi,\end{aligned}$$

因此得

$$a_n=\frac{1}{\pi}\int_{-\pi}^{\pi}f(x)\cos nx\mathrm{d}x\quad(n=1,2,\cdots).$$

类似地,将(11.12)式两边同乘 $\sin nx$,再从$-\pi$ 到 π 积分可得

$$b_n=\frac{1}{\pi}\int_{-\pi}^{\pi}f(x)\sin nx\mathrm{d}x\quad(n=1,2,\cdots).$$

于是得

$$a_n=\frac{1}{\pi}\int_{-\pi}^{\pi}f(x)\cos nx\mathrm{d}x\quad(n=0,1,2,\cdots),$$
$$b_n=\frac{1}{\pi}\int_{-\pi}^{\pi}f(x)\sin nx\mathrm{d}x\quad(n=1,2,\cdots).\tag{11.13}$$

由此可知,若$f(x)$能展开成可以逐项积分的三角级数,则系数a_0, a_n, b_n ($n=1, 2, \cdots$)是由$f(x)$唯一确定的,它们必满足关系式(11.13).

由公式(11.13)确定的系数$a_0,a_n,b_n(n=1,2,\cdots)$称为$f(x)$的傅里叶系数,而公式(11.13)称为欧拉-傅里叶系数公式,将这些系数代入(11.12)式右端,所得三角级数

$$\frac{a_0}{2}+\sum_{n=1}^{\infty}(a_n\cos nx+b_n\sin nx),\tag{11.14}$$

称为函数$f(x)$的傅里叶级数.

只要公式(11.13)右端的积分存在,就可以作出形如式(11.14)的三角级数,不论它是否收敛及是否收敛于$f(x)$,我们都把它称为$f(x)$的傅里叶级数.

由上面的讨论可知:如果以2π为周期的周期函数$f(x)$可以展开成能逐项积分的三角级数,则它一定是$f(x)$的傅里叶级数.

其次若$f(x)$为奇函数,$f(x)\cos nx$,$f(x)\sin nx$在$[-\pi,\pi]$上可积,则$f(x)\cos nx$为奇函数,$f(x)\sin nx$为偶函数,由公式(11.13)可知,

$$a_n=0\ (n=0,1,2,\cdots),\quad b_n=\frac{2}{\pi}\int_0^{\pi}f(x)\sin nx\mathrm{d}x\ (n=1,2,\cdots).$$

因此奇函数的傅里叶级数只含正弦项,我们把这样的傅里叶级数称为正弦级数.

同理,当$f(x)$为偶函数时,

$$b_n=0\ (n=1,2,\cdots),\quad a_n=\frac{2}{\pi}\int_0^{\pi}f(x)\cos nx\mathrm{d}x\ (n=0,1,2,\cdots),$$

即偶函数的傅里叶级数只含常数项和余弦项,我们把这样的傅里叶级数称为余弦级数.

2. 傅里叶级数的收敛性

函数$f(x)$满足什么条件,它的傅里叶级数才收敛?傅里叶级数的和函数与

$f(x)$有什么关系？我们在这里不加证明地给出一个定理，来回答上述问题.

定理 1(收敛定理) 设$f(x)$是周期为2π的周期函数，且满足：

(1) $f(x)$在区间$[-\pi, \pi]$上连续或只有有限个第一类间断点；

(2) $f'(x)$在区间$[-\pi, \pi]$上至多有有限个第一类间断点，则$f(x)$的傅里叶级数收敛，并且

$$\frac{a_0}{2}+\sum_{n=1}^{\infty}(a_n\cos nx+b_n\sin nx)$$

$$=\begin{cases} f(x), & x\text{ 是 }f(x)\text{ 的连续点}, \\ \dfrac{1}{2}[f(x-0)+f(x+0)], & x\text{ 是 }f(x)\text{ 的第一类间断点}. \end{cases}$$

从收敛定理可以看出，函数展开成傅里叶级数的条件比展开成幂级数的条件弱得多.

例 1 设$f(x)$是以2π为周期的周期函数，它在$(-\pi,\pi]$上的表达式为

$$f(x)=\begin{cases} -1, & -\pi<x\leqslant 0, \\ 1, & 0<x\leqslant\pi, \end{cases}$$

而$S(x)$是$f(x)$的傅里叶级数的和函数，求$S(x)$的表达式及$S(0)$，$S\left(\dfrac{1}{2}\right)$，$S(\pi)$，$S(5)$.

解 $f(x)$在$(-\pi, 0)\cup(0, \pi)$上连续，

$$\frac{1}{2}[f(0+0)+f(0-0)]=0,$$

$$\frac{1}{2}[f(\pi-0)+f(\pi+0)]=0,$$

因此有

$$S(x)=\begin{cases} -1, & 2k\pi-\pi<x<2k\pi, \\ 0, & x=k\pi, \\ 1, & 2k\pi<x<2k\pi+\pi \end{cases}\quad(k\text{ 为整数}).$$

$$S(0)=0,\ S\left(\frac{1}{2}\right)=1,\ S(\pi)=0,\ S(5)=S(5-2\pi)=-1.$$

3. 函数展开成傅里叶级数

(1) 以2π为周期的函数的傅里叶级数

例 2 设$f(x)$是以 2π 为周期的函数,在$(-\pi,\pi]$上

$$f(x)=\begin{cases}2, & 0\leqslant x\leqslant \pi,\\ 0, & -\pi<x<0,\end{cases}$$

将$f(x)$展开成傅里叶级数.

解 $f(x)$满足收敛定理条件,它仅在$x=k\pi(k=0,\ \pm1,\ \pm2,\cdots)$处不连续,在其他点处均连续,由收敛定理知道它的傅里叶级数收敛,当 $x=k\pi$ 时,级数收敛于$\dfrac{1}{2}(2+0)=1$,当$x\neq k\pi$ 时,级数收敛于$f(x)$.

$$a_0=\frac{1}{\pi}\int_{-\pi}^{\pi}f(x)\mathrm{d}x=\frac{1}{\pi}\int_0^{\pi}2\mathrm{d}x=2,$$

$$a_n=\frac{1}{\pi}\int_{-\pi}^{\pi}f(x)\cos nx\mathrm{d}x=\frac{1}{\pi}\int_0^{\pi}2\cos nx\mathrm{d}x=0\qquad(n=1,2,\cdots),$$

$$\begin{aligned}b_n&=\frac{1}{\pi}\int_{-\pi}^{\pi}f(x)\sin nx\mathrm{d}x=\frac{1}{\pi}\int_0^{\pi}2\sin nx\mathrm{d}x\\&=-\frac{2}{n\pi}\cos nx\Big|_0^{\pi}=\frac{2(1-\cos n\pi)}{n\pi}=\frac{2}{n\pi}[1-(-1)^n]\\&=\begin{cases}0, & n=2k,\\ \dfrac{4}{(2k-1)\pi}, & n=2k-1\end{cases}\quad(k\text{ 为正整数}).\end{aligned}$$

因此有

$$f(x)=1+\sum_{k=1}^{\infty}\frac{4}{(2k-1)\pi}\sin(2k-1)x$$

$$(-\infty<x<+\infty,x\neq0,\ \pm\pi,\ \pm2\pi,\cdots).$$

例 3 设$f(x+2\pi)=f(x)$,在$[-\pi,\pi]$上,$f(x)=|x|$,将$f(x)$展开成傅里叶级数.

解 $f(x)$满足收敛定理条件,而且在每一点处都连续,因而它的傅里叶级数处处收敛于$f(x)$.其次$f(x)$是偶函数,因此$b_n=0(n=1,2,\cdots)$.

$$a_0=\frac{2}{\pi}\int_0^{\pi}f(x)\mathrm{d}x=\frac{2}{\pi}\int_0^{\pi}x\mathrm{d}x=\pi,$$

$$a_n=\frac{2}{\pi}\int_0^{\pi}f(x)\cos nx\mathrm{d}x=\frac{2}{\pi}\int_0^{\pi}x\cos nx\mathrm{d}x$$

$$=\frac{2}{n\pi}\int_0^{\pi}x\mathrm{d}\sin nx=\frac{2}{n\pi}\left(x\sin nx\Big|_0^{\pi}-\int_0^{\pi}\sin nx\mathrm{d}x\right)$$

$$=\frac{2}{n^2\pi}\cos nx\Big|_0^{\pi}=\frac{2[(-1)^n-1]}{n^2\pi}$$

$$=\begin{cases}0, & n=2,4,6,\cdots,\\ -\dfrac{4}{n^2\pi}, & n=1,3,5,\cdots.\end{cases}$$

因此有

$$f(x)=\frac{\pi}{2}+\sum_{n=1}^{\infty}\frac{2[(-1)^n-1]}{n^2\pi}\cos nx$$

$$=\frac{\pi}{2}-\frac{4}{\pi}\sum_{k=1}^{\infty}\frac{1}{(2k-1)^2}\cos(2k-1)x\quad(-\infty<x<+\infty).$$

在上式中令 $x=0$，则有

$$0=\frac{\pi}{2}-\frac{4}{\pi}\sum_{k=1}^{\infty}\frac{1}{(2k-1)^2}$$

$$=\frac{\pi}{2}+\left(\frac{-4}{1^2\cdot\pi}+\frac{-4}{3^2\cdot\pi}+\frac{-4}{5^2\cdot\pi}+\cdots\right),$$

即

$$\frac{1}{1^2}+\frac{1}{3^2}+\frac{1}{5^2}+\cdots+\frac{1}{(2n-1)^2}+\cdots=\frac{\pi^2}{8}.$$

设

$$\sum_{n=1}^{\infty}\frac{1}{n^2}=\sigma,\sum_{n=1}^{\infty}\frac{1}{(2n-1)^2}=\sigma_1,$$

$$\sum_{n=1}^{\infty}\frac{1}{(2n)^2}=\sigma_2,\sum_{n=1}^{\infty}\frac{(-1)^{n-1}}{n^2}=\sigma_3,$$

则

$$\sigma_2=\frac{1}{4}\sigma,\quad\sigma_3=\sigma_1-\sigma_2,\quad\sigma=\sigma_1+\sigma_2.$$

因此，

$$\frac{\pi^2}{8}=\sigma_1=\sigma-\sigma_2=\sigma-\frac{\sigma}{4}=\frac{3}{4}\sigma,$$

$$\sigma=\frac{\pi^2}{6},\quad \sigma_2=\frac{\pi^2}{24},\quad \sigma_3=\frac{\pi^2}{12}.$$

例 4 设 $f(x+2\pi)=f(x)$，在 $[-\pi,\pi)$ 上 $f(x)=x$，将 $f(x)$ 展开成傅里叶级数.

解 $f(x)$ 满足收敛定理条件，它仅仅在点 $x=(2k+1)\pi(k=0,\pm1,\pm2,\cdots)$ 处不连续，因此它的傅里叶级数在点 $x=(2k+1)\pi$ 处收敛于 $\frac{1}{2}[f(\pi-0)+f(\pi+0)]=0$，在其他点处均收敛于 $f(x)$，和函数的图形如图 11.1 所示.

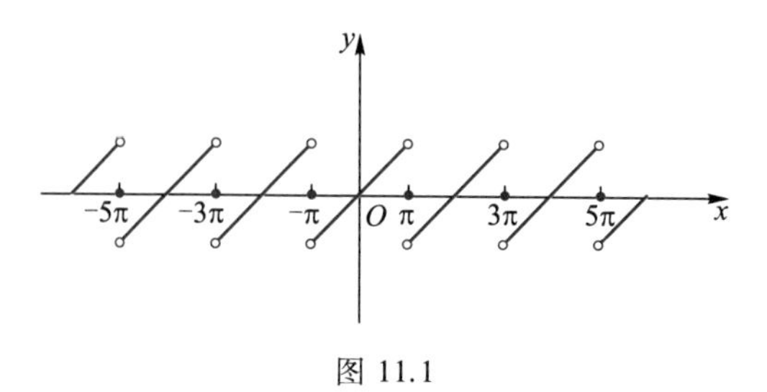

图 11.1

若不计 $x=\pm\pi$ 两点，则 $f(x)$ 在 $(-\pi,\pi)$ 上是奇函数，而改变一个有界函数在 $[-\pi,\pi]$ 上某一点（或有限个点）的值，不会改变此函数在 $[-\pi,\pi]$ 上的定积分值，因此有

$$a_n=0\quad(n=0,1,2,\cdots),$$

$$\begin{aligned}b_n&=\frac{2}{\pi}\int_0^\pi f(x)\sin nx\mathrm{d}x=\frac{2}{\pi}\int_0^\pi x\sin nx\mathrm{d}x\\&=-\frac{2}{n\pi}\int_0^\pi x\mathrm{d}(\cos nx)=-\frac{2}{n\pi}\left(x\cos nx\Big|_0^\pi-\int_0^\pi\cos nx\mathrm{d}x\right)\\&=-\frac{2}{n}\cos n\pi=\frac{2}{n}(-1)^{n+1}\quad(n=1,2,\cdots),\end{aligned}$$

于是

$$f(x)=\sum_{n=1}^{\infty}\frac{2(-1)^{n+1}}{n}\sin nx\quad(-\infty<x<+\infty;x\neq\pm\pi,\pm3\pi,\cdots).$$

(2) 定义在 $[-\pi,\pi]$ 上的函数的傅里叶级数

在有些实际问题中，我们只要求将（在 $[-\pi,\pi]$ 上满足收敛定理条件的）$f(x)$ 在 $[-\pi,\pi]$ 展开成傅里叶级数. 而 $f(x)$ 在 $[-\pi,\pi]$ 外可能无定义，也可能有定义而无周期性，为此只要将定义在 $(-\pi,\pi]$ 上的函数 $f(x)$ 作周期延拓，令

$F(x)=f(x)$, $x\in(-\pi,\pi]$,且 $F(x+2\pi)=F(x)$, $x\in(-\infty,+\infty)$. 这时 $F(x)$是以 2π 为周期的周期函数,它满足收敛定理条件,因而可以把 $F(x)$展开成傅里叶级数,然后限制 $x\in(-\pi,\pi]$,此时 $F(x)\equiv f(x)$, 这样就得到$f(x)$在 $(-\pi,\pi]$上的傅里叶级数.当 $x=\pm\pi$ 时,级数收敛于 $\frac{1}{2}[f(\pi-0)+f(-\pi+0)]$.

例 5 将 $f(x)=\mathrm{e}^x$ 在 $(-\pi,\pi]$ 内展开为傅里叶级数.

解 $f(x)$在$(-\pi,\pi]$内满足收敛定理条件,作周期延拓,所得函数仅在 $x=(2k-1)\pi$ $(k=0,\pm1,\pm2,\cdots)$ 处不连续.因此延拓后所得周期函数的傅里叶级数在$(-\pi,\pi)$内收敛于$f(x)$,在 $x=\pm\pi$ 处收敛于 $\frac{1}{2}(\mathrm{e}^{\pi}+\mathrm{e}^{-\pi})$.

$$a_0=\frac{1}{\pi}\int_{-\pi}^{\pi}f(x)\,\mathrm{d}x=\frac{1}{\pi}\int_{-\pi}^{\pi}\mathrm{e}^x\,\mathrm{d}x=\frac{\mathrm{e}^{\pi}-\mathrm{e}^{-\pi}}{\pi},$$

$$\begin{aligned}a_n&=\frac{1}{\pi}\int_{-\pi}^{\pi}f(x)\cos nx\,\mathrm{d}x=\frac{1}{\pi}\int_{-\pi}^{\pi}\mathrm{e}^x\cos nx\,\mathrm{d}x\\&=\frac{1}{\pi(1+n^2)}\mathrm{e}^x(\cos nx+n\sin nx)\Big|_{-\pi}^{\pi}\\&=(-1)^n\frac{\mathrm{e}^{\pi}-\mathrm{e}^{-\pi}}{\pi(1+n^2)}\quad(n=1,2,\cdots),\end{aligned}$$

$$\begin{aligned}b_n&=\frac{1}{\pi}\int_{-\pi}^{\pi}f(x)\sin nx\,\mathrm{d}x=\frac{1}{\pi}\int_{-\pi}^{\pi}\mathrm{e}^x\sin nx\,\mathrm{d}x\\&=\frac{1}{\pi(1+n^2)}\mathrm{e}^x(\sin nx-n\cos nx)\Big|_{-\pi}^{\pi}\\&=(-1)^{n-1}\frac{n(\mathrm{e}^{\pi}-\mathrm{e}^{-\pi})}{\pi(1+n^2)}\quad(n=1,2,\cdots).\end{aligned}$$

因此有

$$\mathrm{e}^x=\frac{\mathrm{e}^{\pi}-\mathrm{e}^{-\pi}}{2\pi}+\frac{\mathrm{e}^{\pi}-\mathrm{e}^{-\pi}}{\pi}\sum_{n=1}^{\infty}\frac{1}{1+n^2}[(-1)^n\cos nx+n(-1)^{n-1}\sin nx]$$

$$(|x|<\pi).$$

e^x 在$(-\pi,\pi]$内的傅里叶级数的和函数的图形如图 11.2 所示.

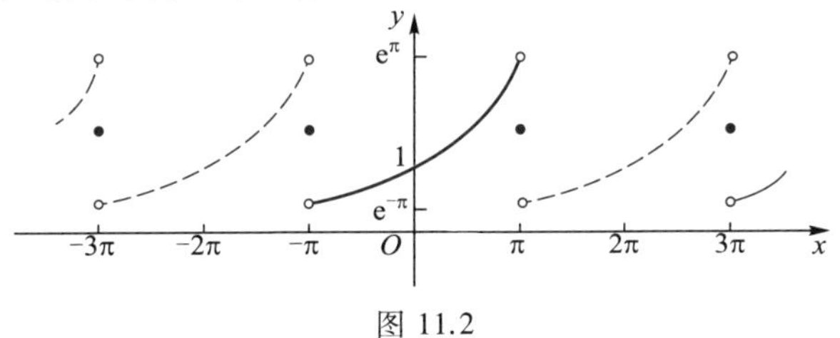

图 11.2

例 6 将$f(x)=\begin{cases}1, & |x|\leqslant\dfrac{\pi}{2},\\ 0, & \dfrac{\pi}{2}<|x|\leqslant\pi\end{cases}$展开成傅里叶级数.

解 $f(x)$在$[-\pi,\pi]$上满足收敛定理条件,作周期延拓,所得函数仅在$x=\dfrac{2k-1}{2}\pi\ (k=0,\ \pm1,\ \pm2,\ \cdots)$处不连续.因此延拓后所得周期函数的傅里叶级数在$\left[-\pi,-\dfrac{\pi}{2}\right)\cup\left(-\dfrac{\pi}{2},\dfrac{\pi}{2}\right)\cup\left(\dfrac{\pi}{2},\pi\right]$内收敛于$f(x)$,在$x=\pm\dfrac{\pi}{2}$处收敛于$\dfrac{1}{2}$,和函数的图形如图 11.3 所示.

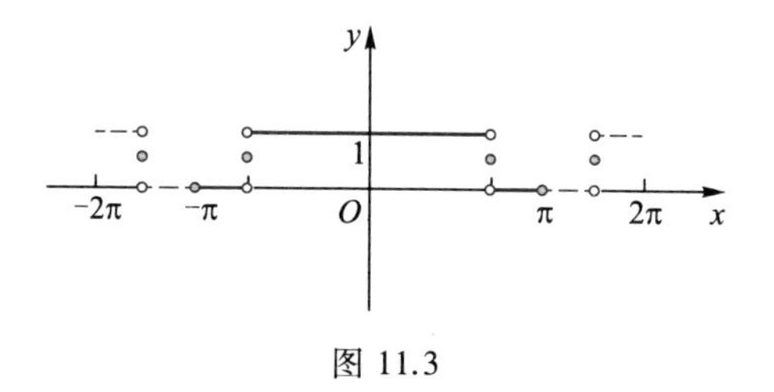

图 11.3

注意到$f(x)$为偶函数,因而$b_n=0(n=1,2,\cdots)$.

$$a_0=\frac{2}{\pi}\int_0^{\pi}f(x)\,\mathrm{d}x=\frac{2}{\pi}\int_0^{\frac{\pi}{2}}\mathrm{d}x=1,$$

$$\begin{aligned}a_n&=\frac{2}{\pi}\int_0^{\pi}f(x)\cos nx\mathrm{d}x\\&=\frac{2}{\pi}\int_0^{\frac{\pi}{2}}\cos nx\mathrm{d}x=\frac{2}{n\pi}\sin\frac{n\pi}{2}\quad(n=1,2,\cdots).\end{aligned}$$

因此有

$$f(x)=\frac{1}{2}+\sum_{n=1}^{\infty}\frac{2}{n\pi}\sin\frac{n\pi}{2}\cos nx,x\in\left[-\pi,-\frac{\pi}{2}\right)\cup\left(-\frac{\pi}{2},\frac{\pi}{2}\right)\cup\left(\frac{\pi}{2},\pi\right].$$

(3) 定义在$(0,\pi)$上的函数的傅里叶级数

有时我们还需要把定义在$[0,\pi]$上的函数展开成正弦级数或余弦级数.为此,设$f(x)$在$[0,\pi]$上满足收敛定理条件,只要在$(-\pi,0]$内补充$f(x)$的定义,使得到的函数$F(x)$在$(-\pi,\pi)$上为奇函数(偶函数).这种延拓函数定义域的过程称为奇延拓(偶延拓).再将所得函数展开成傅里叶级数,这个级数必定是正弦

级数(余弦级数).再限制 x 在 $(0,\pi)$ 上,此时 $F(x)\equiv f(x)$,这样就得到 $f(x)$ 在 $(0,\pi)$ 上的正弦级数(余弦级数)展开式.

例 7　将函数 $f(x)=x+1(0\leqslant x\leqslant \pi)$ 分别展开成正弦级数和余弦级数.

解　先求正弦级数,将 $f(x)$ 奇延拓,再进行周期延拓,所得函数满足收敛定理条件,且在 $(-\pi,0)\cup(0,\pi)$ 内连续,因此延拓后所得周期函数的傅里叶级数在 $(0,\pi)$ 内收敛于 $f(x)$,在 $x=0$ 和 $x=\pi$ 处均收敛于 0.和函数的图形如图 11.4 所示.

$$
\begin{aligned}
b_n &= \frac{2}{\pi}\int_0^{\pi} f(x)\sin nx\mathrm{d}x = \frac{2}{\pi}\int_0^{\pi}(x+1)\sin nx\mathrm{d}x \\
&= -\frac{2}{n\pi}\int_0^{\pi}(x+1)\mathrm{d}(\cos nx) \\
&= -\frac{2}{n\pi}\left[(x+1)\cos nx\Big|_0^{\pi} - \int_0^{\pi}\cos nx\mathrm{d}x\right] \\
&= -\frac{2}{n\pi}[(\pi+1)\cos n\pi - 1] \\
&= \frac{2}{n\pi}[1-(-1)^n(\pi+1)] \quad (n=1,2,\cdots),
\end{aligned}
$$

因此有

$$
x+1=\sum_{n=1}^{\infty}\frac{2}{n\pi}[1-(-1)^n(\pi+1)]\sin nx \quad (0<x<\pi).
$$

再求余弦级数,将 $f(x)$ 偶延拓,再进行周期延拓,所得函数处处连续,因此延拓后所得周期函数的傅里叶级数在 $[0,\pi]$ 上处处收敛于 $f(x)$,和函数的图形如图 11.5 所示.

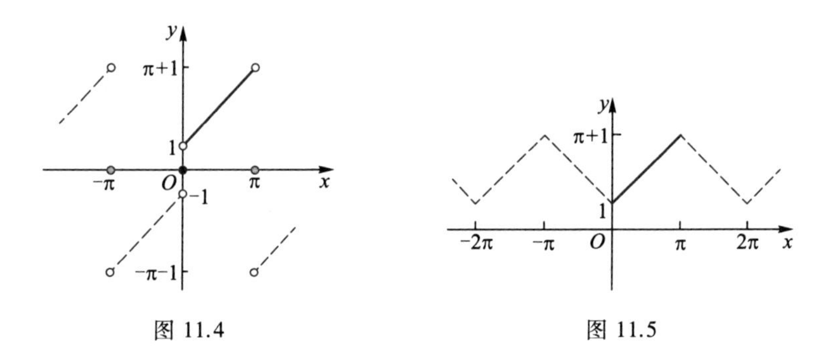

图 11.4　　　图 11.5

$$a_0=\frac{2}{\pi}\int_0^{\pi}f(x)\mathrm{d}x=\frac{2}{\pi}\int_0^{\pi}(x+1)\mathrm{d}x=\pi+2,$$

$$\begin{aligned}a_n&=\frac{2}{\pi}\int_0^{\pi}f(x)\cos nx\mathrm{d}x=\frac{2}{\pi}\int_0^{\pi}(x+1)\cos nx\mathrm{d}x\\&=\frac{2}{n\pi}\int_0^{\pi}(x+1)\mathrm{d}(\sin nx)\\&=\frac{2}{n\pi}\left[(x+1)\sin nx\Big|_0^{\pi}-\int_0^{\pi}\sin nx\mathrm{d}x\right]\\&=\frac{2}{n^2\pi}\cos nx\Big|_0^{\pi}=\frac{2[(-1)^n-1]}{n^2\pi}\\&=\begin{cases}0, & n=2,4,6,\cdots,\\-\dfrac{4}{n^2\pi}, & n=1,3,5,\cdots.\end{cases}\end{aligned}$$

因此有

$$\begin{aligned}x+1&=\frac{\pi+2}{2}+\sum_{n=1}^{\infty}\frac{2[(-1)^n-1]}{n^2\pi}\cos nx\\&=\frac{\pi+2}{2}-\frac{4}{\pi}\sum_{k=1}^{\infty}\frac{\cos(2k-1)x}{(2k-1)^2}\qquad(0\leqslant x\leqslant\pi).\end{aligned}$$

(4) 以 $2l$ 为周期的周期函数的傅里叶级数

一般的周期函数的周期不一定是 2π.我们要讨论以 $2l$(l 为任意正数)为周期的周期函数的傅里叶级数,与前面一样,有时我们也需要将定义在$(-l,l)$或$(0,l)$上的函数展开成傅里叶级数.由前讨论的结果,并利用变量代换可得.

定理 2 设周期为 $2l$ 的周期函数 $f(x)$ 满足收敛定理条件,则它的傅里叶展开式为

$$\frac{a_0}{2}+\sum_{n=1}^{\infty}\left(a_n\cos\frac{n\pi x}{l}+b_n\sin\frac{n\pi x}{l}\right)$$

$$=\begin{cases}f(x), & x\text{ 是 }f(x)\text{ 的连续点},\\\dfrac{1}{2}[f(x-0)+f(x+0)], & x\text{ 是 }f(x)\text{ 的第一类间断点},\end{cases}$$

其中

$$\begin{cases}a_n=\dfrac{1}{l}\displaystyle\int_{-l}^{l}f(x)\cos\frac{n\pi x}{l}\mathrm{d}x & (n=0,1,2,\cdots),\\b_n=\dfrac{1}{l}\displaystyle\int_{-l}^{l}f(x)\sin\frac{n\pi x}{l}\mathrm{d}x & (n=1,2,\cdots).\end{cases}$$

如果$f(x)$为奇函数,则它的傅里叶级数为正弦级数:

$$\sum_{n=1}^{\infty} b_n \sin \frac{n\pi x}{l},$$

其中

$$b_n = \frac{2}{l}\int_0^l f(x)\sin \frac{n\pi x}{l}\mathrm{d}x \quad (n=1,2,\cdots).$$

如果$f(x)$为偶函数,则它的傅里叶级数为余弦级数:

$$\frac{a_0}{2} + \sum_{n=1}^{\infty} a_n \cos \frac{n\pi x}{l},$$

其中

$$a_n = \frac{2}{l}\int_0^l f(x)\cos \frac{n\pi x}{l}\mathrm{d}x \quad (n=0,1,2,\cdots).$$

证 作变量代换 $z=\frac{\pi x}{l}$, 于是 $-l \leqslant x \leqslant l$ 就变换成 $-\pi \leqslant z \leqslant \pi$.设$f(x)=f\left(\frac{lz}{\pi}\right) \xlongequal{\text{def}} F(z)$, 从而 $F(z)$是周期为 2π 的周期函数,并且它满足收敛定理条件,利用前面的方法可得 $F(z)$的傅里叶级数为

$$\frac{a_0}{2} + \sum_{n=1}^{\infty} (a_n \cos nz + b_n \sin nz),$$

其中

$$a_n = \frac{1}{\pi}\int_{-\pi}^{\pi} F(z)\cos nz\mathrm{d}z, \quad b_n = \frac{1}{\pi}\int_{-\pi}^{\pi} F(z)\sin nz\mathrm{d}z.$$

在上式中令 $z=\frac{\pi x}{l}$, 并注意到 $F(z)=f(x)$, 于是有$f(x)$的傅里叶级数为

$$\frac{a_0}{2} + \sum_{n=1}^{\infty}\left(a_n \cos \frac{n\pi x}{l} + b_n \sin \frac{n\pi x}{l}\right),$$

而且

$$a_n = \frac{1}{\pi}\int_{-\pi}^{\pi} F(z)\cos nz\mathrm{d}z \xlongequal{\text{令 } z=\frac{\pi x}{l}} \frac{1}{\pi}\int_{-l}^{l} f(x)\cos \frac{n\pi x}{l}\cdot\frac{\pi}{l}\mathrm{d}x$$

$$= \frac{1}{l}\int_{-l}^{l} f(x)\cos \frac{n\pi x}{l}\mathrm{d}x \quad (n=0,1,2,\cdots).$$

同理有

$$b_n=\frac{1}{l}\int_{-l}^{l}f(x)\sin\frac{n\pi x}{l}\mathrm{d}x\quad(n=1,2,\cdots).$$

类似地,可以证明定理的其余部分.

例 8　设$f(x)$是周期为 4 的周期函数,且

$$f(x)=\begin{cases}1, & -1<x\leqslant 2,\\ 0, & -2<x\leqslant -1,\end{cases}$$

将$f(x)$展开成傅里叶级数.

解　$f(x)$满足收敛定理条件,它仅在点 $x=4k-2,4k-1$ 处不连续(其中 k 为整数).因此它的傅里叶级数在 $x=4k-2$ 或 $4k-1$ 时,收敛于$\frac{1}{2}$,在其他点处均收敛于$f(x)$.$l=2$, 于是有

$$a_0=\frac{1}{2}\int_{-2}^{2}f(x)\mathrm{d}x=\frac{1}{2}\int_{-1}^{2}\mathrm{d}x=\frac{3}{2},$$

$$a_n=\frac{1}{2}\int_{-2}^{2}f(x)\cos\frac{n\pi x}{2}\mathrm{d}x=\frac{1}{2}\int_{-1}^{2}\cos\frac{n\pi x}{2}\mathrm{d}x$$

$$=\left.\frac{\sin\frac{n\pi x}{2}}{n\pi}\right|_{-1}^{2}=\frac{1}{n\pi}\sin\frac{n\pi}{2},$$

$$b_n=\frac{1}{2}\int_{-2}^{2}f(x)\sin\frac{n\pi x}{2}\mathrm{d}x=\frac{1}{2}\int_{-1}^{2}\sin\frac{n\pi x}{2}\mathrm{d}x$$

$$=\left.-\frac{1}{n\pi}\cos\frac{n\pi x}{2}\right|_{-1}^{2}=\frac{1}{n\pi}\left[\cos\frac{n\pi}{2}-(-1)^n\right].$$

因此有

$$f(x)=\frac{3}{4}+\sum_{n=1}^{\infty}\left\{\frac{1}{n\pi}\sin\frac{n\pi}{2}\cos\frac{n\pi x}{2}+\frac{1}{n\pi}\left[\cos\frac{n\pi}{2}-(-1)^n\right]\sin\frac{n\pi x}{2}\right\}$$

$$(-\infty<x<+\infty;x\neq 4k-2,4k-1,k\text{ 为整数}).$$

例 9 将$f(x)=\begin{cases}x, & 0\leqslant x<\dfrac{l}{2},\\ l-x, & \dfrac{l}{2}\leqslant x\leqslant l\end{cases}$展开成正弦级数.

解 $f(x)$是定义在$[0,l]$上的函数,对$f(x)$进行奇延拓,再进行周期延拓,所得函数满足收敛定理条件且处处连续.因此所得周期函数的傅里叶级数在$[0,l]$上处处收敛于$f(x)$.

$$
\begin{aligned}
b_n &= \frac{2}{l}\int_0^l f(x)\ \sin\frac{n\pi x}{l}\mathrm{d}x\\
&= \frac{2}{l}\int_0^{\frac{l}{2}} x\sin\frac{n\pi x}{l}\mathrm{d}x+\frac{2}{l}\int_{\frac{l}{2}}^{l}(l-x)\sin\frac{n\pi x}{l}\mathrm{d}x\\
&= \frac{-2}{n\pi}\int_0^{\frac{l}{2}} x\mathrm{d}\left(\cos\frac{n\pi x}{l}\right)-\frac{2}{n\pi}\int_{\frac{l}{2}}^{l}(l-x)\,\mathrm{d}\left(\cos\frac{n\pi x}{l}\right)\\
&= -\frac{2}{n\pi}\left[x\cos\frac{n\pi x}{l}\bigg|_0^{\frac{l}{2}}-\int_0^{\frac{l}{2}}\cos\frac{n\pi x}{l}\mathrm{d}x+(l-x)\cos\frac{n\pi x}{l}\bigg|_{\frac{l}{2}}^{l}+\int_{\frac{l}{2}}^{l}\cos\frac{n\pi x}{l}\mathrm{d}x\right]\\
&= -\frac{2}{n\pi}\left(-\frac{l}{n\pi}\sin\frac{n\pi x}{l}\bigg|_0^{\frac{l}{2}}+\frac{l}{n\pi}\sin\frac{n\pi x}{l}\bigg|_{\frac{l}{2}}^{l}\right)\\
&= \frac{4l}{n^2\pi^2}\sin\frac{n\pi}{2}.
\end{aligned}
$$

因此有

$$
f(x)=\frac{4l}{\pi^2}\sum_{n=1}^{\infty}\frac{\sin\dfrac{n\pi}{2}}{n^2}\sin\frac{n\pi}{l}x\qquad(0\leqslant x\leqslant l).
$$

习题 11.3

1. 设$f(x)=\begin{cases}x, & -\pi\leqslant x<0,\\ -1, & 0\leqslant x<\pi,\end{cases}$且$f(x+2\pi)=f(x)$,写出$f(x)$的傅里叶级数的和函数$S(x)$,并求$S(1)$,$S(\pi)$,$S(5)$.

2. 设$f(x)=3-x(0\leqslant x\leqslant 3)$,且$f(x+6)=f(x)$,写出$f(x)$的余弦级数的

和函数 $S(x)$，并求 $S(-\pi)$，$S(-8)$.

3. 下列周期函数 $f(x)$ 的周期为 2π，将 $f(x)$ 展开成傅里叶级数，$f(x)$ 在一个周期上的表达式为

(1) $f(x)=x-1\ (-\pi<x\leqslant\pi)$；

(2) $f(x)=x^2+1\ (-\pi\leqslant x<\pi)$；

(3) $f(x)=\sin\dfrac{x}{2}\ (-\pi<x\leqslant\pi)$；

(4) $f(x)=\begin{cases}1, & 0<x<\pi,\\ 1-x, & -\pi\leqslant x\leqslant 0.\end{cases}$

4. 将下列函数按指定要求展开成傅里叶级数：

(1) $f(x)=\pi-x(0<x\leqslant\pi)$ 分别展开成正弦级数和余弦级数；

(2) $f(x)=\sin x(0\leqslant x<\pi)$ 展开成余弦级数；

(3) $f(x)=\begin{cases}1, & 0<x\leqslant\dfrac{\pi}{2},\\ x, & \dfrac{\pi}{2}<x<\pi\end{cases}$ 分别展开成正弦级数和余弦级数；

(4) $f(x)=x-1(-2<x<2)$ 展开成以 4 为周期的傅里叶级数；

(5) $f(x)=\begin{cases}x, & 0<x<\dfrac{1}{2},\\ \dfrac{1}{2}, & \dfrac{1}{2}\leqslant x<1\end{cases}$ 分别展开成以 2 为周期的正弦级数和余弦级数.

5. 把 $f(x)=1-x$ 在所给定的区间上展开成傅里叶级数.

(1) $(0,\pi)$ 上展开成以 2π 为周期的正弦级数；

(2) $(-1,1)$ 上展开成以 2 为周期的傅里叶级数；

(3) $(0,2\pi)$ 上展开成以 2π 为周期的傅里叶级数.

6. 设 $f(x)$ 是以 2π 为周期的连续函数，证明：

(1) 如果 $f(x-\pi)=-f(x)$，则 $f(x)$ 的傅里叶系数 $a_0=0$，$a_{2k}=0$，$b_{2k}=0$ $(k=1,2,\cdots)$；

(2) 如果 $f(x-\pi)=f(x)$，则 $f(x)$ 的傅里叶系数 $a_{2k+1}=0, b_{2k+1}=0$ $(k=0,1,2,\cdots)$.

本章资源

1. 知识能力矩阵

2. 小结及重难点解析

3. 课后习题中的难题解答

4. 自测题

5. 数学家小传

第十二章 微分方程

寻求变量之间的函数关系是数学的一个重要课题.在实际问题中,常常不容易直接找出所需求的函数关系,但有时却比较容易建立含有待求函数及其导数或微分的方程,即所谓的微分方程.通过解这些方程,最后可得到所求的函数关系,这种方法在现代科学技术中得到广泛的应用.本章主要介绍微分方程的一些基本概念和几种常用的微分方程的解法.

第一节 常微分方程的基本概念

下面先看几个简单的例子.

例 1 一曲线通过点(1,2),且在该曲线上任一点 $M(x,y)$ 处的切线斜率为 $\frac{2}{x}$,求曲线方程.

解 设所求曲线方程为 $y=y(x)$,由已知条件,根据导数的几何意义可得

$$\frac{\mathrm{d}y}{\mathrm{d}x}=\frac{2}{x}, \tag{12.1}$$

两边积分得

$$y=2\ln|x|+c, \tag{12.2}$$

其中 c 是任意常数.

因为曲线通过点(1,2),所以未知函数 $y=y(x)$ 还应满足条件:

$$x=1,\quad y=2. \tag{12.3}$$

把条件(12.3)代入(12.2)式可得

$$2=2\ln 1+c,$$

解得 $c=2$,所求的曲线方程为

$$y=2\ln|x|+2. \tag{12.4}$$

例 2 已知列车在水平直线路上以 20 m/s 的速度行驶,当制动时列车获得加速度$-0.4\ \mathrm{m/s^2}$,问开始制动后多少时间列车才能停住,列车在这段时间里行驶了多少路程?

解 设列车开始制动后 t s 内行驶了 s m,由已知可得

$$\frac{\mathrm{d}^2 s}{\mathrm{d}t^2}=-0.4, \tag{12.5}$$

把方程两边积分可得

$$\frac{\mathrm{d}s}{\mathrm{d}t}=-0.4t+c_1, \tag{12.6}$$

再积分一次可得

$$s=-0.2t^2+c_1t+c_2, \tag{12.7}$$

其中 c_1,c_2 均为任意常数.

此外,由已知条件,$s=s(t)$ 还应满足下列条件:

$$t=0,\quad s=0,\quad \frac{\mathrm{d}s}{\mathrm{d}t}=20, \tag{12.8}$$

把(12.8)代入(12.6),(12.7),可得

$$\begin{cases}20=c_1,\\ 0=c_2.\end{cases}$$

把 c_1,c_2 的值代入(12.6),(12.7),可得

$$\begin{cases}\dfrac{\mathrm{d}s}{\mathrm{d}t}=-0.4t+20,\\ s=-0.2t^2+20t.\end{cases}$$

列车停止行驶时,$v=\dfrac{\mathrm{d}s}{\mathrm{d}t}=0$,由此得到列车从开始制动到停止行驶所需时间

$$t=\frac{20}{0.4}=50(\mathrm{s}),$$

由此可得列车制动阶段行驶的路程

$$s=-0.2\cdot 50^2+20\cdot 50=500(\mathrm{m}).$$

上述两个例子中,方程(12.1)和(12.5)都是含有未知函数导数的方程.

包含自变量、未知函数以及未知函数的导数或微分的方程叫做微分方程.

未知函数为一元函数的微分方程叫做常微分方程,上面所述的方程(12.1)和(12.5)都是常微分方程.若未知函数为多元函数,从而出现多元函数偏导数的方程叫做偏微分方程.本章只讨论常微分方程,简称微分方程.在不会误解时,也简称方程.

微分方程中出现的未知函数各阶导数的最高阶数称为微分方程的阶.例如,方程(12.1)是一阶方程;方程(12.5)是二阶方程;$y''' + 2y'' = x$ 是三阶方程,阶数大于1的方程亦称为高阶方程.

n 阶微分方程的一般形式是

$$\boxed{F(x,y,y',\cdots,y^{(n)}) = 0.} \tag{12.9}$$

这里 F 是 $n+2$ 个变量的函数,其中 $y^{(n)}$ 一定要出现.如果能从(12.9)式中解出最高阶导数,可得

$$\boxed{y^{(n)} = f(x,y,y',\cdots,y^{(n-1)}).} \tag{12.10}$$

以后我们讨论的微分方程,都是形如(12.10)的微分方程或是能解出最高阶导数的方程.

设函数 $y = \varphi(x)$ 在某一区间 I 上有 n 阶导数,且代入方程(12.9)能使(12.9)在区间 I 上成为恒等式,则称函数 $y = \varphi(x)$ 是微分方程(12.9)在区间 I 上的解.

例如,$y = 2\ln x + c$ 和 $y = 2\ln x + 2$ 都是方程(12.1)在$(0,+\infty)$上的解,而 $s = -0.2t^2 + c_1 t + c_2$,$s = -0.2t^2 + 20t$,$s = -0.2t^2 + 20t + c_2$ 都是方程(12.5)在$(-\infty,+\infty)$上的解.

若一阶微分方程的解中含有一个任意常数,则称这样的解为一阶微分方程的通解.一般地,在 n 阶微分方程的解中,含有 n 个彼此独立的任意常数的解叫做微分方程的通解.

例如,$y = 2\ln x + c$ 是方程(12.1)的通解,而 $y = 2\ln x + 2$ 是方程(12.1)的通解中 $c = 2$ 时的一个解.

确定微分方程某一特定解的条件称为微分方程的定解条件,常见的定解条件为初值条件,例如一阶方程中的初值条件为 $x = x_0$ 时 $y = y_0$(或写成 $y\big|_{x=x_0} = y_0$,也可写成 $y(x_0) = y_0$).二阶方程的初值条件为 $x = x_0$ 时,$y = y_0$,$y' = y_0'$(或写成 $y\big|_{x=x_0} = y_0$,$y'\big|_{x=x_0} = y_0'$,也可写成 $y(x_0) = y_0, y'(x_0) = y_0'$)……一般地,$n$ 阶微分方程的初值条件为 $x = x_0$ 时,$y = y_0, y' = y_0'$,$\cdots$,$y^{(n-1)} = y_0^{(n-1)}$.

微分方程满足定解条件的解称为特解.

例 3 验证 $y=c_1e^x+c_2e^{-2x}$ 是微分方程 $y''+y'-2y=0$ 的解,并求出此方程满足初值条件 $y\big|_{x=0}=0, y'\big|_{x=0}=3$ 的特解.

解 由 $y=c_1e^x+c_2e^{-2x}$,得 $y'=c_1e^x-2c_2e^{-2x}$, $y''=c_1e^x+4c_2e^{-2x}$,把它们代入所给方程.

$$\begin{aligned}左边&=y''+y'-2y\\&=(c_1e^x+4c_2e^{-2x})+(c_1e^x-2c_2e^{-2x})-2(c_1e^x+c_2e^{-2x})\\&=0=右边.\end{aligned}$$

因此 $y=c_1e^x+c_2e^{-2x}$ 是所给方程的解,而且解中含两个相互独立的任意常数.

把初值条件 $y\big|_{x=0}=0, y'\big|_{x=0}=3$ 代入解 y 及 y'中,

$$\begin{cases}c_1+c_2=0,\\c_1-2c_2=3.\end{cases}$$

由此可得 $c_1=1, c_2=-1$,因此所求特解为

$$y=e^x-e^{-2x}.$$

习题 12.1

1. 指出下列方程的阶数:

(1) $y''+4y=0$; (2) $y'y'''+(y'')^2=x$;

(3) $(x+y)dx+(x-y)dy=0$; (4) $\dfrac{d\rho}{d\theta}+2\rho=\sin^2\theta$;

(5) $\dfrac{d^2s}{dt^2}+\dfrac{dx}{dt}+2s=3t$.

2. 指出下列各题中的函数是否为所给微分方程的解:

(1) $xy'=2y, y=3x^2$;

(2) $y''+\alpha^2y=0, y=c_1\cos\alpha x+c_2\sin\alpha x$;

(3) $y''-2y'+y=0, y=e^{2x}$;

(4) $y''-2\alpha y'+\alpha^2y=0, y=c_1e^{\alpha x}+c_2xe^{\alpha x}$;

(5) $y''-(\alpha_1+\alpha_2)y'+\alpha_1\alpha_2y=0, y=c_1e^{\alpha_1x}+c_2e^{\alpha_2x}$.

3. 求下列微分方程满足给定初值条件的特解:

(1) $y'=3x^2, y(1)=2$;

(2) $y''=12x^3, y\big|_{x=0}=3, y'\big|_{x=0}=1$.

4. 写出由下列条件确定的曲线所满足的微分方程:

(1) 曲线在其上任一点 $M(x,y)$ 处的切线的斜率等于该点横坐标的平方;

(2) 曲线在第一象限内,而且曲线上任一点 $M(x,y)$ 处的切线与两坐标轴所围成三角形的面积等于2.

第二节 一阶微分方程

本节我们讨论一阶微分方程

$$y'=f(x,y) \tag{12.11}$$

的一些解法.

一阶微分方程也可写成

$$P(x,y)\mathrm{d}x+Q(x,y)\mathrm{d}y=0. \tag{12.12}$$

在方程(12.12)中,既可把 x 看作自变量,y 看作未知函数,也可把 y 看作自变量,x 看作未知函数.

求微分方程(12.11)满足初值条件 $y\Big|_{x=x_0}=y_0$ 的特解的问题称为一阶微分方程的初值问题.记为

$$\boxed{\begin{cases}y'=f(x,y),\\ y\Big|_{x=x_0}=y_0.\end{cases}} \tag{12.13}$$

下面介绍几类简单的一阶微分方程的解法.

一、可分离变量方程

形如

$$\varphi(x)\mathrm{d}x=\psi(y)\mathrm{d}y \tag{12.14}$$

的方程叫做变量已分离方程.

若 $y=y(x)$ 是方程(12.14)的解,则

$$\varphi(x)\mathrm{d}x=\psi(y(x))\mathrm{d}y(x).$$

设 $\Phi(x),\Psi(y)$ 分别是 $\varphi(x),\psi(y)$ 的一个原函数,对上式两边积分可得

$$\Psi(y)\Big|_{y=y(x)}=\Phi(x)+c.$$

这说明方程(12.14)的解必须满足关系式

$$\Psi(y)=\Phi(x)+c. \tag{12.15}$$

反之,设由(12.15)式确定的隐函数为 $y=y(x)$,则有

$$\Psi(y(x))=\Phi(x)+c,$$

两边微分可得

$$\psi(y(x))\mathrm{d}y(x)=\varphi(x)\mathrm{d}x.$$

这说明由(12.15)式确定的隐函数 $y=y(x)$ 一定是方程(12.14)的解.

我们把(12.15)式叫做方程(12.14)的隐式解,(12.15)式中含有一个任意常数,因此(12.15)确定的隐函数是方程(12.14)的通解,因而我们又把(12.15)称为方程(12.14)的隐式通解.

形如

$$\frac{\mathrm{d}y}{\mathrm{d}x}=f(x)g(y)$$

或

$$M_1(x)M_2(y)\mathrm{d}x+N_1(x)N_2(y)\mathrm{d}y=0$$

的方程称为可分离变量方程,它们经过简单的代数运算就可以使方程化为变量已分离方程.因而比较容易通过积分方法求得它们的通解.

注 为了方便,在讨论微分方程时,我们约定用 $\int f(x)\mathrm{d}x$ 表示 $f(x)$ 的某一原函数,而不是原函数的全体.

例 1 求微分方程 $\frac{\mathrm{d}y}{\mathrm{d}x}=2xy$ 的通解.

解 方程可化为

$$\frac{\mathrm{d}y}{y}=2x\mathrm{d}x,$$

两边积分可得

$$\ln|y|=x^2+c_1,$$

$$|y|=\mathrm{e}^{c_1}\cdot\mathrm{e}^{x^2},$$

记 $c=\pm\mathrm{e}^{c_1}$,则所给微分方程的通解为

$$y=c\mathrm{e}^{x^2}.$$

可以证明 $c=0$ 时，$y\equiv 0$ 也是方程的解.因此上述通解中的 c 可以为一切实数.

例 2　求微分方程 $y'=e^{2y-x}$ 满足初值条件 $y(0)=1$ 的特解.

解　方程可化为

$$e^{-2y}dy=e^{-x}dx,$$

两边积分得

$$-\frac{1}{2}e^{-2y}=-e^{-x}+c,$$

由 $y(0)=1$ 得

$$-\frac{1}{2}e^{-2}=-1+c,$$

$$c=1-\frac{1}{2}e^{-2}.$$

因此所给微分方程满足初值条件的特解为

$$-\frac{1}{2}e^{-2y}=1-\frac{1}{2}e^{-2}-e^{-x}.$$

例 3　求微分方程 $y'+P(x)y=0$ 的通解(其中 $P(x)$ 为连续函数).

解　方程可化为

$$\frac{dy}{y}=-P(x)dx,$$

两边积分得

$$\ln|y|=-\int P(x)dx+c_1.$$

故 $y=ce^{-\int P(x)dx}$(c 为任意常数)就是所求通解.

例 4　设镭在任何时刻的衰变速度与该时刻镭的质量成正比，当 $t=0$ 时，有镭 m_0 g ($m_0\neq 0$)，当 $t=1\ 600$ 年时，剩镭 $\frac{1}{2}m_0$ g.问 t 等于多少时，剩镭 $\frac{1}{3}m_0$ g?

解　设时刻 t 时镭的质量为 $m(t)$ g，由已知条件得

$$\frac{dm}{dt}=-km,$$

其中 k 为待定的比例系数.$k>0$，负号表示 m 在减少.

方程可以化为

$$\frac{\mathrm{d}m}{m}=-k\mathrm{d}t,$$

两边积分得

$$\ln|m|=-kt+c_1,$$

即

$$m=c\mathrm{e}^{-kt}.$$

因为 $t=0$ 时，$m=m_0$，所以 $c=m_0$. 由此可得

$$m=m_0\mathrm{e}^{-kt}.$$

而 $t=1\ 600$ 年时，$m=\frac{m_0}{2}$，把它代入到方程的通解中去，可得

$$\frac{m_0}{2}=m_0\mathrm{e}^{-1\ 600k},$$

$$k=\frac{\ln 2}{1\ 600}.$$

因而有 $m=m_0\mathrm{e}^{-\frac{\ln 2}{1\ 600}t}$.

要使 $m=\frac{1}{3}m_0$，则必须有

$$\frac{1}{3}m_0=m_0\mathrm{e}^{-\frac{\ln 2}{1\ 600}t},$$

$$-\frac{\ln 2}{1\ 600}t=\ln\frac{1}{3},$$

$$t=1\ 600\cdot\frac{\ln 3}{\ln 2}\approx 2\ 536.$$

即 $t\approx 2\ 536$ 年时，剩镭 $\frac{1}{3}m_0$ g.

二、齐次方程

1. 齐次方程

能写成

$$\boxed{y'=f\left(\frac{y}{x}\right)}\tag{12.16}$$

形式的方程称为齐次方程.齐次方程可以用换元法求解.

令 $\frac{y}{x}=u$, 则 $y=xu$ (u 也是 x 的函数,只要求出 u,就可求得 y),则有

$$\frac{\mathrm{d}y}{\mathrm{d}x}=u+x\frac{\mathrm{d}u}{\mathrm{d}x}.$$

把它代入(12.16)可得

$$u+x\frac{\mathrm{d}u}{\mathrm{d}x}=f(u),$$

$$x\frac{\mathrm{d}u}{\mathrm{d}x}=f(u)-u.$$

这是一个可分离变量方程,因而能够求得它的通解,再用$\frac{y}{x}$代替 u,便得所给齐次方程的通解.

例 5　求微分方程 $y'=\frac{y}{x}+\tan\frac{y}{x}$ 的通解.

解　这是齐次方程,令 $\frac{y}{x}=u$, 则 $y=xu$,

$$y'=u+xu',$$

代入原方程得

$$u+xu'=u+\tan u,$$

$$x\frac{\mathrm{d}u}{\mathrm{d}x}=\frac{\sin u}{\cos u},$$

$$\frac{\cos u\mathrm{d}u}{\sin u}=\frac{\mathrm{d}x}{x}.$$

两边积分得

$$\ln|\sin u|=\ln|x|+c_1,$$

$$\sin u=cx.$$

所求通解为

$$\sin\frac{y}{x}=cx,\quad c\text{ 为任意常数}.$$

例 6 求微分方程 $\frac{dy}{dx}=\frac{x+2y}{2x-y}$ 的通解.

解 方程可化为

$$\frac{dy}{dx}=\frac{1+\frac{2y}{x}}{2-\frac{y}{x}}.$$

这是一个齐次方程,令 $\frac{y}{x}=u$, 则 $y=xu$, 代入原方程可得

$$u+x\frac{du}{dx}=\frac{1+2u}{2-u},$$

化简得

$$\frac{2-u}{1+u^2}du=\frac{dx}{x}.$$

积分得

$$2\arctan u-\frac{1}{2}\ln(1+u^2)=\ln|x|+c_1,$$

即

$$2\arctan u=\frac{1}{2}\ln x^2(1+u^2)+c_1.$$

所求通解为

$$2\arctan\frac{y}{x}=\frac{1}{2}\ln(x^2+y^2)+c_1,\quad c_1\text{ 为任意常数}.$$

例 7 设有联结 $O(0,0)$ 和 $A(1,1)$ 的一段向下凹的曲线弧 $\overset{\frown}{OA}$,对于 $\overset{\frown}{OA}$ 上任一点 $P(x,y)$,曲线弧 $\overset{\frown}{OP}$ 和直线段 OP 所围图形的面积为 x^2(如图 12.1 所示),求曲线弧 $\overset{\frown}{OA}$ 的方程.

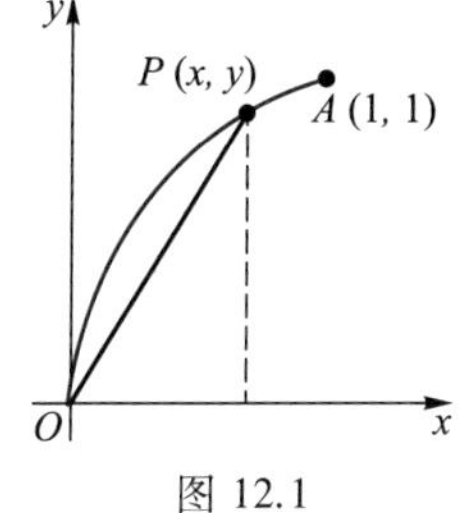

图 12.1

解 由题意知,

$$\int_0^x y\,dx-\frac{xy}{2}=x^2.$$

两边对 x 求导得

$$y-\frac{y}{2}-\frac{x}{2}y'=2x,$$

化简得

$$y'=\frac{y}{x}-4.$$

这是一个齐次方程,令 $\frac{y}{x}=u$, 则 $y=xu$, 方程化为

$$x\frac{\mathrm{d}u}{\mathrm{d}x}+u=u-4,$$

$$x\frac{\mathrm{d}u}{\mathrm{d}x}=-4,$$

$$\mathrm{d}u=\frac{-4\mathrm{d}x}{x}.$$

积分得

$$u=-4\ln|x|+c,$$

即

$$y=x(-4\ln|x|+c).$$

曲线通过(1,1),即 $y(1)=1$, 代入方程的通解,可求得 $c=1$. 因此所求曲线方程为

$$y=\begin{cases}x(1-4\ln x), & 0<x\leqslant 1,\\ 0, & x=0.\end{cases}$$

2. 形如$\frac{\mathrm{d}y}{\mathrm{d}x}=\frac{ax+by+c}{a_1x+b_1y+c_1}$的方程,其中 c, c_1 不同时为零

当 $\frac{a}{a_1}\neq\frac{b}{b_1}$, 这时可以通过变换

$$x=Z+h,\quad y=Y+k$$

把它化为齐次方程,其中 h,k 为待定常数.因为

$$\mathrm{d}x=\mathrm{d}Z,\quad \mathrm{d}y=\mathrm{d}Y,$$

代入方程可得

$$\frac{\mathrm{d}Y}{\mathrm{d}Z}=\frac{aZ+bY+(ah+bk+c)}{a_1Z+b_1Y+(a_1h+b_1k+c_1)},$$

令

$$\begin{cases} ah+bk+c=0, \\ a_1h+b_1k+c_1=0, \end{cases}$$

可以解出 h 和 k,这样方程就可化为齐次方程

$$\frac{\mathrm{d}Y}{\mathrm{d}Z}=\frac{aZ+bY}{a_1Z+b_1Y}.$$

求这个方程的通解后,在通解中用 $x-h$ 代替 Z,用 $y-k$ 代替 Y,就可得到原方程的通解.

当 $\frac{a_1}{a}=\frac{b_1}{b}$ 时,以 h 和 k 为未知数的二元一次方程组不一定有解,上述方法不能应用,这时 $\frac{a_1}{a}=\frac{b_1}{b}=\lambda\left(\text{或}\frac{a}{a_1}=\frac{b}{b_1}=\beta\right)$,从而方程可写成

$$\frac{\mathrm{d}y}{\mathrm{d}x}=\frac{ax+by+c}{\lambda(ax+by)+c_1}.$$

当 $b\neq 0$ 时,令 $v=ax+by$,则

$$\frac{\mathrm{d}y}{\mathrm{d}x}=\frac{1}{b}\left(\frac{\mathrm{d}v}{\mathrm{d}x}-a\right).$$

于是方程成为

$$\frac{1}{b}\left(\frac{\mathrm{d}v}{\mathrm{d}x}-a\right)=\frac{v+c}{\lambda v+c_1}.$$

这是一个可分离变量的方程.

对于更一般的方程

$$\frac{\mathrm{d}y}{\mathrm{d}x}=f\left(\frac{ax+by+c}{a_1x+b_1y+c_1}\right) \tag{12.17}$$

仍然可以用上述方法.

例 8 求下列微分方程的通解:

(1) $\frac{\mathrm{d}y}{\mathrm{d}x}=\frac{x+2y-5}{2x-y}$;　　(2) $\frac{\mathrm{d}y}{\mathrm{d}x}=\frac{x+y-3}{2x+2y}$.

解 (1) 由 $\begin{cases} x_0+2y_0-5=0, \\ 2x_0-y_0=0, \end{cases}$ 得 $\begin{cases} x_0=1, \\ y_0=2. \end{cases}$ 令 $\begin{cases} Z=x-1, \\ Y=y-2, \end{cases}$ 则方程化为

$$\frac{\mathrm{d}Y}{\mathrm{d}Z}=\frac{Z+2Y}{2Z-Y}.$$

由例6得上述方程的通解为

$$2\arctan\frac{Y}{Z}=\frac{1}{2}\ln(Y^2+Z^2)+c.$$

原方程通解为

$$2\arctan\frac{y-2}{x-1}=\frac{1}{2}\ln[(x-1)^2+(y-2)^2]+c,\quad c\text{ 为任意常数.}$$

（2）令 $x+y=u$,则方程化为

$$\frac{\mathrm{d}u}{\mathrm{d}x}-1=\frac{u-3}{2u},$$

化简并分离变量得

$$\frac{2u\mathrm{d}u}{3(u-1)}=\mathrm{d}x,$$

积分得

$$\frac{2}{3}(u+\ln|u-1|)=x+c.$$

所求通解为

$$\frac{2}{3}(x+y+\ln|x+y-1|)=x+c,\quad c\text{ 为任意常数.}$$

三、一阶线性方程

形如

$$\boxed{a(x)y'+b(x)y+c(x)=0} \qquad (12.18)$$

的方程叫做一阶线性方程,其中 $a(x)$,$b(x)$,$c(x)$在所讨论的区间上连续.

在 $a(x)\neq 0$ 的区间上,方程可化为

$$\boxed{y'+P(x)y=Q(x).} \qquad (12.19)$$

当 $Q(x)\equiv 0$ 时,方程(12.19)可化为

$$\boxed{y' + P(x)y = 0.} \tag{12.20}$$

方程(12.20)称为一阶齐次线性方程.

当 $Q(x)$ 不恒等于零时,方程(12.19)称为一阶非齐次线性方程.

方程(12.20)是变量可分离方程,在本节例 3 中我们已经得到它的通解

$$\boxed{y = c\mathrm{e}^{-\int P(x)\mathrm{d}x},} \tag{12.21}$$

其中 c 为任意常数.

方程(12.19)的通解可以用“常数变易法”求得,这方法是把方程(12.20)的通解(12.21)中的任意常数换成 x 的待定函数 $u(x)$,即作变换

$$y = u(x)\mathrm{e}^{-\int P(x)\mathrm{d}x},$$

则

$$y' = u'(x)\mathrm{e}^{-\int P(x)\mathrm{d}x} + u(x)\mathrm{e}^{-\int P(x)\mathrm{d}x} \cdot [-P(x)].$$

代入方程(12.19),并合并得

$$u'(x)\mathrm{e}^{-\int P(x)\mathrm{d}x} = Q(x),$$

即

$$u'(x) = Q(x)\mathrm{e}^{\int P(x)\mathrm{d}x}.$$

积分得

$$u(x) = \int Q(x)\mathrm{e}^{\int P(x)\mathrm{d}x}\mathrm{d}x + c.$$

于是得到方程(12.19)的通解为

$$\boxed{y = \mathrm{e}^{-\int P(x)\mathrm{d}x}\left[\int Q(x)\mathrm{e}^{\int P(x)\mathrm{d}x}\mathrm{d}x + c\right],} \tag{12.22}$$

其中 c 为任意常数.

方程(12.19)的通解含两项,其中一项为 $c\mathrm{e}^{-\int P(x)\mathrm{d}x}$, 它是(12.19)对应的齐次线性方程(12.20)的通解;另一项是 $\mathrm{e}^{-\int P(x)\mathrm{d}x}\int Q(x)\mathrm{e}^{\int P(x)\mathrm{d}x}\mathrm{d}x$, 它是方程(12.19)当 $c = 0$ 时的一个特解.因此一阶非齐次线性方程的通解等于对应的齐次线性方程的通解与非齐次线性方程的一个特解之和.

例 9　求微分方程 $xy'-2y=-x^2$ 的通解.

解　方程可化为 $y'-\frac{2y}{x}=-x$, 对应的齐次线性方程为

$$y'-\frac{2y}{x}=0,$$

它的通解为

$$y=cx^2,\quad c\text{ 为任意常数}.$$

令 $y=ux^2$, 则 $y'=u'x^2+2xu$, 代入原方程得

$$u'x^2+2xu-2xu=-x,$$

化简得

$$u'=-\frac{1}{x},$$

积分得

$$u=-\ln|x|+c.$$

原方程的通解为

$$y=(-\ln|x|+c)x^2,\quad c\text{ 为任意常数}.$$

例 10　求方程 $\frac{\mathrm{d}z}{\mathrm{d}x}+\frac{6}{x}z=x$ 的通解.

解　原方程对应的齐次线性方程的通解为

$$z=cx^{-6},$$

令 $z=ux^{-6}$, 则 $z'=u'x^{-6}-6x^{-7}u$, 代入原方程可得

$$u'x^{-6}=x,$$

化简得

$$u'=x^7,$$

积分得

$$u=\frac{x^8}{8}+c.$$

原方程的通解为

$$z=cx^{-6}+\frac{x^2}{8},\quad c\text{ 为任意常数}.$$

例 11 求方程 $\frac{\mathrm{d}y}{\mathrm{d}x}=\frac{y}{2x-y^2}$ 的通解.

解 原方程不是未知函数 y 的一阶线性方程,但它可以改写为

$$\frac{\mathrm{d}x}{\mathrm{d}y}=\frac{2x-y^2}{y},$$

即

$$\frac{\mathrm{d}x}{\mathrm{d}y}-\frac{2}{y}x=-y.$$

把 y 看作自变量,x 看作未知函数,这样上述方程就是一个一阶线性方程,由例 9 可知它的通解为

$$x=(-\ln|y|+c)y^2,\quad c\text{ 为任意常数},$$

这也是所给方程的通解.

形如

$$y'+P(x)y=y^{\mu}Q(x) \tag{12.23}$$

的方程称为伯努利(Bernoulli)方程,其中常数 $\mu\neq0,1$. 伯努利方程可以利用变量代换化为一阶线性方程,两边同除以 y^{μ} 得

$$y^{-\mu}y'+P(x)y^{1-\mu}=Q(x),$$

令 $z=y^{1-\mu}$, 则 $z'=(1-\mu)y^{-\mu}y'$, 代入上式得

$$\frac{1}{1-\mu}z'+P(x)z=Q(x).$$

这是一个一阶线性方程,可以求得它的通解,从而得到伯努利方程的通解为

$$y^{1-\mu}=\mathrm{e}^{\int(\mu-1)P(x)\mathrm{d}x}\left[(1-\mu)\int Q(x)\mathrm{e}^{\int(1-\mu)P(x)\mathrm{d}x}\mathrm{d}x+c\right],\quad c\text{ 为任意常数}. \tag{12.24}$$

例 12 求方程 $y'-\frac{6}{x}y=-xy^2$ 的通解.

解法 1 这是一个伯努利方程,其中 $\mu=2$, 两边同除 y^2 得

$$y^{-2}y'-\frac{6}{x}y^{-1}=-x.$$

令 $z=y^{-1}$, 代入上式并化简得

$$z' + \frac{6}{x}z = x.$$

这是一个一阶线性方程,由例 10 知道它的通解为

$$z = cx^{-6} + \frac{x^2}{8},$$

因此原方程的通解为

$$y^{-1} = cx^{-6} + \frac{x^2}{8}, \quad c \text{ 为任意常数}.$$

解法 2 此方程也可直接用常数变易法来求解.

$y' - \frac{6}{x}y = 0$ 的通解为 $y = cx^6$. 令 $y = ux^6$ 代入原方程,并化简得

$$u'x^6 = -x^{13}u^2.$$

分离变量得

$$\frac{\mathrm{d}u}{u^2} = -x^7\mathrm{d}x.$$

积分得

$$-\frac{1}{u} = -\frac{x^8}{8} + c_1.$$

由 $u = yx^{-6}$ 得

$$\frac{1}{y} = \left(\frac{x^8}{8} - c_1\right)x^{-6}, \quad c_1 \text{ 为任意常数}$$

它就是所求通解.

四、全微分方程

若方程

$$\boxed{M(x,y)\mathrm{d}x + N(x,y)\mathrm{d}y = 0} \tag{12.25}$$

的左端恰好是某个二元函数的全微分,则这种类型的方程叫做全微分方程,也叫恰当方程.

这时方程(12.25)就可写成下述形式

$$du(x,y)=0,$$

积分得

$$u(x,y)=c. \tag{12.26}$$

可以证明(12.26)所确定的隐函数 $y=y(x)$ 就是方程(12.25)的通解.因此 $u(x,y)=c$ 就是方程(12.25)的隐式通解.

这样就有两个问题需要解决,首先是 $M(x,y)$ 和 $N(x,y)$ 满足什么样的条件,方程(12.25)是全微分方程?其次如果方程(12.25)是全微分方程,如何求$u(x,y)$?

设 $M(x,y),N(x,y)$ 在某个单连通域 G 内有连续的一阶偏导数,则由第十章第三节知道方程(12.25)为全微分方程的充分必要条件是

$$\boxed{\frac{\partial M(x,y)}{\partial y}=\frac{\partial N(x,y)}{\partial x}.} \tag{12.27}$$

可以利用曲线积分求得

$$\begin{aligned} u(x,y)&=\int_{(x_0,y_0)}^{(x,y)} M(x,y)\,dx+N(x,y)\,dy \\ &=\int_{x_0}^{x} M(x,y_0)\,dx+\int_{y_0}^{y} N(x,y)\,dy, \end{aligned}$$

其中(x_0,y_0)和(x,y)均在 G 内.

也可以利用不定积分的方法求得,因为

$$du(x,y)=M(x,y)\,dx+N(x,y)\,dy=\frac{\partial u}{\partial x}dx+\frac{\partial u}{\partial y}dy,$$

所以

$$\frac{\partial u}{\partial x}=M(x,y),\quad \frac{\partial u}{\partial y}=N(x,y).$$

将上述左式的两边对 x 积分(y 看作常数)

$$u(x,y)=\int M(x,y)\,dx+\varphi(y).$$

将所得式子代入右边的式子

$$\frac{\partial}{\partial y}\left[\int M(x,y)\,dx\right]+\varphi'(y)=N(x,y),$$

从而可得 $\varphi(y)$,最后得到 $u(x,y)$.

例 13 求方程 $(3x^2-y)\mathrm{d}x+(2y-x)\mathrm{d}y=0$ 的通解.

解 由 $M(x,y)=3x^2-y, N(x,y)=2y-x$ 得

$$\frac{\partial M(x,y)}{\partial y}=-1,\quad \frac{\partial N(x,y)}{\partial x}=-1.$$

因此所给方程为全微分方程,下面我们来求 $u(x,y)$.

解法 1 取 $(x_0,y_0)=(0,0)$,

$$\begin{aligned}u(x,y)&=\int_{(0,0)}^{(x,y)}(3x^2-y)\mathrm{d}x+(2y-x)\mathrm{d}y\\&=\int_0^x(3x^2-0)\mathrm{d}x+\int_0^y(2y-x)\mathrm{d}y\\&=x^3+y^2-xy.\end{aligned}$$

解法 2 由 $\dfrac{\partial u}{\partial x}=3x^2-y$, 两边对 x 积分得

$$u=x^3-xy+\varphi(y).$$

把它代入 $\dfrac{\partial u}{\partial y}=2y-x$ 得

$$-x+\varphi'(y)=2y-x,$$

因而 $\varphi'(y)=2y$, 积分得 $\varphi(y)=y^2+c_1$, 于是

$$u(x,y)=x^3-xy+y^2+c_1,\quad c_1\text{ 为任意常数}.$$

其实还可以用微分运算的性质求得 $u(x,y)$.

解法 3

$$\begin{aligned}\mathrm{d}u(x,y)&=(3x^2-y)\mathrm{d}x+(2y-x)\mathrm{d}y\\&=3x^2\mathrm{d}x-y\mathrm{d}x+2y\mathrm{d}y-x\mathrm{d}y\\&=\mathrm{d}x^3+\mathrm{d}y^2-(y\mathrm{d}x+x\mathrm{d}y)\\&=\mathrm{d}(x^3+y^2-xy),\end{aligned}$$

因此

$$u(x,y)=x^3+y^2-xy+c_1,\quad c_1\text{ 为任意常数}.$$

不论用哪种方法都可得到原方程的通解为

$$x^3+y^2-xy=c, c \text{ 为任意常数}.$$

例 14　求方程 $\frac{2x}{y^3}\mathrm{d}x+\frac{y^2-3x^2}{y^4}\mathrm{d}y=0$ 满足初始条件 $y(2)=1$ 的特解.

解　$M(x,y)=\frac{2x}{y^3}, N(x,y)=\frac{y^2-3x^2}{y^4}.$

$$\frac{\partial M(x,y)}{\partial y}=-6xy^{-4},\quad \frac{\partial N(x,y)}{\partial x}=-6xy^{-4}.$$

因此所给方程是全微分方程.把方程变形得

$$2xy^{-3}\mathrm{d}x+y^{-2}\mathrm{d}y-3x^2y^{-4}\mathrm{d}y=0,$$

$$y^{-3}\mathrm{d}x^2+\mathrm{d}(-y^{-1})+x^2\mathrm{d}y^{-3}=0,$$

$$\mathrm{d}(-y^{-1}+x^2y^{-3})=0.$$

原方程的通解为 $-y^{-1}+x^2y^{-3}=c$. 由 $y(2)=1$, 可得 $c=3$. 故所求特解为

$$-y^{-1}+x^2y^{-3}=3.$$

在方程(12.25)中,若关系式(12.27)不满足,则它就不是全微分方程.若有一个适当的函数 $\mu(x,y)$(不恒等于零),使得方程

$$\mu M\mathrm{d}x+\mu N\mathrm{d}y=0$$

成为全微分方程,则称函数 $\mu(x,y)$ 为方程(12.25)的积分因子.积分因子一般是不容易求得的,但在简单情形下可以观察出来.

例 15　利用积分因子,求方程 $y\mathrm{d}x-x\mathrm{d}y=0$ 的通解.

解　该方程不是全微分方程,但 $\frac{1}{xy}$ 是积分因子,原方程可化为 $\frac{y\mathrm{d}x-x\mathrm{d}y}{xy}=0$, 即

$$\mathrm{d}\left(\ln\left|\frac{x}{y}\right|\right)=0.$$

所求通解为

$$\ln\left|\frac{x}{y}\right|=c,\quad c \text{ 为任意常数}.$$

顺便指出, $\frac{1}{x^2},\frac{1}{y^2},\frac{1}{x^2+y^2},\frac{1}{ax^2+by^2}(a^2+b^2\neq 0),\cdots$ 均是上述方程的积

分因子.

例 16　利用积分因子,求方程 $y'=\dfrac{x+y}{x-y}$ 的通解.

解　方程可化为 $(x-y)\mathrm{d}y=(x+y)\mathrm{d}x$, 整理得

$$x\mathrm{d}y-y\mathrm{d}x-\frac{1}{2}\mathrm{d}(x^2+y^2)=0,$$

取积分因子 $\mu=\dfrac{1}{x^2+y^2}$, 则得

$$\frac{x\mathrm{d}y-y\mathrm{d}x}{x^2+y^2}-\frac{1}{2}\frac{\mathrm{d}(x^2+y^2)}{x^2+y^2}=0,$$

即

$$\mathrm{d}\left[\arctan\frac{y}{x}-\frac{1}{2}\ln(x^2+y^2)\right]=0.$$

所给方程的通解为

$$\arctan\frac{y}{x}-\frac{1}{2}\ln(x^2+y^2)=c,\quad c\text{ 为任意常数.}$$

关于一阶方程的解法我们共讲了可分离变量方程、齐次方程、一阶线性方程、伯努利方程和全微分方程等五种基本类型的解法.同时介绍了两种基本方法:一种基本方法是变量代换法,通过它把一些方程最终化为变量已分离的方程来求解;另一种基本方法是积分因子法,通过它把一些方程化为全微分方程来求解.我们常把上面这些方法称为初等积分法.但应该注意,很多微分方程即使有解,也不能用初等积分法求出解,因为它们的解无法用我们已知的初等函数表示.对这些方程,我们可以运用近似计算技术,通过计算机,求出它们的数值解.

*五、一阶方程的近似解法

前面已经讲到一阶方程

$$y'=f(x,y)\tag{12.28}$$

能用初等积分法求解的为数不多,因此在实际应用上常用近似积分法.

一阶方程(12.28)的解 $y=\varphi(x)$ 的图形是 xOy 坐标面上的一条曲线,我们称它为方程(12.28)的积分曲线,而方程(12.28)的通解 $y=\varphi(x,c)$ 对应于 xOy 坐标面上的一族曲线,我们称这族曲线为方程(12.28)的积分曲线族,满足初值条件 $y(x_0)=y_0$ 的特解的图形就是通过点 (x_0,y_0) 的一条积分曲线.

微分方程(12.28)的积分曲线上每一点(x,y)处的斜率$\frac{\mathrm{d}y}{\mathrm{d}x}$等于函数$f(x,y)$在该点的值,即积分曲线上每一点$(x,y)$及该点处切线的斜率$y'$必满足方程(12.28).反过来,如果一条曲线上每一点处的切线斜率等于$f(x,y)$在这点处的值,则该曲线一定是方程(12.28)的积分曲线.因此求方程(12.28)满足初值条件$y(x_0)=y_0$的特解等价于求该方程过(x_0,y_0)的积分曲线.

为了方便,在这一小节以后的讨论中,我们总假定$f(x,y)$及$\frac{\partial}{\partial y}f(x,y)$在$xOy$坐标面上某一闭区域$D$上连续.可以证明在上述条件下,方程(12.28)过D内的点(x_0,y_0)的积分曲线存在且唯一.

为了求方程(12.28)满足初值条件$y(x_0)=y_0$且$x_0\leqslant x\leqslant b$的近似解,只要求方程(12.28)过$(x_0,y_0)$的近似积分曲线即可.为此我们常用"欧拉折线法":把$[x_0,b]$分成n等份,分点为$x_1,x_2,\cdots,x_{n-1}$,且$x_n=b$,过$M_0(x_0,y_0)$作斜率为$\tan\alpha_0=y'_0=f(x_0,y_0)$的直线,它与直线$x=x_1$交于点$M_1(x_1,y_1)$;过$M_1$作斜率为$\tan\alpha_1=y'_1=f(x_1,y_1)$的直线,它与直线$x=x_2$交于$M_2(x_2,y_2)$……这样可得折线$M_0M_1M_2\cdots M_{n-1}M_n$.这条折线通过$M_0(x_0,y_0)$,而且在折点处的右端处折线的斜率等于$f(x,y)$在该点处的值,这折线叫做欧拉折线.可以证明:若欧拉折线在D内,则当n无限增大时,欧拉折线趋向于积分曲线.因此我们可以把欧拉折线作为方程(12.28)的近似积分曲线.

把以上方法用解析式子表达,就得到方程(12.28)的一个数值解法:

记$h=\frac{b-x_0}{n}$,则有

$$y_1=y_0+hf(x_0,y_0),$$
$$y_2=y_1+hf(x_1,y_1).$$

一般有

$$y_{i+1}=y_i+hf(x_i,y_i)\quad(i=0,1,2,\cdots,n-1).$$

当给定方程和点(x_0,y_0),选择适当的步长h,就可依次算出$y_1,y_2,\cdots,y_n$.从而得到在各个分点的解的近似值.

例 17　在$[0,1]$上求方程$y'=\sqrt{x^2+y^2}$满足初值条件$y(0)=-1$的近似解(取步长$h=0.1$,计算到小数第四位).

解　$h=0.1,x_i=\frac{i}{10},y_0=-1,y_{i+1}=y_i+\frac{1}{10}y'_i,y'_i=\sqrt{x_i^2+y_i^2}$.

计算结果如下表所示:

i	x_i	y_i	y_i'
0	0.0	-1.000 0	1.000 0
1	0.1	-0.900 0	0.905 5
2	0.2	-0.809 4	0.833 7
3	0.3	-0.726 0	0.785 5
4	0.4	-0.647 4	0.761 0
5	0.5	-0.571 3	0.759 2
6	0.6	-0.495 4	0.778 1
7	0.7	-0.417 6	0.815 1
8	0.8	-0.336 1	0.867 7
9	0.9	-0.249 3	0.933 9
10	1.0	-0.155 9	

其中 x_i, y_i 两列就是表示方程近似解的函数表.

习题 12.2

1. 求下列微分方程的通解：

(1) $y'\tan x - y = 1$;

(2) $y'\sec x = e^{x+y}$;

(3) $(y+1)^2 y' + x^3 = 0$;

(4) $(e^{x+y} - e^x)dx + (e^{x+y} + e^y)dy = 0$;

(5) $ydx + (4x^2 + 1)dy = 0$.

2. 求下列微分方程满足所给初值条件的特解：

(1) $y' = e^{2x-y}, y\big|_{x=0} = 0$;

(2) $\sin y \cdot \cos xdy = \cos y \cdot \sin xdx$, $y(0) = \dfrac{\pi}{4}$;

(3) $ydx + 2xdy = 0$, 当 $x = 1$ 时, $y = 2$.

3. 求下列微分方程的通解：

(1) $y' = \dfrac{y}{x} + \dfrac{x}{y}$;

(2) $y' = \dfrac{x+y}{y-x}$;

(3) $y' = \dfrac{2xy}{x^2 - y^2}$;

(4) $y' = e^{\frac{y}{x}} + \dfrac{y}{x}$;

(5) $xy' - y - \sqrt{x^2 + y^2} = 0 (x > 0)$;

(6) $y'=\dfrac{2x-5y+3}{2x+4y-6}$;

(7) $y'=\dfrac{x+y}{4-3x-3y}$.

4. 用适当的变量代换求下列微分方程的通解:

(1) $y'=(x+y)^2$;

(2) $y'=\cos x\cdot\cos y+\sin x\cdot\sin y$;

(3) $\dfrac{dy}{dx}=\dfrac{y}{2x}+\dfrac{1}{2y}\tan\dfrac{y^2}{x}$.

5. 求下列微分方程的通解:

(1) $\dfrac{dx}{dt}+x=\sin t$;

(2) $y'\cos x-y\sin x=x$;

(3) $xy'+y=e^x$;

(4) $(1-x^2)y'-2xy=(1+x^2)^2$;

(5) $y'+2xy=2xe^{-x^2}$;

(6) $y'+\dfrac{y}{x\ln x}=1$;

(7) $y'=\dfrac{e^y}{1-xe^y}$;

(8) $y'=\dfrac{1}{2x-y^2}$;

(9) $y'+2xy=2x^3y^3$;

(10) $y'+y\cot x=y^2\sin x$;

(11) $y'+\dfrac{xy}{1-x^2}=xy^{\frac{1}{2}}$;

(12) $\dfrac{dy}{dx}=\dfrac{1}{2x^3y^3-2xy}$.

6. 求下列微分方程满足初值条件的特解:

(1) $y'-2y=e^x-x,\quad y(0)=\dfrac{5}{4}$;

(2) $(1-x^2)y'+xy=1,\quad y(0)=1$;

(3) $y'-\dfrac{y}{1+x}=-y^2,\quad y(1)=\dfrac{1}{2}$;

(4) $ydx=[x+x^3y(1+\ln y)]dy,\quad y(2)=1$.

7. 验证下列微分方程是全微分方程,并求它的通解:

(1) $(4x^3+2xy^2)dx+(2x^2y-y)dy=0$;

(2) $(e^y-x)dx+(xe^y+2y)dy=0$;

(3) $(x\cos y+\cos x)y'-y\sin x+\sin y=0$;

(4) $\dfrac{y(y-x)dx+x(x-y)dy}{(x+y)^3}=0$.

8. 用观察法求下列微分方程的积分因子,并求其通解:

(1) $(x^3+y)dx-xdy=0$;

(2) $xdx+ydy=(x^2y+y^3)dy$.

9. 设 $y=y(x)$ 连续,求解积分方程

$$\int_0^x ty(t)dt=x^2+y(x).$$

10. 已知曲线积分 $\int_L (1+xy)\mathrm{d}x + xf(x)\mathrm{d}y$ 与路径无关,$f(x)$ 是可微函数,且 $f(2)=2$, 求 $f(x)$.

11. 设 y_1, y_2 是一阶非齐线性方程 $y'+P(x)y=Q(x)$ 的两个不同的解,证明 $y=y_1+c(y_2-y_1)$ 是该方程的通解.

12. 设 $P(x,y)$ 是曲线上的任意一点,曲线在 P 点的切线与 x 轴交于 M 点(M 点不同于原点),已知 P 到坐标原点的距离等于 P 到 M 的距离,曲线经过 $(2,1)$,求曲线方程.

13. 设一曲线上任一点的法线都通过定点 $M_0(a,b)$,证明此曲线是以 M_0 为圆心的圆.

14. 设曲线上任一点处的切线在 y 轴上的截距与该点向径的长度之比为 k,求曲线方程.

*15. 求微分方程 $y'=y$ 满足初值条件 $y(0)=\dfrac{1}{2}$ 的近似解(按步长 $h=0.1$, 在 $[0,0.5]$ 上,计算到小数第三位).

第三节 可降阶的高阶微分方程

我们把二阶及二阶以上的微分方程称为高阶方程.对于某些特殊类型的高阶方程,可以设法将它们化为较低阶的方程.下面介绍三种容易降阶的高阶方程的求解方法.

一、$y^{(n)}=f(x)$ 型的微分方程

微分方程

$$y^{(n)}=f(x) \tag{12.29}$$

的右端仅含自变量 x,它可以通过 n 次积分得到通解:

$$y^{(n-1)}=\int f(x)\mathrm{d}x+c_1,$$

$$y^{(n-2)}=\int\left[\int f(x)\mathrm{d}x+c_1\right]\mathrm{d}x+c_2,$$

$$\cdots\cdots\cdots\cdots$$

最后得到的 y 的表达式中有 n 个任意常数,它就是方程(12.29)的通解.

例 1 求 $y'''=\mathrm{e}^{-x}+\cos x$ 的通解.

解　积分一次得

$$y''=-\mathrm{e}^{-x}+\sin x+c_1,$$

再积分得

$$y'=\mathrm{e}^{-x}-\cos x+c_1x+c_2,$$

最后可得

$$y=-\mathrm{e}^{-x}-\sin x+\frac{c_1}{2}x^2+c_2x+c_3\quad(c_1,c_2,c_3\text{为任意常数}),$$

就是所求的通解.

例 2　设有单位质量的质点 M,在 Ox 轴上运动,受到力 $F=4\cos 3t$ 的作用,若初值条件为 $x\Big|_{t=0}=0,\dfrac{\mathrm{d}x}{\mathrm{d}t}\Big|_{t=0}=2$, 求运动方程.

解　由牛顿定律 $F=ma,m=1$ 得

$$\frac{\mathrm{d}^2x}{\mathrm{d}t^2}=4\cos 3t,$$

积分得

$$\frac{\mathrm{d}x}{\mathrm{d}t}=\frac{4}{3}\sin 3t+c_1,$$

由$\dfrac{\mathrm{d}x}{\mathrm{d}t}\Big|_{t=0}=2$ 可得 $c_1=2$, 因此有

$$\frac{\mathrm{d}x}{\mathrm{d}t}=\frac{4}{3}\sin 3t+2,$$

再积分得

$$x=-\frac{4}{9}\cos 3t+2t+c_2,$$

由 $x\Big|_{t=0}=0$ 可得 $c_2=\dfrac{4}{9}$, 所求运动方程为

$$x=-\frac{4}{9}\cos 3t+2t+\frac{4}{9}.$$

例 3　求解方程 $xy^{(4)}+y'''=x^2$.

解　令 $y'''=z$, 则方程可化为

$$xz'+z=x^2.$$

这是一阶线性方程,可得它的通解为

$$z=\frac{x^2}{3}+\frac{c_1}{x},$$

即

$$y'''=\frac{x^2}{3}+\frac{c_1}{x}.$$

依次积分可得

$$y''=\frac{x^3}{9}+c_1\ln|x|+c_2,$$

$$y'=\frac{x^4}{36}+c_1(x\ln|x|-x)+c_2x+c_3,$$

$$y=\frac{x^5}{180}+c_1\left(\frac{x^2}{2}\ln|x|-\frac{3}{4}x^2\right)+\frac{c_2}{2}x^2+c_3x+c_4 \quad (c_1,c_2,c_3,c_4\text{ 为任意常数})$$

就是所求通解.

二、$y''=f(x,y')$ 型的微分方程

二阶微分方程

$$y''=f(x,y') \tag{12.30}$$

不显含 y,它可以利用代换 $y'=z$ 来求解.

令 $y'=z(x)$,则

$$y''=\frac{\mathrm{d}z}{\mathrm{d}x}=z'.$$

方程(12.30)就可化为一阶方程

$$z'=f(x,z).$$

设该一阶方程的通解为

$$z=\varphi(x,c_1),$$

于是有

$$y'=\varphi(x,c_1),$$

积分得

$$y=\int\varphi(x,c_1)\,\mathrm{d}x+c_2,$$

这就是微分方程(12.30)的通解.

例 4　求微分方程 $(1+x^2)y''+2xy'=x$ 的通解.

解　方程中不显含 y,可令 $y'=z$, 方程可化为

$$(1+x^2)z'+2xz=x.$$

这是一个一阶线性方程,它的通解为

$$z=\frac{x^2}{2(1+x^2)}+\frac{c_1}{1+x^2},$$

即

$$y'=\frac{x^2}{2(1+x^2)}+\frac{c_1}{1+x^2}.$$

积分得

$$y=\frac{1}{2}(x-\arctan x)+c_1\arctan x+c_2\quad(c_1,c_2\text{ 为任意常数}),$$

这就是所求通解.

例 5　证明:曲率恒为非零常数的曲线一定是圆.

证　设曲线的曲率恒为常数 $\frac{1}{a}(a>0)$, 则

$$\frac{|y''|}{(1+y'^2)^{\frac{3}{2}}}=\frac{1}{a}.$$

方程中不显含 y,可令 $y'=z$, 则 $y''=z'$, 方程可化为

$$\frac{\pm a\mathrm{d}z}{(1+z^2)^{\frac{3}{2}}}=\mathrm{d}x,$$

积分得

$$\pm\frac{az}{\sqrt{1+z^2}}=x+c_1.$$

解得

$$z=\pm\frac{x+c_1}{\sqrt{a^2-(x+c_1)^2}},$$

即

$$y' = \pm \frac{x + c_1}{\sqrt{a^2 - (x + c_1)^2}}.$$

积分得

$$y + c_2 = \pm \sqrt{a^2 - (x + c_1)^2},$$

即

$$(x + c_1)^2 + (y + c_2)^2 = a^2 \quad (c_1, c_2 \text{ 为任意常数}).$$

因此曲线是以$(-c_1, -c_2)$为中心,a 为半径的圆.

三、$y''=f(y,y')$型的微分方程

微分方程

$$y'' = f(y, y') \tag{12.31}$$

不显含 x,它也可以利用变量代换来求解.

令 $y' = p(y)$, 则

$$y'' = \frac{\mathrm{d}p}{\mathrm{d}x} = \frac{\mathrm{d}p}{\mathrm{d}y}\frac{\mathrm{d}y}{\mathrm{d}x} = p\frac{\mathrm{d}p}{\mathrm{d}y}.$$

于是方程(12.31)就可化为一阶方程

$$p\frac{\mathrm{d}p}{\mathrm{d}y} = f(y, p).$$

设这个以 y 为自变量,p 为未知函数的一阶方程的通解为

$$p = \psi(y, c_1),$$

于是有

$$\frac{\mathrm{d}y}{\mathrm{d}x} = \psi(y, c_1).$$

分离变量得

$$\frac{\mathrm{d}y}{\psi(y, c_1)} = \mathrm{d}x.$$

积分得

$$\int \frac{\mathrm{d}y}{\psi(y, c_1)} = x + c_2,$$

这就是所求的通解.

例 6　求方程 $yy''-2yy'\ln y=y'^2$ 满足初值条件 $y(0)=1,y'(0)=1$ 的特解.

解　方程不显含 x,令 $y'=p$,则 $y''=p\dfrac{\mathrm{d}p}{\mathrm{d}y}$,原方程化为

$$p(yp'-2y\ln y-p)=0,$$

则有 $p=0$ 或 $yp'-p-2y\ln y=0$.

由 $p=0$,则有 $y'=0.y=c$ 舍去,因为它不满足初值条件 $y'(0)=1$.

$$yp'-p-2y\ln y=0$$

是以 y 为自变量,p 为未知函数的一阶线性方程.它的通解为

$$p=c_1y+y\ln^2y.$$

由 $x=0$ 时 $y=1,y'=1$,可得 $c_1=1$,于是有

$$p=y(1+\ln^2y),$$

即

$$\frac{\mathrm{d}y}{\mathrm{d}x}=y(1+\ln^2y).$$

分离变量得

$$\frac{\mathrm{d}y}{y(1+\ln^2y)}=\mathrm{d}x.$$

积分得

$$\arctan(\ln y)=x+c_2.$$

由 $x=0$ 时,$y=1$,可得 $c_2=0$,所求特解为

$$\arctan(\ln y)=x.$$

例 7　一曲线在第一象限内,而且通过原点及 $A(1,1)$;曲线上任一点 $M(x,y)$处的切线与 x 轴交于 T 点,过 M 作 x 轴的垂线,垂足是 P;三角形 MTP 的面积与曲边三角形 OMP 的面积之比为$\dfrac{3}{4}$(如图12.2所示),求曲线方程.

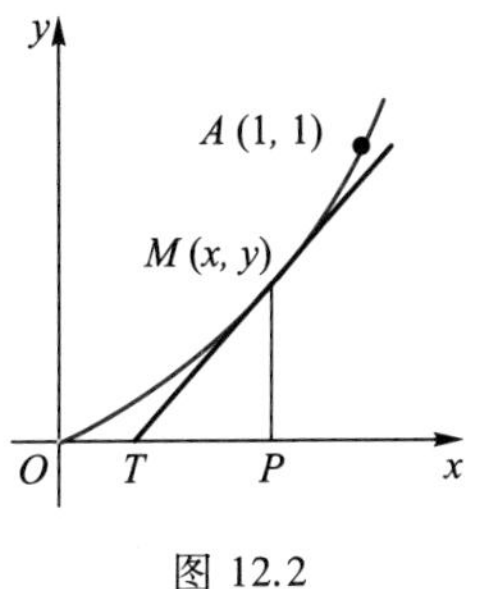

图 12.2

解　设所求曲线方程为 $y=y(x)$,则过 M 点的切线方程为

$$Y-y=y'(X-x).$$

T 点的横坐标为 $X = x - \frac{y}{y'}$, $TP = \frac{y}{y'}$, 三角形 MTP 的面积为 $\frac{y^2}{2y'}$, 曲边三角形 OMP 的面积为 $\int_0^x y(t)\,\mathrm{d}t$. 因此有

$$\frac{y^2}{2y'} = \frac{3}{4}\int_0^x y(t)\,\mathrm{d}t.$$

这是一个积分方程,两边对 x 求导并整理得

$$yy'^2 = 2y^2 y''.$$

方程不显含 x,令 $y' = p$, 则 $y'' = p\frac{\mathrm{d}p}{\mathrm{d}y}$. 上述方程化为

$$yp^2 = 2y^2 p\frac{\mathrm{d}p}{\mathrm{d}y}.$$

显然 $y = 0, p = 0$ 不合题意. 于是有

$$2y\frac{\mathrm{d}p}{\mathrm{d}y} = p.$$

分离变量得

$$\frac{\mathrm{d}p}{p} = \frac{\mathrm{d}y}{2y},$$

可得

$$p = c_1\sqrt{y},$$

即

$$\frac{\mathrm{d}y}{\mathrm{d}x} = c_1\sqrt{y}.$$

分离变量并积分可得

$$2\sqrt{y} = c_1 x + c_2.$$

因为曲线通过$(0,0)$,$(1,1)$,可得 $c_2 = 0, c_1 = 2$, 所求的曲线方程为

$$\sqrt{y} = x, \quad 即\ y = x^2 \quad (x \geqslant 0).$$

习题 12.3

1. 求下列方程的通解:

(1) $y'' = \frac{1}{x} + \sec^2 x$;　　(2) $y''' = \ln x$;

(3) $y''=1+y'^2$;　　(4) $y''=2y'+e^x$;

(5) $yy''=y'^2$;　　(6) $y^3y''=1$;

(7) $y''=(y')^3+y'$.

2. 求下列各微分方程满足所给初值条件的特解：

(1) $yy''-1=y'^2, y\big|_{x=1}=\sqrt{2}, y'\big|_{x=1}=1$;

(2) $xy''=y', y(1)=0, y'(1)=1$;

(3) $y'''=e^{-x}$, $x=0$ 时, $y=0, y'=1, y''=0$.

3. 一条曲线是方程 $xy''+y'=3x^2$ 的积分曲线，它通过点(1,1)，而且在该点的切线与直线 $x+y=1$ 垂直，求这条曲线.

第四节　高阶线性方程

在许多实际问题中，所遇到的高阶方程有不少是线性方程，或者可简化为线性方程.

形如

$$\boxed{\frac{d^ny}{dx^n}+p_1(x)\frac{d^{n-1}y}{dx^{n-1}}+\cdots+p_{n-1}(x)\frac{dy}{dx}+p_n(x)y=f(x)} \tag{12.32}$$

的方程称为 n 阶线性方程.特别当 $f(x)\equiv 0$ 时，称为 n 阶齐次线性方程；当 $f(x)$ 不恒等于零时，称为 n 阶非齐次线性方程.把

$$\boxed{\frac{d^ny}{dx^n}+p_1(x)\frac{d^{n-1}y}{dx^{n-1}}+\cdots+p_{n-1}(x)\frac{dy}{dx}+p_n(x)y=0} \tag{12.33}$$

称为方程(12.32)对应的齐次线性方程，例如方程

$$y''+3y'+2y=\sin x,$$

对应的齐次线性方程为

$$y''+3y'+2y=0.$$

为了方便，我们总假设方程中出现的 $p_1(x), p_2(x), \cdots, p_n(x)$ 和 $f(x)$ 在某一区间 I 上连续，可以证明在此条件下，方程(12.32)或(12.33)的解存在，且在 I 上有定义.

若 $p_1(x), p_2(x), \cdots, p_n(x)$ 均为常数，则称方程(12.32)为 n 阶非齐次常系数

线性方程($f(x)$不恒等于零),称方程(12.33)为 n 阶齐次常系数线性方程.

例 1　设质量为 m 的一个物体沿水平轴 Ox 运动(如图 12.3 所示),它的两端与弹簧联结,弹力指向平衡位置,大小与物体离平衡位置的距离成正比,劲度系数为 $k(k>0)$.它还受到空气阻力,阻力方向与速度的方向相反,大小与速度成正比,比例系数为 $b(b>0)$,求物体运动所满足的微分方程.

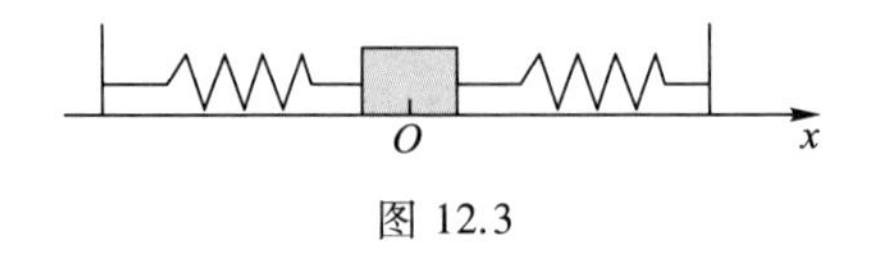

图 12.3

解　设物体平衡位置在点 $x=0$,则由题意得,弹力为 $-kx$,空气阻力为 $-b\dfrac{\mathrm{d}x}{\mathrm{d}t}$,由牛顿第二定律 $F=ma$ 可得

$$m\frac{\mathrm{d}^2x}{\mathrm{d}t^2}=-kx-b\frac{\mathrm{d}x}{\mathrm{d}t},$$

即

$$\frac{\mathrm{d}^2x}{\mathrm{d}t^2}+\frac{b}{m}\frac{\mathrm{d}x}{\mathrm{d}t}+\frac{k}{m}x=0.$$

这是一个二阶常系数齐次线性方程.

下面我们讨论线性方程的通解结构,重点在二阶线性方程的通解结构.

一、二阶齐次线性方程的通解结构

二阶齐次线性方程的一般形式为

$$y''+p_1(x)y'+p_2(x)y=0. \tag{12.34}$$

显然 $y\equiv 0$ 是方程(12.34)的解,我们称它为方程(12.34)的平凡解,而把方程(12.34)的不恒等于零的解称为非平凡解.

定理 1　设 $y=y_1(x)$, $y=y_2(x)$ 均是方程(12.34)的解,则 $y=c_1y_1(x)+c_2y_2(x)$ 也是方程(12.34)的解,其中 c_1,c_2 为任意常数.

证　由条件知

$$y_1''+p_1(x)y_1'+p_2(x)y_1=0,$$

$$y_2''+p_1(x)y_2'+p_2(x)y_2=0.$$

因此

$$(c_1y_1+c_2y_2)''+p_1(x)(c_1y_1+c_2y_2)'+p_2(x)(c_1y_1+c_2y_2)$$
$$=c_1(y_1''+p_1(x)y_1'+p_2(x)y_1)+c_2(y_2''+p_1(x)y_2'+p_2(x)y_2)=0,$$

即 $y=c_1y_1+c_2y_2$ 也是方程(12.34)的解. ■

方程(12.34)是一个二阶方程,而 $y=c_1y_1+c_2y_2$ 是方程的解,而且包含任意常数 c_1 和 c_2,那么它是不是方程(12.34)的通解呢？为了获得方程(12.34)的通解.我们引入函数组线性相关和线性无关的概念.

设 $y_1(x),y_2(x),\cdots,y_n(x)$ 为定义在区间 I 内的 n 个函数,若存在 n 个不全为零的常数 $k_1,k_2,\cdots,k_n$,使得当 $x\in I$ 时,

$$k_1y_1(x)+k_2y_2(x)+\cdots+k_ny_n(x)\equiv 0,$$

则称这 n 个函数在 I 内线性相关,否则就称它们在 I 内线性无关.

例如 $\cos^2x,\sin^2x,1$ 在 $(0,2\pi)$ 内线性相关,因为取 $k_1=k_2=1,k_3=-1$,则 $k_1\cos^2x+k_2\sin^2x+k_3\cdot 1\equiv 0$,在 $(0,2\pi)$ 内成立.而两个函数 $y_1(x)=\cos^2x$, $y_2=\sin^2x$ 在 $(0,2\pi)$ 内线性无关.因为要使 $k_1\cos^2x+k_2\sin^2x\equiv 0$ 在 $(0,2\pi)$ 内每一点处均成立,必须有 $k_1=0,k_2=0$. 这说明若 k_1,k_2 不全为零,则 $k_1\cos^2x+k_2\sin^2x$ 在 $(0,2\pi)$ 内不可能恒等于零,即 $\cos^2x,\sin^2x$ 在 $(0,2\pi)$ 内线性无关.

容易得到,若 $y_1(x)$ 不恒等于零,则函数 $y_1(x)$ 与 $y_2(x)$ 线性无关的充要条件是 $\dfrac{y_2}{y_1}$ 不恒等于某一常数.

由此可得下述定理.

定理 2　若 $y=y_1(x),y=y_2(x)$ 是方程(12.34)的两个线性无关解,则方程(12.34)的任一解 y 可表示为 $y=c_1y_1(x)+c_2y_2(x)$ (c_1,c_2 为任意常数),称为方程(12.34)的通解.

说明方程(12.34)的通解包含了它的所有解.

例 2　设方程 $(x+1)y''+xy'-y=0$ 有两个特解:$y_1=\mathrm{e}^{-x},y_2=x$,求此方程的通解.

解　所给方程是二阶齐次线性方程,$y_1=\mathrm{e}^{-x}$ 和 $y_2=x$ 是方程的两个非平凡解,且 $\dfrac{y_2(x)}{y_1(x)}=x\mathrm{e}^{x}$ 不等于常数,它们线性无关,因此所求通解为

$$y=c_1\mathrm{e}^{-x}+c_2x\quad(c_1,c_2\text{ 为任意常数}).$$

二、二阶非齐次线性方程的通解结构

我们知道,一阶非齐次线性方程的通解由两部分构成:一部分是非齐次线性方程本身的一个特解;另一部分是方程对应的齐次线性方程的通解.这个结论可以推广到二阶及更高阶的非齐次线性方程.

定理 3 设 y^* 是二阶非齐次线性方程

$$y'' + p_1(x)y' + p_2(x)y = f(x) \tag{12.35}$$

的一个特解,$y_1(x)$,$y_2(x)$ 是与方程(12.35)对应的齐次线性方程(12.34)的两个线性无关解,那么二阶非齐次线性方程(12.35)的任一解都可表示为

$$y = y^* + c_1y_1(x) + c_2y_2(x) \quad (c_1, c_2 \text{ 为任意常数}),$$

称为方程(12.35)的通解.

证 设 y 是方程(12.35)的任一解,则由条件知

$$y^{*\prime\prime} + p_1(x)y^{*\prime} + p_2(x)y^* = f(x),$$

$$y'' + p_1(x)y' + p_2(x)y = f(x),$$

相减得

$$(y^* - y)'' + p_1(x)(y^* - y)' + p_2(x)(y^* - y) = 0,$$

即 $y^* - y$ 是方程(12.34)的解.由定理 2,$y - y^* = c_1y_1(x) + c_2y_2(x)$,即 $y = y^* + c_1y_1(x) + c_2y_2(x)$. ■

由此,求非齐次线性方程的通解的关键之一是求它的特解.

定理 4 设 y_1^* 和 y_2^* 分别是方程

$$y'' + p_1(x)y' + p_2(x)y = f_1(x)$$

和

$$y'' + p_1(x)y' + p_2(x)y = f_2(x)$$

的特解,那么 $y^* = k_1y_1^* + k_2y_2^*$ 是方程

$$y'' + p_1(x)y' + p_2(x)y = k_1f_1(x) + k_2f_2(x) \tag{12.36}$$

的一个特解,其中 k_1, k_2 为常数.

证 $y^{*\prime\prime} + p_1(x)y^{*\prime} + p_2(x)y^*$

$$=(k_1y_1^*+k_2y_2^*)''+p_1(x)(k_1y_1^*+k_2y_2^*)'+p_2(x)(k_1y_1^*+k_2y_2^*)$$

$$=k_1[y_1^{*}{}''+p_1(x)y_1^{*}{}'+p_2(x)y_1^*]+k_2[y_2^{*}{}''+p_1(x)y_2^{*}{}'+p_2(x)y_2^*]$$

$$=k_1f_1(x)+k_2f_2(x).$$

因此 $y^*=k_1y_1^*+k_2y_2^*$ 是方程(12.36)的一个特解. ■

例 3 设方程 $y''+p_1(x)y'+p_2(x)y=f(x)$ 有三个特解：$y_1=x$，$y_2=\mathrm{e}^x$，$y_3=\mathrm{e}^{2x}$，求此方程的通解及此方程满足初始条件 $y(0)=1$，$y'(0)=3$ 的特解.

解 由条件知

$$y_1''+p_1(x)y_1'+p_2(x)y_1=f(x),$$
$$y_2''+p_1(x)y_2'+p_2(x)y_2=f(x),$$
$$y_3''+p_1(x)y_3'+p_2(x)y_3=f(x).$$

因此

$$(y_2-y_1)''+p_1(x)(y_2-y_1)'+p_2(x)(y_2-y_1)=0,$$
$$(y_3-y_1)''+p_1(x)(y_3-y_1)'+p_2(x)(y_3-y_1)=0,$$

即 $y=y_2-y_1=\mathrm{e}^x-x$, $y=y_3-y_1=\mathrm{e}^{2x}-x$ 都是所给方程对应的齐次线性方程的非平凡解.而且因为 $\dfrac{\mathrm{e}^{2x}-x}{\mathrm{e}^x-x}$ 不等于常数,所以它们线性无关.于是

$$Y=c_1(\mathrm{e}^x-x)+c_2(\mathrm{e}^{2x}-x)$$

是所给方程对应的齐次线性方程的通解.因此所给非齐次线性方程的通解为

$$y=x+c_1(\mathrm{e}^x-x)+c_2(\mathrm{e}^{2x}-x).$$

由 $y(0)=1, y'(0)=3$ 得

$$\begin{cases}c_1+c_2=1,\\1+c_2=3,\end{cases}$$

从而 $c_1=-1, c_2=2$. 所求特解为

$$y=x-(\mathrm{e}^x-x)+2(\mathrm{e}^{2x}-x)=2\mathrm{e}^{2x}-\mathrm{e}^x.$$

三、n 阶线性方程的通解结构

和上节一样,可以证明：

定理 5　设 $y_1,y_2,\cdots,y_n$ 是 n 阶齐次线性方程(12.33)的 n 个线性无关解，则方程(12.33)的任一解 y 可表示为

$$y=c_1y_1+c_2y_2+\cdots+c_ny_n,$$

其中 $c_1,c_2,\cdots,c_n$ 是任意常数，称其为方程(12.33)的通解.

定理 6　n 阶非齐次线性方程(12.32)的通解等于它本身的一个特解与它对应的齐次线性方程(12.33)的通解之和.

定理 7　若 $y_1^*(x)$ 和 $y_2^*(x)$ 分别是方程

$$y^{(n)}+p_1(x)y^{(n-1)}+\cdots+p_n(x)y=f_1(x),$$

$$y^{(n)}+p_1(x)y^{(n-1)}+\cdots+p_n(x)y=f_2(x)$$

的特解，则 $y^*=k_1y_1^*+k_2y_2^*$ 是方程

$$y^{(n)}+p_1(x)y^{(n-1)}+\cdots+p_n(x)y=k_1f_1(x)+k_2f_2(x)$$

的一个特解，其中 k_1,k_2 是常数.

▶ 习题 12.4

1. 下列函数组在其定义区间内哪些是线性无关的？哪些是线性相关的？

(1) $x,\sin x$;　　(2) e^x,e^{x+4};

(3) $\sin x,\sin\left(x+\dfrac{\pi}{4}\right)$;　　(4) e^x,e^{-x};

(5) $e^x,e^{-x},\cosh x$;　　(6) $1,x,x^2$;

(7) e^x,e^{2x},xe^{2x}.

2. 验证 $y_1=e^x,y_2=e^{-x}$ 都是方程 $y''-y=0$ 的解，写出该方程的通解.

3. 验证 $y_1=e^{2x},y_2=e^{3x}$ 都是方程 $y''-5y'+6y=0$ 的解，写出该方程的通解.

4. 验证 $y_1=e^{-2x},y_2=xe^{-2x}$ 都是方程 $y''+4y'+4y=0$ 的解，写出该方程的通解.

5. 验证 $y_1=\sin 2x,y_2=\cos 2x$ 都是方程 $y''+4y=0$ 的解，写出该方程的通解.

6. 验证 $y_1=1,y_2=e^x,y_3=e^{-x}$ 都是方程 $y'''-y'=0$ 的解，写出该方程的通解.

7. 已知 $y_1=e^x,y_2=e^{-2x}$ 都是某个二阶齐次线性微分方程的解，求该微分方程.

8. 已知 $y_1=\sin x,y_2=\cos x$ 都是某个二阶齐次线性微分方程的解，求该微

分方程.

9. 设微分方程 $y''+p_1(x)y'+p_2(x)y=f(x)$ 有三个特解：$y_1=x$，$y_2=x^2$，$y_3=e^x$，试求：

(1) $p_1(x),p_2(x),f(x)$；

(2) 该微分方程的通解；

(3) 该微分方程满足初值条件 $y(0)=1,y'(0)=2$ 的特解.

第五节 常系数线性方程

在方程(12.32)中，如果 $y^{(n-1)},y^{(n-2)},\cdots,y$ 的系数均为常数，(12.32)式成为

$$\boxed{y^{(n)}+a_1y^{(n-1)}+a_2y^{(n-2)}+\cdots+a_ny=f(x),} \tag{12.37}$$

其中 $a_1,a_2,\cdots,a_n$ 是常数，则称方程(12.37)为 n 阶常系数线性方程. 当 $f(x)$ 不恒等于零时，方程(12.37)又称为 n 阶常系数非齐次线性方程，当 $f(x)\equiv 0$ 时称为 n 阶常系数齐次线性方程.

方程

$$\boxed{y^{(n)}+a_1y^{(n-1)}+a_2y^{(n-2)}+\cdots+a_ny=0} \tag{12.38}$$

称为方程(12.37)对应的齐次线性方程.

本节讨论常系数线性方程通解的求法，重点在二阶常系数线性方程通解的求法.

一、常系数齐次线性方程通解的求法

1. 二阶常系数齐次线性方程通解的求法

为了求二阶常系数齐次线性方程

$$y''+a_1y'+a_2y=0 \tag{12.39}$$

的通解，必须而且只需求出它的两个线性无关的特解.

设 $y=e^{rx}$ 是方程(12.39)的一个特解，则

$$r^2e^{rx}+a_1re^{rx}+a_2e^{rx}=0,$$

因为 $e^{rx}\neq 0$，所以有

$$r^2+a_1r+a_2=0. \tag{12.40}$$

我们称一元二次方程(12.40)为微分方程(12.39)的特征方程.可以证明：$y=e^{r_0x}$ 是微分方程(12.39)的解的充要条件是 r_0 为特征方程(12.40)的根.特征方程(12.40)的根有三种可能.

(1) 特征方程(12.40)有两个不相等的实根 r_1,r_2，这时 $y_1=e^{r_1x},y_2=e^{r_2x}$ 均为方程(12.39)的解，而且 $\dfrac{y_2}{y_1}=e^{(r_2-r_1)x}$ 不为常数，它们线性无关，因此方程(12.39)的通解为

$$y=c_1e^{r_1x}+c_2e^{r_2x}\quad(c_1,c_2\text{ 为任意常数}).$$

(2) 特征方程(12.40)有两个相等的实根 $r_1=r_2$，这时有 $r_1=r_2=-\dfrac{a_1}{2}$，且 $a_1^2-4a_2=0.y_1=e^{r_1x}$ 是方程(12.39)的一个解，为了找另一个与 y_1 线性无关的解，令 $y=u(x)e^{r_1x}(=u(x)e^{-\frac{a_1}{2}x})$，代入方程(12.39)可得

$$\left(u''-a_1u'+\frac{a_1^2}{4}u\right)e^{-\frac{a_1}{2}x}+a_1\left(u'-\frac{1}{2}a_1u\right)e^{-\frac{a_1}{2}x}+a_2ue^{-\frac{a_1}{2}x}=0.$$

化简可得

$$u''=0,$$

积分得

$$u=c_1+c_2x.$$

于是有 $y=(c_1+c_2x)e^{r_1x}$，取 $c_1=0,c_2=1$，$y_2=xe^{r_1x}$ 也是方程(12.39)的一个解，而且它与 $y_1=e^{r_1x}$ 线性无关.因此(12.39)的通解为

$$y=c_1e^{r_1x}+c_2xe^{r_1x}\quad(c_1,c_2\text{ 为任意常数}).$$

(3) 特征方程(12.40)有一对共轭复根 $r_1=\alpha+\beta i,r_2=\alpha-\beta i$，方程(12.39)有两个特解

$$y_1=e^{(\alpha+\beta i)x}=e^{\alpha x}(\cos\beta x+i\sin\beta x),$$

$$y_2=e^{(\alpha-\beta i)x}=e^{\alpha x}(\cos\beta x-i\sin\beta x).$$

这时 y_1,y_2 都是复函数，为了求得方程(12.39)的用实函数表示的解，令

$$\bar{y}_1=\frac{1}{2}(y_1+y_2)=\mathrm{e}^{\alpha x}\cos\beta x,$$

$$\bar{y}_2=\frac{\mathrm{i}}{2}(y_2-y_1)=\mathrm{e}^{\alpha x}\sin\beta x,$$

它们都是方程(12.39)的解，而且$\frac{\bar{y}_2}{\bar{y}_1}$不是常数，因此$\bar{y}_1,\bar{y}_2$线性无关，方程(12.39)的通解为

$$y=c_1\mathrm{e}^{\alpha x}\cos\beta x+c_2\mathrm{e}^{\alpha x}\sin\beta x\quad(c_1,c_2\text{ 为任意常数}).$$

由此可得下表：

特征方程 $r^2+a_1r+a_2=0$ 的两个根 r_1,r_2	微分方程 $y''+a_1y'+a_2y=0$ 的通解
两个不相等的实根 r_1,r_2	$y_1=c_1\mathrm{e}^{r_1x}+c_2\mathrm{e}^{r_2x}$
两个相等的实根 $r_1=r_2$	$y=c_1\mathrm{e}^{r_1x}+c_2x\mathrm{e}^{r_1x}$
一对共轭复根 $r_{1,2}=\alpha\pm\beta\mathrm{i}$	$y=c_1\mathrm{e}^{\alpha x}\cos\beta x+c_2\mathrm{e}^{\alpha x}\sin\beta x$

综上所述，求二阶常系数齐次线性方程(12.39)的通解的步骤如下：

(1) 写出方程(12.39)的特征方程$r^2+a_1r+a_2=0$；

(2) 求出特征方程的两个根r_1,r_2；

(3) 根据特征方程两个根的不同情形，按表写出方程(12.39)的通解.

例 1　求下列二阶常系数齐次线性方程的通解：

(1) $y''+2y'-3y=0$；　　(2) $y''-6y'+9y=0$；

(3) $y''+8y'=0$；　　(4) $y''+2y'+10y=0$.

解　(1) 所给方程的特征方程为

$$r^2+2r-3=0,$$

即

$$(r+3)(r-1)=0.$$

特征根$r_1=-3,r_2=1$是两个不相等的实根.

所求通解为

$$y=c_1\mathrm{e}^{-3x}+c_2\mathrm{e}^{x}\quad(c_1,c_2\text{ 为任意常数}).$$

(2) 所给方程的特征方程为

$$r^2 - 6r + 9 = 0,$$

即

$$(r - 3)^2 = 0.$$

特征根 $r_1 = r_2 = 3$ 是两个相等实根.

所求通解为

$$y = c_1 e^{3x} + c_2 x e^{3x} \quad (c_1, c_2 \text{ 为任意常数}).$$

(3) 所给方程的特征方程为

$$r^2 + 8r = 0,$$

即

$$r(r + 8) = 0.$$

特征根 $r_1 = 0, r_2 = -8$ 为两个不相等的实根.

所求通解为

$$y = c_1 e^{0x} + c_2 e^{-8x} = c_1 + c_2 e^{-8x} \quad (c_1, c_2 \text{ 为任意常数}).$$

(4) 所给方程的特征方程为

$$r^2 + 2r + 10 = 0,$$

即

$$(r + 1)^2 + 9 = 0.$$

特征根 $r_1 = -1 + 3\mathrm{i}, r_2 = -1 - 3\mathrm{i}$ 是一对共轭复根.

所求通解为

$$y = c_1 e^{-x} \cos 3x + c_2 e^{-x} \sin 3x \quad (c_1, c_2 \text{ 为任意常数}).$$

例 2 在第四节例 1 中,设物体受弹力 $-kx(k>0)$ 和空气阻力 $-b\dfrac{\mathrm{d}x}{\mathrm{d}t}(b>0)$ 的作用,试求物体的运动规律.

解 由第四节例 1 知道,问题归结为求微分方程

$$\frac{\mathrm{d}^2 x}{\mathrm{d}t^2} + \frac{b}{m}\frac{\mathrm{d}x}{\mathrm{d}t} + \frac{k}{m}x = 0$$

的通解.

特征方程为

$$r^2 + \frac{b}{m}r + \frac{k}{m} = 0.$$

特征根为

$$r=\frac{1}{2m}(-b\pm\sqrt{b^2-4mk}).$$

(1) 当 $b^2-4mk<0$ 时,即小阻尼时,

$$r_1=-\alpha+\omega\mathrm{i},\quad r_2=-\alpha-\omega\mathrm{i}$$

是一对共轭复根,其中

$$\alpha=\frac{b}{2m},\qquad \omega=\frac{1}{2m}\sqrt{4mk-b^2}.$$

微分方程的通解为

$$x=\mathrm{e}^{-\alpha t}(c_1\cos\omega t+c_2\sin\omega t)\quad(c_1,c_2\text{ 为任意常数}).$$

可以看出物体的运动是以$\frac{2\pi}{\omega}$为周期的振动,但振幅 $\mathrm{e}^{-\alpha t}\sqrt{c_1^2+c_2^2}$ 随时间 t 的增大而减小.

(2) 当 $b^2-4mk>0$ 时,即大阻尼时,

$$r_1=-\alpha+\beta,\qquad r_2=-\alpha-\beta$$

是两个不相等的实根,其中

$$\alpha=\frac{b}{2m},\qquad \beta=\frac{1}{2m}\sqrt{b^2-4mk}.$$

微分方程的通解为

$$x=\mathrm{e}^{-\alpha t}(c_1\mathrm{e}^{\beta t}+c_2\mathrm{e}^{-\beta t})\quad(c_1,c_2\text{ 为任意常数}).$$

(3) 当 $b^2-4mk=0$ 时,即临界阻尼时,

$$r_1=r_2=-\alpha$$

是两个相等的实根,其中

$$\alpha=\frac{b}{2m}.$$

微分方程的通解为

$$x=\mathrm{e}^{-\alpha t}(c_1+c_2t)\quad(c_1,c_2\text{ 为任意常数}).$$

可以证明:不论哪一种情况,均有

$$\lim_{t\to+\infty}x(t)=0,$$

即物体随时间 t 的增大而趋于平衡位置.

2. n 阶常系数齐次线性方程通解的求法

类似于二阶常系数齐次线性方程的通解求法,可以证明:$y=e^{r_1x}$ 是n 阶常系数齐次线性方程(12.38)的解的充分必要条件是,r_1 为方程(12.38)的特征方程

$$r^n+a_1r^{n-1}+a_2r^{n-2}+\cdots+a_n=0 \tag{12.41}$$

的根.

一元 n 次方程(12.41)有 n 个根.可以验证:根据特征方程(12.41)的根的不同情形,微分方程(12.38)有下表所列的对应的解.

特征方程的根	微分方程(12.38)的通解中对应的项
单实根 r	给出一项:ce^{rx}
k 重实根 r	给出 k 项:$e^{rx}(c_1+c_2x+\cdots+c_kx^{k-1})$
一对单重的共轭复根 $r_{1,2}=\alpha\pm\beta i$	给出 2 项:$e^{\alpha x}(c_1\cos\beta x+c_2\sin\beta x)$
一对 k 重的共轭复根 $r_{1,2}=\alpha\pm\beta i$	给出 $2k$ 项:$e^{\alpha x}\cos\beta x(c_1+c_2x+\cdots+c_kx^{k-1})+e^{\alpha x}\sin\beta x(d_1+d_2x+\cdots+d_kx^{k-1})$

例 3 求下列常系数齐次线性方程的通解:

(1) $y'''-8y=0$; (2) $y^{(5)}-y'=0$;

(3) $y^{(4)}+4y''+4y=0$.

解 (1) 所给方程的特征方程为

$$r^3-8=0,$$

即

$$(r-2)(r^2+2r+4)=0.$$

特征根为 $r_1=2, r_{2,3}=-1\pm\sqrt{3}i$.

所求通解为

$$y=c_1e^{2x}+c_2e^{-x}\cos\sqrt{3}x+c_3e^{-x}\sin\sqrt{3}x \quad (c_1,c_2,c_3 \text{ 为任意常数}).$$

(2) 所给方程的特征方程为

$$r^5-r=0,$$

即

$$r(r-1)(r+1)(r^2+1)=0.$$

特征根为 $r_1=0, r_2=1, r_3=-1, r_{4,5}=\pm \mathrm{i}$.

所求通解为

$$y=c_1+c_2\mathrm{e}^x+c_3\mathrm{e}^{-x}+c_4\cos x+c_5\sin x \quad (c_1,c_2,c_3,c_4,c_5 \text{ 为任意常数}).$$

(3) 所给方程的特征方程为

$$r^4+4r^2+4=0,$$

即

$$(r^2+2)^2=0.$$

特征根 $r_{1,2}=\pm\sqrt{2}\mathrm{i}$ 均为二重根.

所求通解为

$$y=(c_1+c_2x)\cos\sqrt{2}x+(c_3+c_4x)\sin\sqrt{2}x \quad (c_1,c_2,c_3,c_4 \text{ 为任意常数}).$$

二、常系数非齐次线性方程通解的求法

用上一节讲的方法,可以求得常系数齐次线性方程的通解,由第四节可知,求常系数非齐次线性方程的通解的关键在于求得它的一个特解 y^*,这里仅介绍当方程

$$y^{(n)}+a_1y^{(n-1)}+a_2y^{(n-2)}+\cdots+a_ny=f(x) \tag{12.42}$$

中的 $f(x)$ 取两种常见形式时用待定系数法求 y^* 的方法.$f(x)$ 的两种形式是:

(1) $f(x)=\mathrm{e}^{\lambda x}P_m(x)$, 其中 λ 为常数, $P_m(x)$ 是 x 的 m 次多项式.

(2) $f(x)=\mathrm{e}^{\lambda x}[P_l(x)\cos\omega x+P_h(x)\sin\omega x]$, 其中 λ,ω 为常数, $P_l(x)$, $P_h(x)$ 分别是 x 的 l 次、h 次实系数多项式,其中有一个可以恒等于零.

1. $f(x)=\mathrm{e}^{\lambda x}P_m(x)$ 型

方程(12.42)的特解 y^* 是使(12.42)成为恒等式的函数.因为 $\mathrm{e}^{\lambda x}$ 及多项式的乘积求导后仍然是同一类型的函数,可以推测 $y^*=\mathrm{e}^{\lambda x}Q(x)$(其中 $Q(x)$ 是某个多项式),则

$$y^{*\prime}=\lambda\mathrm{e}^{\lambda x}Q(x)+\mathrm{e}^{\lambda x}Q'(x),$$

$$y^{*\prime\prime}=\lambda^2\mathrm{e}^{\lambda x}Q(x)+2\lambda\mathrm{e}^{\lambda x}Q'(x)+\mathrm{e}^{\lambda x}Q''(x),$$

$$\cdots\cdots\cdots\cdots$$

$$y^{*(n)}=\lambda^n\mathrm{e}^{\lambda x}Q(x)+\mathrm{C}_n^1\lambda^{n-1}\mathrm{e}^{\lambda x}Q'(x)+\cdots+$$

$$C_n^{n-1}\lambda e^{\lambda x}Q^{(n-1)}(x)+C_n^n e^{\lambda x}Q^{(n)}(x),$$

代入方程(12.42),约去因子 $e^{\lambda x}$ 并设

$$F(r)=r^n+a_1r^{n-1}+\cdots+a_{n-1}r+a_n,$$

可得

$$\frac{F^{(n)}(\lambda)}{n!}Q^{(n)}(x)+\frac{F^{(n-1)}(\lambda)}{(n-1)!}Q^{(n-1)}(x)+\cdots+\frac{F''(\lambda)}{2!}Q''(x)+$$

$$\frac{F'(\lambda)}{1!}Q'(x)+F(\lambda)Q(x)=P_m(x).$$

当 λ 不是特征方程的根时, $F(\lambda)\neq 0$, 上述等式左边的多项式的次数就是 $Q(x)$ 的次数,要使两边恒等,$Q(x)$ 必须是 m 次多项式,因而可设 $Q(x)=q_m(x)$.

当 λ 是特征方程的 k 重根时, $F(\lambda)=F'(\lambda)=\cdots=F^{(k-1)}(\lambda)=0$, $F^{(k)}(\lambda)\neq 0$, 上述等式左边多项式的次数就是 $Q^{(k)}(x)$ 的次数,要使两边恒等, $Q(x)$ 必须是 $m+k$ 次多项式,可以设 $Q(x)=x^kq_m(x)$.

若在方程(12.42)中, $f(x)=e^{\lambda x}P_m(x)$(λ 为常数, $P_m(x)$ 为 x 的 m 次多项式), λ 是特征方程(12.41)的 k 重根(当 λ 不是特征方程的根时, $k=0$), 则方程(12.42)有特解 $y^*=x^ke^{\lambda x}q_m(x)$, 其中 $q_m(x)$ 为 x 的 m 次待定多项式.

例 4 写出下列微分方程的特解形式:

(1) $y''-2y'-3y=x^2e^{-x}$;

(2) $y''-6y'+9y=(x+1)e^{3x}$;

(3) $y'''+3y''+3y'+y=e^{-3x}$.

解 (1) $\lambda=-1$ 是特征方程 $r^2-2r-3=0$ 的单根, $k=1$; $P_m(x)=x^2, m=2$. 因此设

$$y^*=x^ke^{\lambda x}q_m(x)=x^1e^{-x}q_2(x)=x(Ax^2+Bx+C)e^{-x}.$$

(2) $\lambda=3$ 是特征方程 $r^2-6r+9=0$ 的二重根, $k=2$; $P_m(x)=x+1, m=1$. 因此设

$$y^*=x^ke^{\lambda x}q_m(x)=x^2e^{3x}q_1(x)=x^2(Ax+B)e^{3x}.$$

(3) $\lambda=-3$ 不是特征方程 $r^3+3r^2+3r+1=0$ 的根, $k=0$; $P_m(x)=1, m=0$. 因此设

$$y^*=x^ke^{\lambda x}q_m(x)=x^0e^{-3x}q_0(x)=Ae^{-3x}.$$

例 5 求下列微分方程的通解:

(1) $y''-3y'+2y=xe^{-x}$;

(2) $y''+3y'-10y=e^{2x}$;

(3) $y''+y=\cosh x$.

解　(1) 特征方程为 $r^2-3r+2=0$, 特征值为 $r_1=1, r_2=2$, 对应齐次线性方程的通解为

$$Y=c_1\mathrm{e}^x+c_2\mathrm{e}^{2x}.$$

$f(x)=x\mathrm{e}^{-x}, \lambda=-1$ 不是特征方程的根, $k=0$; $P_m(x)=x, m=1$. 因此,设 $y^*=\mathrm{e}^{-x}(Ax+B)$, 代入原方程并约去因子 e^{-x} 得

$$(-5A+6B)+6Ax=x.$$

于是

$$\begin{cases}-5A+6B=0,\\ 6A=1.\end{cases}$$

可得

$$A=\frac{1}{6},\quad B=\frac{5}{36};\quad y^*=\left(\frac{1}{6}x+\frac{5}{36}\right)\mathrm{e}^{-x}.$$

所求通解为

$$y=c_1\mathrm{e}^x+c_2\mathrm{e}^{2x}+\left(\frac{1}{6}x+\frac{5}{36}\right)\mathrm{e}^{-x}\quad(c_1,c_2\text{ 为任意常数}).$$

(2) 特征方程为 $r^2+3r-10=0$, 特征值为 $r_1=2, r_2=-5$. 对应齐次线性方程的通解为

$$Y=c_1\mathrm{e}^{2x}+c_2\mathrm{e}^{-5x}.$$

$f(x)=\mathrm{e}^{2x}, \lambda=2$; $k=1, m=0$. 因此设 $y^*=Ax\mathrm{e}^{2x}$, 代入原方程并约去因子 e^{2x} 得

$$7A=1.$$

于是

$$A=\frac{1}{7},\quad y^*=\frac{1}{7}x\mathrm{e}^{2x}.$$

所求通解为

$$y=c_1\mathrm{e}^{2x}+c_2\mathrm{e}^{-5x}+\frac{1}{7}x\mathrm{e}^{2x}\quad(c_1,c_2\text{ 为任意常数}).$$

(3) 特征方程为 $r^2+1=0$,特征值为 $r_{1,2}=\pm\mathrm{i}$.对应齐次线性方程的通解为

$$Y=c_1\cos x+c_2\sin x.$$

$f(x)=\cosh x=\frac{1}{2}\mathrm{e}^x+\frac{1}{2}\mathrm{e}^{-x}$. $f_1(x)=\frac{1}{2}\mathrm{e}^x, \lambda=1, k=0, m=0$.因此设 $y_1^*=A\mathrm{e}^x$.

$f_2(x)=\frac{1}{2}\mathrm{e}^{-x}$，同理可设 $y_2^*=B\mathrm{e}^{-x}$.$y^*=y_1^*+y_2^*=A\mathrm{e}^x+B\mathrm{e}^{-x}$，代入原方程，可得

$$A=\frac{1}{4},\quad B=\frac{1}{4};\quad y^*=\frac{1}{4}\mathrm{e}^x+\frac{1}{4}\mathrm{e}^{-x}.$$

所求通解为

$$y=c_1\cos x+c_2\sin x+\frac{1}{4}\mathrm{e}^x+\frac{1}{4}\mathrm{e}^{-x}\ (c_1,c_2\text{ 为任意常数}).$$

2. $f(x)=\mathrm{e}^{\lambda x}[P_l(x)\cos\omega x+P_h(x)\sin\omega x]$ 型

应用欧拉公式，把三角函数表示为指数函数的形式：

$$\begin{aligned}f(x)&=\mathrm{e}^{\lambda x}[P_l(x)\cos\omega x+P_h(x)\sin\omega x]\\&=\mathrm{e}^{\lambda x}\left[P_l(x)\left(\frac{\mathrm{e}^{\mathrm{i}\omega x}}{2}+\frac{\mathrm{e}^{-\mathrm{i}\omega x}}{2}\right)+P_h(x)\left(\frac{\mathrm{e}^{\mathrm{i}\omega x}}{2\mathrm{i}}-\frac{\mathrm{e}^{-\mathrm{i}\omega x}}{2\mathrm{i}}\right)\right]\\&=\left[\frac{1}{2}P_l(x)-\frac{\mathrm{i}}{2}P_h(x)\right]\mathrm{e}^{(\lambda+\mathrm{i}\omega)x}+\left[\frac{1}{2}P_l(x)+\frac{\mathrm{i}}{2}P_h(x)\right]\mathrm{e}^{(\lambda-\mathrm{i}\omega)x}\\&=P(x)\mathrm{e}^{(\lambda+\mathrm{i}\omega)x}+\bar{P}(x)\mathrm{e}^{(\lambda-\mathrm{i}\omega)x},\end{aligned}$$

其中

$$P(x)=\frac{1}{2}P_l(x)-\frac{\mathrm{i}}{2}P_h(x)$$

与

$$\bar{P}(x)=\frac{1}{2}P_l(x)+\frac{\mathrm{i}}{2}P_h(x)$$

是互为共轭的 m 次多项式（即它们对应项的系数是共轭复数，$m=\max\{l,h\}$）.

利用前一段的结果，对于 $f_1(x)=P(x)\mathrm{e}^{(\lambda+\mathrm{i}\omega)x}$ 可得 $y_1^*=x^k\mathrm{e}^{(\lambda+\mathrm{i}\omega)x}q_m(x)$，其中 $\lambda+\mathrm{i}\omega$ 是特征方程(12.41)的 k 重根（若 $\lambda+\mathrm{i}\omega$ 不是特征方程的根，则取 $k=0$），$q_m(x)$ 是 x 的 m 次待定多项式.可以证明：当 y_1^* 是方程(12.42)对应于 $f(x)=f_1(x)$ 的特解，那么 $\bar{y}_1^*$ 是方程(12.42)对应于 $f(x)=\overline{f_1(x)}$ 的特解.因此 $y_2^*=\bar{y}_1^*=x^k\mathrm{e}^{(\lambda-\mathrm{i}\omega)x}\bar{q}_m(x)$. 于是有

$$\begin{aligned}y^*=y_1^*+y_2^*&=x^k\mathrm{e}^{(\lambda+\mathrm{i}\omega)x}q_m(x)+x^k\mathrm{e}^{(\lambda-\mathrm{i}\omega)x}\bar{q}_m(x)\\&=x^k\mathrm{e}^{\lambda x}[q_m(x)\mathrm{e}^{\mathrm{i}\omega x}+\bar{q}_m(x)\mathrm{e}^{-\mathrm{i}\omega x}]\\&=x^k\mathrm{e}^{\lambda x}[(q_m(x)+\bar{q}_m(x))\cos\omega x+(\mathrm{i}q_m(x)-\mathrm{i}\bar{q}_m(x))\sin\omega x]\\&=x^k\mathrm{e}^{\lambda x}[R_m^1(x)\cos\omega x+R_m^2(x)\sin\omega x],\end{aligned}$$

其中

$$R_m^1(x)=q_m(x)+\bar{q}_m(x),$$

$$R_m^2(x)=\mathrm{i}[q_m(x)-\bar{q}_m(x)]$$

均是实的次数最高为 m 次多项式.

因此有，若在方程(12.42)中，$f(x)=\mathrm{e}^{\lambda x}[P_l(x)\cos\omega x+P_h(x)\sin\omega x]$ (λ,ω 均为常数，$P_l(x),P_h(x)$ 分别为 x 的 l 次、h 次多项式，其中有一个可恒等于零)，$\lambda+\mathrm{i}\omega$ 是特征方程(12.41)的 k 重根，则方程(12.42)有特解 $y^*=x^k\mathrm{e}^{\lambda x}[R_m^1(x)\cos\omega x+R_m^2(x)\sin\omega x]$，其中 $R_m^1(x),R_m^2(x)$ 为 m 次待定多项式(最后的计算结果中可以有一个次数低于 m)，$m=\max\{l,h\}$.

例 6 写出下列微分方程的特解形式：

(1) $y''+2y'+5y=\mathrm{e}^x\sin 2x$； (2) $y''+4y=x^2\cos 2x$；

(3) $y^{(4)}+2y''+y=x^3\sin x$； (4) $y''+y=\cos 2x\cos x$.

解 (1) $\lambda+\mathrm{i}\omega=1+2\mathrm{i}$ 不是特征方程 $r^2+2r+5=0$ 的根，$k=0$；$P_l(x)\equiv 0,P_h(x)=1,m=\max\{l,h\}=0$. 因此

$$\begin{aligned}y^*&=x^k\mathrm{e}^{\lambda x}[R_m^1(x)\cos\omega x+R_m^2\sin\omega x]\\&=x^0\cdot\mathrm{e}^x[R_0^1(x)\cos 2x+R_0^2\sin 2x]\\&=\mathrm{e}^x(A\cos 2x+B\sin 2x).\end{aligned}$$

(2) $\lambda+\mathrm{i}\omega=2\mathrm{i}$ 是特征方程 $r^2+4=0$ 的单根，$k=1$；$P_l(x)=x^2$，$P_h(x)\equiv 0$，$m=\max\{l,h\}=2$，因此

$$y^*=x[(A_1x^2+B_1x+C_1)\cos 2x+(A_2x^2+B_2x+C_2)\sin 2x].$$

(3) $\lambda+\mathrm{i}\omega=\mathrm{i},k=2;m=3$. 因此

$$y^*=x^2[(A_1x^3+B_1x^2+C_1x+D_1)\cos x+(A_2x^3+B_2x^2+C_2x+D_2)\sin x].$$

(4) $f(x)=\cos 2x\cos x=\dfrac{1}{2}\cos x+\dfrac{1}{2}\cos 3x$.

$$f_1(x)=\frac{1}{2}\cos x,\lambda_1+\mathrm{i}\omega_1=\mathrm{i},k_1=1;m_1=0.y_1^*=x(A_1\cos x+B_1\sin x).$$

$$f_2(x)=\frac{1}{2}\cos 3x,\lambda_2+\mathrm{i}\omega_2=3\mathrm{i},k_2=0;m_2=0.y_2^*=A_2\cos 3x+B_2\sin 3x.$$

因此

$$y^*=y_1^*+y_2^*=x(A_1\cos x+B_1\sin x)+A_2\cos 3x+B_2\sin 3x.$$

例 7 求微分方程 $y''+4y=x\sin 2x$ 的通解.

解 特征方程为 $r^2+4=0$，特征值 $r_{1,2}=\pm 2\mathrm{i}$. 对应齐次线性方程的通解为

$$\overline{Y}=c_1\cos 2x+c_2\sin 2x.$$

$f(x)=x\sin 2x$, $\lambda+\mathrm{i}\omega=2\mathrm{i}$, $k=1$; $m=1$.因此

$$y^*=x[(A_1x+B_1)\cos 2x+(A_2x+B_2)\sin 2x].$$

代入原方程得

$$(8A_2x+4B_2+2A_1)\cos 2x+(-8A_1x-4B_1+2A_2)\sin 2x=x\sin 2x.$$

比较系数得

$$\begin{cases}8A_2=0,\\4B_2+2A_1=0,\\-8A_1=1,\\-4B_1+2A_2=0.\end{cases}\quad 解得\quad\begin{cases}A_1=-\dfrac{1}{8},\\B_1=0,\\A_2=0,\\B_2=\dfrac{1}{16}.\end{cases}$$

因此

$$y^*=-\frac{1}{8}x^2\cos 2x+\frac{x}{16}\sin 2x.$$

所求通解为

$$y=c_1\cos 2x+c_2\sin 2x-\frac{1}{8}x^2\cos 2x+\frac{1}{16}x\sin 2x\quad(c_1,c_2\text{ 为任意常数}).$$

例 8 在本章第四节例 1 中，设物体受弹力 $-kx\ (k>0)$ 和外力 $H\sin pt(H\neq 0,p>0)$ 的作用(忽略空气阻力的作用)，求物体的运动规律.

解 和第四节例 1 一样可以推导出物体运动应该满足微分方程

$$m\frac{\mathrm{d}^2x}{\mathrm{d}t^2}+kx=H\sin pt.$$

(1) 当 $p\neq K$ 时，上述微分方程的通解为

$$x=c_1\cos Kt+c_2\sin Kt+\frac{H}{m(K^2-p^2)}\sin pt,$$

其中 $K=\sqrt{\dfrac{k}{m}}$，c_1,c_2 为任意常数.

可以看出物体的运动由两部分组成，第一部分 $c_1\cos Kt+c_2\sin Kt$ 表示自由振

动,它的振幅 $A=\sqrt{c_1^2+c_2^2}$ 是常数;第二部分 $\dfrac{H}{m(K^2-p^2)}\sin pt$ 表示强迫振动,它的振幅不仅与 H,m 有关,而且与 K^2-p^2 有关,当 K^2-p^2 很小时,即使 H 较小,振幅 $\left|\dfrac{H}{m(K^2-p^2)}\right|$ 也会很大.

(2) 当 $p=K$ 时,上述微分方程的通解为

$$x=c_1\cos Kt+c_2\sin Kt-\frac{H}{2mK}t\cos Kt.$$

上述通解中的强迫振动的振幅为 $\dfrac{H}{2mK}t$,它随时间的增大而无限增大,这就是力学上所说的发生了共振.

在发生共振现象时,一个振动系统在不太大的外力作用下,会产生很大振幅的振动,引起破坏性的效果,这时我们要尽量避免共振现象的发生.为此,必须设法使 p 不要靠近 K.而在另外一些场合,我们希望利用共振的作用,例如收音机的调频等,这时必须使 $p=K$ 或使 p 尽量靠近 K.

*三、欧拉方程

方程

$$\boxed{x^ny^{(n)}+p_1x^{n-1}y^{(n-1)}+p_2x^{n-2}y^{(n-2)}+\cdots+p_{n-1}xy'+p_ny=f(x)} \tag{12.43}$$

叫做欧拉方程,其中 $p_1,p_2,\cdots,p_{n-1},p_n$ 均是常数,它不是常系数线性方程,而是变系数线性方程.但它可以通过变量代换化为常系数线性方程.

令 $x=e^t$ 或 $t=\ln x$,则

$$\frac{dy}{dx}=\frac{dy}{dt}\frac{dt}{dx}=\frac{1}{x}\frac{dy}{dt}=\frac{1}{x}Dy \text{ ①},$$

$$\frac{d^2y}{dx^2}=\frac{d}{dx}\left(\frac{1}{x}\frac{dy}{dt}\right)=\frac{1}{x^2}\left(\frac{d^2y}{dt^2}-\frac{dy}{dt}\right)=\frac{1}{x^2}D(D-1)y,$$

$$\frac{d^3y}{dx^3}=\frac{1}{x^3}\left(\frac{d^3y}{dt^3}-3\frac{d^2y}{dt^2}+2\frac{dy}{dt}\right)=\frac{1}{x^3}D(D-1)(D-2)y,$$

---

① 在这里我们用 D 表示对 t 的求导运算.

…………

$$\frac{\mathrm{d}^k y}{\mathrm{d}x^k}=\frac{1}{x^k}\mathrm{D}(\mathrm{D}-1)\cdots(\mathrm{D}-k+1)y.$$

把它们代入欧拉方程(12.43),就得到一个以 t 为自变量,y 为未知函数的常系数线性微分方程.在求出这个方程的解后,把 t 换成 $\ln x$,就得到原方程的解.

例 9 求下列欧拉方程的通解:

(1) $x^2y''+xy'-y=0$; (2) $x^3y'''+x^2y''-4xy'=3x^2$.

解 (1) 令 $x=\mathrm{e}^t$,原方程化为

$$\mathrm{D}(\mathrm{D}-1)y+\mathrm{D}y-y=0,$$

即

$$\mathrm{D}^2y-y=0.$$

其特征方程为 $r^2-1=0$, 特征值为 $r_1=1, r_2=-1$. 原方程的通解为

$$y=c_1\mathrm{e}^t+c_2\mathrm{e}^{-t}=c_1x+\frac{c_2}{x}\quad(c_1,c_2\text{ 为任意常数}).$$

(2) 令 $x=\mathrm{e}^t$, 原方程化为

$$\mathrm{D}(\mathrm{D}-1)(\mathrm{D}-2)y+\mathrm{D}(\mathrm{D}-1)y-4\mathrm{D}y=3\mathrm{e}^{2t},$$

即

$$\mathrm{D}^3y-2\mathrm{D}^2y-3\mathrm{D}y=3\mathrm{e}^{2t}.$$

它所对应的齐次方程的特征方程为 $r^3-2r^2-3r=0$, 特征值为 $r_1=0$, $r_2=-1$, $r_3=3$, 原方程对应的齐次线性方程的通解为

$$\overline{Y}=c_1+c_2\mathrm{e}^{-t}+c_3\mathrm{e}^{3t}=c_1+\frac{c_2}{x}+c_3x^3.$$

$f(t)=3\mathrm{e}^{2t}$, $\lambda=2$, $k=0$, $m=0$. 于是 $y^*=b\mathrm{e}^{2t}=bx^2$. 代入原方程,得 $b=-\frac{1}{2}$,

$y^*=-\frac{1}{2}\mathrm{e}^{2t}=-\frac{1}{2}x^2$, 原方程的通解为

$$y=c_1+\frac{c_2}{x}+c_3x^3-\frac{1}{2}x^2\quad(c_1,c_2,c_3\text{ 为任意常数}).$$

习题 12.5

1. 求下列微分方程的通解:

(1) $y''+y'-12y=0$; (2) $y''+8y'+16y=0$;

(3) $3y'' + 2y' = 0$; (4) $y'' + 9y = 0$;

(5) $y'' + 4y' + 5y = 0$; (6) $\dfrac{d^2S}{dt^2} + k^2S = 0\ (k > 0)$;

(7) $y''' + y = 0$; (8) $y^{(4)} + 5y''' + 6y'' = 0$;

(9) $y''' - 6y'' + 11y' - 6y = 0$; (10) $y^{(4)} - 6y''' + 4y'' = 0$.

2. 求下列各微分方程满足所给初值条件的特解：

(1) $y'' - 3y' + 2y = 0, y\big|_{x=0} = 1, y'\big|_{x=0} = -1$;

(2) $y'' + y = 0, y(0) = 3, y'(0) = 2$;

(3) $y'' - 8y' + 16y = 0, y(0) = 2, y'(0) = 4$;

(4) $y'' + 3y' = 0, y\big|_{x=1} = 1, y'\big|_{x=1} = 2$;

(5) $y''' + 3y'' + 3y' + y = 0,\ y(0) = 1,\ y'(0) = 0,\ y''(0) = 0$.

3. 一个质量为 m 的质点在数轴上运动，$t=0$ 时，质点在原点而且速度为 v_0，在运动过程中，它受到两个力的作用，其中一个力的方向指向原点，大小与质点到原点的距离成正比，比例系数为 $k_1(k_1>0)$；另一个力的方向与速度方向相反，大小与速度的大小成正比，比例系数为 $k_2(k_2>0)$. 求这质点的运动规律（其中 $k_2^2< 4mk_1$）.

4. 求下列各微分方程的通解：

(1) $y'' + 2y' - 8y = 3xe^x$; (2) $y'' - 4y' + 4y = e^{2x}$;

(3) $3y'' + y' = 3x + 1$; (4) $y^{(4)} + y'' - 2y = e^{-2x}$;

(5) $y'' + 9y = \sin 3x$; (6) $y'' - 3y' + 2y = x\cos x$;

(7) $y'' + y = e^x - \sin x$; (8) $y'' + 9y = \sin x\cos 2x$.

5. 求下列各微分方程满足所给初值条件的特解：

(1) $y'' + 3y' + 2y = 5,\ y(0) = 1,\ y'(0) = 2$;

(2) $y'' - 10y' + 9y = e^{2x},\ y(0) = 0, y'(0) = 1$;

(3) $y'' + y = \cos x,\ y(0) = 2,\ y'(0) = 0$;

(4) $y'' + 4y = \cos^2 x,\ y(0) = 1,\ y'(0) = 2$.

6. 设函数 $\varphi(x)$ 连续且满足积分方程

$$\varphi(x) = e^x + \int_0^x t\varphi(t)\,dt - x\int_0^x \varphi(t)\,dt,$$

求 $\varphi(x)$.

*7. 求下列欧拉方程的通解：

(1) $x^2y'' - xy' + y = 0$; (2) $x^2y'' - 3xy' + 5y = 0$;

(3) $x^2y'' + 3xy' - 3y = 0$; (4) $x^3y''' + 6x^2y'' - 6xy' = 0$;

(5) $x^2y''-2xy'+2y=x-2\ln x$; (6) $x^2y''+xy'+y=\sin(\ln x)$;

(7) $x^3y'''+2xy'-2y=x^2$.

*8. 求下列欧拉方程满足所给初值条件的特解:

(1) $x^2y''+xy'-4y=0, y(1)=2, y'(1)=0$;

(2) $x^2y''-4xy'+4y=\cos(\ln x), y(1)=0, y'(1)=1$.

第六节 微分方程的幂级数解法

当微分方程不能用初等积分法求解时,幂级数解法是常用的方法之一,下面简单介绍微分方程的幂级数解法.

设 $f(x,y)$ 是 $x-x_0$ 和 $y-y_0$ 的多项式,

$$f(x,y)=a_{00}+a_{10}(x-x_0)+a_{01}(y-y_0)+\cdots+a_{lm}(x-x_0)^l(y-y_0)^m,$$

则微分方程

$$\frac{\mathrm{d}y}{\mathrm{d}x}=f(x,y) \tag{12.44}$$

满足初值条件 $y(x_0)=y_0$ 的特解可以展开成 $x-x_0$ 的幂级数:

$$y=y_0+a_1(x-x_0)+a_2(x-x_0)^2+\cdots+a_n(x-x_0)^n+\cdots,$$

把上式代入方程(12.44)中,比较等式两边 $x-x_0$ 同次幂的系数,就可以求出 a_1, $a_2,\cdots,a_n,\cdots$,可以证明 $y=y_0+\sum\limits_{n=1}^{\infty}a_n(x-x_0)^n$ 在其收敛区间内就是方程(12.44)满足初值条件 $y(x_0)=y_0$ 的特解.

例 1 求方程 $y'=x+y^2$ 满足 $y(0)=0$ 的特解.

解 由条件可设 $y=\sum\limits_{n=1}^{\infty}a_nx^n$, 把它代入原方程可得

$$\begin{aligned}&a_1+2a_2x+3a_3x^2+4a_4x^3+5a_5x^4+\cdots\\&=x+(a_1x+a_2x^2+a_3x^3+a_4x^4+a_5x^5+\cdots)^2\\&=x+a_1^2x^2+2a_1a_2x^3+(a_2^2+2a_1a_3)x^4+(2a_1a_4+2a_2a_3)x^5+\cdots,\end{aligned}$$

比较两边 x 同次幂的系数可得

$$a_1=0, 2a_2=1, 3a_3=a_1^2, 4a_4=2a_1a_2, 5a_5=a_2^2+2a_1a_3, \cdots,$$

于是

$$a_1=0,a_2=\frac{1}{2},a_3=0,a_4=0,a_5=\frac{1}{20},\cdots,$$

因此所求的特解为

$$y=\frac{1}{2}x^2+\frac{1}{20}x^5+\cdots.$$

对于二阶线性方程

$$y''+p_1(x)y'+p_2(x)y=0, \tag{12.45}$$

若 $p_1(x)$，$p_2(x)$ 在 (x_0-R,x_0+R) 内能展开成 $x-x_0$ 的幂级数，则在区间 $(x_0-R_1,\ x_0+R)$ 内方程(12.45)有形如

$$y=\sum_{n=0}^{\infty}a_n(x-x_0)^n$$

的特解.

例 2　求方程 $y''-\frac{2x}{1-x^2}y'+\frac{2}{1-x^2}y=0$ 满足初值条件 $y(0)=1,y'(0)=0$ 的特解.

解　在 $(-1,1)$ 内，$p_1(x)=\frac{-2x}{1-x^2},p_2(x)=\frac{2}{1-x^2}$ 都可展开成 x 的幂级数，因而可设

$$y=a_0+a_1x+a_2x^2+\cdots+a_nx^n+\cdots.$$

由初值条件 $y(0)=1,y'(0)=0$，可得 $a_0=1,a_1=0$. 于是

$$y=1+a_2x^2+a_3x^3+\cdots+a_nx^n+\cdots.$$

方程可变形为

$$(1-x^2)y''-2xy'+2y=0.$$

把 y 代入到变形后的方程中去，比较等式两边 x 同次幂的系数可得

$$2a_2+2=0,\ 6a_3=0,\ -4a_2+12a_4=0,\ \cdots,$$

$$n(n-1)a_n-n(n-3)a_{n-2}=0,\ \cdots.$$

于是有

$$a_2=-1,a_3=0,a_4=-\frac{1}{3},\cdots,a_{2k-1}=0,a_{2k}=-\frac{1}{2k-1},\cdots,$$

因此所求的特解为

$$y=1-x^2-\frac{x^4}{3}-\cdots-\frac{x^{2n}}{2n-1}-\cdots.$$

习题 12.6

1. 用幂级数求下列方程满足所给初值条件的特解：

(1) $y'=y^2+x^3, y(0)=\frac{1}{2}$;

(2) $(1-x)y'+y=1+x, y(0)=0$;

(3) $\frac{\mathrm{d}^2y}{\mathrm{d}x^2}+y\cos x=0, y(0)=a, y'(0)=0.$

2. 用幂级数求下列微分方程的通解：

(1) $y'-xy-x=1$;

(2) $y''+xy'+y=0.$

*第七节 常系数线性微分方程组

在实际应用中，常会遇到常系数线性微分方程组.我们在这里通过例子来说明如何用消元法解这一类方程.

例 1 求微分方程组

$$\begin{cases}\frac{\mathrm{d}x}{\mathrm{d}t}+\frac{\mathrm{d}y}{\mathrm{d}t}=-x+y+\mathrm{e}^t, & (12.46)\\ \frac{\mathrm{d}x}{\mathrm{d}t}-\frac{\mathrm{d}y}{\mathrm{d}t}=x+y+1 & (12.47)\end{cases}$$

的通解.

解 用记号 D 表示$\frac{\mathrm{d}}{\mathrm{d}t}$，则方程组可化为

$$\begin{cases}(\mathrm{D}+1)x+(\mathrm{D}-1)y=\mathrm{e}^t, & (12.48)\\ (\mathrm{D}-1)x-(\mathrm{D}+1)y=1. & (12.49)\end{cases}$$

$(\mathrm{D}-1)\times(12.48)-(\mathrm{D}+1)\times(12.49)$得

$$2(\mathrm{D}^2+1)y=-1,$$

即

$$(D^2+1)y=-\frac{1}{2}. \tag{12.50}$$

由(12.50)可得

$$y=c_1\cos t+c_2\sin t-\frac{1}{2}.$$

(12.48)-(12.49)得

$$2x+2Dy=e^t-1.$$

于是

$$x=\frac{e^t-1}{2}-Dy=\frac{e^t-1}{2}+c_1\sin t-c_2\cos t,$$

因此所求通解为

$$\begin{cases} x=\dfrac{1}{2}(e^t-1)+c_1\sin t-c_2\cos t, \\ y=-\dfrac{1}{2}+c_1\cos t+c_2\sin t, \end{cases}$$

其中 c_1, c_2 为任意常数.

例 2 求微分方程组

$$\begin{cases} 2\dfrac{d^2x}{dt^2}+\dfrac{dy}{dt}-x=\cos t, & (12.51) \\ \dfrac{d^2y}{dt^2}+2\dfrac{dx}{dt}+y=\sin t & (12.52) \end{cases}$$

的通解.

解 方程组可化为

$$\begin{cases} (2D^2-1)x+Dy=\cos t, & (12.53) \\ 2Dx+(D^2+1)y=\sin t. & (12.54) \end{cases}$$

$(2D^2-1)\times(12.54)-2D\times(12.53)$ 得

$$(2D^4-D^2-1)y=-\sin t, \tag{12.55}$$

由(12.55)得

$$y=c_1e^t+c_2e^{-t}+c_3\cos\frac{t}{\sqrt{2}}+c_4\sin\frac{t}{\sqrt{2}}-\frac{1}{2}\sin t.$$

$D\times(12.54)-(12.53)$ 得

$$x + D^3y = 0,$$

即

$$x = -D^3y.$$

因此

$$x = -c_1e^t + c_2e^{-t} - \frac{c_3}{2\sqrt{2}}\sin\frac{t}{\sqrt{2}} + \frac{c_4}{2\sqrt{2}}\cos\frac{t}{\sqrt{2}} - \frac{1}{2}\cos t.$$

所求通解为

$$\begin{cases} x = -c_1e^t + c_2e^{-t} - \dfrac{c_3}{2\sqrt{2}}\sin\dfrac{t}{\sqrt{2}} + \dfrac{c_4}{2\sqrt{2}}\cos\dfrac{t}{\sqrt{2}} - \dfrac{1}{2}\cos t, \\ y = c_1e^t + c_2e^{-t} + c_3\cos\dfrac{t}{\sqrt{2}} + c_4\sin\dfrac{t}{\sqrt{2}} - \dfrac{1}{2}\sin t, \end{cases}$$

其中 c_1, c_2, c_3, c_4 为任意常数.

注 用消元法解微分方程组,当求得一个未知函数的通解后,再求另一个未知函数时,一般不再积分,因为积分后会出现新的任意常数,而实际上新出现的任意常数并不“任意”,它与第一个未知函数中的任意常数间有确定的关系.

例如,在例 2 中求出 y 后,再用消元法:$(D^2+1)\times(12.53) - D\times(12.54)$ 得

$$(2D^4 - D^2 - 1)x = -\cos t.$$

由此得

$$x = d_1e^t + d_2e^{-t} + d_3\cos\frac{t}{\sqrt{2}} + d_4\sin\frac{t}{\sqrt{2}} - \frac{1}{2}\cos t.$$

所以

$$\begin{cases} x = d_1e^t + d_2e^{-t} + d_3\cos\dfrac{t}{\sqrt{2}} + d_4\sin\dfrac{t}{\sqrt{2}} - \dfrac{1}{2}\cos t, \\ y = c_1e^t + c_2e^{-t} + c_3\cos\dfrac{t}{\sqrt{2}} + c_4\sin\dfrac{t}{\sqrt{2}} - \dfrac{1}{2}\sin t. \end{cases}$$

只有在 $d_1 = -c_1, d_2 = c_2, d_3 = +\dfrac{c_4}{2\sqrt{2}}, d_4 = -\dfrac{c_3}{2\sqrt{2}}$ 成立时,才能作为方程组的通解.

* 习题 12.7

1. 求下列方程组的通解：

(1) $\begin{cases}\dfrac{\mathrm{d}x}{\mathrm{d}t}=y,\\ \dfrac{\mathrm{d}y}{\mathrm{d}t}=-x+2y;\end{cases}$　　(2) $\begin{cases}\dfrac{\mathrm{d}^2x}{\mathrm{d}t^2}=y,\\ \dfrac{\mathrm{d}y}{\mathrm{d}t}=x;\end{cases}$

(3) $\begin{cases}\dfrac{\mathrm{d}x}{\mathrm{d}t}+\dfrac{\mathrm{d}y}{\mathrm{d}t}=t-2x-y,\\ \dfrac{\mathrm{d}y}{\mathrm{d}t}=t^2-5x-3y;\end{cases}$　　(4) $\begin{cases}\dfrac{\mathrm{d}x}{\mathrm{d}t}+2\dfrac{\mathrm{d}y}{\mathrm{d}t}=3x-4y+2\sin t,\\ \dfrac{\mathrm{d}y}{\mathrm{d}t}+2\dfrac{\mathrm{d}x}{\mathrm{d}t}=y-2x+\cos t.\end{cases}$

2. 求下列方程组满足所给初值条件的特解：

(1) $\begin{cases}\dfrac{\mathrm{d}x}{\mathrm{d}t}=y,\\ \dfrac{\mathrm{d}y}{\mathrm{d}t}=3y-2x,\end{cases}$　$\begin{cases}x(0)=2,\\ y(0)=3;\end{cases}$

(2) $\begin{cases}\dfrac{\mathrm{d}^2x}{\mathrm{d}t^2}+2\dfrac{\mathrm{d}y}{\mathrm{d}t}-4x=0,\\ \dfrac{\mathrm{d}x}{\mathrm{d}t}+y=0,\end{cases}$　$\begin{cases}x(0)=1,\\ y(0)=0;\end{cases}$

(3) $\begin{cases}\dfrac{\mathrm{d}^2x}{\mathrm{d}t^2}-\dfrac{\mathrm{d}^2y}{\mathrm{d}t^2}+x+y=t,\\ \dfrac{\mathrm{d}^2y}{\mathrm{d}t^2}+x+y=1,\end{cases}$　$\begin{cases}x(0)=1,x'(0)=0,\\ y(0)=2,y'(0)=\dfrac{1}{6}.\end{cases}$

第八节　微分方程应用举例

在许多实际问题中,我们需要研究某一个量(物理的、工程技术的、经济的、生物的等)的变化规律,这常常涉及这个量的改变量或变化率,建立的方程是一个微分方程,要找的规律就是微分方程的一条解曲线.

用数学方法研究实际问题的首要工作是用数学的语言(公式、方程、曲线、图表等)来表述所要研究的问题,即建立问题的数学模型.许多问题都遵循"变化率=输入-输出"这一模式.若能准确地表示好其中的每一项,就得到了微分方程模型,再确定问题所要满足的特定条件(初值条件等),就转化为求微分方程特解的问题.

下面我们给出一些应用的例题.

例 1 某日,某人开车在上午 8:00 离开 A 地,11:20 到达 B 地,车速表显示他从静止开始,均匀地加速,当他到达 B 地时,速度为 60 km/h,从 A 到 B 有多远?

解 本问题中的变化率就是速度 v,物理量是距离 s,与时间 t 有关,记为 $s(t)$,因为是均匀地加速,即

$$\frac{\mathrm{d}v}{\mathrm{d}t}=a\text{ (常数)},$$

$$\frac{\mathrm{d}s}{\mathrm{d}t}=at+b, \tag{12.56}$$

其中 a, b 是待定常数,令出发时刻 $t=0$, 则到达 B 地时, $t=\frac{10}{3}$ h,由题意有

$$s(0)=0,\quad \left.\frac{\mathrm{d}s}{\mathrm{d}t}\right|_{t=0}=0,\quad \left.\frac{\mathrm{d}s}{\mathrm{d}t}\right|_{t=\frac{10}{3}}=60.$$

由方程(12.56)易解得通解为

$$s=\frac{1}{2}at^2+bt+c.$$

由条件可确定 $a=18$, $b=c=0$, 所以

$$s(t)=9t^2,\quad s\left(\frac{10}{3}\right)=9\cdot\left(\frac{10}{3}\right)^2=100(\mathrm{km}).$$

故从 A 到 B 的距离为 100 km.

例 2 某人每天由食物摄入的热量是 2 500 cal①,其中 1 200 cal 用于人体基础的新陈代谢.健身运动消耗的热量大约是每天 16 cal/kg.假设多余的热量全部转化为脂肪储存在体内,消耗 1 kg 脂肪约产生 10 000 cal 热量.求此人的体重随时间的变化规律.

解 设 $w(t)$ 为 t 时刻的体重,是时间 t 的连续函数.问题中涉及的时间仅仅是"每天",所以,我们就注意每天体重的变化,这可以描述为

---

① 1 cal≈4.186 J.

体重的变化=净吸收量-输出量.

净吸收量是指扣除了基础新陈代谢之外的净热量吸收,由问题所给出的,每天的净吸收量=2 500 cal-1 200 cal=1 300 cal,输出量就是进行健身运动消耗的热量,每天的净输出量=16 cal/kg · w kg=16w cal.

t 时刻到 $t+\Delta t$ 时刻体重的平均变化为

$$\frac{w(t+\Delta t)-w(t)}{\Delta t}\to\frac{\mathrm{d}w}{\mathrm{d}t}\quad(\Delta t\to 0),$$

$\frac{\mathrm{d}w}{\mathrm{d}t}$就是 t 时刻体重的单位变化率.再根据能量与质量的关系,就有方程

$$\frac{\mathrm{d}w}{\mathrm{d}t}=\frac{1\ 300-16w}{10\ 000}.$$

假设开始时,体重为 w_0,即 $w(0)=w_0$,这样我们就得到了一个一阶线性方程的初值问题

$$\begin{cases}\dfrac{\mathrm{d}w}{\mathrm{d}t}=\dfrac{1\ 300-16w}{10\ 000},\\ w(0)=w_0.\end{cases}\tag{12.57}$$

求解方程可得

$$w(t)=\frac{1\ 300}{16}+c\mathrm{e}^{-\frac{16}{10\ 000}t}.$$

由初值条件可得 $c=w_0-\frac{1\ 300}{16}$,所以,此人的体重随时间的变化规律是

$$w(t)=\frac{1\ 300}{16}+\left(w_0-\frac{1\ 300}{16}\right)\mathrm{e}^{-\frac{16}{10\ 000}t}.\tag{12.58}$$

我们还可以继续对这个问题进行讨论,如果此人长期保持他的饮食和健身习惯,则当他的初始体重 $w_0>\frac{1\ 300}{16}$时,体重将单调下降,趋近于$\frac{1\ 300}{16}$;当 $w_0<\frac{1\ 300}{16}$时,体重将单调上升,但不会超过$\frac{1\ 300}{16}$,说明适当地控制饮食和坚持健身锻炼是保持体重的有效途径(图 12.4).

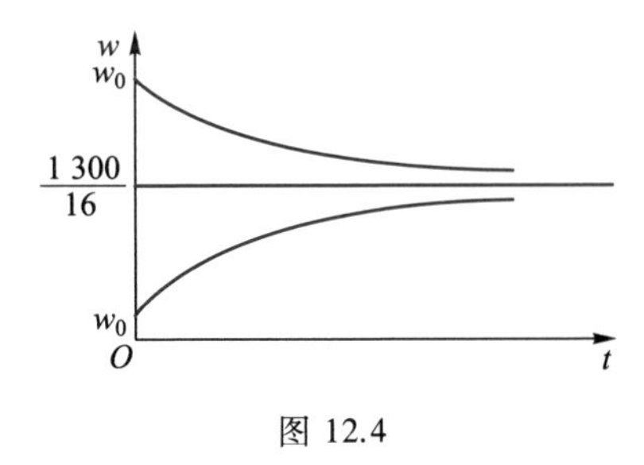

图 12.4

例 3 在核能利用的初期，处理核废料的方法是将其装入密封的铅制圆桶中，沉入 91.437 m 深的海里.这样做是否会造成核泄漏，引起生态学家与社会各界的关注.处理时使用的是容积约250 L的圆桶，装满废料所受重力约为 $W = 2\ 334.131$ N，受到海水的浮力 $B = 2\ 092.109$ N.经过大量的科学实验，发现桶在下降的过程中受到的阻力大小为 $D = 0.08v$，v 为桶下降的速度，并且在 12.192 m/s 的冲击下，桶会破裂.问题是该处理方法是否安全.

解 由海平面向下建立坐标系(图 12.5)，我们需要知道，当 $y = 91.437$ 时，桶的速度 v.由牛顿第二定律，

$$m\frac{\mathrm{d}v}{\mathrm{d}t} = W - B - D, \qquad (12.59)$$

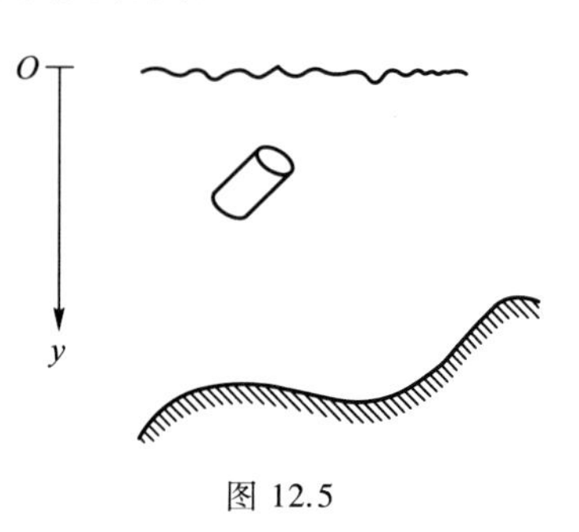

图 12.5

其中 $m = \dfrac{W}{g}$，$g = 9.8\ \mathrm{m/s^2}$，$D = 0.08v$，因为 $\dfrac{\mathrm{d}v}{\mathrm{d}t} = \dfrac{\mathrm{d}v}{\mathrm{d}y}\cdot\dfrac{\mathrm{d}y}{\mathrm{d}t} = \dfrac{\mathrm{d}v}{\mathrm{d}y}\cdot v$，假设桶由海平面自然下沉，所以方程为

$$\begin{cases} mv\dfrac{\mathrm{d}v}{\mathrm{d}y} = W - B - 0.08v, \\ v(0) = 0. \end{cases} \qquad (12.60)$$

解方程 $\dfrac{mv}{W - B - 0.08v}\mathrm{d}v = \mathrm{d}y$，积分得

$$y = -m\left(\frac{v}{0.08} + \frac{W - B}{0.08^2}\ln\frac{W - B - 0.08v}{W - B}\right). \qquad (12.61)$$

函数(12.61)式无法表示为 $v = v(y)$，但是，将 $v = 12.192$ 代入(12.61)式可得 $y \approx 72.774$.由(12.59)式，当 $v < \dfrac{W - B}{0.08} \approx 3\ 025.275$ 时，$\dfrac{\mathrm{d}v}{\mathrm{d}t} > 0$，此时 v 是单调增加的，所以 $v(91.437) > 12.192$.

这说明桶有破裂的危险.现在，在全球范围内都禁止将核废料沉入海中.

例 4 在自然界中，食肉动物(如猎豹等)以捕食其他动物(如兔子等)维持自己的生存，通过研究食肉动物的捕食情况，可以了解它们的生存能力.现有一只猎豹，发现距它 s_0 m 处有一只兔子，兔子发现猎豹后，以速度 v_0 沿一直线逃跑，猎豹以速度 V 追击，问猎豹追击的路线是怎样的？多少时间能追到兔子？

解 建立坐标(图 12.6)，开始时，兔子在原点，猎豹在点 $P_0(x_0, y_0)$，设兔子

沿 y 轴正向逃跑，猎豹的追击路线是 $y=y(x)$，在 t 时刻，兔子到达点 $R(0,v_0t)$，猎豹到达点 $P(x,y)$，因为猎豹的运动方向始终指向兔子，所以直线 RP 是 $y=y(x)$ 的切线，则

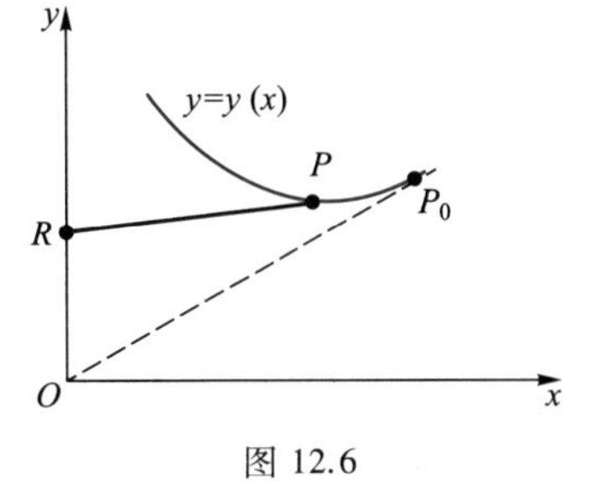

图 12.6

$$\frac{\mathrm{d}y}{\mathrm{d}x}=\frac{y-v_0t}{x},$$

即

$$x\frac{\mathrm{d}y}{\mathrm{d}x}-y=-v_0t. \tag{12.62}$$

取 t 为参数，则猎豹的速度

$$V=\sqrt{\left(\frac{\mathrm{d}x}{\mathrm{d}t}\right)^2+\left(\frac{\mathrm{d}y}{\mathrm{d}t}\right)^2}=\left|\frac{\mathrm{d}x}{\mathrm{d}t}\right|\sqrt{1+\left(\frac{\mathrm{d}y}{\mathrm{d}x}\right)^2}, \tag{12.63}$$

如图 12.6 所示，$\frac{\mathrm{d}x}{\mathrm{d}t}<0$，由(12.62)式，

$$x\frac{\mathrm{d}^2y}{\mathrm{d}x^2}=-v_0\frac{\mathrm{d}t}{\mathrm{d}x},$$

代入(12.63)式得

$$x\frac{\mathrm{d}^2y}{\mathrm{d}x^2}=\frac{v_0}{V}\sqrt{1+\left(\frac{\mathrm{d}y}{\mathrm{d}x}\right)^2}, \tag{12.64}$$

这是可降阶的二阶微分方程，令 $y'=p$，$y''=\frac{\mathrm{d}p}{\mathrm{d}x}$. (12.64)式变为

$$\frac{\mathrm{d}p}{\sqrt{1+p^2}}=\frac{v_0}{V}\cdot\frac{\mathrm{d}x}{x},$$

解得

$$p+\sqrt{1+p^2}=C_1x^{v_0/V}. \tag{12.65}$$

由初值条件，$y(x_0)=y_0$，$y'(x_0)=\frac{y_0}{x_0}$，可得

$$C_1=\frac{y_0+\sqrt{x_0^2+y_0^2}}{x_0^{1+v_0/V}}.$$

由(12.65)式可得

$$p=\frac{\mathrm{d}y}{\mathrm{d}x}=\frac{1}{2}\left(C_1x^{v_0/V}-\frac{1}{C_1}x^{-v_0/V}\right). \tag{12.66}$$

当 $v_0\neq V$ 时,

$$y=y_0+\frac{C_1}{2\left(1+\frac{v_0}{V}\right)}\left(x^{1+v_0/V}-x_0^{1+v_0/V}\right)-\frac{1}{2\left(1-\frac{v_0}{V}\right)C_1}\left(x^{1-v_0/V}-x_0^{1-v_0/V}\right); \tag{12.67}$$

当 $v_0=V$ 时,

$$y=y_0+\frac{C_1}{4}\left(x^2-x_0^2\right)-\frac{1}{2C_1}\ln\frac{x}{x_0}. \tag{12.68}$$

(12.67)和(12.68)式称为追线.易知,当 $v_0<V$ 时,猎豹在 $x=0$ 时,追到兔子,由 $y(0)=v_0T$, 所需时间

$$T=\frac{y(0)}{v_0}=\frac{1}{v_0}\left[y_0-\frac{C_1}{2\left(1+\frac{v_0}{V}\right)}x_0^{1+v_0/V}+\frac{1}{2\left(1-\frac{v_0}{V}\right)C_1}x_0^{1-v_0/V}\right]$$

$$=\frac{Vs_0-v_0y_0}{V^2-v_0^2}. \tag{12.69}$$

兔子被追到时,逃跑的距离

$$s=v_0T=\frac{v_0(Vs_0-v_0y_0)}{V^2-v_0^2}.$$

猎豹按(12.67)式确定的路径追捕兔子.

由(12.69)式可知,猎豹是否可以捕获到兔子,与两者的奔跑速度、两者的距离、兔子逃跑的方向有关.实际上,由于猎豹高速奔跑持续的时间 T_0 是有限的,当 $T>T_0$ 时,猎豹就不可能捕获到兔子.如果兔子逃跑的路径是曲线,怎样考虑本问题? 留给读者思考.

本章资源

1. 知识能力矩阵

2. 小结及重难点解析

3. 课后习题中的难题解答

4. 自测题

5. 数学家小传

部分习题答案

第　七　章

习　题　7.1

3. 单位球面.

5. $\frac{1}{2}(\boldsymbol{a}+\boldsymbol{b})$,　$-\frac{1}{2}(\boldsymbol{a}+\boldsymbol{b})$,　$\frac{1}{2}(\boldsymbol{a}-\boldsymbol{b})$,　$-\frac{1}{2}(\boldsymbol{a}-\boldsymbol{b})$.

8. (1) $\sqrt{7}$;　(2) $\sqrt{3}$;　(3) $\alpha=\arccos\frac{2\sqrt{7}}{7}$;　(4) 4;　(5) $\alpha=60^\circ$.

习　题　7.2

1. (1) A:三;　B:八;　C:五;　D:四.
   (2) A 在 y 轴上,B 在 x 轴上,C 在 yOz 坐标面上,D 在 xOy 坐标面上.
   (3) $(-1,2,-3)$, $(1,2,3)$, $(-1,-2,3)$; $(-1,-2,-3)$, $(1,2,-3)$, $(1,-2,3)$; $(1,-2,-3)$.
2. $(0,0,0)$; (a,a,a); $(a,0,0)$; $(a,a,0)$; $(0,a,0)$; $(a,0,a)$; $(0,0,a)$; $(0,a,a)$.
3. x 轴:$\sqrt{34}$,y 轴:$\sqrt{41}$,z 轴:5.
4. (3) 2.
5. $(1,-2,-2)$,$(-2,4,4)$.
6. $A(-2,3,0)$.
7. $\overrightarrow{OP}=\boldsymbol{i}+3\boldsymbol{j}+5\boldsymbol{k}$,　$\overrightarrow{OM}=\left(\frac{1}{2},\frac{3}{2},\frac{5}{2}\right)$.
8. $|\boldsymbol{a}|=\sqrt{m^2+9+(n-1)^2}$,　$|\boldsymbol{b}|=\sqrt{18+e^2}$;
   $\boldsymbol{a}$ 的方向余弦:$\frac{m}{|\boldsymbol{a}|}$,$\frac{3}{|\boldsymbol{a}|}$,$\frac{n-1}{|\boldsymbol{a}|}$;

$\boldsymbol{b}$ 的方向余弦：$\frac{3}{|\boldsymbol{b}|}, \frac{e}{\boldsymbol{b}}, \frac{3}{|\boldsymbol{b}|}$；

当 $m=3, n=4, e=3$ 时，$\boldsymbol{a}=\boldsymbol{b}$.

10. (1) 方向余弦：$\frac{\sqrt{3}}{3}, \frac{\sqrt{3}}{3}, \frac{\sqrt{3}}{3}$； (2) $\boldsymbol{a}=\left(\frac{2\sqrt{3}}{3}, \frac{2\sqrt{3}}{3}, \frac{2\sqrt{3}}{3}\right)$.

11. $\boldsymbol{c}=\left(-\frac{7}{3}, \frac{8}{3}, \frac{19}{3}\right)$.

12. $\alpha=4, \beta=-1$.

13. $\left(\frac{6}{11}, \frac{7}{11}, -\frac{6}{11}\right)$ 或 $\left(-\frac{6}{11}, -\frac{7}{11}, \frac{6}{11}\right)$.

14. $\lambda\left(\frac{\sqrt{3}}{3}, \frac{\sqrt{3}}{3}, \frac{\sqrt{3}}{3}\right) \quad (\lambda>0)$.

习　题　7.3

2. (1) $3, (5,1,7)$； (2) $-18, (10,2,14)$； (3) $\cos(\widehat{\boldsymbol{a},\boldsymbol{b}})=\frac{\sqrt{21}}{14}$.

3. $-\frac{3}{2}$.

4. $\frac{3\pi}{4}$, $\operatorname{Prj}_{\boldsymbol{b}} \boldsymbol{a}=-3$, $\operatorname{Prj}_{\boldsymbol{a}} \boldsymbol{b}=-\frac{3\sqrt{2}}{2}$.

5. $2\lambda=\mu$.

6. $|\alpha|=\sqrt{\alpha^{2}|\boldsymbol{a}|^{2}+\beta^{2}|\boldsymbol{b}|^{2}+\gamma|\boldsymbol{c}|^{2}}$.

7. (1) $-8\boldsymbol{j}-24\boldsymbol{k}$； (2) $-\boldsymbol{j}-\boldsymbol{k}$； (3) 2.

8. (2) $\left(-\frac{2}{3}, \frac{1}{3}, \frac{2}{3}\right)$ 或 $\left(\frac{2}{3}, -\frac{1}{3}, -\frac{2}{3}\right)$.

9. $\frac{15}{2}$.

10. 72.

11. $\frac{45}{2}$.

习　题　7.4

1. $2x-y-z=0$.

2. $3x-7y+5z-4=0.$

3. $\dfrac{x}{\frac{5}{3}}-\dfrac{y}{\frac{5}{4}}+\dfrac{z}{5}=1.$

4. $15x+16y+5z-26=0.$

6. $x+y-3z-4=0.$

7. (1) $y+5=0$；(2) $x+3y=0$；(3) $9y-z-2=0.$

8. (1) $\dfrac{x+\frac{34}{7}}{3}=\dfrac{y+\frac{15}{7}}{1}=\dfrac{z}{-1}$；(2) $\dfrac{x-\frac{5}{2}}{1}=\dfrac{y+\frac{9}{4}}{-2}=\dfrac{z}{1}.$

9. $\dfrac{x-4}{2}=\dfrac{y+1}{1}=\dfrac{z-3}{5}.$

10. $\dfrac{x-2}{1}=\dfrac{y-4}{1}=\dfrac{z+1}{1}.$

12. $\dfrac{x}{-2}=\dfrac{y-1}{3}=\dfrac{z-2}{1}.$

13. $\dfrac{x+1}{12}=\dfrac{y+4}{46}=\dfrac{z-3}{-1}.$

14. 交点$(0,-3,0)$.

16. (1) $\dfrac{\pi}{4}$；(2) $\dfrac{\pi}{2}.$

17. $\dfrac{1}{3},\dfrac{2}{3},\dfrac{2}{3}.$

18. $\varphi=0.$

19. 1.

20. $(1,-1,3).$

22. $\dfrac{3\sqrt{2}}{2}.$

23. $\begin{cases}17x+31y-37z-117=0,\\4x-y+z-1=0.\end{cases}$

24. (1) 平行；(2) 垂直；(3) 直线在平面上.

25. $x+2y+1=0.$

26. $\dfrac{x+1}{16}=\dfrac{y}{19}=\dfrac{z-4}{28}.$

习 题 7.5

2. $x^2+y^2+z^2-2x=0$.
3. $(x-1)^2+(y-4)^2+(z+7)^2=9$.
4. $5x=y^2+z^2$.
5. (1) $k^2x^2=y^2+z^2$; (2) $x^2+y^2+z^2=9$.
6. $5x^2-3y^2=1$.
8. $\begin{cases}y^2-2x+9=0,\\ z=0.\end{cases}$
9. $\begin{cases}x^2+y^2-x-1=0,\\ z=0.\end{cases}$
10. (1) $(3,2,6)$, $(3,-2,6)$; (2) $(3,2,6)$, $(-3,2,6)$; (3) 不存在.
11. $[c(x-a)+az]^2+c^2y^2=b^2z^2$.
12. $x^2+y^2-(z-a)^2=0$.
13. (1) $x=\dfrac{3}{\sqrt{2}}\cos t$, $y=\dfrac{3}{\sqrt{2}}\cos t$, $z=3\sin t$ $(0\leqslant t\leqslant 2\pi)$.

    (2) $x=1+\sqrt{3}\cos\theta$, $y=\sqrt{3}\sin\theta$, $z=0$ $(0\leqslant\theta\leqslant 2\pi)$.
15. 半轴分别为 $3,\sqrt{3}$;顶点是$(2,3,0)$,$(2,-3,0)$,$(2,0,\sqrt{3})$,$(2,0,-\sqrt{3})$.

第 八 章

习 题 8.1

1. (1) 无界开区域; (2) 有界开区域;
   (3) 有界闭区域; (4) 有界开区域.
2. (1) $\{(x,y)\mid |x|<+\infty, 0\leqslant y<+\infty\}$;
   (2) $\{(x,y)\mid x^2+y^2\leqslant 1\}$;
   (3) $\{(x,y)\mid |y|\leqslant |x|$ 且 $x\neq 0\}$;
   (4) $\{(x,y)\mid x\geqslant 0, y\geqslant 0, x^2\geqslant y\}$;
   (5) $\{(x,y)\mid r^2<x^2+y^2<R^2\}$;
   (6) $\{(x,y)\mid |x|<+\infty, |y|<+\infty\}$;
   (7) $\{(x,y)\mid x\geqslant \dfrac{y^2}{4}, 0<x^2+y^2<1\}$;

(8) $\{(x,y)\mid r^2 \leqslant x^2+y^2+z^2 \leqslant R^2\}$.

3. 经过点(x_0,y_0,z_0)法向量为$(a,b,-1)$的平面.

4. (1) $2\ln(\sqrt{x}-\sqrt{y})$; (2) $\dfrac{x(x-y)}{2}$.

5. (1) 0; (2) $\dfrac{1}{2}$; (3) $+\infty$.

7. (1) $x=y$; (2) $x^2+y^2=1$; (3) $x=0,\ y=0$;

(4) $x=m\pi, y=n\pi\quad(m,n=0,\pm1,\pm2,\cdots)$; (5) (x_0,y_0,z_0).

9. $D=\left\{(x,y)\,\middle|\,\dfrac{x^2}{a^2}+\dfrac{y^2}{b^2}\leqslant 1\right\}$; 1.

10. $(0,0)$点为间断点;$x=0,y=0$为间断线;补充$f(x,y)=1\ (xy=0)$.

习 题 8.2

1. (1) $\dfrac{\partial z}{\partial x}=3x^2y+y^3$, $\dfrac{\partial z}{\partial y}=x^3+3y^2x$;

(2) $\dfrac{\partial z}{\partial x}=\mathrm{e}^{-x}[\cos(x+2y)-\sin(x+2y)]$, $\dfrac{\partial z}{\partial y}=2\mathrm{e}^{-x}\cos(x+2y)$;

(3) $\dfrac{\partial z}{\partial x}=\dfrac{2x}{x^2+y^2}$, $\dfrac{\partial z}{\partial y}=\dfrac{2y}{x^2+y^2}$;

(4) $\dfrac{\partial z}{\partial x}=y^2(1+xy)^{y-1}$, $\dfrac{\partial z}{\partial y}=(1+xy)^y\left[\ln(1+xy)+\dfrac{xy}{1+xy}\right]$;

(5) $\dfrac{\partial z}{\partial x}=\dfrac{-y}{x^2+y^2}$, $\dfrac{\partial z}{\partial y}=\dfrac{x}{x^2+y^2}$;

(6) $\dfrac{\partial z}{\partial x}=\mathrm{e}^x(\cos y+\sin y+x\sin y)$, $\dfrac{\partial z}{\partial y}=\mathrm{e}^x(x\cos y-\sin y)$;

(7) $\dfrac{\partial z}{\partial x}=-\dfrac{1}{2}\left[\dfrac{1}{(x+y)^{3/2}}+\dfrac{1}{(x-y)^{3/2}}\right]$,

$\dfrac{\partial z}{\partial y}=\dfrac{1}{2}\left[\dfrac{1}{(x-y)^{3/2}}-\dfrac{1}{(x+y)^{3/2}}\right]$;

(8) $\dfrac{\partial z}{\partial x}=-\dfrac{y}{x^2}\mathrm{e}^{\frac{y}{x}}$, $\dfrac{\partial z}{\partial y}=\dfrac{1}{x}\mathrm{e}^{\frac{y}{x}}$;

(9) $\dfrac{\partial u}{\partial x}=y^zx^{y^z-1}$, $\dfrac{\partial u}{\partial y}=x^{y^z}\ln x\cdot zy^{z-1}$, $\dfrac{\partial u}{\partial z}=x^{y^z}\cdot\ln x\cdot y^z\ln y$.

2. $\left.\dfrac{\partial z}{\partial x}\right|_{\substack{x=0\\y=0}}=-1$, $\left.\dfrac{\partial z}{\partial y}\right|_{\substack{x=0\\y=0}}=0$.

3. $z_x(1,0)=1,\quad z_y(1,1)=\dfrac{1}{3}.$

4. $\dfrac{2}{5}.$

5. $\dfrac{\pi}{6}.$

8. $\dfrac{\partial f}{\partial x}=\varphi(x+at)-\varphi(x-at),\quad \dfrac{\partial f}{\partial t}=a[\varphi(x+at)+\varphi(x-at)].$

11. (1) $\mathrm{d}z=0.075,\quad \Delta z=0.071\ 4;$

(2) $\mathrm{d}z=\dfrac{1}{4}\mathrm{e},\quad \Delta z=\mathrm{e}(\mathrm{e}^{0.265}-1).$

12. (1) $-\dfrac{y}{x^2}\mathrm{d}x+\dfrac{1}{x}\mathrm{d}y;$

(2) $\dfrac{2}{(x-y)^2}(-y\mathrm{d}x+x\mathrm{d}y);$

(3) $\dfrac{3}{3x-3y+8}(\mathrm{d}x-\mathrm{d}y);$

(4) $\sqrt{\dfrac{3x+4y}{2x-4y}}\cdot\dfrac{10(-y\mathrm{d}x+x\mathrm{d}y)}{(3x+4y)(2x-4y)};$

(5) $\dfrac{1}{(x^2+y^2)^{3/2}}[-xz\mathrm{d}x-yz\mathrm{d}y+(x^2+y^2)\mathrm{d}z];$

(6) $\mathrm{e}^{xyz}(yz\mathrm{d}x+xz\mathrm{d}y+xy\mathrm{d}z).$

15. (1) 2.95; (2) 108.908.

16. $-30\pi\ \mathrm{cm}^3.$

17. -5 cm(即对角线近似缩短 5 cm).

习 题 8.3

1. (1) $\dfrac{\mathrm{d}u}{\mathrm{d}t}=2t+\dfrac{3}{t^2};$ (2) $\dfrac{\mathrm{d}u}{\mathrm{d}x}=\dfrac{\mathrm{e}^x}{1+x^2\mathrm{e}^{2x}}(1+x);$

(3) $\dfrac{\mathrm{d}u}{\mathrm{d}t}=-\mathrm{e}^{-t}-\mathrm{e}^{t};$ (4) $\dfrac{\mathrm{d}u}{\mathrm{d}t}=\dfrac{3-12t^2}{\sqrt{1-(3t-4t^3)^2}};$

(5) $\dfrac{\mathrm{d}u}{\mathrm{d}t}=\left(3-\dfrac{4}{t^3}-\dfrac{1}{2\sqrt{t}}\right)\sec^2\left(3t+\dfrac{2}{t^2}-\sqrt{t}\right);$

(6) $\dfrac{\mathrm{d}u}{\mathrm{d}t}=f_1\cdot[\varphi(t)+t\varphi'(t)]+2f_2\cdot[t+\varphi(t)\cdot\varphi'(t)];$

(7) $\dfrac{\mathrm{d}u}{\mathrm{d}t}=[h(t)\cdot f_1+2g(t)\cdot f_2]g'(t)+[g(t)\cdot f_1+2h(t)\cdot f_2]h'(t).$

2. $\dfrac{\mathrm{d}u}{\mathrm{d}t}=f_1\cdot x'(t)+f_2\cdot y'(t)+f_3\cdot z'(t)+f_4.$

3. (1) $\dfrac{\partial z}{\partial x}=2x^2y(x^2+y^2)^{xy-1}+y(x^2+y^2)^{xy}\cdot\ln(x^2+y^2)$,

$\dfrac{\partial z}{\partial y}=2xy^2(x^2+y^2)^{xy-1}+x(x^2+y^2)^{xy}\cdot\ln(x^2+y^2)$;

(2) $\dfrac{\partial z}{\partial x}=\dfrac{2x\ln(3x-2y)}{y^2}+\dfrac{3x^2}{y^2(3x-2y)}$,

$\dfrac{\partial z}{\partial y}=-\dfrac{2x^2\ln(3x-2y)}{y^3}-\dfrac{2x^2}{y^2(3x-2y)}$;

(3) $\dfrac{\partial z}{\partial x}=2(2x+4y)^{2x+4y}[1+\ln(2x+4y)]$,

$\dfrac{\partial z}{\partial y}=4(2x+4y)^{2x+4y}[1+\ln(2x+4y)]$;

(4) $\dfrac{\partial z}{\partial x}=2xf_1+y\mathrm{e}^{xy}\cdot f_2$, $\quad\dfrac{\partial z}{\partial y}=2yf_1+x\mathrm{e}^{xy}\cdot f_2$;

(5) $\dfrac{\partial z}{\partial x}=yf_1-\dfrac{y}{x^2}f_2$, $\quad\dfrac{\partial z}{\partial y}=xf_1+\dfrac{1}{x}f_2.$

4. $\dfrac{\partial S}{\partial x}=2x\cdot f_1+y^2\cdot f_2+yz^2\cdot f_3$;

$\dfrac{\partial S}{\partial y}=f_2\cdot 2xy+xz^2\cdot f_3$; $\quad\dfrac{\partial S}{\partial z}=2xyz\cdot f_3.$

10. $\dfrac{\partial^2 z}{\partial y^2}=\dfrac{-6z}{(3z^2-2x)^3}$; $\quad\dfrac{\partial^2 z}{\partial x\partial y}=\dfrac{6z^2+4x}{(3z^2-2x)^3}.$

11. $\dfrac{\partial^2 z}{\partial x^2}=-\dfrac{x+z}{(x+z-1)^3}$;

$\dfrac{\partial^2 z}{\partial x\partial y}=\dfrac{x+z}{y(x+z-1)^3}.$

12. $\dfrac{\partial^2 u}{\partial x^2}=4x^2f''+2f'$; $\quad\dfrac{\partial^2 u}{\partial z^2}=4z^2f''-2f'.$

13. (1) $\dfrac{\partial^2 u}{\partial x\partial y}=xf_{12}+f_2+xyf_{22}$;

(2) $\dfrac{\partial^2 u}{\partial x \partial y}=f_{11}+(x^2+2xy)f_{12}+2x^3yf_{22}+2xf_2$;

(3) $\dfrac{\partial^2 u}{\partial x \partial y}=f_{12}+xf_{13}+2f_{22}+(2x+y)f_{23}+xyf_{33}+f_3$;

(4) $\dfrac{\partial^2 u}{\partial x \partial y}=4xyf_{11}+(2x+2y)f_{12}+f_{22}$;

(5) $\dfrac{\partial^2 u}{\partial x \partial y}=f_{11}+(x+y)f_{12}+xyf_{22}+f_2-\dfrac{x}{y^3}g''-\dfrac{1}{y^2}g'$.

14. $\dfrac{\partial^2 z}{\partial \xi^2}=\dfrac{\partial^2 f}{\partial x^2}\left(\dfrac{\partial^2 f}{\partial \xi}\right)^2+2\dfrac{\partial^2 f}{\partial x \partial y}\dfrac{\partial x}{\partial \xi}\dfrac{\partial y}{\partial \xi}+\dfrac{\partial^2 f}{\partial y^2}\left(\dfrac{\partial y}{\partial \xi}\right)^2+\dfrac{\partial f}{\partial x}\dfrac{\partial^2 x}{\partial \xi^2}+\dfrac{\partial f}{\partial y}\dfrac{\partial^2 y}{\partial \xi^2}$.

15. (1) $\mathrm{d}z=\dfrac{z}{x+z}\mathrm{d}x+\dfrac{z^2}{y(x+z)}\mathrm{d}y$, $\quad\dfrac{\partial z}{\partial x}=\dfrac{z}{x+z}$, $\quad\dfrac{\partial z}{\partial y}=\dfrac{z^2}{y(x+z)}$;

(2) $\mathrm{d}z=\dfrac{-zf_1}{xf_1+f_2-1}\mathrm{d}x+\dfrac{f_2}{xf_1+f_2-1}\mathrm{d}y$,

$\dfrac{\partial z}{\partial x}=-\dfrac{zf_1}{xf_1+f_2-1}$,

$\dfrac{\partial z}{\partial y}=\dfrac{f_2}{xf_1+f_2-1}$;

(3) $\mathrm{d}z=-\dfrac{f_1+f_3}{f_2+f_3}\mathrm{d}x-\dfrac{f_1+f_2}{f_2+f_3}\mathrm{d}y$,

$\dfrac{\partial z}{\partial x}=-\dfrac{f_1+f_3}{f_2+f_3}$,

$\dfrac{\partial z}{\partial y}=-\dfrac{f_1+f_2}{f_2+f_3}$.

16. (1) $\dfrac{\mathrm{d}y}{\mathrm{d}x}=\dfrac{y(x-z)}{x(z-y)}$, $\quad\dfrac{\mathrm{d}z}{\mathrm{d}x}=\dfrac{z(y-x)}{x(z-y)}$;

(2) $\dfrac{\partial u}{\partial x}=\dfrac{-uf_1(2yvg_2-1)-f_2g_1}{(xf_1-1)(2yvg_2-1)-f_2g_1}$,

$\dfrac{\partial v}{\partial x}=\dfrac{g_1(xf_1-1+uf_1)}{(xf_1-1)(2yvg_1-1)-f_2g_1}$;

(3) $\dfrac{\partial u}{\partial x}=\dfrac{yv-xu}{x^2-y^2}$, $\quad\dfrac{\partial v}{\partial x}=\dfrac{yu-xv}{x^2-y^2}$,

$\dfrac{\partial u}{\partial y}=\dfrac{yu-xv}{x^2-y^2}$, $\quad\dfrac{\partial v}{\partial y}=\dfrac{yv-xu}{x^2-y^2}$.

17. $\frac{\partial z}{\partial x}=-3uv,\quad \frac{\partial z}{\partial y}=\frac{3}{2}(u+v)\quad (u\neq v)$.

习题 8.4

1. (1) $\frac{x-1}{1}=\frac{y-2}{4}=\frac{z-3}{9},\quad x+4y+9z-36=0$;

(2) $\begin{cases}x-y+2-\frac{\pi}{2}=0,\\ z=4,\end{cases}\quad x+y-\frac{\pi}{2}=0$;

(3) $x-x_0=\frac{y_0}{m}(y-y_0)=-2z_0(z-z_0)$,

$(x-x_0)+\frac{m}{y_0}(y-y_0)-\frac{1}{2z_0}(z-z_0)=0$;

(4) $\frac{x-a}{\sqrt{2}}=\frac{y-a}{0}=\frac{z-\sqrt{2}a}{-1},\quad \sqrt{2}x-z=0$;

(5) $\frac{x-1}{12}=\frac{y-3}{-4}=\frac{z-4}{3},\quad 12x-4y+3z-12=0$.

2. $(-1,1,-1)$ 和 $\left(-\frac{1}{3},\frac{1}{9},-\frac{1}{27}\right)$;

3. (1) 切平面:$4x+4y-z=5$, $\cos\alpha=-\frac{4}{\sqrt{33}},\quad \cos\beta=-\frac{4}{\sqrt{33}},\quad \cos\gamma=\frac{1}{\sqrt{33}}$;

(2) $\cos\alpha=0,\quad \cos\beta=0,\quad \cos\gamma=1$.

4. (1) 切平面:$x+2y=4,\quad \frac{x-2}{1}=\frac{y-1}{2}=\frac{z}{0}$;

(2) $\frac{x_0x}{a^2}+\frac{y_0y}{b^2}+\frac{z_0z}{c^2}=1,\quad \frac{a^2(x-x_0)}{x_0}=\frac{b^2(y-y_0)}{y_0}=\frac{c^2(z-z_0)}{z_0}$;

(3) $y_0x+x_0y=2z_0z,\quad \frac{x-x_0}{y_0}=\frac{y-y_0}{x_0}=\frac{z-z_0}{-2z_0}$.

8. $\cos\varphi=\frac{3}{\sqrt{22}}$.

习题 8.5

1. $\sqrt{2}\sin\left(\alpha+\frac{\pi}{4}\right)$; $(1,1)$; $(-1,-1)$; $(1,-1)$.

2. $\dfrac{33}{\sqrt{26}}$.

3. $\dfrac{2}{5}$.

4. $\mathbf{grad}\ u(1,1,1)=6\boldsymbol{i}+3\boldsymbol{j}$; $\left.\dfrac{\partial u}{\partial \boldsymbol{r}}\right|_{(1,1,1)}=3\sqrt{3}$，其中 $\boldsymbol{r}=\overrightarrow{OP}$.

5. $\left.\dfrac{\partial u}{\partial \boldsymbol{n}}\right|_{(x_0,y_0,z_0)}=x_0+y_0+z_0$; $\mathbf{grad}\ u\Big|_{(x_0,y_0,z_0)}=\boldsymbol{i}+\boldsymbol{j}+\boldsymbol{k}$.

6. (1) $\dfrac{\partial f}{\partial x}=\begin{cases}\dfrac{y^3}{(x^2+y^2)^{3/2}}, & 当(x,y)\neq(0,0),\\ 0, & 当(x,y)=(0,0).\end{cases}$

(2) $\left.\dfrac{\partial u}{\partial \boldsymbol{a}}\right|_{(0,0)}=\dfrac{1}{2}$.

习 题 8.6

1. (1) 极小值 $z(0,3)=-9$;

(2) 极小值 $z\left(\dfrac{1}{2},-1\right)=-\dfrac{\mathrm{e}}{2}$;

(3) 极大值 $z\left(\dfrac{\pi}{3},\dfrac{\pi}{6}\right)=\dfrac{3\sqrt{3}}{2}$;

(4) 极大值 $z(0,0)=4$.

2. 极大值 $z(1,-1)=6$,极小值 $z(1,-1)=-2$.

3. 最大值 4,最小值 0.

4. $106\dfrac{1}{4}$.

5. $\left(-\dfrac{1}{\sqrt{14}},-\dfrac{2}{\sqrt{14}},-\dfrac{3}{\sqrt{14}}\right)$.

6. 长 = 宽 = 高 = $\sqrt[3]{2}$ m 时,用料最省.

7. $d=\dfrac{|Aa+Bb+Cc+D|}{\sqrt{A^2+B^2+C^2}}$.

8. $d_{\max}=\sqrt{9+5\sqrt{3}}$, $d_{\min}=\sqrt{9-5\sqrt{3}}$.

9. 三个因子为 $\sqrt[3]{a},\sqrt[3]{a},\sqrt[3]{a}$,最小值为 $\dfrac{3}{\sqrt[3]{a}}$.

10. $d=\left(2-\frac{\sqrt{5}}{2}\right)\sqrt{2}$.

第 九 章

习 题 9.1

3. (1) $\iint\limits_D (x+y)^2\mathrm{d}\sigma \geqslant \iint\limits_D (x+y)^3\mathrm{d}\sigma$;

(2) $\iint\limits_D (x+y)^2\mathrm{d}\sigma \leqslant \iint\limits_D (x+y)^3\mathrm{d}\sigma$.

4. (1) $2\leqslant I\leqslant 8$； (2) $16\pi\leqslant I\leqslant 64\pi$；

(3) $8\pi(5-\sqrt{2})\leqslant I\leqslant 8\pi(5+\sqrt{2})$.

习 题 9.2

1. (1) $\int_1^2\mathrm{d}x\int_1^x f(x,y)\mathrm{d}y$ 或 $\int_1^2\mathrm{d}y\int_y^2 f(x,y)\mathrm{d}x$;

(2) $\int_0^1\mathrm{d}x\int_{x-1}^{1-x} f(x,y)\mathrm{d}y$ 或 $\int_{-1}^0\mathrm{d}y\int_0^{y+1} f(x,y)\mathrm{d}x+\int_0^1\mathrm{d}y\int_0^{1-y} f(x,y)\mathrm{d}x$;

(3) $\int_{-1}^0\mathrm{d}x\int_{-x}^{2-x^2} f(x,y)\mathrm{d}y+\int_0^1\mathrm{d}x\int_x^{2-x^2} f(x,y)\mathrm{d}y$;

(4) $\int_{-\sqrt{2}}^{\sqrt{2}}\mathrm{d}x\int_{x^2}^{4-x^2} f(x,y)\mathrm{d}y$;

(5) $\int_{-2}^2\mathrm{d}x\int_{-\frac{3}{2}\sqrt{4-x^2}}^{\frac{3}{2}\sqrt{4-x^2}} f(x,y)\mathrm{d}y$;

(6) $\int_0^1\mathrm{d}y\int_{y^2/2}^{\sqrt{8-y^2}} f(x,y)\mathrm{d}x$.

2. (3)① 0； ② $\frac{1}{3}$.

3. (1) $\int_0^1\mathrm{d}x\int_{x^2}^x f(x,y)\mathrm{d}y$; (2) $\int_0^1\mathrm{d}y\int_0^y f(x,y)\mathrm{d}x$;

(3) $\int_{-1}^0\mathrm{d}y\int_{1-\sqrt{1-y^2}}^{1+\sqrt{1-y^2}} f(x,y)\mathrm{d}x$; (4) $\int_0^{\frac{\sqrt{2}}{2}}\mathrm{d}y\int_y^{\sqrt{1-y^2}} f(x,y)\mathrm{d}x$;

(5) $\int_0^1\mathrm{d}y\int_{\arcsin y}^{\pi-\arcsin y} f(x,y)\mathrm{d}x$.

4. (1) -2； (2) $\frac{1}{2}$； (3) $\frac{1}{3}\left(\frac{\pi}{3}+\frac{\sqrt{3}}{2}\right)$； (4) $\frac{11}{15}$； (5) $\frac{1}{2}\left(1-\frac{1}{e}\right)$；

(6) $e-1$.

5. (1) $\int_0^{\frac{\pi}{4}}d\varphi\int_0^{2\sec\varphi}f(\rho)\rho d\rho$；

(2) $\int_{\frac{\pi}{4}}^{\frac{\pi}{2}}d\varphi\int_0^{2\cos\varphi}f(\rho\cos\varphi,\rho\sin\varphi)\rho d\rho$；

(3) $\int_0^{\frac{\pi}{4}}d\varphi\int_0^{a\sin\varphi}f(\rho\cos\varphi,\rho\sin\varphi)\rho d\rho+\int_{\frac{\pi}{4}}^{\frac{\pi}{2}}d\varphi\int_0^{a\cos\varphi}f(\rho\cos\varphi,\rho\sin\varphi)\rho d\rho$.

6. (1) $\frac{\pi}{6}$； (2) $-6\pi^2$； (3) $\frac{3}{64}\pi^2$； (4) 80π.

7. (1) $\ln 2$； (2) $\frac{2}{15}\left(\pi+\frac{256-147\sqrt{3}}{5}\right)$； (3) $\frac{\pi}{8}(\pi-2)$； (4) $4-\frac{\pi}{2}$.

8. (1) $\pi-1$； (2) $\frac{5}{8}\pi a^2$； (3) $\frac{\ln 2}{2}$.

9. $\frac{1}{2}\pi h^2$.

10. $\frac{16}{3}R^3$.

11. $\frac{3}{2}\pi$.

*13. $e-e^{-1}$.

*14. $\frac{2}{3}\pi ab$.

*15. $\frac{2}{3}(2\sqrt{2}-1)\ln 2$.

*16. 6π.

习 题 9.3

1. (1) $\int_{-1}^{1}dx\int_{-\sqrt{1-x^2}}^{\sqrt{1-x^2}}dy\int_0^{x+y+10}f(x,y,z)dz$；

(2) $\int_{-1}^{1}dx\int_{x^2}^{1}dy\int_0^{x^2+y^2}f(x,y,z)dz$；

(3) $\int_0^1 dx\int_0^x dy\int_0^{xy} f(x,y,z)dz$;

(4) $\int_{-1}^1 dx\int_{-\sqrt{1-x^2}}^{\sqrt{1-x^2}} dy\int_{x^2+y^2}^1 f(x,y,z)dz$.

2. (1) 0; (2) $\frac{1}{2}(\ln 2-\frac{5}{8})$; (3) $\frac{1}{180}$.

3. (1) $\int_0^{2\pi} d\varphi\int_0^1 \rho d\rho\int_{-\sqrt{1-\rho^2}}^0 f(\sqrt{\rho^2+z^2})dz$ 或 $\int_0^{2\pi} d\varphi\int_{\frac{\pi}{2}}^{\pi} d\theta\int_0^1 f(r)r^2\sin\theta dr$;

(2) $\int_0^{2\pi} d\varphi\int_0^1 \rho d\rho\int_{\rho}^{\sqrt{2-\rho^2}} f(\rho\cos\varphi,\rho\sin\varphi,z)dz$ 或

$\int_0^{2\pi} d\varphi\int_0^{\frac{\pi}{4}} d\theta\int_0^{\sqrt{2}} f(r\cos\varphi\sin\theta,r\sin\theta\sin\varphi,r\cos\theta)r^2\sin\theta dr$.

4. (1) $\frac{\pi}{4}$; (2) $\frac{8}{9}a^2$; (3) $\frac{32}{15}\pi$; (4) $\pi(e^2-e-2)$.

5. (1) $\frac{\pi}{10}$; (2) $\frac{7}{6}\pi$.

6. (1) $\frac{1}{8}$; (2) 8π; (3) $\frac{128}{15}$; (4) $\frac{\pi^2}{16}-\frac{1}{2}$; (5) 336π;

(6) $\frac{\pi}{6}(8\sqrt{2}-5)$.

7. 8 cm.

8. $\frac{3}{2}\pi a^3$.

9. $\frac{14}{3}\left(1-\frac{\sqrt{2}}{2}\right)\pi$.

10. (1) $\frac{2}{3}\pi ht[h^2+3f(t^2)]$; (2) $\frac{1}{3}\pi h[h^2+3f(0)]$.

习 题 9.4

1. (1) $\frac{3}{4}\sqrt{2}\pi$; (2) $2\pi a^2(3-\sqrt{3})$; (3) $8a^2$.

2. $\frac{4}{3}\pi ka^2$.

3. $\left(\frac{2R\sin\alpha}{3\alpha},0\right)$.

4. $\left(0,0,\frac{3}{8}a\left(1+\frac{\sqrt{2}}{2}\right)\right)$.

5. $H=\sqrt{3}R$.

6. 选 P_0 为坐标原点,射线 $P_0\widetilde{O}$ 为 z 轴正向建立坐标系($\widetilde{O}$ 为球心),则质心位置为$\left(0,\ 0,\ \frac{5}{4}R\right)$.

7. $\frac{\pi}{15}$.

8. $\frac{8}{5}a^4$.

9. $F_x=F_y=0$,

$F_z=2\pi k\mu\left(\sqrt{R^2+(H+a)^2}-\sqrt{R^2+a^2}-|H+a|+|a|\right)$.

10. (1) $\frac{8}{3}a^4$; (2) $\bar{x}=\bar{y}=0,\ \bar{z}=\frac{7}{15}a^2$; (3) $\frac{112}{45}a^6$.

*习 题 9.5

1. (1) $\frac{\pi}{4}$; (2) 1; (3) $\frac{8}{3}$.

2. (1) $-\int_x^{x^2}y^2\mathrm{e}^{-xy^2}\mathrm{d}y+2x\mathrm{e}^{-x^5}-\mathrm{e}^{-x^3}$;

(2) $\left(\frac{1}{y}+\frac{1}{b+y}\right)\sin(by+y^2)-\left(\frac{1}{y}+\frac{1}{a+y}\right)\sin(ay+y^2)$;

(3) $\frac{2\ln(1+t^2)}{t}$.

3. $3f(x)+2xf'(x)$.

4. $\pi\arcsin\theta$.

5. $\arctan(b+1)-\arctan(a+1)$.

第十章

习题 10.1

1. (1) $1+\sqrt{2}$； (2) 0； (3) $4a^2\sqrt[3]{a}$； (4) $\dfrac{2ab}{3(a+b)}(a^2+ab+b^2)$；

   (5) 32； (6) $2(e^a-1)+\dfrac{3}{4}\pi a e^a$； (7) $\dfrac{16\sqrt{2}}{143}$.

2. $18\dfrac{2}{3}$.

3. $\left(\dfrac{R\sin\alpha}{\alpha},0\right)$.

习题 10.2

1. (1) -10； (2) (i) 1, (ii) 1, (iii) 1； (3) 3； (4) -8π；

   (5) -4π； (6) $\dfrac{4}{3}ab^2$； (7) 0； (8) π； (9) 13.

2. (1) $\dfrac{1}{2}(a^2-b^2)$； (2) 0.

习题 10.3

1. (1) $-\dfrac{3}{4}\pi$； (2) 0； (3) $\dfrac{1}{2}\left(1-\dfrac{1}{e}\right)$； (4) $\sin 1+e-1$； (5) $6-9\pi$.

2. (1) $e^a\cos b-1$； (2) $2\pi^2+3\pi-e^2-1$； (3) $f(2)\sin 1-4$； (4) $-\pi$.

3. $\lambda=3,\ -\dfrac{79}{5}$.

4. 2π.

5. 当 L 不包含原点时,原积分值为 0;当 L 包含原点时,原积分值为 π.

6. (1) $u(x,y)=x^2y+c$；

   (2) $u(x,y)=y^2\cos x+x^2\cos y+c$；

   (3) $u(x,y)=\dfrac{1}{2}\ln(x^2+y^2)+c$.

7. $W=k\left(1-\dfrac{1}{\sqrt{5}}\right)$.

习　题　10.4

1. (1) $\frac{\sqrt{3}}{2}$;　(2) 0;　(3) $\frac{\pi}{2}(1+\sqrt{2})$;　(4) $\frac{125\sqrt{5}-1}{420}$;　(5) $\frac{4}{3}\pi a^4$.

2. (1) $2R^2(\pi-2)$;　(2) $4R^2$.

3. (1) $\frac{2}{3}\sqrt{2}\pi$;　(2) $\left(0,0,\frac{3}{4}\right)$.

习　题　10.5

1. (1) 48;　(2) $\frac{4}{3}\pi R^3$;　(3) $\frac{8}{9}$;　(4) 0.

2. $\iint\limits_{\Sigma}\frac{2xP+2yQ+R}{\sqrt{1+4x^2+4y^2}}\mathrm{d}S$.

习　题　10.6

1. (1) $\frac{12\pi}{5}a^5$;　(2) $hR^2\left(\frac{\pi h}{8}+\frac{2}{3}R\right)$;　(3) 12π;　(4) 0;　(5) $\frac{\pi R^4}{2}$;

　(6) 34π;　(7) $\frac{\pi}{6}$;　(8) $\frac{93}{5}\pi(2-\sqrt{2})$.

2. $abc\left(a+b+\frac{ab}{4}\right)$.

4. $\frac{1}{6}+\frac{\pi}{16}$.

5. (1) $2x$;　(2) $y^2\mathrm{e}^{xy^2}-x\sin xy-2xz\sin xz^2$;

　(3) $yx^{y-1}+\frac{x\mathrm{e}^{xy}}{1+\mathrm{e}^{2xy}}+\frac{y}{1+yz}$.

习　题　10.7

1. (1) $-\sqrt{3}\pi a^2$;　(2) $-\frac{9}{2}$;　(3) π;　(4) -6π.

2. 2π.

3. 2π.

4. (1) $(z^2-xy,0,2x-xz)$;　(2) $(-y^2,-z^2,-x^2)$;　(3) $\mathbf{0}$.

*5. $u=x^2yz^2+\sin y+c$.

*6. $u=-2xy+c$.

第十一章

习题 11.1

1. (1) $a_1=\frac{1}{3},a_2=\frac{1}{9},a_3=\frac{1}{27}$;

$S_1=\frac{1}{3},S_2=\frac{1}{3}+\frac{1}{9},S_3=\frac{1}{3}+\frac{1}{9}+\frac{1}{27}$,

$S_n=\frac{1}{3}+\frac{1}{9}+\frac{1}{27}+\cdots+\frac{1}{3^n}$;

级数收敛;$S=\frac{1}{2}$;$r_n=\frac{1}{2\cdot 3^n}$.

(2) $a_1=1,a_2=2,a_3=3$;$S_1=1,S_2=1+2,S_3=1+2+3$,

$S_n=1+2+3+\cdots+n$;级数发散.

(3) $a_1=\frac{\sqrt{2}-1}{\sqrt{2}},a_2=\frac{\sqrt{3}-\sqrt{2}}{\sqrt{6}},a_3=\frac{\sqrt{4}-\sqrt{3}}{\sqrt{12}}$;

$S_1=\frac{\sqrt{2}-1}{\sqrt{2}},S_2=\frac{\sqrt{2}-1}{\sqrt{2}}+\frac{\sqrt{3}-\sqrt{2}}{\sqrt{6}}$,

$S_3=\frac{\sqrt{2}-\sqrt{1}}{\sqrt{2}}+\frac{\sqrt{3}-\sqrt{2}}{\sqrt{6}}+\frac{\sqrt{4}-\sqrt{3}}{\sqrt{12}}$,

$S_n=\frac{\sqrt{2}-\sqrt{1}}{\sqrt{2}}+\frac{\sqrt{3}-\sqrt{2}}{\sqrt{6}}+\frac{\sqrt{4}-\sqrt{3}}{\sqrt{12}}+\cdots+\frac{\sqrt{n+1}-\sqrt{n}}{\sqrt{n(n+1)}}$;

级数收敛;$S=1$;$r_n=\frac{1}{\sqrt{n+1}}$.

(4) $a_1=1,a_2=\sqrt{2},a_3=\sqrt[3]{3}$;

$S_1=1,S_2=1+\sqrt{2},S_3=1+\sqrt{2}+\sqrt[3]{3}$,

$S_n=1+\sqrt{2}+\sqrt[3]{3}+\cdots+\sqrt[n]{n}$;级数发散;

(5) $a_1=\frac{1}{3},a_2=\frac{1}{15},a_3=\frac{1}{35}$;

$S_1=\frac{1}{3},S_2=\frac{1}{3}+\frac{1}{15},S_3=\frac{1}{3}+\frac{1}{15}+\frac{1}{35}$,

$S_n=\frac{1}{3}+\frac{1}{15}+\frac{1}{35}+\cdots+\frac{1}{(2n-1)(2n+1)}$;

级数收敛;$S=\frac{1}{2}$;$r_n=\frac{1}{2(2n+1)}$.

(6) $a_1=\cos\frac{\pi}{2},a_2=\cos\pi,a_3=\cos\frac{3\pi}{2}$;

$S_1=\cos\frac{\pi}{2},S_2=\cos\frac{\pi}{2}+\cos\pi,S_3=\cos\frac{\pi}{2}+\cos\pi+\cos\frac{3\pi}{2}$,

$S_n=\cos\frac{\pi}{2}+\cos\pi+\cos\frac{3\pi}{2}+\cdots+\cos\frac{n\pi}{2}$;级数发散.

2. (1) $a_n=\frac{1}{n},\sum_{n=1}^{\infty}\frac{1}{n}$;　　(2) $a_n=\frac{(-1)^{n-1}}{2n-1},\sum_{n=1}^{\infty}\frac{(-1)^{n-1}}{2n-1}$;

(3) $a_n=\frac{1}{(2n)!},\sum_{n=1}^{\infty}\frac{1}{(2n)!}$;(4) $a_n=\frac{n!}{n^n},\sum_{n=1}^{\infty}\frac{n!}{n^n}$.

3. (1) $u_n=\frac{6}{(n+1)(n+2)},u_1=1,u_2=\frac{1}{2},u_3=\frac{3}{10}$;

(2) $S=3,r_n=\frac{6}{n+2}$.

4. (1) 发散; (2) 收敛; (3) 收敛; (4) 收敛;
(5) 发散; (6) 收敛; (7) 收敛.

5. (1) 收敛,$S=-\frac{4}{9}$; (2) 发散; (3) 收敛,$S=\frac{4}{5}$; (4) 发散;

(5) 收敛,$S=\frac{1}{4}$; (6) 收敛,$S=\ln 2$; (7) 发散; (8) 发散.

*6. $\lim_{n\to\infty}S_{2n+1}=\lim_{n\to\infty}(S_{2n}+u_{2n+1})=a+0=a$.

7. (1) 发散; (2) 收敛; (3) 收敛; (4) 收敛;
(5) 收敛; (6) 发散; (7) 收敛; (8) 发散;
(9) $a>1$ 时收敛,$0<a\leqslant 1$ 时发散.

8. (1) 收敛; (2) 发散; (3) 收敛; (4) 收敛; (5) 发散; (6) 收敛.

9. (1) 收敛; (2) 收敛; (3) 发散; (4) $a>3$ 时发散,$a<3$ 时收敛.

10. (1) 收敛; (2) 收敛; (3) 发散; (4) 收敛; (5) 收敛; (6) 收敛;
(7) 发散; (8) 收敛; (9) 收敛; (10) 发散; (11) 收敛.

11. 提示:$0\leqslant|u_nv_n|\leqslant\frac{1}{2}(u_n^2+v_n^2)$;$0\leqslant\frac{|u_n|}{n}\leqslant\frac{1}{2}\left(u_n^2+\frac{1}{n^2}\right)$;

$$0 \leqslant \frac{|v_n|}{\sqrt[3]{n^2}} \leqslant \frac{1}{2}\left(v_n^2 + \frac{1}{n^{\frac{4}{3}}}\right).$$

12. 提示:两个级数均为正项级数$\lim\limits_{n\to\infty}\dfrac{u_n^2}{u_n} = \lim\limits_{n\to\infty} u_n = 0$.

13. 提示:$\dfrac{a_{n+1}}{b_{n+1}} < \dfrac{a_n}{b_n} < \dfrac{a_{n-1}}{b_{n-1}} < \cdots < \dfrac{a_1}{b_1}, 0 < a_n < \dfrac{a_1}{b_1}b_n$.

14. (1) 收敛,条件收敛; (2) 收敛,绝对收敛; (3) 收敛,条件收敛;
  (4) 发散; (5) 收敛,绝对收敛; (6) 收敛,绝对收敛.

*15. 提示:$0 \leqslant b_n - a_n \leqslant c_n - a_n$,由此可得$\sum\limits_{n=1}^{\infty}(b_n - a_n)$收敛,且$b_n = (b_n - a_n) + a_n$.

*16. 提示:用反证法,若$\sum\limits_{n=1}^{\infty} u_{2n-1}$收敛,由级数$\sum\limits_{n=1}^{\infty} a_n$收敛(其中$a_{2n} = 0, a_{2n-1} = u_{2n-1}, n = 1,2,\cdots$),可得级数$\sum\limits_{n=1}^{\infty}[(-1)^n u_n + 2a_n]$收敛,即$\sum\limits_{n=1}^{\infty} u_n$收敛,原级数绝对收敛,与已知条件矛盾.

习　题　11.2

1. (1) $[-1,1)$; (2) $\left(-\dfrac{1}{2},\dfrac{1}{2}\right]$; (3) $(-3,3)$;
  (4) $(-\infty,+\infty)$; (5) 点 $x = 0$; (6) $\left[-\dfrac{1}{4},\dfrac{1}{4}\right]$;
  (7) $[-\sqrt[3]{3},\sqrt[3]{3})$; (8) $\left[-\dfrac{\sqrt{5}}{5},\dfrac{\sqrt{5}}{5}\right]$; (9) $[2,4)$.

2. (1) 收敛区间$(-1,1)$,$S(x) = \dfrac{2x}{(1-x^2)^2}$;
  (2) 收敛区间$[-1,1)$,$S(x) = -\ln(1-x)$;
  (3) 收敛区间$[-1,1)$,

$$S(x) = \begin{cases} \dfrac{-x-\ln(1-x)}{x^2}, & x \in [-1,0) \cup (0,1), \\ \dfrac{1}{2}, & x = 0; \end{cases}$$

  (4) 收敛区间$(-1,1)$,$S(x) = \dfrac{2x}{(1-x)^3}$;
  (5) 收敛区间$(-1,1)$,$S(x) = \dfrac{1}{2}\ln\dfrac{1+x}{1-x}$;

$$\sum_{n=1}^{\infty} \frac{2^n}{(2n-1)\cdot 3^n} = \frac{\sqrt{6}}{3}\ln(\sqrt{3}+\sqrt{2}).$$

3. 收敛区间$[-1,1]$,$S(x)=x$.

4. (1) $f(x)=\frac{1}{3}\sum_{n=0}^{\infty}\left[1+\frac{(-1)^n}{2^{n+1}}\right]x^n \quad (-1<x<1)$;

(2) $f(x)=\sum_{n=1}^{\infty}\frac{(-1)^{n-1}nx^{n-1}}{2^{n+1}} \quad (-2<x<2)$;

(3) $f(x)=2+2\sum_{n=1}^{\infty}\left[\frac{\frac{1}{2}\left(-\frac{1}{2}\right)\cdots\left(\frac{1}{2}-n+1\right)}{n!}\cdot\frac{5^n}{4^n}x^n\right] \quad \left(-\frac{4}{5}\leqslant x\leqslant\frac{4}{5}\right)$;

(4) $f(x)=\ln 4-\sum_{n=1}^{\infty}\left(1+\frac{1}{4^n}\right)\cdot\frac{x^n}{n} \quad (-1\leqslant x<1)$;

(5) $f(x)=\frac{1}{2}+\frac{1}{2}\sum_{n=1}^{\infty}\left[\frac{\frac{1}{3}\cdot\frac{4}{3}\cdot\cdots\cdot\left(n-\frac{2}{3}\right)}{n!}\cdot\frac{3^n}{8^n}x^n\right] \quad \left(-\frac{8}{3}\leqslant x<\frac{8}{3}\right)$;

(6) $f(x)=\sum_{n=0}^{\infty}\frac{(-1)^n x^{4n+2}}{2n+1} \quad (-1\leqslant x\leqslant 1)$;

(7) $f(x)=\sum_{n=1}^{\infty}\frac{(-1)^{n-1}x^{2n-2}}{(2n)!} \quad (-\infty<x<+\infty)$;

(8) $f(x)=\sum_{n=1}^{\infty}\frac{(-1)^{n-1}x^{6n-3}}{(2n-1)!} \quad (-\infty<x<+\infty)$;

(9) $f(x)=1-x+x^3-x^4+x^6-x^7+\cdots+x^{3n}-x^{3n+1}+\cdots \quad (-1<x<1)$.

5. (1) $f(x)=\sum_{n=0}^{\infty}\left[(-1)^n\left(\frac{1}{2^{n+1}}-\frac{1}{3^{n+1}}\right)(x-1)^n\right] \quad (-1<x<3)$;

(2) $f(x)=\sum_{n=1}^{\infty}\left[\frac{(-1)^{n-1}n}{2^{n+1}}(x-2)^{n-1}\right] \quad (0<x<4)$;

(3) $f(x)=\mathrm{e}^{-1}\sum_{n=0}^{\infty}\frac{(x+1)^n}{n!} \quad (-\infty<x<+\infty)$;

(4) $f(x)=-\frac{\sqrt{2}}{2}\left[\sum_{n=0}^{\infty}\frac{(-1)^n\left(x-\frac{3\pi}{4}\right)^{2n}}{(2n)!}+\sum_{n=0}^{\infty}\frac{(-1)^n\left(x-\frac{3\pi}{4}\right)^{2n+1}}{(2n+1)!}\right]$

$(-\infty<x<+\infty)$.

6. (1) $f(x)=\sum_{n=0}^{\infty}\frac{(-1)^n 2^{n+1}}{3^{n+1}}\left(x-\frac{1}{2}\right)^n \quad (-1<x<1)$;

(2) $f(x)=e^4\sum_{n=0}^{\infty}\frac{2^n(x-2)^n}{n!}\quad(-\infty<x<+\infty)$.

7. (1) 0.309 0； (2) 2.013； (3) 1.395 6； (4) 0.1000；

(5) $\frac{140\ 009}{9\times 5^7}$, $|r_3|<\frac{1}{49\times 5^7}$.

8. (1) 2； (2) $\ln\frac{4}{3}$； (3) $\frac{e+e^{-1}}{2}$； (4) $\frac{e-e^{-1}}{2}$； (5) $\cos 1+\sin 1$.

习 题 11.3

1. $S(x)=\begin{cases}x-2k\pi, & 2k\pi-\pi<x<2k\pi,\\ -\frac{1}{2}, & x=2k\pi,\\ -1, & 2k\pi<x<2k\pi+\pi,\\ \frac{-1-\pi}{2}, & x=2k\pi+\pi\end{cases}$ (k 为整数)；

$S(1)=-1$, $S(\pi)=\frac{-1-\pi}{2}$, $S(5)=5-2\pi$.

2. $S(x)=\begin{cases}3+x-6k, & 6k-3\leqslant x<6k,\\ 3+6k-x, & 6k\leqslant x<6k+3\end{cases}$ (k 为整数)；

$S(-\pi)=\pi-3$, $S(-8)=1$.

3. (1) $-1+\sum_{n=1}^{\infty}\frac{2(-1)^{n-1}}{n}\sin nx\quad(2k\pi-\pi<x<2k\pi+\pi$, k 为整数)；

(2) $1+\frac{\pi^2}{3}+\sum_{n=1}^{\infty}\frac{4(-1)^n}{n^2}\cos nx\quad(-\infty<x<+\infty)$；

(3) $\frac{8}{\pi}\sum_{n=1}^{\infty}\frac{(-1)^{n-1}n}{4n^2-1}\sin nx\quad(2k\pi-\pi<x<2k\pi+\pi$, k 为整数)；

(4) $1+\frac{\pi}{4}+\sum_{n=1}^{\infty}\left[\frac{(-1)^n-1}{n^2\pi}\cos nx+\frac{(-1)^n}{n}\sin nx\right]$

($2k\pi-\pi<x<2k\pi+\pi$, k 为整数).

4. (1) 正弦级数 $\sum_{n=1}^{\infty}\frac{2}{n}\sin nx\quad(0<x\leqslant\pi)$；

余弦级数 $\frac{\pi}{2}+\sum_{n=1}^{\infty}\frac{2[1-(-1)^n]}{n^2\pi}\cos nx\quad(0\leqslant x\leqslant\pi)$；

(2) $\frac{2}{\pi}+\sum_{n=1}^{\infty}\frac{-4}{\pi(4n^2-1)}\cos 2nx\quad(0\leqslant x<\pi)$；

(3) 正弦级数$\frac{2}{\pi}\sum_{n=1}^{\infty}\left[\frac{1-(-1)^n\pi}{n}+\frac{\pi-2}{2n}\cos\frac{n\pi}{2}-\frac{\sin\frac{n\pi}{2}}{n^2}\right]\sin nx$,

$$x\in\left(0,\frac{\pi}{2}\right)\cup\left(\frac{\pi}{2},\pi\right);$$

余弦级数$\frac{1}{2}+\frac{3\pi}{8}+\sum_{n=1}^{\infty}\frac{2}{\pi}\left[\frac{1-\frac{\pi}{2}}{n}\sin\frac{n\pi}{2}+\frac{(-1)^n-\cos\frac{n\pi}{2}}{n^2}\right]\cos nx$,

$$x\in\left(0,\frac{\pi}{2}\right)\cup\left(\frac{\pi}{2},\pi\right);$$

(4) $-1+\sum_{n=1}^{\infty}\frac{4(-1)^{n-1}}{n\pi}\sin\frac{n\pi x}{2},\quad x\in(-2,2)$;

(5) 正弦级数$\sum_{n=1}^{\infty}\left[\frac{2\sin\frac{n\pi}{2}}{n^2\pi^2}-\frac{(-1)^n}{n\pi}\right]\sin n\pi x\quad(0<x<1)$;

余弦级数$\frac{3}{8}+\sum_{n=1}^{\infty}\frac{2}{\pi^2}\frac{\cos\frac{n\pi}{2}-1}{n^2}\cos n\pi x\quad(0<x<1)$.

5. (1) $\sum_{n=1}^{\infty}\frac{2[1-(-1)^n(1-\pi)]}{n\pi}\sin nx\quad(0<x<\pi)$;

(2) $1+\sum_{n=1}^{\infty}\frac{2(-1)^n}{n\pi}\sin n\pi x\quad(-1<x<1)$;

(3) $1-\pi+\sum_{n=1}^{\infty}\frac{2}{n}\sin nx\quad(0<x<2\pi)$.

第十二章

习题 12.1

1. (1) 二阶; (2) 三阶; (3) 一阶; (4) 一阶; (5) 二阶.
2. (1) 是; (2) 是; (3) 不是; (4) 是; (5) 是.
3. (1) $y=x^3+1$; (2) $y=\frac{3}{5}x^5+x+3$.
4. (1) $y'=x^2$; (2) $4y'+(xy'-y)^2=0$.

习 题 12.2

1. (1) $y=c\sin x-1$;　(2) $e^{-y}=-\frac{e^x}{2}(\sin x+\cos x)+c$;

(3) $\frac{(y+1)^3}{3}+\frac{x^4}{4}=c$;　(4) $(e^x+1)(e^y-1)=c$;

(5) $y=ce^{-\frac{1}{2}\arctan 2x}$.

2. (1) $e^y=\frac{1}{2}(e^{2x}+1)$;　(2) $\cos y=\frac{\sqrt{2}}{2}\cos x$;　(3) $y=\frac{2}{\sqrt{x}}$.

3. (1) $y^2=x^2(\ln x^2+c)$;

(2) $y^2-2xy-x^2=c$;

(3) $y=c(x^2+y^2)$;

(4) $-e^{-\frac{y}{x}}=\ln|x|+c$;

(5) $y+\sqrt{x^2+y^2}=cx^2$;

(6) $(4y-x-3)(y+2x-3)^2=c$;

(7) $x+3y+2\ln|x+y-2|=c$.

4. (1) $y=\tan(x+c)-x$;　(2) $\cot\frac{y-x}{2}=x+c$;　(3) $\sin\frac{y^2}{x}=cx$.

5. (1) $x=ce^{-t}+\frac{1}{2}\sin t-\frac{1}{2}\cos t$;

(2) $y=\left(\frac{x^2}{2}+c\right)\sec x$;

(3) $y=(e^x+c)x^{-1}$;

(4) $y=\left(x+\frac{2}{3}x^3+\frac{1}{5}x^5\right)(1-x^2)^{-1}+c(1-x^2)^{-1}$;

(5) $y=(x^2+c)e^{-x^2}$;

(6) $y=x+(c-x)(\ln x)^{-1}$;

(7) $x=(y+c)e^{-y}$;

(8) $x=\frac{y^2}{2}+\frac{y}{2}+\frac{1}{4}+ce^{2y}$;

(9) $y^{-2}=x^2+\frac{1}{2}+ce^{2x^2}$;

(10) $y^{-1}=-(x+c)\sin x$;

(11) $\sqrt{y}=\frac{x^2-1}{3}+c\left|x^2-1\right|^{\frac{1}{4}}$;

(12) $x^{-2}=y^2+\frac{1}{2}+ce^{2y^2}$.

6. (1) $y=2e^{2x}-e^x+\frac{x}{2}+\frac{1}{4}$;　　(2) $y=x+\sqrt{1-x^2}$;

(3) $y=\frac{2(x+1)}{2x+x^2+5}$;　　(4) $x^{-2}=-\frac{4}{9}y-\frac{2}{3}y\ln y+\frac{25}{36}y^{-2}$.

7. (1) $x^4+x^2y^2-\frac{y^2}{2}=c$;　(2) $xe^y+y^2-\frac{x^2}{2}=c$;

(3) $x\sin y+y\cos x=c$;　(4) $\frac{xy}{(x+y)^2}=c$.

8. (1) $\frac{x^2}{2}-\frac{y}{x}=c$;　(2) $y^2-\ln(x^2+y^2)=c$.

9. $y=2-2e^{\frac{x^2}{2}}$.

10. $f(x)=\frac{x}{2}+\frac{2}{x}$.

12. $y=\frac{2}{x}$.

14. $x^k(y+\sqrt{x^2+y^2})=cx$.

15.

x	0.0	0.1	0.2	0.3	0.4	0.5
y	0.500	0.550	0.605	0.666	0.733	0.806

习　题　12.3

1. (1) $y=x\ln|x|-x-\ln|\cos x|+c_1x+c_2$;

(2) $y=\frac{1}{6}x^3\ln x-\frac{11}{36}x^3+c_1x^2+c_2x+c_3$;

(3) $y=-\ln|\cos(x+c_1)|+c_2$;

(4) $y=c_1+c_2e^{2x}-e^x$;

(5) $y=c_2e^{c_1x}$;

(6) $\sqrt{c_1y^2-1}=c_1x+c_2$;

(7) $\sin(y+c_1)=c_2e^x$.

2. (1) $y+\sqrt{y^2-1}=(\sqrt{2}+1)e^{x-1}$;

(2) $y=\dfrac{x^2-1}{2}$;

(3) $y=1-e^{-x}+\dfrac{x^2}{2}$.

3. $y=\dfrac{x^3+2}{3}$.

习　题　12.4

1. (1) 无关; (2) 相关; (3) 无关; (4) 无关;

(5) 相关; (6) 无关; (7) 无关.

2. $y=c_1e^{x}+c_2e^{-x}$.

3. $y=c_1e^{2x}+c_2e^{3x}$.

4. $y=c_1e^{-2x}+c_2xe^{-2x}$.

5. $y=c_1\sin 2x+c_2\cos 2x$.

6. $y=c_1+c_2e^{x}+c_3e^{-x}$.

7. $y''+y'-2y=0$.

8. $y''+y=0$.

9. (1) $p_1(x)=\dfrac{(-x^2+x+2)e^2-2x}{(x^2-3x+1)e^x+x^2}$, $p_2(x)=\dfrac{2+(2x-3)e^x}{(x^2-3x+1)e^x+x^2}$,

$f(x)=\dfrac{(x^2-2x+2)e^x}{(x^2-3x+1)e^x+x^2}$;

(2) $y=x+c_1(x^2-x)+c_2(e^x-x)$;

(3) $y=x-x^2+e^x$.

习　题　12.5

1. (1) $y=c_1e^{3x}+c_2e^{-4x}$;

(2) $y=c_1e^{-4x}+c_2xe^{-4x}$;

(3) $y=c_1+c_2e^{-\frac{2}{3}x}$;

(4) $y=c_1\sin 3x+c_2\cos 3x$;

(5) $y=c_1e^{-2x}\cos x+c_2e^{-2x}\sin x$;

(6) $S=c_1\cos kt+c_2\sin kt$;

(7) $y=c_1e^{-x}+c_2e^{\frac{x}{2}}\cos\dfrac{\sqrt{3}}{2}x+c_3e^{\frac{x}{2}}\sin\dfrac{\sqrt{3}}{2}x$;

(8) $y=c_1+c_2x+c_3e^{-2x}+c_4e^{-3x}$;

(9) $y=c_1e^{x}+c_2e^{2x}+c_3e^{3x}$;

(10) $y=c_1+c_2x+c_3e^{(3+\sqrt{5})x}+c_4e^{(3-\sqrt{5})x}$.

2. (1) $y=3e^{x}-2e^{2x}$; (2) $y=3\cos x+2\sin x$;

(3) $y=2e^{4x}-4xe^{4x}$; (4) $y=\dfrac{5}{3}-\dfrac{2}{3}e^{-3(x-1)}$;

(5) $y=e^{-x}+xe^{-x}+\dfrac{x^2}{2}e^{-x}$.

3. $S=\dfrac{2mv_0}{\sqrt{4mk_1-k_2^2}}e^{-\frac{k_2}{2m}t}\sin\dfrac{\sqrt{4mk_1-k_2^2}}{2m}t$.

4. (1) $y=c_1e^{2x}+c_2e^{-4x}+\left(-\dfrac{3}{5}x-\dfrac{12}{25}\right)e^{x}$;

(2) $y=c_1e^{2x}+c_2xe^{2x}+\dfrac{x^2}{2}e^{2x}$;

(3) $y=c_1+c_2e^{-\frac{1}{3}x}+\dfrac{3}{2}x^2-8x$;

(4) $y=c_1e^{x}+c_2e^{-x}+c_3\cos\sqrt{2}x+c_4\sin\sqrt{2}x+\dfrac{1}{18}e^{-2x}$;

(5) $y=c_1\cos 3x+c_2\sin 3x-\dfrac{x}{6}\cos 3x$;

(6) $y=c_1e^{x}+c_2e^{2x}+\left(\dfrac{x}{10}-\dfrac{3}{25}\right)\cos x-\left(\dfrac{3x}{10}+\dfrac{17}{50}\right)\sin x$;

(7) $y=c_1\cos x+c_2\sin x+\dfrac{1}{2}e^{x}+\dfrac{x}{2}\cos x$;

(8) $y=c_1\cos 3x+c_2\sin 3x-\dfrac{x}{12}\cos 3x-\dfrac{1}{16}\sin x$.

5. (1) $y=-e^{-x}-\dfrac{1}{2}e^{-2x}+\dfrac{5}{2}$;

(2) $y=\dfrac{1}{7}e^{9x}-\dfrac{1}{7}e^{2x}$;

(3) $y=2\cos x+\dfrac{x}{2}\sin x$;

(4) $y=\dfrac{7}{8}\cos 2x+\sin 2x+\dfrac{1}{8}+\dfrac{x}{8}\sin 2x$.

6. $\varphi(x)=\frac{1}{2}\cos x+\frac{1}{2}\sin x+\frac{1}{2}e^{x}$.

*7. (1) $y=c_1x+c_2x\ln|x|$;

(2) $y=c_1x^2\cos(\ln|x|)+c_2x^2\sin(\ln|x|)$;

(3) $y=c_1x+c_2x^{-3}$;

(4) $y=c_1+c_2x^2+c_3x^{-5}$;

(5) $y=c_1x+c_2x^2-x\ln|x|-\ln|x|-\frac{3}{2}$;

(6) $y=c_1\cos(\ln x)+c_2\sin(\ln x)-\frac{1}{2}\ln x\cos(\ln x)$;

(7) $y=c_1x+c_2x\cos(\ln|x|)+c_3x\sin(\ln|x|)+\frac{1}{2}x^2$.

*8. (1) $y=x^2+x^{-2}$;

(2) $y=-\frac{x}{2}+\frac{7}{17}x^4+\frac{3\cos(\ln x)-5\sin(\ln x)}{34}$.

习 题 12.6

1. (1) $y=\frac{1}{2}+\frac{1}{4}x+\frac{1}{8}x^2+\frac{1}{16}x^3+\frac{9}{32}x^4+\cdots$;

(2) $y=x+\frac{1}{1\cdot 2}x^2+\frac{1}{2\cdot 3}x^3+\frac{1}{3\cdot 4}x^4+\cdots$;

(3) $y=a\left(1-\frac{1}{2!}x^2+\frac{2}{4!}x^4-\frac{9}{6!}x^6+\frac{55}{8!}x^8-\cdots\right)$.

2. (1) $y=ce^{\frac{1}{2}x^2}+\left[-1+x+\frac{x^3}{1\cdot 3}+\cdots+\frac{x^{2n-1}}{1\cdot 3\cdot 5\cdot\cdots\cdot(2n-1)}+\cdots\right]$;

(2) $y=c_1e^{-\frac{1}{2}x^2}+c_2\left[x-\frac{1}{1\cdot 3}x^3+\frac{1}{1\cdot 3\cdot 5}x^5-\cdots+\right.$

$\left.(-1)^{n-1}\frac{1}{1\cdot 3\cdot 5\cdot\cdots\cdot(2n-1)}x^{2n-1}+\cdots\right]$.

习 题 12.7

1. (1) $x=(c_1-c_2)e^t+c_2te^t, y=c_1e^t+c_2te^t$;

(2) $x=c_1e^t+c_2e^{-\frac{t}{2}}\cos\frac{\sqrt{3}}{2}t+c_3e^{-\frac{t}{2}}\sin\frac{\sqrt{3}}{2}t$,

$$y = c_1 e^t - \left(\frac{1}{2}c_2 + \frac{\sqrt{3}}{2}c_3\right) e^{-\frac{t}{2}} \cos\frac{\sqrt{3}}{2}t + \left(\frac{\sqrt{3}}{2}c_2 - \frac{1}{2}c_3\right) e^{-\frac{t}{2}} \sin\frac{\sqrt{3}}{2}t;$$

(3) $x = \frac{1}{5}(c_1 - 3c_2)\sin t - \frac{1}{5}(3c_1 + c_2)\cos t - t^2 + t + 3,$

$$y = c_1 \cos t + c_2 \sin t + 2t^2 - 3t - 4;$$

(4) $x = c_1 e^{-5t} + c_2 e^{-\frac{1}{3}t} + \frac{1}{65}(8\sin t + \cos t),$

$$y = -\frac{4}{3}c_1 e^{-5t} + c_2 e^{-\frac{1}{3}t} + \frac{1}{130}(61\sin t - 33\cos t).$$

2. (1) $x = e^t + e^{2t}, y = e^t + 2e^{2t};$

(2) $x = \cos 2t, y = 2\sin 2t;$

(3) $x = -\frac{5}{9} + \frac{1}{9}t - \frac{1}{6}t^2 + \frac{1}{18}t^3 + \frac{14}{9}\cos\sqrt{3}t - \frac{\sqrt{3}}{27}\sin\sqrt{3}t,$

$$y = \frac{11}{9} + \frac{2}{9}t + \frac{1}{6}t^2 - \frac{1}{18}t^3 + \frac{7}{9}\cos\sqrt{3}t - \frac{\sqrt{3}}{54}\sin\sqrt{3}t.$$

附录四　数学实验(下)

实验一　空 间 图 形

一、实验目的

能够利用 Mathematica 画二元函数的图形以及参数方程所确定的空间图形，加深对常见二次曲面的了解.

二、实验内容

1. 基本命令

Plot3D[f[x, y], {x, x0, x1}, {y,y0,y1},选项]:在取值范围{x,x0, x1}和{y,y0, y1}上,画出空间曲面 $z=f(x,y)$.

ParametricPlot3D[{x(u,v),y(u,v),z(u,v)},{u,u0,u1},{v,v0,v1},选项]:在取值范围{u,u0, u1}和{v,v0, v1}上,画参数方程所确定的曲面

$$\begin{cases} x=x(u,v), \\ y=y(u,v), \\ z=z(u,v). \end{cases}$$

ParametricPlot3D[{x(u),y(u),z(u)},{u,u0,u1},选项]:在取值范围{u, u0, u1}上,画参数方程所确定的曲线

$$\begin{cases} x=x(u), \\ y=y(u), \\ z=z(u). \end{cases}$$

如果知道二元函数 $z=f(x,y)$ 的表达式,可以用 Plot3D 画图.如果知道空间曲线的参数方程 $\begin{cases} x=x(u), \\ y=y(u), \\ z=z(u) \end{cases}$,或空间曲面的参数方程 $\begin{cases} x=x(u,v), \\ y=y(u,v), \\ z=z(u,v), \end{cases}$ 可以用 ParametricPlot3D 画图.

2. 画空间三维图形

例 1 画出 $z = x^2 + y^2$ 在$[-2, 2]\times[-2, 2]$上的图形.

输入:

```
Plot3D[x^2 + y^2, {x, -2, 2}, {y, -2, 2}]
ParametricPlot3D[{u * Cos[t], u * Sin[t], u^2}, {u, -2, 2},
{t, 0, 2 * Pi}]
```

输出:图 23 和图 24.

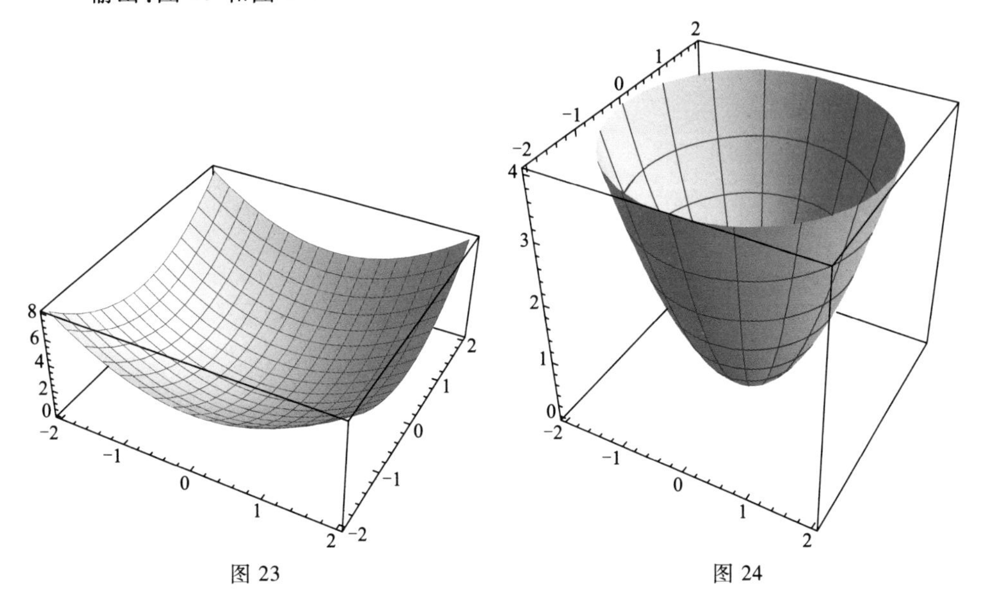

图 23　　　　图 24

例 2 画出半锥面 $z = \sqrt{x^2 + y^2}$ 以及锥面 $z^2 = x^2 + y^2$ 在$[-2, 2]\times[-2, 2]$上的图形.

输入:

```
Plot3D[Sqrt[x^2 + y^2], {x, -2, 2}, {y, -2, 2},
ViewPoint → {1.4, -4.2, 0.6}]
ParametricPlot3D[{u * Cos[t], u * Sin[t], u}, {u, -2, 2}, {t, 0, 2 * Pi}]
```

输出:图 25 和图 26.

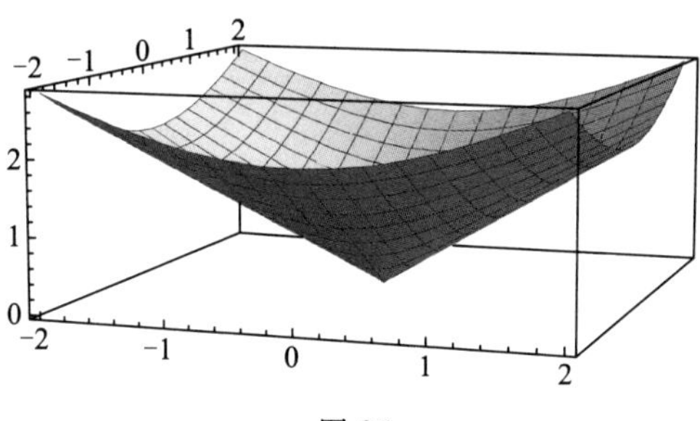

图 25

可选项 ViewPoint 是给定观察图形的视点.

例 3　画出球面 $x^2+y^2+z^2=1$ 的图形.

首先写出球面的参数方程：$\begin{cases} x=\sin u\cos v, \\ y=\sin u\sin v, \\ z=\cos u, \end{cases}$ $0\leqslant u\leqslant \pi$, $0\leqslant v\leqslant 2\pi$, 利用 ParametricPlot3D 来画出图形.

输入:ParametricPlot3D[{Sin[u] * Cos[v],Sin[u] * Sin[v],Cos[u]}, {u,0,Pi},{v,0,2 * Pi}]

输出:图 27.

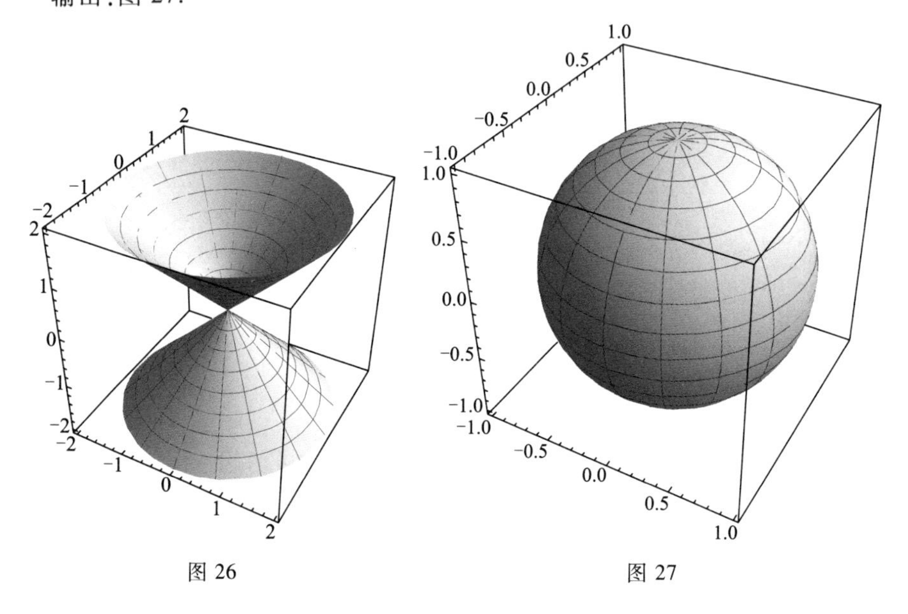

图 26　　　　图 27

例 4　作出球面 $x^2+y^2+z^2=4$ 和柱面 $(x-1)^2+y^2=1$ 相交的图形.

输入:g1 = ParametricPlot3D[{2 * Sin[u] * Cos[v], 2 * Sin[u] * Sin[v], 2 * Cos[u]}, {u, 0, Pi}, {v, 0, 2 * Pi}];

g2=ParametricPlot3D[{1 + Cos[u], Sin[u], v}, {u, 0, 2 * Pi}, {v, −3, 3}];

Show[g1, g2]

输出:图 28.

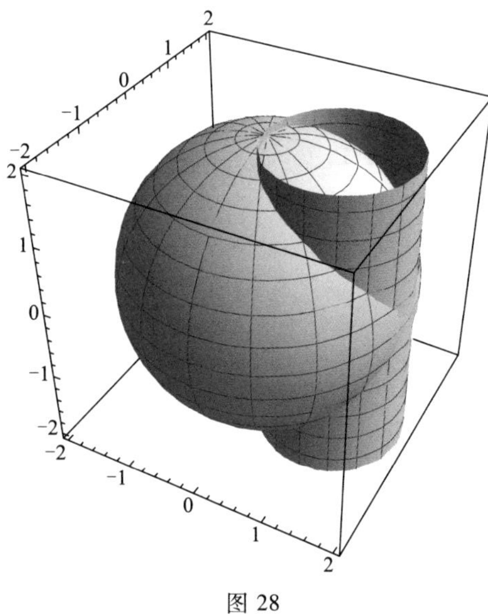

图 28

例 5　画出单叶双曲面 $x^2+y^2-z^2=1$ 和双叶双曲面 $x^2+y^2-z^2=-1$ 的图形.

输入:ParametricPlot3D[{Cos[t] * Sec[v], Sin[t] * Sec[v], Tan[v]},
{v,-3, 3}, {t, 0, 2 * Pi}, BoxRatios → {1, 1, 1}]
ParametricPlot3D[{Cos[t] * Tan[v], Sin[t] * Tan[v], Sec[v]},
{v, -3, 3}, {t, 0, 2 * Pi}, BoxRatios → {1, 1, 1}]

输出:图 29 和图 30.

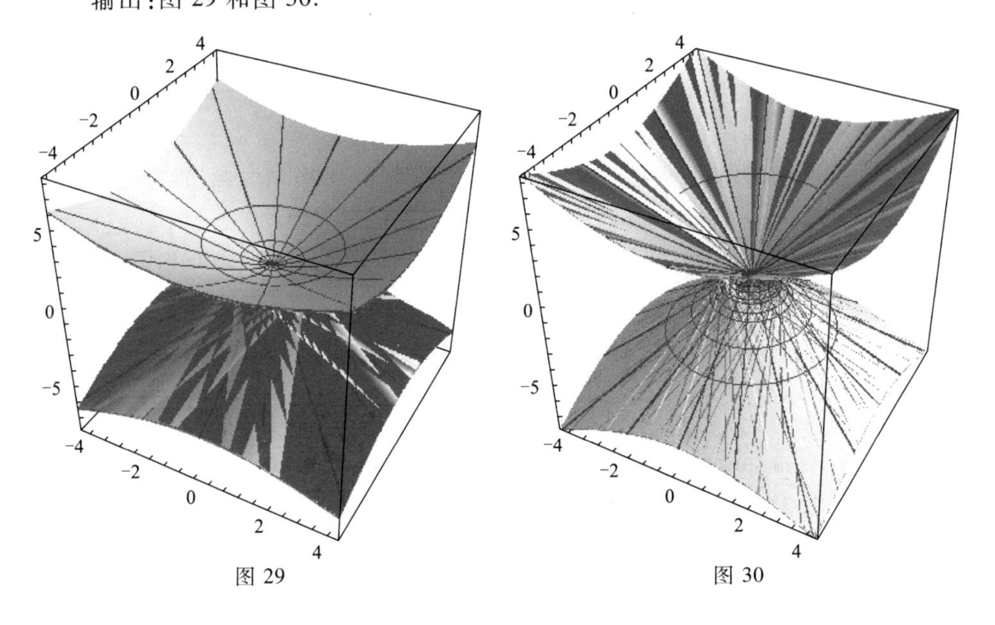

图 29　　　　图 30

例 6　画出马鞍面 $\frac{x^2}{9}-\frac{y^2}{16}=z$ 的图形.

输入:ParametricPlot3D[{x, y, x^2/9 - y^2/16}, {x, -3, 3}, {y, -4, 4}, BoxRatios → {1, 1, 1}]

输出:图 31.

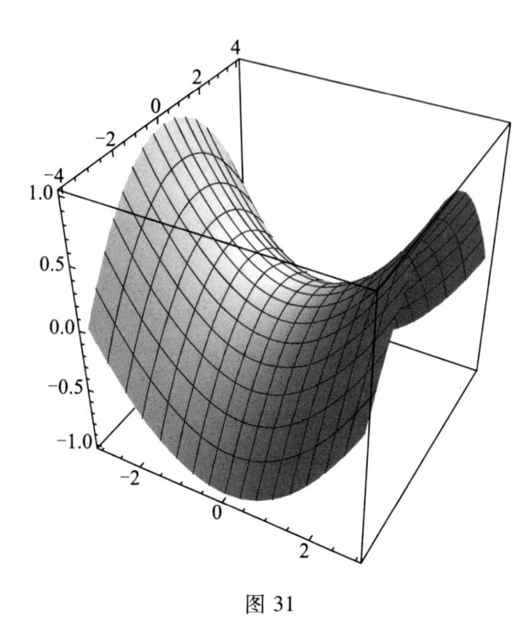

图 31

输入:ListAnimate[Table[ParametricPlot3D[{x,y,x^2/9-y^2/16},{x,-3,3},{y,-4,4},PlotRange→{{-3,3},{-4,4},{-1,z1}},BoxRatios→{1,1,1}],{z1,-1,1,0.1}]]

输出为马鞍面的截面演示动画,也可用下列 Animate 命令画出.

输入:Animate[ParametricPlot3D[{x,y,x^2/9-y^2/16},{x,-3,3},{y,-4,4},PlotRange→{{-3,3},{-4,4},{-1,z1}}],{z1,-1,1,0.1}]

例 7　画出螺旋线 $\begin{cases}x=\cos t,\\ y=\sin t,\\ z=\frac{t}{3}\end{cases}$ 在 $t\in[0,15]$ 的一段.

输入:ParametricPlot3D[{Cos[t], Sin[t], t/3}, {t, 0, 15}]

输出:图 32.

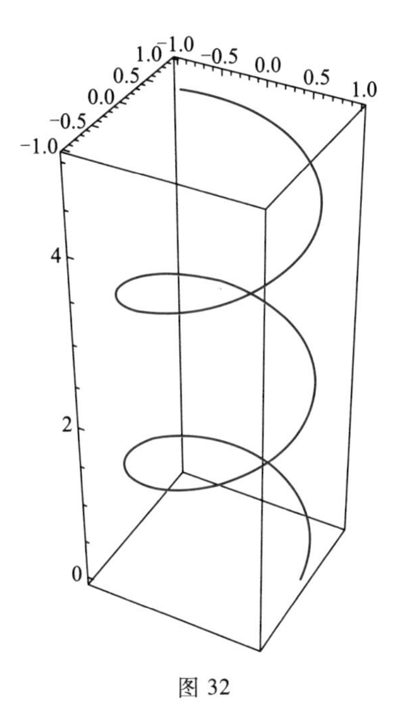

图 32

三、练习

1. 用 Plot3D 命令作出马鞍面 $z=xy(-3\leqslant x\leqslant 3,\ -3\leqslant y\leqslant 3)$ 的图形，采用选项 PlotPoints→40, ViewPoint → {2.2, −4.1, 0.2}.

2. 画下列函数的三维图形：

(1) 椭圆抛物面：$z=\dfrac{x^2}{2}+\dfrac{y^2}{3}$；

(2) 双曲抛物面：$z=\dfrac{x^2}{4}-\dfrac{y^2}{5}$；

(3) 锥面：$z=\sqrt{2x^2+3y^2}$.

3. 作参数方程的图形(写出命令)：

(1) 椭球面：$\begin{cases}x=4\sin\theta\cos\varphi,\\ y=5\sin\theta\sin\varphi, 0\leqslant\theta\leqslant\pi,\ 0\leqslant\varphi\leqslant 2\pi;\\ z=6\cos\theta,\end{cases}$

(2) 环面：$\begin{cases}x=(8+2\cos u)\cos v,\\ y=(8+2\cos u)\sin v,\ u\in(0,\ 2\pi),\ v\in(0,\ 2\pi).\\ z=2\sin u,\end{cases}$

4. 二元函数 $z=\frac{xy}{x^2+y^2}$ 在点(0, 0)处不连续，用 Plot3D 命令作出在区域 $-1\leqslant x\leqslant 1$, $-1\leqslant y\leqslant 1$ 上的图形(采用选项 PlotPoints→50).观察曲面在(0,0)附近的变化情况.

5. 用命令 ParametricPlot3D 作出圆柱面 $x^2+y^2=1$ 和圆柱面 $x^2+z^2=1$ 相交的图形.

实验二 级 数

一、实验目的

观察无穷级数部分和的变化趋势,进一步理解级数的审敛法以及幂级数部分和对函数的逼近. 掌握用 Mathematica 求无穷级数的和,展开函数为幂级数以及展开周期函数为傅里叶级数的方法.

二、实验内容

1. 基本命令

Series[expr,{x,x0,n}]: 将 expr 在 x0 展开到 n 阶的幂级数,用 Series 展开后,展开项中含有截断误差 O[x]^n.

Normal[expr]: 将特殊表达式 expr(如:带余项的表达式)转变成一个正常的表达式(如:不带余项的表达式).

2. 正项级数的收敛性

例 1 求调和级数 $\sum_{i=1}^{\infty}\frac{1}{i}$ 的部分和 S_n($n=10$, $n=100$, $n=1\ 000$, $n=10\ 000$), 并和 $\ln n$ 的值进行比较.

输入:
```
N[Sum[1/n, {n, 1, 10}]]
N[Sum[1/n, {n, 1, 100}]]
N[Sum[1/n, {n, 1, 1000}]]
N[Sum[1/n, {n, 1, 10000}]]
```

输出:
```
2.92897
5.18738
7.48547
9.78761.
```

输入:
```
N[Sum[1/n, {n, 1, 10}]] - Log[10]
```

```
N[Sum[1/n, {n, 1, 100}]] - Log[100]
N[Sum[1/n, {n, 1, 1000}]] - Log[1000]
N[Sum[1/n, {n, 1, 10000}]] - Log[10000]
```

输出:0.626383

0.582207

0.577716

0.577266.

虽然 $\left\{\frac{1}{i}\right\}$ 是一个趋于 0 的数列,但调和级数 $\sum_{i=1}^{\infty}\frac{1}{i}$ 是一个发散的级数,它的发散速度很慢,当 n 越来越大时,它与 $\ln n$ 的差值趋近于一个常数,称为欧拉常数 $c=0.577\ 215\cdots$.

例 2 求级数 $\sum_{i=1}^{\infty}\frac{1}{i^2}$ 的部分和 $S_n(n=10, n=100, n=1\ 000, n=10\ 000)$,并和$\frac{\pi^2}{6}$的值进行比较.

输入:

```
N[Sum[1/n^2, {n, 1, 10}]]
N[Sum[1/n^2, {n, 1, 100}]]
N[Sum[1/n^2, {n, 1, 1000}]]
N[Sum[1/n^2, {n, 1, 10000}]]
```

输出:1.54977

1.63498

1.64393

1.64483.

输入:

```
N[Pi^2/6, 20]
N[Sum[1/n^2, {n, 1, Infinity}], 20]
Sum[1/n^2, {n, 1, Infinity}]
```

输出:1.6449340668482264365

1.6449340668482264365

$\frac{\pi^2}{6}$.

通过观察和级数理论,我们知道级数 $\sum_{i=1}^{\infty}\frac{1}{i^2}$ 是收敛的,且收敛到 $\frac{\pi^2}{6}$.

3. 幂级数的展开

例 3 把 $\sin x$ 在 $x=0$ 展开成幂级数,并画图表示.

输入:f1 = Series[Sin[x], {x, 0, 5}]

　　f2 = Normal[f1]

输出:$x-\frac{x^3}{6}+\frac{x^5}{120}+O[x]^6$

　　$x-\frac{x^3}{6}+\frac{x^5}{120}$.

输入:Plot[{Sin[x], f2}, {x, -10, 10}, PlotStyle →

　　{RGBColor[1, 0, 0], RGBColor[0, 1, 0]}]

输出:图 33.

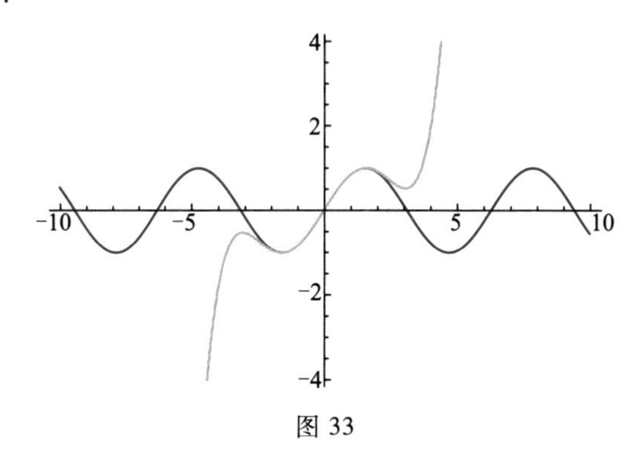

图 33

输入:f3 = Series[Sin[x], {x, 0, 9}]

　　f4 = Normal[f3]

　　Plot[{Sin[x], f2, f4}, {x, -10, 10}, PlotStyle →

　　{RGBColor[1, 0, 0], RGBColor[0, 1, 0], RGBColor[0, 0, 1]}]

输出:图 34.

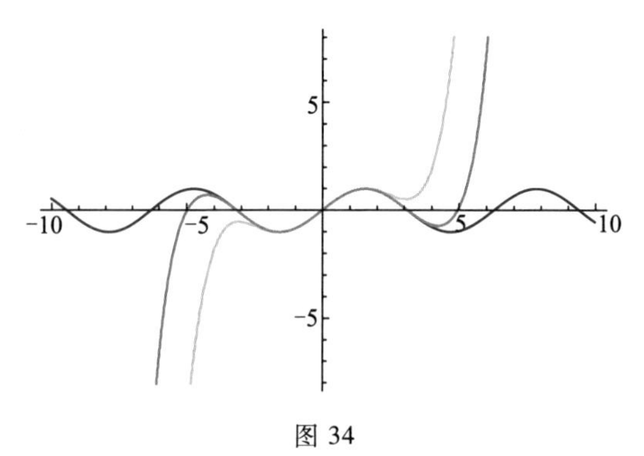

图 34

输入:Animate[Plot[Evaluate[Normal[Series[Sin[x], {x, 0, m}]]], {x,

```
-30,30},PlotRange→{-3,3}],{m,2,60,2}]
```

输出为动画.

4. 傅里叶级数

例 4 设$f(x)$是以 2π 为周期的周期函数,它在$[-\pi,\pi)$上的表达式为

$$f(x)=\begin{cases}-1, & -\pi\leqslant x<0,\\ 1, & 0\leqslant x<\pi,\end{cases}$$

将$f(x)$展成傅里叶级数,并求 $\sum\limits_{k=1}^{\infty}\frac{1}{2k-1}\sin(2k-1)x$ 的和函数.

输入:
```
bn = 1/Pi * Integrate[(-1) * Sin[n * x], {x, -Pi, 0}] +
     1/Pi * Integrate[ Sin[n * x], {x, 0, Pi}]
Simplify[%]
```

输出:$\frac{2-2\text{Cos}[\text{n}\pi]}{\text{n}\pi}$.

因$f(x)$是奇函数,由上式知

$$a_n=0,\quad b_n=\frac{2(1-\cos n\pi)}{n\pi}=\begin{cases}\frac{4}{n\pi}, & n=1,3,5,\cdots,\\ 0, & n=2,4,6,\cdots.\end{cases}$$

所以

$$f(x)=\frac{4}{\pi}\sum_{k=1}^{\infty}\frac{1}{2k-1}\sin(2k-1)x,\quad x\neq k\pi,\ k\in\mathbf{Z}.$$

从而有 $\sum\limits_{k=1}^{\infty}\frac{1}{2k-1}\sin(2k-1)x$ 是以 2π 为周期的周期函数,在$[-\pi,\pi)$上的表达式为

$$s(x)=\begin{cases}\frac{\pi}{4}, & -\pi<x<0,\\ -\frac{\pi}{4}, & 0<x<\pi,\\ 0, & x=-\pi,0.\end{cases}$$

输入:
```
m=9;
s=Sum[Sin[(2 * n - 1) x]/(2 * n - 1), {n, 1, m}];
Plot[s, {x, -10, 10}]
```

输出:图 35.

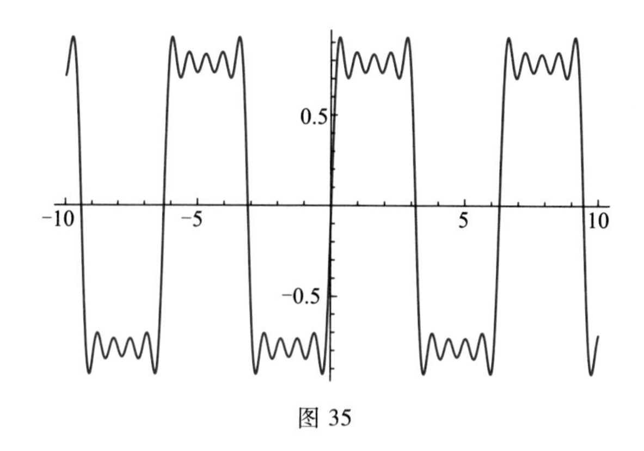

图 35

输入:

```
m = 500;
s = Sum[Sin[(2*n - 1) x]/(2*n - 1), {n, 1, m}];
Plot[s, {x, -10, 10}]
```

输出:图 36.

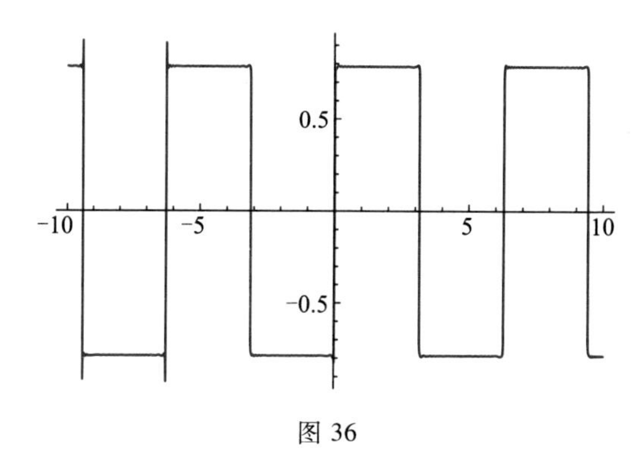

图 36

三、练习

1. 求下列级数的和:

(1) $\sum_{k=1}^{\infty}(-1)^{k}\frac{1}{k}$;　(2) $\sum_{k=1}^{\infty}\frac{1}{k!}$;　(3) $\sum_{k=1}^{\infty}\frac{1}{(2k)^{2}}$.

2. 求出 $\cos x$ 的一阶、三阶、五阶、七阶麦克劳林多项式,并在同一幅图中用不同颜色画出它们在$[-\pi, \pi]$上的图形,由图形你能得出什么结论.

3. 求 $(a+x)^{\frac{1}{3}}$ 的三阶麦克劳林展开式.

4. 求 $e^{2x}\ln(1+x)$ 的三阶麦克劳林展开式.

5. 设 $f(x)$ 在一个周期内的表达式为 $f(x)=\begin{cases}1, & 0<x<\pi, \\ 1-x, & -\pi \leqslant x \leqslant 0,\end{cases}$ 将它展开为傅里叶级数(取 8 项), 并作图.

实验三 微分方程的求解

一、实验目的

理解常微分方程解的概念以及积分曲线和方向场的概念,掌握利用 Mathematica 求微分方程及方程组解的常用命令和方法.

二、实验内容

1. 基本命令

DSolve[eqns,y[x],x]:解微分方程或方程组 eqns,x 为变量,方程 eqns 中的等号为双等号"==", 一阶导数符号"′"是通过键盘上的单引号输入的,二阶导数符号"″" 要输入两个单引号,而不能输入一个双引号.

NDSolve[eqns,y[x],{x,xmin,xmax}]:在取值范围{x,xmin,xmax}上求解常微分方程和常微分方程组 eqns 的数值解.

VectorPlot[{fx,fy},{x,xmin,xmax},{y,ymin,ymax}]:画出给定向量值函数{fx,fy}所在区域的平面上的向量场.

2. 求解微分方程

例 1 求微分方程 $\frac{\mathrm{d}y}{\mathrm{d}x}=2xy$ 的通解.

输入:
```
Clear[x, y]
DSolve[y'[x] == 2 * x * y[x], y[x], x]
```

输出:{{y[x]→e^{x^2}C[1]}}.

C[1]表示第一个任意常数,上式表明该方程的解为 $y=ce^{x^2}$.

例 2 求微分方程 $y''-3y'+2y=xe^{-x}$ 的通解,并求满足条件 $y(0)=1$, $y'(0)=1$ 的特解.

输入:
```
Clear[x, y]
DSolve[y"[x] - 3 * y'[x] + 2 * y[x] == x * E^(-x), y[x], x]
Simplify[%]
```

输出:{{y[x]→$\frac{1}{36}e^{-x}(5+6x)+e^{x}$C[1]+$e^{2x}$C[2]}}.

表明方程的解为 $y = e^{-x}\left(\frac{5}{36} + \frac{1}{6}x\right) + c_1 e^x + c_2 e^{2x}$.

输入:DSolve[{y"[x] - 3 * y'[x] + 2 * y[x] == x * E^(-x),
    y[0] == 1, y'[0] == 1}, y[x], x]

输出:{{y[x]→$\frac{1}{36}$e^{-x}(5+27e^{2x}+4e^{3x}+6x)}}.

表明满足条件 $y(0) = 1$, $y'(0) = 1$ 的特解为

$$y^* = e^{-x}\left(\frac{5}{36} + \frac{1}{6}x\right) + \frac{3}{4}e^x + \frac{1}{9}e^{2x}.$$

例 3 求微分方程组 $\begin{cases}\frac{dx}{dt} = y,\\ \frac{dy}{dt} = -x + 2y\end{cases}$ 的通解.

输入:DSolve[{x'[t] == y[t], y'[t] == -x[t] + 2 * y[t]},
    {x[t], y[t]}, t]

输出:{{x[t]→-e^t(-C[1]+tC[1]-tC[2]),
    y[t]→-e^t(tC[1]-C[2]-tC[2])}}.

例 4 求微分方程 $y'(x) = x^2 + y^2$, $y(0) = 0.5$ 的数值解,并画出解曲线.

输入:Clear[x, y]

```
sol =NDSolve[{y'[x] == x^2 + y[x]^2, y[0] == 0.5}, y[x], {x,
    0, 1}]
y[x_] = y[x] /. sol
g2 = Plot[y[x], {x, 0, 1}, PlotStyle → RGBColor[1, 0, 0],
    PlotRange → {0, 2}]
```

输出:{{y[x]→InterpolatingFunction[{{0., 1.}}, <>][x]}}

图 37.

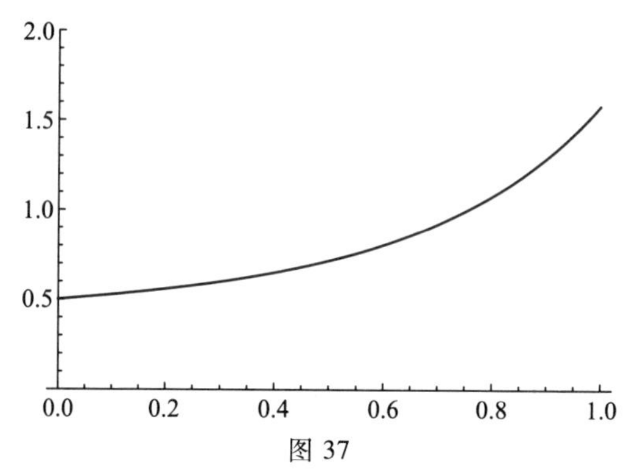

图 37

方程 $y'(x)=x^2+y^2$ 没有解析解,只能求出它的数值解.用 NDSolve 命令求出它的数值解,在 Mathematica 中,用 InterpolatingFunction 插值函数来表示该数值解.语句"y[x_] = y[x] /. sol"是用数值解的结果来定义一个函数 y[x],再用 Plot 画出该函数图形(如图 37).

例 5 求 Logistic 方程 $\frac{dy}{dx}=ry\left(1-\frac{y}{M}\right)$ 的通解,当 $r=0.7$, $M=3$ 时,利用图形来观察它的通解,并画出在初值条件 $y(0)=0.5$ 下的特解的图形.

输入:
```
Clear[x,y,r,M]
DSolve[y'[x] == r*y[x]*(1 - y[x]/M), y[x], x]
```

输出:$\left\{\left\{y[x]\to\frac{e^{rx+MC[1]}M}{-1+e^{rx+MC[1]}}\right\}\right\}$.

表明 Logistic 方程的通解为 $y=\frac{M}{1-ce^{-rx}}$,当 $x\to+\infty$ 时,$y\to M$,经常用 Logistic 方程来描述自然界中某些生物种群的数量的变化,建立的这种模型称为 Logistic 模型.

输入:
```
Clear[x, y]
r = 0.7; M = 3;
g1=VectorPlot[{1,r*y(1-y/M)},{x,0,7},{y,0,3},
    VectorPoints→50,AspectRatio→0.5]
sol=NDSolve[{y'[x]== r*y[x]*(1 - y[x]/M),
    y[0] == 0.5}, y[x], {x, 0, 7}];
y[x_] = y[x] /. sol
g2 = Plot[y[x], {x, 0, 7}, PlotStyle → RGBColor[1, 0, 0],
     DisplayFunction → Identity];
Show[g1,g2]
```

输出:图 38.

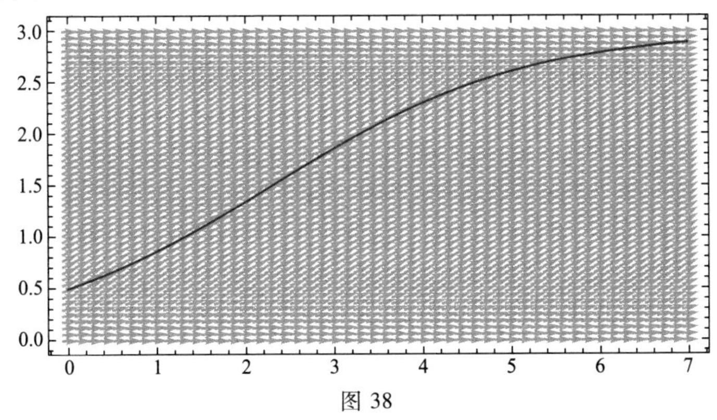

图 38

首先,要引入方向场的概念.通常,我们可以将一阶微分方程写成 $y'(x)=f(x,y)$ 的形式,则函数 $y(x)$ 在任意一点 (x,y) 处的导数值为 $f(x,y)$. 在 $f(x,y)$ 的定义区域 D 内任一点处画一小段斜率为 $f(x,y)$ 的小箭头,我们把带有小箭头的区域 D 称为由方程 $y'(x)=f(x,y)$ 确定的方向场(也称斜率场).可以用命令 VectorPlot 画出方向场.我们发现,如果将方向场中的小箭头首尾相连,就得到了微分方程的解函数族,即积分曲线族.积分曲线上点 (x,y) 的切线的斜率等于 $f(x,y)$,从而积分曲线上每一点的切线方向都与方向场在该点的方向一致.上图就是 logistic 方程的方向场,其中的一条曲线就是满足初始条件 $y(0)=0.5$ 下的特解曲线.

例 6 试求洛伦兹(Lorentz)方程组

$$\begin{cases}x'(t)=10y(t)-10x(t),\\ y'(t)=-x(t)z(t)+40x(t)-y(t),\\ z'(t)=x(t)y(t)-3z(t),\\ x(0)=12,\ y(0)=3,\ z(0)=1\end{cases}$$

的数值解,并画出解曲线的图形.

输入:
```
Clear[eqs, x, y, z]
eqs ={x'[t] == 10 * y[t] - 10 * x[t], y'[t] == -x[t] * z[t] -
    y[t] + 40 * x[t], z'[t] == x[t] * y[t] - 3 * z[t]};
sol =NDSolve[{eqs, x[0] == 12, y[0] == 3, z[0] == 1}, {x[t],
    y[t], z[t]}, {t, 0, 20}, MaxSteps → 10000];
g =ParametricPlot3D[Evaluate[{x[t], y[t], z[t]} /. sol], {t, 0,
    20}, PlotPoints → 8000, Boxed → False, Axes → None]
```

再输入:
```
sol = NDSolve[{eqs, x[0] == 12, y[0] == 3, z[0] ==
    1.000001}, {x[t], y[t], z[t]}, {t, 0, 20},
    MaxSteps → 10000];
g= ParametricPlot3D[Evaluate[{x[t], y[t], z[t]} /. sol],
    {t, 0, 20}, PlotPoints → 8000, Boxed → False, Axes → None]
```

输出:图 39.

只是把 z 的初值由 1 改变为 1.000 001,得到的图形(图 39(a))和前面图形(图 39(b))有很大差异,系统表现出对初值的敏感性,出现了混沌现象.从图中可以看出洛伦兹微分方程组具有一个奇异吸引子, 这个吸引子紧紧地把解的图形“吸”在一起. 有趣的是, 无论把解的曲线画得多长, 这些曲线也不相交.

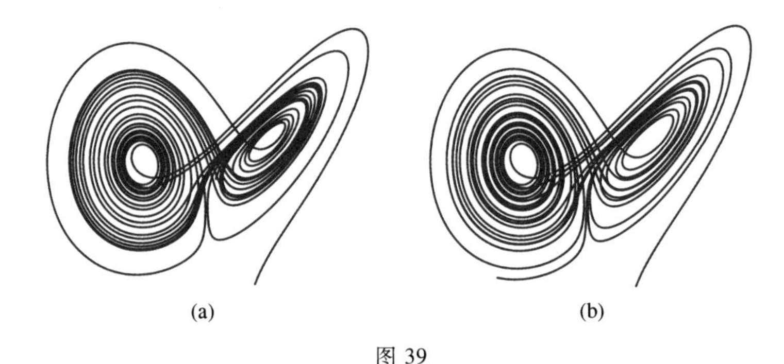

(a)　　(b)

图 39

三、练习

1. 求下列微分方程的通解：

(1) $y''+y'+3y=0$;

(2) $y''-2y'-15y=e^{x}\sin x$.

2. 求下列微分方程的特解：

(1) $y''+6y'+8y=0,\ y\big|_{x=0}=0,\ y'\big|_{x=0}=2$;

(2) $y''+y+\sin x=0,\ y\big|_{x=0}=1,\ y'\big|_{x=0}=1$.

3. 求欧拉方程 $x^2y''-xy'+y=0$ 的通解.

4. 求微分方程组 $\begin{cases}\dfrac{\mathrm{d}x}{\mathrm{d}t}=y,\\ \dfrac{\mathrm{d}y}{\mathrm{d}t}=3y-2x,\\ x(0)=2,\ y(0)=3\end{cases}$ 的特解.

5. 一个生物系统中有食饵和捕食者两种种群,设食饵数量为 $x(t)$, 捕食者数量为 $y(t)$,它们满足方程组 $\begin{cases}x'(t)=(r-ay)x,\\ y'(t)=-(d-bx)y,\end{cases}$ 称该系统模型为食饵-捕食者模型(Volterra).当 $r=1,\ d=0.5,\ a=0.1,\ b=0.02$ 时,求满足初值条件 $x(0)=25,\ y(0)=2$ 的方程数值解,并画出图形.

附录五　常见曲面所围的立体图形

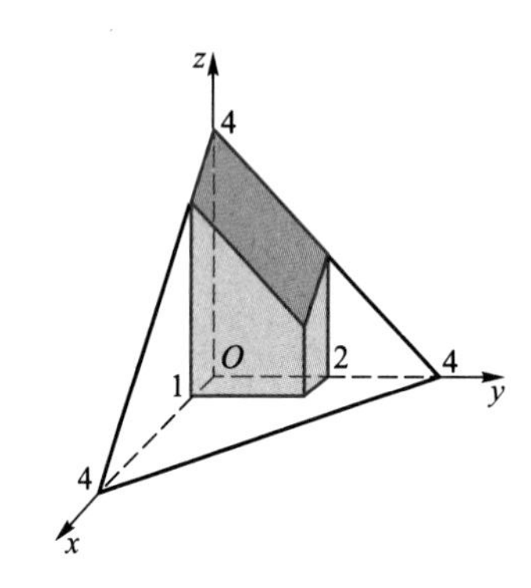

(1) $x+y+z=4, x=1, y=2,$
$x=0, y=0, z=0$

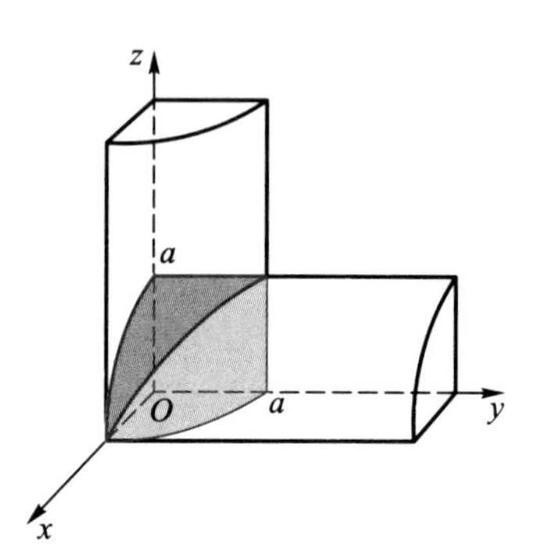

(2) $x^2+y^2=a^2, x^2+z^2=a^2$
的第一卦限部分

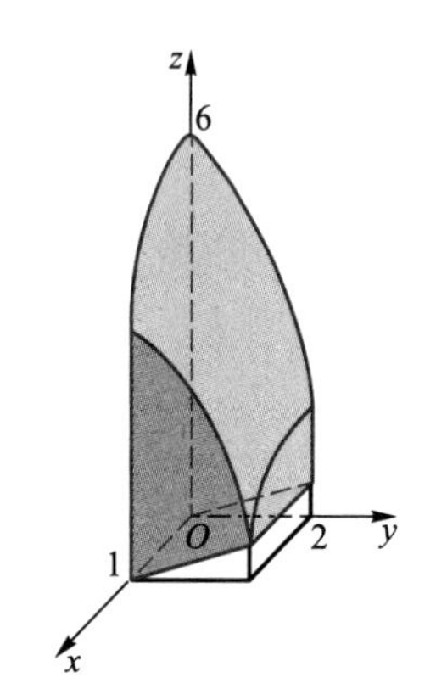

(3) $z=6-x^2-y^2, 4z=y,$
$x=1, y=2, x=0, y=0$

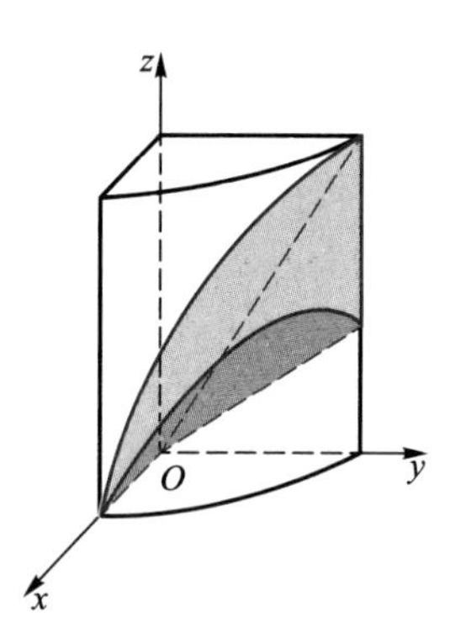

(4) $z=y, z=2y,$
$x^2+y^2=a^2, x=0$

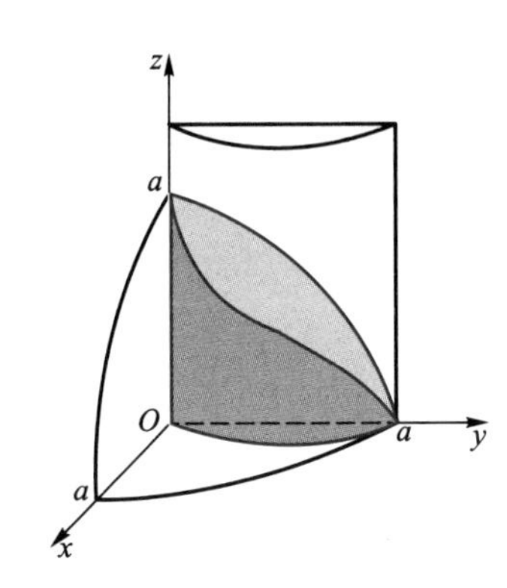

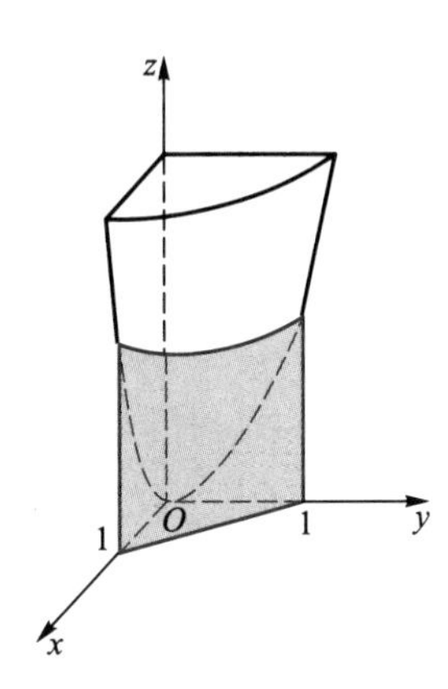

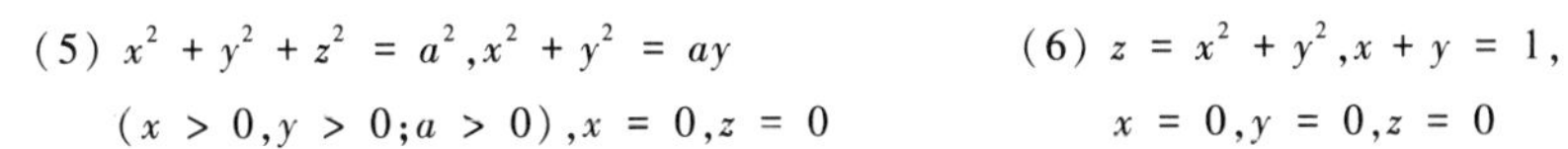

(5) $x^2+y^2+z^2=a^2, x^2+y^2=ay$ $(x>0, y>0; a>0), x=0, z=0$

(6) $z=x^2+y^2, x+y=1,$ $x=0, y=0, z=0$

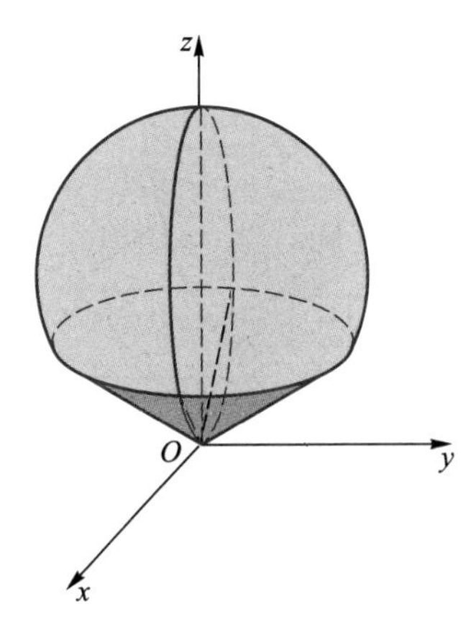

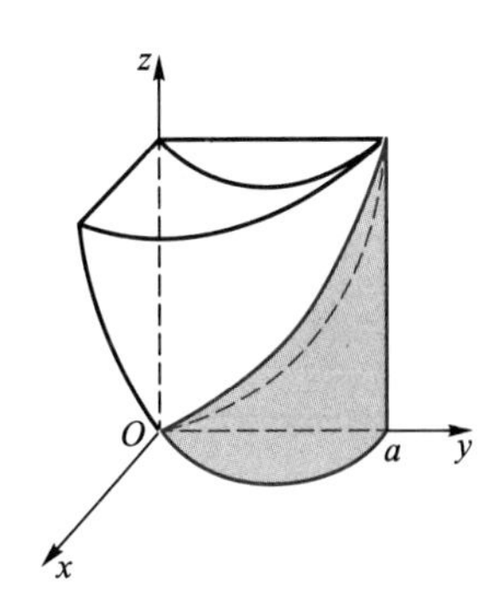

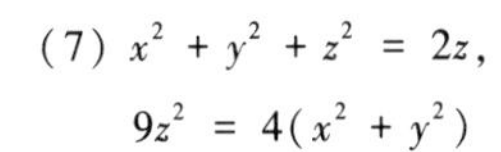

(7) $x^2+y^2+z^2=2z,$ $9z^2=4(x^2+y^2)$

(8) $x^2+y^2=az, x^2+y^2=2ay$ $(a>0), z=0, x=0$

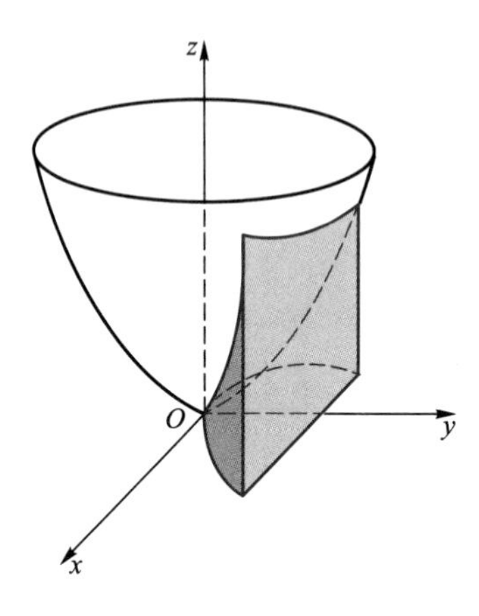

(9) $z = x^2 + y^2, y = x^2,$
$y = 1, z = 0$

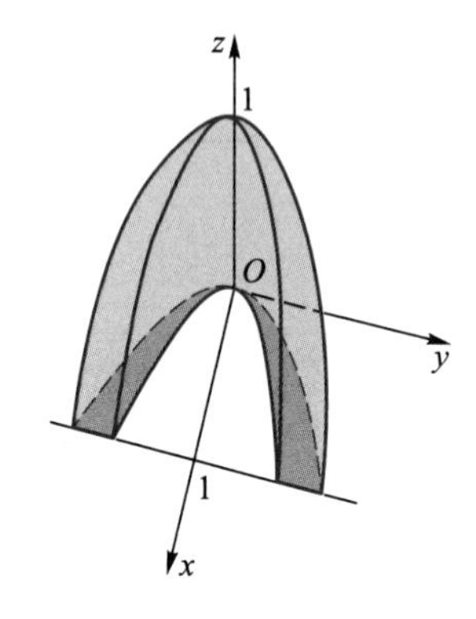

(10) $y^2 = x, y^2 = 3x,$
$x + z = 1, z = 0$

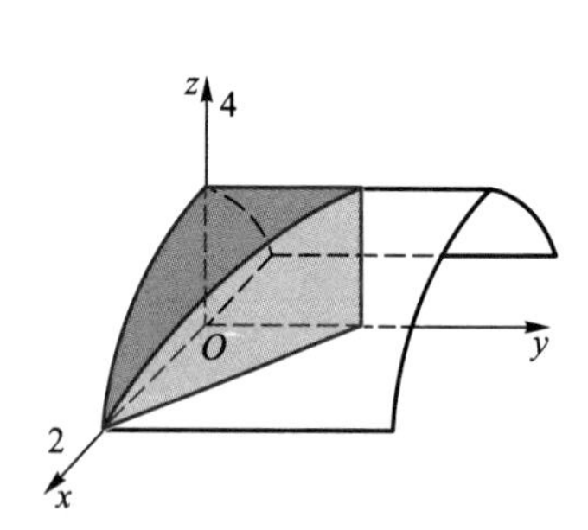

(11) $z = 4 - x^2, 2x + y = 4,$
$x = 0, y = 0, z = 0$

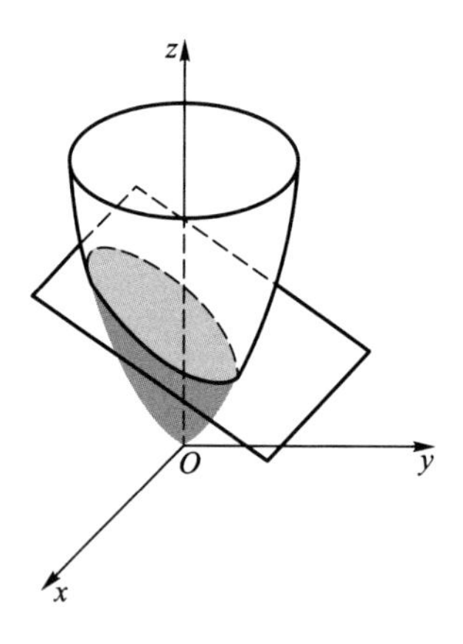

(12) $z = x^2 + y^2,$
$y + z = 1$

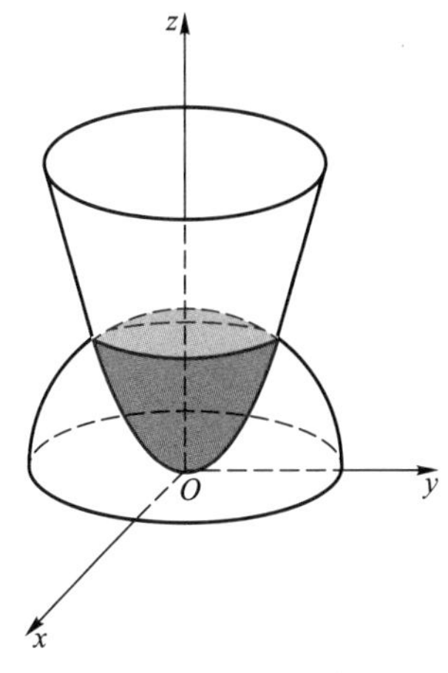

(13) $z=\frac{x^2+y^2}{2}$,

$z=\sqrt{4-x^2-y^2}$

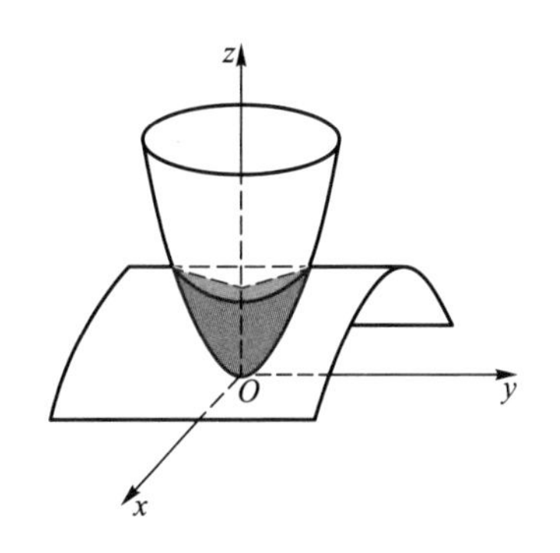

(14) $z=1-x^2$,

$z=3x^2+y^2$

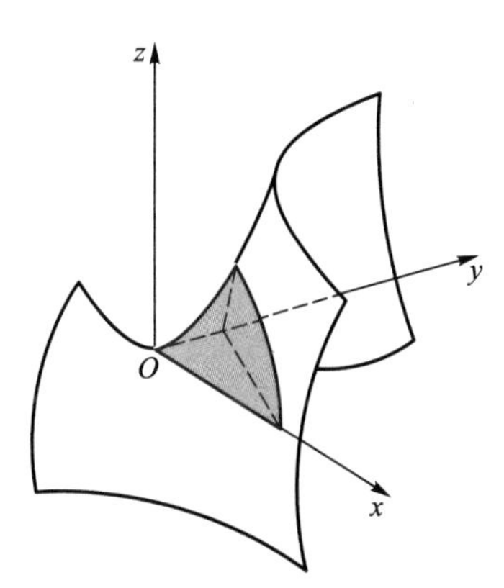

(15) $z=xy,x+y=1$,

$z=0$

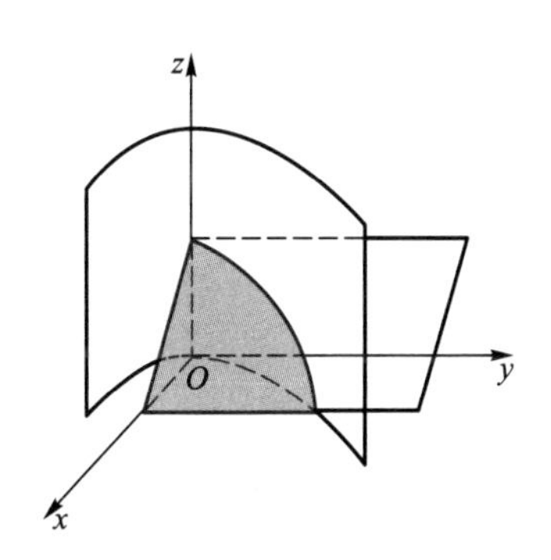

(16) $x=y^2,x+z=\frac{\pi}{2}$,

$y=0,z=0$